KTV

Herausgegeben vom
Landesdenkmalamt Baden-Württemberg,
der Gesellschaft für Vor- und Frühgeschichte
in Württemberg und Hohenzollern
und
dem Förderkreis für die
ur- und frühgeschichtliche Forschung in Baden.
Zusammengestellt von
Dieter Planck

Archäologische Ausgrabungen in Baden-Württemberg 1990

Theiss

Redaktion: Gabriele Süsskind

CIP-Titelaufnahme der Deutschen Bibliothek

Archäologische Ausgrabungen in Baden-Württemberg
. . . / hrsg. vom Landesdenkmalamt
Baden-Württemberg . . . – Stuttgart : Theiss
Erscheint jährl.
1981, 1982, 1983, 1984, 1985, 1986, 1987, 1988, 1989 (1990)

Umschlagbild: Wiesloch. Fundamente eines gallo-römischen Umgangstempels

Herstellung: Siegfried Fischer, Stuttgart

ISBN 3-8062-0872-7
ISSN 0724-8954

Satz und Druck: Grafische Betriebe
Süddeutscher Zeitungsdienst, Aalen
Printed in Germany

Vorwort

In diesem Jahr kann die Archäologische Denkmalpflege in Verbindung mit dem Förderkreis für die ur- und frühgeschichtliche Forschung in Baden und der Gesellschaft für Vor- und Frühgeschichte in Württemberg und Hohenzollern den 10. Band der Publikationsreihe »Archäologische Ausgrabungen in Baden-Württemberg« vorlegen. Dieses kleine Jubiläum soll nicht unerwähnt bleiben, vor allen Dingen vor dem Hintergrund, daß hier eine überaus beliebte Veröffentlichung vorliegt, die einerseits den Fachmann schnell über neue Forschungsergebnisse archäologischer Untersuchungen im Land Baden-Württemberg informiert, andererseits die interessierte Öffentlichkeit mit den Ergebnissen archäologischer Untersuchungen bekannt macht. Mit einer Gesamtauflage von 7000 Exemplaren wird die Publikation über die beiden archäologischen Gesellschaften, aber auch im Buchhandel einem breiten Leserkreis zugeführt. Allen, die am Zustandekommen dieser Publikation Anteil haben, sei an dieser Stelle sehr herzlich gedankt. Vor allen Dingen dem Konrad Theiss Verlag in Stuttgart und hier ganz besonders Frau Gabriele Süsskind möchte ich Dank sagen für die stets gute, vertrauensvolle und verständnisvolle Zusammenarbeit.

Die archäologischen Ausgrabungen in Baden-Württemberg dienen in erster Linie als Vermittler für Ergebnisse neuer Forschungen auf dem Gebiet der Landesarchäologie. Insofern bildet diese Publikation zusammen mit den »Fundberichten aus Baden-Württemberg« und den Monographienreihen der Archäologischen Denkmalpflege des Landesdenkmalamtes Baden-Württemberg ein Medium zur Vermittlung von Geschichte unseres Landes. Archäologische Funde und Befunde, so wie sie alljährlich in diesem Band vorgestellt werden, haben Urkundencharakter und sind über Jahrtausende die einzigen Zeugnisse der Geschichte unseres Landes. Die Publikation »Archäologische Ausgrabungen in Baden-Württemberg« will aber darüber hinaus auch neue Freunde archäologischer Forschung im Lande gewinnen und vor allen Dingen um Verständnis werben für Entscheidungen, die manchmal einen Bau verzögern, um wenigstens noch vor der endgültigen Zerstörung unserer archäologischen Quellen die Funde zu bergen und vor allen Dingen die Befunde zu dokumentieren und sie dann ausgewertet und in Form von Publikationen der weiteren wissenschaftlichen Forschung zur Verfügung zu stellen. Lange vor der endgültigen Auswertung dieser Forschungsergebnisse wird in dieser Publikation schnell und informativ berichtet, über das, was alljährlich mit staatlichen Mitteln hier im Lande an archäologischen Quellen dokumentiert werden konnte. Stets jedoch im Bewußtsein, daß dabei die archäologische Situation, d. h. die Fundstelle vor Ort meist endgültig zerstört wurde.

Das Landesdenkmalamt Baden-Württemberg, Abt. Archäologische Denkmalpflege, nimmt die Herausgabe des 10. Bandes dieser Publikationsreihe zum Anlaß, all denjenigen zu danken, die alljährlich Berichte und Informationen für diese Publikation erarbeitet haben. Vor allen Dingen die Autoren seien hier besonders dankbar erwähnt, die nicht nur aus dem Landesdenkmalamt Baden-Württemberg, sondern in Museen, Universitätsinstituten oder auch als ehrenamtliche Beauftragte der Archäologischen Denkmalpflege tätig sind. Ihnen möchte ich heute an dieser Stelle ganz besonders danken. Mit in den Dank eingeschlossen sind aber auch all diejenigen Mitarbeiter, die vor Ort tätig waren als verantwortliche Grabungstechniker, Grabungsarbeiter, aber auch die Mitarbeiter im Innendienst der Archäologischen Denkmalpflege, die allesamt Anteil haben am Gelingen des Gesamten.

Das Jahr 1990 hat uns in der Landesarchäologie neue Wege eröffnet, so wurde mit der Einstellung eines wissenschaftlichen Referenten bei der Archäologischen Denkmalpflege und mit dem Aufbau einer archäologischen Datenbank das Zeitalter des Computers eingeleitet. Es besteht kein Zweifel, daß die Archäologische Denkmalpflege, aber auch insgesamt die archäologische Wissenschaft heute ohne den Einsatz modernster Technologien, insbesondere der EDV, nicht mehr wirtschaftlich tätig werden kann. Die Prospektion mit Hilfe des Luftbildes muß ausgebaut und erweitert werden, ergänzt durch die Prospektion mit geophysikalischen Methoden und den Einsatz von Erdradar. Die Einrichtung einer Geophysikerstelle im Staatshaushaltsplan 1991 wird nach einer Testphase den archäologischen Prospektionsbereich wesentlich erweitern.

Am 10. Februar 1990 wurde in der Außenstelle Karlsruhe der Archäologischen Denkmalpflege des Landesdenkmalamtes Baden-Württemberg die Arbeitsgemeinschaft zur Pflege und Förderung der Landesarchäologie gegründet. Die beiden großen Vereinigungen, der Förderkreis für die ur- und frühgeschichtliche Forschung in Baden und die Gesellschaft für Vor- und Frühgeschichte in Württemberg und Hohenzollern haben diese Arbeitsgemeinschaft ins Leben gerufen, die sich zum Ziel setzt, im Land Baden-Württemberg und darüber hinaus allgemein für die Belange der Archäologie zu werben und die Aufgaben der Landesarchäologie zu pflegen und zu fördern. Ein besonderes Anliegen der Arbeitsgemeinschaft ist die Unterstützung der archäologischen Forschung des Landes von der Urgeschichte bis zur Neuzeit. Die Arbeitsgemeinschaft wahrt die Interessen der hier angeschlossenen Vereinigungen in allen Fragen von grundsätzlicher Bedeutung. Sie weckt in geeigneter Weise das Interesse der Öffentlichkeit für die Aufgaben der Landesarchäologie, und sie dient dem gegenseitigen Erfahrungsaustausch. In dieser Arbeitsgemeinschaft sind bis heute mehrere Vereinigungen mit zusammen mehr als 8000 Mitgliedern vertreten. Ein Zeichen, wie sehr das Interesse gerade auch an der Landesarchäologie in den letzten Jahren gewachsen ist.

Abschließend sei es mir gestattet, vor allen Dingen der Leserschaft unserer Archäologischen Ausgrabungen in Baden-Württemberg für das große Interesse, das sie unserer Publikation entgegengebracht haben, sehr herzlich zu danken.

Stuttgart, im Januar 1991 — Dieter Planck

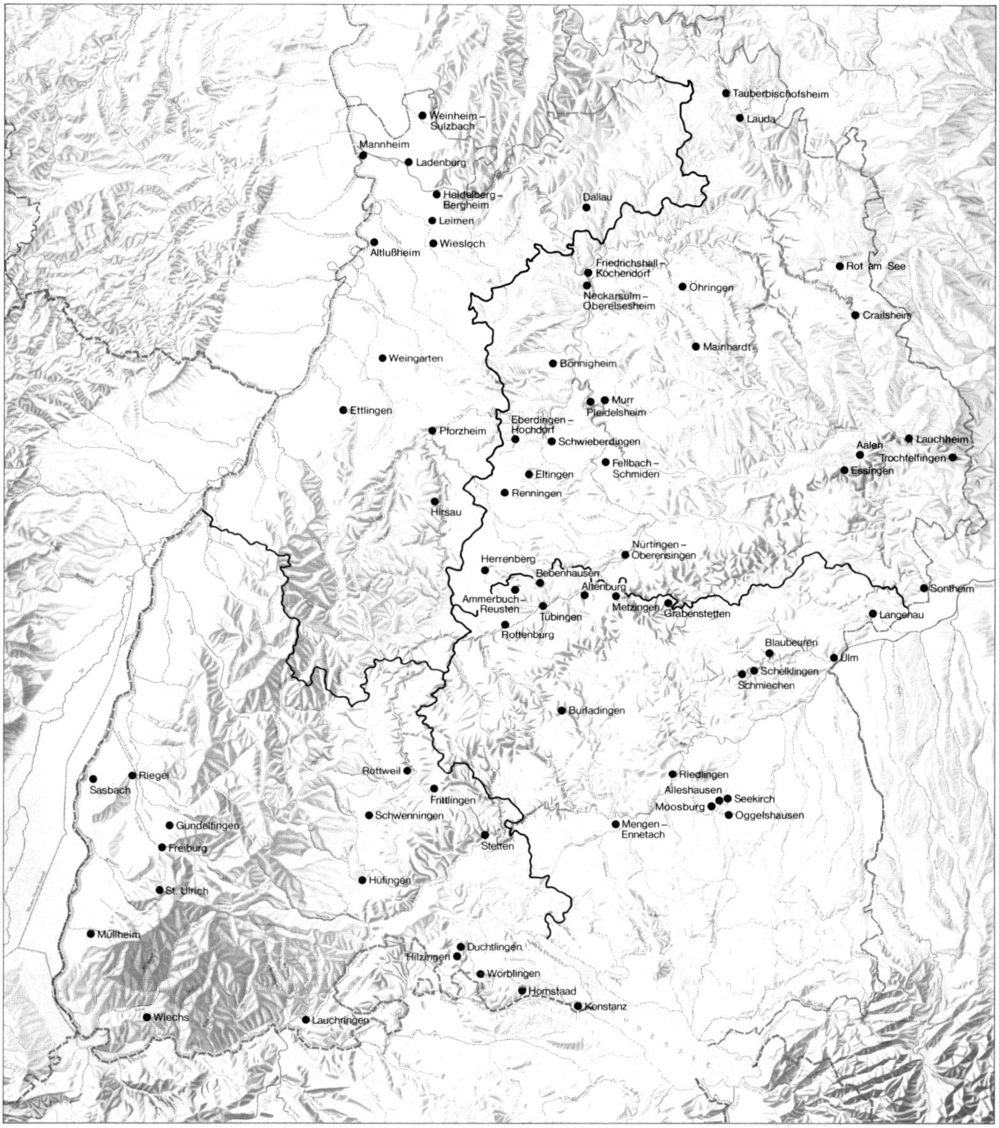

Karte der Städte und Gemeinden, aus denen in diesem Band berichtet wird

Inhalt

Verzeichnis der Autoren

Dr. Susanne Arnold, Konservatorin, Landesdenkmalamt Baden-Württemberg, Abt. Archäologische Denkmalpflege, Stuttgart

Dr. Karin Batsch, Stadt Rottenburg

Heidrun Becker-Erdem M. A., Göttingen

Dr. Rolf-Heiner Behrends, Oberkonservator, Landesdenkmalamt Baden-Württemberg, Abt. Archäologische Denkmalpflege, Außenstelle Karlsruhe

Dr. Jörg Biel, Oberkonservator, Landesdenkmalamt Baden-Württemberg, Abt. Archäologische Denkmalpflege, Stuttgart

Angela Bonenberger, Institut für Vor- und Frühgeschichte der Universität Heidelberg

Otto Braasch, Oberstleutnant a. D., Schwäbisch Gmünd

Hansjörg Brem, lic. phil., Thalwil, Schweiz

Andreas Brunn, Institut für Ur- und Frühgeschichte der Universität Freiburg

Dr. Rolf Dehn, Oberkonservator, Landesdenkmalamt Baden-Württemberg, Abt. Archäologische Denkmalpflege, Außenstelle Freiburg

Dr. Bodo Dieckmann, Landesdenkmalamt Baden-Württemberg, Abt. Archäologische Denkmalpflege, Arbeitsstelle Gaienhofen-Hemmenhofen

Christian Dreier, cand. phil., Abteilung für Provinzialrömische Archäologie der Universität Freiburg

Marianne Dumitrache, Landesdenkmalamt Baden-Württemberg, Abt. Archäologische Denkmalpflege, Stuttgart

Dr. Jörg Faßbinder, Bayerisches Landesamt für Denkmalpflege, München

Dr. Gerhard Fingerlin, Oberkonservator, Landesdenkmalamt Baden-Württemberg, Abt. Archäologische Denkmalpflege, Außenstelle Freiburg

Klaus Frank, Dipl. Graph. Des. (FH), Institut für Vor- und Frühgeschichte der Universität Tübingen

Dipl.-Min. Gert Goldenberg, Geologisches Landesamt Freiburg

Dr. Uwe Gross, Landesdenkmalamt Baden-Württemberg, Abt. Archäologische Denkmalpflege, Stuttgart

Prof. Dr. Joachim Hahn, Privatdozent, Institut für Urgeschichte der Universität Tübingen

Dipl.-Geol. Ludwig H. Hildebrandt, Geologisch-Paläontologisches Institut der Universität Heidelberg

Dr. Hans Günter Jansen, Böblingen

Walter Joachim, Ltd. Polizeidirektor, Stuttgart

Einhard Kemmet, Kurpfälzisches Museum Heidelberg

Dr. Martin Kempa, Landesdenkmalamt Baden-Württemberg, Abt. Archäologische Denkmalpflege, Stuttgart

Dr. Claus-Joachim Kind, Landesdenkmalamt Baden-Württemberg, Abt. Archäologische Denkmalpflege, Außenstelle Tübingen

Joachim Kirchhoff, cand. phil., Institut für Vor- und Frühgeschichte der Universität Tübingen

Dr. Frieder Klein, Landesdenkmalamt Baden-Württemberg, Abt. Archäologische Denkmalpflege, Außenstelle Tübingen

Dr. Ulrich Klein, Oberkonservator, Württembergisches Landesmuseum Stuttgart, Münzkabinett

Dr. Jutta Klug, Landesdenkmalamt Baden-Württemberg, Abt. Archäologische Denkmalpflege, Außenstelle Freiburg

Dr. Matthias Knaut, Landesdenkmalamt Baden-Württemberg, Abt. Archäologische Denkmalpflege, Stuttgart

Dr. Mostefa Kokabi, Landesdenkmalamt Baden-Württemberg, Abt. Archäologische Denkmalpflege, Arbeitsstelle Gaienhofen-Hemmenhofen

Dr. Susanne Kolbus, Kirchentellinsfurt

Dr. Rüdiger Krause, Konservator, Landesdenkmalamt Baden-Württemberg, Abt. Archäologische Denkmalpflege, Stuttgart

Dr. Hans-Peter Kuhnen, Oberkonservator, Württembergisches Landesmuseum Stuttgart

Kai Letzner, Institut für Vor- und Frühgeschichte der Universität Bonn

Dr. Dietrich Lutz, Oberkonservator, Landesdenkmalamt Baden-Württemberg, Abt. Archäologische Denkmalpflege, Außenstelle Karlsruhe

Dr. Ursula Maier, Institut für Urgeschichte der Universität Freiburg, Arbeitsstelle Gaienhofen-Hemmenhofen

Prof. Dr. Hans Ulrich Nuber, Abteilung für Provinzialrömische Archäologie der Universität Freiburg

Gaetano Oehmichen, stud. phil., Institut für Ur- und Frühgeschichte der Universität Kiel

Dr. Judith Oexle, Konservatorin, Landesdenkmalamt Baden-Württemberg, Abt. Archäologische Denkmalpflege, Stuttgart

Prof. Dr. Dieter Planck, Landeskonservator, Landesdenkmalamt Baden-Württemberg, Abt. Archäologische Denkmalpflege, Stuttgart

Mathias Putze, Kunsthistorisches Institut der Universität Freiburg

Joachim Rehmet M. A., Institut für Vor- und Frühgeschichte der Universität Tübingen

Dr. Hartmann Reim, Oberkonservator, Landesdenkmalamt Baden-Württemberg, Abt. Archäologische Denkmalpflege, Außenstelle Tübingen

Dr. Manfred Rösch, Landesdenkmalamt Baden-Württemberg, Abt. Archäologische Denkmalpflege, Arbeitsstelle Gaienhofen-Hemmenhofen

Harald Rosmanitz, cand. phil., Kunsthistorisches Institut der Universität Heidelberg

Kurt Sartorius, Bönnigheim

Dr. Egon Schallmayer, Konservator, Landesdenkmalamt Baden-Württemberg, Abt. Archäologische Denkmalpflege, Außenstelle Karlsruhe

Andreas Schaub, cand. phil., Abteilung für Provinzialrömische Archäologie der Universität Freiburg

Dr. Helmut Schlichtherle, Landesdenkmalamt Baden-Württemberg, Abt. Archäologische Denkmalpflege, Arbeitsstelle Gaienhofen-Hemmenhofen

Erhard Schmidt, Oberkonservator, Landesdenkmalamt Baden-Württemberg, Abt. Archäologische Denkmalpflege, Außenstelle Tübingen

Dr. Christiane Schnack, Landesdenkmalamt Baden-Württemberg, Abt. Archäologische Denkmalpflege, Stuttgart

Prof. Dr. Barbara Scholkmann, Landesdenkmalamt Baden-Württemberg, Abt. Archäologische Denkmalpflege, Außenstelle Tübingen

Dr. C. Sebastian Sommer, Konservator, Landesdenkmalamt Baden-Württemberg, Abt. Archäologische Denkmalpflege, Stuttgart

Erich Sommer, cand. phil., Institut für Vor- und Frühgeschichte der Universität Tübingen

Dr. Ingo Stork, Konservator, Landesdenkmalamt Baden-Württemberg, Abt. Archäologische Denkmalpflege, Stuttgart

Otto Teschauer, Landesdenkmalamt Baden-Württemberg, Abt. Archäologische Denkmalpflege, Außenstelle Karlsruhe

Dr. Matthias Untermann, Landesdenkmalamt Baden-Württemberg, Abt. Archäologische Denkmalpflege, Außenstelle Freiburg

Utz Vollmer, cand. phil., Institut für Ur- und Frühgeschichte der Universität Freiburg

Dr. Eberhard Wagner, Landesdenkmalamt Baden-Württemberg, Abt. Archäologische Denkmalpflege, Stuttgart

Heiko Wagner, Institut für Vor- und Frühgeschichte der Universität Freiburg

Dr. Jochen Wahl, Landesdenkmalamt Baden-Württemberg, Abt. Archäologische Denkmalpflege, Arbeitsstelle Gaienhofen-Hemmenhofen

Thomas Westphalen, Landesdenkmalamt Baden-Württemberg, Abt. Archäologische Denkmalpflege, Grabung Ulm

Dr. Gerhard Wesselkamp, Landesdenkmalamt Baden-Württemberg, Abt. Archäologische Denkmalpflege, Außenstelle Freiburg

Gary White M. A., Abt. für Provinzialrömische Archäologie der Universität Freiburg

Christine Wieczorek, Institut für Vor- und Frühgeschichte der Universität Tübingen

Dr. Ulrich Zimmermann, Institut für Ur- und Frühgeschichte der Universität Freiburg

Die Untersuchungen des Jahres 1990 im Geißenklösterle bei Blaubeuren, Alb-Donau-Kreis

Von Mitte August bis Anfang Oktober 1990 wurden die Ausgrabungen in der Höhle Geißenklösterle bei Blaubeuren fortgeführt. Die Zielsetzung umfaßte weitere Untersuchungen in der Umgebung der großen Gravettienfeuerstelle im hinteren Höhlenteil, im vorderen Eingangsbereich, um hier das hangseitige Auskeilen der Fundhorizonte zu beobachten, und im Zentrum des Höhleneingangs.

Die westliche Umgebung der Feuerstelle des Gravettien (Horizont It) ist inzwischen abgegraben. Hier folgt nach kurzem Abstand die Höhlenrückwand, vor der die Funde wie üblich in der Wandfazies ausdünnen. Es fanden sich nur noch einige Rippenfragmente und zwei Elfenbeinanhänger, darunter wieder ein unfertiger. Im davor liegenden Teil deutet sich innerhalb der Anhänger eine Differenzierung an. Neben Elfenbeinanhängern ist an dieser Stelle (Qu. 98) eine Anreicherung an durchbohrten Fuchseckzähnen und kleinen Ammoniten des Braunen Jura mit natürlichem Loch zu verzeichnen. Diese deuten an, daß an dieser Stelle eine Person mit besonders verzierter Kleidung gearbeitet haben kann, wenn man voraussetzt, daß die fertigen Anhänger bei Arbeiten an der Feuerstelle verlorengingen. Die Basis der Feuerstelle selbst wurde nicht gegraben, um geplante naturwissenschaftliche Untersuchungen zu den dort herrschenden Temperaturen durchzuführen.

Im allgemeinen bestehen die zahlreichen Steinartefakte des Gravettien meist aus rotem, selten grünem Radiolarit, grauem Hornstein und vereinzeltem schwarzem Material. Unter den Klingen fallen einige kleine aus grauem Hornstein auf, die in der Seitenansicht bemerkenswert gestreckt sind. Das scheinen bevorzugte Grundformen für rückenretuschierte Stücke zu sein, die speziell von einem Mikroklingenkern abgebaut wurden. An Werkzeugen sind neben drei Sticheln und einem Stichelabfall ein Rückenmesser, zwei Mikrogravettespitzen und ein trapezförmiges, schräg doppelt endretuschiertes Rückenmesser zu nennen.

Im Eingangsbereich konnten nach den Gravettienschichten nun die oberen Aurignacienhorizonte ergraben werden. Der Horizont IIb zeichnete sich durch kleinere Ascheanreicherungen aus, die stellenweise nur unter großen Steinen erhalten waren, und durch zwei kleine Knochenansammlungen.

An Faunenresten sind aus diesem Teil besonders ein Steinbockzahn und Schädel- sowie Gebißfragmente eines sehr jungen Mammuts mit Milchgebiß zu nennen. Neben einigen Abschlägen und Klingen fanden sich in diesem Bereich auch ein Nasenkratzer, zwei Stichel und ein ausgesplittertes Stück, wie die Klingen meist aus Bohnerzhornstein. Auf dem Horizont IIb lag ein großer Block mit einem intensiv rot gefärbten unregelmäßigen Fleck an einem Ende. Er macht der Erhaltung nach den Eindruck, als ob er ein Versturzblock des vorkragenden Simses wäre. Wie der mit einem schwarzen Winkel bzw. Dreieck bemalte Stein aus dem untersten Horizont IIIa ist er ein Hinweis darauf, daß die Höhlenwände während des Aurignacien im Eingangsteil mit Zeichen bemalt waren. An besonderen Artefakten kommen aus diesem Bereich ein mit Querkerben verzierter länglicher asymmetrischer Elfenbeinanhänger (?) und das Fragment eines Elfenbeinbandes mit ovalem Querschnitt, das an einem Ende durchbohrt ist.

In der Mitte der Höhle sollte auf zwei Quadratmetern eine Sondage in die vermutlich mittel-

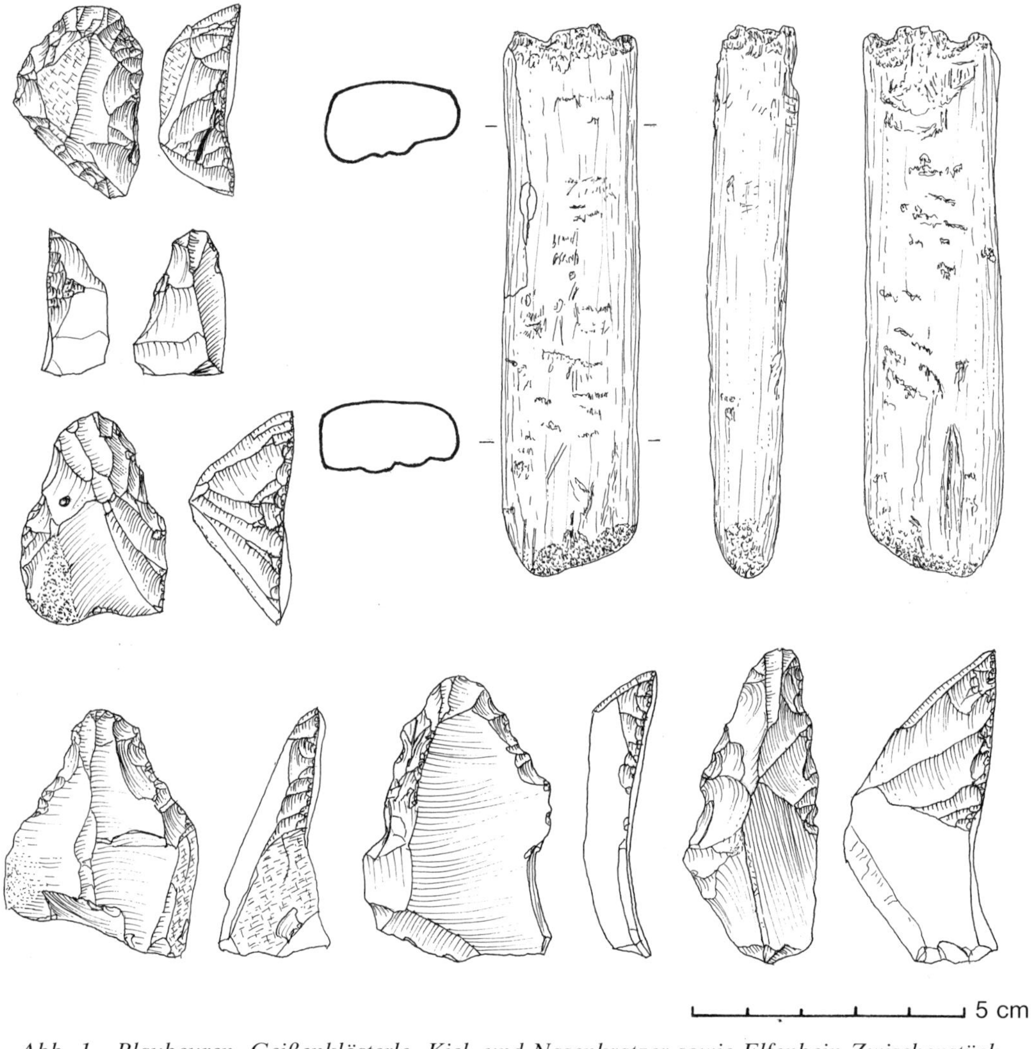

Abb. 1 Blaubeuren. Geißenklösterle. Kiel- und Nasenkratzer sowie Elfenbein-Zwischenstück (rechts oben) aus dem untersten Aurignacienhorizont

paläolithischen Horizonte abgeteuft werden. Es stellte sich jedoch entgegen der bisherigen Annahme heraus, daß die Basis der Aurignacienhorizonte noch lange nicht erreicht war. Statt dessen fand sich eine reiche Fundstreuung mit Rötelflecken, Knochenkohleansammlungen und zahlreichen Artefakten. Sie bestehen meist aus gelbem bis grauem Jurahornstein, nur je zweimal sind Ölquarzit, Radiolarit und Bänderjaspis belegt. Davon sind allein 167 Abschläge, 65 Klingen und 52 Lamellen sowie zwei Kerne in zwei Quadratmetern vertreten. Diese Artefakte bildeten oft kleine Nester, so als ob Abfall von einem Arbeitsvorgang weggeschüttet worden sei. In diesen Nestern lag meist ein Nasen- oder Kielkratzer (zus. fünf Exemplare). Ohne Zusammenpassungen ist es nicht möglich zu entscheiden, ob diese eine Einheit bilden. An Werkzeugen kommen dazu noch drei einfache Kratzer, zwei Stichel, drei Stichelabfälle, ein kombinierter Kratzer-Spitze, zwei ausgesplitterte Stücke und eine Endretusche. Vier Abschläge und eine Klinge sind auf einer Fläche intensiv rötelgefärbt, wobei sie nur teilweise aus Rötelflecken stammen. An Tierresten sind häufige Elfenbeinbruchstücke zu nennen, meist ohne erkennbare Arbeitsspuren. Wichtig sind neben den üblichen Höhlenbärenresten vor allem zwei Zähne vom Wollnashorn, weiterer Hinweis auf die relative Häufigkeit dieser Tierart in dem unteren Horizont.

Ein besonderer Fund ist ein bearbeiteter Elfenbeinstab (Abb. 1, rechts oben) von etwa 10 cm Länge mit ovalem Querschnitt. Während das obere Ende durch Schlageinwirkungen ausgefasert ist, sind von dem unteren einzelne längliche Bahnen abgeplatzt. Zudem kann man in Längsrichtung verlaufende Schrammen erkennen. Diese Gebrauchsspuren geben an, daß auf den Stab geschlagen und daß er auf einen harten Gegenstand aufgesetzt wurde. Es scheint sich um ein Zwischenstück für die Herstellung von Steinwerkzeugen zu handeln. Vielleicht wurde so die lamellare Retusche der Kiel- und hohen Nasenkratzer erzeugt.

In den liegenden, nur oberflächlich angegrabenen Horizonten treten gegenüber Höhlenbärenresten andere Faunenelemente deutlich zurück, zudem lassen sich hier deutliche Hyänenverbißspuren feststellen. Es dürfte sich demnach um eine Zeit handeln, in der die Höhle nur von Höhlenbären und Raubtieren aufgesucht wurde. Eine Schicht aus dem Mittelpaläolithikum wurde nicht erreicht.

Ein wichtiges Ergebnis der Grabungen 1990 im Geißenklösterle war, daß die unteren Aurignacienhorizonte noch nicht, wie bisher geglaubt, vollständig ergraben sind. Die Befunde – kleinräumige Ansammlungen von Abschlägen und Absplissen, dazwischen Elfenbeinsplitter – deuten auf nicht oder wenig gestörte Aktivitätsbereiche. Demnach ist der Horizont III vielleicht mehrphasig und repräsentiert somit eine größere Zeittiefe. *Joachim Hahn*

Literaturhinweise

J. Hahn, Das Geißenklösterle I. Forsch. u. Berichte zur Vor- und Frühgeschichte 26 (1988). – Fundber. Bad.-Württ. 14, 1989,1 ff.

Höhlenkunst aus dem Hohlen Fels bei Schelklingen, Alb-Donau-Kreis

Im Rahmen der Ausgrabungen 1990 wurden im August und September wieder die Gravettienfundhorizonte des Hohlen Felsens bei Schelklingen mit einer kleinen Grabungsmannschaft untersucht. Ziel war es, das Profil soweit abzugraben, um die Sedimentation besser beurteilen zu können. Der Schichtaufbau ist ein komplexes System von ineinandergeschachtelten Erosions- und Abflußrinnen. Diese folgten der Veränderung des mächtigen Schuttkegels aus dem Innern der großen Halle und pendelten von der Hallenmitte bis an die nördliche Höhlenwand. Die andere Seite ist nicht gegraben. Das Vorkommen dieser Rinnen selbst im Gravettien ist für das Verständnis des Karstsystems in der letzten Eiszeit von großer Bedeutung. Denn es zeigt sich, daß es nicht völlig plombiert sein konnte, sondern zumindest zeitweilig funktionierte.

In diesen Rinnen lagerten sich eingeschnitten in die oberste Gravettienlage noch einmal Magdalénienfunde ab, wobei eine sichere Zuweisung nicht immer einfach war. Eindeutig magdalénienzeitliche Funde waren sowohl eine Nähnadel als auch ein Lochstabfragment aus Rengeweih. Dieses eckig zugeschnittene Stück weist einen zackigen, W-förmigen Bruch auf, wie er durch eine extreme Belastung des frischen Geweihs entsteht. Das bedeutet, daß dieses Stück bereits alt gebrochen und verworfen wurde. Der gute Erhaltungszustand läßt auch Aussagen zur Verwendung dieser Werkzeuge zu.

In den sich direkt anschließenden Gravettienhorizonten fanden sich zahlreiche Steinwerkzeuge, darunter zum erstenmal auch Mikrogravettespitzen als Hinweis auf das Gravettien. Abschläge, Klingen und auch Kerne sind recht zahlreich, jedoch fällt auf, daß der Anteil von kleinen Absplissen äußerst gering ist. Das heißt, daß Kerne im Höhleninnern verarbeitet und daß Grundformen produziert wurden. Die seltenen Absplisse könnten eine gewisse Abspülung andeuten. Der Schmuck bestand wieder aus einigen tropfenförmigen Elfenbeinanhängern, wie er im Achtal so typisch für das Gravettien ist. Daneben kam auch die erste durchbohrte Hirschgrandel zutage, die allerdings eine völlig andere Form als die Elfenbeinanhänger aufweist. Diese werden allgemein von den Hirschgrandeln abgeleitet. Eine für Südwestdeutschland neue Form ist ein dikker zylindrischer Elfenbeinanhänger, der von beiden Seiten her doppelkonisch durchbohrt wurde. Vergleichbare, hier allerdings am Rand durch Kerben verzierte Stücke kennen wir aus dem »Pavlovien« Südmährens in Dolni Věstonice und Pavlov.

Bei den Grabungen 1990 fielen wieder zahlreiche Bärenschliffe auf, das sind vom Höhlenbären glatt polierte vorspringende Wandteile. Sie sind selten in den Magdalénien-, häufig jedoch in den Gravettienhorizonten. Über 90 Prozent davon lagen mit der polierten Seite nach unten im Sediment, die Häufigkeit nimmt zur Rückwand hin ebenfalls zu. Das bedeutet, daß es sich um von der Wand abgeplatzte Teile handeln muß. Die Politur ist stellenweise so stark, daß ein richtiger Glanz vorhanden ist.

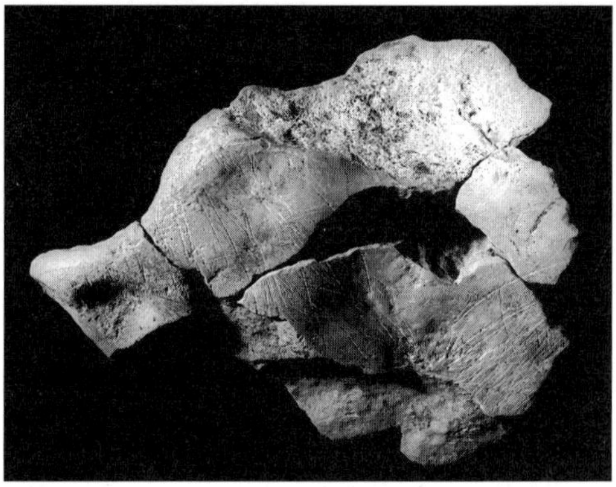

Abb. 2 Schelklingen. Hohler Fels. Aus Fragmenten zusammengesetzter »Bärenschliff«

Im letzten Jahr waren bereits mehr als zehn Fragmente von durch Frost zersprengtem »Bärenschliff« gefunden worden, der tief eingeritzte Schnittlinien aufwies. Das Zusammensetzen dieser Bruchstücke erwies sich als schwierig, vor allem, weil Störungen bis in die Gravettienschicht reichten und somit vermutlich nicht alle Teile vorhanden sind. Zu erkennen sind Bündel von tief eingeschnittenen Linien, die z. T. senkrecht aufeinanderstehen (Abb. 2). 1990 ergab sich ein Hinweis darauf, daß diese Linien nicht durch einen gewöhnlichen Gebrauch entstehen: Ein großer, etwa 32 cm langer Block mit »Bärenschliff«, dessen polierte Seite nach unten im Sediment lag, stammt aus der Wandnähe und trägt an den

Abb. 3 Schelklingen. Hohler Fels. Ausschnitt aus geritztem »Bärenschliff« auf dem großen Block der Grabung 1990

glatt geschliffenen Stellen feine Ritzlinien. Sie sind ebenfalls wieder in Bündeln angeordnet, die sich kreuzen (Abb. 3). Die Ritztiefe ist wie bei dem ersten gleichmäßig, hier aber so fein, daß man sie kaum sehen kann. Das spricht gegen eine Nutzung dieses Blocks als Unterlage beim Schneiden o. ä. Vielmehr kann man davon ausgehen, daß die Ritzung an der Wand angebracht wurde. Obwohl mit dem Anbringen der Linien auf den glatt polierten Teilen eine eindeutige Wahl vorliegt, scheint die Form dieser Teile keine Rolle zu spielen. In der natürlichen Steinform konnte noch kein figürlicher oder schematischer Umriß entdeckt werden, der durch die Ritzungen möglicherweise verstärkt werden sollte. Sie dürften nach den jetzigen Vorstellungen unabhängig davon sein. Aber bisher haben wir nur kleine, zerbrochene Wandteile. Falls es größere Flächen waren, in die auch die nicht polierten Teile einbezogen waren, so sind keine Aussagen mehr möglich. Ein großer glatt geschliffener Block aus dem Innern der Halle, der für Experimente mitgenommen wurde, zeigt ebenfalls sehr feine Ritzlinien. Demnach trugen größere Wandteile in der ganzen Höhle »Bärenschliff«, der wiederholt geritzt war.

Wenn diese Annahmen zutreffen, dann haben wir in dem geritzten »Bärenschliff« einen weiteren Hinweis auf das Vorliegen von eiszeitlicher Höhlenkunst in Südwestdeutschland. Der früheste dürfte aus dem Aurignacien im Geißenklösterle stammen. Während man im Aurignacien einen Vorsprung am Felsen mit schwarzer Farbe dreieckig nachzeichnete, ritzte man im Gravettien des Hohlen Felsens

an mindestens zwei Stellen im Bereich der Grabungsfläche. Bisher ist aus den Linienbündeln kein Muster abzulesen. Aber es ist auch nicht zwingend, daß Wandkunst in jedem Fall figürlich ist oder gar, daß erkennbare Symbole dahinterstehen. Wie die neuen Ausgrabungen in Nordspanien in La Viña zeigen, ist die älteste Phase der Wandkunst (vermutlich aus dem Aurignacien) durch senkrechte, tief in die Abriwand eingeschnittene Linien charakterisiert. Figürliche Ritzungen treten erst ab dem Solutréen auf.
Die immer wieder in der englisch- und französischsprachigen Literatur hervorgehobene Konzentration der Höhlenkunst auf den franko-kantabrischen Raum ist somit vielleicht eher erhaltungsbedingt. In dem frostbruchanfälligen südwestdeutschen Jurakalk konnten sich die Höhlenwände nicht über Jahrtausende erhalten. Zumindest für das ältere und mittlere Jungpaläolithikum scheint nun eine Wandkunst in abgeplatzten Teilen greifbar zu werden. Seltsamerweise erbrachte das im Hohlen Felsen auch sehr gut belegte Magdalénien keine Hinweise darauf. Die zahlreichen Artefakte aus Stein und Geweih sowie vielfältiger Schmuck auf der kleinen Fläche lassen vermuten, daß der Hohle Felsen im Magdalénien sehr intensiv und häufig aufgesucht wurde. Kleinkunst – bemalte Knochen und ortsfremde Steine sowie geschnitzte Anhänger – ist vorhanden. Das Fehlen sagt letztlich nicht viel aus, da sich Malereien bzw. Zeichnungen schlecht erhalten.
Die neuen Funde unterstreichen die Bedeutung dieser Höhle, die unser Wissen vor allem für das späte und mittlere Jungpaläolithikum wesentlich erweitert. *Joachim Hahn*

Literaturhinweise
J. Hahn, C. Pasda, Arch. Ausgr. Bad.-Württ. 1989, 21 ff. – J. Fortea Pérez 1990, Abrigo de la Viña. Informe de las campañas 1980–1986. Excavaciones arqueologicas en Asturias 1983–1986, Oviedo, 55 ff.

Eine mesolithische Freilandstation in Ettlingen, Kreis Karlsruhe

Seit Juli 1990 gräbt die Archäologische Denkmalpflege Außenstelle Karlsruhe auf dem Hinterhofgelände des Anwesens Färbergasse 13 in Ettlingen. Die Untersuchungen wurden notwendig, weil eine Neubebauung des Areals ansteht. Durch Ausgrabungen sollte geklärt werden, ob in diesem Areal mit weiteren römischen und früh- bzw. hochmittelalterlichen Befunden zu rechnen ist. Schon vor drei Jahren konnten in der Färbergasse bei Neubaumaßnahmen drei römische Steinkeller freigelegt werden, die z. T. vollständig erhaltene Gefäßfunde erbrachten. Darüber hinaus stieß man damals auf Hinweise, die den Beginn der Siedlungstätigkeit in diesem nördlich der Alb gelegenen Gebiet in nachrömischer Zeit bereits im 6. Jh. vermuten ließen. Unter anderem ließ sich ein frühmittelalterliches Grubenhaus sowie eine wohl dem Hochmittelalter zuzuweisende menschliche Bestattung, die mit Steineinfassung umgeben war, aufnehmen.
Die diesjährigen Grabungen erbrachten neben weiteren Hinweisen auf diese früh- und hochmittelalterlichen Siedlungshorizonte einen für die Stadtgeschichte Ettlingens aufregenden Befund. Unter den neuzeitlichen und mittelalterlichen Fundschichten ließ sich eine braune Schicht von abgeschwemmtem Sandmaterial

beobachten, die unmittelbar auf dem Albschotterhorizont lagerte. Aus dieser Sandschicht konnten nach außerordentlich sorgfältigen Beobachtungen Steinfragmente geborgen werden, die charakteristische Bearbeitungsspuren aufwiesen. Es handelte sich um Steinartefakte des Mesolithikums. Der Fundbestand bewegt sich gegenwärtig bei annähernd 500 Artefakten.
Die Feinauswertung des Materials steht noch aus, doch schon jetzt läßt sich sagen, daß vereinzelte Stücke von besonderer Bedeutung sind. Es läßt sich nicht nur der Formenkreis des mittel- und nordbadischen Mesolithikums um die Ettlinger Stücke bereichern, sondern unter den Neufunden befindet sich auch ein längliches Gerät, das formenkundlich in das Umfeld der sog. »Federmesser« einzuordnen ist. Es ist aus Bergkristall gefertigt (Abb. 4). Das Stück ist in unserem Raum einmalig. Es läßt ein ausgeprägtes ästhetisches Empfinden der Mesolithiker erkennen. Vermutlich handelt es sich um einen Steinimport aus der Pfalz oder dem Schwarzwald, wenn nicht ein mit den Rheinsanden verlagerter Bergkristallknollen aufgefunden und verarbeitet wurde.
Die Ettlinger Funde ermöglichen es, den Sandhorizont, der in der Färbergasse und wohl überall im nördlich der Alb gelegenen Gebiet auftritt, zu datieren. Es ist jene Sandzone, die den Albschotter nach oben hin abschließt und stellenweise durch erneute Aufschotterung unterbrochen ist. Im unteren Bereich der Fundzone lassen sich Erscheinungen in der Bodenstruktur erkennen, die an anderen Orten als Relikte endeiszeitlicher Frostrisse gedeutet wurden.
Da die Ettlinger Fundstücke keinerlei Verrollungsspuren aufweisen, ist davon auszugehen, daß die kantenscharfen Stücke an Ort und Stelle benutzt und auch verloren wurden. Selbst wenn eine Verlagerung in Rechnung gestellt werden sollte, kann diese nicht von weither erfolgt sein. Innerhalb der Fundschicht lassen sich nach genauen Einmessungen zwei unterschiedliche Steinfundhorizonte trennen, die es vielleicht möglich machen, typologische Unterschiede im Steinmaterial chronologisch herauszuarbeiten. Insgesamt ist der Ettlinger Fundbestand als Hinweis auf eine Freilandstation der Mesolithiker auf dem Sandhorizont des Albschwemmfächers zu deuten. Im nordbadischen Raum handelt es sich damit um den ersten, in einer archäologischen Ausgrabung in situ angetroffenen Freiland-Fundplatz des Mesolithikums.
Für das Lebensbild dieser Leute ist anzunehmen, daß es sich auch im Falle des Ettlinger Fundplatzes um eine Lagerstätte von Jägern und Sammlern handelte, die an der Alb Fisch-

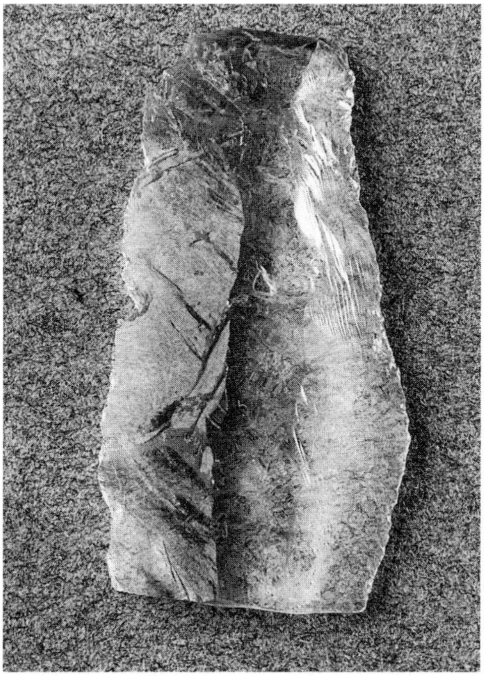

Abb. 4 Ettlingen. Steingerät aus Bergkristall. Länge 2,9 cm

fang betrieben, Beeren, Wurzeln und sonstige eßbare Pflanzen auf der Vorbergzone sammelten und das Wild der Rheinebene und des Albtaleinganges jagten. Zum Fundbestand des Ettlinger Mesolithplatzes gehören Holzkohlereste, ein Haselnußkern und zumeist sehr kleinteilige Knochenstückchen, die nach weiterer Untersuchung Auskunft über Holz- und Tierarten wie auch über das Alter des Fundplatzes geben könnten. Die Aufenthaltsstelle der Mesolith-Leute im Bereich der heutigen Färbergasse war sehr gut gewählt, da von hier aus sowohl das Rhein- als auch das Albtal und der vordere Nordschwarzwald begangen werden konnten.

Mit diesen neuen Funden ist das Mesolithikum in Ettlingen nunmehr sicher nachgewiesen. Schon unter den älteren Fundstücken aus Ettlingen tauchten vereinzelt mesolithisch gedeutete Steingeräte und Artefakte auf. Wie sich zeigt, bewegt sich die Fundstreuung in der Färbergasse 13 auf einem Areal von maximal 20 m^2, doch haben sich bei den Grabungen vor einiger Zeit auf der gegenüberliegenden Straßenseite ebenfalls einzelne Artefakte finden lassen.

Wiederum ist auch im Falle der mesolithischen Fundstelle in der Färbergasse in Ettlingen festzuhalten, daß jede archäologische Ausgrabung mit handfesten Überraschungen aufwarten kann. Darüber hinaus ist klar sichtbar, daß nur eine kontinuierlich über Jahre hinweg durchgeführte archäologische Betreuung eines Altstadtkerns das ganze Spektrum der vor- und frühgeschichtlichen wie auch der mittelalterlichen Siedlungstätigkeit nachweisen kann. Die mesolithischen Funde von der Färbergasse stellen ein weiteres, diesmal für die frühe Vorgeschichte dieser Stadt bedeutsames Material dar, das bei der weiteren wissenschaftlichen Auswertung vermutlich noch die eine oder andere Überraschung bereithält.

Egon Schallmayer

Literaturhinweise

E. Schallmayer, Arch. Ausgr. Bad.-Württ. 1988, 137 ff. – D. Lutz/E. Schallmayer, 1200 Jahre Ettlingen – Archäologie einer Stadt. Arch. Informationen aus Baden-Württemberg 4 (1988).

Sondierungen an einem steinzeitlichen Fundplatz in Moosburg am Federsee, Kreis Biberach

Moosburg liegt auf einem schmalen, etwa 100 bis 150 m breiten und mehrere hundert Meter langen mineralischen Rücken, der nach Süden in das ehemalige Becken des Federsees zieht. Nach Westen wie nach Osten schließen sich anmoorige Geländepartien an. Der Rücken war vor der Verlandung des Sees eine langgezogene Halbinsel oder Landzunge, die weit in die Wasserfläche hineinragte.

Schon seit den dreißiger Jahren ist bekannt, daß sich auf dem Rücken einige Fundstellen des Mesolithikums und Spätpaläolithikums befinden. Eine davon, die Fundstelle Nr. 8 nach der Zählung von H. Reinerth, lieferte

Tausende von Steinartefakten. Es ist bekannt, daß eine ganze Reihe von Sammlern die Fundstelle beging und Artefakte auflas. Im Museum von Bad Buchau gibt es noch einen Teil dieses Inventars. Die Artefakte sind mit der zusätzlichen Fundortbeschreibung »Nördlich der Kapelle« gekennzeichnet. Es ist anzunehmen, daß bereits Reinerth auf der Suche nach intakten mesolithischen Siedlungen im Bereich der Fundstelle Nr. 8 Grabungen durchführte. Wo genau die Grabungsflächen lagen, ist zur Zeit nicht zu klären. Allerdings gibt es Hinweise, daß Reinerth im Übergangsbereich zwischen mineralischem und anmoorigem Gelände sondierte.

Der Bereich der Fundstelle Nr. 8 sollte 1990 als Neubaugebiet ausgewiesen werden. Bereits im März wurde daher innerhalb einer Baugrube eine kleine Sondage durchgeführt. Vom 23. Juli bis zum 14. August wurde das restliche Baugelände mit einer Ausdehnung von etwa 60 × 30 m untersucht. Von Beginn an war nicht geplant, eine größere Grabung einzurichten. Es galt ausschließlich die Frage zu klären, ob innerhalb des Baugebietes mit intakten Fundschichten zu rechnen ist. Daher wurde über das Areal ein systematisches Quadratmeterraster gelegt. In jeweils 10 m Abstand zueinander wurden insgesamt 15 m^2 ausgegraben.

Die Befunde aller 15 Quadrate bestätigten die bereits bei Bohrungen an anderen Fundstellen im Federseegebiet gemachten Erkenntnisse. In keinem Quadrat wurden intakte Fundhorizonte angetroffen. Unter dem 20 cm starken Pflughorizont folgte ein fahlbraunes bis ockergelbes tonarmes, schluffig-sandiges Sediment, darunter ein tonreicherer, sandig-schluffiger Lehm, der mittelbraun gefärbt war. In alle geologischen Horizonte eingelagert fanden sich Gerölle unterschiedlicher Fraktionen, die z. T. zerbrochen waren. Bei den Sedimenten handelt es sich allem Anschein nach um Verwitterungsprodukte des Schotterkörpers der Moränen aus der Riß-Eiszeit. Sedimente der letzten (Würm-)Eiszeit oder gar der Nacheiszeit waren auf dem hügelartigen Rücken nicht vertreten oder erhalten. Der tonarme, fahlbraune Schluff ist als lessivierter A-Horizont (A_L) der späteiszeitlichen oder nacheiszeitlichen Bodenbildung anzusehen, der durch nachträgliche Erosionen und vom modernen Pflughorizont gekappt wurde.

In allen 15 Quadratmetern wurden Funde gemacht. Hierbei handelte es sich ausschließlich um Steinartefakte, Knochen haben sich in dem Sediment nicht erhalten. Unter den Steinartefakten befinden sich Objekte spätpaläolithischen und frühmesolithischen Alters, ohne daß sich stratigraphische Trennungen durchführen ließen. Der Großteil der Funde lag im Pflughorizont, aber auch im A_L-Horizont wurden, nach unten in ihrer Häufigkeit abnehmend, Artefakte angetroffen. Diese sind durch natürliche Prozesse in den rißzeitlichen Lehm eingelagert worden.

Insgesamt beläuft sich die Menge der gefundenen Artefakte auf nur knapp über 100 Stücke. Die ehemals so reiche Fundstelle scheint erschöpft zu sein. Zudem können die Ergebnisse der Untersuchungen in Moosburg als Präzedenzfall für die Situation an vielen Fundstellen auf mineralischem Boden im Federseebecken angesehen werden. Es ist anzunehmen, daß sich nirgendwo an diesen Geländestellen intakte Fundhorizonte erhalten haben. Dies hat Auswirkungen auf die denkmalpflegerischen Tätigkeiten, die durch die fortschreitende Bebauung baufreier Areale in verschiedenen Federseegemeinden notwendig werden könnten. Es dürfte in fast allen dieser Fälle ausreichen, die Baumaßnahmen beobachtend zu begleiten, ohne im Vorfeld größere Ausgrabungen durchzuführen.

Anders liegen die Verhältnisse im Übergangsbereich der mineralischen Rücken zu den anmoorigen Bereichen. Hier werden, sofern

Baugelände ausgewiesen ist, Ausgrabungen unumgänglich sein. An diesen Uferbereichen des ehemaligen Federsees können Fundhorizonte in torfige Ablagerungen integriert sein, wie es auch Bohrungen in Moosburg gezeigt haben. *Claus-Joachim Kind*

Literaturhinweise
H. Eberhardt, E. Keefer, C.-J. Kind, H. Rensch und H. Ziegler, Jungpaläolithische und mesolithische Fundstellen aus der Aichbühler Bucht. Fundber. Bad.-Württ. 12 (1987) 1 ff. – E. Wagner, Neue endpaläolithische und mesolithische Funde vom Federsee. Fundber. Bad.-Württ. 1 (1974) 45 ff. – Ders., Arch. Ausgr. Bad.-Württ. 1985, 30 ff.

Neue mesolithische Fundstellen in Rottenburg a. N., Kreis Tübingen

1990 führte die Außenstelle Tübingen des Landesdenkmalamtes Baden-Württemberg im Baugebiet Rottenburg-Siebenlinden archäologische Ausgrabungen im Bereich einer latènezeitlichen Siedlung durch (s. S. 79 ff.). Beim Ausgraben einer Siedlungsgrube fielen rot verfärbte Sedimentpartien im anstehenden Auelehm des Neckars auf. Einige Silexartefakte zeigten, daß eine mittelsteinzeitliche Fundstreuung angeschnitten worden war (Rottenburg-Siebenlinden I). Da die Baumaßnahmen im betreffenden Areal nur beschränkt behindert werden sollten, führte das Institut für Urgeschichte vom 18. Juni bis 6. Juli 1990 in Zusammenarbeit mit dem Landesdenkmalamt eine erste Rettungsgrabung im Rahmen einer Lehrveranstaltung durch. Vom 6. August bis 30. September folgten weitere Ausgrabungen vom Landesdenkmalamt im betreffenden Areal.

Im Verlaufe der Grabung innerhalb der latènezeitlichen Siedlung wurden beim Ausgraben weiterer Siedlungsgruben noch an anderen Stellen mesolithische Artefakte entdeckt. In einem Falle konnte ein kleiner Grabungsschnitt angelegt werden, der ebenfalls eine mesolithische Fundstreuung erbrachte (Rottenburg-Siebenlinden II). Hier sollen die Ausgrabungen 1991 fortgesetzt werden.

Beide Fundstellen liegen auf der Niederterrasse des Neckars in Auelehmschichten. Bis zur Entdeckung der Fundstellen war angenommen worden, die Auelehme seien höchstens 3000 Jahre alt.

Rottenburg-Siebenlinden I. Insgesamt wurde ein Areal von 53 m^2 archäologisch untersucht. Die Fundstreuung war in tonige, stark kalkhaltige Auelehme eingelagert. Zahlreiche Schneckenschalen dokumentieren den hohen Kalkgehalt. Die Hauptmenge der Funde konzentrierte sich auf einen begrenzten Horizont, etwa 90–100 cm unter der heutigen Oberfläche. 90 cm unter dem Fundhorizont folgt der Schotter der Niederterrasse.

Die Funde sind auf eine Sedimentmächtigkeit von rund 50 cm verteilt. Trotzdem gehören sie zu einer einzigen Fundschicht. Für die große Streuung können natürliche Faktoren wie z. B. Durchwurzelung und Tiergänge verantwortlich gemacht werden, daneben aber auch Sortierungsmechanismen durch Temperaturschwankungen. Dieses Phänomen wurde regelmäßig in verschiedenen steinzeitlichen Fundstellen beobachtet.

Insgesamt wurden in der Grabungsfläche etwa 1900 Steinartefakte entdeckt. Der größere Teil ist aus weißem Jurahornstein, aber auch zahlreiche Artefakte aus charakteristischem grauem oder schwarzem Muschelkalkhornstein kommen vor. Während der Muschelkalk-

hornstein aus den Neckarschottern kommen dürfte, stammen die Jurahornsteine von der Hochfläche der Schwäbischen Alb.
Unter den Artefakten überwiegen Klingen, Abschläge und Absplisse. Bei den Objekten aus Jurahornstein fällt die häufig vorkommende rosarote Färbung in Kombination mit einem matten Glanz auf. Dies ist Charakteristikum der Vorbehandlung der Rohknollen im erhitzten Sandbad, ein sehr markantes Merkmal des württembergischen Frühmesolithikums. Die modifizierten Artefakte bestätigen die Datierung der Funde. Neben kurzen Kratzern, endretuschierten Artefakten und Sticheln kommen kleine Mikrolithen vor. Unter ihnen befinden sich Mikrospitzen mit konkaver und konvexer Basis sowie gleichschenklig stumpf- und spitzwinklige Dreiecke. Die meisten Mikrolithen stellen den Komplex in das Beuronien A/B. Die Fundstelle gehört somit in das Präboreal oder das frühe Boreal.
Neben den Steinartefakten kommen zahlreiche Knochenfragmente vor. Insgesamt fällt die außergewöhnlich gute Erhaltung der Knochen auf, die in dieser Qualität für Freilandfundstellen sehr selten ist. Es ist möglich, daß dies durch eine schnelle Sedimentation, die mit dem Eintreten der Knochen in den feuchten Lehm zusammenhängt, bedingt wurde. Nach einer vorläufigen Bestimmung finden sich unter den Tierarten Rothirsch, Reh, Auerochse, Wildschwein, Rotfuchs und Biber. An vielen der Knochen sind, dank der guten Erhaltung, deutliche Schnitt- und Zerlegungsspuren zu erkennen. Diese werden nach ihrer Auswertung Einblicke in die Schlachttechnik der mesolithischen Menschen zulassen.
Ein weiterer Hinweis auf die Ernährung der Menschen sind Hunderte von verkohlten Haselnußschalen. Sie deuten an, daß auch in Rottenburg Haselnüsse ein wichtiges Nahrungsmittel während des Mesolithikums waren. Möglicherweise ist die große Menge der verbrannten Schalen sogar ein Indiz für einen Aufenthalt an dieser Stelle im Herbst.

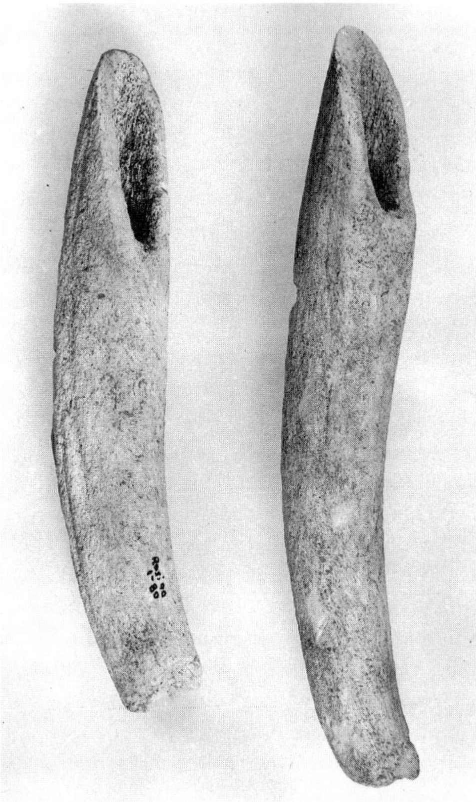

Abb. 5 Rottenburg. »Siebenlinden I«. Zwei frühmesolithische Hacken aus Hirschgeweih. Länge der rechten Hacke 16,3 cm

Drei Artefakte aus Knochen und Geweih wurden gefunden. Neben einem Knochenpfriem sind zwei hackenartige Geräte aus Hirschgeweih besonders wichtig (Abb. 5). An einem Ende sind sie durch eine Ringkerbe abgetrennt, am anderen durch eine Schliff-Facette abgeschrägt, die eine Schneide ausbildet. Eines der Stücke hat eine zusätzliche Schlifffläche auf seiner Oberseite, so daß die Zurichtung der Schneide ebenso wie die allgemeine

Form der Geräte bereits an neolithische Schuhleistenkeile erinnert. Außer einigen kleinen Schneidenfragmenten aus der Falkensteinhöhle im Tal der oberen Donau gibt es für diese Geräte in Süddeutschland bisher keine Parallelen.
Artefakte aus Felsgestein vervollständigen das mesolithische Inventar aus Rottenburg-Siebenlinden I. Darunter befindet sich eine ganze Reihe genormt wirkender, langgestreckter Gerölle aus Muschelkalk, die Schlagnarben tragen. Ähnliche Artefakte sind z. B. aus der luxemburgischen Freilandfundstelle Altwies-Haed bekannt. Bei den Stücken aus Rottenburg handelt es sich möglicherweise um Schlagsteine, die als Instrumente zum Öffnen der Haselnüsse verwendet wurden. Daneben gibt es drei Schleifplatten aus Keupersandstein sowie einen Reibstein aus Kalk. Der Reibstein ist für mesolithische Inventare völlig ungewöhnlich und würde rein formal in das Neolithikum datiert werden.
Die Fundstreuung hat in der Fläche ein sehr charakteristisches Aussehen. Sie ist oval mit einer Länge von etwa 6 m und einer Breite von etwa 5 m. Die Dichte der Funde ist hierbei nicht gleichmäßig. Am nördlichen Rand der Verteilung häufen sich die Objekte, besonders viele kleine Artefakte wurden hier entdeckt. Im Bereich dieser Konzentration war das Sediment auf einer Fläche von etwa 0,50 m^2 rot gefärbt. Diese Rotfärbung war beim Ausgraben der latènezeitlichen Grube bemerkt worden und führte letztendlich zur Entdeckung der Fundstelle. Brennversuche ergaben, daß der Auelehm bei einer Temperatur von etwa 500°C diese Rotfärbung entwickelt. Es ist anzunehmen, daß die rote Sedimentpartie der Rest einer Feuerstelle ist. Sie liegt an der Peripherie der Fundstreuung, was bereits in zahlreichen anderen Freilandfundstellen der Alt- und Mittelsteinzeit beoachtet wurde. Etwa 2,5 m von ihr entfernt wurde eine zweite Rotfärbung gefunden, die an der westlichen Längsseite der Fundstreuung liegt. Sie kann als Rest einer kleineren Nebenfeuerstelle interpretiert werden.
Ausgehend von der peripheren Konzentration um die Hauptfeuerstelle nimmt die Funddichte kontinuierlich ab. Hierbei ist jedoch auffällig, daß zum Rand der Verteilung hin große Artefakte, z. B. Kerne und größere Präparationsabschläge, aber auch die Gerölle und Schlagsteine, immer häufiger werden. Dies ist ein bekanntes Phänomen, das als »Zentrifugaleffekt« beschrieben wurde. Als Grund wird angenommen, daß größere Objekte im Laufe der Besiedlung vom Zentrum der Aktivitäten, der Feuerstelle, weg an den Rand des Siedlungsareals geräumt werden. Es deutet darauf hin, daß der Aufenthalt der mesolithischen Menschen in Rottenburg-Siebenlinden I nicht nur wenige Tage dauerte.
Die Verteilung der Steinartefakte, der Knochen und Geröllgeräte sowie die Feuerstellen machen klar, daß der Fundhorizont kaum verlagert sein kann. Leichte Umlagerungen sind sicherlich nicht auszuschließen, darauf deutet das Fehlen von Holzkohlen im Bereich der Feuerstellen. Wahrscheinlich haben Hochwasser des Neckars den Siedlungsplatz überschwemmt, wie schon die Überdeckung durch Hochflutlehme zeigt. Von sehr großer Energie kann die Überflutung aber nicht gewesen sein, so daß der überwiegende Teil der Fundobjekte in situ liegt.
Rottenburg-Siebenlinden II. Etwa 100 m südwestlich von Rottenburg-Siebenlinden I wurde eine zweite Station angegraben. Sie erbrachte auf einer Fläche von nur 6 m^2 mesolithische Artefakte, darunter ein kleines, extrem ungleichschenkliges Dreieck, wie es charakteristisch ist für das Beuronien C. Die zweite Fundstelle ist somit jünger als die erste und gehört in das späte Boreal. Neben Steinartefakten wurden wiederum sehr gut erhaltene Kno-

chenfragmente gefunden, darunter ein Knochenpfriem. Schlagsteine aus Muschelkalk sind ebenfalls vorhanden. Eine rotgefärbte Partie im Auelehm deutet auf eine Feuerstelle hin. In dieser Station soll 1991 weiter gegraben werden.
Oberflächenfundplätze der Mittelsteinzeit sind in Baden-Württemberg sehr häufig. Es hat sich jedoch leider gezeigt, daß sie zum überwiegenden Teil keine intakten Fundschichten mehr enthalten. Die neuen mesolithischen Fundstellen von Rottenburg-Siebenlinden sind daher von außergewöhnlicher Bedeutung. Sie sind die ersten mesolithischen Freilandstationen in Baden-Württemberg, bei denen in Nicht-Feuchtbodenmilieu Befunde entdeckt werden konnten. Sie können dazu beitragen, einen in Baden-Württemberg bisher unbekannten Siedlungstyp zu analysieren. Hierbei kommt der Frage nach den unterschiedlichen Tätigkeiten der Mesolithiker im Freiland oder in Höhlen und Abris eine entscheidende Bedeutung zu. Ebenso wichtig ist, daß sehr viele Tierknochen vorhanden sind, die sicher die Jagdbeute dokumentieren. Dadurch werden sich weitreichende Aussagen über ökonomische Bedingungen im Mesolithikum machen lassen.

Joachim Hahn, Claus-Joachim Kind

Literaturhinweise

J. Hahn, Die frühe Mittelsteinzeit. In: H. Müller-Beck (Hrsg.), Urgeschichte in Baden-Württemberg, (1983) 363 ff. – C.-J. Kind, Die Verteilung von Steinartefakten in Grabungsflächen. Ein Modell zur Organisation alt- und mittelsteinzeitlicher Siedlungsplätze. Urgeschichtl. Mat.Hefte 7 (1985). – Ders., Das Mesolithikum in Württemberg. In: D. Planck (Hrsg.), Archäologie in Württemberg (1988) 55 ff. – W. Taute, Ausgrabungen zum Spätpaläolithikum und Mesolithikum in Süddeutschland. In: Ausgrabungen in Deutschland. Gefördert von der Deutschen Forschungsgemeinschaft 1950–1975. Monogr. RGZM, Bd. 1,1 (1975) 64 ff. – P. Ziesaire, Retuscheure und Schlagsteine von der frühmesolithischen Freilandstation Altwies-Haed, Gde. Mondorf, Luxemburg. Bull. Soc. préh. Luxembourgeoise 6. (1984) 31 ff.

Eine Siedlung der ältesten Bandkeramik im Baugebiet »Lindele-Ost« in Rottenburg a. N., Kreis Tübingen

Die archäologischen Forschungen, die seit 1982 am nordöstlichen Stadtrand von Rottenburg und im Neubaugebiet »Lindele-Ost« durchgeführt werden, haben Grab- und Siedlungsbefunde verschiedener vor- und frühgeschichtlicher Kulturen sowie die umfangreichen Reste der mittelalterlichen Siedlung Sülchen erschlossen. Die ältesten Funde, es sind zahlreiche Artefakte aus Muschelkalkhornstein, gehören in das Mittelpaläolithikum und belegen eine Freilandstation jagender Menschengruppen aus der Zeit des Neandertalers; sie liegen an einem flachen, nach Südosten ins Neckartal abfallenden Hang, 400 m nordwestlich der Sülchenkirche. Mittelneolithische Funde und Befunde, u. a. der Stichbandkeramik, Großgartacher und Rössener Kultur, die im Bereich der Wüstung Sülchen aufgedeckt werden konnten, gehören zu einem ausgedehnten Siedlungsareal, das sich nordöstlich der Turnhalle im Bereich der Jahnstraße und am Südosthang gegen die Talaue hin erstreckt. Das Fragment einer frühbronzezeitlichen Stele mit Wagendarstellung, das als Spolie im

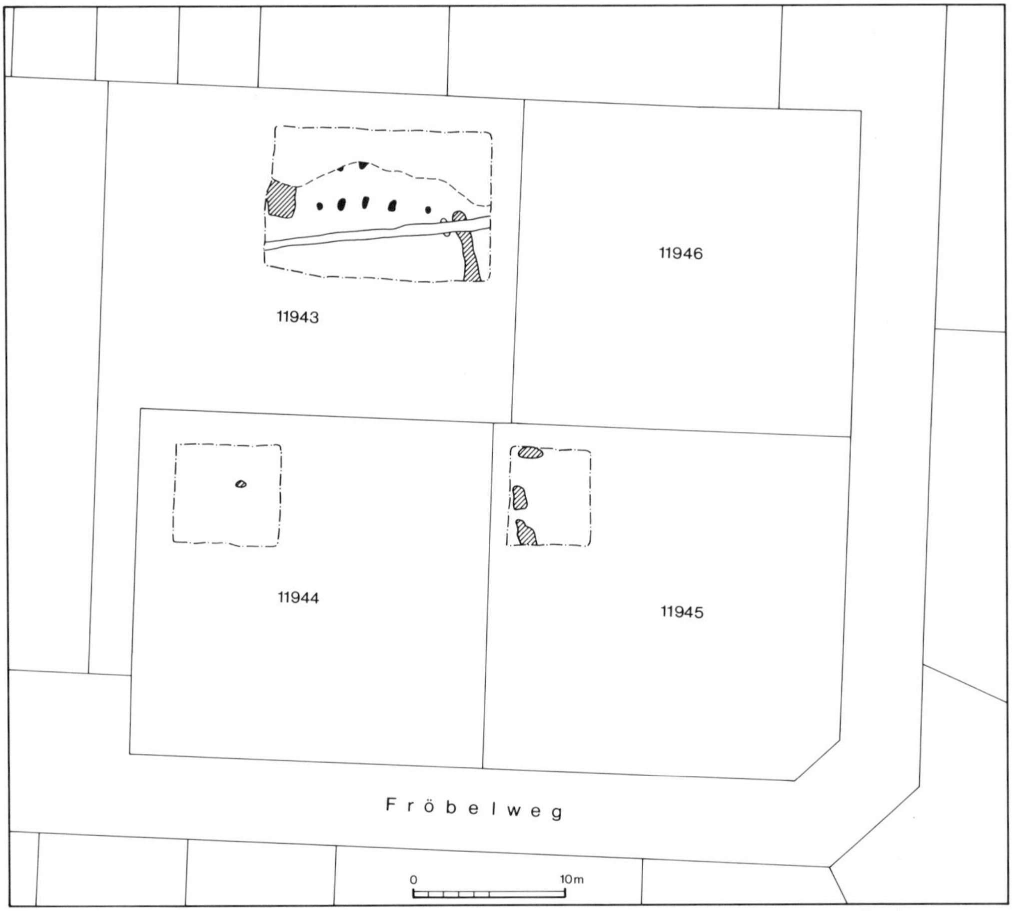

Abb. 6 Rottenburg. Gesamtplan der bandkeramischen Siedlungsbefunde im Neubaugebiet »Lindele«

Steinkreis eines hallstattzeitlichen Grabhügels im »Lindele« gefunden wurde, könnte auf bronzezeitliche Grab- oder Siedlungsfunde in unmittelbarer Umgebung des Baugebietes hinweisen. Im Gewann »Alter Markt« sind beim Bau der Osttangente Siedlungsreste der jüngeren Urnenfelderkultur zum Vorschein gekommen, u. a. eine kleinköpfige Vasenkopfnadel. Schließlich ist das seit 1984 untersuchte große Gräberfeld zu erwähnen, dessen Belegung in der ältesten Hallstattzeit (Stufe Ha C) beginnt, die gesamte Späthallstattzeit umfaßt und in der mittleren Latènezeit (Stufe C) endet. Römische Siedlungsreste, die zu Stein- und Holzbauten gehören, weisen auf ein Anwesen vor den Toren der römischen Stadt Sumelocenna hin. Drei römische Brandgräber, die im Bereich des keltischen Friedhofs aufgefunden wurden, dürften mit dieser Ansiedlung, wohl einem Gutshof, in Verbindung zu bringen sein. Alamannische Funde, darunter Keramik und mehrere Fibeln des 3./4. Jh., zeigen, daß die Siedlung Sülchen Nachfolgesiedlung der römischen Stadt Sumelocenna ist. Wenn auch keine direkte Kontinuität vorliegt, so ist dieser Befund für die spätantike und die frühmittelalterliche Besiedlungsgeschichte Rottenburgs von großer Bedeutung.

Bereits 1984 war bei Kanalisationsarbeiten im Fröbelweg eine Grube mit Funden der ältesten Bandkeramik (Stufe I) angeschnitten worden, und 1989 konnten bei der Bebauung von Flurstück 11943 erstmals im Kreisgebiet ältestbandkeramische Siedlungsbefunde beobachtet und dokumentiert werden (Abb. 6). In der Baugrube scheint der südliche bzw. südöstliche Teil eines bandkeramischen Pfostenbaus angeschnitten worden zu sein. In den Längsgruben fanden sich Scherben mit der für die älteste Bandkeramik charakteristischen Ornamentik, Getreidereste und Tierknochen werden Erkenntnisse über die Wirtschaftsverhältnisse ermöglichen. Wichtig ist die Feststellung, daß keine Vermischung mit mittelneolithischen Siedlungsmaterialien stattgefunden hat, jünger war lediglich ein schmales römisches Gräbchen, das in Ost-West-Richtung durch die Grabungsfläche zog (Abb. 6).

1990 wurde mit der großflächigen archäologischen Untersuchung der Flurstücke 11944 und 11945 begonnen. Für die Erlaubnis zur Grabung sei den Grundstückseigentümern gedankt. Wegen der unvorhergesehenen Ausweitung der Grabung im Industriegebiet »Siebenlinden« konnten jedoch nur zwei kleine Flächen untersucht werden. Gefunden wurden zahlreiche Silexartefakte, ältestbandkeramische Scherben sowie Tierknochen. Mehrere Scherben, auch aus der Sondage von 1989, können als sog. La-Hoguette-Keramik angesprochen werden, eine keramische Gruppe, die in den letzten Jahren in ältestbandkeramischen Siedlungen des Oberen Gäus mehrfach nachgewiesen werden konnte. Von großer Wichtigkeit ist, daß sich im »Lindele« der ältestbandkeramische Bodenhorizont erhalten hat, ein in Mitteleuropa nahezu einmaliger Befund. Diese Befundsituation läßt Beobachtungen zum Verhältnis der »La-Hoguette-Leute« zu den ältestbandkeramischen Bauern erhoffen wie auch zu den Beziehungen dieser beiden neolithischen Kulturgruppen zu den einheimischen Jägern und Sammlern des Mesolithikums. Die Grabung wird 1991 fortgeführt werden.

Hartmann Reim

Literaturhinweise

C. Lauxmann, C.-J. Kind, Arch. Ausgr. Bad.-Württ. 1987, 22 ff. – S. Albert, Zur jungsteinzeitlichen Besiedlung von Rottenburg. Der Sülchgau 29/30, 1985/86, 61 ff. – H. Reim, Arch. Ausgr. Bad.-Württ. 1989, 109 ff.

Untersuchungen in einem neolithischen Siedlungsareal bei Ammerbuch-Reusten, Kreis Tübingen

Die Gäulandschaft um die im Ammertal gelegene Gemeinde Reusten wird geprägt vom Kirchberg, einem aus dem Hauptmuschelkalk herausgeschnittenen, langgestreckten Bergsporn unmittelbar südlich der Ortschaft. Grabungen des Urgeschichtlichen Forschungsin-

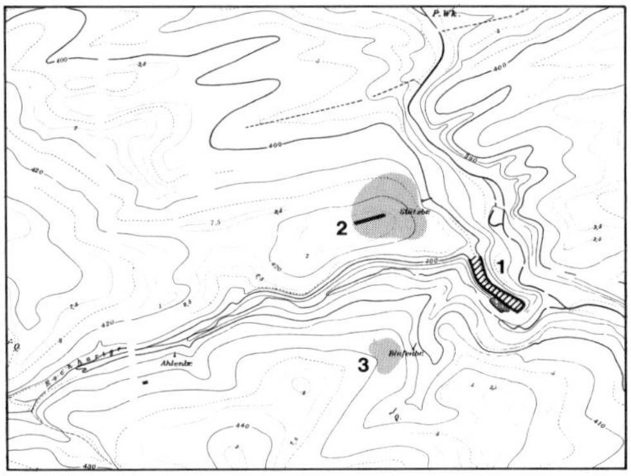

Abb. 7 Ammerbuch-Reusten. Jungsteinzeitliche Siedlungen um den Kirchberg. 1 Höhensiedlung Kirchberg, 2 Siedlungsareal beim »Stützbrunnen« mit Grabungsfläche, 3 Siedlungsareal im Gewann »Ahlenbronnen«

stituts der Universität Tübingen in den zwanziger Jahren haben eine vorgeschichtliche Besiedlung des Bergplateaus vom mittleren Neolithikum bis in die Hallstattzeit nachgewiesen. Im Mittelalter trug der Berg eine Burganlage einer hochadeligen Familie, deren Reste, insbesondere der mit Wall und Graben befestigte Burghügel und eine kleine Vorburg, im Gelände noch gut sichtbar sind.

Wenig nordwestlich des Kirchbergs erstreckt sich eine lößbedeckte Hochfläche, die im Süden vom tiefeingeschnittenen Kochhartgraben begrenzt wird und sich nach Norden hin sanft in eine Talmulde absenkt, wo ein nach Osten zur Ammer hin entwässerndes Rinnsal verläuft (Abb. 7). Am östlichen Rand der Hochfläche, im Hangbereich über dem Ammertal entspringt eine Quelle, der Stützbrunnen. In seinem 1933 erschienenen Werk »Urgeschichte des Oberen Gäues« weist H. Stoll auf eine etwa 300 × 100 m große neolithische Siedlung im Gewann »Stützweg« am Südrand der Lößfläche über dem Kochhartgraben hin. Sonniges Klima, gute Böden und die Nähe zum Wasser boten die besten Voraussetzungen zu einer frühen Aufsiedlung dieses Landstrichs. Den systematischen Geländebegehungen im Oberen Gäu, verbunden mit der Bergung und Kartierung von Oberflächenfunden wie auch kleinen Sondagen, die S. Albert seit vielen Jahren als ehrenamtlicher Beauftragter der Archäologischen Denkmalpflege dort durchführt, verdanken wir nähere Kenntnisse der Besiedlungsgeschichte dieser Landschaft während des Neolithikums und der darauffolgenden Perioden. So kennen wir jetzt von den Lößflächen westlich des Stützbrunnens Siedlungsreste, die, beginnend mit der ältesten Bandkeramik, Funde der La-Hoguette-Gruppe eingeschlossen, nahezu sämtliche Kulturgruppen des Neolithikums umfassen. Erwähnt seien Funde der verschiedenen linearbandkeramischen Stufen, der Stichbandkeramik, der Hinkelstein-Gruppe, der Großgartacher und Rössener sowie der Michelsberger und Schussenrieder Kultur.

Wegebaumaßnahmen, die im Zusammenhang mit der Neugestaltung des Flurbereinigungsgebietes Ammerbuch-Reusten für das Jahr 1990 geplant waren, erforderten neben der archäologischen Begleitung der Erdarbeiten im Flurbereinigungsgebiet die Ausgrabung eines Wegstücks im Bereich des bekannten neolithischen Siedlungsareals im Gewann »Stützweg«. Ein dort in Ost-West-Richtung über die Hochfläche verlaufender Feldweg sollte asphaltiert werden, und die damit verbundenen Eingriffe in den Boden hätten die neolithischen Siedlungsbefunde beträchtlich in Mitleidenschaft gezogen, wenn nicht gar gänzlich zerstört. Die archäologische Untersuchung dauerte vom 19. Juni bis 25. September und wurde von Studenten des Instituts für Vor- und Frühgeschichte der Universität Tübingen unter der Leitung von J. Wiedmann durchgeführt. Für die Unterstützung und gute Zusammenarbeit danken wir dem Flurbereinigungsamt Tübingen, den betroffenen Landwirten gilt unser

Dank für das Verständnis, welches sie unserer Grabung entgegenbrachten.

Mit einem Humusbagger wurde im Bereich des Feldweges der Pflughorizont vorsichtig abgetragen, bis die archäologischen Befunde als braune bis schwarzbraune Verfärbungen im hellgelben Lößuntergrund sichtbar wurden. Insgesamt war der Grabungsschnitt 180 m lang und 4 m breit. Freigelegt werden konnten 22 Gruben bzw. Grubenkomplexe unterschiedlicher Form und Größe. In der Regel hatten die Gruben, von der Ackeroberfläche aus gemessen, eine Tiefe von etwa 70 cm, so daß im anstehenden Löß nur noch die untersten 20–30 cm der Grubenfüllung angetroffen wurden, was auf eine Erosion von 1–1,50 m Mächtigkeit schließen läßt. Pfostengruben waren aus diesem Grund nicht mehr nachzuweisen. Aufgrund der, wenn auch spärlichen Funde kann die Mehrzahl der Gruben dem mittleren Neolithikum (Hinkelstein?, Großgartach, Rössen) zugewiesen werden. Siedlungsstrukturen ließen sich nicht erkennen.

Auf einen überraschenden Befund soll noch hingewiesen werden. Es handelt sich um eine länglich-ovale Grube, ungefähr 2,50 × 2 m, deren Sohle bis etwa 1 m unter die Ackeroberfläche reichte. In einer Vertiefung im Südwestteil der Grube fand sich das Skelett eines, nach der Bestimmung von J. Wahl, sechs bis sieben Jahre alten Kindes, wohl eines Knaben, der in Hockerstellung, auf der rechten Seite liegend, bestattet worden war (Abb. 8). Das Grab war beigabenlos, kann jedoch aufgrund von Scherben, die in der Grubenfüllung über der Bestattung gefunden wurden, in den älteren Abschnitt der Linearbandkeramik (Phase II, Flomborn) datiert werden. Es ist demnach das älteste bislang bekannte neolithische Grab aus dem Oberen Gäu.

Die Sondagen und Grabungen in neolithischen Siedlungsarealen des Oberen Gäus sollen in den kommenden Jahren fortgeführt werden.

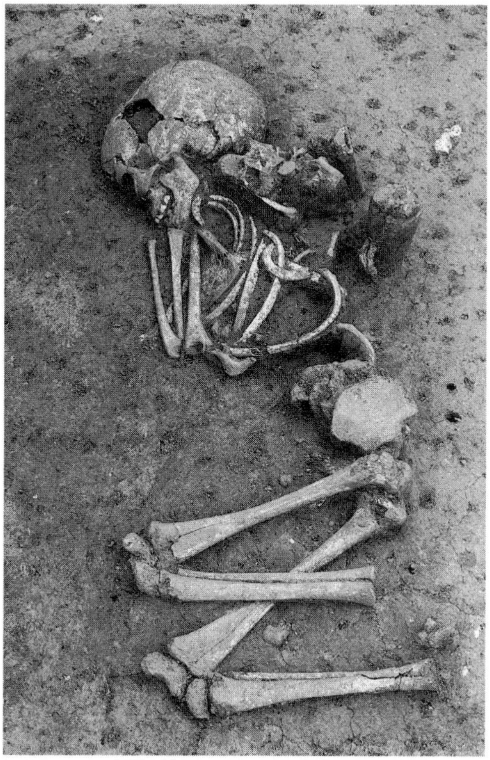

Abb. 8 Ammerbuch-Reusten. Hockerbestattung der älteren Linearbandkeramik

Ziel dieser Arbeiten, die in Zusammenarbeit mit dem Institut für Vor- und Frühgeschichte der Universität Tübingen durchgeführt werden, ist es, ein Gesamtinventar neolithischer Fundplätze im Gäu und ihrer Erhaltung zu erstellen und darüber hinaus detaillierte Erkenntnisse zu gewinnen über die Landschafts- und Besiedlungsgeschichte eines Kleinraumes in neolithischer Zeit. *Hartmann Reim*

Literaturhinweis
S. Albert, Das Neolithikum im Oberen Gäu und im angrenzenden Gebiet östlich des Rammerts. Tübingen und das Obere Gäu. Führer zu archäologischen Denkmälern in Deutschland 3 (1983) 39 ff. (mit weiterer Lit.).

Die neolithischen Ufersiedlungen von Hornstaad-Hörnle am Bodensee, Kreis Konstanz

Dank der Förderung durch die Deutsche Forschungsgemeinschaft konnten die Grabungen in Hornstaad auch 1990 im Rahmen des Schwerpunktprojektes »Siedlungsarchäologische Untersuchungen im Alpenvorland« planmäßig fortgeführt werden. Im Mittelpunkt der Geländetätigkeiten stand vorrangig die Untersuchung eines gut erhaltenen Bereiches im Siedlungszentrum. Weiterhin wurden die systematischen Sondierungen des Pfahlfeldes in Randbereichen der Siedlung vorangetrieben.
Wie bei den Grabungen der vorausgegangenen Jahre ließ sich der Brandhorizont an der Basis des Kulturschichtpakets A besonders gut erkennen und deuten: Verziegelte Hüttenlehmbrocken, verkohlte Bauhölzer, verbranntes Getreide und Hausrat ließen erkennen, daß wir uns nach wie vor in Zonen mit dichter Bebauung des abgebrannten Dorfes befinden.
Bei den erstmals in Hornstaad beobachteten Bauteilen ist besonders auf ein mit mehreren eingetieften Zapflöchern versehenes 2,75 m langes Brett hinzuweisen, vielleicht ein Schwellholz. Vergleichbare Bauelemente sind aus der Pfyner Moorsiedlung Niederwil belegt. Gleichfalls neuartig ist ein nur 1,5 m langer Pfahl, der an der gegenüberliegenden Seite in einer Gabel endet. Solche Gabeln kennen wir in Hornstaad bisher nur von den bis zu 5 m langen Dachständern. Der Versuch, diese Bauteile in das bisherige Rekonstruktionsmodell einzubinden, soll erst bei der abschließenden Bearbeitung der Architekturteile auf breiterer Basis vorgenomen werden.
Was die absolutchronologische Einordnung des Kulturschichtpaketes A betrifft, gelang es A. Billamboz nachzuweisen, daß die ersten in Hornstaad Hörnle I A verbauten Hölzer im Jahr 3913 v. Chr. geschlagen wurden. Die letzten im Moment belegten Fälldaten stammen aus dem Jahr 3905 v. Chr. Damit ist Hornstaad mindestens 300 Jahre jünger als die ältesten am Federsee und am Zürichsee nachgewiesenen Feuchtbodensiedlungen.
Besonders günstig waren in der letzten Grabungskampagne die Beobachtungsmöglichkeiten in den die Brandschicht überlagernden Lehmschichten und Detritusbändern (= organisches Material), welche die Wiederbesiedlung des Dorfes nach der Brandkatastrophe belegen: Schon bei früheren Untersuchungen war aufgefallen, daß solche Lehmlagen nur ausnahmsweise homogene Schichtkörper sind. Überlicherweise bestehen sie aus verschiedenen Lehmtypen, die vorrangig anhand der Farbe, aber auch aufgrund anderer Merkmale unterschieden werden können. Dazu kommen noch Bereiche, in denen bis zu mehrere Dezimeter große bräunliche Seekreidebrocken auftreten. Dadurch erhält ein solcher Schichtkörper ein recht unregelmäßiges fleckiges Aussehen. Die Flächen, in denen ein Materialtyp rein vorkommt, können einen Durchmesser von wenigen Millimetern bis zu mehreren Metern aufweisen. Gelegentlich wurden auch bis zu handtellergroße Lehmbrocken mit glatten, bräunlich verfärbten Flächen festgestellt, die wir als verstürzte Wand- oder Fußbodenreste interpretieren. Rätselhaft blieb zunächst die ursprüngliche Funktion der Seekreide, denn eine Verwendung als Baumaterial wurde von uns wegen der leichten Wasserlöslichkeit nicht für möglich gehalten. Dessen ungeachtet ließen sich auch hier gelegentlich glatte, braun bis schwarz verschmutzte Oberflächen erkennen, so daß gesichert ist, daß auch Seekreide im Hausbau Verwendung fand. Für den praktischen Grabungs- und Dokumentationsablauf

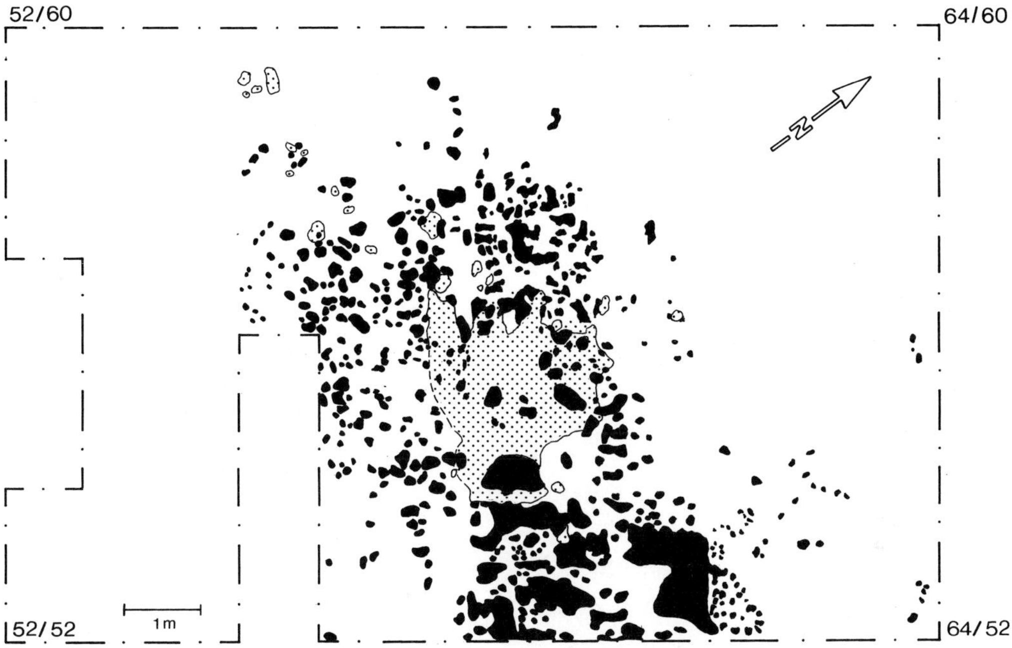

Abb. 9 Hornstaad-Hörnle I A. Seekreidebrocken (schwarz) und homogener blauer Lehm (gerastert) lassen einen West-Ost orientierten Hausbereich erkennen

hatten diese Beobachtungen zur Folge, daß versucht wurde, die Materialkomponenten eines Befundes nicht nur zu beschreiben, sondern auch einzeln zu dokumentieren. Es wurde hier also eine Verfahrensweise gewählt, die der Darstellung des Hüttenlehmes aus dem Brandhorizont entspricht, wo alle über 5 cm großen Stücke eingezeichnet werden.
Das erhoffte, wenngleich in seiner Klarheit für eine Seeufersiedlung völlig überraschende Ergebnis dieser Arbeitsweise war eine ca. 3,50 m breite und mindestens 7 m lange Streuung von Seekreidebrocken, die in ihrer Orientierung und Größe recht genau den Abmessungen der dendrochronologisch für die abgebrannte Dorfanlage ermittelten Häuser entspricht (Abb. 9). Aufgrund der schon angesprochenen leichten Wasserlöslichkeit der Seekreide halten wir es allerdings nach wie vor für ausgeschlossen, daß sie an witterungsexponierten Stellen wie etwa den Hausaußenwänden Verwendung fand. Am ehesten ist an einen Fußbodenestrich zu denken. Darüber hinaus gibt uns dieser Befund wichtige Hinweise zur Genese des Kulturschichtpaketes in Hornstaad, läßt sich doch für den Zeitraum der Entstehung dieses Befundes eine intensivere Wassereinwirkung durch den See ausschließen; der Wellenschlag weniger Stunden hätte gereicht, um die Seekreidebrocken aufzuarbeiten. Daß aber gelegentlich doch mit einer Überflutung gerechnet werden mußte, verdeutlichen die allenthalben auftretenden Sandbänder, von denen eines in der Grabung 1990 immerhin eine Stärke von max. 5 cm erreicht.
Ein weiterer Befund, dem besondere Auf-

Abb. 10 Hornstaad-Hörnle I A. Profil durch einen Abfallhaufen

merksamkeit zuteil wurde, war eine mehrere Quadratmeter große, aus unzähligen Lehm- und Detritusbändern aufgebaute Schichtaufwölbung (Abb. 10). Die Detritusschichten in diesem Bereich waren stärker als im Rest der Grabungsfläche mit verbrannten Knochen, Fischwirbeln, Silexabschlägen und dergleichen durchsetzt, so daß der Befund als Abfallhaufen interpretiert wurde, ohne daß bisher klar ist, welche Funktion dem hier liegenden Lehm ursprünglich zukam. Da häufiger kleine angeziegelte Lehmbröckchen beobachtet wurden, ist denkbar, daß es sich bei der Lehmkomponente dieses Abfallhaufens um abgeräumte Feuerstellen handelt. Um vor weiteren Spekulationen zunächst zusätzliche Informationen zu erhalten, wurden von W. Ostendorp – dem am Projekt beteiligten Sedimentologen – Profilstreifen für Dünnschliffe entnommen. Von archäologischer Seite wurde das feinstratigraphisch abgegrabene Sediment unter Laborbedingungen gesiebt. Aus einer besonders fundreichen Probe konnten aus 10 l Erde ca. 450 Fischwirbel ausgelesen werden, von denen nur 12,5 Prozent größer als 3 mm waren, während 87,5 Prozent in der Siebfraktion von 2 bis 3 mm anfielen und somit auf der Grabung verlorengegangen wären.

Abb. 11 (rechte Seite oben) Hornstaad-Hörnle I A. Vollständig erhaltener Korb, Durchmesser ca. 50 cm

Abb. 12 (rechte Seite unten) Hornstaad-Hörnle I A. Hirschgeweihhacke mit komplettem Holzschaft, 70 cm lang

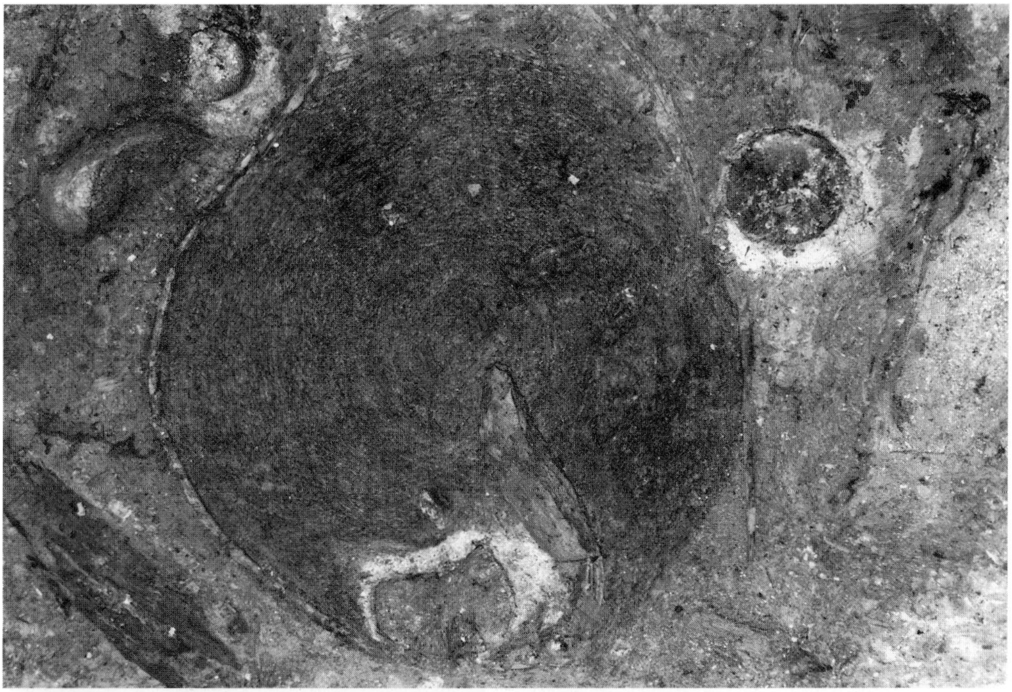

Daß es sich tatsächlich um die Überreste von Mahlzeiten handelt, zeigt die Tatsache, daß die ganz überwiegende Zahl der Fischwirbel verbrannt ist. Damit läßt sich die große Bedeutung der Fischerei für die Bewohner von Hornstaad direkt nachweisen, ein Schluß, der bisher allein auf den zahlreich gefundenen Netzresten beruhte.

Nach der Identifizierung von Abfallzonen und -haufen wird der nächste Auswertungsschritt in der Zuordnung dieser Bereiche zu den einzelnen Häusern bestehen, wobei sich in den Abfällen die Aktivitäten der Bewohner widerspiegeln. Daß bei geeigneter Grabungstechnik hier ein hoher Auflösungsgrad bis hin zu Einzelereignissen erreicht werden kann, zeigt schlaglichtartig eine Detailbeobachtung von U. Maier, die als Botanikerin die Grabungen begleitet: Eine der systematisch entnommenen Detritusproben ließ sich im Labor noch weiter in feine Schichten aufgliedern, wobei eine Lage überwiegend aus Zweig- und Blattfragmenten der Mistel bestand, während sich in einer anderen Lage zahlreiche Reste von Apfelkernen und Kerngehäusen nachweisen ließen. Die in Schwaben wegen ihrer Nutzung zu Futterzwecken auch als Geißkraut bezeichnete Mistel dürfte dazu in Hornstaad kaum verwendet worden sein, fehlen doch im bisher ergrabenen Siedlungsausschnitt Hinweise für eine Aufstallung von Tieren völlig. Weiterhin sind nach den osteologischen Untersuchungen von M. Kokabi praktisch keine Schaf- bzw. Ziegenknochen vorhanden. Es ist daher nicht auszuschließen, daß die zerkleinerten Blätter und Zweige zu medizinischen Zwecken genutzt wurden, gilt doch die Mistel in der Volksmedizin seit langem als Mittel gegen Schwindel und Epilepsie.

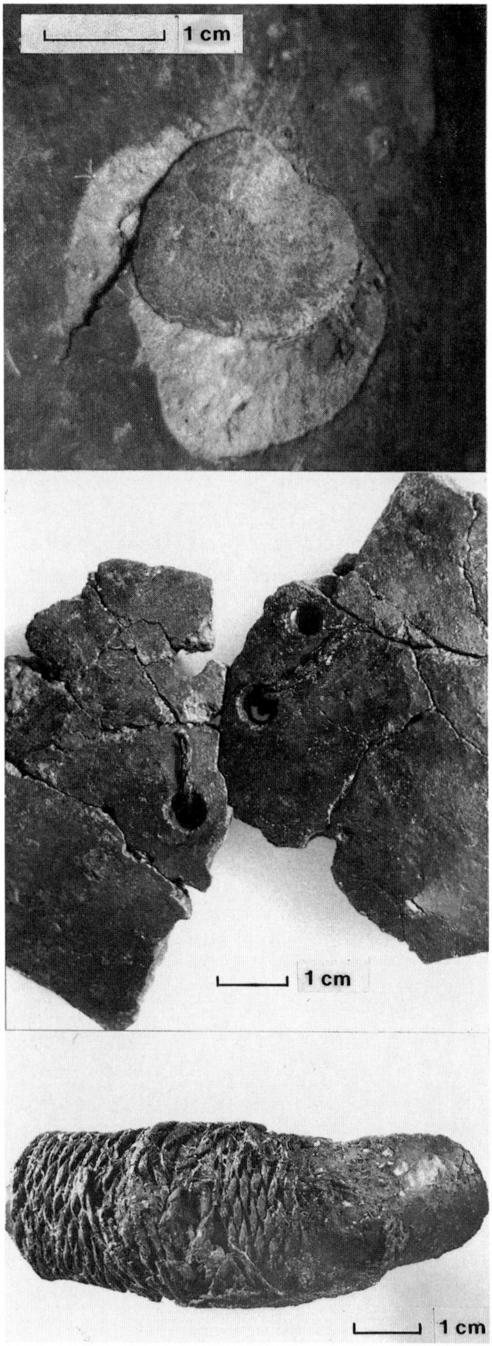

Abb. 13 Hornstaad-Hörnle I A. Beispiele für Reparaturen bei Keramik

Ein bemerkenswerter Fund der letzten Kampagne ist ein fast vollständiger Korb, der im Bereich des oben besprochenen Abfallhaufens freigelegt wurde (Abb. 11). Das unverkohlte, aus Baumbast gefertigte Stück hat einen Durchmesser von fast 50 cm, der Rand wurde durch die Einbindung eines Zweiges verstärkt. Bei einem weiteren, ähnlich großen Geflecht muß erst die von A. Feldtkeller vom Württembergischen Landesmuseum vorgenommene Restaurierung zeigen, ob es sich ebenfalls um einen Korb handelt, oder ob im Mittelbereich, der auf der Grabung nicht freigelegt wurde, ein Sieb eingebunden ist. Hinzuweisen ist weiterhin auf eine Hirschgeweihhacke, deren 70 cm langer Holzschaft komplett erhalten ist (Abb. 12). Sie lag unter dem Brandschutt direkt auf der alten Strandoberfläche.

Daß zerbrochene oder beschädigte Keramik durchaus noch eine Wertschätzung erfuhr, zeigen einige Beispiele von alten Reparaturen: Relativ einfach war es, das Loch in einem angeschlagenen Krug mit einem Stück weichen Birken(?)pechs zuzukleben (Abb. 13, oben). Erheblich aufwendiger war die Wiederherstellung einer zerbrochenen Schüssel: Man durchbohrte beiderseits der Bruchkanten die Gefäßwandung und konnte nun die Gefäßteile wieder zusammenbinden, wie Reste der noch vorhandenen Schnur zeigen (Abb. 13, Mitte). Wohl ebenfalls eine Ausbesserung ist die feste Schnurumwicklung eines Keramikhenkels (Abb. 13, unten). *Bodo Dieckmann*

Literaturhinweise
A. Billamboz, Das Holz der Pfahlbausiedlungen Südwestdeutschlands. Jahrringanalyse aus archäodendrologischer Sicht. – B. Dieckmann, Zum Stand der archäologischen Untersuchungen in Hornstaad. – M. Kokabi, Ergebnisse der osteologischen Untersuchungen an den Knochenfunden von Hornstaad im Vergleich zu anderen Feuchtbodenfundkomplexen Südwestdeutschlands. – U. Maier, Botanische Untersuchungen in Hornstaad-Hörnle I A. Neue Ergebnisse zu Landwirtschaft und Ernährung einer jungsteinzeitlichen Uferrandsiedlung. – R. Vogt, Pedologische Untersuchungen im Umfeld der neolithischen Ufersiedlungen Hornstaad-Hörnle.
Alle Aufsätze im Druck in: Bericht der Römisch-Germanischen Kommission 71, 1990 (1991).

Neue Untersuchungen in dem Michelsberger Erdwerk auf dem Hetzenberg von Neckarsulm-Obereisesheim, Kreis Heilbronn

Der Hetzenberg von Neckargartach bzw. Obereisesheim ist eine altbekannte Fundstelle der Michelsberger Kultur. Von hier stammt der älteste heute noch erhaltene Fundgegenstand dieser jungsteinzeitlichen Kulturgruppe, er wurde 1809 in der Gemeindekiesgrube geborgen. Verschiedene Grabungen durch A. Schliz und G. Scholl erbrachten weiteres Fundgut aus Siedlungsgruben. Erst eine Untersuchung, die R. Koch im Zuge des Autobahnbaus 1966 hier durchführte, ergab drei parallel verlaufende Gräben eines Erdwerkes mit Funden aus der Frühphase dieser Kultur. Er konnte vorwiegend in der Füllung des inneren Grabens Teilskelette von Tieren und auch menschliche Knochen beobachten. Ab 1980 beobachtete O. Braasch diese Anlage aus der Luft und hielt in zahlreichen Luftbildern ihren vollständigen Verlauf fest. Die drei Gräben mit zahlreichen, für diese Anlagen charakteristischen Durchlässen umfassen ein Areal, das vom Steilufer des Neckars und einem Seitentälchen, dem Böllinger Bach, gebildet wird, und befestigen, bogenförmig geführt, eine Fläche von etwa 20 ha. Ein Kreisgraben direkt vor einem Durchlaß ist in seiner Funktion und Datierung noch unklar.

Veranlaßt durch die Resultate der Luftbildarchäologie, welche die durch die Landwirtschaft bedingte Bodenerosion und damit einhergehende Beeinträchtigungen und Zerstörungen wichtiger Bodendenkmale sehr drastisch zeigte, wurde das Areal des Hetzenbergs im Winter 1988/89 sehr intensiv begangen. Hierbei zeigten sich nur noch an wenigen Stellen Reste von Siedlungsgruben, die Gräben waren in den frisch gepflügten Äckern deutlich zu erkennen. Somit scheint einigermaßen klar zu sein, daß die von Schliz und Scholl beobachteten Siedlungsreste heute weitgehend erodiert und zerstört sind und von dieser großartigen Anlage nur noch Reste der Grabenfüllungen erhalten sind. Da eine Konservierung der Fläche durch Stillegung der Beackerung unter diesen Voraussetzungen kaum durchführbar und wegen der Beeinträchtigung der wissenschaftlichen Aussagekraft im Vergleich zu anderen Objekten auch wenig sinnvoll erscheint, wurde der Grabenverlauf von Oktober 1989 bis August 1990 auf einer Länge von 90 m untersucht. Die Grabung konnte nur mit Hilfe der Arbeitsloseninitiative Heilbronn e. V. durchgeführt werden. Wir danken Frau U. Schmidt und Herrn H. Heizmann für die Durchführung dieser Arbeiten.

Die drei sicherlich zeitgleichen Gräben unterscheiden sich in ihrer Anlage sehr stark. Die beiden äußeren haben ein wannenförmiges Profil, das in seiner Ausformung, Größe und Tiefe sehr stark wechselt. Sie enthielten nur wenig Fundmaterial. Offensichtlich sind sie durch antike Wassererosion in diesen Zustand versetzt worden – die Hangneigung beträgt hier immerhin ca. fünf Prozent. Der innere Graben ist dagegen durch Erosion nicht verformt, lediglich nach oben hat er sich trompetenförmig geöffnet. Der bis zu 3 m tiefe Sohlgraben ist steil eingeschnitten und in verhältnismäßig kurze Abschnitte gegliedert, die in sich eine weitgehend horizontale Sohle besitzen. Diese einzelnen Abschnitte sind durch Erdbrücken voneinander getrennt, die die alte Oberfläche nicht erreichen müssen. Die Sohle des Grabens folgt so in horizontalen Abschnitten dem Hanggefälle. Die Erdbrücken dienten wohl vorwiegend als Wasserstauer, um eine Auswaschung und Zerstörung des Grabenprofils zu verhindern. Zwei echte Tordurchlässe sind durch ihren Verschluß klar zu erkennen. Es handelt sich um ein hinter dem Durchlaß liegendes Gräbchen, das in einem Fall unterbrochen ist. In diesen Gräbchen zeigten sich jedoch auch bei sorgfältigster Beobachtung keine klaren Pfostenspuren. Zwei Durchlässe konnten aufgedeckt werden. Sie liegen 55 m voneinander entfernt.

In der Füllung des Grabens war über sedimentiertem Material in feiner Schichtung eine sehr stark fundführende Schicht ausgeprägt, die von einem hellen Material überdeckt wird, das von dem auf der Innenseite des Grabens aufgeschütteten Wall stammt. Im Bereich der Tore fehlt diese Schicht, was zeigt, daß der Wall hier unterbrochen war. Am Südrand der Grabung waren wie auch in der Anlage von Klingenberg verbrannte Hölzer erhalten, die sicherlich von der Vorderfront des Walles stammen. Leider konnte dieser interessanten Frage nicht weiter nachgegangen werden, da ein Grundstückseigentümer seine Einwilligung zur Grabung verweigerte.

Die Funde sind zahlreich, und sie häufen sich in den Grabenköpfen, wohl einfach deshalb, weil die übrigen Grabenabschnitte vor dem Wall schwer zugänglich waren. Es handelt sich um viele, oft fast vollständige Gefäße, wobei große Vorratsgefäße weitgehend fehlen. Meist sind es Tulpenbecher, Schalen oder Schöpfer.

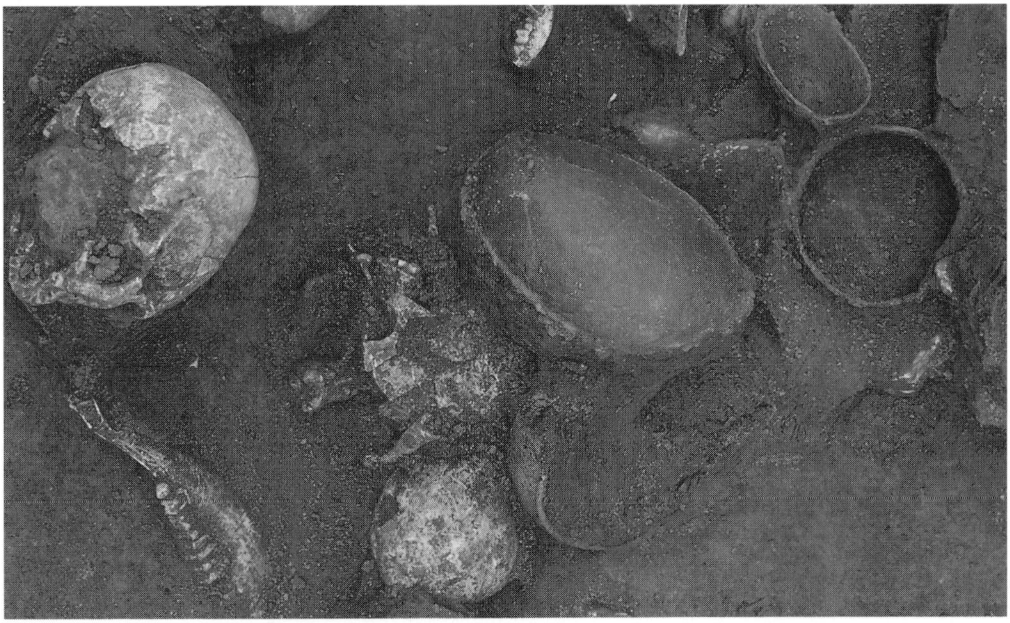

Abb. 14 Neckarsulm-Obereisesheim. Anhäufung von Gefäßen, Knochen und menschlichen Schädeln in einem Grabenkopf eines Michelberger Erdwerks auf dem Hetzenberg

Auch Backteller sind kaum vorhanden. Vor einer Reinigung und genauen Sichtung dieses Materials können jedoch keine weiteren Aussagen gemacht werden. Sehr zahlreich sind auch Tierknochen, die nicht nur einzeln, sondern wie schon bei der Grabung Koch als Teilskelette auftreten. Dem entspricht das häufige Vorkommen von Menschenknochen, neben einzelnen, vor einer gründlichen Durchsicht wohl auch nicht erkannten Stücken sind es wieder Teile von Skeletten oder auch eine größere Zahl von Schädeln. Besonders in einem Grabenkopf zeigte sich eine Anhäufung von Knochen und Gefäßen (Abb. 14). Diese Situation wurde in Form eines Lackprofils und einer Blockbergung als Exponat geborgen. Die Funde sind grob in die Stufe II der Michelsberger Kultur zu stellen.

Damit konnten nun im Heilbronner Becken bzw. seinen randlichen Höhen drei Michelsberger Anlagen untersucht werden. Weitere Michelsberger Anlagen sind bisher auch durch eine intensive Luftbildarchäologie nicht bekannt geworden. Die drei Grabenwerke – Hetzenberg, Ilsfeld und Schloßberg bei Klingenberg – lösen sich zeitlich in dieser Reihenfolge ab, das befestigte Siedlungsareal wird stark verkleinert, die Skelettfunde werden im Laufe der Zeit spärlicher und verschwinden dann ganz. Wie weit diese im Heilbronner Raum zu beobachtende Entwicklung auch auf andere Gebiete zutrifft, müßte noch näher untersucht werden.

Jörg Biel

Literaturhinweise

R. Koch, Zwei Erdwerke der Michelsberger Kultur aus dem Kreis Heilbronn. Fundber. aus Schwaben NF 19, 1971, 51 ff. – R. Koch, Das Erdwerk der Michelsberger Kultur auf dem Hetzenberg bei Heilbronn-Neckargartach. Teil II. – A. I. Beyer, Die Tierknochenfunde. Forsch. und Ber. Vor- u. Frühgesch. in Bad.-Württ. 3/II (1972).

Alleshausen-Grundwiesen – eine Siedlung der jungsteinzeitlichen Gruppe Goldberg III im nördlichen Federseeried, Kreis Biberach

Die Begehung von frisch ausgefrästen Entwässerungsgräben in den Grundwiesen, etwa 250 m nördlich der Ortschaft Alleshausen, hatte im Frühjahr 1989 zur Auffindung einer weiteren vorgeschichtlichen Moorsiedlung des Federsees geführt. Angeschnittene Hölzer im Grabenprofil, Lehmestrichreste, Steine, Holzkohlen und einige untypische Scherbenfragmente ließen bereits die Bedeutung des Platzes erkennen, eine Datierung und genauere Angaben zum Umfang der erhaltenen Reste waren indessen vorerst nicht möglich. In einer acht-

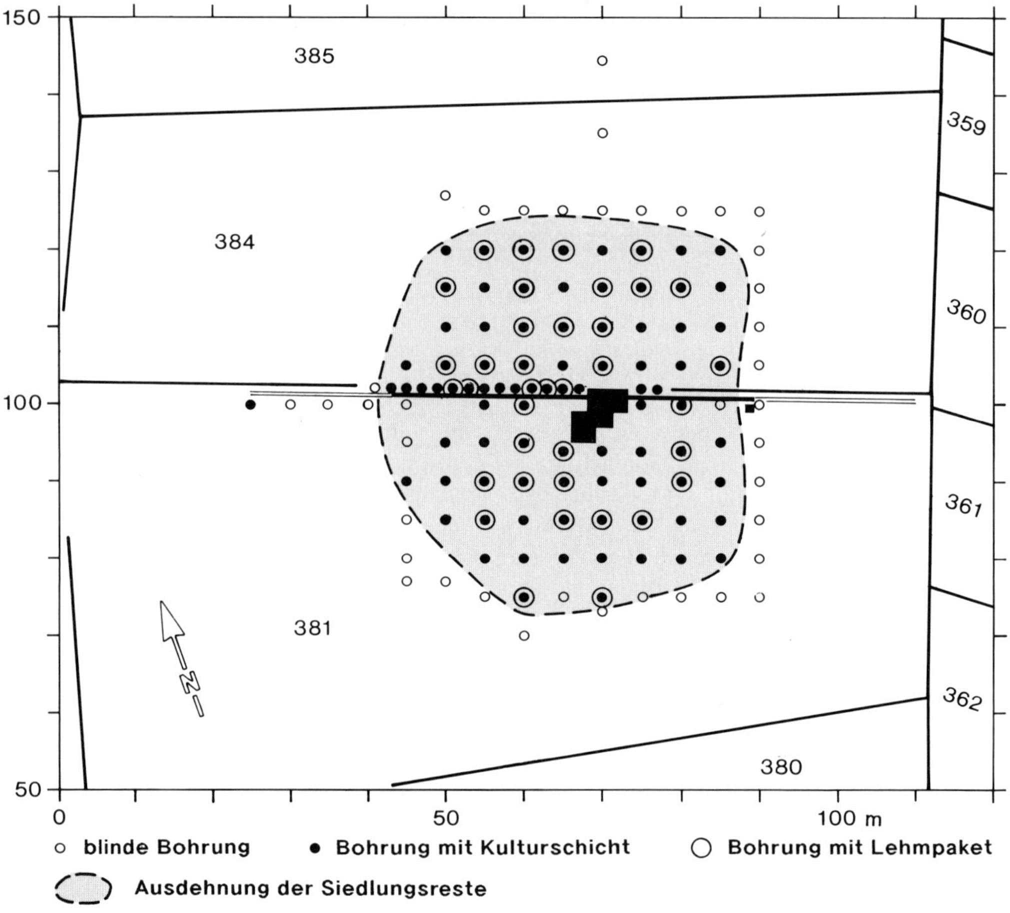

Abb. 15 Alleshausen-Grundwiesen. Bohrplan mit Eintragung der nachgewiesenen Kulturschichtausbreitung und der teiluntersuchten Flächen (schwarz)

wöchigen Sondageaktion konnte nun im Sommer 1990 das Gelände abgebohrt und die Oberfläche der Kulturschicht im Entwässerungsgraben freigeputzt werden. Es war zudem möglich, an einigen Stellen die Kulturschicht zu durchgraben sowie eine Grabungsfläche im obersten Kulturschichtbereich zu öffnen. Dem Bürgermeister von Alleshausen, Herrn K. Weckenmann, sowie den Grundeigentümern F. Mack und A. Huckle danke ich für die freundlich gewährte Unterstützung und Hilfsbereitschaft.

Die Siedlung liegt erstaunlich nah am Rand des Moores und beginnt bereits 15 m seewärts der hier als Hangkante ausgeprägten Grenze zum mineralischen Umland. Die Bohrungen erbrachten eine nahezu kreisförmige Kulturschicht von im Durchmesser knapp 50 m (Abb. 15). Bis an den Rand dieser Zone sind Lehmestriche angebohrt worden, so daß von einer Bebauung des gesamten Areals ausgegangen werden kann. Die Struktur der Baureste erschloß sich zunächst im Entwässerungsgraben. Hier zeigten sich angeschnittene Fußböden aus dichten Prügellagen auf Unterzügen. Nach Abnahme der obersten Schichten kamen weitere Bauphasen zum Vorschein, deren Aufdeckung im engen Entwässerungsgraben jedoch nicht weiter betrieben wurde. Lediglich im Zentrum der Siedlung konnten die Kulturschichten vollständig durchgraben werden, was eine Ausschachtung bis 1,70 m unter die heutige Oberfläche erforderlich machte (Abb. 16). Die Kulturschichten liegen hier auf einem etwa 10 cm dicken Wurzeltorf über den Seeablagerungen (Mudde), die Stelle war also bei Errichtung der Siedlung bereits verlandet. Das Kulturschichtpaket ist großflächig in starker Mächtigkeit erhalten und 80–120 cm dick. Eindrucksvoll war die hervorragende Erhaltung der aus pflanzlichen Partikeln aufgebauten Schicht. Besonders in ihrem mittleren Bereich fanden sich ganze Lagen von Leinstengeln.

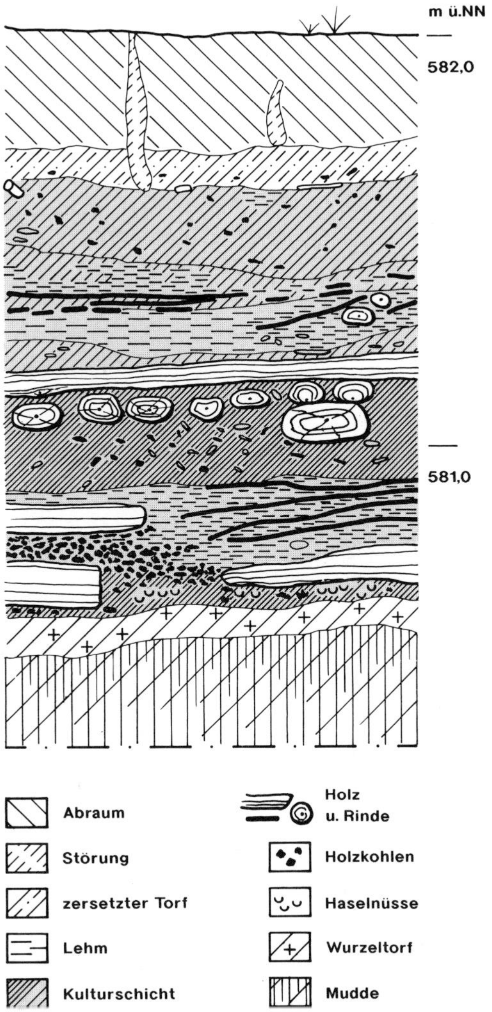

Abb. 16 Alleshausen-Grundwiesen. Profil durch die Kulturschicht in der Mitte der Siedlung. Angeschnitten sind hölzerne Hausfußböden und mehrfach erneuerte Feuerstellen mit Rindenlagen

Eine Ansammlung von Himbeerkernen deutete auf die Ablagerung menschlicher Fäkalien im Siedlungsabfall hin, wie sie bereits in anderen Moorsiedlungen des Federsees und des Bodensees beobachtet werden konnte. In

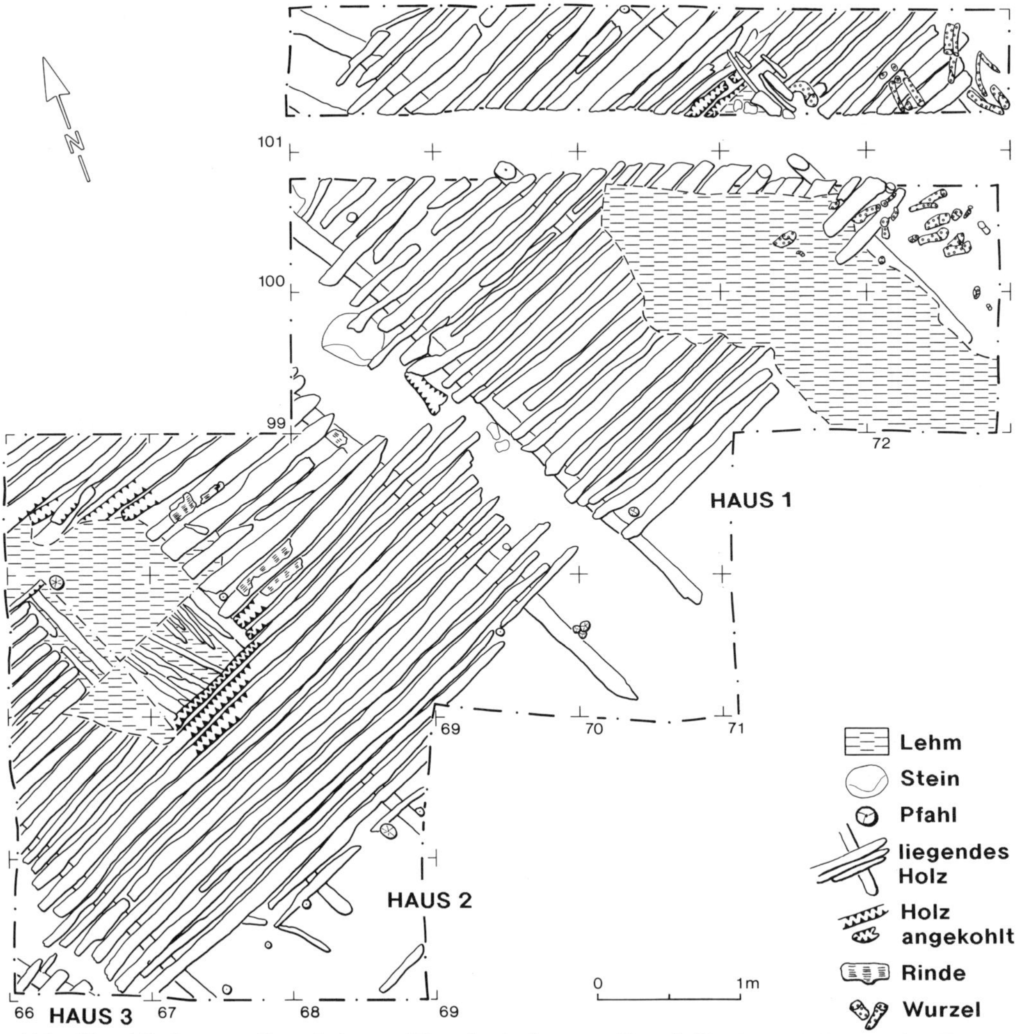

Abb. 17 Alleshausen-Grundwiesen. Plan der hölzernen Hausfußböden mit Resten der Feuerstellen aus grünem Lehm

den Randbereichen dünnt die Kulturschicht aus und wird von unterschiedlichen Moos- und Wurzeltorflagen überdeckt. In jüngerer, noch nicht genau datierter Zeit, hatte Bruchwald die Siedlungsstelle überdeckt und eine Lage von schwarzem, teilweise astreichem Bruchwaldtorf hinterlassen. Zwei im Entwässerungsgraben angeschnittene Baumstubben dieses Horizontes waren durch die Holzbaubefunde der Siedlung hindurchgewachsen. Die obersten Schichten waren stark zersetzte Torfe und Abraum der Torfstiche, die auch in die-

Abb. 18 Alleshausen-Grundwiesen. Detailaufnahme des Hauses 1. Der Entwässerungsgraben im Vordergrund hatte Hölzer und Feuerstelle bereits durchschnitten

sem Teil des Moores bis in unser Jahrhundert bestanden hatten.

Um genaueren Aufschluß über die Holzbauarchitektur und ihre oberflächennahe Erhaltung zu erlangen, wählten wir – ausgehend vom Entwässerungsgraben – einen relativ hochliegenden, nur 30–40 cm unter der Grasnarbe befindlichen Hausfußboden mit angeschnittener Feuerstelle als Ausgangspunkt für eine flächige Aufdeckung. Insgesamt ließen sich zwei kleine, etwa 4 × 4 m messende Gebäude freilegen, die unmittelbar nebeneinander errichtet waren (Abb. 17). Haus 1 hatte eine dem Prügelboden aufliegende Feuerstelle mit angeziegeltem Lehmestrich etwa in Hausmitte (Abb. 18). Eine flach ausgetretene Lehmplatte reichte von hier in südlicher Richtung aus dem Gebäude heraus und markiert vielleicht den Bereich des Hauseinganges, der in Analogie zu anderen prähistorischen Federseesiedlungen auf dieser wetterabgeneigten, dem See zugewandten Seite vermutet werden kann. Im Haus 2 erwies sich der Prügelboden im Bereich der Feuerstelle rechteckig ausgespart, unter der Lehmpackung kam der Holzboden wohl einer vorausgehenden Bauphase zum Vorschein. Im Umfeld der Feuerstellen sah man zahlreiche Brandspuren auf den Rundhölzern, was als Indiz dafür gelten kann, daß die Böden nicht flächig mit Lehm ausgekleidet waren. Innerhalb der Feuerstellen fanden sich keine Strukturen, die auf eine spezielle Nutzung als Herd oder Backofen hindeuten würden, auch keine Rindenlagen, wie sie in mehrfach erneuerten Feuerstellenbereichen im Grabenprofil zu beobachten waren. Hinweise auf die Wandkonstruktion der Häuser sind spärlich; abgesehen von zwei Pfostenstellungen im Feuerstellenbereich des Hauses 2 gibt es lediglich entlang der Südfront eine Pföstchenreihung, die Teil einer leichten Flecht- oder Prügelwand sein dürfte. Systematisch gesetzte Seitenwand- und Mittelpfosten fehlen, so daß es sich nicht um Pfostenbauten im eigentlichen Sinn handeln kann. Die Befunde ähneln vielmehr denen des 1986 ergrabenen Hauses von Alleshausen-Täschenwiesen, das nicht einmal Pföstchen aufwies und aufgrund weiterer Indizien als Blockhaus gedeutet wurde.

Auch die Beoachtungen im Entwässerungsgraben entsprechen diesem Befund, denn Pfostenstellungen waren auch hier selten anzutreffen, so daß der bisherige Eindruck einer leichten »obenauf gestellten« Architektur für das Endneolithikum des Federsees bestätigt wird. Auffällig war im Profil des Grabens allerdings eine ausgedehnte, mehrphasige Lehmlage in räumlicher Verbindung mit angeschnittenen Pfosten, die zu einem Holz-Lehm-Pfostenbau traditioneller Art gehören könnte. Es ist daher nicht auszuschließen, daß – ähnlich wie in der urnenfelderzeitlichen Wasserburg Buchau – beide Konstruktionsprinzipien nebeneinander bestanden.

Im äußersten Zipfel des Grabungsschnittes kann man die Seite eines weiteren, parallel ausgerichteten Hauses (Haus 3) erkennen. Damit ist eine kleine Häuserzeile rekonstruierbar. Die anderen im Entwässerungsgraben angeschnittenen Hausfußböden zeigen hingegen mehrheitlich voneinander abweichende Orientierungen. Insgesamt gewinnt man so den Eindruck einer nur in kleineren Häusergruppen aufeinander bezogenen, ansonsten wenig systematisierten Bebauung, wie sie die etwa zeitgleichen Siedlungspläne vom Goldberg III im Nördlinger Ries, neuerdings auch von Dietfurt an der Altmühl, erkennen lassen. Die ergrabenen Ausschnitte sind in Alleshausen-Grundwiesen für eine endgültige Beurteilung des Siedlungsplanes leider noch zu klein. Offen bleibt auch die Frage, ob ein am seewärtigen Kulturschichtrand angeschnittener Pfahl Teil einer Palisade war.

Die Kulturschicht umfaßt aufgrund stratigraphischer Beobachtungen mindestens drei deutlich voneinander getrennte Bauphasen, die in sich wiederum Umbauten aufweisen. Die Geschichte des Dorfes dürfte somit mehrere Generationen umfassen. Da kein Eichenholz in der Siedlung verbaut worden ist, sind absolute dendrochronologische Datierungen vorderhand nicht zu gewinnen. Die Untersuchung der Hölzer, die von A. Billamboz im Archäodendrologischen Labor Hemmenhofen in Angriff genommen wurde, verspricht jedoch relativchronologische Ergebnisse.

Das Fundmaterial ist klein gestückt und im Vergleich zur benachbarten Siedlung Seekirch-Achwiesen spärlich. Dies mag seinen Grund darin haben, daß es in den Grundwiesen keinen umfassenden Siedlungsbrand gab, die aufgenommenen Profile enthalten jedenfalls keine durchgehenden Brandschichten. Scherben von groben Gefäßen sind relativ häufig und tragen mehrfach die Spuren einer charakteristischen Oberflächenbehandlung (sog. Mattenrauhung), vereinzelt auch Randlochung. Zudem belegen Hirschgeweih-Zapfenfassungen zur Schäftung von Steinbeilen, ein Beilklingenfragment aus Edelserpentin und eine gestielte Pfeilspitze die Zugehörigkeit des Inventars zur Gruppe Goldberg III (Abb. 19). Damit ist auf relativ engem Raum, in nur jeweils 0,8–1,8 km Distanz zu den Stationen Seekirch-Achwiesen und Alleshausen-Täschwiesen eine dritte Siedlung dieser Kulturgruppe am nördlichen Federsee bekannt geworden. Die Frage nach der Gleichzeitigkeit oder zeitlichen Abfolge der Anlagen erhält hier besonderes Gewicht und wird sich viel-

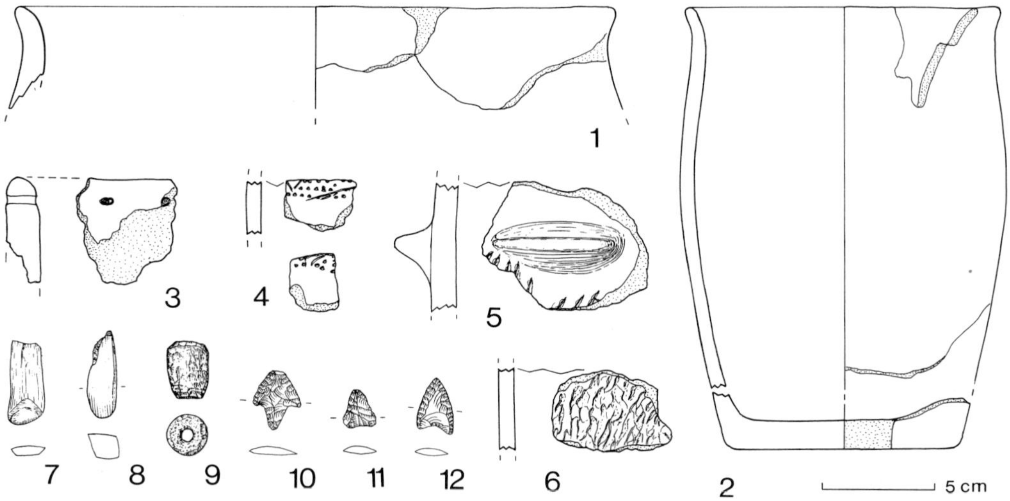

Abb. 19 Alleshausen-Grundwiesen. 1–6 Funde aus Keramik, 7 Knochen, 8 Edelserpentin, 9 Hirschgeweih und 10–12 Silex

leicht über die dendrochronologische Auswertung der Bauhölzer beantworten lassen.
Die Siedlung in den Grundwiesen weist trotz ihrer Lage am Moorrand noch einen außergewöhnlich guten Erhaltungszustand auf. Dies ist vor allem Quellaustritten am Hang oberhalb zu verdanken, die zu einer lokalen Anhebung des Grundwassers führen. Die Fassung eines Teils der Quellen zur Trinkwassergewinnung in der Nachbarschaft und die Drainierung mit Hilfe der Grabenfräse führen heute jedoch zu einer Durchlüftung und damit Zerstörung der organischen Kulturschichtbestandteile von der Oberfläche her. Dies war an den bereits rissigen und stark abgebauten Hölzern der Häuser 1 und 2 ablesbar. Der besonders trockene Sommer 1990 ließ im Verlauf der Sondagen das Sinken des Wasserspiegels gut beobachten; er sank im August 60 cm unter die Oberfläche ab und gab das obere Drittel des Kulturschichtpaketes frei.

Helmut Schlichtherle

Literaturhinweise

M. Hoppe, Archäologische Spurensuche – Häuser der endneolithischen Chamer Gruppe bei Dietfurt a. d. Altmühl. Das archäologische Jahr in Bayern 1989, 48 ff. – J. Köninger, Arch. Ausgr. Bad.-Württ. 1986, 43 ff. – H. Schlichtherle, Arch. Ausgr. Bad.-Württ. 1989, 57 ff.

Seekirch-Achwiesen, eine endneolithische Siedlung im Federseeried, Gemeinde Seekirch, Kreis Biberach

Bereits im Frühjahr 1989 wurde die Siedlung am Ortsrand von Seekirch im Rahmen von intensiven Geländebegehungen von F. Herzig entdeckt. Erste Untersuchungen erfolgten noch im Laufe desselben Jahres mit freundlicher Unterstützung der Gemeinden Seekirch und Alleshausen, der Grundstückseigentümer und besonders des Bürgermeisters von Seekirch, Anton Daiber. Zusammen mit den Ergebnissen einer weiteren achtwöchigen Kampagne im Sommer 1990 ergibt sich folgendes Bild: Am Rande eines Geländesporns rißeiszeitlicher Moränenkiese im westexponierten, d. h. Wind und Wellenschlag ausgesetzten Uferbereich, erstreckt sich das einphasige und neolithische Dorf auf einer Fläche von 50 × 60 m. Bisher wurden ungefähr 30 m² – der Entwässerungsgraben auf einer Länge von 30 m, ein Areal von 4 × 3 m und weitere kleine Aufschlüsse – ausgegraben (Abb. 20). An die 30 Lehmlinsen, als verstürzte Hausreste und Feuerstellen interpretierbar, konnten über Bohrungen nachgewiesen werden. Die daraus ermittelten Hausbereiche liegen unregelmäßig verstreut, einige sehr eng nebeneinander. Über Größe und Orientierung der einzelnen Häuser ist vorläufig keine genaue Aussage möglich. Im Umfeld des hauptsächlichen Grabungsschnittes konnten die bereits angegrabenen Lehmlinsen durch sehr dicht gesetzte Bohrungen auf eine Ausdehnung von ca. 2,50 × 3 m bestimmt werden. Die komplexen Schichtverhältnisse und der außergewöhnliche Fundreichtum der Siedlung erlaubten in der zur Verfügung stehenden Zeit das Freilegen größerer Flächen nicht. Nach Abschluß des Bohrprogramms 1989 begingen wir versuchsweise das Siedlungsareal mit einer Wünschelrute. Es stellte sich heraus, daß zumindest in Seekirch-Achwiesen die Wünschelrute auf die Lehmbefunde und Sedimentänderungen am Rand der Siedlung sehr gut ansprach. Es gelang, fünf weitere Häuser, die zunächst vom Bohrraster nicht erfaßt wurden, zu lokalisieren und durch weitere Bohrungen zu bestätigen. Die Siedlung wird im Norden und Nordwesten durch moderne Aufschüttungen für den Bau einer Abwasserringleitung gestört.

Die Stratigraphie des Dorfes ist über die Bohrungen und die im Entwässerungsgraben und der Grabungsfläche aufgenommenen Profile relativ gut erfaßt. Es liegen für eine Moorsiedlung untypische Befunde vor, und man findet nur in der Stratigraphie der jungneolithischen Moorsiedlung von Reute-Schorrenried (Bad Waldsee) eine annähernde Parallele. Über den glazialen Moränenkiesen und den Beckentonen bilden die nacheiszeitlichen Seeausfällungen ein dickes, von sandigen Horizonten durchzogenes Kalkmudde- und Lebermuddepaket. Die nach oben abschließende Kalkmudde ist in anderen Moorsiedlungen normalerweise fundleer. Sie weist nur Störungen durch eingetiefte Pfosten und Pfostenlöcher auf und bildet sich in relativer Wassertiefe. Diese Mudde ist plastisch weich und würde durch Begehen oder Trockenliegen deutlich gestört werden. Eine direkte Besiedlung ist nicht denkbar. In Seekirch-Achwiesen liegt die Kulturschicht bzw. die Lehmlinsen direkt auf der Kalkmudde auf. An dem Profil des im Entwässerungsgraben angeschnittenen Hausbereiches (Abb. 21) wird deutlich, wie sich das Lehmpaket durch sein Eigengewicht muldenförmig in den weichen Untergrund eingedrückt hat. Auch die Kulturschicht fließt nach unten zur Paketmitte hin. Lehmeinschlüsse und Kleinfunde durchsetzen die oberen

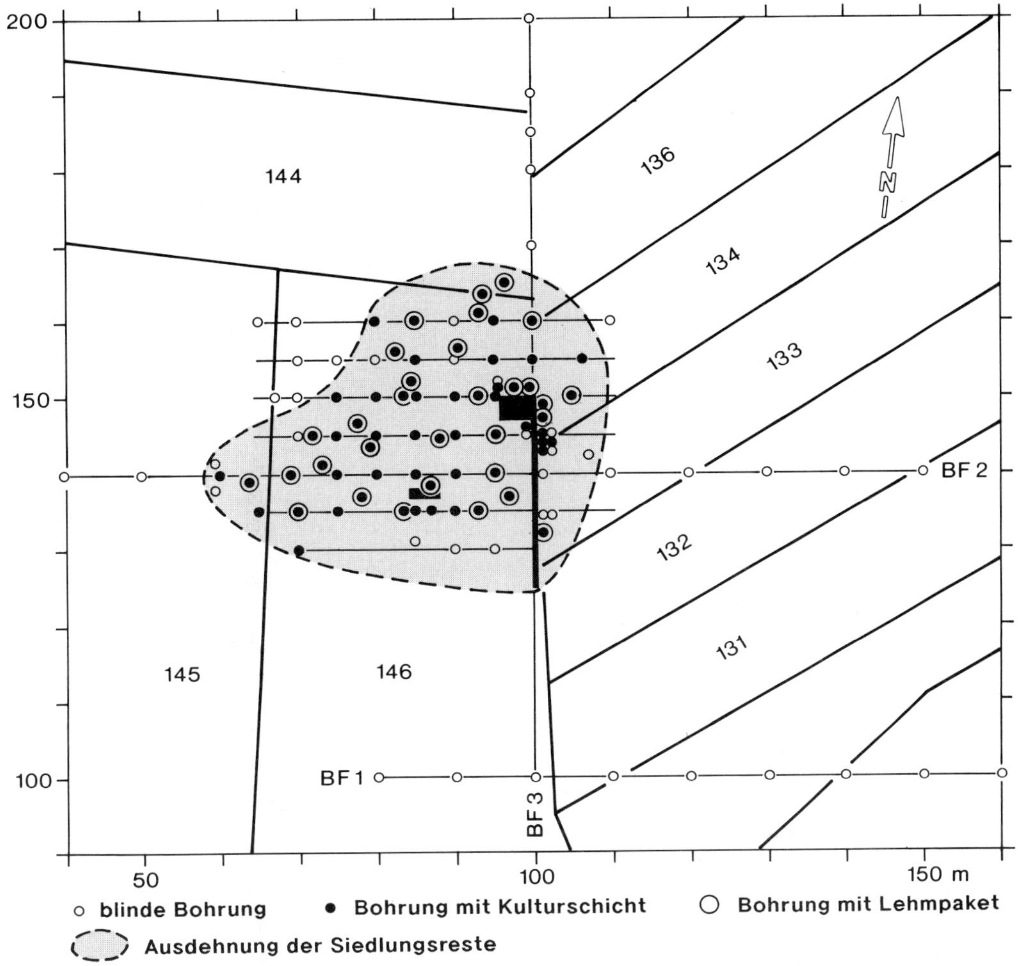

Abb. 20 Seekirch-Achwiesen. Lageplan der Bohrfluchten, Grabungsflächen und Lehmlinsen

10–20 cm, ohne daß ein wirklicher von Menschen bewirkter Störungshorizont existiert. Die Funde sind in die Kalkmudde eingesunken, ein Holzhackenfragment sogar bis in eine Tiefe von 80 cm. Die Lehmlinse selbst ist sehr inhomogen zusammengesetzt. Spülsaum-, Flachs-, Moos- und Rindenhorizonte durchziehen unterschiedlich »gemagerte« und unregelmäßig verlaufende Lehmlagen. Ein angeziegelter Bereich und Herdplattenbruchstücke, ungefähr in der Mitte der Linse, können als Feuerstellenreste interpretiert werden, wirken aber stark gestört. Im nördlichen Hausbereich des Wassergrabens wurde dagegen eine weitgehend intakte Feuerstelle angeschnitten, die, mehrfach erneuert, auf einer Holzlage ruhte. Im Lehm finden sich Keramik, Kleinfunde, Textilien, Hölzer und verschie-

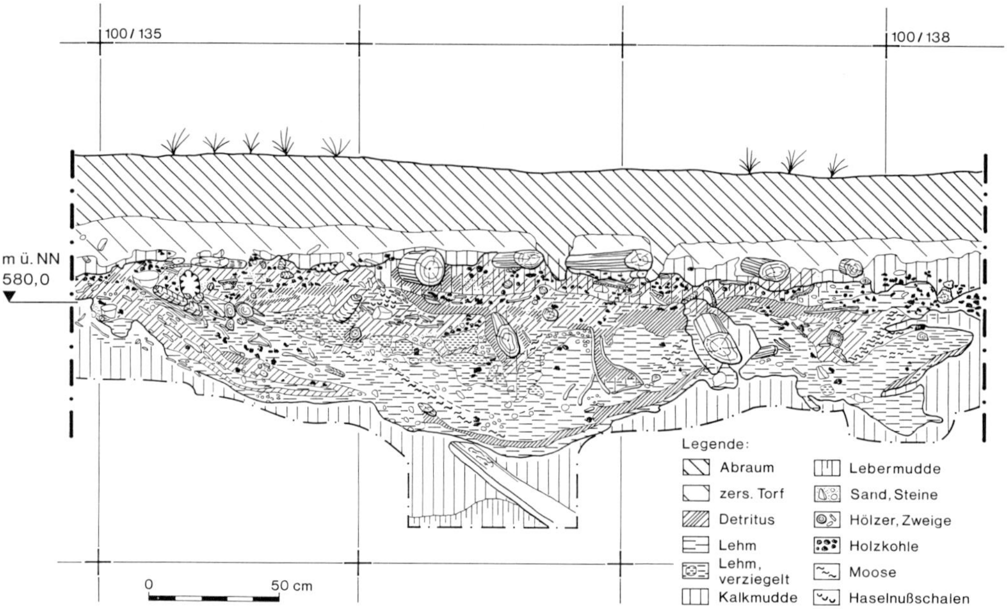

Abb. 21 Seekirch-Achwiesen. Profil durch den »südlichen Hausbereich«

dene Holz- und Geweihgeräte. Zusätzlich sind in der Profilzeichnung Störungen durch Pfosten erkennbar. Die eigentliche sehr muddige und fundreiche Kulturschicht ist hauptsächlich im Zusammenhang mit den Hausbefunden erhalten. Sie wirkt inhomogen und aufgearbeitet. Zwischen den Lehmbereichen dünnt sie bis auf einen holzkohledurchsetzten Spülsaum aus. Eine weitere sekundär umgelagerte Kalkmudde überdeckt den gesamten Befundkomplex. Im Vergleich zu der unteren ist sie eher krumig, mit organischem Material und Holzkohle durchsetzt und wird zudem von Detritusbändern durchzogen. Die Einlagerung der Kulturschicht in Kalkmudde erinnert an die in Seekreide eingebetteten Befunde der Seeufersiedlungen des Bodensees. Zersetzte Torfe und Abraum von Torfstichen bilden den oberen Abschluß der Stratigraphie innerhalb des Dorfes. Im Westen fällt das Gelände zur ehemaligen Seemitte leicht ab, dort blieben noch Torfmudden und Torfe erhalten. Wie bereits erwähnt, lassen sich anhand der bisher freigelegten Pfosten noch keine Strukturen erkennen. Die aufgenommenen Pfostenprofile zeigen eine starke Kippung der Pfahlköpfe in Richtung des Ufers. Die Pfähle wurden wahrscheinlich durch Wasserspiegelanstieg nach dem Verlassen der Siedlung verdrückt.

Die Siedlung Seekirch-Achwiesen zeichnet sich neben interessanten Befunden durch ein reiches und vielfältiges Fundinventar aus. Das

Abb. 22 Seekirch-Achwiesen. Holzgeräte, 3 Hirschgeweihhacke und 9 Fragment eines Wagenrades

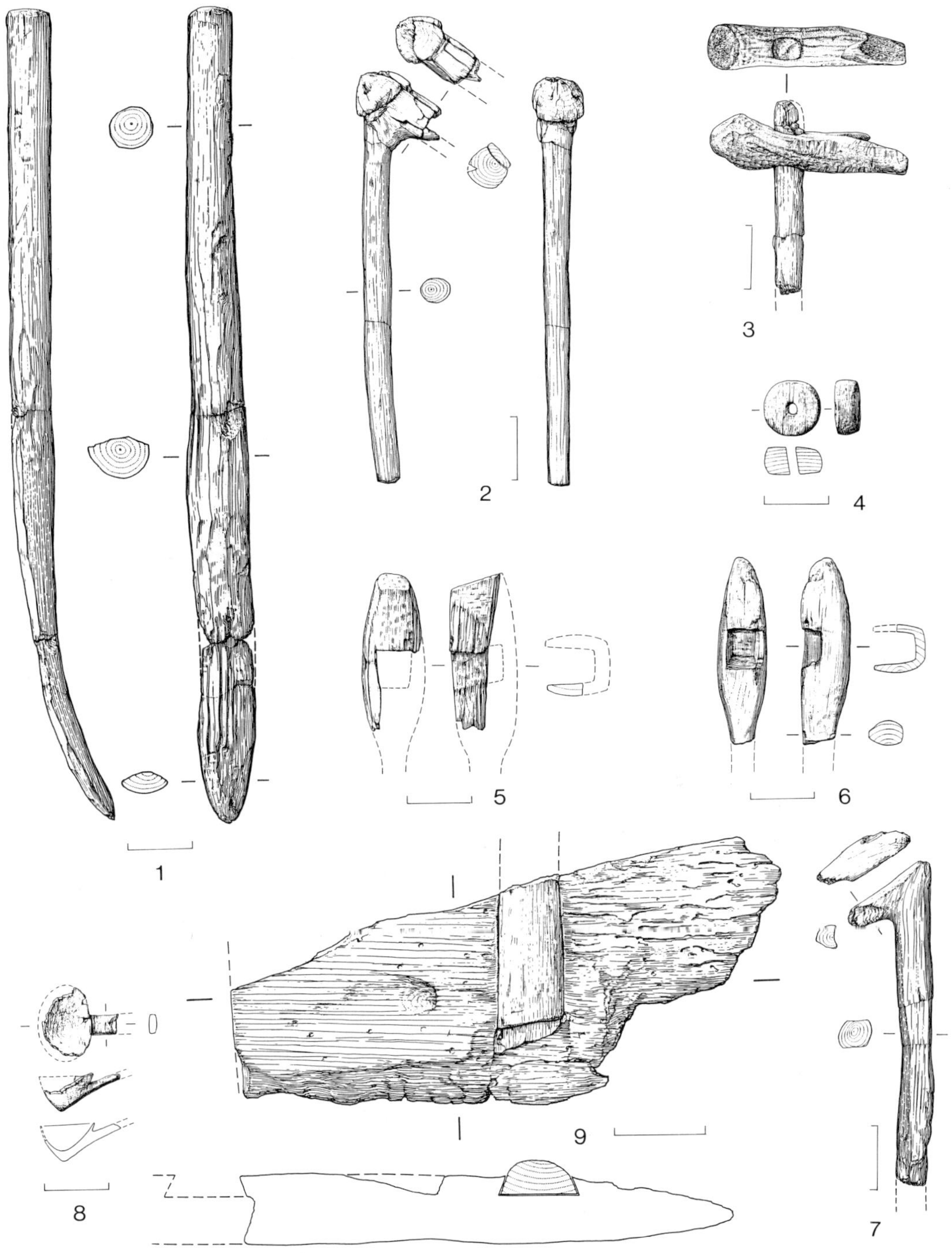
1
2
3
4
5
6
7
8
9

umfangreiche Keramikmaterial variiert stark in Größe und Machart. Die Farbpalette reicht von rötlich-braun bis zu dunkelgrau. Größere, grobgemagerte und schlechtergebrannte, dickwandige Gefäße kommen neben kleineren, geglätteten und dünnwandigeren vor. Zwei Formen dominieren: topfartige Gefäße mit flachem Standboden, leicht geschwungenem Profil, einem betonten Bauch-/Schulterumbruch und geradem bis leicht nach außen geschweiftem Hals. Die Töpfe und Schalen sind teilweise in den beiden unteren Dritteln des Gefäßes, unterhalb der Umbruchs, mit Mattenrauhung versehen oder aber unverziert. Die schalenartigen Gefäße sind insgesamt kleiner, das Profil doppelkonisch mit hervorgehobenem Absatz, der Fuß relativ klein. Einige Fragmente erlauben die Rekonstruktion eines Rundbodens. Für das Keramikinventar von Seekirch-Achwiesen ist diese Mattenrauhung und plastische Verzierung typisch. Umlaufende Leisten, längliche oder runde Einzel- und Doppelknubben sind auf dem Gefäßumbruch angebracht. Die Keramik findet gute Parallelen im Fundmaterial der endneolithischen Siedlung Schreckensee-Wolpertswende der Gruppe Goldberg III. Auch ein Lochrand läßt sich mit Scherben vom Schrekkensee vergleichen. Eine Scherbe, die eine kurze Kerbleiste auf dem Umbruch und Mattenrauhung kombiniert, bleibt zunächst ein Einzelstück. Drei weitere Fragmente, zwei davon mit Kreuzschraffur, eine weitere mit stehenden stichgefüllten, an der Basis offenen Dreiecken und einer Doppelknubbe auf dem Absatz erinnern an Gefäße der nördlicher gelegenen Wartberggruppe.

Bei den Kleinfunden müssen u. a. mehrere Silexpfeilspitzen mit leicht eingezogener und gerader Basis neben leicht gestielten Exemplaren – teilweise mit Resten der Birkenpechbefestigung – und ein sekundär überarbeitetes Serpentinbeil mit Sägespuren erwähnt werden. Im Gegensatz zu den relativ selten vertretenen, ansonsten »gepickten« Beilen wurden fast an die 20 mehr oder weniger stark fragmentierte Zwischenfutter aus Hirschgeweih, meist Zapfenfassungen mit Absatz des Types »B« nach Billamboz/Schlichtherle, gefunden. Beile, eine Hacke (Abb. 22) und ein Retuscheur und weitere »Abfallstücke« vervollständigen das Geweihinventar. Ähnlich reichhaltig und hervorragend erhalten sind die Geräte aus Knochen. Ein gelochter Canidenzahnanhänger stellt den bisher einzigen Beleg für Schmuck dar. Zahlreiche Holzartefakte (Abb. 22) ergänzen das Fundspektrum. Holmfragmente belegen mehrfach die verschiedenen Schäftungsarten. Ein Geweihbeil enthielt Reste des Holzgriffes. Im Bereich der Häuser wurden eine Holzhacke, ein vollständiger Grabstock, ein Netzschwimmer sowie Löffel- und Schalenfragmente geborgen. Zwei Wagenräder waren die unerwartete Sensation der Grabungskampagne 1989. Überraschenderweise konnte innerhalb derselben Fläche von 2 × 3 m auch 1990 ein weiteres Radfragment gefunden werden. Es entspricht in der Holzart und der Herstellungstechnik seinen Vorgängern: Auch das dritte Radfragment wurde aus Ahorn gearbeitet und ist das Bruchstück eines mehrteiligen, mit schwalbenschwanzförmigen Einschubkeilen aus Esche zusammengesetzten Wagenrades. Ähnlich wie in den Pfahlbau- bzw. Uferrandsiedlungen des Bodensees erhielten sich in Seekirch-Achwiesen sowohl verkohlte als auch unverkohlte Textilien, d. h. Geflechte, Gewebe und Schnüre (Abb. 23). Neben einem verkohlten echten Gewebe in einfacher Leinwandbindung, das ein mit schrägen Stichen gesäumtes Randstück darstellt und einem beutelartig zusammengefaßten Vliesgeflecht in Zwirnbindung ist besonders der Fund eines Hutes interessant. Der Hut ist unverkohlt, die Spitze nicht wie bei den Beispielen von Hornstaad und

Abb. 23 Seekirch-Achwiesen. Textilfunde aus Rindenbast: Hut (oben, größte Breite 18 cm) und Fragment eines Zwirngeflechts (unten)

Wangen-Hinterhorn am Bodensee zusammengefaßt und eingebunden. Sie wird durch ein kuppelartiges Geflecht der auf halber Länge zusammengefaßten Einzelstränge in mehrfachen Zwirnbindungsreihen gebildet. Diese Bindungen sind nur im Hutinnern erkennbar, da die Außenseite von einer dicken wasserabweisenden Fransenschicht bedeckt ist.

Die Entdeckung der Pfahlbausiedlung Seekirch-Achwiesen erlaubt differenziertere Einblicke in die Siedlungsweise des Endneolithikums der oberschwäbischen Feuchtbodensiedlungen. Es bleibt zu hoffen, daß durch die dendrochronologische Untersuchung der Eschen das relative zeitliche Verhältnis zu der nahegelegenen, vom Fundspektrum sehr ähnlichen Goldberg-III-Siedlung, Alleshausen-Grundwiesen, ermittelt werden kann. Für Seekirch-Achwiesen liegen bereits Radiokarbondaten aus dem Labor für Umweltphysik der Universität Heidelberg vor. Diese betragen kalibriert 2855–2505 v. Chr., 2880–2625 und 2865 bis 2585 v. Chr. *Angela Bonenberger*

Literaturhinweise

A. Billamboz/H. Schlichtherle, in: H. Camps-Fabrer, L'industrie en os et bois de cervidé durant le Néolithique et l'âge des Métaux 3 (1985), 163 ff. – A. Feldkeller/H. Schlichtherle, Arch. Nachr. aus Baden 38/39, 1987. – H. Schlichtherle, Fundber. aus Baden-Württemberg 6, 1981, 73 ff. – H. Schlichtherle, Arch. Ausgr. Bad.-Württ., 1989, 57 ff.

Grabfunde der Glockenbecherkultur von Stetten a. d. Donau, Stadt Mühlheim a. d. D., Kreis Tuttlingen

Nicht unerwartet wurden 1990 während der Ausgrabung der frühgeschichtlichen Siedlung im Gewann »Bachäcker« auch Gräber der Glockenbecherkultur aufgedeckt. Waren doch bereits 1889 beim Bau der Bahnlinie Tuttlingen–Sigmaringen in nur 70 m Entfernung von der Grabungsfläche zwei mit verzierter Glockenbecherkeramik ausgestattete Grä-

Abb. 24 Mühlheim-Stetten a. d. D. Verzierte Glockenbecher aus den Gräbern 5 (links) und 6 (rechts)

ber (Grab 1 u. 2) ausgegraben worden. Zudem konnte 1987 im Bereich der gleichen Siedlung ein reich ausgestattetes Grab einer Frau mit einem Neugeborenen freigelegt werden (Grab 3), das der schnurkeramischen Kultur zuzuweisen ist. Diese Bestattung, die wegen der hervorragenden Erhaltung der Skelette von Frau und Säugling besonderes Interesse von anthropologischer Seite verdient, wird in den Fundberichten von Baden-Württemberg vorgelegt.

Bei dem 1990 untersuchten Grab 4 handelt es sich um eine Doppelbestattung zweier jugendlicher Individuen. Eine der Bestattungen war in NNW(Schädel)-SSO-Ausrichtung, die andere in entgegengesetzter Lage beigesetzt. Beigaben, die eine eindeutige zeitliche Zuweisung erlauben, fanden sich bei den beiden schon stark vom Pflug gestörten Bestattungen nicht.

Weitaus besser erhalten war Bestattung 5. In einer abgerundet rechteckigen Grabgrube von 1,90 × 1,20 m in Nord-Süd-Ausrichtung fand sich die Hockerbestattung eines wohl erwachsenen Mannes; er lag auf der linken Seite mit dem Schädel im Norden. Im Rücken des Toten stand oberhalb des Beckens mit der Mündung nach oben ein mit breiten Zonen in Stempeltechnik verzierter Glockenbecher (Abb. 24). Außerdem waren dem Toten noch drei Feuersteinpfeilspitzen und – auf dem linken Unterarm liegend – eine Knochennadel mit runder verzierter Kopfplatte (Abb. 25) beigegeben. Bestattung 6 war in einer ebenfalls abgerundet rechteckigen Grabgrube von 1,50 × 1,20 m Nordwest-Südost ausgerichtet. Der obere Teil

Abb. 25 Mühlheim-Stetten a. d. D. Feuersteinpfeilspitzen und Knochennadel aus Grab 5

der Grabgrube war mit größeren Kalksteinen verfüllt. Die Tote, eine wohl erwachsene Frau, war mit dem Kopf im Südosten auf der rechten Seite liegend bestattet. Ebenfalls hinter dem Becken stand ein mit dem Gefäß aus Grab 5 fast identischer verzierter Glockenbecher (Abb. 24). Im Brustbereich der Toten fanden sich 13 kegelförmige Knochenknöpfe mit V-förmiger Durchbohrung und ein rechteckiger größerer Knopf mit gleicher Durchbohrung, der eine ähnliche Verzierung trägt wie die Nadel aus Grab 5 (Abb. 26). Die Knöpfe werden wohl ursprünglich auf dem Gewand der Toten aufgenäht gewesen sein. Da die beigabenlose Doppelbestattung von Grab 4 sich nicht nur in unmittelbarer Nähe der beiden durch die Keramik eindeutig der Glockenbecherkultur zuzuweisenden Gräber 5 und 6 befand, sondern auch in gleicher Ausrichtung angelegt worden ist, steht zu vermuten, daß auch diese der gleichen Kultur angehört. Mit den beiden 1889 beim Bahnbau aufgedeckten Bestattungen umfaßt der glockenbecherzeitliche Friedhof von Stetten a. d. D. somit fünf Bestattungen mit sechs Gräbern. Weitere Bestattungen der gleichen Kultur sind durchaus noch in der 70 m breiten Fläche zwischen Bahn und Grabungsstelle zu erwarten. Der jungsteinzeitliche Friedhof von Stetten a. d. D. gehört damit zu den größten Bestattungsplätzen der Glockenbecherkultur in Baden-Württemberg.

Funde der Glockenbecherkultur konzentrieren sich in Süddeutschland und den angrenzenden Gebieten in verkehrsgünstigen Räumen oder an den Schnittpunkten weitreichender Verkehrsverbindungen. Das Rheinknie bei Basel, das nördliche und südliche Kaiserstuhlvorland und der Neckarmündungsraum seien hier als Beispiele genannt. Es ist durchaus vorstellbar, daß auch dem Raum um Stetten a. d. D. – heute eher im Verkehrsschatten ge-

Abb. 26 Mühlheim-Stetten a. d. D. V-förmig durchbohrte Knochenknöpfe aus Grab 6

legen –, bestimmt durch seine Lage unmittelbar vor dem Anfang des engen Durchbruchtales der Donau, eine ähnliche Bedeutung in der Vorgeschichte zukam. Der Fund der schnurkeramischen Bestattung von Stetten, welche die Lücke zwischen den Fundstellen der Schnurkeramik in der Schweiz und dem Nekkarraum füllt, und die Grabfunde der Glokkenbecherkultur, die gut Vergleichbares weiter donauabwärts finden, deuten zumindest darauf hin. Siedlungsfunde von der ausgehenden Steinzeit bis in die Latènezeit und die verschiedenen frühgeschichtlichen Siedlungen belegen zudem, daß der sich in die Donauniederung bei Stetten vorschiebende hochwassersichere Schwemmfächer ein zu verschiedenen Zeiten gesuchtes siedlungsgünstiges Areal war.

R. Dehn

Literaturhinweis

G. Fingerlin, Arch. Ausgr. Bad.-Württ. 1988, 208 ff.

Sondagen in den mittelbronzezeitlichen Siedlungen von Hilzingen, Rielasingen-Worblingen und Hilzingen-Duchtlingen, Kreis Konstanz

Neben den im Rahmen des Schwerpunktprojektes »Siedlungsarchäologische Untersuchungen im Alpenvorland« von der Deutschen Forschungsgemeinschaft seit 1983 geförderten Grabungen in Feuchtbodensiedlungen wurden von verschiedenen Baumaßnahmen ausgelöste Rettungsgrabungen in Mineralbodensiedlungen des Hegaus durchgeführt. So können die Ergebnisse zur Besiedlungsgeschichte am Ufer des westlichen Bodensees mit Beobachtungen aus einer unmittelbar angrenzenden Kleinlandschaft verglichen werden. Beantwortet werden soll auch die Frage, ob die Seeufer nur zu Zeiten dichter Besiedlung des Hinterlandes aufgesucht wurden, oder ob eine wechselweise intensive Nutzung der beiden Naturräume erfolgte.

In Zusammenarbeit mit dem Kreisarchäologen des Kreises Konstanz J. Aufdermauer sowie R. Dehn vom Landesdenkmalamt Baden-Württemberg, Außenstelle Freiburg, standen dabei anfangs alt- und mittelneolithische Siedlungsplätze in Mühlhausen, Singen und Hilzingen im Vordergrund. Seit drei Jahren kommen nun mittelbronzezeitliche Fundstellen hinzu, die im Anschluß an eine 1988 erfolgte Grabung in Hilzingen, Gewann »Unter Schoren«, vermehrt erkannt werden.

In *Hilzingen* »Unter Schoren« beschränkten sich die Untersuchungen 1988 auf den Bereich einer geplanten Erddeponie. Auf der knapp 1 ha großen Grabungsfläche wurden mehrere kleine quadratische und rechteckige Pfostenbauten beobachtet, während Grubenverfärbungen fast völlig fehlten. Wie sich einem 250 m langen Profil entnehmen ließ, das zu den angrenzenden Ackerflächen entstanden war, stammt die früh-mittelbronzezeitliche Keramik aus humusreichen Bodenhorizonten unterhalb der heutigen Pflugschicht. Da jedoch auch vereinzelt urnenfelderzeitliche und römische Scherben auftraten, erschien es wünschenswert, durch gezielte Sondagen weiteren Aufschluß zur Entstehung und Struktur dieser mit Scherben und Knochen durchsetzten Bodenhorizonte zu erhalten. In dankenswerter Weise wurden die Arbeiten von den Herren L. Hägele und E. Hug vom Bürgermeisteramt

Abb. 27 Hilzingen. »Unter Schoren«. Die Fundstelle am Fuß einer Erddeponie, im Hintergrund der Hohentwiel

Hilzingen nachhaltig unterstützt. Die Grabungen beschränkten sich 1989 und 1990 auf kleine Flächen innerhalb eines 2 m breiten Streifens am Fuß der Erddeponie, der durch die Anlage eines Entwässerungsgrabens akut gefährdet bleibt (Abb. 27).

Als besonders aufschlußreich erwies sich die Untersuchung einer bereits 1988 angeschnittenen Steinpackung, die im vergangenen Sommer weiter freigelegt werden konnte. Die Steine lagen auf schwarz-humosem Boden, der keinerlei Funde enthielt. Vermutlich handelt es sich dabei um einen alten A-Horizont, der aus dem anstehenden, mit kiesigem Moränenmaterial durchsetzten, gelb-braunen Tuffverwitterungslehm entstanden ist. Die ca. 1,40 × 1,40 m große Steinpackung bestand aus maximal 15 cm großen Geröllen, die teilweise Brandspuren und Hitzesprünge aufwiesen. Obwohl bis zu 5 cm große Holzkohlestücke zwischen den Steinen auftraten, scheint eine Deutung als Herdstelle nicht zwingend, fehlt doch auf den Steinen ein Lehmestrich, wie er bei einer regulären Herdplatte zu erwarten gewesen wäre. Außer dieser Steinpackung fanden sich ein großer Topfboden und weitere mittelbronzezeitliche Scherben. Der Abbau des humosen Bodens oberhalb der Steinpackung erfolgte mit der Kelle in 0,25 m^2 großen Abtragungseinheiten von 5 cm Stärke, so daß sich die Verteilung der Funde sehr genau kontrollieren ließ: Ausschließlich oberhalb der Steinpackung wurden z. T. stark verrollte urnenfelderzeitliche Scherben beobachtet, und in den Abträgen direkt unter der heutigen Pflugschicht fand sich Drehscheibenware, die wohl überwiegend römisch sein dürfte. Diese Befundsituation interpretiere ich nun dahingehend, daß sich der mittelbronzezeitliche Fundhorizont noch in situ befindet, also einen echten Laufhorizont darstellt, während das Bodenmaterial über der Steinpackung als Folge

von Erosionsvorgängen am Oberhang hierher umgelagert wurde. Die dunkelhumose Beschaffenheit des Bodens erklärt sich daraus, daß zunächst der A-Horizont verlagert wurde, und erst bei beschleunigter Erosion wäre es zum Auftrag heller Kolluvien gekommen.
Neben solchen Bereichen mit recht günstigen Erhaltungsbedingungen für die alte Oberfläche fanden sich andere, in denen eine tiefenmäßige Differenzierung des unterschiedlich alten Fundstoffes nicht nachweisbar war, allerdings überwogen auch hier die mittelbronzezeitlichen Scherben. In diesen Bereichen dürften Erosion und Ansammlung von Bodenmaterial ausgeglichen gewesen sein, was dazu führte, daß Funde unterschiedlicher Zeitstellung in denselben Fundhorizont gelangen konnten. Außer der näher beschriebenen Steinpackung wurden zwei weitere, erheblich größere Steinlagen angeschnitten, die ebenfalls Feuereinwirkung zeigten. Darüber hinaus enthält der Fundhorizont auch außerhalb der eigentlichen Steinpackungen zahlreiche, in Folge von Hitzeeinwirkung zerplatzte Gerölle. Da die ergrabenen Flächen bisher sehr klein sind – knapp 50 m^2 –, läßt sich noch nicht abschätzen, welcher Zusammenhang zwischen Steinverteilung und Pfostenstellungen besteht und wozu die Steinanhäufungen dienten.
Zur Datierung ist festzustellen, daß außer einigen Scherben, die der frühen mittleren Bronzezeit zugeschrieben werden, inzwischen vermehrt Keramik der mittleren Bronzezeit auftritt, ohne daß beim gegenwärtigen Bearbeitungsstand schon genauere Mengenverhältnisse anzugeben wären.
Der Bau eines Regenüberlaufbeckens in der Niederung der Radolfzeller Aach führte im

Abb. 28 Rielasingen-Worblingen. »Riedern«. Zahlreiche zerplatzte Gerölle markieren die mittelbronzezeitliche Siedlungsoberfläche

Herbst 1989 zu der Entdeckung einer weiteren mittelbronzezeitlichen Siedlung östlich von *Rielasingen-Worblingen* im Gewann »Riedern«. In den Wänden der Baugrube fielen etwa 10–20 cm unterhalb der Pflugsohle im ansonsten steinfreien Auelehm zerplatzte Gerölle auf. In diesem farblich nicht abgesetzten »Steinhorizont« fanden sich wenige, zunächst nicht datierbare Scherben. Eine daraufhin im Spätherbst 1989 durchgeführte Sondage erbrachte dann ein der Hilzinger Situation entsprechendes Bild: Eine Streuung von zerplatzten Geröllen mit gelegentlichen Massierungen (Abb. 28) und eine vergleichsweise lockere Verteilung mittelbronzezeitlicher Keramik wurde festgestellt. Weiterhin ließen sich zahlreiche Pfostenverfärbungen nachweisen, die allerdings nur schlecht zu erkennen waren. Gelegentlich fanden sich senkrecht stehende Keilsteine in den maximal 30 cm tiefen Pfostengruben. Daneben wurden aber auch mehrfach kleine, höchstens 50 cm im Durchmesser aufweisende Stellen mit dicht nebeneinandergelegten Geröllen und Steinplatten beobachtet, ohne daß darunter ein Pfostenloch festgestellt werden konnte. Das sind möglicherweise ebenerdige Pfostenfundamentierungen.

Dank der Unterstützung und dem Entgegenkommen von Architekt D. Kalkowski, der Baufirma K. Blessing, dem Bürgermeister von Rielasingen, B. Heim, und dem Hauptamtleiter J. Busshart sowie dem Bürgermeister A. Keller konnten 1990 weitere gefährdete Bereiche untersucht werden.

Da der Fundhorizont nur 5–10 cm stark war, wurde er in einem Arbeitsgang abgebaut. Um nicht mit einer Einzeldokumentation der Steine zuviel Zeit zu verlieren, wurden sie nur ausnahmsweise freigeputzt (Abb. 28), ansonsten aber nur pro Viertelquadrat gezählt und gewogen. Beim bisherigen Auswertungsstand läßt sich erkennen, daß die Steinverteilung sehr ungleichmäßig ist und hohes Steinaufkommen mit Keramikmassierungen einhergeht.

Abb. 29 Rielasingen-Worblingen. »Riedern«. Die Grabungsfläche mit Pfostengruben in der Niederung der Radolfzeller Aach. Der mit Geröllen durchsetzte Fundhorizont ist bereits abgebaut

An Baulichkeiten sind bisher eine 2,50 × 2,50 m große Vierpfostengruppe und eine 2,50 × 4 m messende Anlage aus sechs Pfosten erkennbar (Abb. 29). Wie schon aus Hilzingen bekannt, fehlten auch hier Gruben nahezu vollständig. Die Datierung in die mittlere Bronzezeit ist, soweit sich das Fundgut übersehen läßt, gesichert. Urnenfelderzeitliche Elemente fehlen bisher, ebenso wie frühe, mit A 2/B 1 zu umschreibende Merkmale. Da die Keramik z. T. sehr stark verwittert ist, dürfte die Überdeckung mit Auelehm erst deutlich später als das Siedlungsende ein-

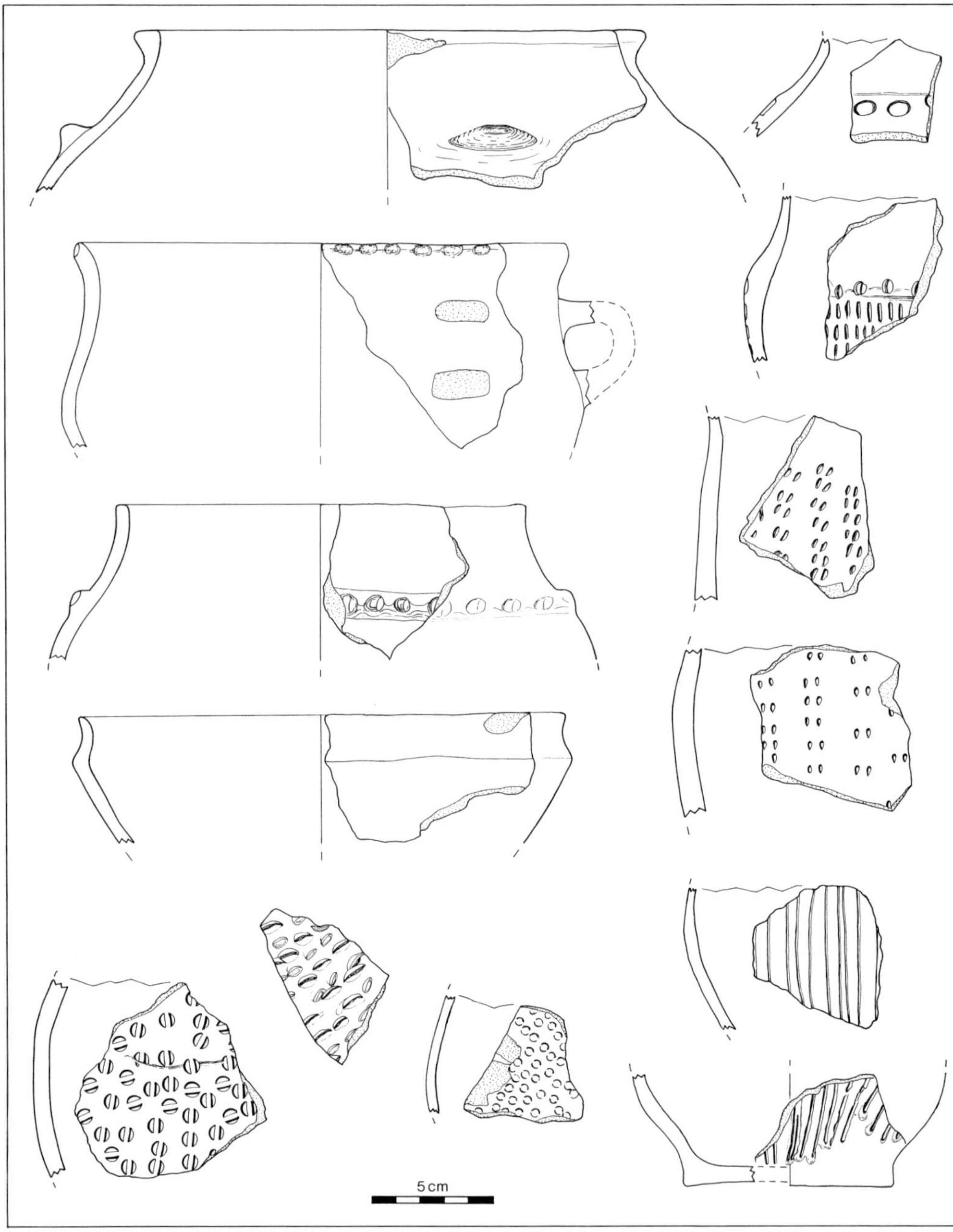

Abb. 30 Hilzingen-Duchtlingen. »Im Winkel«. Lesefunde früher mittelbronzezeitlicher Keramik aus einem Baugrubenaushub

getreten sein. Eine Datierung steht noch aus. Angesichts der teilweise mehrere Meter mächtigen Kolluvien an den Hangfüßen und in den Mulden des zentralen Hegaus überrascht die vergleichsweise dünne Auelehmdecke von nur 30–40 cm.

Wiederum in ausgesprochener Tallage fand sich in *Hilzingen-Duchtlingen* in zwei ca. 300 m voneinander entfernten Baugruben im alten Dorfkern mittelbronzezeitliche Keramik. Bedauerlicherweise wurde dies erst bekannt, als die Keller bereits fertiggestellt und nur noch die Baugrubenprofile einsehbar waren. Während vom Aushub »Im Winkel« überwiegend frühmittelbronzezeitliche Scherben aufgesammelt werden konnten (Abb. 30), erbrachte die Fundstelle »Am Bach« hauptsächlich Keramik aus dem zur Urnenfelderkultur überleitenden Abschnitt der Bronzezeit (BzD).

Durch kleinere Sondagen neben den Neubauten waren aber doch noch Beobachtungen zur Befundsituation möglich. Demnach liegen beide Fundstellen unmittelbar an einem heute weitgehend kanalisierten und verrohrten Bachlauf. Bei den Sondagen »Im Winkel« zeigte sich, daß der alte Talgrund ca. 3 m tiefer lag als heute. In dieser Tiefe fanden sich in schwarz-humosem Boden ohne jüngere Beimischungen unverrollte Scherben der Hinkelsteingruppe/Stichbandkeramik. Der genaue zeitliche Ablauf der Sedimentation bis zur heutigen Oberfläche hin ist noch weitgehend unklar, doch zeigten die abwechselnden Lehm-, Kies-, Sand- und Anmoorschichten eine sehr wechselhafte Wasserdynamik. Da auch Eichenpfosten sowie evtl. mittelalterliche Bachbettverbauungen aus Eichenspältlingen und großen Steinblöcken angetroffen wurden, kommt dem Fundplatz zukünftig eine Schlüsselrolle bei der Untersuchung landschaftsgeschichtlicher Fragen im zentralen Hegau zu. Leider wurden die frühmittelbronzezeitlichen Schichten bei den Sondagen nicht mehr angeschnitten, doch erscheint es aufgrund des Gesamtbefundes sicher, daß es sich auch hierbei um Funde aus einem Bachbett handelt. Angesichts der guten Erhaltung und der Größe der Scherben ist aber auszuschließen, daß diese Scherben über weitere Strecken verlagert wurden.

Klarer war die Situation an der knapp 300 m bachaufwärts gelegenen Fundstelle »Am Bach«. Hier konnten mehrere spätmittelbronzezeitliche Planierschichten beobachtet werden, die offenbar über einen zugeschotterten Bachlauf geschüttet worden waren. Eine in diese Planierungen eingetiefte Pfostengrube, welche ebenfalls spätmittelbronzezeitliche Keramik enthielt, zeigte, daß die so gewonnene Fläche als Baugrund diente. Die etwa 15 cm dicke Kulturschicht über der Planierung war mit zahlreichen, vergleichsweise kleinstückigen Scherben durchsetzt. Zur Erfassung größerer Strukturen war der nur 1 m breite Sondagegraben allerdings nicht geeignet.

Damit liegen nun aus dem Hegau vier benachbarte, vergleichsweise umfangreiche Keramikkomplexe der mittleren Bronzezeit vor, deren Aufarbeitung es ermöglichen wird, eine regionale Keramikchronologie als Basis für weitere besiedlungsgeschichtliche Auswertungen zu erarbeiten. Da während der mittleren Bronzezeit in den Siedlungen offenbar nicht nur des Hegaus kaum Gruben angelegt wurden, sind in Zukunft vermeintlich verschwemmte Scherbenstreuungen an den Hangfüßen und in Tälern genau zu beobachten und ihre Entstehung durch Grabungen abzuklären, denn häufiger als bisher beobachtet, scheinen sich in den dort auftretenden Kolluvien auch alte Siedlungsoberflächen zu befinden, ohne daß diese sich farblich von den Schichten im Hangenden und Liegenden absetzen müssen! Ein flächiger Baggerabzug bis auf den gewachsenen Boden ohne vorherige feinstratigraphische Sondierungen verbietet sich an solchen Plätzen von selbst, würde er doch unweigerlich zur Zerstörung der Laufhorizonte führen und im günstigsten Fall nur spärliche Pfostenspuren erbringen. *Bodo Dieckmann*

Literaturhinweis

B. Dieckmann, Arch. Ausgr. Bad.-Württ. 1988, 53 ff.

Notbergung eines hügelgräberbronzezeitlichen Grabfundes bei Weingarten, Kreis Karlsruhe

Bei der Aushebung einer Pfostengrube zur Errichtung einer Scheune auf einem als Pferdekoppel genutzten Wiesengelände stieß O. Apfel aus Weingarten im Gewann »Untere Kehrwiese« auf zwei bronzezeitliche Beinbergen. Diese lagen 0,80 m unter der heutigen Oberfläche. Der Grundstücksbesitzer verständigte sofort das Ortsbauamt in Weingarten, das die Meldung an das Landesdenkmalamt weitergab. Eine erste Besichtigung ergab, daß in der nur 0,40 × 0,40 m messenden Pfostengrube die Reste einer Frauenbestattung angetroffen worden waren, zu der die beiden Beinbergen gehörten. Nach früheren Unterlagen gehört der Grabfund zu dem Grabhügel Nr. 34 des von A. Bonnet im Jahre 1897 aufgenommenen Grabhügelfeldes »Dörnig«. Trotz ungünstiger Witterung konnte wenige Tage nach der Fundmeldung das Grab freigelegt werden.

Es handelt sich um die Bestattung einer jugendlichen weiblichen Person in Nordwest-(Kopf)-Südost gestreckter Rückenlage. Beide Unterarme waren leicht zur Körpermitte angewinkelt. Vom Skelett sind lediglich Teile des Gebisses (Zahnkronen) und Fragmente des linken Unterarms innerhalb seiner Schmuckpakete in situ erhalten geblieben. Aus dem Aushubmaterial hatte der Bauherr bereits weitere Kleinfragmente, die mit Sicherheit aus dem Bereich der beiden Unterschenkel und Beinbergen stammten, herausgenommen. Aufgrund der Gebißreste kann eine rechte Seitenlage des Kopfes der Toten rekonstruiert werden. Der Unterschenkelbereich des Skeletts war modern gestört. Es liegt insgesamt 0,80–0,90 m unter der heutigen Oberfläche. Folgende Beigaben (Abb. 31) ließen sich be-

Abb. 31 Weingarten. Beigaben eines Grabfundes aus der jüngeren Hügelgräberbronzezeit

obachten: Ein Ohrringfragment lag oberhalb des Gebisses. Reste eines weiteren Ohrgehänges (drei- bis vierteilig) befanden sich an der NNO-Seite des Gebisses. Eine bronzene Armberge wurde am linken Unterarm gefunden, die Unterseite ist stark eingedrückt. Ein Bronzearmreif lag am linken Unterarm, ein Spiralarmring am rechten Unterarm. Ein Armreif fand sich direkt an der Fußseite des Spiralarmringes, ein weiterer Armreif direkt an der Unterseite des letztgenannten Armreifes. Außerdem fanden sich Fragmente von zwei Fingerringen aus flachem Bronzedraht, die an der rechten Hand getragen wurden, und zwei Beinbergen, die aus der Pfostengrube vom Finder geborgen und somit nicht mehr im Verband dokumentiert werden konnten. Über der Brust der Toten lagen im spitzen Winkel zueinander zwei Radnadeln, teilweise darunter eine Rollenkopfnadel. Außer den Gebißresten ließen sich noch einige Knochenteile wohl des Unterschenkels und des linken Unterarmes bergen, daneben ergab sich etwas Lesekeramik aus dem Grabgrubenbereich. Die Grabgrube selbst liegt in einem völlig farbreduzierten, leicht sandigen, stark eisenhaltigen Auelehm. Unmittelbar unterhalb der Bestattung steht Schwemmsand an.

Insgesamt handelt es sich um eine relativ reiche Bestattung der Hügelgräberbronzezeit. Die geborgenen Bronzeschmuckteile lassen sich in das Fundspektrum zahlreicher Fundpunkte an Mittel- und Oberrhein sehr gut einordnen. Eine erste Begutachtung der Fundstücke in noch ungereinigtem Zustand läßt eine Datierung des Grabes von Weingarten in die jüngerhügelgräberzeitliche Stufe »Bessunger Wald« annehmen. *Egon Schallmayer*

Literaturhinweis
E. Wagner, Fundstätten und Funde im Großherzogtum Baden, 2. Teil: Das badische Unterland (1911) 94 ff.

Neue spätbronzezeitliche Paddelfunde aus dem Federseemoor bei Oggelshausen, Kreis Biberach

Bei der Begehung des Federseemoores im Frühjahr 1989 entdeckte F. Herzig in einem Entwässerungsgraben bei Oggelshausen ein bearbeitetes Holzstück, das aufgrund seines halbrunden Querschnitts als Einbaumfragment gedeutet wurde. Eine intensivierte Landnutzung und damit einhergehende Auffüllungen ortsfremden Materials in großer Menge drohten die Fundstelle 1990 zu überschütten und letztlich zu zerstören. Aus diesem Anlaß war es geboten, sich Gewißheit über dieses Objekt und dessen Lage zu verschaffen. Die Fundstelle befindet sich am südlichen Ortsausgang von Oggelshausen und liegt an einem Hangfuß am östlichen Rand des Federseemoores.

Die Laboruntersuchungen des geborgenen, in sich mehrfach gebrochenen Einbaumfragmentes, das aus Eschenholz gefertigt war, sind noch nicht abgeschlossen. Möglicherweise handelt es sich hierbei um das Bruchstück eines Bugs. Zusammengesetzt sind die Einzelteile noch 78 cm lang und 21 cm breit (Abb. 32). Bis heute sind noch mindestens zwei weitere Einbäume aus dem Federseemoor bekannt, die ebenfalls aus Eschenstämmen hergestellt worden sind. Mit den zwei Paddeln aus Eiche (Abb. 32), die hier in der-

selben Schicht wie alle anderen Funde der Sondage eingebettet lagen, erhöhte sich die Anzahl der im Federseemoor gefundenen Paddel bzw. Ruder auf etwa 30 Stück, davon sollen allein »im Hafen der Wasserburg Buchau 24 Paddelruder und Ruderteile« gefunden worden sein.

Es ist außerdem ein weiterer Fund zu erwähnen, der aufgrund seiner Zurichtung (Breite/Höhe) und Holzart (ebenfalls Eiche) eine große Ähnlichkeit zu den Blattenden der Paddel 1 und 2 zeigt, jedoch wegen seiner geringen Größe (Länge: 18 cm) nicht sicher als ein weiteres Paddelfragment angesprochen werden kann. Allerdings war dies das einzige Stück, dessen Beschaffenheit eine Altersbestimmung im Archäodendrologischen Labor in Hemmenhofen erlaubte. Die hieraus erstellte Jahrringsequenz läßt sich im Jahrringkalender zwischen 1025 und 872 v. Chr. einpassen. Mit den am Stück noch erhaltenen Splintholzresten wurde ein Fällungsjahr um 872 ± 10 v. Chr. errechnet.

Die zwei bereits erwähnten Paddel wurden aus Radialbrettern gearbeitet. Außerdem weisen beide Artefakte Wurmfraß, Wurzeldurchstoßungen sowie Gras- und Schilfabdrücke auf. Durch Schichtpressung wurden sie verrundet und teilweise verdrückt.

Paddel 1 (Abb. 33.a) ist aus Eichenholz mit 95 Jahrringen ohne Splintbegrenzung gefertigt und insgesamt noch 120 cm lang, davon das Blatt 32 cm. Die ursprüngliche Länge des Paddels scheint damit noch nicht vollständig rekonstruiert zu sein. Zwar konnte mit Hilfe der Jahrringanalyse der Griff um einen Streufund ergänzt werden, aber auch dieses Stück hat zwei Bruchkanten und ist folglich nicht das Griffende des Paddels. Auffälligerweise sind

Abb. 32 Oggelshausen. Paddel 1 und 2 sowie Einbaumfragment vor der Bergung

besonders die Seiten des Blattes gerade und sehr glatt geschnitten. Spuren starker Abnutzung waren nicht zu erkennen.

Paddel 2 (Abb. 33.b) ist aus dem Außenbereich eines rasch gewachsenen Eichenstammes herausgearbeitet worden und besitzt noch 27 Jahrringe, fünf davon sind im Splintholzbereich. Die Waldkante ist ebenfalls erhalten geblieben. Insgesamt ist es noch 59 cm lang, davon das Blatt 34 cm. Der beidseitige Übergang vom Blatt zum Griffstück ist nicht gleichförmig, d. h. der Stiel des Paddels 2 sitzt nicht genau mittig. So weist eine ganze Seite des Blattes Gebrauchsspuren auf. An ihr ist eine leichte Einbuchtung mit einer sich daran anschließenden längsseitigen Abschürfung erkennbar. Sehr wahrscheinlich wurde dieser Holzabtrag durch Abnutzung, z. B. bei häufiger Reibung am Boot, hervorgerufen.

Die Fundstelle ist eindeutig ein in der Spätbronzezeit verlandeter Uferabschnitt des Federsees, der jedoch noch immer bei erhöhten Wasserständen überflutet wurde. Dafür sprechen die Lage im Gelände, die stratigraphische Situation sowie die Beobachtung, daß in der Torfschicht, in der auch alle Objekte eingelagert waren, Wassernüsse in großer Menge auftraten. Gerade an solchen Stellen ist mit einem gehäuften Vorkommen verschwemmten und angespülten Materials zu rechnen. Die geschilderte Situation eines Anlandungsbereiches würde besonders deutlich hervortreten, wenn man dieses Ufer als Teil einer Bucht des vorgeschichtlichen Sees ansprechen könnte. Unterstützung erhielte diese Interpretation dadurch, daß im Umfeld der weite Mündungsbereich des ehemaligen Federbaches vermutet wird. Da die besprochenen Hölzer ungestört in ein und derselben Schicht sedimentiert wurden, muß deren Anlagerung etwa gleichzeitig erfolgt sein. Deshalb können nicht nur die vermutlich gleichaltrigen Objekte als spätbronzezeitlich angesehen werden, sondern stammt

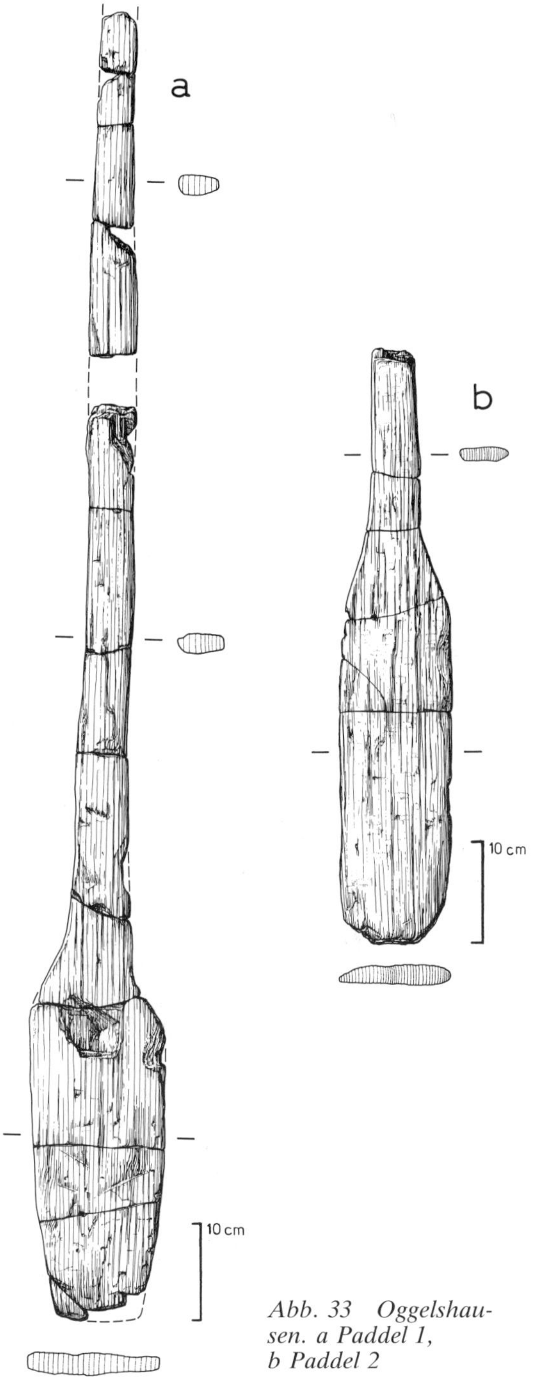

Abb. 33 Oggelshausen. a Paddel 1, b Paddel 2

auch dieser Uferabschnitt aus derselben Zeit. Dies ist wichtig für die Rekonstruktion der Verlandungsgeschichte des Federsees.
Erwähnenswert ist, daß ein Einbaum, der im vergangenen Jahr bei Seekirch in den »Floßwiesen« entdeckt und geborgen wurde, aufgrund dendrochronologischer Untersuchungen ebenfalls zur Urnenfelderkultur gehört. Allerdings befand er sich, ca. 6 km von Oggelshausen entfernt, am nördlichen Ufer des vorgeschichtlichen Federsees.
Interessanterweise wurden in der näheren Umgebung der hier beschriebenen Sondage in den Jahren 1860 und 1937 zwei, und in der weiteren Umgebung drei Einbäume aufgefunden. Deren Quellenlage genügt heutigen Ansprüchen an eine Datierung leider nicht. Auch die Siedlung »Wasserburg Buchau« wurde unweit von hier, etwa 1,5 km in südwestlicher Richtung, ausgegraben. Angesichts dieser Befundlage liegt die Existenz eines urnenfelderzeitlichen Bootslandeplatzes in diesem Uferbereich nahe. *Kai Letzner*

Die Stratigraphie

Um die stratigraphische Situation am Fundort der Paddel sowie deren Ablagerungsbedingungen zu rekonstruieren, wurde neben Paddel 2 aus der noch offenen Profilwand ein Mudde-Torfprofil entnommen (Abb. 34). Es umfaßt den oberen Teil der anstehenden Feindetritusmudde/Lebermudde (Abb. 35/Schicht 6) sowie den darüberliegenden Niedermoortorf von mehr als 30 cm Mächtigkeit (Schichten 1 bis 5). Durch botanische Untersuchungen konnten die Vegetationsentwicklung an der Fundstelle abgeleitet und der Verlandungsverlauf rekonstruiert werden.

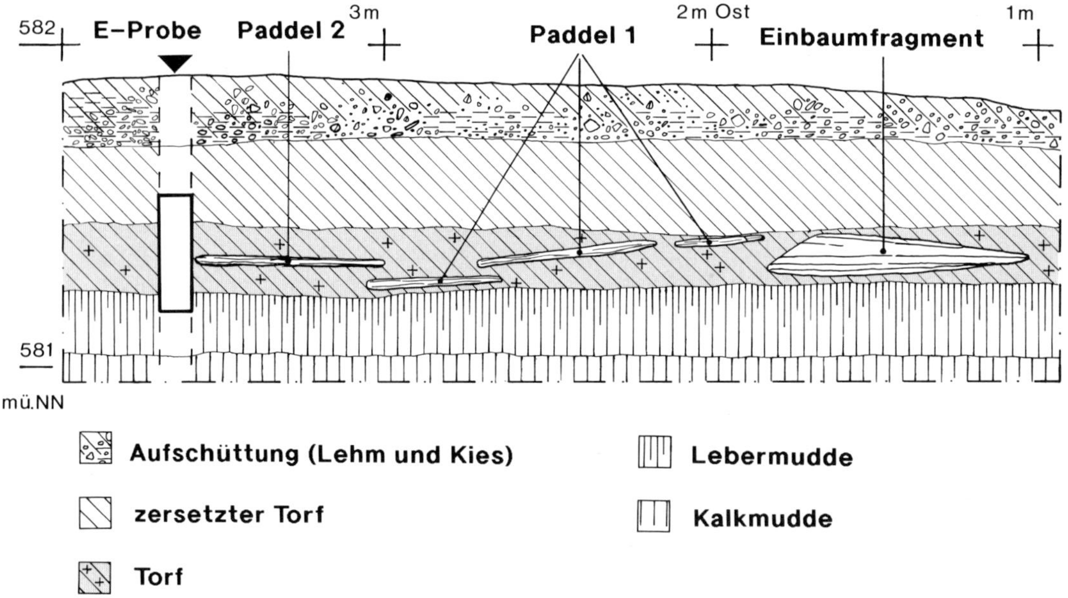

Abb. 34 Oggelshausen. Ausschnitt des Schichtenprofils der Sondage mit den projizierten Funden der Paddel 1, 2 und des Einbaumfragments sowie Kastenprofil (E-Probe)

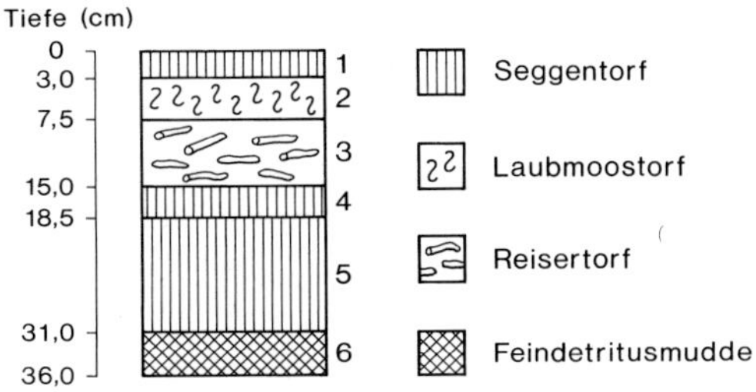

Abb. 35 Oggelshausen. Stratigraphische Auswertung der E-Probe

Die Paddel wurden auf Niedermoortorf abgelagert. Die torfbildende Vegetation z. Zt. der Ablagerung war ein Drahtseggenried (*Caricetum diandrae*). Dies ist eine Verlandungsgesellschaft, die auf mäßig nährstoffreichen, nassen, schwach bis mäßig sauren Torfschlammböden vorkommt und am Rande von Seen auch Schwingrasen ausbilden kann. Es scheint, daß in diesem Fall eine solche Schwingrasenausprägung der Gesellschaft vorliegt, da die betreffende Torfschicht 5 (Abb. 35) der Mudde nur locker auflag und keine Durchwurzelung der Mudde festgestellt werden konnte. Die Paddel wurden von diesem Drahtseggenried überwachsen und damit konserviert.

Vor, aber auch noch längere Zeit nach Einbettung der Paddel (bis einschließlich Schicht 3) ist diese Stelle immer wieder in bedeutendem Maße von Hochwässern erreicht und überspült worden. Infolge dieser Überschwemmungen ist es ständig zum Eintrag von Wasserpflanzenresten in die torfbildende Vegetation gekommen. So wurden z. B. in den Schichten 3, 4 und 5 teilweise in sehr großen Mengen Wassernüsse (*Trapa natans*) abgelagert, welche auch direkt bei den Fundstücken auffallend häufig angetroffen worden sind.

Die Ablagerung der Paddel erfolgte also in einer bereits verlandeten Uferzone, die noch deutlich im Einflußbereich des Federsees lag. Damit ist wahrscheinlich, daß auch die Paddel vom See an dieser Stelle angeschwemmt worden sind. *Ursula Maier*

Literaturhinweise (Beitrag Letzner)
K. Bertsch, Paläobotanische Monographie des Federseeriedes, Bibliotheca Botanica 26 (1931). – O. Paret, Einbäume im Federseeried, Prähist. Zeitschr. 1930. – H. Reinerth, Schiffahrt am vorgeschichtlichen Federsee, Veranstaltungskalender Bad Buchau 1979/80. – H. Schlichtherle, Arch. Ausgr. Bad.-Württ. 1989, 57 ff.

Literaturhinweise (Beitrag Maier)
A. Grüttner, Die Pflanzengesellschaften und Vegetationskomplexe der Moore des westlichen Bodenseegebietes, Dissertationes Botanicae, Band 157 (1990) – E. Oberdorfer, Süddeutsche Pflanzengesellschaften Teil I (1977).

Mondidol und Lackprofil aus einer Siedlung der Urnenfelderzeit in Heidelberg-Bergheim

Das alte Heidelberg liegt fernab des berühmten Schlosses am Westrand des Vorortes Bergheim: Dort, zwischen dem südlichen Hochufer des Neckar und dem Beginn der Autobahn nach Mannheim, hatte der Bezirkspfleger Karl Pfaff um 1900 immer wieder Siedlungs- und Grabfunde der Jungsteinzeit und der vorgeschichtlichen Metallzeiten für die Städtischen Kunst- und Altertümersammlungen geborgen, als die Stadtverwaltung zur Entsorgung der

Altstadt riesige Sickergruben – den sog. Grubenhof – ausheben ließ. Als zwischen 1969 und 1973 westlich anschließend die Johannes-Gutenberg-Gewerbeschule und das Regionale Rechenzentrum erbaut wurden, konnte B. Heukemes für das Kurpfälzische Museum zahlreiche weitere Funde heben, die vor allem der Rössener und Großgartacher Kultur und der Latènezeit angehörten.

Daher war Aufmerksamkeit geboten, als die Gewerbeschule auf einem der letzten noch unbebauten Teile des Areals einen Erweiterungsbau plante. In Abstimmung mit der Außenstelle Karlsruhe des Landesdenkmalamtes überwachte die Archäologische Abteilung des Kurpfälzischen Museums zwischen 19. März und 11. April 1990 das Ausbaggern der rund 20 × 30 m messenden Baugrube, wobei neue Siedlungsreste der Urnenfelderzeit entdeckt wurden. Ermöglicht wurde die Untersuchung durch das Entgegenkommen des städtischen Hochbauamts und eine Sachspende der Firma Hoechst, Frankfurt/M., vor allem aber durch die ehrenamtliche Hilfe von J. Mitsch aus Heidelberg-Wieblingen und Else Eck aus Mannheim, die in den letzten zehn Jahren durch ihren unentgeltlichen Einsatz etliche Rettungsgrabungen der Abteilung »gerettet« hatte.

Die Baggerarbeiten ergaben, daß der Oberflächenhumus schon Anfang der siebziger Jahre 0,80–1 m tief mit rezentem Bauschutt und Abfall durchmischt worden war. Archäologische Befunde überdauerten nur dort, wo sie tief in den anstehenden Löß einschnitten: Fundpunkt 1 lag im Südteil der Baugrube. Unter einem betonierten Versorgungskanal waren in einer Tiefe von 1,30–2,10 m Reste einer trichterförmigen Grube zu erkennen, deren humose Verfüllung noch einzelne Scherben der Urnenfelderkultur sowie Hüttenlehm erbrachte.

Ergiebiger war Fundpunkt 2 an der Nordböschung der Baugrube. Hier hatte der Bagger eine trichterförmige Grube randlich angeschnitten, deren stark humose Füllung noch 1,60 m tief in den umgebenden Löß hinabreichte. Nach provisorischer Aufnahme des angebaggerten Befundes wurde das Profil zunächst von Hand auf die Senkrechte zurückverlegt und dokumentiert (Abb. 36); ferner nahmen die Mitarbeiter der Abteilung unter Anleitung des Stuttgarter Präparators G. Seifert ein Lackprofil ab. Abschließend wurde die restliche Grubenfüllung mit der Spachtel herausgeschält, bis die Grubenwände erreicht waren.

Die annähernd ovale Grube war max. 2,40 m lang und etwa 1,20–1,50 m breit; die waagrechte Sohle bewahrte mit unregelmäßigen Mulden und Graten Spuren der Grabarbeiten. Die Wände zogen kegelförmig zur Öffnung hin ein, drückten aber gleichzeitig nach innen durch; rings um die Grubenöffnung war die Lößoberfläche trichterähnlich eingesunken. Die Ränder brachen stufenförmig ab; dahinter zogen mehrere senkrechte, humos verfüllte Spalten ähnlich Trocknungsrissen in den Löß. Die Grube war bis zum Oberflächenhumus mit 14 Schichtpaketen mit jeweils unterschiedlichen Anteilen humoser Elemente, feiner Holzkohlesplitter, Sandsteine, Tonscherben und Tierknochen gefüllt. Getrennt wurden sie durch dünnere, aber dicht gepackte Lagen mit reichlich Holzkohle und verziegeltem Lehm, auf denen vielfach Scherben, Knochen und kleinere Steine festgetreten waren. Direkt auf der Grubensohle lag eine schwach humose, fundarme Schicht mit größeren Klumpen von gelbem Löß. Auch in den höheren Füllschichten fanden sich zum Rand hin häufig solche Einschlüsse.

Dem Befund zufolge hatten die vorgeschichtlichen Siedler zunächst einen senkrechten Schacht ausgehoben, um dann durch Unterhöhlen der Seitenwände den engen Innenraum trichterförmig zu erweitern. Nach der schwach

Abb. 36 Heidelberg-Bergheim. Erweiterungsbau der Johannes-Gutenberg-Schule. Profil der Siedlungsgrube der Urnenfelderzeit (Fundpunkt 2)

humosen, lößreichen Ablagerung auf der Sohle muß dabei bereits stellenweise Oberflächenhumus und Löß nachgerutscht oder ausgebrochen sein. Noch bevor sich auf dem Grubenboden ein klarer Arbeitshorizont bildete, wurde die Grube wieder verfüllt, vielleicht wegen Einsturzgefahr. Dazu brachte man abwechselnd dicke Lagen organischer Siedlungsabfälle und dünnere Aufträge von Brandschutt ein. Die untersten Schüttungen wurden festgetreten, da sie konkav zu den Rändern hin hochziehen. Weiter oben fallen die Schichten konvex von der Mitte zum Rand ab. Möglicherweise hängt das Einsacken von Grubenrand und -wänden damit zusammen, daß die höheren Aufschüttungen nicht mehr festgetreten wurden, so daß sie sich erst mit Verrottung ihrer organischen Bestandteile setzten – und den umgebenden Löß einsacken ließen.

Kegel- oder trichterförmige Gruben werden gewöhnlich als Vorratsgruben oder Silos interpretiert. Für diesen Zweck dürfte auch die hier vorgestellte Grube vorgesehen gewesen sein, da sie für eine einfache Lehm- oder Abfallgrube zu aufwendig angelegt war. Ob sie ursprünglich unter einem Dach oder gar in einem Haus lag, läßt sich wegen der Störungen in der Umgebung nicht mehr sagen; auch bleibt offen, ob die Grube jemals dem vorgesehenen Zweck diente. Jedenfalls wurde sie zugeschüttet, ehe sich eindeutige Spuren einer solchen Nutzung bildeten.

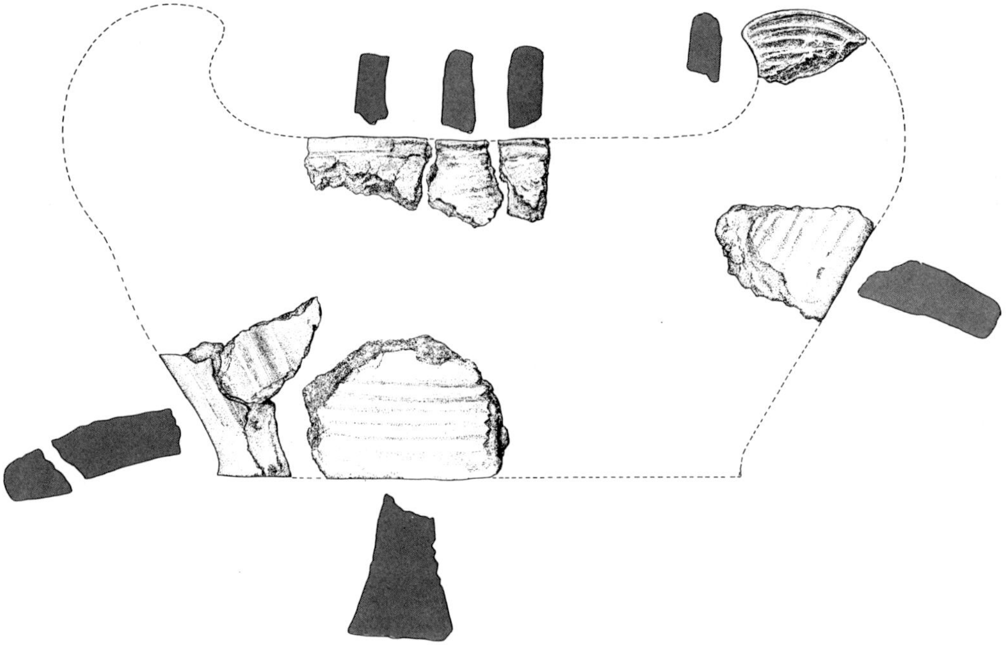

Abb. 37 Heidelberg-Bergheim. Erweiterungsbau der Johannes-Gutenberg-Schule. Mondförmiges Idol (sog. Feuerbock) aus einer Siedlungsgrube der Urnenfelderzeit. Maßstab 1:4

Abgesehen von drei Wandscherben der Rössener Kultur enthielt die Grube ausschließlich Material der jüngeren Urnenfelderzeit (Hallstatt B). Besonders bemerkenswert sind mehrere Bruchstücke eines Mondidols (Abb. 37), außerdem Schalen mit breitem Tellerrand, halbkugelige und ritzmusterverzierte konische Schalen sowie Trichterrandgefäße mit ritz- und stichverzierter Schulter. Auch enthielt die Grube Bruchstücke von Reibsteinen und -platten sowie viele Tierknochen, z. T. mit Bearbeitungs- und Verbißspuren.

Dem Fundspektrum zufolge wurde die Grube während der jüngeren Urnenfelderzeit verfüllt. Damit dürfte sie zu der zeitgleichen Siedlung gehören, die Karl Pfaff schon 1904 »westlich des Grubenhofs« bemerkt hat. Dennoch konnte erst 1990 außer Funden auch ein entsprechender Befund aus der Siedlung festgehalten werden. Da angesichts der fortgeschrittenen Überbauung eine solche Gelegenheit vielleicht kein zweites Mal mehr kommt, wurde das Lackprofil angefertigt. Dieses hängt heute als Leihgabe des Kurpfälzischen Museums über seinem Fundort in der Gewerbeschule, um an den Verlust dieser wichtigen vorgeschichtlichen Fundstelle weit vor dem romantischen »Alt Heidelberg« zu erinnern.

Einhard Kemmet, Hans-Peter Kuhnen

Literaturhinweise

A. Dauber u. a., Archäologische Karte der Stadt- und der Landkreise Heidelberg und Mannheim. Bad. Fundber. Sonderheft 10 (1967) 21 f. – K. Pfaff, Heidelberg und Umgebung ([2]1901) 6 f. Anm. 3.

Bronze- und hallstattzeitliche Grabhügel bei Lauchringen, Kreis Waldshut

Von Februar bis Juli 1990 wurden im Gemeindewald »Wiggenberg« von Lauchringen, Ortsteil Oberlauchringen, zwei Grabhügel ausgegraben. Die Fundstelle liegt am Rande des Wutachtales auf der rißeiszeitlichen Schotterterrasse der Klettgaurinne des Rhein-Aare-Gletschers. Es handelt sich um zwei Hügelgruppen, die 1938 von J. Schneider aus Freiburg entdeckt wurden. Gruppe I besteht aus zwölf Hügeln, Nr. 1–12, Gruppe II aus sechs Hügeln, Nr. 13–18 (Abb. 38).

Ein Gewerbebebauungsplan der Gemeinde Oberlauchringen im Bereich der Hügelgruppe I von 1969 konnte mit den Mitteln des Denkmalschutzes seinerzeit nicht verhindert werden, so daß die zwölf Hügel 1971/72 vollständig ausgegraben werden mußten. Die Erd-Stein-Hügel erbrachten Befunde der Hallstatt-

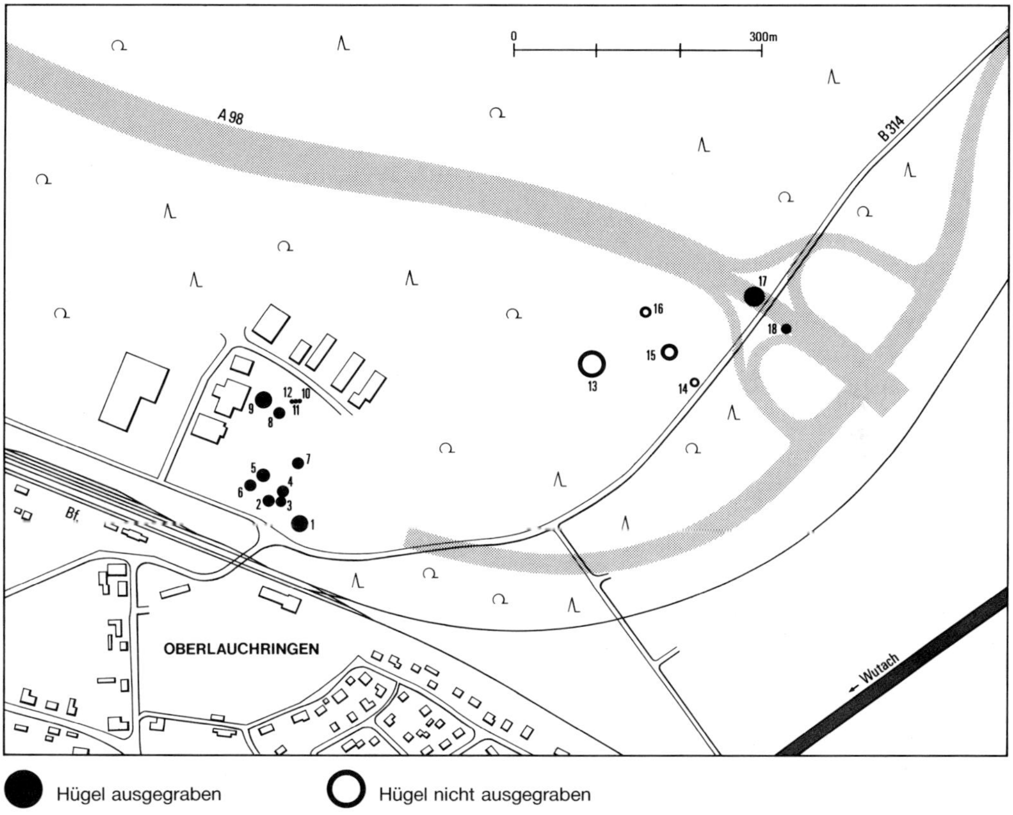

Abb. 38 Lauchringen-Oberlauchringen. »Wiggenberg«. Gesamtplan. Gerasterte Fläche: Neubautrasse der A 98/B 314

zeit und Hinweise auf eine schon frühere Belegung in der mittleren und ausgehenden Hügelgräberbronzezeit. Die Grabung ist noch nicht publiziert. Da die Denkmalgattung der Grabhügel im gesamten Hochrheingebiet zu den gefährdetsten und in großem Ausmaß schon zerstörten oberirdischen Bodendenkmälern gehört, wurden, um den Restbestand zu sichern, 1975 die Hügel der Gruppe II in das Denkmalbuch eingetragen. Bei der Trassenplanung der A 98 (»Hochrheinautobahn«) versuchte man daher 1985, die Hügelgruppe II ganz zu erhalten, was sich jedoch nicht realisieren ließ. Im Planfeststellungsverfahren wurde schließlich eine Trassenführung gewählt, die den geringsten Einfluß auf die Hügel verursachen würde. Im Planfeststellungsbeschluß von 1986 wurde dem Landesdenkmalamt ein Zeitraum von sechs Monaten zur Ausgrabung von zwei Hügeln zugesichert sowie die Übernahme der anfallenden »Kosten der Grabungen, insbesondere für deren wissenschaftliche Begleitung und die Kosten für die wissenschaftliche Aufarbeitung der Ergebnisse« durch den Bauträger.

So mußten 1990 zwei Hügel der Gruppe II (17 und 18) der Trasse der A 98 weichen (Abb. 38). Die Arbeit vor Ort gestaltete sich in bewährter Absprache mit dem Landesamt für das Straßenwesen, Neubauleitung Singen. Hügel 17, der größere der beiden Hügel, lag auf einer natürlichen Anhöhe und hatte einen Durchmesser von ca. 20 m bei einer Höhe von noch 1 m. Unter einer vollständigen Lehmabdeckung fanden sich acht Gräber, die von Steinpackungen unterschiedlicher Form und Größe bedeckt waren. In ihnen lagen Brand- und Körperbestattungen, wovon die letztgenannten vollständig vergangen waren. Bei den Brandbestattungen konnten wir in zwei Fällen eine Scheiterhaufenverbrennung am Ort der Bestattung, unter der Steinpackung, nachweisen. In anderen Gräbern waren Beigaben ohne erkennbare Leichenbrandreste deponiert, weitere waren fundleer.

Nach Ausstattung bzw. anthropologischer Bestimmung waren zwei der Toten männlich (Grab 1 und 8) und zwei weiblich (Grab 3 und 7); Form und Lage verbinden jeweils ein männliches und ein weibliches Grab (1 mit 3, 7 mit 8); eine Kinderbestattung (Grab 4) ist unsicher. Anhand erhaltenen Leichenbrandes ergab sich, daß die Toten vollständig bei einer Temperatur von über 800 °C verbrannt wurden. Zum Ritual der Verbrennung gehörte ein Gefäß, das jedoch nicht zusammen mit den Knochenresten und Beigaben deponiert wurde, sondern am Ort der Einäscherung (hier also unter dem Steingrab) zurückblieb.

Grab 1, die Zentralbestattung, enthielt einen zweinietigen Bronzedolch mit Mittelgrat und gerundeter Griffplatte sowie den Rest einer Nadel mit Petschaftkopf, verdicktem durchlochtem Hals und Sanduhrmuster (Abb. 39.2, 3). Die Frau aus Grab 3 war mit zwei Bronzenadeln mit geripptem Hals und Trompetenkopf (Abb. 39.1), einem Armreif und einer kleinen Bronzespirale ausgestattet. Sämtliche Bronzen wiesen Feuereinwirkung auf.

Aus Grab 8 stammen ein zweinietiger Bronzedolch mit gerundeter Griffplatte, Mittelgrat und leichter Facettierung, an dem sich Reste der hölzernen Scheide mit organischer Umwicklung fanden, sowie eine Bronzenadel mit Petschaftkopf und verdicktem, ritzverziertem Hals (Abb. 39.4, 5). Die danebenliegende Frauenbestattung von Grab 7 enthielt als Beigaben zwei ritzverzierte Bronzearmreife. Die Bronzen datieren die Gräber des Hügels in die mittlere bis späte Phase der Hügelgräberbronzezeit; Radiokarbondaten stehen noch aus.

Abb. 39 Lauchringen-Oberlauchringen. »Wiggenberg«. Funde aus Hügel 17, Grab 1 (2, 3), Grab 3 (1), Grab 8 (4, 5). Maßstab 1:2

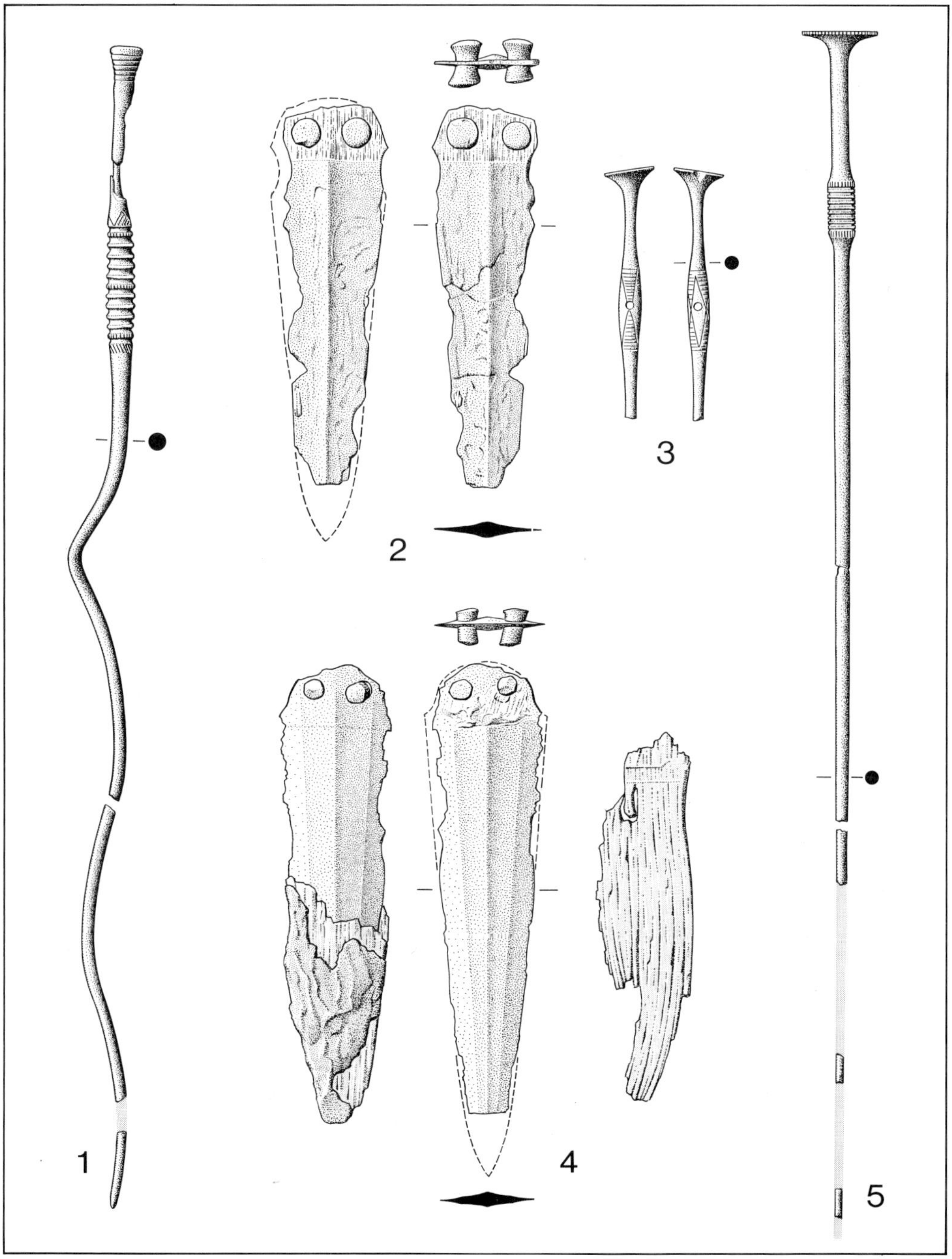
1
2
3
4
5

Hügel 18 hatte etwa 5 m Durchmesser und eine Höhe von 90 cm. Er bestand aus dicht aufgeschütteten Geröllen, unter bzw. in denen sich ein rechteckiger Einbau aus Steinplatten von etwa 3,50 × 2,50 m befand. Darin lag an zentraler Stelle eine mehr als körperbreite Mulde mit Keramikresten, jedoch ohne erkennbare Bestattung. Weitere Gräber waren neben und unter der Grube verteilt: Körper- und Brandbestattungen mit Keramik-, Bronze- und Eisenbeigaben. Insgesamt waren hier mindestens fünf Tote verschiedener Altersstufen beigesetzt, dabei zwei, vielleicht drei Kinder. Bestattungsform und Beigaben datieren den Hügel nach Hallstatt C/D.
Die Bearbeitung bzw. Aufarbeitung beider Hügelgruppen mit anschließender Publikation wird Ende 1991 abgeschlossen sein.

Gerhard Wesselkamp

Abschließende Untersuchungen im hallstattzeitlichen Grabhügelfriedhof beim Burrenhof, Gemeinde Grabenstetten, Kreis Reutlingen

Mit der von Mai bis September dauernden Grabungskampagne 1990 konnten die sechs letzten noch sichtbaren Grabhügel der eisenzeitlichen Nekropole beim Burrenhof untersucht werden. Im nordwestlichen Bereich des Friedhofs blieben die Hügel 1–3 und 7 der Zählung J. Steiners von 1893 sowie die von ihm nicht verzeichneten Hügel G und H vor ihrer endgültigen Zerstörung duch den Pflug zu dokumentieren (Abb. 40). Nachdem nun insgesamt 22 Hügel aufgedeckt sind, ist die 1983 begonnene Unternehmung abgeschlossen. Noch einmal erbrachte die Ausgrabung der sehr unterschiedlich erhaltenen Hügel neue und unerwartete Ergebnisse.
Als mehrfach gestört erwies sich der noch gut sichtbare Hügel 1. Den Ostteil des Erdhügels von etwa 13 m Durchmesser hatte eine neuzeitliche Wasserleitung angegriffen, und in die Hügelmitte zielte eine Eingrabung, die wohl auf die Grabungstätigkeit von 1893 zurückzuführen ist. Der Grabungstrichter hat das Zentralgrab aber wenigstens teilweise verfehlt. Leider bereits stark vom Pflug in Mitleidenschaft gezogen, fanden sich Reste eines Gefäßensembles mit Ritz- und Stempelverzierung der älteren Hallstattzeit. Das Brandgrab war ursprünglich wohl mit Steinen bedeckt. Auch im Westen bis Süden zeigte sich Hügel 1 angegraben. Offenbar vom Hügelrand her waren Erde abgetragen und unregelmäßige Eingrabungen vorgenommen worden, die bis in 2 m Tiefe auf den Felsgrund reichten. Einige Scherbenfunde aus dem unteren Bereich der Füllung zeigen, daß die Gruben wohl in der Spätlatènezeit angelegt wurden.
Bereits in vergangenen Grabungsjahren deuteten sich vergleichbare Befunde an. Ferner wurden mehrere spätlatènezeitliche, das Friedhofsareal durchziehende Grabensysteme erfaßt, und schließlich fanden sich in den von den Hügeln abgeflossenen Erden jüngerlatènezeitliche Funde in größerer Menge. Der eindeutige Hinweis auf ein spätkeltisches Begräbnis hat sich aber nie eingestellt. Lassen sich die Gruben bei Hügel 1 als Lehmentnah-

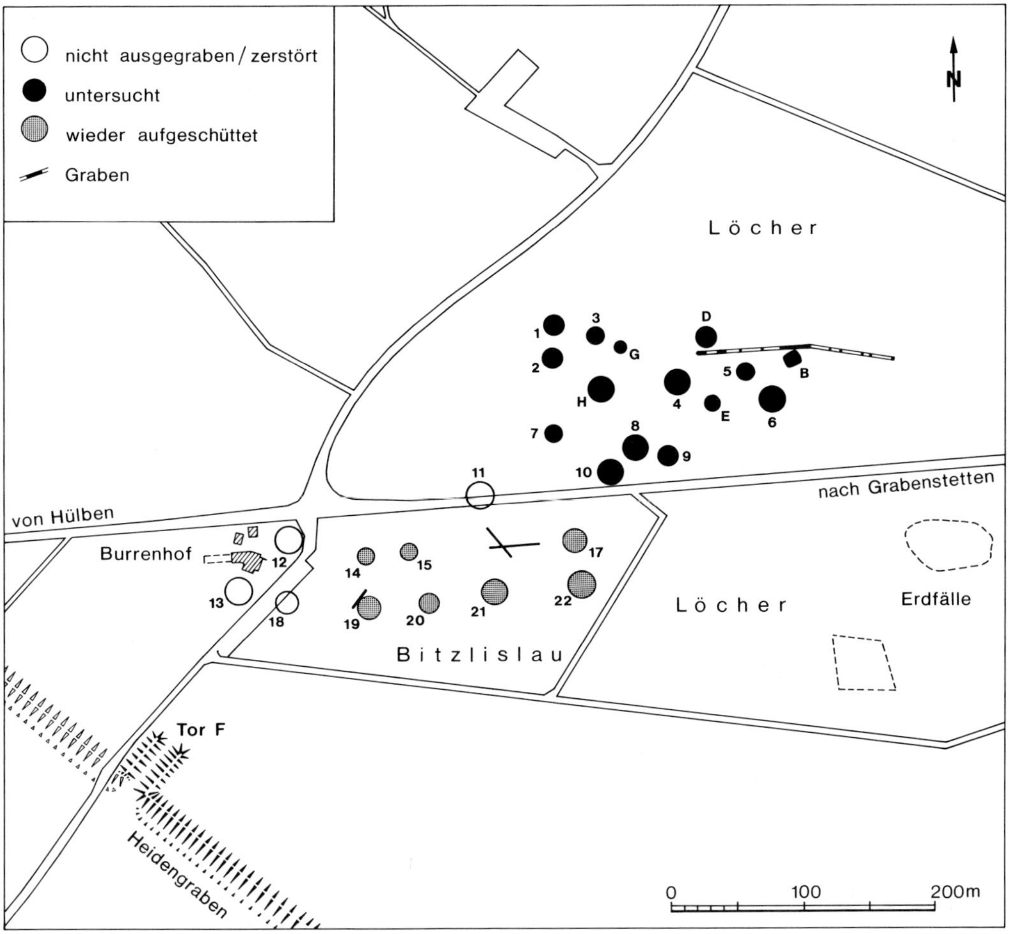

Abb. 40 Erkenbrechtsweiler und Grabenstetten. Der Grabhügelfriedhof beim Burrenhof nach Abschluß der Grabungen 1990

mestellen interpretieren, so zeichnet sich die Möglichkeit einer noch nicht näher bestimmbaren Siedlungstätigkeit dieser Epoche ab. Diese dürfte sich, da außerhalb des eigentlichen Siedlungsschwerpunkts in der sog. Elsachstadt gelegen, auf das nahe Tor F des spätkeltischen Oppidums »Heidengraben« beziehen. Auf den vormaligen Friedhof scheint man keine Rücksicht genommen zu haben.

Auch der reine Erdhügel 2 zeigt sich fast vollständig abgepflügt. Ein einzelner bronzener Armring dürfte einer Nachbestattung entstammen. Ohne erkennbaren Grabzusammenhang schwer deutbar ist eine Gefäßgruppe, bestehend aus Schale und darin liegendem, spitzbodigem Schälchen. Immerhin erscheint dadurch die älterhallstattzeitliche Datierung des Hügels gesichert.

Obwohl deutlich im Gelände auszumachen, war auch Hügel 7 infolge landwirtschaftlicher Nutzung bereits stark zerstört. Sicherlich um die Wirkung des Grabdenkmals zu steigern, hatte man zu seiner Anlage eine natürliche Geländewelle genutzt. Einige Keramikfragmente deuten an, daß er während der älteren Hallstattzeit errichtet wurde. Darüber hinaus erbrachte Hügel 7 einen am Burrenhof bislang noch nicht beobachteten Befund. Vierzehn Pfostengruben umgeben einen Hügel von 12 m Durchmesser in gleichmäßigen Abständen. Insgesamt sind solche Pfostenkreise an hallstattzeitlichen Hügeln bisher noch selten bekannt.

Als Erhebung kaum mehr nachvollziehbar, nur vom Luftbild her zu vermuten und als dunklere Verfärbung im Ackerland erkennbar, war Hügel H. Steiner hatte ihn in seinem 1893 gefertigten Plan nicht verzeichnet. Der wohl schon damals stark verflachte Grabhügel entging auch den Grabungen des 19. Jahrhunderts. So konnte nun die noch ungestörte Zentralbestattung der älteren Hallstattzeit aufgedeckt werden. Am Platz des Scheiterhaufens war die Holzkammer für die Brandbestattung errichtet worden. Die Grabausstattung umfaßt ein Keramikservice mit vier Kegelhalsgefäßen, zwei ineinandergestellten Schalen und weiteren Gefäßen sowie Eisengegenstände, die – zur Bergung eingegipst – noch der Restaurierung und näheren Bestimmung harren. War bereits dieser Fund angesichts der örtlichen Gegebenheiten überraschend, so erbrachte Hügel H ein zweites außergewöhnliches Begräbnis.

Dezentral in den Hügel eingebracht fand sich eine Körpernachbestattung der späten Hallstattzeit mit bronzener Fibel, Eisenmesser und einem charakteristischen Dolch mit Bronzegriff und eiserner Klinge. Das Stück erinnert an eine bereits bei den Grabungen des vergan-

Abb. 41 Grabenstetten. Burrenhof. Gefäße aus dem urnenfelderzeitlichen Brandgrab bei Hügel G

genen Jahrhunderts bekannt gewordene Waffe. Zu weiterer Aussage muß die Restaurierung abgewartet werden. In jedem Fall wird es sich beim nun zweiten Dolchträger ebenfalls um eine Persönlichkeit von hohem sozialem Rang gehandelt haben, vergleichbar dem Mann aus dem Wagengrab in Hügel 17.
Einer weiteren, nur noch sehr schwachen Geländeerhebung mit dunklerer Bodenverfärbung wurde südlich Hügel 3 nachgegangen. Sie erwies sich als Rest eines völlig verflachten Grabhügels, der keinen Hinweis mehr auf Bestattungen geben konnte und nur noch am Kreisgraben von 11 m Durchmesser zu erkennen war. Auch dieser Hügel G findet sich im Plan Steiners noch nicht verzeichnet.
Geringe Anzeichen, etwas angeziegelter Boden und verstreute Keramikreste, ließen im stark verschleiften Hügel 3 eine älterhallstattzeitliche Brandbestattung erkennen. Überraschenderweise zeigte sich aber darunter, genau in der Mitte dieses Hügels von etwa 10 m Durchmesser, ein Brandgrab der Urnenfelderzeit. Als Urne diente ein von einer kleinen Steinplatte bedecktes Zylinderhalsgefäß mit horizontalriefenverzierter Schulter. Den Inhalt muß die noch ausstehende »Ausgrabung in der Restaurierungswerkstatt« erschließen. Dieses Grab war offensichtlich von einem kleinen Erdhügel überwölbt, der während der älteren Hallstattzeit die Basis eines neuen Hügels bildete.
Das urnenfelderzeitliche Grab unter Hügel 3 blieb nicht allein. Etwa 27 m entfernt und knapp außerhalb des Kreisgrabens von Hügel G konnte eine zweite, in den gewachsenen Boden eingetiefte Brandbestattung aufgedeckt werden. Die Urne, ebenfalls ein Zylinderhalsgefäß mit Horizontalriefen auf der Schulter, war bereits vom Pflug in Mitleidenschaft gezogen worden. Die steinerne Deckplatte war ins Gefäß gesackt. Darunter standen auf dem ausgelesenen Leichenbrand sechs

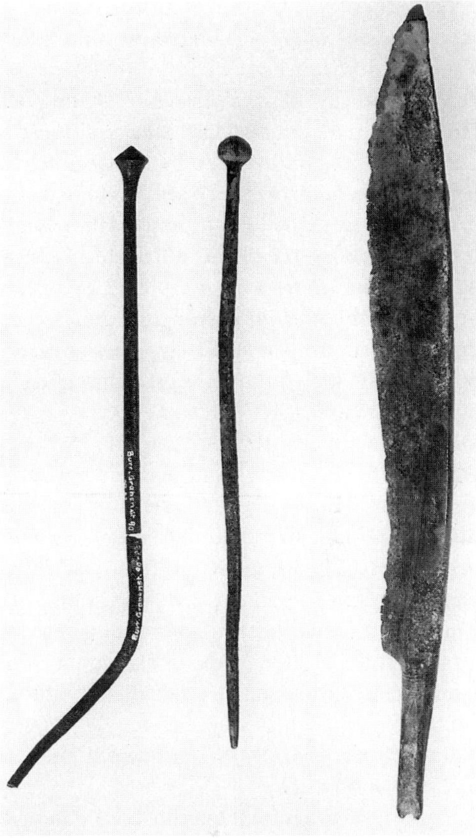

Abb. 42 Grabenstetten. Burrenhof. Nadeln und Messer aus dem urnenfelderzeitlichen Brandgrab bei Hügel G. Maßstab 1:2

Gefäße, ein Zylinderhalsbecher mit Buckel-, Girlanden- und Horizontalriefenzier, eine Knickwandschale und zwei Paare kleiner konischer Schälchen (Abb. 41). Ferner enthielt die Urne ein Bronzemesser, zwei Nadeln und mehrere kleine Ringchen (Abb. 42). Das Ensemble läßt sich der Stufe Hallstatt A2 zuordnen.
Urnenfelderzeitliche Funde sind am Burrenhof völlig überraschend. Im Fundgut der Grabungen des 19. Jahrhunderts wie in dem der

vergangenen Jahre waren sie nicht vertreten. Auch aus der näheren Umgebung sind keine Funde dieser Epoche bekannt, mit Ausnahme eines Schmuckgehänges, das vom Abhang des Hohenneuffen stammt. Die nun am Burrenhof, ganz im Norden des hallstattzeitlichen Friedhofs aufgedeckten Gräber lassen einen urnenfelderzeitlichen Bestattungsplatz vermuten, der sich weiter in die nördlich anschließende Senke erstrecken mag. Daß er bisher unentdeckt blieb, wird vorrangig daran liegen, daß die Bestattungen als Flachgräber angelegt oder nur von kleinen, bald verebneten Hügeln überwölbt waren.

Die urnenfelderzeitlichen Begräbnisse am Burrenhof geben Anlaß, die Frage der Kontinuität der Bestattungstätigkeit in diesem Friedhof neu zu überdenken. Ein direkter zeitlicher Anschluß ist nicht gegeben, vielmehr klafft eine Lücke von gut 200 Jahren bis zum Einsetzen der hallstattzeitlichen Belegung des Gräberfeldes. Sollte sich die Lücke durch Neufunde schließen lassen, treffen die Friedhöfe zufällig zusammen, oder greift der Begräbnisplatz der älteren Hallstattzeit bewußt eine ältere Tradition auf?

Zugehörige urnenfelderzeitliche Siedlungsfunde wie auch hallstattzeitliche Siedlungsreste sind aus dem Nahbereich des Gräberfelds noch nicht bekannt. Dies verbindet den Friedhof beim Burrenhof mit einer Vielzahl anderer Begräbnisplätze jener Epochen. Zufällige Funde und systematische Geländebegehungen werden Abhilfe schaffen müssen.

Nach Abschluß der Grabungen kann eine vorläufige Bilanz gezogen werden. Die Luftbildarchäologie hatte deutlich gemacht, daß am Burrenhof ein Grabhügelfriedhof kurz vor seiner endgültigen Zerstörung durch die landwirtschaftliche Nutzung stand, ein Schicksal, das diese Nekropole mit vielen anderen im Ackerland gelegenen Gräberfeldern der Schwäbischen Alb teilt. Im Lauf von acht Jahren wurden 22 noch erkennbare Hügel untersucht. Ausgespart blieben lediglich zwei Hügel, die bereits weitgehend dem Straßen- und Wegebau zum Opfer gefallen waren, sowie die beiden dem Burrenhof nächstgelegenen, von denen einer 1848 die ersten Grabfunde erbracht hatte. Fünf Hügel hatte Steiner bei der ersten Vermessung des Friedhofs 1892 nicht erfaßt, einer – Hügel 16 – konnte nicht als solcher bestätigt werden. Archäologisch interessierten Wanderern im Heidengrabengebiet vermitteln sieben unmittelbar östlich des Burrenhofs gelegene Grabdenkmäler einen Eindruck vom einstigen Aussehen der Nekropole. Sie wurden nach der Ausgrabung wieder zur mutmaßlich ursprünglichen Höhe aufgeschüttet.

Wollte man anfangs davon ausgehen, daß die Grabungen des 19. Jh., insbesondere die 1893 ausgeführten, die Hügel bereits weitgehend ihrer Begräbnisse und ihres Informationsgehalts zum hallstattzeitlichen Bestattungsbrauchtum beraubt hatten, belehrte die Nachuntersuchung rasch eines Besseren. Trotz der hinzugetretenen Zerstörung durch den Ackerbau konnten noch überraschend viele Beobachtungen vor allem zum Grabbau festgehalten werden. Pfostenkreis, Steinkreise, Kreisgräben, Viereckgräben und rechteckige Steineinfassungen in unterschiedlicher Ausprägung erweitern die Kenntnis der vielfältigen Grabhügelarchitektur der Hallstattzeit. Des weiteren konnten noch zahlreiche Nachbestattungen aufgedeckt und selbst Reste zentraler Begräbnisse angetroffen werden. Dadurch gelang es beispielsweise, Altfunde wie das bekannte bemalte späthallstattzeitliche Hochhalsgefäß oder die Wagenbestattung wieder bestimmten Hügeln zuzuweisen. Erste Bestattungstätigkeit am Burrenhof ist für die mittlere Urnenfelderzeit belegt. Sie setzt dann vor allem zur älteren Hallstattzeit ein, während der die meisten der Grabhügel errichtet wurden. Die späte Hallstattzeit ist charakterisiert durch Nachbestattungen und das Überformen der Grabdenkmäler. Mit Nachbelegungen der frühen und wohl noch der mittleren Latènezeit klingt die Begräbnistradition aus. Der Auswertung der Grabungsergebnisse bleibt es vorbehalten, für die spätkeltischen Spuren und die vereinzelten römischen Funde eine Deutung zu finden.

Die Grabungen am Burrenhof konzentrierten sich auf die besonders gefährdeten Grabhügel. Gänzlich erforscht ist der Friedhof damit aber nicht. Darauf weisen die außerhalb der Hügel in kleinen Grabgruben versenkten Brandbestattungen der Urnenfelder- und Hallstattzeit hin, und schließlich darf zwischen den Hügeln mit weiteren spätkeltischen Befunden gerechnet werden.

Zusammen mit den in den letzten Jahren mit modernen Mitteln untersuchten Friedhöfen von Dautmergen, Geislingen, vom Degerfeld bei Albstadt-Truchtelfingen und vor allem mit den herausragenden Befunden von Rottenburg trägt das Gräberfeld vom Burrenhof dazu bei, das Wissen um die Hallstattkultur im südlichen Württemberg zu mehren. Mit den ersten Arbeiten zu Auswertung und Veröffentlichung wurde begonnen.

Neben den wissenschaftlichen Aspekten konnten in zahlreichen Volkshochschulkursen Aufgaben, Arbeit und Ziele der Archäologischen Denkmalpflege veranschaulicht werden. Insgesamt 250 bis 300 Teilnehmer aller Altersgruppen und Bevölkerungskreise griffen die Möglichkeit auf, am Burrenhof durch eigene Mitarbeit Archäologie zu erleben. Mit ihrem Interesse und ihrem Einsatz trugen sie ganz wesentlich zum Erfolg der Grabungen bei. Wir danken den Teilnehmern der Kurse '90 und denen aller vorangegangenen Jahre. In diesen Dank eingeschlossen seien die Tutoren, Studenten der Vor- und Frühgeschichte der Universität Tübingen. Nach Kräften unterstützt haben uns die jeweils betroffenen Landwirte. Stete Hilfe erfuhr das Grabungsunternehmen durch zahlreiche Spenden, gleichermaßen waren Institutionen und Behörden an seinem Gelingen beteiligt. Dankend erwähnen wir die Volkshochschulen Nürtingen und Reutlingen, den Schwäbischen Heimatbund, die Fa. Herrmann, Kirchheim/T., die Gemeinden Erkenbrechtsweiler und Grabenstetten, die Kreise Esslingen und Reutlingen und das Flurbereinigungsamt Kirchheim unter Teck.

Frieder Klein, Joachim Rehmet

Literaturhinweise

F. Fischer, Der Heidengraben bei Grabenstetten. Führer zu archäol. Denkmälern in Baden-Württemberg 2 (1983), 104 ff. – H. Zürn, Hallstattzeitliche Grabfunde aus Württemberg und Hohenzollern. Forsch. u. Ber. z. Vor- u. Frühgesch. in Bad.-Württ. 25, 1987, 63 ff. – F. Klein, J. Rehmet, Arch. Ausgr. Bad.-Württ. 1989, 106 ff.

Eine Siedlung der Hallstatt- und Frühlatènezeit im Industriegebiet »Siebenlinden« in Rottenburg a. N., Kreis Tübingen

Als im Sommer 1987 bei Erdarbeiten für den 3. Bauabschnitt der Ostumfahrung von Rottenburg, der sog. Osttangente, vom ehrenamtlichen Beauftragten der Archäologischen Denkmalpflege W. Stefiuk, etwa 700 m SSO der Sülchenkirche Bodenverfärbungen und vereinzelte Keramikscherben beobachtet wurden, die auf eine vorgeschichtliche Siedlung schließen ließen, führte dies sofort zu archäologischen Sondierungen im Trassenbereich, die im August erfolgten. Im Verlauf der Notgrabung, die Unterstützung durch das Tiefbauamt der Stadt Rottenburg und die Straßenbaufirma E. Steidle, Sigmaringen, erfuhr, konnten zwei Grubenhäuser und mehrere Gruben einer späthallstattzeitlichen Siedlung freigelegt werden.

Der für das Jahr 1990 geplante Bau einer Autoreparaturwerkstätte der Firma Edelmann, mit Ausstellungs- und Verwaltungsräumen unmittelbar östlich der Grabungsfläche von 1987, an der Einmündung der Maybachstraße in die Osttangente, machte, wie sich aufgrund der Funddichte sehr rasch zeigte, die archäologische Untersuchung des gesamten Baugrundstücks erforderlich, die vom 7. März bis 5. Dezember 1990 dauerte. Für das Interesse und die beispielhaft gute Zusammenarbeit und Unterstützung möchten wir der Bauherrschaft, dem Architekten, Dipl.-Ing. (FH) H. Maier-Linden, und der Baufirma Wachendorfer, Wurmlingen, ganz herzlich danken. Förderung erfuhren wir in dankenswerter Weise durch das Arbeitsamt Reutlingen. Im Rahmen der Arbeitsbeschaffungsmaßnahme »Stadtkernarchäologie« konnten drei Mitarbeiter für die Dauer von sechs Monaten in »Siebenlinden« beschäftigt werden.

Das Grabungsgelände liegt im sich trichterförmig nach Nordosten zu verbreiternden Neckartal, auf einer Auelehmterrasse, etwa 341,50 m ü. N. N., wenig über 500 m vom

Abb. 43 Rottenburg. Blick von Süden auf den nordöstlichen Stadtrand von Rottenburg. Quer durch das Bild verläuft die Osttangente, im Vordergrund links die Grabungsstelle, in der Bildmitte das Baugebiet »Lindele-Ost«

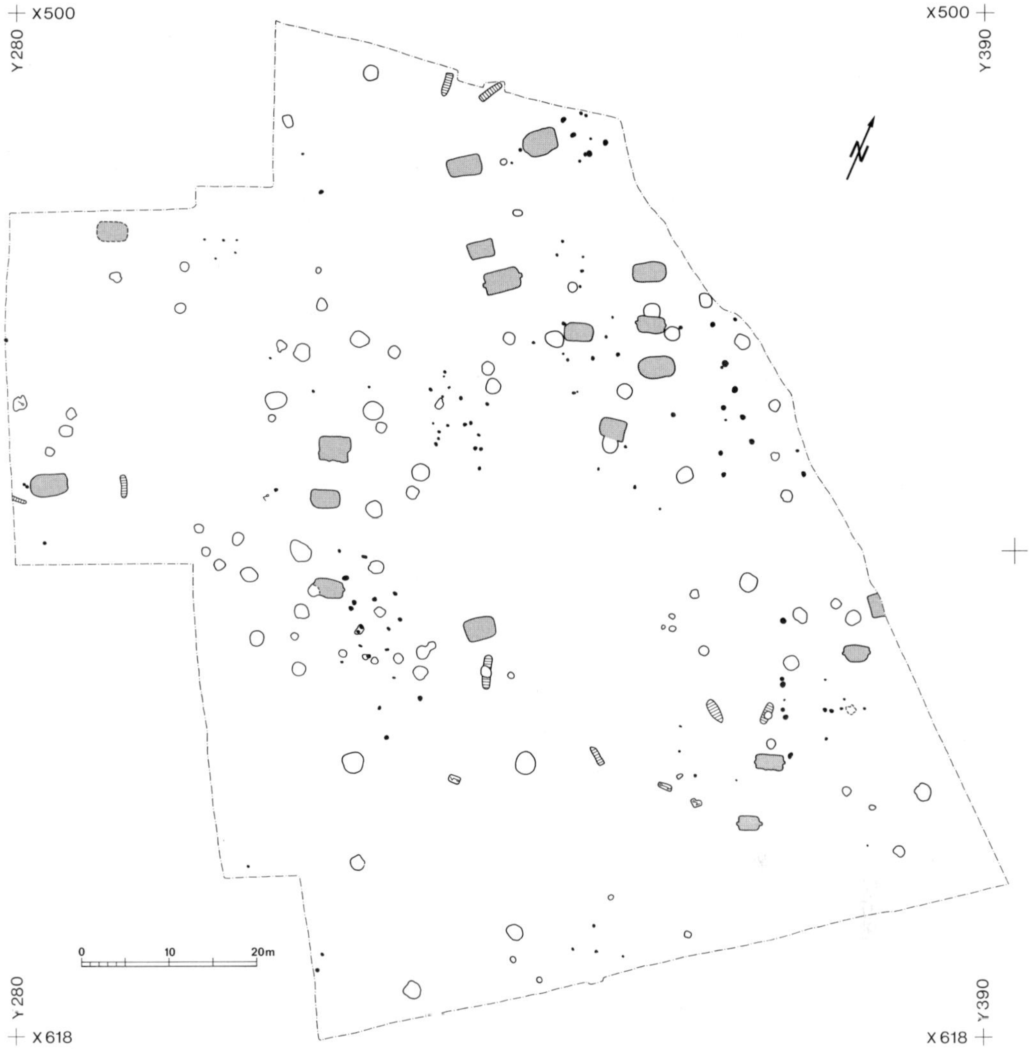

Abb. 44 Rottenburg. Gesamtplan (leicht schematisiert) der Grabung im Industriegebiet »Siebenlinden«

heutigen Flußlauf entfernt (Abb. 43). In einem ersten Arbeitsgang wurde die Humusschicht maschinell bis auf die Oberkante des gelbbraunen, mit kleinen Schnecken durchsetzten Auelehms abgetragen, bis sich die Befunde: Grubenhäuser, Vorrats- und Pfostengruben als dunkle Verfärbungen abzeichneten. Diese Bereiche wurden anschließend mit Feinwerkzeugen geputzt und mit Hilfe der Feldzeichenmaschine »Kartomat«, die sich auch auf dieser Ausgrabung hervorragend bewährt hat, zeichnerisch dokumentiert. Die einzelnen Plana und die Profilschnitte in den Grubenhäusern wurden von Hand angelegt, während in tief-

greifenden Gruben eine Hälfte vorsichtig mit einem Kleinbagger ausgehoben und der verbleibende Teil nach Aufmessung des Querprofils in Handarbeit ausgeschält wurde. Trotz des zeitweiligen Einsatzes eines Kleinbaggers, was aufgrund drängender Bautermine unumgänglich war, wurde der Grubenaushub sehr sorgfältig durchgesehen, so daß das Fundmaterial als vollständig erfaßt gelten kann.
Insgesamt konnten 19 sog. Grubenhäuser freigelegt werden, deren Sohlen noch bis zu 60 cm in den Auelehm eingetieft waren (Abb. 44). Es sind verhältnismäßig kleine Bauten, deren Maße von 3,50 × 2,50 m bis 4 × 3 m variieren. Pfosten in der Mitte der Schmalseiten trugen den Firstbalken. Der Zugang wird an den Schmalseiten gelegen haben. Im Randbereich eines etwa 3,60 m langen und um 2 m breiten Grubenhauses, das keine Firstpfosten aufwies, zeigten sich die Verfärbungen von ca. 5 cm dikken zugespitzten Stangen, die im Abstand von 40 cm voneinander angeordnet waren und wohl mit einem Zweiggeflecht versehen die Außenwand des Grubenhauses gebildet haben (Abb. 45). Die Orientierung der Grubenhäuser ist nicht einheitlich, die Mehrzahl liegt in Ost-West-Richtung mit einer leichten Abweichung nach Norden, andere sind Nordost-Südwest ausgerichtet (Abb. 44). Ob dies auf chronologische Unterschiede zurückzuführen ist, wird bei der Auswertung zu prüfen sein. Aufgrund ihrer Größe und Bauweise sind die Grubenhäuser schwerlich als Wohnbauten zu bezeichnen. Den mittelalterlichen Grubenhäusern vergleichbar, dürften sie eher die Funktion von Werkstätten gehabt haben. Spinnwirtel und pyramidenförmige Webgewichte aus Ton weisen auf Wollverarbeitung und Weberei hin.
Bei den Wohnhäusern hat es sich offenbar um Pfostenbauten gehandelt. Im Grabungsgelände konnte eine größere Zahl von Pfostengruben nachgewiesen werden, die nur geringfügig in den Auelehm hineinreichten und sich nicht zu Grundrissen gruppieren lassen. Die geringe Pfostentiefe dürfte dafür sprechen, daß die damalige Bodenoberfläche mindestens einen halben Meter höher lag als die heutige und deshalb bei der Grabung nur die besonders tief gegründeten Pfosten erfaßt werden konnten.

Abb. 45 Rottenburg. Grubenhaus mit randlichen Stangensetzungen

Die zahlreichen Gruben, die aufgedeckt wurden, haben zylindrische Form und Durchmesser von 1–2 m, oder es sind sog. Trichtergruben mit einem zylindrischen Oberteil und einer trichterförmigen Erweiterung nach unten. Die Grubensohlen reichen bis zu 1,50 m unter die heutige Oberfläche. Eine regelhafte Zuordnung von Gruben zu Grubenhäusern ist nicht zu erkennen. Bei der Mehrzahl der Gruben dürfte es sich um Vorrats- bzw. Kellergruben gehandelt haben. Nähere Aussagen zur Funktion können von der Auswertung der einzelnen Befunde und von der Analyse des eingelagerten Fundmaterials erwartet werden.
Aufgrund der Funde, die aus den Verfüllungen der Gruben und Grubenhäuser stammen,

hauptsächlich Keramik und spärliche Kleinfunde aus Metall, die größtenteils noch nicht restauriert sind, kann auf eine Siedlungsdauer von der Späthallstattzeit bis zur Frühlatènezeit geschlossen werden. Dabei dürfte das Bruchstück einer bronzenen Schlangenfibel der Form S 5 nach Mansfeld den Siedlungsbeginn anzeigen, während Fragmente scheibengedrehter Keramik für ein Ende in der Stufe Latène B sprechen.

Ein Blick auf den Befundplan der Grabung macht deutlich, daß die späthallstatt-/frühlatènezeitliche Siedlung nicht vollständig erfaßt wurde, lediglich im Westen und Süden zeichnen sich Grenzen ab, während im Nordosten im Bereich der Maybachstraße und möglicherweise darüber hinaus mit weiteren Befunden zu rechnen ist. Mit einer Länge von 117 m und größter Breite von etwa 100 m handelt es sich um die bislang größte eisenzeitliche Freilandsiedlung im Regierungsbezirk Tübingen. Kurz soll noch das Verhältnis der Siedlung zu dem etwa 700 m nordwestlich liegenden Gräberfeld im »Lindele« angesprochen werden, dessen Belegung in der Stufe Hallstatt C beginnt, die gesamte Späthallstattzeit umfaßt und mit Gräbern der Stufe Latène C endet. Gräber der Stufe Latène A scheinen bislang zu fehlen. Wenn wir davon ausgehen, daß das Gräberfeld als Bestattungsplatz zur Siedlung in »Siebenlinden« gehört hat, müssen wir mit einer weiteren Siedlung rechnen, die während der Stufe Hallstatt C und einer Frühphase der Stufe Hallstatt D existiert hätte, deren Lage wir aber noch nicht kennen. Es wäre demnach mit einer Siedlungsverlagerung im Verlauf der Späthallstattzeit zu rechnen.

Regellos über das Grabungsgelände verteilt wurden sieben sog. Schlitzgräbchen angetroffen. Sie sind 2–4 m lang, im oberen Teil um 1,50 m breit und reichen teilweise bis über 2 m unter die heutige Oberfläche (Abb. 44). Zu ihrer Funktion lassen sich keine näheren Angaben machen. In der Füllung eines der Gräbchen und einem darüberliegenden Scherbenpflaster fanden sich grobkeramische Scherben mit Schlickrauhung und flüchtig getupften Arkadenrändern, die zu eimerartigen Gefäßen der jüngeren Michelsberger Kultur gehören. Ob alle Schlitzgräbchen damit in das Jungneolithikum zu stellen sind, kann erst nach Aufarbeitung des gesamten Fundmaterials entschieden werden. Die bislang vorliegenden Funde dürften jedoch auf eine jungneolithische Siedlung im Neckartal hinweisen. Zusammen mit den Michelsberger Funden vom Kirchberg bei Reusten und Scherben der jüngeren Michelsberger Kultur aus Siedlungsgruben im Gewann »Ahlenbronnen« bei Reusten, liegen nun drei Siedlungsstellen der Michelsberger Kultur im Kreis Tübingen vor.

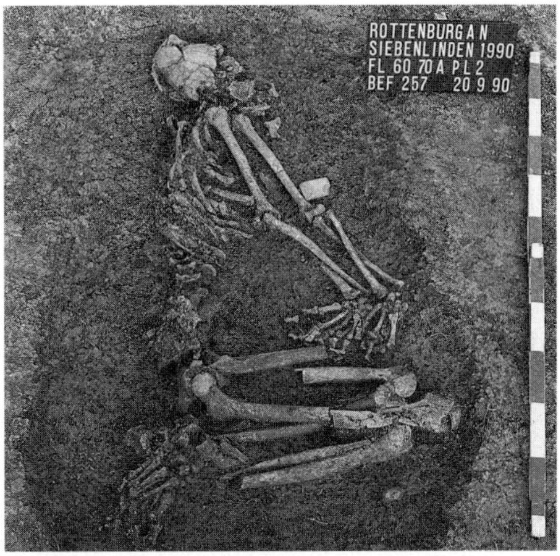

Abb. 46 Rottenburg. Jungneolithische Hockerbestattung. Am linken Ellenbogen liegt das Rechteckbeil

Dem Siedlungsbefund kann eine Bestattung zugeordnet werden. In der Südhälfte des Grabungsgeländes fand sich in einer Ost-West orientierten Grabgrube von 1,30 m Länge und 85 cm Breite eine auf der linken Seite liegende

Hockerbestattung mit extrem angewinkelten Beinen. Am linken Ellenbogen lag ein noch 6 cm langes Rechteckbeil aus grünlichem alpinem Gestein und beim Ausschälen der Grube kam eine retuschierte 7,2 cm lange Klinge aus hellgrauem Jurahornstein zum Vorschein (Abb. 46), die wohl ebenfalls als Grabbeigabe anzusprechen ist. Durch die Beigaben kann die Bestattung in das Jungneolithikum datiert werden, eine Zeitgleichheit mit den Michelsberger Siedlungsbefunden ist nicht unwahrscheinlich. Hinzuweisen ist auf weitere Hokkerbestattungen, die im Augenblick zeitlich nicht näher einzugrenzen sind, die aber möglicherweise zusammen mit der datierbaren Bestattung zu einem jungneolithischen Friedhof im Bereich der zu postulierenden Michelsberger Siedlung gehört haben können. Der Vollständigkeit wegen sei noch darauf hingewiesen, daß an zwei Stellen im Grabungsgelände, in Auelehm eingelagert, etwa 1 m unter der heutigen Oberfläche und 1,50 m unter dem eisenzeitlichen Siedlungshorizont Spuren mesolithischer Freilandstationen aufgedeckt werden konnten (s. S. 26 ff.). *Hartmann Reim*

Literaturhinweise

H. Reim, Das keltische Gräberfeld im »Lindele« bei Rottenburg. Der Sülchgau 29/30, 1985/86, 111 ff. (mit weiterer Literatur und einer Karte der hallstattzeitlichen Fundstellen um Rottenburg). – Ders., Arch. Ausgr. Bad.-Württ. 1989, 109 ff.

Ein Brandgräberfeld der mittleren Hallstattzeit bei Trochtelfingen, Stadt Bopfingen, Ostalbkreis

Großflächige Industrieansiedlungen waren zu Füßen des Ipf im Egertal bei Bopfingen der Anlaß dafür, daß das Landesdenkmalamt Baden-Württemberg im Jahre 1989 mit großen Flächengrabungen begann. Zunächst galten diese im Industriegebiet Nordost einer keltischen Viereckschanze, die Otto Braasch bereits im Jahre 1979 entdeckt hatte. Sie wurden dann auf die Bereiche großer vorgeschichtlicher Siedlungsareale ausgedehnt, unter denen insbesondere zwei keltische Siedlungen große Beachtung verdienen. Hier wurden 1990 nur in geringerem Umfang Arbeiten durchgeführt. Die Fortsetzung der Grabungen in der Viereckschanze sind für 1991 vorgesehen.

Mittlerweile konnte mit dem Datenbankprogramm ADIMENS eine Datenbank von etwa 2800 Befunden aufgebaut werden, in der die wichtigsten Informationen zu jedem Befund und den daraus stammenden Funden der Grabungen von 1989 enthalten sind. Vom Vermessungsbüro Messmer in Winnenden-Birkmannsweiler wurden mit dem Programm PROCART die 1989 ausgegrabenen Flächen digitalisiert. Beide Datenbanken sind miteinander verknüpfbar, so daß die Auswertung vom Computer unterstützt am Bildschirm erfolgen kann. Die unterschiedlichsten Informationen, etwa zu Fundverteilungen oder Pfostentiefen, sind dadurch schnell abrufbar und optisch darstellbar.

Im Zuge der neuen Ausgrabungen wurde das Egertal, das von Westen her in das Nördlinger Ries einmündet, von O. Braasch systematisch beflogen und zahlreiche weitere Luftbildbefunde festgehalten. Dazu zählen neben der

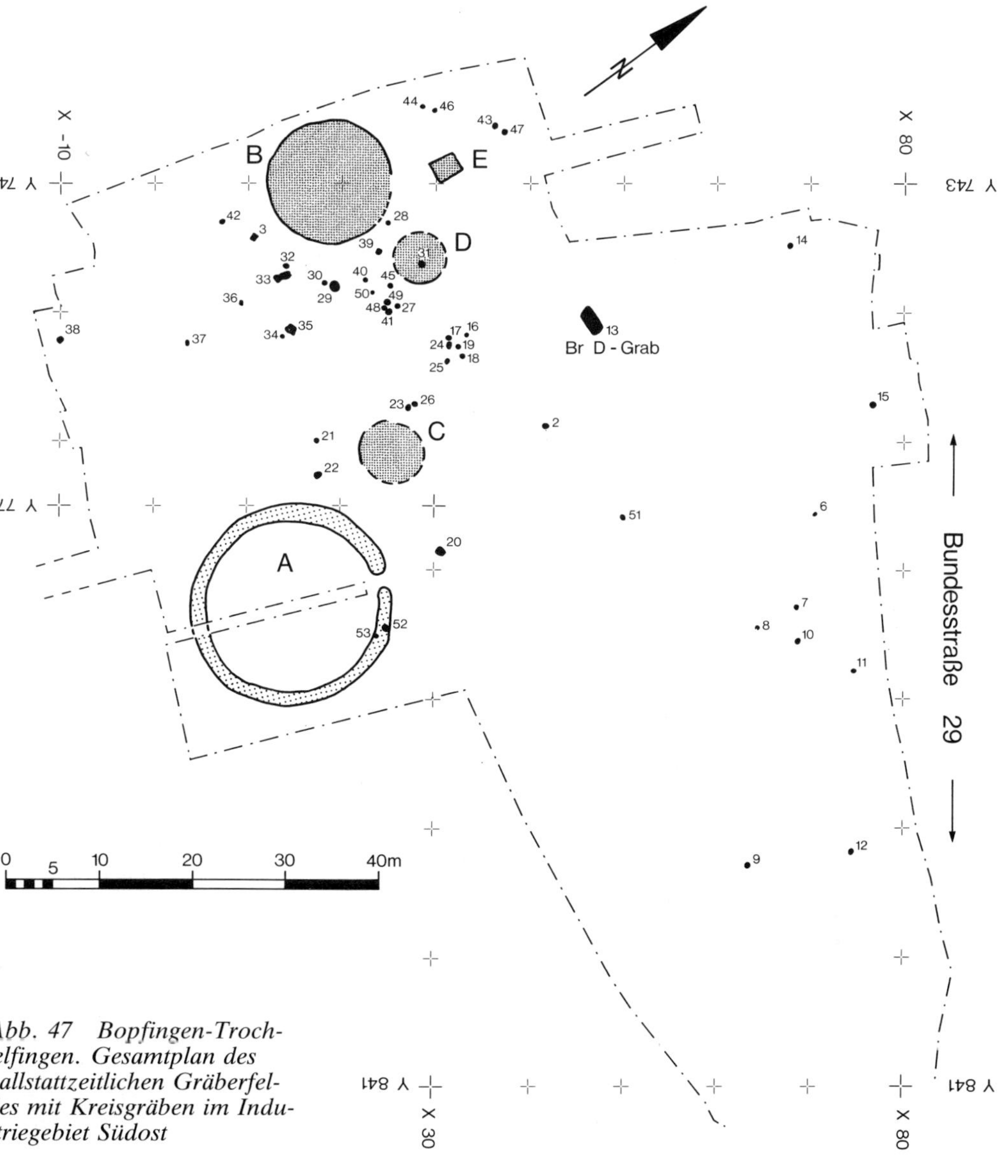

Abb. 47 Bopfingen-Trochtelfingen. Gesamtplan des hallstattzeitlichen Gräberfeldes mit Kreisgräben im Industriegebiet Südost

1989 schon freigelegten Kreisgrabenanlage die parallelen Gräben einer römischen Straße, die an der südlichen Talseite des Egertals entlang des Traufs der Schwäbischen Alb verläuft.

1990 mußten nun die Arbeiten an der keltischen Viereckschanze unterbrochen und in einem weiter östlich gelegenen Bereich der zukünftigen Industrieflächen, im Industriegebiet Südost auf Gemarkung Trochtelfingen, fortgeführt werden. Zunächst wurde eine etwa 350 m lange und 12–15 m breite Trasse für die zukünftige Industriestraße untersucht. Nach-

dem sich die Befunde im Westen häuften, wurde eine etwa 70 × 90 m große Fläche aufgedeckt (Abb. 47) und damit insgesamt eine Fläche von knapp über 1 ha archäologisch untersucht. Dieser Vorbericht gilt dem hallstattzeitlichen Brandgräberfeld, wogegen der römischen Straße mit den Gebäuderesten ein eigener Bericht gewidmet ist (s. S. 166 ff.).
Die diesjährigen Ausgrabungen konnten in diesem Umfang wiederum nur dank der Unterstützung des Arbeitsamtes Aalen durch eine Arbeitsbeschaffungsmaßnahme durchgeführt werden. Unser Dank gilt Herrn Direktor Lenz und Herrn Merz sowie der Leiterin der Außenstelle in Bopfingen, Frau Weber. Großen Dank schulden wir aber auch der Stadt Bopfingen, die mit Herrn Bürgermeister Göttlicher, Herrn Rapp und Herrn Weidmann die Arbeiten in vielfältiger Weise unterstützt hat.
Im Zuge der Erkundung des Geländes durch Suchschnitte und der Freilegung der Kreisgrabenanlage im Jahr 1989 wurden die Reste von zwei Urnengräbern und zwei Brandgräbern in der Verfüllung des Kreisgrabens aufgedeckt. Dies waren Hinweise genug, hier ein Brandgräberfeld zu vermuten. Bei der Freilegung der römischen Gebäude kamen im nördlichen Teil des Geländes (Abb. 47) dann auch immer wieder vereinzelt und weit gestreut gelegene Brandgräber zutage. Daraufhin wurde der nördliche Bereich der Parzellen 3080 und 3081 vollständig aufgedeckt, wo nordwestlich des großen Kreisgrabens Reste von mehreren kleineren Kreisgräben und zahlreiche Brandgräber vorgefunden wurden (Abb. 48). Hier scheint sich zwischen den Kreisgräben das

Abb. 48 Bopfingen-Trochtelfingen. Übersicht über den westlichen Teil der Grabungsflächen mit dem Kreisgraben B. Blick von Süden in die Talaue der Eger

Zentrum des Gräberfeldes zu befinden, falls es sich nicht weiter nach Westen fortsetzt. Insgesamt ist die Situation der Grabungsgrenzen jedoch noch unbefriedigend geklärt, da die Grenzen des Bestattungsplatzes zumindest im Westen noch nicht erreicht sind. Im Süden dürfte mit Grab 38 die Gräberfeldgrenze erreicht sein, wogegen die Situation östlich des großen Kreisgrabens noch offen ist. In diesem Areal sollen auch im Hinblick auf die römischen Befunde noch Flächen aufgedeckt werden.

Der Erhaltungszustand der Gräber war unterschiedlich und teilweise sehr schlecht. Schon beim Freilegen der römischen Gebäude fiel auf, daß von den Mauern trotz einer relativ mächtigen Überdeckung mit Humus zum größten Teil nur noch Fundamentrollierungen und kaum aufgehendes Mauerwerk vorhanden waren. Besonders im Westen wurden die Befunde erst unter einer 0,50–0,70 m mächtigen Humusdeckschicht angetroffen. Die schlecht erhaltenen Gräber lagen an der Unterkante der Humusschicht und waren alle mehr oder weniger stark zerstört und abrasiert. Alle Gräber und Gräbchen, die in den anstehenden, hellen Weißjura-Kalkschutt eingetieft wurden, waren gut erhalten. So haben sich innerhalb der Kreisgräben, mit Ausnahme von Kreisgraben D, keine Bestattungen erhalten. Eine Antwort auf diese Befundsituation ist darin zu finden, daß in nachrömischer Zeit sehr starke Erosionskräfte zu Abtragungen geführt haben. Das Gelände befindet sich auf dem auslaufenden Hangfuß des Albtraufs zur Talaue hin. Tiefe Profilschnitte nordöstlich der Viereckschanze in die Talaue hinein haben das eisenzeitliche und römische Talniveau ergeben, das über 2 m unter der heutigen Oberfläche liegt. Die Profile haben auch gezeigt, daß es in nachrömischer Zeit zu einer schnellen Sedimentation in der Talaue kam, die in kürzester Zeit zu einer Anfüllung von über 0,50 m abgeschwemmter Kulturschichten führte. Diese Veränderungen können auf die Abholzung der Abhänge des Albtraufs in römischer Zeit zurückzuführen sein. In diesem Zusammenhang werden die botanischen Untersuchungen der römischen Brunnenverfüllung (s. S. 171) sicherlich wichtige Erkenntnisse zum Wald- und Vegetationsbild ergeben können.

Die alte Oberfläche war infolge der Erosion nicht mehr erhalten; dies zeigte sich sehr deutlich an den Kreisgrabenbefunden, wo innerhalb der Gräben – mit Ausnahme von Kreisgraben D – keine Bestattungen mehr erhalten waren (Abb. 47). Die Kreisgräben und Grabenfragmente C und D stellen zweifellos Umfriedungen von vollständig abgetragenen Grabhügeln dar. Insofern muß die früher geäußerte Ansicht, bei dem großen Kreisgraben könne es sich im weitesten Sinne um eine Kultanlage handeln, revidiert werden. Ursprünglich wurden die Bestattungen in diesen Grabhügeln ebenerdig oder auf kleinen Podien niedergelegt. Die vollständige Abtragung der Hügel und der alten Oberfläche hat zur Zerstörung dieser Grablegen geführt. Die erhaltenen Kreisgräben und Grabenfragmente (Abb. 48) weisen unterschiedliche Durchmesser von 22 m, 19 m, 14 m, 7 m und knapp 6 m auf. Bemerkenswert sind die Unterbrechungen von Kreisgräben. Kreisgraben A hat im Nordosten einen 1,50 m breiten Durchgang mit gerundeten Grabenköpfen. Dies scheint sich bei Kreisgraben B zu wiederholen. Vielleicht waren an diesen Stellen Zugänge zu den Grabmonumenten.

Auffallend ist die rechteckige Einfriedung E (Abb. 47) nördlich der Kreisgräben B und D mit 2,40 × 3 m Größe. Lediglich innerhalb des Grabenfragments D konnte eine Bestattung (Grab 31) nachgewiesen werden, die jedoch nicht zu der Anlage gehört haben muß und älter sein kann. Bemerkenswert sind die zahlrei-

Abb. 49 Bopfingen-Trochtelfingen. Grab 28. In einer runden Grube waren flache Schalen und Schüsseln sowie zwei Tassen und ein Napf niedergelegt. Der Leichenbrand lag im Westen aufgehäuft auf den Gefäßen

chen Brandgräber in meist kleinen Gruben, die ursprünglich in die damalige Oberfläche eingetieft wurden. Diesem Umstand verdanken wir ihre Erhaltung. Insgesamt konnten 52 Brandbestattungen ausgegraben werden. Bei der großen, rechteckigen Grube von Grab 13 handelt es sich um ein zerwühltes spätbronzezeitliches Brandgrab (Br D), das noch typische Keramikfragmente, kalzinierte Knochen und ein angebranntes und zerbrochenes Griffzungenschwert enthielt.

Die bisher erfaßten 51 hallstattzeitlichen Brandgräber konzentrieren sich sehr auffällig zwischen den ehemaligen, sehr unterschiedlichen großen Grabhügeln. Der Kernbereich des Gräberfeldes umfaßt eine Fläche von etwa 60 × 30 m (0,2 ha). Nordöstlich davon lagen in Abständen von 30 bis 60 m im Bereich der römischen Gebäude weitere Brandgräber in sehr lockerer Streuung. Dabei handelt es sich auffallenderweise um sehr einfache, kleine Brandgrubengräber, die lediglich Brandreste und kalzinierte Knochen enthielten. Nur in drei Gräbern (9, 10, 51) war je ein Gefäß als Urnenbehältnis niedergelegt.

Damit stehen diese Gräber im Nordosten im deutlichen Gegensatz zu den Gräbern zwischen den Kreisgräben. Dort wurden in größeren Gruben in der Regel immer mehrere Gefäße (Abb. 49), kleine Gefäße in einem größeren Urnenbehältnis oder aber sehr häufig ganze Geschirrsätze von fünf bis zehn oder mehr Gefäßen niedergelegt (Abb. 49, 50). Charakteristisch sind kleine Näpfe und Tassen sowie Teller und Schalen (Abb. 49) und verschiedene Töpfe, insbesondere Kegelhalsgefäße. Da viele Keramikkomplexe im Block geborgen wurden, kann noch wenig zur Keramik und ihrer Oberflächenbehandlung (z. B. Bemalung) gesagt werden. Bislang ist nur aus den zwei benachbarten Gräbern 32 und 33, östlich des Kreisgrabens B, verzierte Keramik nach Alb-Salemer Manier bekannt. In Grab 32 sind dies zwei stempel-, kerbschnitt- und ritzverzierte Stufenteller (Abb. 50), in Grab 33 ein kleines kerbschnitt- oder ritzverziertes Schrägrandgefäß. Es handelt sich dabei um typische Keramik des Alb-Salemer-Kreises, die hier im Ostalbraum vereinzelt auftritt. Das Keramikinventar der Brandgräber reiht sich im übrigen gut in den Kreis der Ostalbgruppe ein.

Die Behandlung der Leichenbrände ist unterschiedlich: Teilweise wurden die kalzinierten Knochen in ein oder zwei Gefäßen niedergelegt, in anderen Fällen neben den Gefäßen auf einem Häufchen aufgeschüttet oder in der ganzen Grabgrube ausgestreut. In manchen Fällen wurde der Leichenbrand offenbar gezielt ausgelesen und nur große Knochenstücke (Grab 9) beigesetzt. In den Gräbern mit Geschirrsätzen lassen sich in mindestens fünf Fällen Fleischbeigaben anhand von Tierknochen (Abb. 50) nachweisen. Metallfunde sind selten und beschränken sich auf kleine Ringchen, Bleche und Nadeln aus Bronze.

In dem ergrabenen Ausschnitt des hallstattzeitlichen Bestattungsplatzes lassen sich sehr unterschiedliche Totenbehandlungen feststellen: Eine wohl kleine Bevölkerungsschicht wurde in Grabhügeln und sicherlich in aufwendig ausgestatteten hölzernen Grabkammern beigesetzt. Eine zweite, größere Gruppe wurde in unmittelbarer Nähe und im Umkreis dieser Grabhügel in Erdgruben bestattet. Eine dritte Gruppe, die bislang in dem Grabungsausschnitt vielleicht am schlechtesten erfaßt ist, sind die kleinen, unscheinbaren Brandschüttungsgräber und einfachen Urnenbestattungen im Nordosten. Es ist denkbar, daß diese Gräber in einem weiten Ring in lockerer Streuung um die kleine Grabhügelgruppe – dem ehemaligen Zentrum des Bestattungsplatzes – herum angelegt wurden. Deshalb sollten hier weitere Flächen aufgedeckt werden. Wie die Bestattungen in den zerstörten Hügeln ausgesehen haben können, vermittelt ein 1958 bei Bopfingen-Unterriffingen ausgegrabener Grabhügel mit einer hölzernen Grabkammer und einem reichhaltigen Keramikinventar. Das neue Brandgräberfeld von Bopfingen-Trochtelfingen vermittelt sehr deutliche Unterschiede in der Totenbehandlung und in der Anlage der Gräber, die sicherlich auf unterschiedlichen Rang der Verstorbenen zurückzuführen sind. Es scheint mindestens drei Stufen bei der Bestattung gegeben zu haben. Anzumerken ist noch, daß in den großen Siedlungsflächen im Industriegebiet Nordost bisher keine Nachweise einer zeitgleichen, hallstattzeitlichen Besiedlung erbracht werden konnten. *Rüdiger Krause*

Abb. 50 Bopfingen-Trochtelfingen. Grab 32 mit flachen Schalen, einem kleinen Napf, Tierknochen und verzierten Stufentellern

Literaturhinweis
R. Krause, Arch. Ausgr. Bad.-Württ. 1989, 117 ff.

Fortsetzung der Siedlungsgrabung in Eberdingen-Hochdorf, Kreis Ludwigsburg

Beim Bau des »Keltenmuseums Hochdorf« wurde eine seit längerer Zeit hier vermutete Siedlung der späten Hallstatt- und frühen Latènezeit angeschnitten und in einem kleinen, randlichen Ausschnitt untersucht. Wegen der Realisierung eines Bebauungsplanes im Gewann »Reps«, die 1991 durchgeführt werden soll, wurde im Anschluß an diesen kleinen Ausschnitt eine Flächengrabung notwendig, durch die die Siedlung wohl in wesentlichen Teilen ihrer Ausdehnung erfaßt werden kann. Die Anlage der Grabungsflächen, Baubeobachtungen und geomagnetische Messungen klärten die Grenzen der Siedlung im Osten,

Norden und Westen, lediglich im Süden, wo sie in den heutigen Ortsbereich hineinzieht, bestehen noch Unklarheiten. Die Grabung wurde im Mai 1990 begonnen und dauert zur Zeit noch an. Sie konnte in diesem Umfang nur durch die Bewilligung einer Arbeitsbeschaffungsmaßnahme durch das Arbeitsamt Ludwigsburg durchgeführt werden, dem wir hierfür sehr herzlich danken. Auch die Gemeindeverwaltung Eberdingen unterstützte uns in jeder Weise hilfreich.

Auf einer derzeit geöffneten Fläche von etwa 1 ha zeigt sich der Westrand einer großen bandkeramischen Siedlung, die sich von hier aus noch mindestens 300 m nach Osten erstreckt. Durch Lesefunde, die unsere ehrenamtliche Beauftragte, Frau R. Leibfried, seit vielen Jahren beobachten konnte, ist diese Siedlung gut erfaßt. Von ihr sind in den Grabungsflächen vor allem die typischen hausbegleitenden Gruben sowie andere große Lehmgruben zu erkennen, in Resten zeichnen sich auch noch einige Hausgrundrisse ab. Die Funde gehören in die jüngere Bandkeramik. Aus verschiedenen Gründen wurden diese jungsteinzeitlichen Reste jedoch nur so weit untersucht, daß sie von den jüngeren Befunden getrennt werden konnten.

Sehr interessant gestaltet sich jedoch die späthallstatt- und frühlatènezeitliche Besiedlung des Platzes. Wie schon 1989 gezeigt, liegt die Siedlung zwischen einem Grabhügelfeld der Stufe Hallstatt D – Latène A mit sehr qualitätvollen Funden, dem bekannten Großgrabhügel von Hochdorf und einem Flachgräberfeld der Stufe Latène B. Dabei ist die Frage, ob und wie weit das reiche Fürstengrab von Hochdorf einen Niederschlag in dieser Siedlung gefunden hat, entscheidend.

Die Siedlung liegt an einem nach Süden orientierten, leicht geneigten Hang, der in die heutige Ortschaft hineinzieht. Hier floß früher ein kleines Bächlein. Der anstehende Boden ist gelber Löß, der nach Süden zu noch von einer wachsend mächtigen Lößlehmschicht bedeckt ist. Die Erosion hat hier noch kaum eingegriffen, so daß im Südteil der bisher geöffneten Fläche die antiken Befunde ungewöhnlich gut erhalten sind. Die Reste dieser Siedlung sind zahlreiche Silos, Grubenhäuser, Zäune und Pfostenlöcher verschiedener Gebäude sowie ein großes Schwellbalkenhaus. Da die Grabung noch läuft, soll hier kein vorläufiger Gesamtplan vorgelegt werden. Er zeichnet sich durch die aufeinander gerichtete Ordnung der Befunde aus, sie sind grob in Ost-West-Richtung orientiert, das heißt im rechten Winkel zueinander angelegt. Die Siedlung scheint also planmäßig errichtet bzw. erweitert worden zu sein. In bandkeramische Siedlungsareale wurde nur randlich eingegriffen, da hier der anstehende Löß durch umfangreiche Gruben schon so weit gestört war, daß sich das Gelände für die spätere Anlage von Silos oder Grubenhäuser nicht mehr eignete. Im Nordwestteil der Siedlung konzentrieren sich die Grubenhäuser, im Süden liegen die Reste der Wohnhäuser, dazwischen ein durch einen Zaun eingefaßtes Areal, in dem nur Silos und ein Vierpfostenspeicherbau angetroffen wurden. Die Silos entsprechen den auch anderswo häufig zu beobachtenden Anlagen – es sind kreisrunde Gruben, die sich zu ihrer Sohle hin öffnen und bei guter Erhaltung noch einen runden Einstiegsschacht aufweisen, der ursprünglich mit einem Deckel verschlossen war. Die Größe dieser Silos schwankt sehr stark, neben kleinen Gruben mit extrem starker Unterschneidung der Seitenwände, die holzverschalt waren, treten extrem große und tiefe Gruben auf, in einigen Fällen wurden auch zwei solcher Gruben zusammengebaut. Verschiedene Typen der Verfüllung sind zu erkennen – neben reiner Füllung mit Lehmmaterial andere, die weitgehend mit Hausmüll aufgefüllt waren. In allen Fällen ist mit einem raschen Füllungsvorgang zu rechnen. Plattenböden, besondere Herrichtung der Grubenböden oder gar Feuerstellen konnten in keinem dieser zahlreichen Silos nachgewiesen werden. Bei der Untersuchung der Grubenhäuser müssen noch zahlreiche Fragen offenbleiben. Ihre Größe ist ebenfalls sehr unterschiedlich, das kleinste mit 3,50 × 2,50 m steht dem größten mit 8,50 × 3,50 m entgegen. Über die Frage des Oberbaues, des Eingangs und der genauen Konstruktion bestehen noch zahlreiche Unklarheiten. Alle Grubenhäuser besitzen einen Firstpfosten an beiden Schmalseiten, hierzu kommen in einigen Fällen weitere Firstpfosten, Pfosten in den vier Ecken sowie an den Längsseiten. Solche Pfosten können jedoch auch aufgesetzt und nicht eingegraben sein, so daß ihr Nachweis oft Schwierigkeiten bereitet, zumal die Sohlen der Grubenhäuser extrem durch Tiergänge überformt sind. Ein zeltartiger Überbau ist jedenfalls kaum anzunehmen, sondern es ist vorauszusetzen, daß die Wände die eigentliche Eintiefung in den Boden um einiges überragt haben. Spuren dieser Wände fanden sich jedoch auf der Sohle der Grubenhäuser in keinem einzigen Fall. Eine Verschalung der Erdgrube in irgendeiner Form ist jedoch vorauszusetzen. Lediglich in fünf der bisher aufgedeckten Grubenhäuser lag in der Mitte der Hüttenstelle eine Feuerstelle. Durch die Hitze war hier der Kalk des Lößes gebrannt und durch Benetzung mit einer Flüssigkeit dann gelöscht worden, was einen recht harten Estrichboden ergab, der meist auf die nähere Umgebung der Feuerstelle begrenzt ist. Die Füllung der ursprünglich wohl um 1 m eingetieften Gruben läßt keinerlei Schichtung erkennen, ist also mit Sicherheit nicht aufgewohnt. In einigen Fällen lag dagegen etwa 30–40 cm über der Sohle eine ausgeprägte Schuttschicht aus Scherben und Steinen, die in die Grube geworfen wurden, als der Oberbau nicht mehr stand. Der Zustand des Fundmaterials zeigt deutlich, daß die Funde hier nicht primär, sondern umgelagert liegen. Das keramische Fundgut ist stark zerscherbt und kaum zu ganzen Gefäßen oder Gefäßteilen zu ergänzen. Andererseits enthalten die Fundinventare zahlreiche Hinweise auf Produktionstätigkeiten, die man in solchen Grubenhäusern vermutet, wie Spinnen und Weben, Wetzsteine, Werkzeuge und Gerätschaften aus Eisen. In zwei Grubenhäusern lagen die Reste von Bronzegießereien. Demnach dürften diese Hüttenstellen immer wieder gereinigt worden sein, der dabei entstandene Müll wurde auf einen Haufen neben dem Haus geworfen, der dann nach Aufgabe der Hüttenstelle dazu diente, die Grube zu verfüllen. Um solche Verfüllungsvorgänge zu belegen, wurden die Funde einiger Häuser dreidimensional eingemessen, eine Auswertung ist jedoch bisher noch nicht erfolgt.

Sehr überraschend ist der am Südrand der bisherigen Grabungsfläche aufgedeckte Grundriß eines großen Schwellbalkenhauses. Dieses ist zwar im einzelnen noch nicht untersucht, doch zeichnet sich der 14×10 m große Bau mit einem Eingang an der Nordostseite sowie einer einfachen Inneneinteilung sehr deutlich ab (Abb. 51). Eine der Nordseite parallel laufende Pfostenreihe weist auf eine Kombination eines Schwell- und Pfostenbaues hin, wie er ähnlich unter Hügel 4 der Heuneburg beobachtet werden konnte. Mit einer Nutzfläche von 140 m^2 handelt es sich hier um ein sehr geräumiges Haus.

Der Qualität der Siedlungsbefunde entspricht auch die des archäologischen Fundgutes. Nach Ausweis der Bronzen beginnt die Siedlung in einem fortgeschrittenen Stadium der Stufe Hallstatt D 1, es liegen schon vier Exemplare des Typs S 5 der Schlangenfibel vor. Der derzeitige Schwerpunkt liegt jedoch eindeutig in der frühen Latènezeit, aus der zahlreiche Fibeln, etwa Tier- und Drahtfibeln, ein sehr qua-

Abb. 51 Eberdingen-Hochdorf. Grundriß eines Schwellbalkenhauses

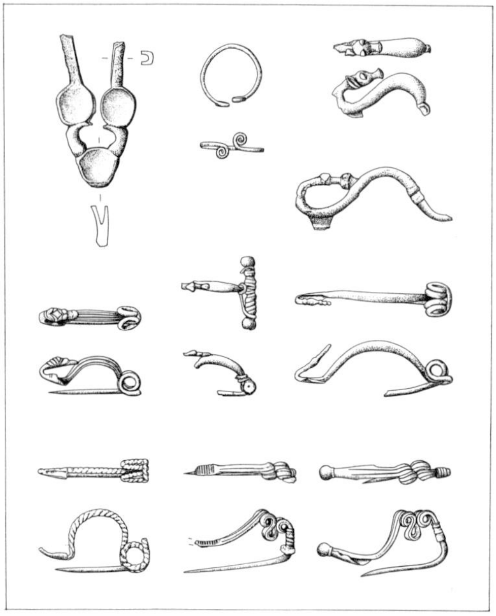

litätvolles Schwertortband und andere Metallfunde vorliegen (Abb. 52). Auch die Keramik unterscheidet sich in ihrer Qualität sehr deutlich von der anderer zeitgleicher Fundstellen der näheren Umgebung. So ist Scheibenware vergleichsweise häufig, auch eine Ware, die in die späte Hallstattzeit datiert und in vergleichbaren Siedlungen fast völlig fehlt. Aus frühlatènezeitlichem Zusammenhang liegt eine sehr feine Drehscheibenware, z. T. vom Typus Braubach, Kammstrichverzierung und etwas Graphittonware vor.
Überraschend ist der Fund zweier rotfiguriger griechischer Scherben. Beide stammen von einer zweiseitig bemalten Kylix (Abb. 53). Das

Abb. 52 Eberdingen-Hochdorf. Bronze- und Eisenfunde. Maßstab 1:3

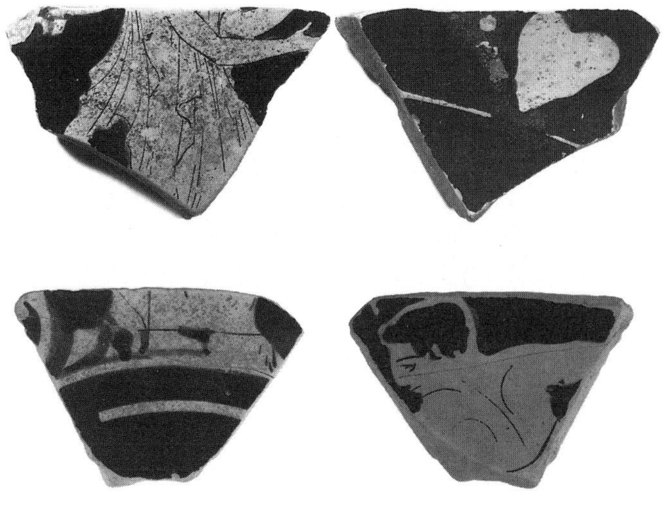

Abb. 53 Eberdingen-Hochdorf. Zwei rotfigurige griechische Scherben

qualitätvollere der beiden Stücke zeigt auf der Außenseite eine gewandete Figur, auf der abgetreppten Innenseite sind Efeublätter zu erkennen. Es wurde ebenso wie das zweite Stück in einem Grubenhaus gefunden. Diese Scherbe, die zusammen mit einer Eisenfibel lag, zeigt auf der Innenseite den Kopf eines Jünglings in Seitenansicht. Man hat den Eindruck, daß die Scherbe so zurechtgebrochen wurde, daß dieses Bild erhalten blieb. Die Scherbe ist zudem stark abgerollt, so daß sie in diesem Zustand vielleicht längere Zeit überdauert hat, bis sie in den Boden kam. Beide Stücke sind noch nicht genau datiert, kommen jedoch aus eindeutig frühlatènezeitlichem Zusammenhang. Sie unterstreichen sicherlich die Bedeutung der beiden Schalen aus dem Kleinaspergle und belegen die überdurchschnittliche Qualität der Siedlung in Hochdorf. Mehr Informationen werden jedoch die osteologischen und botanischen Untersuchungen bringen, in denen sich eventuelle Südbeziehungen sehr viel unmittelbarer widerspiegeln werden als in einigen exotischen Importstücken, deren Einzelgeschichte nicht mehr nachzuvollziehen ist. Eine abschließende Bewertung der Siedlung in Hochdorf sollte bis zum Grabungsende Zeit haben, doch läßt sich jetzt schon feststellen, daß ein sehr qualitätvoller und umfangreicher Fundbestand der Stufe Latène A mit u. a. ca. 15 Fibeln vorliegt. Dies spricht auch von seiten der Siedlungsgeschichte eindeutig gegen ein Fehlen dieser Stufe in Südwestdeutschland und zeigt deutliche chronologische Unterschiede zur Heuneburg, die diese Zeitstufe nicht erreicht. Die aus dem Süden kommenden Anregungen und Einflüsse dürften gerade im Bereich des Hohenaspergs entscheidend mit zur Ausbildung des Latènestils beigetragen haben.

Jörg Biel

Literaturhinweis

J. Biel, Arch. Ausgr. Bad.-Württ. 1989, 97 ff.

Frühlatènezeitliche und frühgeschichtliche Siedlungsreste in Schmiden, Stadt Fellbach, Rems-Murr-Kreis

Westlich des alten Ortskernes von Schmiden wurde im Gewann »Untere Gartenäcker« auf einer Fläche von knapp 4 ha eine Wiesen- und Obstbaumfläche als Baugebiet ausgewiesen. Aus diesem Bereich waren bislang zwar noch keine archäologischen Fundstellen bekannt, jedoch mahnten die historische Topographie und die nur wenige hundert Meter entfernt gelegene keltische Viereckschanze sowie die in der Nähe gelegenen Siedlungsreste der späten Hallstattzeit zur Vorsicht. Bei den Erschließungsarbeiten wurden dann auch zahlreiche Grubenbefunde angeschnitten, die von einer teilweise mächtigen Schwemmschicht überdeckt waren und einen guten Erhaltungszustand der Siedlungsreste erwarten ließen.

Mit großer Unterstützung der Stadt Fellbach konnten zwischen Januar und März 1990 drei Baugrundstücke mit einer Gesamtfläche von etwa 1500 m^2 systematisch untersucht werden. Darüber hinaus wurden bis zum Sommer bei mehreren Baumaßnahmen die Erdarbeiten überwacht und Befunde aufgenommen. Für die zahlreichen Hilfestellungen und für das entgegenkommende Verständnis danken wir Herrn Oberbürgermeister Kiel und Herrn Schweickhardt vom Baurechtsamt der Stadt Fellbach sowie den Bauherren.

Zwischen Neckar und Rems liegt östlich von Stuttgart das fruchtbare Altsiedelland des Schmidener Feldes mit seinen sanft gewellten Lößflächen. Das Gewann »Untere Gartenäcker« befindet sich am Hangfuß in einer breiten und weiten Talmulde, in der bis in die dreißiger Jahre ein Wasserlauf floß. Der Bach ist heute unter der Kanalstraße verdolt und entwässert nach Norden hin; gegen Westen steigt der Hang zu einer Kuppe hin an, auf der die Viereckschanze liegt. Im Osten schließt unmittelbar der mittelalterliche Ortskern mit einer um 1600 erbauten Hofanlage in der Bühnerstr. 13 an.

Bei den Erschließungsarbeiten fielen die zur Talmulde hin dicker werdenden Deckschichten über dem etwa 5 m mächtigen Löß auf, die aus erodierter Erde von den Hängen bestanden. Die Profile mit archäologischen Befunden ergaben, daß unter dem Humus und einem B-Horizont eine dunkle Kulturschicht folgt, in die früh- bis hochmittelalterliche Befunde und Fundmaterialien eingelagert waren, die bis in den hellen Löß reichten. Unter dieser Kulturschicht waren die frühlatènezeitlichen Siedlungsbefunde im hellen Löß eingetieft; die zunächst vermutete Annahme, diese Befunde seien durch die Überdeckung besonders gut erhalten, bestätigte sich nicht. Vielmehr waren die Gruben bereits gekappt; dies ließ sich insbesondere an verschiedenen runden Silo- oder Kellergruben erkennen, von denen nur noch der untere, trichterförmig ausladende Bereich erhalten war, wogegen der Einstiegsschacht bereits vollständig fehlte. Als Ursache dafür kann nur eine starke Erosion nach der hallstattzeitlichen Besiedlung verantwortlich gemacht werden. Später kam es dann von den Hängen her erneut zu Auftragungen in der Talmulde, die annähernd in den Zeitraum des 1. nachchristlichen Jahrtausends gefallen sein müssen.

Innerhalb des knapp 4 ha großen Baugebiets verteilen sich die vor- und frühgeschichtlichen Fundstellen in unregelmäßigen Konzentrationen. Die frühlatènezeitliche Siedlung liegt am südlichen Rand des Baugebiets und wurde im Süden von der modernen Bebauung schon teilweise zerstört. Die Siedlungsnachweise bestehen aus zahlreichen Gruben, darunter Keller-

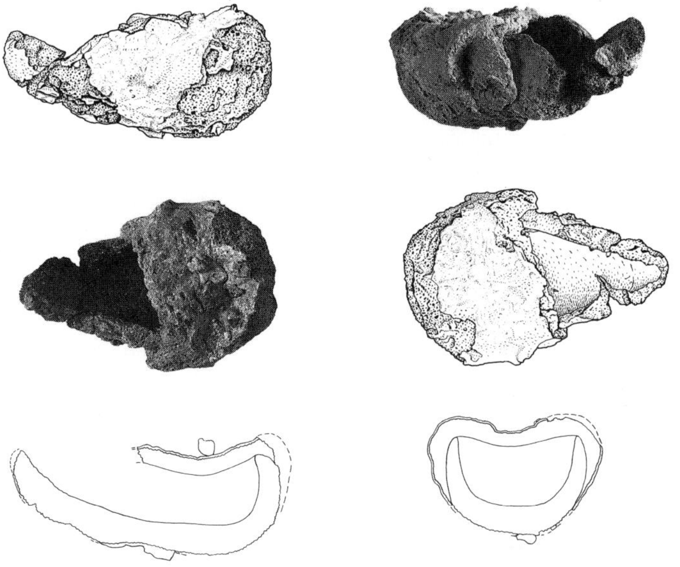

Abb. 54 Fellbach-Schmiden. Schiffchenförmiger Gußtiegel aus einer späthallstatt-frühlatènezeitlichen Siedlungsgrube. Länge 8 cm

oder Silogruben und aus mindestens zwei Grubenhäusern, die an den Firstseiten je eine Pfostenstellung hatten. Weitere Hinweise zu ihrer Konstruktion oder zu ihrer Nutzung fehlen. Die vorhandenen Pfostengruben sind wahrscheinlich alle jünger und lassen sich nicht dieser eisenzeitlichen Siedlungsphase zuordnen; viel eher muß davon ausgegangen werden, daß Pfostenbefunde dieser Zeit bereits abgetragen wurden.

Die wichtigsten Funde stammen aus der Verfüllung einer Silogrube. Neben größeren Wandlehmbrocken und späthallstatt- bis frühlatènezeitlicher Keramik konnten daraus Reste von mindestens vier bis fünf schiffchenförmigen Gußtiegeln (Abb. 54) zum Gießen von Bronze und Reste einer Gußform aus Ton geborgen werden. Der nahezu vollständig erhaltene Tiegel ist 8 cm lang und 5,2 cm breit mit einer intakten Lehmabdeckung. Bruchstücke solcher Lehmbedeckungen sind sehr zahlreich vorhanden. An verschiedenen Tiegelfragmenten haben sich metallisch glänzende Reste erhalten. Sie waren teilweise großer Hitze ausgeliefert, wie dies die aufgeblähten und stellenweise glasigen Oberflächen zeigen. Gußtropfen oder Gußprodukte konnten dagegen leider nicht gefunden werden.

Schwierigkeiten in der Rekonstruktion bereiten zerschlagene Fragmente einer oder mehrerer flacher Gußformen aus Ton (Abb. 55). Sie weisen einen flachen Boden auf, und ein Fragment hat einen Eingußtrichter (Abb. 55, links), von dem aus kleine Kanäle ausgehen. Auf dem größeren, flachen Fragment münden ebensolche Kanäle in runde, kugelförmige Eintiefungen (Abb. 55, rechts). Offensichtlich wurden damit Kugeln gegossen. In nur etwa 500 m Entfernung wurden an der Straße nach Stuttgart-Neugereut 1976/77 im Gewann »Stiefeläcker« in einer Siedlung der späten Hallstattzeit ebenfalls schiffchenförmige Guß-

Abb. 55 Fellbach-Schmiden. Zwei Fragmente einer Gußform (?) aus Ton. Das linke Fragment mit einem Eingußtrichter und Gußkanälen, auf dem rechten Fragment sind kugelige Eintiefungen durch Kanäle miteinander verbunden. Maßstab 1:1

tiegel und Gußreste ausgegraben; der neue Fundpunkt im Gewann »Untere Gartenäcker« ist eine wertvolle Bereicherung und verdeutlicht einmal mehr, daß in der frühen Eisenzeit in vielen Siedlungen Bronze in kleinen Mengen gegossen und verarbeitet wurde.

Interessant sind die jüngeren, mittelalterlichen Siedlungsreste, die sich locker auf einen großen Teil des Baugebiets verteilen. Es handelt sich um unterschiedliche Gruben und Pfostenstellungen sowie um mehrere Grubenhäuser. Dabei konnten unterschiedliche Befunde festgehalten werden: Grubenhäuser mit je einem Pfosten an den Stirnseiten, andere mit vier und sechs Pfosten in den Ecken und an den Längsseiten. Auf den Grubenböden konnten verschiedentlich kleine, teilweise recht tiefe Gruben festgestellt werden, ohne daß erkennbar war, welchem Zweck sie dienten.

Die Funde aus diesen Siedlungsresten datieren vom 9. bis in das 12. Jh. n. Chr. Sehr wahrscheinlich handelt es sich bei diesen locker gestreuten Siedlungsresten um die Nachweise von Gehöften und Gehöftgruppen, die sich in lockerer Anordnung um den eigentlichen Siedlungskern unter der heutigen Ortsmitte gruppierten.

Die neuen Grabungsergebnisse ergänzen in willkommener Weise das Bild der historischen Topographie des alten Ortes Schmiden. Seine Gründung geht sicherlich auf die alamannische Siedlungstätigkeit des 6./7. Jh. zurück, die durch die beiden Gräberfelder an der »Öffinger Straße« und »Am Waiblinger Weg« dokumentiert wird (s. S. 207 ff.). Die alamannische Keimzelle wird sicherlich unter dem mittelalterlichen Ortskern zu suchen sein; seine Expansion in den folgenden Jahrhunderten wird durch die neuen Grabungsbefunde in den »Unteren Gartenäckern« dokumentiert.

Walter Joachim, Rüdiger Krause

Literaturhinweis

J. Biel, W. Joachim, Vorgeschichtliche Siedlungsreste mit Gußtiegeln bei Fellbach-Schmiden, Rems-Murr-Kreis. Fundber. Bad.-Württ. 4, 1979, 29 ff.

Geomagnetische Prospektion an einem ungewöhnlichen Holzbau römischer Zeit in Hüfingen, Schwarzwald-Baar-Kreis

Die Vermutung eines Militärlagers frührömischer Zeit in Hüfingen – an diesem Ort entstanden noch *vor* dem in claudische Zeit zu datierenden, seit langem bekannten Kastell auf dem »Galgenberg« – hat in der provinzialrömischen Forschung bisher keine positive Resonanz gefunden (Abb. 56). Tatsächlich waren es auch mehr allgemeine Überlegungen als konkrete Befunde und einwandfrei zu datierende Fundstücke, die 1977 diese Vermutung ausgelöst hatten, wobei die Frage nach der exakten Zeitstellung vom spärlichen Fundmaterial her nicht beantwortet werden konnte. Zwei parallel zueinander verlaufende Spitzgräben, vom Verfasser als mögliche Lagergräben angesprochen, für deren geringe Tiefe es auch in anderen früheren Militäranlagen Beispiele gibt, wurden von H. Schönberger als Straßengräben gedeutet, was selbstverständlich möglich ist. Keine Erklärung fanden die Spuren eines ungewöhnlich großen, sehr exakt konstruierten Holzgebäudes mit Hinweisen auf einen überdachten Umgang (Portikus) um einen ausgedehnten Innenhof (Abb. 57). Die Sorgfalt und Genauigkeit, mit der die Fundamentgräben für die Holzwände ausgehoben waren, ließen an römisches Militär als Erbauer denken, wenn auch damals (1977) nur der durch Erosion teilweise beeinträchtigte Nordwestteil des Bauwerks ausgegraben und dokumentiert werden konnte.

War die Deutung als militärische Anlage richtig, dann boten sich zwei geschichtliche Situationen, in die ein solcher Stützpunkt passen konnte. Zunächst die Zeit des Augustus, genauer die Jahre zwischen 15 bis 10 v. Chr., in denen am Hochrhein das Lager bei Dangstetten als ältester römischer Militärplatz auf süddeutschem Boden existierte. Betrachtet man dieses Lager als Ausgangspunkt einer offensiven Operation, was man nicht muß, aber kann, bietet sich als geographisch vorgegebene Linie für ein solches Vorgehen der Weg, der bei Hüfingen an der oberen Donau endet und in der Mitte des 1. Jh. n. Chr. als Straße ausgebaut worden ist. Vorgeschobene Lager dieser Zeit an strategisch wichtigen Einfallstraßen finden wir auch in Westfalen, so daß wir darin wohl ein Prinzip römischer Offensivbewegungen erkennen können. Reiner Zufall, daß nun auch noch Tiberius, der Feldherr des sog. Alpenfeldzugs (15. v. Chr.) an den Quellen der Donau gewesen ist, wie der zeitgenössische Geograph und Historiker Strabo berichtet? Nimmt man Münzfunde dieser Jahre hinzu, für sich allein genommen sicher nicht von allzu großer historischer Relevanz, gab und gibt es doch einige Gründe, eine augusteische Expeditionstruppe an der oberen Donau zu vermuten. Ebenso allerdings wäre denkbar, daß die römische Armee der Zeit des Claudius (etwa 40 n. Chr.), beauftragt mit der Eroberung und Sicherung des Raumes zwischen Hochrhein und Donau, zunächst einmal an diesem strategisch wichtigen Punkt kurzzeitig einen Stützpunkt eingerichtet hat, bevor dann die Grenzkastelle von hier flußabwärts erbaut wurden. Spekulation auch dies, zugegeben. Aber eine der beiden Deutungen könnte zutreffen, falls nicht eine Erklärung außerhalb des militärischen Bereichs in Frage kommt, vielmehr ein Zusammenhang mit der römischen Zivilsiedlung in der nördlich davon liegenden Bregniederung angenommen werden soll (Abb. 56.2). Von der Topograhie und Entfernung her eigentlich eher unwahrscheinlich!

Zu diesem Stand der Diskussion kommt nun der in seinen Konturen vollständige Grundriß

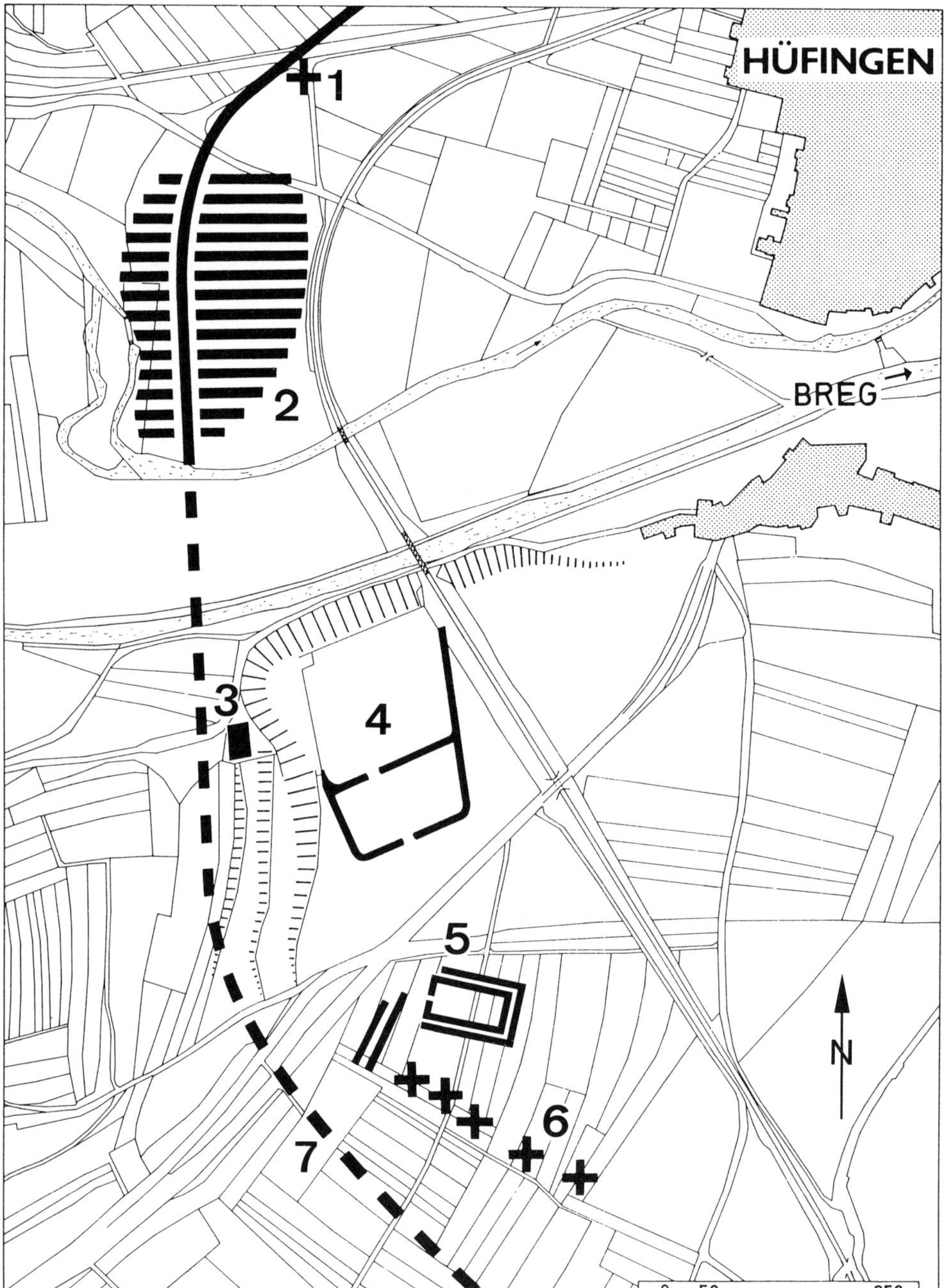
HÜFINGEN
1
2
BREG
3
4
5
6
7
N
0 50 250m

des großen Gebäudes hinzu (Abb. 57), den H. G. Jansen durch geomagnetische Messungen gewonnen hat: ein vierflügeliger Bau mit umlaufender Innenportikus von beachtlichen Dimensionen. Muß dieser Grundriß militärisch, kann er auch anders erklärt werden? Vielleicht in Zusammenhang mit der Straße, die in unmittelbarer Nähe vorbeiführt (Abb. 56.7)? Es ist zu hoffen und zu wünschen, daß mit weiteren Messungen zusätzliche Planstrukturen zu gewinnen sind, die einen Deutungsversuch der geschichtlichen Wahrheit näher bringen. Vielleicht führen uns auch Grabungen weiter, die im Zusammenhang mit Straßenbauarbeiten voraussichtlich in den nächsten Jahren akut werden.

Gerhard Fingerlin

Bei Straßenbauarbeiten für die Neutrassierung der Bundesstraße 31 im Jahr 1977 wurde im Gewann »Krumme Äcker« der Gemeinde Hüfingen (Schwarzwald-Baar-Kreis) die Nordwestecke eines größeren Gebäudekomplexes aus der frührömischen Zeit freigelegt. Die Flur liegt südwestlich von Hüfingen, und zwar südlich des Bereiches des römischen Kastells auf dem »Galgenberg«. Eine umfangreichere Grabung erfolgte 1977 nicht, sondern es wurden lediglich die Befunde in der Trasse untersucht. Hierbei wurden neben den Fundamentgräben der Ecke eines Holzgebäudes etwa 20 m westlich zwei parallel verlaufende Spitzgräben festgestellt. Eine genaue Datierung der zweifellos frührömischen Militäranlage steht noch aus, die Funde schließen eine

Abb. 56 Hüfingen. Übersicht zur antiken Topographie. 1 Brandgrab, 2 Siedlung in der Bregniederung (»Mühlöschle«), 3 Kastellbad, 4 Kastell auf dem »Galgenberg«, 5 Gräben und großes Holzgebäude, 6 Brandgräberfeld, 7 römische Straße

Zuweisung in die augusteischen Feldzüge nicht aus, auf jeden Fall erscheint eine Zeit vor der Errichtung des eigentlichen Kastells plausibel. Da in diesem Gebiet neuerlich Straßenbauarbeiten geplant werden, erschien eine weitergehende Untersuchung angezeigt. Leider gibt es bislang noch keine luftbildarchäologischen Erkenntnisse, deshalb wurde eine Untersuchung der Oberfläche mit der geomagnetischen Prospektion vorgenommen. Bei dieser zerstörungsfreien Methode werden mit einem empfindlichen Meßinstrument in einem feinen Raster die – geringfügigen – Störungen des Erdmagnetfeldes registriert und anschließend kartiert. Sie werden verursacht durch archäologische Strukturen wie inzwischen mit Oberflächenhumus verfüllte Gräben, Abfallgruben und Hausfundamente oder durch Hitzeeinwirkung verziegelte Böden. Seit 1988 steht diese Methode auch für die Denkmalpflege in Baden-Württemberg zur Verfügung und hat sich seither in etlichen Fällen als ein wertvolles Hilfsmittel für Dokumentation und Grabungsplanung erwiesen.

Das Gelände liegt auf der Kuppe eines nach Westen, Süden und Osten sanft abfallenden Höhenzuges in Fortsetzung der Spornlage des Galgenbergs. Der Oberflächenboden ist leicht lehmig und nur eine recht dünne Auflage auf Kalkstein. Eingetiefte Strukturen sollten sich hier magnetisch gut abzeichnen. Um möglichst viele Details des Gebäudes zu bekommen, wurde ein Meßraster von 50 cm gewählt. Das Ergebnis der Suche nach dem Gebäudekomplex zeigt die Abb. 57, in die auch die Ergebnisse der Grabung von 1977 eingezeichnet sind. Bei der Darstellung der Messung sind die Zahlenwerte an jedem Meßpunkt in einer Punktdichtegrafik in Schwärzungswerte umgesetzt. Deutlich sichtbar ist die große rechteckige Anlage mit einer Außenkantenlänge von 62 × 95 m. Lediglich im Westen ist der Gebäudeabschluß als Fortsetzung des Grabungs-

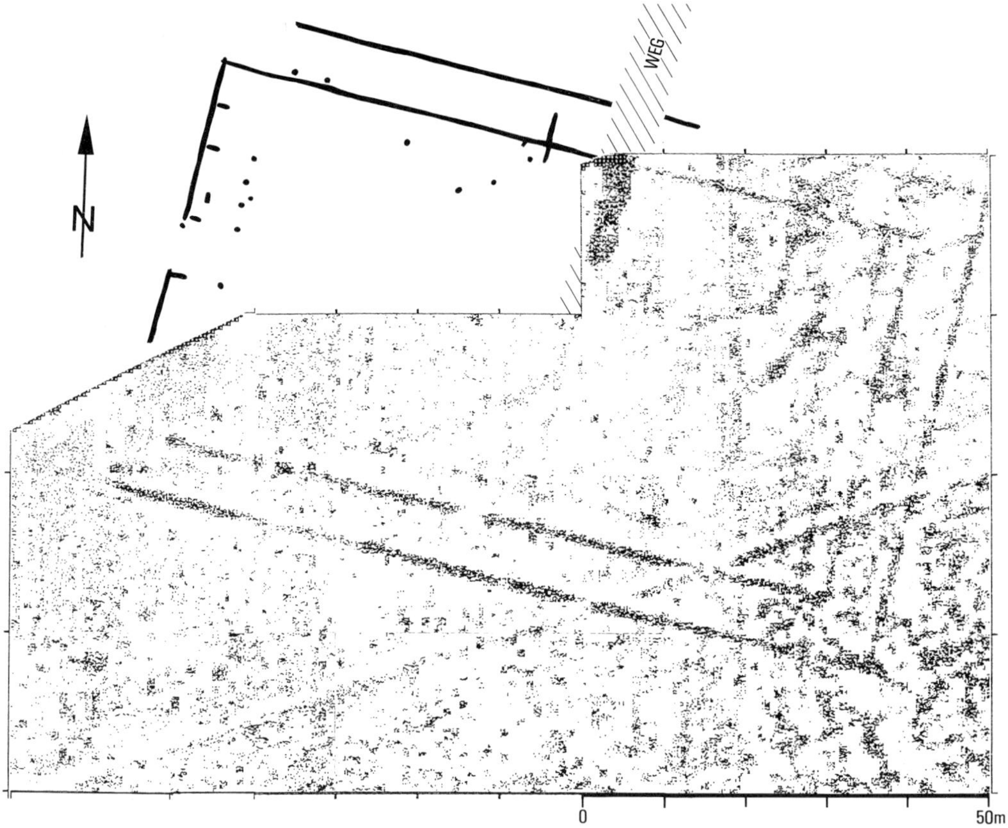

Abb. 57 Hüfingen. »Krumme Äcker«. Großes Holzgebäude. Die Fundamente außerhalb der geomagnetisch gemessenen Fläche wurden 1977 ausgegraben. Geomagnetische Prospektion: Meßintervall 0,5 m, Dynamik 1 nT bis 3 nT, Darstellung in Punktdichtschrift

befundes nicht auszumachen. Ein Baukörper mit einer Tiefe von ca. 7 m umschließt einen sehr geräumigen Innenhof. Im Inneren sind den Randbauten im Osten und Süden Strukturen vorgelagert, wahrscheinlich die Pfostenstellungen für einen Hallenvorbau. Sonstige Spuren einer regelhaften Innenbebauung sind nicht auszumachen.

Die Prospektion wurde noch über eine Fläche von insgesamt 1 ha ausgedehnt, um auf der Höhenkuppe nach etwa sonst vorhandenen Gebäudestrukturen zu suchen. Zahlreiche Schwärzungen (Abb. 57) erwiesen sich als magnetische Störungen, die aber nicht ohne weiteres archäologisch interpretiert werden können. Zunächst ist die von WSW nach NNO verlaufende Streifung durch die Pflugrichtung bedingt, wie auch durch die Ackerflurgrenzen belegt. Die starke Störung in der Mitte der Nordseite des Gebäudes liegt parallel zu einem alten, inzwischen aufgelassenen Feldweg und stellt möglicherweise eine beim Straßenbau vorgenommene Auffüllung dar. Die sonstigen flächenhaften Störungen besonders in der östlichen Hälfte der prospektierten Fläche sind vielleicht geologisch durch punktuell stärkere Erosion des anstehenden steinigen Untergrunds bedingt, es ist aber nicht auszuschließen, daß es sich hier um Abfall- oder Siedlungsgruben handelt.

Die Suche nach der südlichen Fortsetzung der Doppelgrabenstruktur war leider nicht erfolgreich. Man muß aus dem – hier nicht dargestellten – Prospektionsbefund schließen, daß entweder die Art der Grabenverfüllung keinen magnetischen Kontrast zum umgebenden Boden sichtbar werden läßt, oder aber, daß der Graben unmittelbar nach dem freigelegten südlichen Ende in südöstlicher Richtung abbiegt. Etwa 30 m südlich des Grabenstücks ist lediglich eine Störung festzustellen, bei der es sich nach Analyse der Zahlenwerte um die Bodenverziegelung eines Töpfer-Brennofens handeln kann. Zu dieser Interpretation sei auf die Untersuchung des südlich festgestellten Gräberfeldes verwiesen, bei der sich auch Hinweise auf die Tätigkeit von Töpfern und Ziegelbrennern ergaben. *Hans Günter Jansen*

Literaturhinweise (Beitrag Fingerlin)
Ph. Filtzinger, D. Planck, B. Cämmerer, Die Römer in Baden-Württemberg ([3]1986) 337. – H. Schönberger, Die römischen Truppenlager der frühen und mittleren Kaiserzeit zwischen Nordsee und Inn. Ber. Röm. Germ. Kommission 66, 1985, 321 bes. 338 mit Anm. 50 und 445. – G. Fingerlin, Vom Hochrhein zur Donau. Archäologische Anmerkungen zu einer wichtigen Römerstraße. Arch. Nachr. Baden 32, 1984, 3.

Literaturhinweise (Beitrag Jansen)
G. Fingerlin, in: Die Römer in Baden-Württemberg. ([3]1986) 337. – J. Biel, Arch. Ausgr. Bad.-Württ. 1988, 41 ff. – D. Planck, in: D. Planck (Hrsg.), Archäologie in Württemberg (1988) 262 ff. – G. Biegel, in: Arch. Denkmalpflege im Reg. Bez. Freiburg (1981) 45 ff.

Archäologische Untersuchungen im Limeskastell Mainhardt, Kreis Schwäbisch Hall

Im Westteil des alten Ortskernes von Mainhardt liegt das 2,4 ha große Kohortenkastell von Mainhardt. Die ersten schriftlichen Hinweise über römische Funde erfahren wir von keinem geringeren als dem Hohenloher Archivrat Ch. E. Hanßelmann im Jahre 1787. Das Kastell selbst wurde vor allem von der Reichslimeskommission näher erforscht. Aufgrund dieser Untersuchungen kennen wir die Größe des Lagers, die Umwehrung mit Tor und Zwischentürmen sowie Teile des Stabsgebäudes (principia). In der Innenfläche fanden seit dieser Zeit keine Grabungen mehr statt. Lediglich 1987 wurde im Zusammenhang mit Erweiterungsarbeiten im Schulhofbereich die Südwestecke des Kastells von der Archäologischen Denkmalpflege untersucht. Die Kastellumwehrung war hier stellenweise noch bis zu einer Höhe von 1,40 m erhalten. Die damals aufgedeckten Mauerbefunde sind konserviert und der Öffentlichkeit zugänglich. An der Innenseite der Kastellmauer wurde hier eine Wallanschüttung von teilweise bis zu 5,50 m Breite nachgewiesen. Unter dem Erdwall fanden sich Spuren eines Holzrostes, der offenbar zur Festigung des Erdwalls eingebracht wurde. Die Rampe war stellenweise noch bis zu 1 m hoch erhalten. Die Kastellmauer bestand aus einem soliden, gut gemörtelten Gußmauerwerk mit Verschalung der Innen- und Außenseiten aus dem hier anstehenden Stubensandstein. In den letzten Jahren sind vor allen Dingen im Umgebungsbereich des Kastells Notbergungen und Rettungsgrabungen im Lagerdorf selbst durchgeführt worden. Schließlich wurde etwa 300 m östlich des Kohortenkastells 1975 knapp 30 m hinter dem Limesgraben bei Bauarbeiten ein bisher unbekanntes Kleinkastell mit 540 m^2 Innenfläche entdeckt und untersucht. Es handelt sich hierbei um ein Kleinkastell vom Typ Rötelsee.

Auf einigen Weihesteinen und auf einer Grabplatte ist die Besatzung des Kastells inschriftlich nachgewiesen. Es handelt sich um die Cohors I Asturum equitata. Möglicherweise war diese Truppe vorher im Kastell I in Walheim stationiert. Um die Mitte des 3. Jh. stand die Truppe in Britannien, wohin sie vermutlich unter Kaiser Septimius Severus (198–201 n. Chr.) verlegt worden war. Welche Einheit ihr folgte, ist bisher unbekannt.

Die Planungen des Ev. Diakoniewerkes Schwäbisch Hall, das Haus Römerstraße 25 im nordwestlichen, d. h. rückwärtigen Lagerbereich des Kohortenkastells wesentlich zu erweitern, machten eine Flächengrabung im Kastell notwendig. Die zur Untersuchung anstehende Fläche beträgt ca. 22 × 26 m und befindet sich unmittelbar östlich, d. h. innerhalb der rückwärtigen Lagermauer. Die rückwärtige Kastellmauer ist heute noch als deutliche Geländekante erkennbar, so daß bei den Planungen und der Lage des Neubaues auf die gut erhaltene Kastellmauer Rücksicht genommen werden muß. Nachdem konkrete Planungen vorgelegt worden sind, begann die Grabung am 30. Juli und wurde vorerst am 16. November 1990 beendet. Die Grabung wurde vom Arbeitsamt Schwäbisch Hall mit einer Arbeitsbeschaffungsmaßnahme gefördert. Zusätzlich nahmen Studenten und vom 6. bis 17. August

Abb. 58 Mainhardt. Gesamtüberblick der Grabung mit Kastellmauer und Zwischenturm

1990 eine Gruppe von sechs freiwilligen Helfern teil. Zunächst einmal wurde am westlichen Rand der Grabungsfläche die Innenkante der noch gut erhaltenen Kastellmauer sowie der nördliche Zwischenturm der rückwärtigen Front aufgedeckt. Auch hier war die gut erhaltene Kastellmauer an der Innenseite mit fischgrätförmig angeordneten Bruchsteinen aufgeführt (Abb. 58). Der hier aufgedeckte Befund entspricht den Befunden an der Südwestecke. Wegen der Anschüttung einer Erdrampe an der Innenseite war ein gleichmäßiges Lagenmauerwerk nicht notwendig. An die Kastellmauer schließt rechtwinklig das Turmfundament des Zwischenturmes an. Das Mauerwerk ist vorzüglich teilweise in Fischgrätmauerwerk, teilweise in Lagenmauerwerk verlegt. Das ganze Mauerwerk ist sehr fest mit weißem Kalkmörtel verbunden. Nördlich des Zwischenturmes konnte bis zu Planum 7 die Rampenanschüttung aus rötlichem Sandboden, teils mit Holzkohleschichten und braunen Mooseinschlüssen durchsetzt, aufgedeckt werden. Auch hier sind auf der Sohle der Wallanschüttung Nord-Süd ausgerichtete, grob zugearbeitete Hölzer zur Stabilisierung in die Erdrampe eingebracht worden. Besonders bemerkenswert ist, daß auf dem alten Humus eine dünne schwarze Brandschicht ermittelt werden konnte, die wahrscheinlich auf eine Brandrodung vor dem Bau des Kastells hinweist. Der Turm selbst reicht 3 m nach innen und ist 4,7 m breit. In der Mitte der Rückseite befindet sich die ca. 1 m breite Türe.

Ungefähr im Abstand von ca. 8 m von der Innenseite der Kastellmauer konnten Reste einer Straßenbefestigung bzw. Abwassergräbchen und damit die Lage der Lagerrandstraße (via sagularis) ermittelt werden. Vor allen Dingen nördlich, wo das Gelände in römischer Zeit im Gegensatz zum heutigen Zustand nach Norden stetig abfiel, haben sich Reste der Straßenbefestigung teilweise noch gut erhalten. Die Straße selbst ist ca. 3 m breit. In den Flächen 4, 5, 7 und 10 ergaben sich Baubefunde von Innenbauten, die jedoch erst nach Abschluß der Untersuchung im Frühjahr 1991 genauer beurteilt werden können. Mehrere parallel der Lagerrandstraße verlaufende Gräbchen und einzelne Steinreihen deuten darauf hin, daß sowohl Pfosten als auch Schwellbautenkonstruktionen vorhanden sind. Möglicherweise befand sich zur Lagerrandstraße hin eine Portikus. Die Verschiedenartigkeit der Konstruktion läßt vermuten, daß wir hier mindestens zwei Bauphasen der Innenbebauung vorliegen haben. Starke Konzentrationen von rot angeziegeltem Hüttenlehm lassen sich wohl mit einer Zerstörung durch Feuer in Verbindung bringen. Wie die hölzernen Innenbauten ausgerichtet waren, läßt sich bisher nicht sicher beurteilen. Die Gräbchen und Steinsetzungen deuten darauf hin, daß wir eine West-Ost-Orientierung der Innenbebauung im rückwärtigen Lagerareal vermuten können.

Abb. 59 Mainhardt. Backofen 4 und 5 zwischen der Lagerrandstraße (Via sagularis) und der rückwärtigen Lagermauer

Eine besondere Überraschung war die Freilegung mehrerer übereinander errichteter großer Backöfen entlang der Via sagularis an der Wallseite zwischen Zwischenturm und nordwestlichem Eckturm. Im östlichen Bereich der Fläche 3 konnte schon im Planum 2 die jüngste Herdstelle aufgedeckt werden. Sie ist rund und besitzt einen Durchmesser von ca. 0,8 m und war mit flachen Sandsteinplatten ausgelegt, ihr Rand war nicht gut erhalten. Im Planum 3 wurden zwei weitere Herdstellen freigelegt, die etwas älter sein müssen. Herd 2 hat eine nicht sehr gut erhaltene Herdplatte aus flachen Sandsteinen mit Resten einer runden Steineinfassung. Die Herdstelle 3 ist nur ein aus zwei Steinlagen angelegter Kreis aus Sandsteinen. Im Umkreis der Herdstellen ist der Boden fast durchweg schwarzbraun-humos mit Holzkohle durchsetzt. Etwas tiefer kamen schließlich die beiden ältesten Herstellen, Herd 4 und 5, zum Vorschein. Beide Herdstellen sind vorzüglich aufgemauert (Abb. 59). Bei Herd 4 wurde die sehr sorgfältig aus Sandsteinplatten hergestellte Herdplatte mit einer teilweise bis zu drei Lagen hoch erhaltenen Steineinfassung abgeschlossen. Spuren hölzerner Konstruktionen deuten darauf hin, daß diese Herdstellen entlang der Via sagularis in der Wallanschüttung mit einem Dach überbaut waren. Bei den bisher aufgedeckten Backöfen konnte das Feuerungsloch nicht nachgewiesen werden. Bei Herd 5 war es möglicherweise zur Straße hin orientiert. Der Nachweis solcher Backöfen entlang der Lagerrandstraße, d. h. an der Innenseite der Lagerbefestigung, ist nicht singulär. So wurden auf der Saalburg ebenfalls im rückwärtigen Lagerareal knapp 50 Backöfen einer bestimmten Kastellphase ermittelt. Auch im Kastell Stockstadt konnten Backöfen dieser Art aufgedeckt werden. Bis ins Detail ähnlich ist ein wohlerhaltener Ofen hinter der Ostmauer im Kastell Birrens (Schottland). Die Mainhardter Backöfen sind jedoch bisher die ersten dieser Art am südlichen obergermanischen Limes. Die mit einem Durchmesser von ca. 1,50–1,80 m großen Öfen sind sicherlich die zentralen Bäckereien für die hier stationierte Truppe. Hier wurde möglicherweise das beliebte Fladenbrot hergestellt. Diese großen Backöfen unterscheiden sich erheblich von den kleinen Öfen, die wir immer wieder innerhalb der Mannschaftsbaracken finden.

Unter dem Fundmaterial ragen einige Kleinfunde besonders heraus. Vor allen Dingen eine ganze Anzahl von militärischen Ausrüstungsgegenständen, Fibeln und Schmuck sind hier besonders hervorzuheben. Die für das Frühjahr 1991 vorgesehene abschließende Untersuchung wird vor allem nähere Aufschlüsse über die Funktion und Chronologie der Innenbauten erbringen. *Dieter Planck*

Literaturhinweise
A. Mettler, ORL Abt. B Nr. 43 (1909). – H. Clauß u. D. Planck, Die Römer in Baden-Württemberg ([3]1986) 435 ff. – D. Planck, Arch. Ausgr. 1978, 46 ff. – A. S. Robertson, Birrens (1975) 19 f.

Zum Abschluß der Ausgrabungen am römischen Gutshof in Nürtingen-Oberensingen, Kreis Esslingen

Im Jahr 1990 wurde in Oberensingen im Auftrag der Stadt Nürtingen vom 2. April bis 7. Juni mit einer Mannschaft von meist vier Helfern an dem römischen Gutshof weitergegraben (Arch. Ausgr. Bad.-Württ. 1989, S. 192 mit Plan). In bewährter Weise stellte die Stadt Nürtingen technisches Material und sonstige Hilfen zur Verfügung. Der örtliche ehrenamtliche Beauftragte des Landesdenkmalamtes, E. Beck, war auch dieses Jahr mit seinem Freundeskreis von unschätzbarer Hilfe. Herr H. Picard erledigte während und auch nach Abschluß der offiziellen Grabungen alle noch nötigen Arbeiten im Bereich der Grabungsstellen. Allen Helfern sei an dieser Stelle herzlichst gedankt.

Die Stadt Nürtingen hat 1989 den Bereich des Bades winterfest überdacht. Dieses Dach reichte auch über die Räume 5 und 3. Geplant ist ein Schutzhaus, das später dem Betrachter den Ausgrabungszustand vermitteln soll. Zu diesem Zweck werden im Süden und Westen des Badebereichs noch archäologische Untersuchungen notwendig werden.

Abb. 60 Nürtingen-Oberensingen. Römischer Gutshof. Kanalheizung

1990 wurden der Innenbereich des Haupthauses insbesondere entlang der Westmauer, der Keller (4) und die Umrisse des nördlichen Anbaus (B) untersucht. In der Nordwestecke des Haupthauses wurde eine Kanalheizung (Abb. 60) aufgedeckt. Sie wurde von Süden beschickt und hatte offenbar vier Stützen, die z. T. aus sekundär verwendetem Material errichtet waren. Die Anlage war annähernd quadratisch und nutzte die Außenmauern des Haupthauses. Auch Teile einer Plattenabdekkung konnten ausgegraben werden. Im Süden dieser Kanalheizung wurde ein runder Herd an der Westmauer – offenbar nachdem die Kanalheizung außer Gebrauch kam – angelegt. Von diesem konnten Reste der Feuerplatte und die Unterlage aus sekundär verwendeten Heizkacheln ausgegraben werden. Der Unterbau bestand aus einem monumentalen Stubensandsteinblock, einem Säulenbruchstück an der Vorderseite und drei Lagen von Bruchsteinen zur Westmauer hin. Im Innern war der Herd mit Steinbruch und Lehm gefüllt.
Schon 1989 war im Südteil des Hauses eine T-förmige Kanalheizung freigelegt worden. Es ist somit sicher, daß es sich im hinteren westlichen Teil des Hauses um den Wirtschaftsbereich handelt. Leider sind die Funde an dieser Stelle außerordentlich spärlich.
Der Keller (4) konnte bis zum anstehenden Lehm aufgedeckt werden. Unter einem mit dunkler Erde versetzten Steinversturz fand sich eine Schicht Holzkohle und darunter eine mit sehr viel Keramik durchsetzte Sand-

schicht, die offenbar in mehreren Lagen in den Keller eingebracht wurde. Darunter fand sich ein Gewirr von unterschiedlichen Drainagen. Teilweise bestanden sie aus zerbrochenen Dachziegeln.
Der nördliche Anbau umfaßt einen sehr großen Raum, der im Süden mit Natursteinplatten ausgelegt war, die eine Unterlage aus großen Kieselsteinen hatten. Im Norden konnten nur die Maueroberkanten geklärt werden. Möglicherweise gab es im Nordwesten einen Eingang. Das nördliche Ende der Bauten wurde nicht erreicht. Der Anbau wurde gleich nach der Ausgrabung wieder mit Erde verfüllt. Die Funde schließen sich an die des Vorjahres an. Besonders hervorzuheben sind eine kleine silberne Zierscheibe und ein Kupferblechring, der mit einer Quadriga auf der rechteckigen Ringplatte verziert ist. Eine Feuersteinspitze und vorrömische Keramikbruchstücke lassen auf eine vorrömische Besiedlung des Platzes schließen, der kräftige ganzjährige Quellen aufweist. *Susanne Kolbus*

Literaturhinweise
D. Planck, Arch. Ausgr. Bad.-Württ. 1988, 187 ff. – S. Kolbus, Arch. Ausgr. Bad.-Württ. 1989, 192 ff.

Ausgrabungen am »Fronhofbuck« in Riegel a. K., Kreis Emmendingen

Der geplante Neubau eines Mehrfamilienwohnhauses in der Fronhofstraße veranlaßte das Landesdenkmalamt, Außenstelle Freiburg, das beinahe 0,13 ha große Grundstück vorab zu untersuchen, da aufgrund der bisherigen Kenntnisse von der Grundstruktur des römischen Riegel mit archäologischen Befunden zu rechnen war. Das nach Nordosten zum sog. »Fronhofbuck« sanft ansteigende Areal liegt westlich des heutigen Friedhofs und unweit nördlich der von K. Schumacher erstmalig nachgewiesenen, in Ost-West-Richtung zum Rheinübergang bei Sasbach bzw. Jechtingen ausfallenden Römerstraße entlang des Sankertweges, die eine der Hauptachsen des Vicus bildete. Bereits 1968 konnten bei leider zu spät gemeldeten Ausschachtungsarbeiten für eine Baugrube auf dem südlichen, direkt an diese Straße anschließenden Nachbargrundstück noch Reste von Trockenmauerfundamenten und Stampflehmböden eines Streifenhauses dokumentiert werden. Es bot sich somit die günstige Gelegenheit, Einblicke in den hinteren Bereich dieser Parzelle zu gewinnen, um die damals erzielten Ergebnisse zu überprüfen und zu vervollständigen.
In zwei Kampagnen, von Mitte September bis Ende Oktober 1989 und März bis Anfang Mai 1990, wurden in Zusammenarbeit mit der Abteilung für Provinzialrömische Archäologie der Universität Freiburg mit einer relativ kleinen Grabungsmannschaft repräsentativ etwa 35 Prozent des Areals systematisch ergraben. Die Befunde fügten sich in der Mehrzahl in das typische Bild einer Hinterhofzone, wie es bereits von anderen Fundorten her bekannt ist, ein. Hierzu dürfen neben zahlreichen Gruben, die u. a. der Materialentnahme, zur Abfallbeseitigung, als Sickeranlagen oder Latrinen dienten, und etlichen, häufig regellos angeordnet erscheinenden Pfostengruben, die teilweise wohl Spuren einer leichten Bebauung

(Schuppen, Verschläge) sind, Reste von Anlagen für gewerbliche Zwecke (Abb. 61. O 1 und O 2) sowie ein Steinbrunnen (B) gezählt werden.
Nicht in diesen Rahmen gehören dagegen vier in den untersten Plana festgestellte rechteckige Holzpfosten (Pf 1–4), deren Standspuren in den zugehörigen Pfostengruben noch deutlich zu erkennen waren. Die Pfosten maßen durchschnittlich 0,40 × 0,50 m, der Eckpfosten 2 war noch etwas massiver. Pfosten 2 und 3 wurden von einer Grube, die Funde des späten 1. Jh. n. Chr. enthielt, überlagert. Die Pfosten markieren damit die älteste römische Siedlungsperiode auf dem untersuchten Areal, was zusätzlich noch durch die Tatsache, daß die Strukturen vollkommen steril waren, unterstrichen wird. Sie stammen von einem Gebäude, das – sollte eine bei der Notbergung 1968 aufgenommene ähnliche Pfostengrube dazugehören – eine Seitenlänge von ungefähr 30 m hatte. Ihre Beschaffenheit und offensichtlich frühe Zeitstellung lassen an eine militärische Anlage denken, die allerdings außerhalb des bekannten Kastells im Gewann »Beim Kloster« lag. Eine genauere Angabe zur Funktion ist beim derzeitigen Stand der Forschung nur schwer möglich.
In der anschließenden Phase der zivilen Nutzung wurden die alten Baufluchten wieder aufgegriffen, so z. B. in einer Reihe von Pfosten, bzw. im Verlauf eines auf gleicher Linie liegenden Gräbchens, die als Parzellengrenze gedeutet werden können. Diese scheint während der gesamten römischen Besiedlungsdauer gültig gewesen zu sein.
Die Hoffnung, mit dieser Grabung die rückwärtigen Teile des erwähnten Streifenhauses zu fassen, erfüllte sich leider nicht. Dessen Länge kann demnach nur max. 15 m betragen haben. Der am nächsten zum Haus gelegene Befund war ein in den anstehenden Löß bzw. in den darunterliegenden Kies eingetiefter, aus mäßig bearbeiteten Muschelkalkbruchsteinen errichteter Brunnen (B), der bis in eine Tiefe von 8 m ab heutiger Oberfläche ausgegraben werden konnte. Sein unteres Ende war hier allerdings noch nicht ganz erreicht. Der Brunnenschacht hatte einen Durchmesser von 0,90 m, der Brunnenkranz maß 0,45 m. Eine Baugrube wurde nicht beobachtet. Der Brunnenkranz wurde also gegen den anstehenden Boden gesetzt, wobei im wesentlichen der bei der Anlage des Brunnenschachtes ausgehobene Kies und Sand als Hinterfüllungsmaterial diente.
Es war auffallend, daß beinahe jede Grube der westlichen Parzelle Schmiedeschlacken (?) enthielt, während sie in den Grubenverfüllungen der östlichen fast völlig fehlten. Einige der Gruben sind sogar als regelrechte Schlackeabfallgruben zu bezeichnen, was auf eine eisenverarbeitende Tätigkeit am Platz schließen läßt. Dazu würde ein Befund passen, der während der Kampagne 1989 zum Vorschein kam. Über der ausgesteinten Pfostengrube Pf 4 befand sich eine ovale Steinsetzung (O 1), von der teilweise noch bis zu drei Steinlagen erhalten waren. Aufgrund zahlreicher Schlackenfunde in der unmittelbaren Umgebung dieser Steinsetzung könnte es sich vielleicht um die Substruktion eines im Zusammenhang mit Eisenverarbeitung stehenden Ofens handeln, zumal einige der Steine Spuren starker Hitzeeinwirkung aufwiesen.
Die östliche Parzelle wurde dagegen offensichtlich von einem Töpfer genutzt. Etwa 16 m von dem im vorderen Parzellenbereich zu postulierenden Gebäude entfernt fand sich nämlich ein gut 1 m breiter und mit Bedienungsgrube 3,50 m langer Töpferofen (O 2). Der birnenförmige Ofen war in sich leicht gebogen, so daß die Mittelzunge und die gedachte Mittelachse des Schürkanals einen stumpfen Winkel bildeten. Die Mittelzunge war in ihrem Ansatz 0,25 m breit, verjüngte

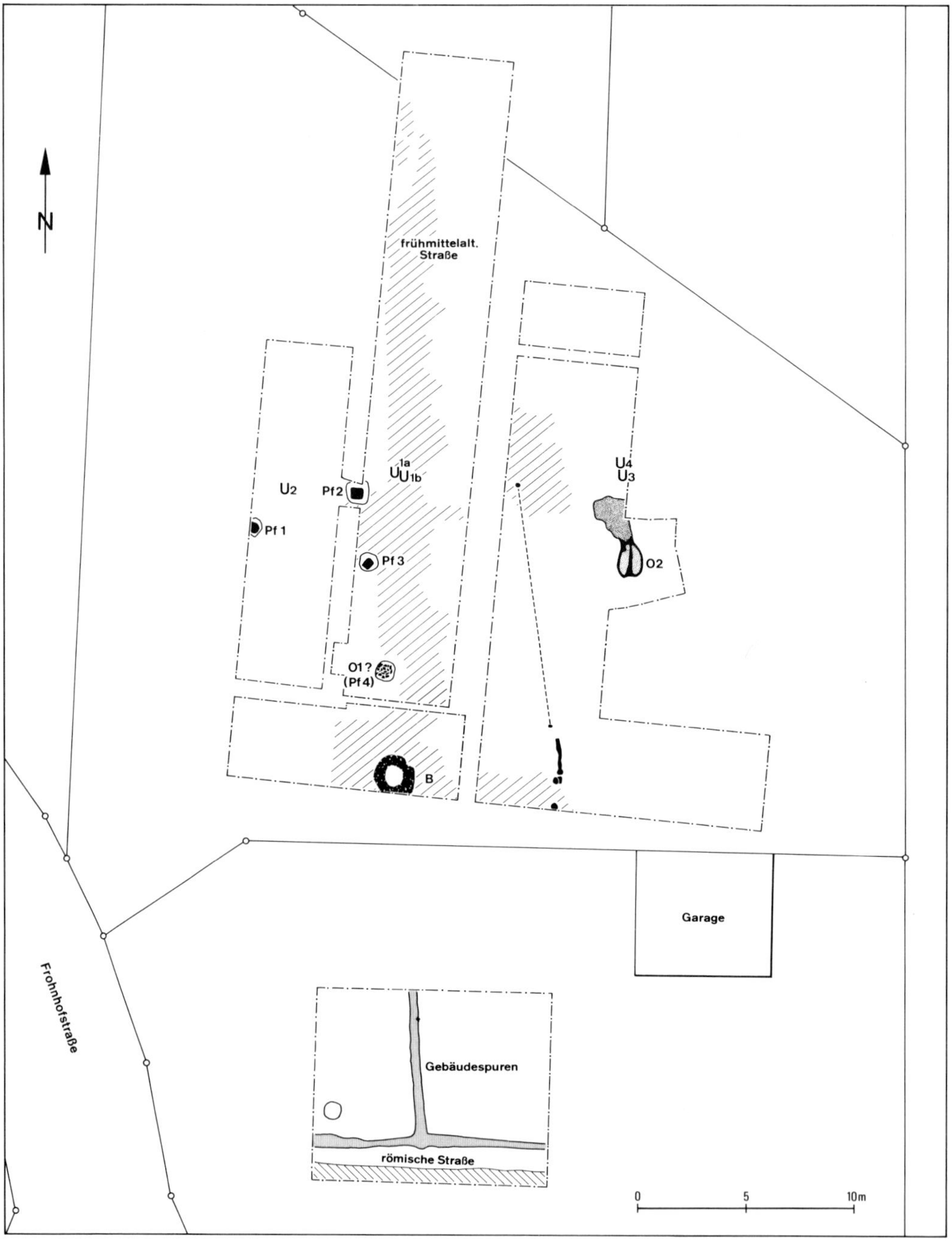
N
frühmittelalt. Straße
U2
Pf2
U1a
U1b
U4
U3
Pf 1
Pf 3
O2
O1?
(Pf4)
B
Garage
Frohnhofstraße
Gebäudespuren
römische Straße
0
5
10m

sich dann aber gleichmäßig auf 0,10 m. Vom Ofenboden aus gerechnet war sie noch 0,21 m hoch erhalten. Der Ofen war in den anstehenden Löß eingetieft, der in einer 0,08 m starken Zone um den Ofen herum durch Hitze gerötet war. Der Boden und – soweit erhalten – die Wandung des Ofens bestanden aus einer ca. 0,04 m dicken, grauverziegelten Lehmschicht. Vom Brennrost bzw. vom Aufgehenden des Brennraums war nichts mehr vorhanden. Der Ofen wurde nach seiner Aufgabe abgebrochen, wobei der Schutt z. T. zur Verfüllung des Feuerungsraums verwendet, z. T. in benachbarten Gruben deponiert wurde. Anschließend überdeckte man den ganzen Bereich um den Ofen herum mit einer Planierschicht. Da aus dem Ofen bzw. aus seiner Bedienungsgrube vorwiegend Krugscherben geborgen wurden, darf man vermuten, daß er hauptsächlich zum Brennen von Krügen diente.

Soweit das umfangreiche Fundmaterial bislang zu überblicken ist, dürfte das Ende der römischen Siedlungstätigkeit auf dem untersuchten Areal gegen Ende des 2. oder zu Beginn des 3. Jh. anzusetzen sein. Verschiedene Beobachtungen deuten darauf hin, daß es auf einen Brand gefolgt sein könnte. In diesem Zusammenhang scheint auch der Brunnen (B), der u. a. viel Bauschutt enthielt, verfüllt worden zu sein. Dabei wurde der obertägig sichtbare Teil des Brunnenkranzes abgebrochen und zumindest teilweise in den Brunnenschacht gestürzt, vielleicht im Zuge einer Planierung des gesamten Geländes.

Für eine Überraschung sorgte die Entdeckung von fünf römischen Brandgräbern (U 1a–4), liegt doch das wenigstens in seiner Existenz bekannte Gräberfeld am Sankertweg gut 400 m

Abb. 62 Riegel. Gräber U 1a (links) und U 1b (rechts) in situ

weiter westlich. Sie konzentrierten sich auf einen schmalen Streifen, der beinahe rechtwinklig zu der erwähnten Parzellengrenze verläuft und etwa die hintere Grenze, bis zu der Befunde in gehäuftem Maße anzutreffen waren, bildet. Nördlich und südlich davon wurden keine Gräber festgestellt. Grab U 1a und Grab U 1b (Abb. 62) bzw. Grab U 3 und Grab U 4 lagen dicht beieinander. Alle fünf Gräber können als Urnengräber bezeichnet werden. Sie saßen in einem bereits mehrfach umgelagerten und wieder planierten Boden, der stark mit Kulturschutt durchsetzt war. Umrisse von Grabgruben waren nicht erkennbar. Als Urnen dienten hauptsächlich grautonige Töpfe mit Kammstrichverzierung, die bei zwei Bestattungen abgedeckt waren. Lediglich bei Grab U 2 wurde ein Glasgefäß als Urne benutzt, das wohl ebenso wie die Urne von Grab U 4 in bereits fragmentiertem Zustand in die Erde kam. Sämtliche Gräber waren anschei-

Abb. 61 Riegel. Schematischer Übersichtsplan der wichtigsten Grabungsbefunde

nend beigabenlos. Zwei gleichartige, ebenfalls Leichenbrand enthaltende Töpfe mit der Fundstellenangabe »beim Friedhof« wurden schon früher von I. Huld vorgelegt. Dies zeigt, daß in der näheren Umgebung weitere Gräber dieser Art vorhanden waren. Da nach römischem Recht Bestattungen innerhalb von Siedlungen verboten waren, werden die Gräber erst nach Ende der aktiven Nutzung der betreffenden Parzellen als Bau- und Wirtschaftsland angelegt worden sein.

In die nachrömische Zeit gehört eine nahezu Nord-Süd orientierte, im Schnitt leicht gewölbte Steinpackung (Abb. 61), die sich auf einer Länge von 25 m noch gut beobachten ließ, im Norden auf weiteren 10 m dagegen kaum mehr zu erkennen war. Es handelt sich hierbei um die unterste Lage eines ca. 2,50 m breiten Weges, der nach Ausweis des datierenden Fundmaterials im frühen Mittelalter benutzt wurde. In seinem Verlauf wich er von den römischen Baufluchten nur geringfügig ab. Auf seiner Westseite fanden sich im Abstand von 8 m zwei gleichartige, etwa 2×3 m große, rechteckige Erweiterungen, deren Funktion unklar ist. Zwei weitere Rollierungsreste östlich des Weges werden vermutlich von ähnlichen Erweiterungen stammen. Den Weg wird man wohl mit dem in Riegel urkundlich erwähnten Königshof in Verbindung bringen dürfen, der schon seit längerem auf dem »Fronhofbuck« vermutet wird.

Abschließend ist es mir ein besonderes Anliegen, der Gemeinde Riegel, insbesondere Herrn Bürgermeister G. Setzer für die frühzeitige Benachrichtigung der Denkmalpflege und die vielfältige Unterstützung der Grabungsarbeiten zu danken. Mein besonderer Dank gilt aber auch meinem Studienkollegen Herrn cand. phil. A. Schaub, der den größten Teil der Kampagne 1989 vor Ort geleitet hat. Die Auswertung der siedlungsgeschichtlich so interessanten Funde und Befunde erfolgt im Rahmen einer Freiburger Dissertation über das römische Riegel. *Christian Dreier*

Literaturhinweise

K. Schumacher, Neues vom alten Riegel. Schauinsland 28, 1901, 5 f., 11. – I. Huld, Beitrag zur römischen Besiedlung im Bereich von Riegel. Bad. Fundber. 22, 1962, 51. – Ph. Filtzinger, D. Planck, B. Cämmerer, Die Römer in Baden-Württemberg ([3]1986) 504 ff. – G. Fingerlin, Arch. Ausgr. Bad.-Württ. 1986, 86 ff. – R. Aßkamp, Das südliche Oberrheingebiet in frührömischer Zeit. Forsch. Ber. Vor- und Frühgesch. Bad.-Württ. 33 (1989) Abb. 40.

Reste einer römischen Kalkbrennerei in Leimen, Rhein-Neckar-Kreis

Im Mai 1990 kamen in einer Baugrube in Leimen, Heltenstraße, umfangreiche Schichten mit Holzkohle und verziegeltem Lehm zutage. Die Fundstelle befindet sich am Rande des Ost-West verlaufenden Tälchens des Rößbaches, 300 m östlich des mittelalterlichen Ortskerns. In Absprache mit den zuständigen Stellen wurden die Befunde dokumentiert. Grabungen konnten wegen der mächtigen Überdeckung und der schon erfolgten Einrichtung der Baustelle nicht durchgeführt werden.

Der älteste Befund war ein frühbronzezeitlicher Siedlungshorizont mit Holzkohle und Hüttenlehm (Abb. 63, Schicht A). Da keine

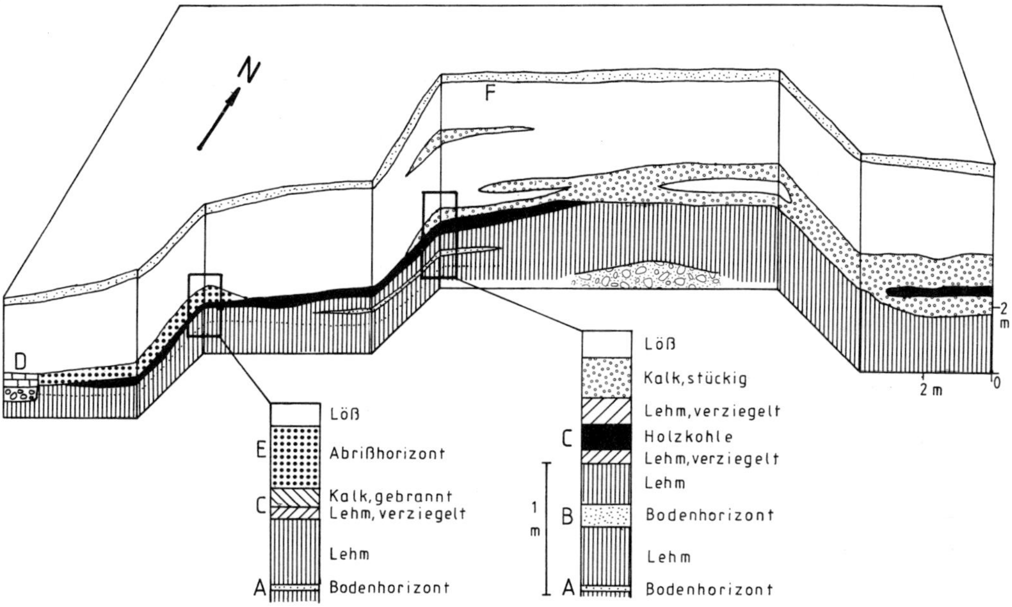

Abb. 63 Leimen. Heltenstraße. Verlauf der Schichten an der Nordwand der Baugrube. A frühbronzezeitlicher Horizont, B frühlatènezeitlicher Horizont, C römische Kalkbrennerei, D römisches Gebäude, E Abrißhorizont des 9. Jh., F spätmittelalterliche Funde

datierbaren archäologischen Funde auftraten, wurde zur Altersbestimmung eine Radiokarbonanalyse durchgeführt. Sie ergab einen Altersbereich von 2330–2200 v. Chr.

50 cm darüber befand sich ein umgelagerter Bodenhorizont mit größeren Kalksteinplatten (Schicht B), die vielleicht schon eine Nutzung der Kalkvorkommen anzeigen. Einzelne Keramikfunde bezeugen frühlatènezeitliches Alter. Es handelt sich um Bruchstücke einer Flasche und einer Absatzschüssel aus schwarzgrauem Ton sowie sehr schlecht erhaltene Reste von grober Gebrauchskeramik.

Am auffälligsten waren weit verbreitete Schichten mit rot verziegeltem anstehendem Lehm, darüber Holzkohle und gebrannter Kalk (Schicht C). Den oberen Abschluß dieser 20–50 cm messenden Folge bildete stückiger, verziegelter Lehm. Zwar konnten wegen der bei der späteren Verfüllung erfolgten intensiven Zerstörung keinerlei technische Befunde wie Öfen etc. dokumentiert werden; die Funde von verziegeltem Lehm, Holzkohle und gebranntem Kalk belegen aber eindeutig die Nutzung als Kalkbrennerei. Da wiederum keinerlei sofort datierbare Funde vorlagen, wurde auch von der Holzkohle dieser Schichten eine Radiokarbonanalyse gemacht. Das gemessene Radiokarbondatum liegt zwischen 75–145 n. Chr., ist also römisch.

Nach Ausweis der Stratigraphie ist ein kleiner in der westlichen Ecke der Baugrube angeschnittener Mauerrest (Befund D) gleichen Alters. Da allerdings in seinem Schutt Keramik des 9. Jh. auftrat (Schicht E), führte dies zu der ursprünglichen Annahme, der gesamte Befund sei ins frühe Mittelalter zu datieren. Schicht E ist jedoch im 9. Jh. beim Abriß des

römischen Gebäudes durch Steinraub entstanden.
Über diesen Befunden lagern stückige Kalksteinschotter sowie mächtige Lößschichten von bis zu 4 m Mächtigkeit. Sie rühren von Planierungen auf dem nördlich gelegenen Hügel her; Funde von Keramik des 14./15. Jh. an der Oberkante (Schicht F) zeigen, daß diese im späten Mittelalter abgeschlossen waren.
Drei römische Kalkbrennöfen wurden auf der Muschelkalkscholle zwischen Leimen und Heidelberg-Rohrbach schon im Jahr 1903 etwa 1 km nördlich der beschriebenen Fundstelle entdeckt. Eine Durchsicht der Funde ergab eine Datierung in die zweite Hälfte 2./erste Hälfte 3. Jh. mit einem Schwerpunkt der Keramik des 3. Jh.
Aber auch in späterer Zeit sind immer wieder Kalkbrandgruben in den Steinbrüchen freigelegt worden. Leider wurden diese allerdings nie archäologisch untersucht und auch nicht datiert; ein römisches Alter ist aber wegen der großen Überdeckung wahrscheinlich. Es scheinen also ab der Wende vom 1. zum 2. Jh. n. Chr. auf der gesamten Muschelkalkscholle von Leimen Kalkbrennereien bestanden zu haben. Man wird nicht fehlgehen, dort ein Industriezentrum zur Versorgung der umliegenden Siedlungen Ladenburg, Heidelberg und Wiesloch mit Baukalk zu sehen. Dazu passen auch gut die vielen römischen Streufunde und Gräber in Leimen; die Funde erstrecken sich entlang der heutigen Bundesstraße 3 – in der Trassierung mehr oder minder identisch mit der römischen Bergstraße – über die gesamte Gemarkung.
Weitere wichtige Erkenntnisse lieferte die Notbergung zur Talgeschichte des Rößbachs. Die Sedimentationsrate während der Bronzezeit bis zur Frühlatènezeit liegt in der Größenordnung von 3 cm/100 Jahre. In der Spanne zwischen Frühlatènezeit bis zur römischen Periode steigt sie auf ca. 9 cm/100 Jahre, dies spiegelt offensichtlich intensivere Siedlungstätigkeit wider. Für das 9. bis 14. Jh. errechnet sich eine Ablagerung von im Mittel 80 cm/100 Jahre, bedingt durch Planierungen und Steinbruchbetrieb.
Da in den nächsten Jahren im Ortskern von Leimen umfangreichere Baumaßnahmen geplant sind, wird eine intensive Beobachtung in diesem fundreichen Gebiet vonnöten sein. Die beiden Radiokarbondatierungen führte das Institut für Umweltphysik der Universität Heidelberg durch. Freundlicherweise trug die Stadtverwaltung Leimen sämtliche Kosten der Untersuchung. *Ludwig H. Hildebrandt*

Literaturhinweise
E. Wagner, Fundstätten und Funde im Großherzogtum Baden, Teil 2 (1911) – G. Menzer, Beiträge zur Ortsgeschichte von Leimen (1949).

Ausgrabungen in Ladenburg 1990

Wie schon in den vergangenen Jahren standen auch 1990 keine großen Flächen zur Untersuchung an, sondern verschiedene kleinere, im Rahmen von Einzelbaumaßnahmen von der Zerstörung betroffene Areale. Die dabei gewonnenen Erkenntnisse haben unser Bild vor allem vom römischen Ladenburg erweitert, teilweise sogar stark verändert.

Kirchenstraße 33. Wegen ihrer Lage zwischen z. T. sehr schlecht fundamentierten Gebäuden war die Ausgrabung in der Kirchenstraße 33 direkt gegenüber der St.-Gallus-Kirche von großen technischen Schwierigkeiten begleitet. Dank der guten Zusammenarbeit mit der Bauherrschaft konnten diese aber so gemeistert werden, daß sich kaum Verluste für die Archäologie ergaben.

Die Lage der zu untersuchenden Fläche ließ Aufschluß über das Kastell I, das römische Forum sowie die in diesem Bereich vermutete älteste mittelalterliche Stadtbefestigung erwarten. Darüber hinaus stellte sich die Frage, seit wann dieses Areal im Rahmen der Stadterweiterung des 12. Jh. besiedelt war, bzw. ob das direkt vor Grabungsbeginn abgebrochene Haus, das in seinen wesentlichen Teilen aus dem Jahr 1435 stammte (Dendrodatum), das älteste am Platze war.

Schon früh zeigte sich, daß das Fundament des abgebrochenen Hauses zwei Phasen hatte, deren ältere ca. 0,40 m unter dem letzten Gehniveau ansetzte. Denkbar ist ein Zusammenhang mit einer Umbauphase des abgebrochenen Hauses um die Mitte des 16. Jh. In diesem, von den eine Bauaufnahme durchführenden Architekten festgestellten Schritt waren die ursprünglich hölzernen Erdgeschoßwände durch solche aus Stein ersetzt worden. Dagegen zeigte sich bald, daß die vorhandenen Keller, zumindest ihre gebäudeseitige Schildmauer, älter sein mußten als der von den Architekten vermutete Zeitraum. Wie sich auf einem tieferen Niveau erkennen ließ, hatte der Keller einmal tatsächlich einen wesentlichen Umbau erfahren.

Beim weiteren Abgraben wurde deutlich, daß das abgebrochene Haus nicht das älteste auf dem Grundstück war. Vielmehr fanden sich die Reste von zwei älteren Gebäuden, deren jüngeres schon die späteren Fluchten aufwies, deren älteres aber leicht schräg dazu stand.

Abb. 64 Ladenburg. Kirchenstraße 33. Profil durch die sich überlagernden Nordmauern der drei jüngeren mittelalterlichen Gebäude, im Hintergrund eine gemauerte Latrine

Die Überlagerung der Gebäude, vor allem auch ihre außergewöhnlich starke Höhenentwicklung, wird besonders in Profilen durch die Nordwand deutlich (Abb. 64). Wegen der Lage der zweitältesten Mauer direkt unter der jüngeren Traufgasse ist denkbar, daß sie mit einem eventuell nördlich anschließenden Gebäude eine gemeinsame Hausmauer bildete.

Das älteste mittelalterliche Haus war eindeutig kein Fachwerkhaus, zumindest nicht im teilweise noch vorhandenen Erdgeschoß, da hier die Mauern noch ca. 0,50 m hoch erhalten waren. Die beiden ergrabenen Räume wiesen eine Pflasterung aus Bachwacken auf.

Wie auch die jüngeren Gebäude stand dieses Haus ebenfalls schon auf der Verfüllung eines, wie früher schon von B. Heukemes vermutet wurde, innerhalb der Kirchenstraße verlaufenden ältesten Stadtgrabens. Soweit in der Grabung erkennbar war, müßte der Graben zwei Phasen gehabt haben. In einem Profil war nämlich ein älterer, mittelalterlich verfüllter

Befund mit flacher Sohle von einem 4,50 m unter das damalige Ausgangsniveau, 6,50 m unter das heutige Niveau reichenden Spitzgraben geschnitten. Auffällig ist, daß die spätere Bebauung exakt die Fluchten der Grabenkanten aufnahm, also alle Häuser entlang der Kirchenstraße auf der Verfüllung des ehemaligen Stadtgrabens standen und stehen (wegen der schwammigen, allerdings weitgehend steril wirkenden Verfüllung ergeben sich daraus große Probleme für Neubauten).
Nach einer Sondage des letzten Jahres war vermutet worden, daß sich unter der Westgrenze der Parzelle die in Kellereigasse und Gerberstiege nachgewiesene, zum Graben gehörige Stadtmauer befunden hat. Allerdings zeigte sich, daß das dort stehende Gebäude nicht die Flucht der äußeren Schale der Mauer aufnahm, sondern auf der inneren Schale errichtet war. Die Breite der weitgehend ausgebrochenen Mauer ergibt sich aus einem südlich daran anschließenden Versatz zum Nachbargebäude, das aus unklaren Gründen die äußere Flucht der ehemaligen Mauer aufnahm. Die Mauer selbst – aus Bachwacken und groben Bruchsteinen mit relativ weichem, sandigem Mörtel – war weitgehend ausgebrochen. Die Ausbruchgrube begann auf einem Niveau, das um einiges höher lag als das Laufniveau des ältesten, ergrabenen Hauses. Das Haus muß also zu einem Zeitpunkt errichtet worden sein, als die ältere Stadtmauer noch stand.
Eine große Enttäuschung bereitete der Bereich der Berme zwischen Mauer und Grabenansatz. Hier waren noch römische Befunde, insbesondere auch des Forums erwartet worden. Es zeigte sich allerdings, daß, abgesehen von den untersten Kastellschichten direkt auf dem gewachsenen Boden, alle römischen Reste im Mittelalter ausgeräumt worden waren. Als Grund hierfür ist denkbar, daß der aus großen Bachwacken und Bruchsteinen sowie vermutlich Steinplatten bestehende Forumboden zum Bau der Stadtmauer ausgeraubt wurde. Jedenfalls scheint sich die festgestellte Zusammensetzung der Stadtmauer hier mit der Zusammensetzung des in der Metzgergasse gefundenen Forumbelags zu decken.
Wie auch schon an verschiedenen anderen Stellen waren die Befunde des Kastells mehrphasig. Eine ältere Phase mit einer recht kleinteiligen Raumanordnung brannte ab, in den planierten Brandschutt tiefte man, allerdings leicht versetzt, die Pfostengräbchen eines jüngeren Gebäudes mit ähnlicher Aufteilung ein. Wegen der geringen Ausdehnung des Areals ist eine Deutung der Befunde schwierig. Die Baustrukturen scheinen auf Teile einer Baracke zu deuten. Allerdings spricht die Lage des Gebietes im Kastell eher dafür, daß es sich um die Rückseite der Principia (Stabsgebäude) handelt, denkbar ist ein Grundriß nicht unähnlich dem vom Rottweiler Kastell III.

Babogasse. Von großer Bedeutung für das Verständnis des römischen Ladenburg war eine Fläche von ca. 9 × 11 m in einer umzubauenden Scheune in der Babogasse. Entgegen den Vermutungen fanden sich hier nur sehr geringe mittelalterliche Aufhöhungen und wenige Befunde dieser Zeit, dagegen waren römische Befunde bis ca. 0,40 m unter die Oberfläche erhalten. Von einer letzten Phase stammen mehrere, leider weitgehend abgebaggerte Steinmauern und zwei nur noch im Profil erkennbare Estrichböden. Aus älteren Phasen stammen eine große Zahl sich stark überlagernder Pfostengräbchen und einige Gruben (Abb. 65). Auffällig war eine Richtungsänderung der Fluchten zwischen den ältesten, sterilen Gräbchen und den jüngeren, z. T. mit Wandverputz, z. T. mit Brandschutt verfüllten Gräbchen. Die Verfüllung einer Grube, die mit den ältesten Befunden in Verbindung stand, ist gleichzeitig zum Kastell I, stammt also aus der Zeit vom Ende des 1. Jh. n. Chr.

Abb. 65 Ladenburg. Babogasse. Blick über die Grabung mit Baubefunden von vier oder fünf römischen Phasen

Nach diesen Befunden, den ersten in einer regulären Grabung geborgenen östlich des Kastells I und der Basilika, ist davon auszugehen, daß sich der Kastellvicus zumindest in unmittelbarer Nähe zum Kastell auch hinter dessen Dekumanfront erstreckte. Ebenso wie weite Teile der Bebauung in der Kellereigasse scheint der Kastellvicus auch hier sein Ende in einem Brand gefunden zu haben. Auffällig ist die Richtungsänderung der darauffolgenden Gebäude und deren dichte Abfolge. Sie weisen auf eine leichte Veränderung im Straßensystem und eine kontinuierliche Bebauung des Geländes in römischer Zeit. Dagegen scheinen sich die Bauaktivitäten im Mittelalter in Grenzen gehalten zu haben. Nur so ist die geringe Mächtigkeit der Deckschichten zu erklären.

Kellereigasse/Milchzentrale. In Ergänzung der Grabungen H. Kaisers von 1981–1985 mußten in diesem Jahr die noch nicht aufgedeckten Randbereiche des nun endlich zur Bebauung anstehenden östlichen Geländes untersucht werden. Dabei konnten im Bereich des ehemaligen römischen Platzes weitere frühmittelalterliche Grubenhäuser und eine hochmittelalterliche oder frühneuzeitliche gemauerte Apsis, vielleicht einer kleinen Kapelle, festgestellt werden. Im südlichen und östlichen Randbereich ließen sich aus Zeit- und Kostengründen nur einzelne Plana anlegen, dazwischen mußte der Boden mit dem Bagger abgetragen werden. Dies war insofern akzeptabel, als so zumindest Fragen, die sich aus der noch laufenden Bearbeitung der Ausgrabung »Kel-

Abb. 66 Ladenburg. Kellereigasse. Profil durch die südlichste Parzellengrenze

lerei« durch H. Kaiser und C. S. Sommer ergeben hatten, gezielt beantwortet werden konnten.

Wesentlichstes Ergebnis war, daß eine vorhergesagte Parzellengrenze auch genau in dem vermuteten Bereich lag. Die letzte Phase dort war eine eventuell von zwei Gebäuden gemeinsam genutzte Steinmauer (Abb. 66). In einer älteren Phase standen die hölzernen Ständer auf Sockelsteinen, anfänglich aus unregelmäßigen Porphyren, später aus regelmäßig behauenen Sandsteinquadern (Abb. 66). Wie auch anderswo waren die Ständer der älte-

Abb. 67 Ladenburg. Kellereigasse. Zweiteiliger Ofen, eventuell zur Metallverarbeitung

sten Phasen in Pfostengruben bzw. Pfostengräbchen eingetieft.
Es zeigte sich weiterhin, daß die hinteren Bereiche der Gebäude intensiv gewerblich genutzt waren. Darauf deuteten vor allem mehrere Ofenstellen, die sich z. T. mehrfach übereinander befunden haben. Ältester der neuentdeckten Öfen war ein Doppelofen, aus Bachwacken in Lehm gesetzt (Abb. 67). Vermutlich diente er der Metallverarbeitung.

Trajanstraße 70 (Altenwohnheim). Durch die Befunde des letzten Jahres besonders aufmerksam geworden, wurde hier die Bauüberwachung wesentlich intensiviert. Ein glücklicher Zufall wollte es, daß gerade während einem Kontrollgang der Bagger auf dem Niveau arbeitete, wo in einer ca. 2 m tiefen Baugrube noch 0,20 m mächtige römische Befunde erkennbar waren. Dies war insofern wichtig, als sich beim Putzen zeigte, daß von den einstmals kräftigen Mauern eines großen Gebäudes nur noch die letzten Reste der Ausbruchgräben vorhanden waren (Abb. 68). Entgegen dem sonst Üblichen, enthielten diese nur noch Stein- und Mörtelbrocken bis zu 3 cm Größe, ansonsten vor allem Humus. Wie wir durch Hinweise aus der Bevölkerung erfuhren, war hier Anfang des Jahrhunderts zur Bodenverbesserung Humus aus einem verlandeten Nekkararm aufgetragen worden. Als Vorbereitung dazu müssen die zu dieser Zeit noch vorhandenen Mauerreste mit außergewöhnlicher Gründlichkeit ausgebrochen worden sein. Bei den aufgedeckten Resten handelte es sich um ein mindestens 20 m breites, mehrfach unterteiltes Steingebäude, das teilweise unterkellert war. In einem Hof (?) befanden sich mehrere Steinbrunnen (Abb. 68); sie konnten allerdings nicht weiter untersucht werden. Mit diesen Befunden wird deutlich, daß sich die römische Bebauung im Osten noch mindestens 130 m über die Stadtmauer hinaus erstreckt hat. Dadurch erhöht sich das bisher nach unserer Kenntnis besiedelte Areal Lopodunums um weitere ca. 2 ha auf über 40 ha.

C. Sebastian Sommer

Abb. 68 Ladenburg. Trajanstraße 70. Links Ausbruchgruben eines großen römischen Gebäudes, rechts zwei Steinbrunnen

Literaturhinweise
C. S. Sommer, Arch. Ausgr. Bad.-Württ. 1989, 133 ff. – Ders. und H. Kaiser, LOPODVNVM – Ladenburg a. N. Archäologische Ausgrabungen 1981–1987, Arch. Inf. 5, 1988.

Ausgrabungen im römischen und mittelalterlichen Rottweil 1990

Auch 1990 mußten auf dem Gebiet des Municipiums Arae Flaviae wieder an verschiedenen Stellen Rettungsgrabungen wegen anstehender Baumaßnahmen durchgeführt werden. Dabei kam es nicht nur zu neuen Einblicken in die Römerzeit, sondern auch in das frühe und hohe Mittelalter.

Kapellenösch. Wegen Parkplatzerweiterungen und der Errichtung einer Werkshalle mußten im Industriegebiet »Kapellenösch«, in dessen Bereich der große Friedhof der römischen Stadt lag, weitere 3750 m^2 ausgegraben werden. Schon in früheren Jahren war hier östlich der Fernstraße nach Hüfingen von A. Rüsch das Gräberfeld auf mindestens 200 m Länge festgestellt worden. Es war im Osten in 90–100 m Abstand zur Straße von einem Graben begrenzt. In einer früheren Grabung konnte dieser Graben nicht weiter verfolgt werden. Es war angenommen worden, daß er im Norden völlig erodiert sei.

Es war daher eine Überraschung, als in diesem Jahr direkt nördlich des Suchschnitts von 1981 der Graben doch wieder zutage trat. Er nahm allerdings nicht mehr die früher festgestellte Richtung auf, sondern bog leicht nach Nordosten ab. Damit scheint er Bezug auf die 1987 hier nachgewiesene Straße nach Tuttlingen zu nehmen. Anscheinend führte der Graben rechtwinklig auf die Straße zu.

Auch südlich der bekannten Abschnitte machte der Graben eine unerwartete Biegung. Dort zog er in spitzem Winkel nach Südwesten zur Straße hin. Sein Anschluß an die Straße dürfte allerdings mittlerweile zerstört sein, so daß sich das südliche Ende des Gräberfelds nicht mehr exakt ermitteln läßt.

Im Westen der diesjährigen Untersuchungsfläche lag der anstehende Lehm bzw. Kies direkt unter einer dünnen Humusschicht. Außer Streuscherben waren hier nur noch zwei Körperbestattungen erhalten geblieben. Zusammen mit zahlreichen Pflugspuren, die gut im gewachsenen Boden sichtbar waren, bestätigt dies die Ergebnisse früherer Untersuchungen, daß nämlich der nordwestliche Teil des Friedhofes stark durch landwirtschaftliche Nutzung und Erosion zerstört ist. Weiter nach Südosten waren die Erhaltungsbedingungen besser.

Die 1990 insgesamt 50 freigelegten Gräber lagen hauptsächlich in diesem Bereich, am Ostrand des Gräberfelds. Von ihnen waren 49 Bestattungen römisch, wobei neben 40 Brandgräbern auch neun Körpergräber aufgedeckt wurden. Die Brandgräber lassen sich vorläufig in vier Hauptgruppen einteilen. Neben Brandschüttungs- und Brandgrubengräbern fanden sich Urnengräber, Gräber mit organischen Behältnissen des Leichenbrands und auch wenige Busta (Gräber, bei denen der Tote über der ausgehobenen Grabgrube verbrannt wurde). In den Urnengräbern waren die meist aus Grobkeramik bestehenden Urnen häufig mit Tellern oder einem größeren Keramikstück, manchmal auch mit einem Verputz- oder Kalksteinfragment abgedeckt (Abb. 69). Der Inhalt der Urnen bestand aus dem aus dem Scheiterhaufen ausgelesenen Leichenbrand, darunter auch recht große Teile. Sie weisen vielleicht auf eine relativ niedrige Verbrennungstemperatur hin.

Über der Urne lag meist eine Deckschicht aus Keramikbruch, der sowohl von Eßgeschirr als auch von Küchen- und Vorratsgefäßen stammt. Ein Teil der Fragmente war verbrannt. Daneben waren in diesen Schichten auch Eisennägel, geschmolzenes Glas und verbrannte Knochensplitter zu finden. Selten wurden auch ganze Gefäße als Beigabe vergra-

Abb. 69 Rottweil. Kapellenösch. Profil durch Urnengrab 308

ben (Abb. 69). Die Körpergräber konzentrierten sich nicht auf ein bestimmtes Areal, sondern lagen mitten unter den Brandgräbern verstreut. Neben freiliegenden Gräbern gab es sowohl solche, die von Brandgräbern überlagert wurden, als auch solche, die ältere Brandgräber schnitten. Die meisten Toten waren in gestreckter Rückenlage, in einem Fall auch in Bauchlage beigesetzt worden (Abb. 70).
Nicht selten war ein Sarg an Bodenverfärbungen oder auch nur an regelmäßig sitzenden Nägeln mit anhaftenden Holzresten erkennbar. Eine häufig zu beobachtende Beigabe in diesen Gräbern waren Schuhe mit genagelten Ledersohlen, die unter oder neben den Füßen lagen. Gelegentlich gab es auch eine Gefäßbeigabe. Nur zwei Körpergräber waren völlig ohne Beigaben. Wie auch schon in früheren Kampagnen konnte wieder eine kleine Grabgrube (0,85 × 0,45 m) freigelegt werden, die zwar Nägel einer Holzkiste und verschiedene Beigaben enthielt, aber keine Skelettreste. Wahrscheinlich handelt es sich um das Grab eines Klein- oder Kleinstkindes (Neonatus), dessen weiche Knochen wohl vergangen sind.
Ein unerwarteter Befund lag am Nordwestrand des Gräberfeldes relativ nahe der Fernstraße. Innerhalb einer relativ großen, rechteckigen Verfärbung lag – nur einen kleinen Teil davon einnehmend – eine Steinpackung. Auf tieferem Niveau zeigte sich dann eine merowingische Doppelbestattung, deren südliches Skelett weitgehend zerstört und beraubt war. In diesem Bereich hatte sich die Steinpackung befunden, in der auch Teile des Skeletts mit den Steinen vermischt lagen.

Abb. 70 Rottweil. Kapellenösch. Körpergrab 296 mit genageltem Sarg, Schuhresten neben dem linken Unterschenkel und einer Gesichtsurne neben dem Kopf

Abb. 71 Rottweil. Kapellenösch. Lanzen- und Trensenbeigabe einer teilberaubten merowingischen Doppelbestattung

Auf die reiche Ausstattung dieses Toten wiesen neben winzigen Stoffresten zwei bronzene Steigbügel, eine eiserne Trense und zwei Lanzenspitzen (Abb. 71) im ungestörten Grabbereich. Der nördlich davon liegende zweite Tote war mit Sax, Spatha, Schild und Schuhen bestattet worden. Damit scheinen die hier liegenden Toten sehr viel besser ausgestattet gewesen zu sein, als die früher schon nördlich des Areals der römischen Stadt im Gewann »Auf der Lehr« gefundenen, aus der gleichen Zeit stammenden Bestattungen. Auch weist die Einzellage des Doppelgrabs auf eine herausragende Stellung der Bestatteten.

C. Sebastian Sommer, Gary White

Römerstraße 51. In unmittelbarer Nachbarschaft zum Fundort des 1950 entdeckten Schreibtäfelchens, das die Stellung Arae Flaviaes als »Municipium« belegte, ergab sich im Rahmen einer Wohnhauserweiterung ein archäologischer Aufschluß. Wesentlichster Befund war eine Gebäude- oder Hofmauer, die zu einem schon bekannten, südlich der sog. Orpheusvilla liegenden Gebäude gehörte. Sie war allerdings nur noch als Rollierung erhalten. Wie schon bei den Untersuchungen des benachbarten Hauses Nr. 53 (1986) zeigte sich, daß die hier im »Gesamtplan des römischen Rottweil« eingetragenen Gebäude eine etwas andere Flucht hatten, als im Plan angegeben. Der Fehler erklärt sich wohl aus den nicht ganz exakten Einmessungen des letzten Jahrhunderts, auf denen die Eintragung beruht.

Hoferstraße. Die Hauptgrabung des Jahres 1990 fand auf dem Nikolausfeld in einer großen Parzelle östlich des römischen Bades statt. Wegen der Lage der Grabung im Bereich der Kastelle I und II waren vor allem Befunde dieser militärischen Anlagen zu erwarten, darüber hinaus mußte zum wiederholten Mal gefragt werden, ob sich außer dem angeblich nachkastellzeitlichen Bad dort weitere spätere römische Bauten befunden haben.

Aus einem von Mettler 1895 angelegten Plan war ersichtlich, daß hier mit Mauern in Flucht der Kastelle und senkrecht dazu zu rechnen war. Allerdings war die Erwartung zur Erhaltung dieser Befunde nach einer 1988 durchgeführten Prospektion mit Hilfe der Erdwiderstandsmessung sehr gedämpft, da sich, abgesehen von einer großen grubenartigen Struktur, keinerlei interpretierbare Befunde erkennen ließen.

Die Ergebnisse der Ausgrabung bestätigten dann auch dieses Bild: Unter einer relativ mächtigen, gestörten Schicht fanden sich nur noch die letzten Rollierungen verschiedener Mauern und in den gewachsenen Boden eingetiefte Reste von Holzbauten (Abb. 72). Offensichtlich endeten die Grabungen des vergangenen Jahrhunderts – ihre Schnitte waren an verschiedenen Stellen deutlich erkennbar – immer wieder damit, daß man die Steine gefundener Mauern ausbrach, entweder, um sie weiter zu verwerten, oder auch nur, um den damals noch landwirtschaftlich genutzten Boden zu verbessern.

In Zusammenhang mit der 1983 in der Legionsstraße durchgeführten Ausgrabung wird man, wie schon D. Planck annahm, die Mauerreste aufgrund ihres, wenn auch nur sehr fragmentarischen Grundrisses als die Reste der Baracken des einzigen Steinkastells in Rottweil, des ca. 5,8 ha großen Kastells II deuten dürfen. Es hat den Anschein, als seien die Gebäude in diesem Kastell mit recht großen Abständen zueinander errichtet worden.

Darunter fanden sich aus zwei älteren Phasen Pfostengräbchen und Einzelpfostengruben, die mit dem älteren Kastell I zu verbinden sind. Eine Überraschung boten die im östlichen Areal freigelegten Befunde: Über einer älteren Serie von sehr großen Einzelpfostengruben mit mächtigen Pfosten fand sich ein Sy-

Abb. 72 Rottweil. Hoferstraße. Mauerreste von Gebäuden des Kastells II über Pfostengräbchen des Kastells I

stem von Pfostengräben mit der außergewöhnlichen Breite von bis zu 1,20 m und einer ebensolchen, gelegentlich sogar noch größeren Tiefe. In ihnen waren rechteckige Pfosten mit einem Querschnitt von ca. 18×28 cm im Abstand von nur 1,20 m eingestellt. Das System ist eine Serie von in Nord-Süd-Richtung nebeneinander liegenden, nur etwa 4,50–6 m breiten und rund 9 m langen Räumen. Die Verfüllung der sehr exakt gestochenen Gräbchen war sehr stark mit Brandschutt aus Hüttenlehm und Holzkohle durchsetzt. Leider konnte die Ausdehnung der Befunde nach Osten trotz der Untersuchung einer neuen Kanaltrasse in der Hoferstraße nicht weiter verfolgt werden, da hier eine mittelalterliche Straße hohlwegartige Störungen hinterlassen hatte. Es ist auch unklar, ob die Befunde sich über die Mittelachse der beiden auf dem Nikolausfeld liegenden Kastelle nach Norden weiter fortsetzen, ich möchte dies allerdings annehmen.

Aus der Anordnung der Befunde etwa im Zentrum der beiden übereinander gelegten Kastelle I und II und der Art der Befunde ist davon auszugehen, daß es sich um Teile von den Principia (Stabsgebäude) handelt. Vermutlich ist hier der rückwärtige Gebäudetrakt neben dem Sacellum (Fahnenheiligtum) erfaßt. Wegen der stratigraphischen Lage – über einer sterilen, aber ähnlich angeordneten älteren Phase und tendenziell unter den weiter westlich beobachteten Steingebäuden – dürften die Befunde zu der jüngeren Phase des großen Ka-

stells I gehören. Über die Ausmaße dieses Gebäudes lassen sich z. Zt. keine genauen Aussagen machen. Es müßte bei einer Orientierung nach Osten mindestens 70 m breit gewesen sein. Die dichte Stellung der Pfosten und die Tiefe der Eingrabung deuten auf eine mehrstöckige Konstruktion, so daß der Befund gut zur früheren Interpretation des Kastells I als Lager einer größeren Legionsvexillation passen würde.
Auffälligerweise zeigten die Befunde der Grabung in der Hoferstraße genau die gleiche stratigraphische Reihenfolge wie die der Grabung 1983 in der Legionsstraße. Auf eine sterile Phase folgte jeweils eine brandschuttverfüllte Phase, meist in ähnlichen Linien und Fluchten. Wegen ihres eindeutigen Verhältnisses zur Umwehrung des Kastells II in der Legionsstraße müssen beide Phasen zum Kastell I gehören. Darüber lagen dann jeweils Steingebäude. Abgesehen von einigen hochmittelalterlichen Gräbchen und Gruben, einem Ofenrest, bei dem mittelalterliche Becherkacheln Verwendung fanden, sowie einer Grube, die mit Überresten des Dritten Reichs gefüllt war (bei ihr handelte es sich um den aus der Prospektion erkennbaren Befund), waren die aufgedeckten Barackenreste auch in der Hoferstraße jüngste römische Befunde. Man könnte dies als eine Bestätigung eines in der letzten Zeit geäußerten Verdachts sehen, daß nämlich das in der Südwestecke des Kastells II liegende Bad nicht jünger als die Kastelle ist, sondern zu einem der beiden Kastelle gehörte.

Kastellstraße. Hier zeigten sich auf einem ca. 30 × 50 m großen Gelände, zwischen Heerstraße und Kastell I gelegen, keinerlei römische Befunde. Dagegen konnten mehrere Gruben mit bis zu 4 m Durchmesser und einigen Metern Tiefe, zwei Feuerstellen und einige kleinere Gruben, z. T. Pfostengruben, aufgedeckt werden, die aufgrund des spärlich darin vorkommenden Fundmaterials wohl im 11. und 12. Jh., vielleicht auch noch im 13. Jh. verfüllt worden sind. Obwohl keine eindeutigen Bauten erkennbar waren, ist wegen der Anordnung der Befunde in zwei breiten, etwa Nord-Süd verlaufenden Streifen von einer Strukturierung des Areals auszugehen. Denkbar ist z. B. die Aufreihung entlang eines von der Heerstraße nach Norden führenden Wegs.
Mit diesen Befunden bestätigte sich ein weiteres Mal ein Eindruck, der in den letzten Grabungen an den verschiedensten Stellen im Bereich des Königshofs gewonnen wurde: Während man früher annahm, daß schon im frühen Mittelalter das gesamte umwallte Areal besiedelt war, wenn auch wohl nicht gleichmäßig dicht, muß man heute davon ausgehen, daß die Siedlungstätigkeit dieser Zeit sich auf den 1975–1979 von L. Klappauf gegrabenen Teil im Südosten gegenüber der St.-Pelagius-Kirche beschränkte. Erst im 11. und 12. Jh. scheint das besiedelte Areal stark vergrößert worden zu sein, in diesem Sinn jedenfalls unterstützen die Befunde der Kastellstraße ähnliche Befunde in der Hohenbergstraße, dem städtischen Friedhof, der Hoferstraße, der Kastellstraße und am Königshofweg. Soweit aus den bisher notwendigen Untersuchungen zu beurteilen, war in dieser Zeit vermutlich das gesamte, vom Wall eingeschlossene Areal besiedelt gewesen. *C. Sebastian Sommer*

Literaturhinweise
A. Rüsch, Die Ausgrabungen im römischen Rottweil. Arch. Nachr. Baden 22, 1979, 44 ff. – Ders., Arch. Ausgr. Bad.-Württ. 1981, 100 ff. – C. S. Sommer, Arch. Ausgr. Bad.-Württ. 1986, 111 f. – M. Klee, Arch. Ausgr. Bad.-Württ. 1983, 129 ff. – Ch. Gildhoff, Arch. Ausgr. Bad.-Württ. 1989, 292 ff. – L. Klappauf, Zu den Ergebnissen der Grabungen 1975–1979 im Gebiet des ehemaligen Königshofes von Rottweil am Neckar. Arch. Korrbl. 12, 1980, 399 ff.

Untersuchungen im Gewann »Weinäcker« in Wiesloch, Rhein-Neckar-Kreis

Die großflächigen Untersuchungen im künftigen Gewerbegebiet »Weinäcker« wurden auch 1990 fortgesetzt. Insgesamt sind bisher 1,6 ha von den Ausgrabungen erfaßt worden, die 1991 um ca. 1 ha ausgedehnt werden müssen. Das Fundspektrum hat sich abermals erwei-

Abb. 73 Wiesloch. Schematischer Übersichtsplan der vorgeschichtlichen Befunde

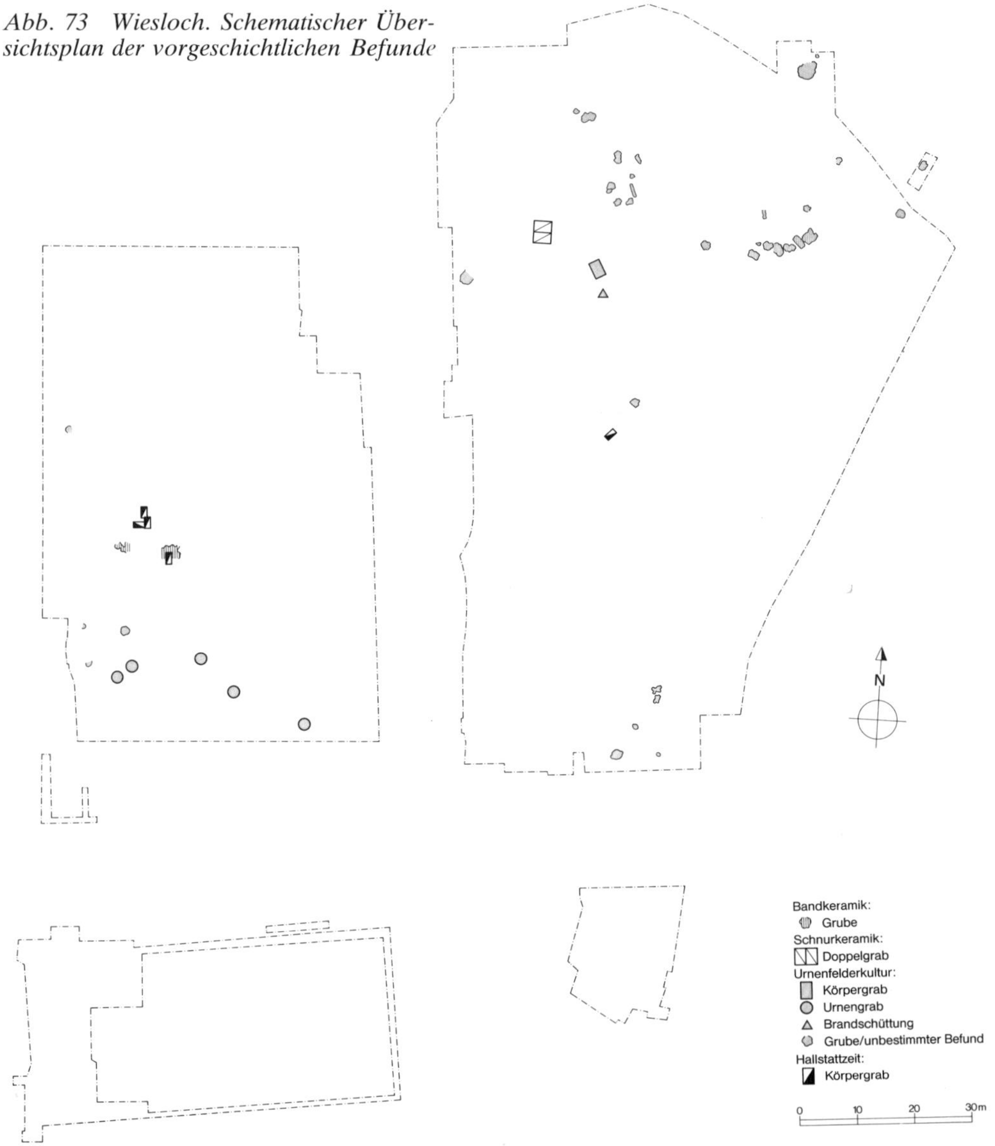

tert, so daß nunmehr die meisten vor- und frühgeschichtlichen Perioden an dieser Stelle vertreten sind (Abb. 73).
Eine besondere Überraschung ist die Entdekkung eines Doppelgrabs der Schnurkeramik. Obwohl eine Grabgrube nicht zu erkennen war und beide Skelette sehr schlecht erhalten sind, lassen sich noch einige Aussagen zur Bestattungsposition machen: Beide Tote waren ungefähr in Ost-West-Richtung beigesetzt. Dabei befand sich der Schädel des nördlichen Skeletts im Osten, der des südlichen im Westen. Die Bestatteten lagen in gehockter Stellung auf der Seite, wobei ihr Blick nach Süden gerichtet war. Der südliche Tote wandte somit seinen Rücken dem nördlichen zu. Bei dem etwas besser erhaltenen nördlichen Skelett war der linke Arm vor dem Körper der Länge nach ausgestreckt, so daß die Reste der Hand etwa in Höhe des Hüftgelenks lagen; der rechte Arm fand sich angewinkelt über dem – nicht mehr erhaltenen – Brustkorb. Die Armhaltung des südlichen Toten war anscheinend ein wenig anders, soweit sich das aus den spärlichen Knochenresten schließen läßt. Während der rechte Arm unter dem Körper ausgestreckt war, lag der linke ursprünglich wohl nahezu gestreckt auf dem Körper und hatte sich hinter den Rücken verschoben.
Als datierende Beigabe war vor dem Gesicht des nördlichen Bestatteten ein Tonbecher niedergesetzt, dessen Oberteil mit umlaufenden Stichreihen verziert ist (Abb. 74). Außer einem untypischen kleinen Silexabschlag fanden sich keine weiteren Beigaben.
Da eine Grabgrube nicht erkennbar war, mag bezweifelt werden, ob tatsächlich ein Doppelgrab vorliegt; hierfür spricht aber eindeutig die Parallelität der beiden Körperachsen. Möglicherweise gibt das Fehlen einer Grubenverfärbung einen Hinweis auf den Gesamtaufbau der Grabanlage. So erscheint es nicht unwahrscheinlich, daß die Toten auf der ehemaligen

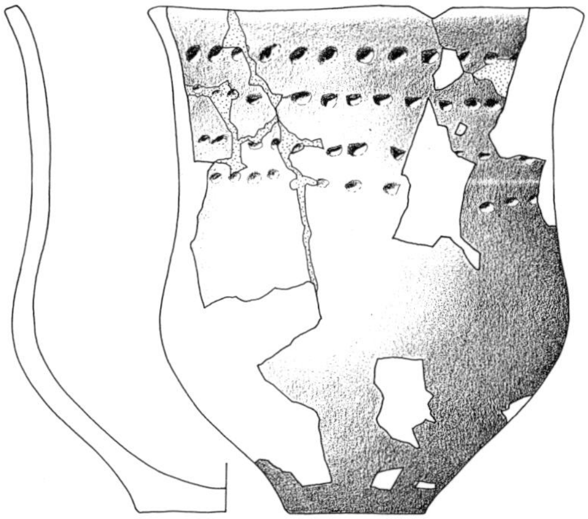

Abb. 74 Wiesloch. Stichverzierter Becher aus dem schnurkeramischen Doppelgrab, Höhe 17 cm

Oberfläche niedergelegt worden waren; ein Befund, wie er aus dem nahegelegenen Kraichgau belegt ist. Grabhügel der Schnurkeramik sind zudem von der Nachbargemarkung Walldorf bekannt. Zu einem zerstörten Grab der Schnurkeramik könnte das Fragment einer Silexspitze gehören, das unweit der Doppelbestattung gefunden wurde (Abb. 75).

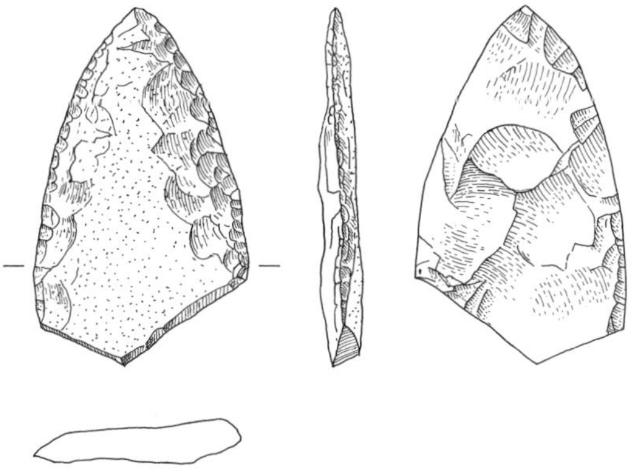

Abb. 75 Wiesloch. Fragment einer spätneolithischen Silexspitze, Länge 7 cm

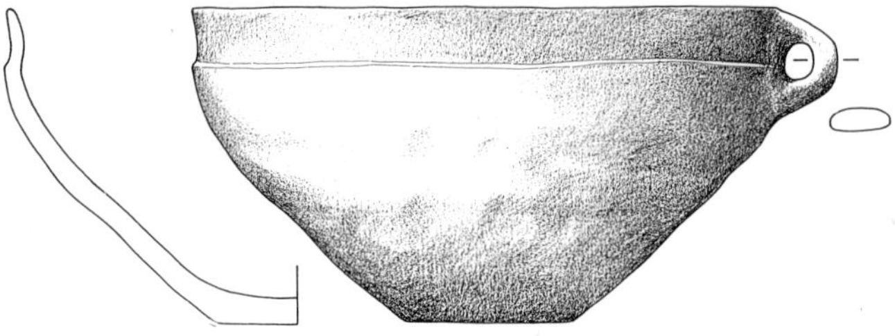

Abb. 76 Wiesloch. Henkelschale aus der urnenfelderzeitlichen Teilbestattung, Höhe 9 cm

Für die Zeit der Urnenfelderkultur hat sich die Zahl der Befunde erheblich vermehrt. In etwa 100 m Entfernung nördlich von den im Jahresbericht für 1989 erwähnten Urnengräbern fanden sich zahlreiche Hinweise auf eine gleichzeitige Siedlung. Reste mehrerer Abfallgruben mit vielen Fragmenten von Keramik und ein runder Keller, der sich zur Sohle hin erweiterte, verdeutlichen die relative Nähe zwischen Bestattungsplatz und Wohnstätte der Lebenden. Spuren von Gebäuden fanden sich nicht, was wohl auf die frühere landwirtschaftliche Nutzung des Geländes, aber vielleicht auch schon auf Planierungen in römischer Zeit zurückzuführen ist. Verstreute Einzelfunde wie ein Rasiermesser, Nadeln und Ringfragmente aus Bronze dürften diesen Sachverhalt bestätigen.

Zwei Grabfunde der Urnenfelderkultur, die unmittelbar unter der Pflugfurche zutage kamen, deuten in die gleiche Richtung. Sie fanden sich in unmittelbarer Nähe der Siedlungsreste und wichen von den bisher entdeckten Urnenbestattungen völlig ab. Das eine Grab bestand aus einer einfachen Leichenbrandschüttung, die durch Fragmente von zwei Bronzearmringen datiert wurde; das andere weist alle Merkmale einer rituellen Bestattung auf. In einer Nordwest-Südost ausgerichteten trapezförmigen Grabgrube mit abgerundeten Ecken von ca. 2,20 m Länge, ca. 1,30 m Breite im Südosten und ca. 1 m Breite im Nordwesten, lagen mittig angeordnet Beine und Reste vom Becken eines Mannes im Alter von 30 bis 40 Jahren (Bestimmung J. Wahl, LDA). Dabei fanden sich die Füße im Nordwesten, während südöstlich der Beckenreste Teile einer menschlichen Schädelkalotte niedergelegt waren, deren Zugehörigkeit zu den übrigen Körperteilen denkbar ist. Datierende Beigabe war eine Henkelschale neben dem rechten Fußgelenk (Abb. 76). Ein nahezu identisches Exemplar konnte einer nahegelegenen Grube mit reichem keramischem Inventar entnommen werden.

Die weitere Untersuchung des römischen Straßenvicus zeigte, daß die Grabung offenbar dessen nordöstlichen Randbereich erfaßt. Endgültigen Aufschluß hierüber dürfte die Aufdeckung einer Fläche geben, die nördlich an das untersuchte Areal anschließt. Die bisher entdeckten Keller und Brunnen lassen eine verhältnismäßig lockere Bebauung erkennen, die sich an der Nord-Süd-Straße orientiert (Abb. 77), von der in diesem Jahr ein kurzes Stück freigelegt werden konnte. Dieses läßt allerdings wegen des recht schwachen Ausbaus Zweifel aufkommen, ob es sich – wie bisher angenommen – um die römische Fernstraße Heidelberg–Basel handelt oder um eine innerörtliche Wegführung. Ähnliche Überlegungen sind für die nach Osten führende Abzweigung anzustellen, die nunmehr auf ca. 100 m in ihrer gesamten erhaltenen Länge verfolgt werden konnte. Sie zeigt in ihrem Höhenverlauf, daß das Gelände des Vicus in römischer Zeit von

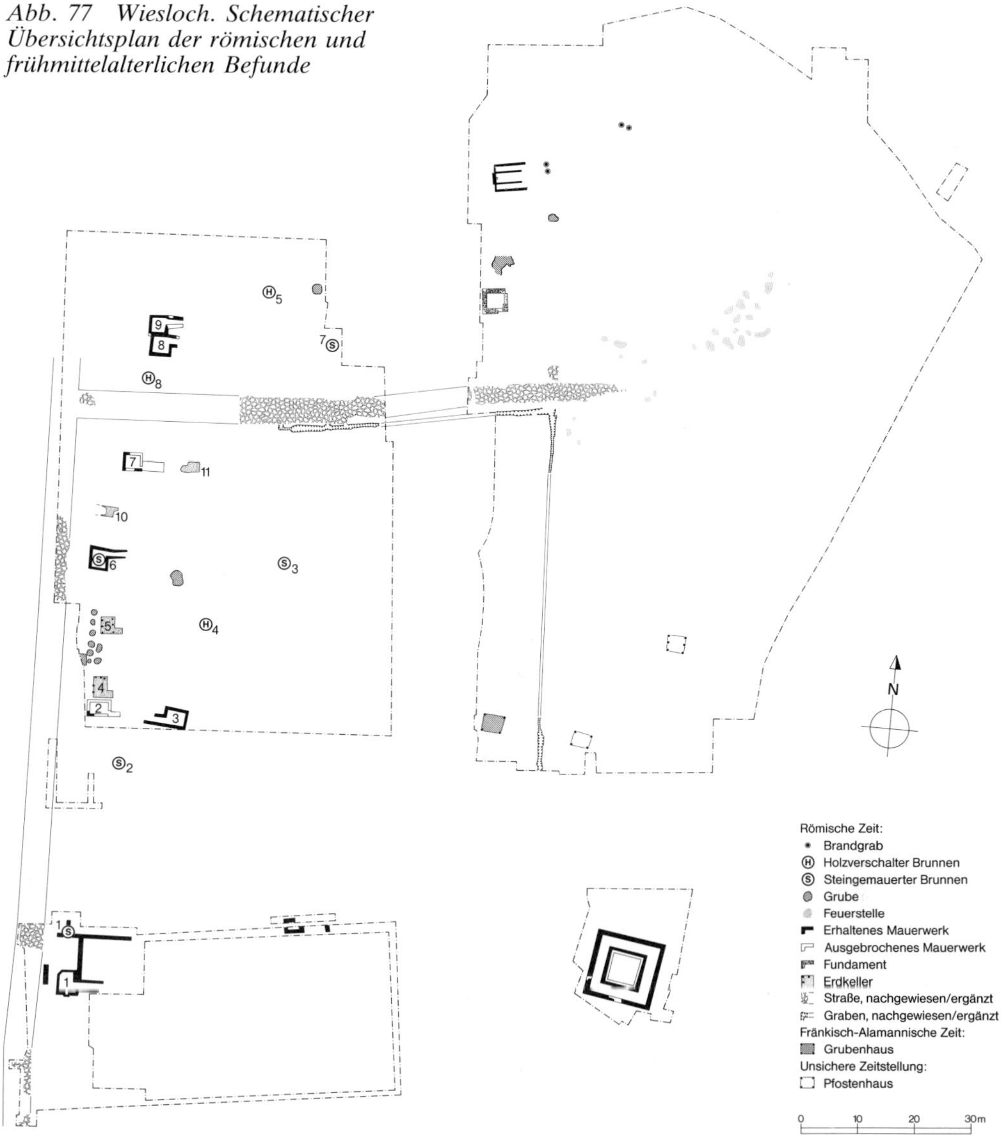

Abb. 77 Wiesloch. Schematischer Übersichtsplan der römischen und frühmittelalterlichen Befunde

flachen Bodenwellen durchzogen wurde, denen sie sich anpaßte. Damit ist ihr sehr unterschiedlicher Erhaltungszustand zu erklären. In der Grabungssaison 1990 gelang es, ein gut erhaltenes Teilstück freizulegen, das noch Reste der Kiesschüttung aufwies, die auf einen Unterbau aus meist großformatigen Bachgeröllen aufgebracht war (Abb. 78).

Bereits im letztjährigen Bericht wurde angedeutet, daß innerhalb des Vicus mehrere Bauphasen zu beobachten sind. Der konkrete Nachweis konnte jetzt an zwei Kelleranlagen

Abb. 78 Wiesloch. Reste der römischen West-Ost-Straße, Blick von Westen

geführt werden. Auf der Sohle des Kellers 6 fiel eine runde dunkle Verfärbung auf, die sich bei der weiteren Untersuchung als Rest eines steingemauerten Brunnens entpuppte

Abb. 79 Wiesloch. Römischer Steinkeller 6 mit Resten eines Steinbrunnens unter der Sohle

(Abb. 79). Dieser war vor dem Bau des Kellers ausgebrochen worden, was daran nachzuweisen war, daß die Kellerwände teilweise den verfüllten Brunnenschacht überschnitten. In einem frühen Bericht über diesen wohl schon 1896 erstmalig angegrabenen Keller war die Füllung »deutlich als Feuerstelle« identifiziert worden, was auf die darin enthaltenen Holzkohlepartikel zurückzuführen sein dürfte.

Das Aufeinanderfolgen zweier Bauphasen ließ sich gleichfalls an den Steinkellern 7 und 8 nachweisen. Der Keller 7 war aus Handquadern sehr sorgfältig aufgemauert, der rote Fugenstrich hatte sich in den unteren Mauerpartien teilweise erhalten. Ein Brand hatte offensichtlich das zugehörige Haus total zerstört. Die Steine der oberen Mauerschichten ließen durch Absplitterungen und Verfärbung erkennen, daß das Feuer auch im Keller selbst stark gewütet hatte, was eine ausgeprägte Brandschicht bestätigte. Obwohl es möglich gewesen wäre, wurde Keller 7 nicht repariert, sondern daneben ein neuer Keller (8) aufgeführt. Seine Sohle lag ca. 0,70 m höher, und seine Südwand nutzte die teilweise abgetragene Nordwand des älteren Kellers als Fundament. Das jüngere Mauerwerk war von deutlich schlechterer Qualität, was vielleicht auf eine sinkende Wirtschaftskraft des Eigentümers schließen läßt. Dies könnte auf einen späten Bautermin (3. Jh.) deuten.

Zu den im Vorjahr in der Umgebung des Mithräums gefundenen zwei römischen Gräbern gesellten sich 1990 zwei weitere hinzu. Sie lagen in geringer Entfernung zu den beiden ersteren, ohne daß jedoch von einem Gräberfeld gesprochen werden könnte. Rätsel gibt noch eine Gruppe von Feuerstellen auf. Diese lagen mit wenigen Ausnahmen nördlich der West-Ost-Straße, waren meist annähernd oval mit einem flachen, wannenförmigen Querschnitt. Auffällig war ihre Auskleidung mit einer dünnen Tonschicht, die infolge der Feuereinwirkung teilweise verziegelt war. Durch den Fund römischer Keramik in der Füllung scheint ihre Zeitstellung gesichert; aufgrund stratigraphischer Befunde kommt eine jüngere Zeitstellung nicht in Betracht. Völlig offen ist hingegen, welchem Zweck sie gedient haben. Reste von Glas- oder Metallschmelze fanden sich trotz intensiver Suche nicht.

Die bedeutendste Entdeckung aus römischer Zeit waren 1990 zweifellos die Reste eines gallo-römischen Umgangstempels, die am südlichen Rand der Grabungsfläche unweit des Leimbaches zum Vorschein kamen. Erhalten sind die Fundamente der Außenmauern und der Cella sowie der Estrich im gesamten Inneren. Der Tempel hatte einen quadratischen Grundriß mit einer Seitenlänge von knapp 12 m, die ebenfalls quadratische Cella eine solche von 7 m. Vom aufgehenden Mauerwerk fand sich nur noch eine Steinlage an der östlichen Wand des Umgangs. Zahlreiche, teilweise bemalte Putzbrocken deuten darauf hin, daß die Außenwände durchgängig verputzt waren. Die Cella war offensichtlich in Lehmfachwerk errichtet, wie einige verziegelte Lehmbrocken, die auf dem Fundament lagen, andeuten. Nach einem Gutachten von M. Filgis (LDA Stuttgart) dürften auf dem Fundament Schwellbalken aufgelegen haben, auf denen sich das Fachwerk aufbaute. Putzreste an den erhaltenen Lehmbrocken zeigen, daß wenigstens die Innenwände der Cella verputzt waren; doch dürfte dies auch für die Außenwände gelten. Im gut geglätteten Ziegel-/Mörtelestrich waren an mehreren Stellen auch Gefäßscherben enthalten, unter ihnen Fragmente von gestempelten Terra-Sigillata-Gefäßen, die vielleicht eine Datierung des Tempels zulassen werden. Da bisher aber nur kleine Teile des Estrichs aufgenommen wurden, muß das endgültige Ergebnis abgewartet werden.

Der Eingang des Tempels lag im Süden, wo der Rest einer kleinen Ziersäule in situ offen-

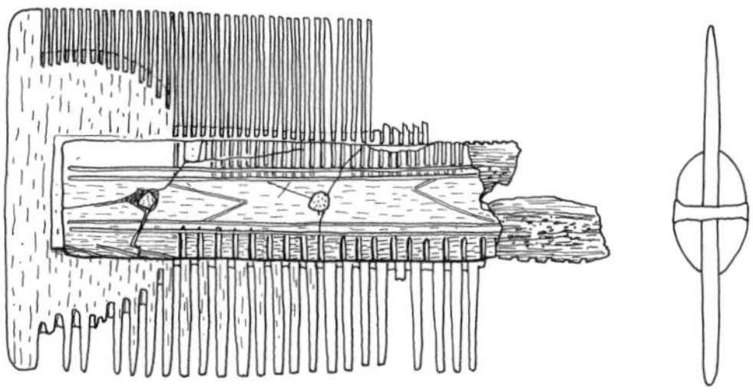

Abb. 80 Wiesloch. Fragment eines Knochenkamms aus einem merowingerzeitlichen Grubenhaus. Länge des Fragments 8,5 cm

sichtlich die Position des östlichen Türgewändes markierte. Größere Zerstörungen im Estrich, wie sie sonst nirgends zu bemerken sind, lassen darauf schließen, daß die Türschwellen dem Steinraub zum Opfer fielen. Von einem schmalen gepflasterten Zugangsweg, der von Südwesten an das Bauwerk heranführte, haben sich am Grabungsrand, der durch einen modernen Weg bestimmt wird, letzte Reste gefunden. Ob der Tempel, wie es einige Befunde anzudeuten scheinen, einen Vorgängerbau aus Holz gehabt hat, wird sich erst mit Fortgang der Untersuchungen klären lassen.

Als einziger Rest der sakralen Ausstattung des Tempels fand sich im nördlichen Umgang ein kleines Weiherelief aus Sandstein. Es zeigt einen opfernden Genius, der in der beigefügten Inschrift offenbar neben dem Weihenden selbst benannt wird.

Völlig überraschend war die Entdeckung eines Grubenhauses der Merowingerzeit im Südostsektor der Grabung, da sich bis zu diesem Zeitpunkt keinerlei Funde dieser Epoche eingestellt hatten. Die stellenweise gestörten Reste des Hauses werden durch Keramikfragmente und das Bruchstück eines verzierten Knochenkamms (Abb. 80) eindeutig datiert. Auch eine dunkelblaue Glasperle gehört zu diesem Fundensemble. Nur wenige Meter östlich des Hauses fanden sich Reste eines kleinen Pfostenbaus, den man mit diesem in Verbindung bringen möchte, doch ist er nicht eindeutig zu datieren. Nicht völlig auszuschließen ist auch ein urnenfelderzeitliches Alter. Das Grubenhaus dürfte mit den Reihengräbern in Verbindung zu bringen sein, die schon 1897 in nur etwa 250 m Entfernung in nördlicher Richtung entdeckt wurden. Da die Grabungsfläche des Jahres 1991 dicht an diese alte Fundstelle heranreichen wird, sind auch weitere Grabfunde nicht auszuschließen.

Die Arbeiten des Jahres 1990 wurden wiederum von der Stadt Wiesloch vielfältig unterstützt, wofür hier der Dank ausgesprochen werden darf. *Rolf-Heiner Behrends*

Literaturhinweise

E. Wagner, Fundstätten und Funde im Großherzogtum Baden II (1911) 322. – L. Hildebrandt, Arch. Ausgr. Bad.-Württ. 1988, 142 ff. – R.-H. Behrends, Arch. Ausgr. Bad.-Württ. 1989, 149 ff.

Archäologische Forschungen im römischen Rottenburg a. N. (Sumelocenna), Kreis Tübingen

Auch 1990 war der Kernstadtbereich von Rottenburg einer der Schwerpunkte archäologischer und denkmalpflegerischer Arbeit im Regierungsbezirk Tübingen. Außer den abschließenden archäologischen Untersuchungen des Parkhausareals in der Sprollstraße beim Hotel Martinshof mußten mehrere kleinere Grabungen durchgeführt werden, um archäologische Substanz vor der Zerstörung zu dokumentieren. Ziel ist es, überall dort, wo noch intakte römische Siedlungsstrukturen vermutet werden können, vor einer Bebauung archäologische Untersuchungen oder Baustellenbeobachtungen durchzuführen, um so dem bisher bekannten Bild des römischen Sumelocenna neue Details hinzuzufügen.

Im Zusammenhang mit dem Bau des städtischen Altenheims am heutigen Neckarufer (Abb. 81.1) wurden in der ersten Maihälfte Suchschnitte angelegt, um zu ermitteln, ob hier römische Siedlungsbefunde vorliegen, möglicherweise eine antike Uferbefestigung des Neckars. Es zeigten sich lediglich mittelalterliche bis neuzeitliche Aufschüttungen, so daß damit gerechnet werden kann, daß der Neckar in römischer Zeit wohl etwas weiter nördlich verlief.

Sondagen im Areal des geplanten Parkhauses »Schütte« beim mittelalterlichen Stadtgraben im Westteil der römischen Stadt erbrachten römische Siedlungsschichten (Abb. 81.2). Dem Bau hat deshalb eine systematische archäologische Ausgrabung voranzugehen.

Die Untersuchung eines Baugrundstücks in der Schuhstraße vom 11. Juli bis 21. August 1990 ergab römische Siedlungsschichten, Erdkeller, Gruben und einen Brunnen mit trokkengemauertem Schacht aus Muschelkalksteinen. Bei den ergrabenen Befunden dürfte es sich um die Reste einer Holzbebauung am südlichen Rand der römischen Stadt handeln.

Bei Kanalisationen jeglicher Art werden immer wieder römische Befunde angeschnitten und Funde zutage gefördert, so daß der archäologischen Überwachung dieser Maßnahmen ein besonderer Stellenwert zukommt.

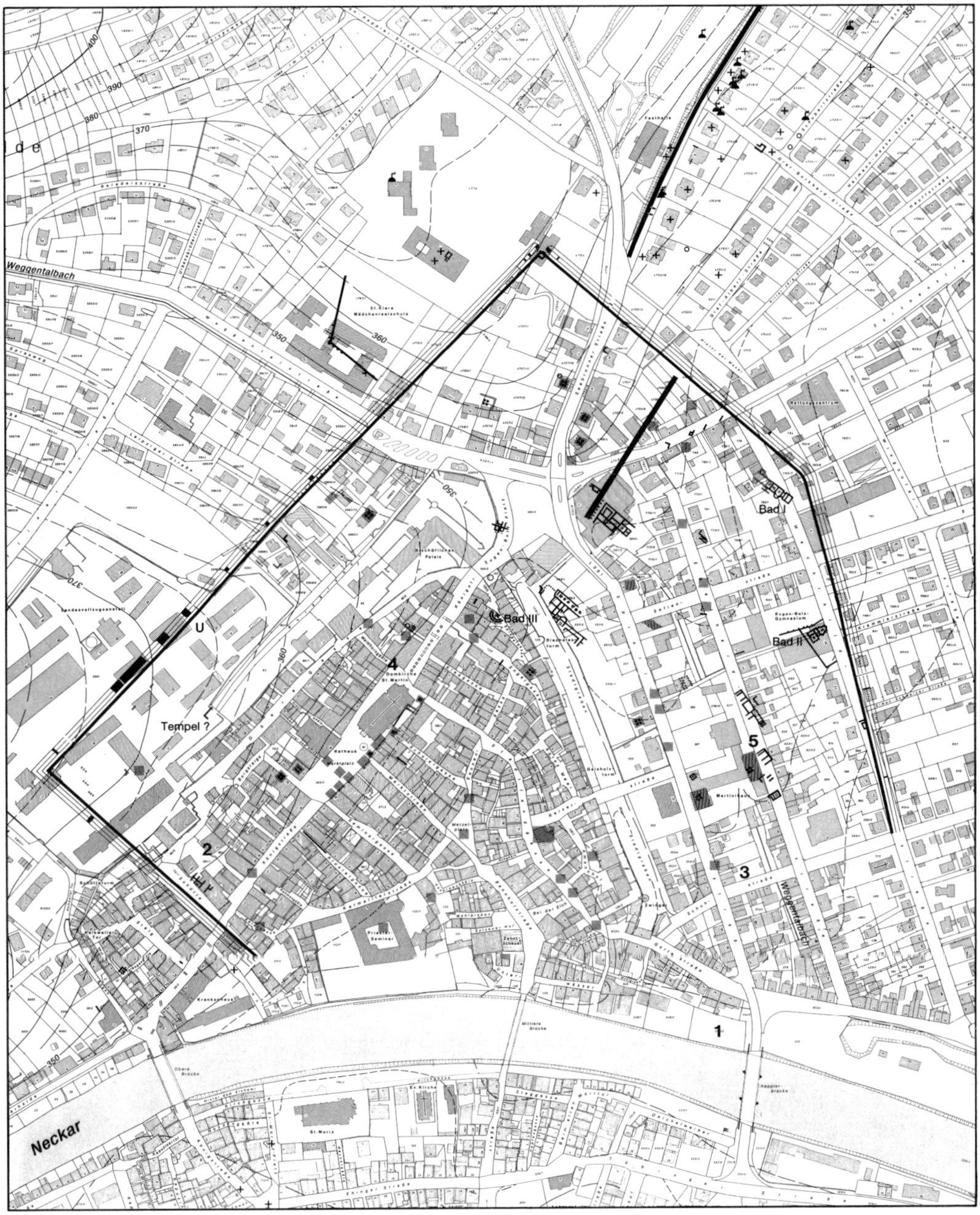

Abb. 81 Rottenburg. Ausschnitt aus dem »Archäologischen Plan des römischen Sumelocenna« mit Eintragung der Grabungsstellen

Abb. 82 Rottenburg. Kanalisationsgraben im Waldhorngäßle mit römischen Baubefunden

Eine gute Zusammenarbeit mit den planenden und ausführenden Stellen, insbesondere mit dem Tiefbauamt der Stadt Rottenburg, ist hierbei besonders wichtig. So konnten 1989 bei Kanalisationsarbeiten in der Eberhardstraße römische Baustrukturen beobachtet werden, die zu wichtigen Ergänzungen der auf dem »Archäologischen Plan« verzeichneten Baubefunde führen werden (Abb. 81.6). Im Waldhorngäßle kamen im Kanalisationsschacht die Reste eines Steinkellers zum Vorschein, mit einer Schwelle aus Stubensandstein (Abb. 81.4, 82). In den Türrahmen aus Sandstein war eine eiserne Türangel eingezapft. Weiterführende Beobachtungen waren leider nicht mehr möglich, weil der Archäologischen Denkmalpflege die Bauplanung nicht vorgelegen hatte und auch die Bauarbeiten nicht rechtzeitig mitgeteilt wurden.

Schließlich werden im Neubaugebiet »Lindele« am nordöstlichen Stadtrand immer wieder römische Siedlungsbefunde angetroffen. Sie gehören offenbar zu dem Gutshof eines Solicius, der namengebend wurde für die mittelalterliche Siedlung Sülchen. In einer Baugrube im Bodelschwinghweg konnten 1990 unter mittelalterlichen Siedlungsschichten Herdstellen und Öfen freigelegt und dokumentiert werden. Von großer siedlungsgeschichtlicher Bedeutung sind alamannische Funde, u. a. mehrere Fibeln, die auf eine Siedlung des 3./4. Jh. n. Chr. in diesem Bereich hinweisen.

Die archäologischen Arbeiten, vor allem das Grabungsprojekt in der Sprollstraße, wären ohne Förderung durch das Arbeitsamt Reutlingen in dieser Form nicht zu realisieren gewesen. Dafür sei an dieser Stelle herzlich gedankt. Im Rahmen von Arbeitsbeschaffungsmaßnahmen konnten 1987 und 1988 jeweils 20 Mitarbeiter insgesamt 15 Monate eingestellt werden, 1990 wurden auf diese Weise acht Mitarbeiter sechs Monate lang beschäftigt. Die Restaurierung des umfangreichen römischen Fundmaterials der Grabungen beim Martinshof erfolgt ebenfalls im Zuge einer Arbeitsbeschaffungsmaßnahme. Unser Dank gilt auch der Stadt Rottenburg, an ihrer Spitze Herrn Oberbürgermeister Dr. W. Löffler, für die Unterstützung und Förderung der archäologischen Arbeiten im römischen Sumelocenna über viele Jahre hin, ganz besonders aber für die Einstellung des Grabungstechnikers Hans-Joachim Teufel, der seit 1987 die örtliche Leitung der Grabung in der Sprollstraße innehat. *Hartmann Reim*

Die bauliche und historische Erforschung römischer Städte und Siedlungen stand in den letzten Jahren verstärkt im Blickpunkt der provinzialrömischen Archäologie und der Archäologischen Denkmalpflege Baden-Württembergs. Die römischen Zivilsiedlungen blieben bis dato weitgehend unberücksichtigt, der Schwerpunkt der archäologischen Untersuchungen lag eindeutig im Bereich der Limes- und Militärgeschichte.

Gerade in Baden-Württemberg gibt es eine

ganze Reihe von historisch bedeutsamen Städten, die bereits in römischer Zeit entstanden sind. Einigen unter ihnen wie Ladenburg, Walheim, Wimpfen und Rottenburg galt daher in den letzten Jahren ein besonderes Interesse. Gleichwohl kamen hierbei die Probleme der Stadtkernarchäologie ganz allgemein zutage: Die mittelalterliche und neuzeitliche Bebauung hat teilweise nicht nur die antike Bausubstanz zerstört, sie erschwert vor allem die Erstellung eines möglichst vollständigen und exakten antiken Siedlungsbilds. Die modernen Baumaßnahmen ermöglichen meist nur die Untersuchung eines sehr kleinen antiken Siedlungsausschnitts, in dem häufig nicht einmal ein kompletter Grundriß vorzufinden ist. Die römischen »Stadtpläne« von Rottweil, Ladenburg, Rottenburg, Wimpfen und Köngen mit sämtlichen bis dahin bekannten Befunden sind Grundlage für eine Beurteilung der individuellen Gesamttopographie und bieten neben der Möglichkeit, die Siedlungen untereinander zu vergleichen, auch die Chance, künftige Baumaßnahmen planmäßig und gesichert zu überwachen. Alle »Stadtpläne« können überprüft, ergänzt und komplettiert werden. Noch ein weiterer, positiver Gesichtspunkt sollte nicht unerwähnt bleiben: Das Erstellen der »Stadtpläne« führt uns bildhaft vor Augen, wie begrenzt das bisherige Wissen über die Struktur, Entwicklung und Geschichte römischer Siedlungen ist. Gerade Rottenburg a. N., das antike Sumelocenna, ist hierfür »beeindrukkendes« Beispiel. Betrachtet man den 1986 publizierten römischen Stadtplan (Abb. 81), so fällt auf, daß innerhalb des über 30 ha großen, ummauerten Siedlungsareals gerade drei römische Bauten komplett erfaßt und untersucht werden konnten. Anhand dieser Befunde konnten die mit der Siedlungsentwicklung und Siedlungsgeschichte verknüpften Fragen kaum geklärt werden. Dies ist um so bedauerlicher, da gerade Sumelocenna als Vorort der Civitas Sumelocennensis im rechtsrheinischen Gebiet ohne Zweifel eine besondere Bedeutung zukommt. Hier ließe sich die Entwicklung, beginnend mit der flavischen Besetzung Südwestdeutschlands bis in die frühalamannische Zeit, lückenlos und sicherlich auch exemplarisch für weitere römische Siedlungen dieses Raumes aufzeichnen.

Die Planung eines Parkhauses mit Tiefgarage in der Sprollstraße beim Hotel »Martinshof« durch die Stadt Rottenburg erforderte eine vorherige archäologische Ausgrabung, mit der im November 1986 begonnen wurde. Die Anlage dieses modernen Gebäudes ermöglichte die bislang umfangreichste und flächenmäßig größte archäologische Untersuchung im antiken Siedlungszentrum.

Erstmals gelang es, einen Einblick in einen über 2000 m² großen, römischen Siedlungsausschnitt zu gewinnen. Die hier zutage gekommenen Befunde und Funde können durchaus als die interessantesten und wichtigsten für die Geschichte Sumelocennas bezeichnet werden. An einem antiken Straßenkreuz zeichneten sich mehrere Bauten ganz unterschiedlicher Funktion und Zeitstellung ab.

Der außergewöhnlich gute Erhaltungszustand der römischen Denkmäler und der glückliche Umstand, eine bisher im rechtsrheinischen Gebiet unbekannte, sanitäre Einrichtung mit Kanalisation erfaßt zu haben, bewog die Stadt Rottenburg a. N. bereits Ende 1987, in Zusammenarbeit mit der Archäologischen Denkmalpflege Teile der Bauten zu konservieren und als Museum der Öffentlichkeit zugänglich zu machen. Im Verlauf des Frühjahrs 1991 werden nun die archäologischen Untersuchungen und der Bau des Parkhauses nahezu abgeschlossen sein. Der Bereich des zukünftigen, römischen Stadtmuseums (Abb. 83) befindet sich hingegen noch im Rohbau. Mit einem Abschluß des Innenausbaus kann frühestens im Sommer 1991 gerechnet werden. Das Museum

Abb. 83 Rottenburg. Parkgebäude in der Sprollstraße im Rohbaustadium. Unter dem langgestreckten Baukörper am Stadtgraben liegen die römischen Bauten

selbst, mit einer Ausstellungsfläche von über 1000 m^2, nimmt einen Bereich von zwei ehemals geplanten Parkebenen ein.
Im Jahr 1990 waren die Grabungsarbeiten vorwiegend baubegleitende Maßnahmen wie die Sicherung römischer Bauten, gezielte Detailuntersuchungen sowie das vorsichtige Entfernen des Befundes im Bereich der massiven Parkhausfundamentierungen. Gegen Ende des Jahres erfolgte der Abriß einer neuzeitlichen Stützmauer unmittelbar vor dem Museumsbau und einem mittelalterlichen Stadtgraben. Die Verlegung einer Abwasserführung in diesem Bereich erforderte eine archäologische Untersuchung und bot auf einer Breite von 2–3 m und einer Länge von über 50 m (Abb. 84) die Möglichkeit, die Befunde nordwestlich und südöstlich der römischen Straße zu erweitern. Eine besondere Bedeutung kommt ihnen insofern zu, als sie einen wichtigen Beitrag für die Deutung des Gebäudes mit Peristyl liefern können: Nordwestlich des Peristyls konnten die beiden hypokaustierten Räume vervollständigt werden. Des weiteren gelang der Nachweis von zwei südwestlich anschließen-

Abb. 84 Rottenburg. Gesamtplan der Ausgrabungen in der Sprollstraße beim Hotel Martinshof (Stand 1990). Der zukünftige Museumsbereich gerastert

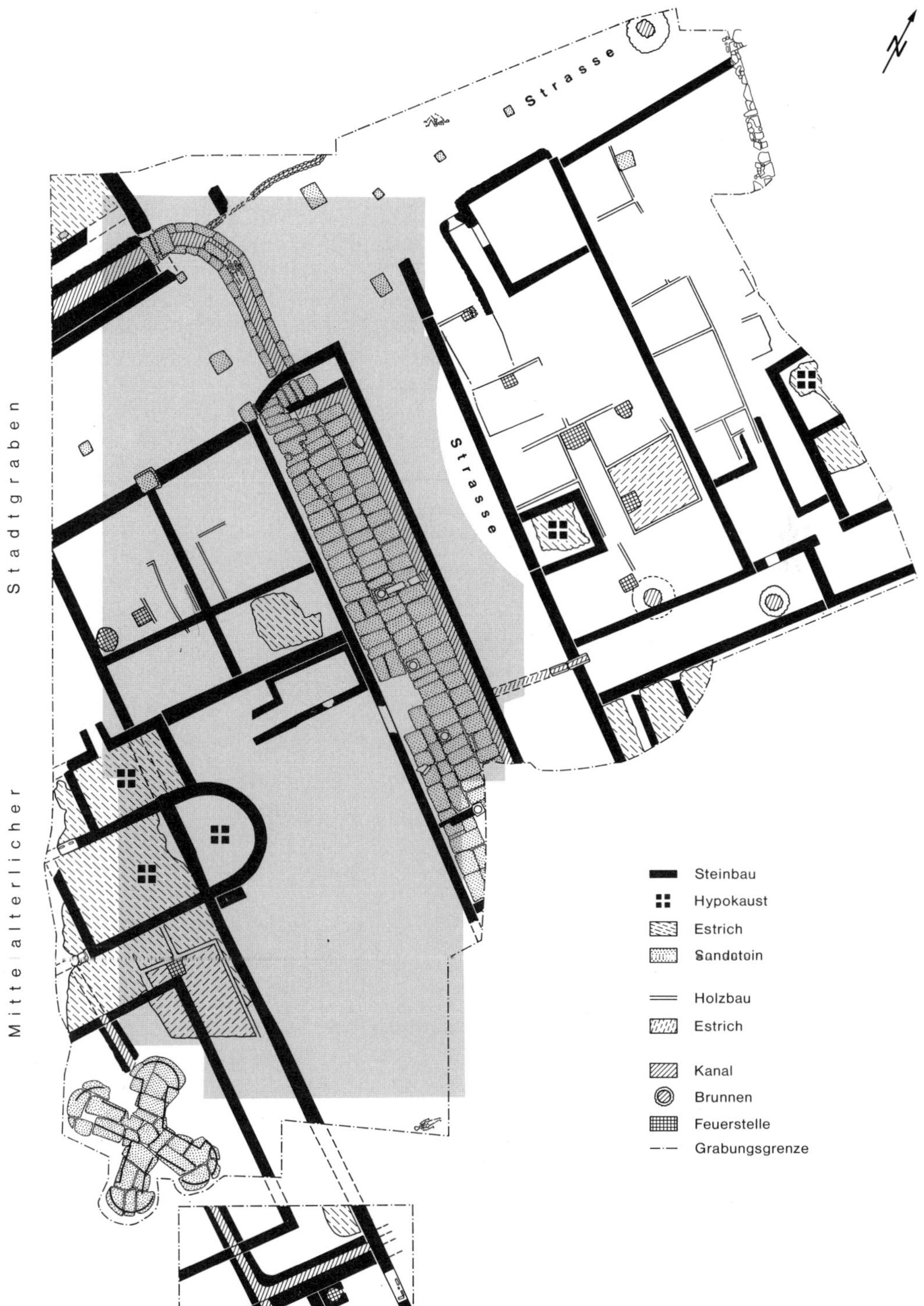

Strasse
Strasse
Stadtgraben
Mittelalterlicher
Steinbau
Hypokaust
Estrich
Sandstein
Holzbau
Estrich
Kanal
Brunnen
Feuerstelle
Grabungsgrenze
0
10
20 m

den Räumen, die mit einem Kalkmörtelestrich versehen und mit zwei in situ liegenden Schwellsteinen ausgestattet waren. Ein Zugang vom Peristyl zu diesen Räumen war also möglich. Erstmals konnte das jüngste, römische Gehniveau in diesem Gebäude erfaßt werden, das dem des überdachten Wandelganges entsprach. Am Rand des 54 m^2 großen, hypokaustierten Apsidenraumes waren noch die Reste des originalen Fußbodens erhalten, der aus den üblichen Suspensuraplatten mit darüberliegendem Kalkmörtelestrich bestand.

Westlich des kleineren, ebenfalls beheizbaren Raumes schloß sich der bislang einzige nachgewiesene, wohl langrechteckige Heizraum an, der mit mehreren stark asche- und holzkohlehaltigen Schichten verfüllt war. Über dessen Präfurnium wurden beide Räume, so auch der Apsidenraum, beheizt. Den südöstlichsten Abschluß zu der römischen Straße bildete eine Gebäudeecke mit vorgelagerter 3 m breiter Portikus, die in diesem Bereich zusätzlich mit einem Estrichboden versehen war.

Nordwestlich der römischen Straße trat die Fortführung des großen Abwasserkanals zutage, der in schon bekannter Weise gemauert und rot verputzt war. In der nordwestlichsten Grabungsfläche konnten noch die Reste eines parallel zur Straße verlaufenden Mauerfundamentes mit dahinterliegenden Schuttresten eines ziegeleingedeckten Dachstuhls freigelegt werden. Der Raum selbst, dessen Ausmaße nicht mehr faßbar sind, war unbeheizt.

Auf der gesamten Länge des untersuchten Streifens war die Abbruchkante des römischen Befundes, bedingt durch mittelalterliche Arbeiten am ehemaligen Stadtgraben, klar erkennbar. Die römischen Befunde setzen sich erst wieder westlich der mittelalterlichen Stadtmauer fort. Dort konnte bereits 1983 ein großer, hypokaustierter Apsidenraum lokalisiert und untersucht werden. Der als Warmbaderaum (caldarium) einer großen, öffentlichen Thermenanlage interpretierte Raum dürfte wohl in Zusammenhang mit den Befunden nordwestlich der römischen Straße im Bereich »Martinshof« stehen (Abb. 81, Bad III).

Im Bereich des Parkhauses wurde ein größerer Ausschnitt einer römischen Straße mit südöstlicher Bebauung erfaßt. Die Ausgrabungen der letzten Jahre erbrachten für diesen Siedlungsbereich eine lückenlose römische Bebauung von Gründungsbeginn gegen Ende des 1. Jh. bis in das 3. Jh. n. Chr. Es gelang der Nachweis, daß bereits die Bauten der Gründungsphase (Holzfachwerkbauten) einer Parzellierung folgen, der eine städtische Bauordnung zugrunde lag. Die Orientierung und Größe der »Bauplätze« mit einer Schmalseite zur Straße hin wurde trotz mehrmaliger Um- und Neubauten eingehalten. Neben privat und öffentlich genutzten Parzellen konnten zeitweilige Leerparzellen nachgewiesen werden. Dem momentanen Forschungsstand entsprechend, scheinen die beiden östlichsten Parzellen von Gründungsbeginn an mit den für die Vici so typischen »Streifenhäusern« bebaut worden zu sein. In Richtung Westen schließt dann eine Parzelle an, die zur Hälfte als Straße und zur anderen Hälfte als öffentliche Latrine genutzt wurde. Die benachbarte Parzelle war anscheinend eine Zeitlang unbebaut. Die Schließung der Baulücke an der Straße dürfte zusammen mit dem Ausbau des – wie auch immer genutzten – Peristylhauses mit einem Wasserbecken erfolgt sein.

Eine Interpretation und historische Einordnung der römischen Bodendenkmäler im Bereich »Martinshof« kann erst nach Bearbeitung und Auswertung sämtlicher Befunde und Funde erfolgen. *Karin Batsch*

Literaturhinweis
H. Reim, Arch. Ausgr. Bad.-Württ. 1989, 135 ff.

Grabungen im Randbereich der römischen Zivilsiedlung bei Burladingen, Zollernalbkreis

Im Zuge der Okkupation des oberen Neckarlandes, der Vorverlegung römischer Truppen von der Donau auf den Kamm der Schwäbischen Alb und der schrittweisen Einrichtung des sog. Alblimes wurde um 80 n. Chr. etwa 2 km westlich von Burladingen, auf der Paßhöhe über dem nach Nordwesten abfallenden Killertal, ein Kastell angelegt. Es liegt auf einer Terrasse rund 730 m ü. N. N., wenig westlich der Wasserscheide und sichert eine seit altersher wichtige Querverbindung über die Alb, die durchs Starzel-, Vehla- und Lauchertttal zur Donau führt (Abb. 85.1). Grabungen, die von G. Bersu 1912 und 1914 dort durchgeführt wurden, sowie eine Sondierung im Jahr 1974 haben die Anlage und ihre Baugeschichte in den Grundzügen erschlossen, wenngleich der größte Teil des Lagers bislang unerforscht geblieben ist. Es handelt sich um ein Auxiliarkastell, wohl für eine Infanterieeinheit von 500 Mann, das in der Anfangsphase mit einer Holz-Erde-Mauer und zwei vorgelagerten Spitzgräben befestigt war. Die Innenbauten, Mannschaftsunterkünfte und wohl auch das Stabsgebäude, die Principia, waren in Holzbauweise errichtet. Der Ausbau der Umwehrung und des Stabsgebäudes in Stein erfolgte im letzten Jahrzehnt des 1. Jh. Zu Beginn des 2. Jh. wurde das Kastell aufgegeben und die Truppen abgezogen. Östlich des Kastells erstreckt sich die zivile, dorfartige Siedlung (vicus), über deren Ausdehnung derzeit nur ungefähre Angaben gemacht werden können, die hauptsächlich auf der Streuung von Oberflächenfunden und Beobachtungen beim Bau der Bahnstrecke Hechingen–Sigmaringen, die nördlich des Kastells vorbeiführt, beruhen (Abb. 85.2). Unmittelbar östlich des Kastells zieht die von Laiz an der Donau kommende, sog. Alblimesstraße nach Norden zum Kastellplatz Gomadingen. 1983 wurden westlich des Kastells, von diesem durch einen Taleinschnitt getrennt, bei Befliegungen mehrere Steingebäude im Gewann »Ebnet« entdeckt, die zu einer Straßenstation (mansio) gehören dürften (Abb. 85.3). Im Zusammenhang mit der Neu-

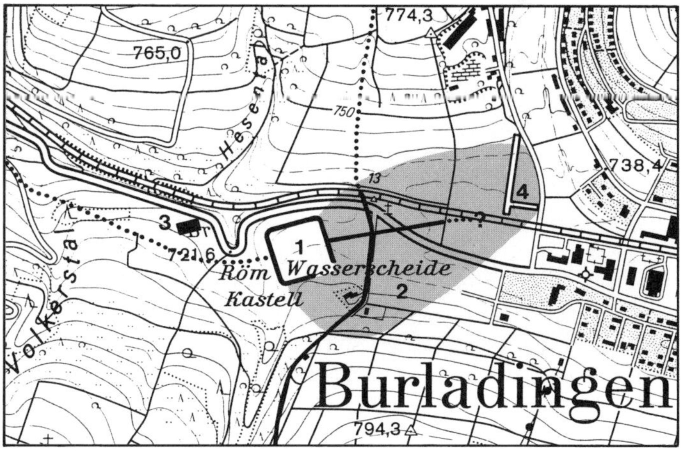

Abb. 85 Burladingen. Lageplan der römischen Siedlungsreste. 1 Kastell, 2 Vicus, 3 Straßenstation, 4 Grabungsschnitte 1990. Vergr. Ausschnitt aus der TK 1:25 000 Blatt 7720

trassierung der B 32 wurde 1984 und 1985 ein 35,50 m langes und 17 m breites Steingebäude mit mehreren hypokaustierten Räumen ausgegraben. Die nach Westen durch das Killertal ins Albvorland führende römische Straße, die als Verbindungsstraße zur Fernstraße Arae Flaviae-Rottweil nach Sumelocenna-Rottenburg anzusprechen ist, konnte im Gelände bislang noch nicht nachgewiesen werden. Durch die Neutrassierung der B 32 wurden auch Teilbereiche der Zivilsiedlung betroffen, so daß nördlich und südlich des alten Straßenverlaufs in den Jahren 1984–1986 großflächige archäologische Untersuchungen erforderlich wurden und sich damit die Möglichkeit eröffnete, neue Erkenntnisse über die Baugeschichte und Struktur des Vicus zu gewinnen.

Freigelegt wurde ein Teilstück der Nord-Süd verlaufenden Alblimesstraße. Der aus Kalksteinschotter bestehende Straßenkörper war 3,50 m breit. Überraschend war der Nachweis einer 9 m breiten, kalksteingeschotterten Straße mit seitlichen Gräbchen, die von der Alblimesstraße nach Osten abzweigt und als Fernstraße zur Donau angesprochen werden kann. In Holzbauweise errichtete Streifenhäuser mit Mörtelestrichböden und Herdstellen aus Ziegelplatten waren mit der Giebelseite zu dieser Straße hin orientiert. Insgesamt konnten drei Holzbauperioden unterschieden werden, deren älteste zeitgleich mit der Errichtung des Holz-Erde-Kastells ist. Um die Mitte des 2. Jh. n. Chr. folgt eine lockere Steinbebauung, die mit einer Verringerung der besiedelten Fläche einherzugehen scheint. Im Verlauf der ersten Hälfte des 3. Jh., spätestens um 260 n. Chr., wurden die Siedlungen von den Alamannen zerstört.

Abb. 86 Burladingen. Pfostengruben im Ost-West-Schnitt

Die Planung eines Gewerbegebietes im Gewann »Kleineschle« am westlichen Stadtrand von Burladingen, nördlich von B 32 und Eisenbahnlinie, machte 1990 eine erneute archäologische Untersuchung erforderlich, um Klarheit über die östliche Begrenzung der Zivilsiedlung und den Verlauf der Ausfallstraße nach Osten zu gewinnen. Außerdem sollte ermittelt werden, ob im Bereich der römischen Straße mit dem zum Vicus gehörenden Gräberfeld zu rechnen ist.

Die Grabung begann Anfang September und wurde Mitte November vorläufig abgeschlossen. Für die Förderung im Rahmen einer Arbeitsbeschaffungsmaßnahme möchten wir dem Arbeitsamt Balingen danken; der Stadt Burladingen, an ihrer Spitze Herrn Bürgermeister Höhnle, und den betroffenen Landwirten gilt unser Dank für die Unterstützung und das Verständnis, welches unserer Arbeit stets entgegengebracht wurde.

In Nord-Süd-Richtung wurde ein 215 m langer und 4,50 m bzw. 2 m breiter Schnitt angelegt (Abb. 85.4). Der Humus wurde maschinell bis auf den anstehenden Kalkschotter abgetragen. In der Südhälfte zeichneten sich mehrere dunkelbraun verfüllte Gruben und vereinzelt auch Pfostenverfärbungen und Balkengräbchen ab, die mit einer sehr lockeren Holzbebauung am

östlichen Rand des Vicus in Verbindung gebracht werden können. Am östlichen Ende eines 70 m langen und 2,50 m breiten Ost-West verlaufenden Suchschnittes zeichneten sich fünf hintereinanderstehende, langrechteckige Pfostengruben ab, etwa 1,20 m lang und 40–50 cm breit, die zu einem großen Pfostenbau gehören dürften (Abb. 86).
Der Vicus hat sich also weiter nach Norden bzw. Nordosten ausgedehnt als bislang angenommen wurde. Nicht gefunden wurde die römische Straße, deren Verlauf wohl weiter südlich im Bereich von Eisenbahnlinie und B 32 vermutet werden kann. Hinweise auf ein römisches Gräberfeld haben sich nicht ergeben. Die aufgedeckten Befunde haben deutlich gemacht, daß vor den Baumaßnahmen im geplanten Gewerbegebiet, das nach Westen um etwa 20 m über den Nord-Süd-Schnitt hinausgreift, großflächige Grabungen erfolgen müssen, um die römischen Siedlungsbefunde vollständig erfassen und dokumentieren zu können. *Hartmann Reim*

Literaturhinweise
J. Heiligmann, Arch. Ausgr. Bad.-Württ. 1986, 121 ff. – Ders., Der »Alblimes«. Forsch. Ber. Vor- u. Frühgesch. Bad.-Württ. 35 (1990) 51 ff.

Neue Aufschlüsse zur römischen Topographie von Öhringen, Hohenlohekreis

Im Stadtgebiet von Öhringen gibt es nur noch wenige unbebaute Flächen, in denen Aufschlüsse zum römischen Lagerdorf und zu den beiden Kastellen gewonnen werden können. Die ausgedehnten Flächen der Zivilsiedlung zwischen dem Bürg- und Rendelkastell nördlich und östlich des mittelalterlichen Stadtkerns wurden insbesondere nach dem letzten Krieg systematisch überbaut. Dieses Schicksal hat aber auch die beiden Kastelle ereilt, so daß hier nur noch aus kleineren Flächen neue Erkenntnisse gewonnen werden können. Deshalb ist es eine wichtige Aufgabe der Stadt Öhringen als Untere Denkmalschutzbehörde, zusammen mit dem Landesdenkmalamt Baden-Württemberg bei entsprechenden Bauanträgen geeignete Schritte einzuleiten, um vor der endgültigen Zerstörung von Bodendenkmälern Ausgrabungen und eine Dokumentation der Befunde durchführen zu können.

In diesem Jahr haben sich neben mehreren Baustellenbeobachtungen zwei Schwerpunkte ergeben: ein Aufschluß durch eine Baumaßnahme an der Nordostecke des Rendelkastells und eine kleinere Flächengrabung im Bereich der zukünftigen »Römerbad-Halle« im Vicusareal südlich des Bürgkastells. Ohne das Engagement und den Einsatz des Arbeitskreises für Vor- und Frühgeschichte beim Historischen Verein für Württembergisch Franken wären diese Untersuchungen nicht möglich gewesen. Wir danken den Herren H. Clauß, A. Funk, P. Menzel, H. Meyle und H. Wilke ganz herzlich. Der Stadt Öhringen mit Herrn Bürgermeister Kübler und Herrn Küchl vom Stadtbauamt danken wir für das Entgegenkommen und für die zahlreichen Hilfestellungen.

Rendelkastell. Auf einem bislang noch unbebauten Grundstück an der Ecke von Haller-

und Weygangstraße wurde im Mai eine Baugrube ausgehoben, die unmittelbar vor der Nordostecke des Rendelkastells gelegen war. Dabei wurden die Reste der Befestigungsanlagen angeschnitten. Der Aushub einer zweiten Baugrube konnte beobachtet werden und damit schließlich eine Fläche von etwa 20 × 40 m vor der Kastellmauer dokumentiert werden. In den gegenüberliegenden Baugrubenwänden waren die Fundamentgrube der Kastellmauer und verschiedene Gräben angeschnitten. Hier bot sich die Möglichkeit, die von H. Schönberger im Jahre 1957 an der Südseite des Kastells gemachten Beobachtungen zu vergleichen. Das von Schönberger vorgelegte Profil konnte in hervorragender Weise bestätigt und ergänzt werden: Die 1,60 m breite Fundamentgrube der jüngeren Kastellmauer schnitt in einen älteren, 2,70 bzw. 1,90 m tiefen Doppelspitzgraben ein, der wiederum von einem jüngeren, knapp 6 m breiten und 2,50 m tiefen Spitzgraben überlagert wurde. In seiner Verfüllung lagen an der Innenseite Bauschuttreste der jüngeren Mauer. Schönbergers Profil reichte nur etwa 9,50 m in das Vorfeld der Kastellmauer; der jetzt durch die Baugrubenwände erschlossene Bereich reichte dagegen etwa 35 m vor die Kastellmauer. Es war eine Überraschung, als etwa 14 m vor der Fundamentgrube der Kastellmauer ein dritter, 1,80 m tiefer und 2,60 m breiter Spitzgraben angetroffen wurde, der bislang unbekannt war. Er war mit homogener, brauner Erde verfüllt. Aus dem Befund bzw. dem Profil heraus ließ sich nicht klären, wie alt dieser Graben ist. Ich neige zu der Ansicht, daß dieser zur jüngeren Phase der Kastellumwehrung gehört haben könnte, als die jüngere Mauer und der Graben weiter nach außen verlegt wurden. Dieses Beispiel zeigt, wie wichtig lange Suchschnitte im Vorfeld der Kastellmauern sind, um die Befestigungen vollständig erfassen zu können.

Vicus südlich des Bürgkastells. Für den Neubau einer Schulsporthalle, der zukünftigen Römerbad-Halle, wurde ein Grundstück südlich des Bürgkastells an der Bahnlinie rechtzeitig von der bestehenden Bebauung durch die Stadt Öhringen geräumt, so daß genügend Zeit für archäologische Ausgrabungen blieb. Das Areal liegt östlich der von Chr. Hanßelmann entdeckten und 1768 veröffentlichten Badeanlage, die westlich des heutigen Schlachthofs zu suchen ist. Eine Untersuchung des Baugeländes schien jedenfalls dringend notwendig. Immerhin bot sich hier in Öhringen erstmals die Möglichkeit, eine größere Fläche im Vicus systematisch zu untersuchen. Zur Verfügung stand eine Fläche von etwa 50 × 50 m, die jedoch nur teilweise für die Ausgrabungen genutzt werden konnte, da verschiedene Bereiche durch unterkellerte Gebäude zerstört waren. Unter dem abgeräumten Bauschutt waren zahlreiche Siedlungsbefunde in den hellen Löß eingetieft. Dazu gehören die Reste eines hölzernen Streifenhauses, ein Erdkeller, zwei große Zisternen, die Reste von zwei Töpferöfen und verschiedene Gruben und Gräbchen. Das Fundmaterial ist sehr reichhaltig und es liegen mehrere Zentner Keramik vor. Auffallend ist der hohe Anteil an Sigillaten mit 30 bis 40 Töpferstempeln und die vielen Fragmente von Glasgefäßen. Der bemerkenswerteste Kleinfund ist eine durchbrochen gearbeitete Bronzefibel mit Emaileinlagen (Abb. 87).
Das in diesem Ausschnitt ergrabene Areal des römischen Vicus scheint nur locker bebaut gewesen zu sein. Die Töpferöfen sind auch ein Hinweis darauf, daß es sich um einen handwerklich genutzten Bereich handelt. Einzige klar erkennbare Baustruktur ist der teilweise erhaltene Grundriß eines Streifenhauses in Holzbauweise. Erhalten waren die Fundamentgräbchen und einige flache Steinplatten an Eckpunkten, auf denen vermutlich höl-

Abb. 87 Öhringen. Durchbrochen gearbeitete Bronzefibel mit Emaileinlagen. Maßstab 1:1

zerne Ständer aufsaßen. Die Fundamentgräbchen enden vor einer großen Störung, an deren gegenüberliegender Seite im Osten ein Holz-Erde-Keller von 4,40 × 3 m eingetieft war. Der Kellerboden war mit Sand verfüllt und hatte einen ringsherum mit Steinplatten abgedeckten Drainagegraben. Da die Ansätze der Zugangsrampe nach Westen zu den Gebäuderesten hinwiesen, kann davon ausgegangen werden, daß es sich um einen Hauskomplex handelt. Das Streifenhaus war demzufolge etwa 24 m lang, 6 m breit und etwa Nordwest-Südost orientiert. Der Keller an der östlichen Seite deutet auf die Ausrichtung des Gebäudes hin. Andere, nicht näher interpretierbare Strukturen von Gräbchen und Gruben, weisen dieselbe Ausrichtung auf oder verlaufen rechtwinklig dazu. Damit konnten in Öhringen erstmals Anhaltspunkte für die Ausrichtung der Baufluchten in einem kleinen Teil der Vicusflächen gewonnen werden. Dieses Beispiel verdeutlicht, wie wichtig die Untersuchung auch von kleinen Flächen sein kann.

Rüdiger Krause

Literaturhinweise

H. Schönberger, Eine Grabung im Rendelkastell zu Öhringen. Fundber. aus Schwaben NF 15, 1959, 46 ff. – D. Planck, Arch. Ausgr. Bad.-Württ. 1980, 91 ff. – E. Olshausen, Arch. Ausgr. Bad.-Württ. 1986, 133 f.

Fortsetzung der Ausgrabungen auf dem Kappelhofplatz von Pforzheim

Auch 1990 gingen die Ausgrabungen auf dem Gelände des »Kappelhofplatzes« in der Altstadt von Pforzheim während der gesamten Grabungssaison weiter (Abb. 88). Bereits 1989 waren umfängliche römische Holzfunde und Steinbauten neben einer Vielzahl von hoch- und spätmittelalterlichen wie auch neuzeitlichen Gebäuderesten gefunden worden. Vor allem war der südliche Längsstreifen des für eine Neubebauung vorgesehenen Gesamtareals aufgedeckt und untersucht worden; 1990 waren hier noch einzelne Nacharbeiten bzw. Detailarbeiten vorzunehmen, während nun auch der nördliche Grundstücksstreifen ausgegraben wurde.

Nach Abtrag modernen Planierungsschutts, der nach dem letzten Krieg hier eingebracht worden war, ergaben sich etwas über 1 m unter der heutigen Oberfläche im Nordwestteil des neu untersuchten Geländes zusammenhängende Baubefunde von Hausbauten, die noch bis zum Krieg hier gestanden haben.

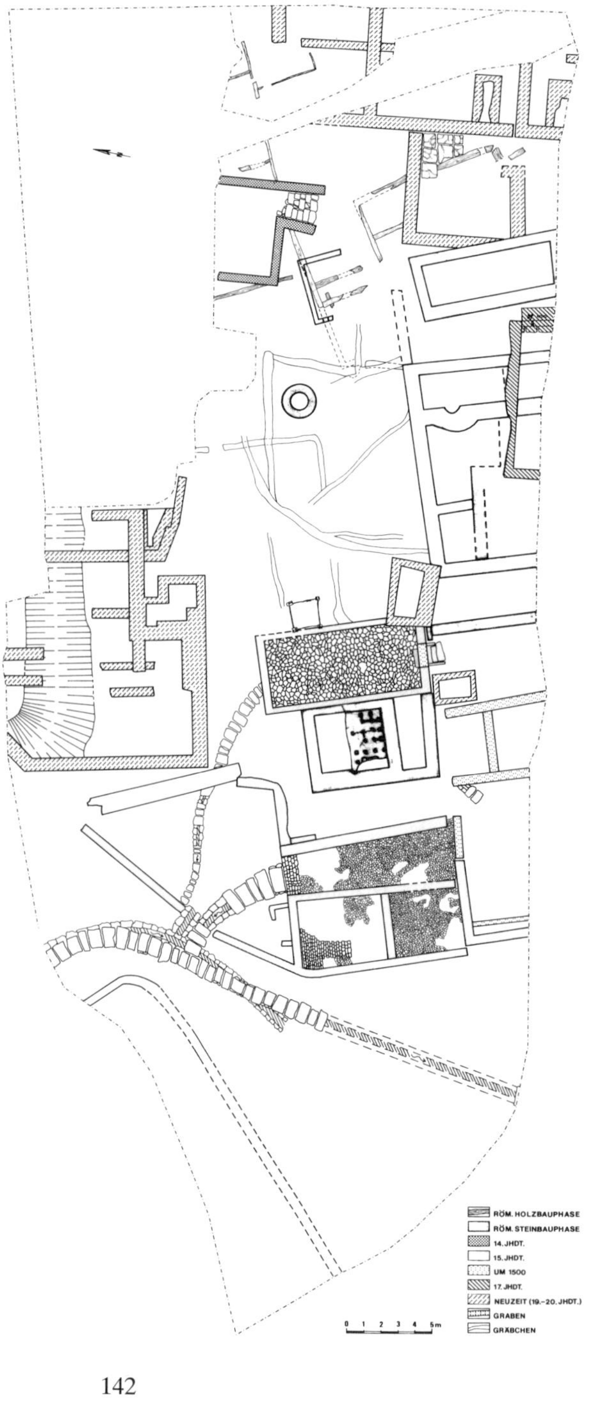

Abb. 88 Pforzheim. Kappelhofplatz. Gesamtplan der ausgegrabenen Strukturen

Deutlich erkennbar war dies an den Betonfundamenten. Im nordöstlichen Teil der Fläche waren die mittelalterlichen und antiken Bodenschichten bis auf den gewachsenen Boden herab ausgeräumt, und zwar im Zusammenhang mit der Einrichtung eines Betonmischwerkes nach dem Zweiten Weltkrieg. Auch nach Westen wurde die Grabungsfläche erweitert. Hier ergab sich ein Graben, der über 5 m in den Boden reichte und bis in die untersten Schichten systematisch wohl im 19. Jh. verfüllt worden war. Unmittelbar auf seiner Sohle lagen nur römische Fundeinschlüsse, so daß davon auszugehen ist, daß er schon in römischer Zeit angelegt worden war. Vielleicht haben wir es hier mit einem Abzweigkanal der Enz zu tun. Über diesem verfüllten Graben münden mehrere Abwasserkanäle in einen Hauptsammler, der zur Enz hin entwässert. Während die südöstliche Seite des Kanalgrabens von einer leicht gebogenen Gebäudemauer begrenzt wird, wird die nordwestliche Seite von einem unregelmäßigen Mauerzug eingefaßt, in dessen innerem Bereich humoser Sandboden zum Vorschein kam. Hier lag etwa 1,50 m unter der heutigen Oberfläche Keramik des 13. Jh. Die Untersuchung dieses Areals, das der technischen Infrastruktur der Grabung diente, d. h. als Standplatz für die Bauwagen, wird im nächsten Jahr vorgenommen. Nach wie vor nicht geklärt ist der Standort jener Nikolauskapelle, die in alten Überlieferungen für den Bereich des Kappelhofplatzes genannt wird.

Eine weitere Grabenstruktur ergab sich unterhalb des bis zum letzten Krieg stehenden Gebäudes im Nordwestteil des neu ergrabenen Areals. Zunächst wurde vermutet, daß diese

Grabenstruktur in Zusammenhang zu bringen ist mit dem o. g. Graben. Die Anbindestelle ist aber noch nicht endgültig geklärt. Gegenwärtig sieht es so aus, als böge dieser Graben nach Norden im rechten Winkel ab. Immerhin ist interessant, daß er neben römerzeitlicher Keramik vor allem Fundmaterial bis in staufische Zeit enthielt. Ob sich hier vielleicht ein in dieser Zeit verfüllter Wehrgraben dokumentiert, der ein irgendwie geartetes hochmittelalterliches Siedlungsareal wehrhaft abschloß, läßt sich gegenwärtig noch nicht sagen.
Die Grabungsfläche wurde auch zur Altstädter Straße nach Osten hin erweitert. Hier ließen sich die neuzeitlichen Mauerstrukturen weiter verfolgen und der 1987 angelegte Baggersuchschnitt noch einmal im Planum sorgfältig herauspräparieren. In diesem Bereich setzten sich die römischen Holzstrukturen fort. Sie wurden deshalb besonders sorgfältig untersucht, allerdings wurden bestimmte Flächen unangetastet belassen, da die sorgfältige Ausgrabung erst dann erfolgen soll, wenn die Bebauung über dem Kappelhofgelände durchgeführt ist. Im Untergeschoß des hier geplanten Altenpflegeheimes soll der Befund im Original der Öffentlichkeit zugänglich gemacht werden. Eine Ausgrabung unter schützendem Dach gewährleistet dann, daß die empfindlichen Holz- und Erdbefunde ohne wesentliche Beeinträchtigung liegenbleiben können. Immerhin haben die Untersuchungen an den in der letzten Grabungskampagne aufgedeckten Holzbefunden interessante Details zu erkennen gegeben. Nach wie vor ist von einer streifenhausartigen Holzfachwerkbebauung auszugehen. Die einzelnen Häuser standen mit ihrer Stirnseite zu der unterhalb der Altstädter Kirche verlaufenden Römerstraße. Die Holzreste waren so gut erhalten, daß Teile zur dendrochronologi-

Abb. 89 Pforzheim. Römischer Münzschatz

schen Untersuchung entnommen werden konnten. Es handelt sich durchweg um Eichenholz, wie wir das noch andernorts bei römischen Bauten beobachten konnten. Interessant in diesem Bereich waren vor allem die Profilaufschlüsse mit an manchen Stellen vier bis fünf verschiedenen römerzeitlichen Planierungshorizonten, in der Regel allerdings drei. Die Einzelhorizonte sind jeweils durch eine Brandschicht getrennt und durch ein aufplaniertes hellgelbes Lehmband markiert. Die Holzbauten, die in römischer Zeit hier am Ort bestanden, waren also mehrphasige; die exakte Trennung des Fundmaterials wird es bei der Auswertung möglich machen, die einzelnen Schichten chronologisch näher zu bestimmen.

Auch jenseits der Altstädter Straße, unmittelbar vor der Westseite des Hauptschiffs der Altstädter Kirche, ergaben sich bei Baumsetzaktionen Möglichkeiten, die Untergrundverhältnisse zu studieren. Ein Baumstandort wurde exakt im Bereich der Römerstraße ausgewiesen, die Wurzelgrube des Baumes wurde 3×3 m und über 1 m tief ausgehoben. Die Profilschichten ergaben in den unteren Teilen mehrere Kies- und Schotterhorizonte, die als Überreste eines mehrphasigen Belages der Römerstraße, die hier auf die Enzfurt zieht, anzusehen sind. Insofern gelang auch hier eine wichtige Ergänzung des schon von A. Dauber in den fünfziger Jahren vorgelegten römischen Siedlungsplanes am Ort. Nach wie vor außerordentlich umfangreich ist das Fundmaterial, das sich bei der Grabung bergen ließ. Die nach Zentnern zu rechnende Fundmenge beinhaltet neben einem sehr reichhaltigen römerzeitlichen Fundbestand vor allem Keramikmaterial der Zeit ab dem hohen Mittelalter. Zahlreiche Kachelbruchstücke, die sich oft zu ganzen Kacheln zusammensetzen lassen, weisen vielfältige Kachelofenbauten am Ort nach. Es scheint, daß zumindest für die Zeit ab dem 13. Jh. eine regelrechte Kacheltypologie aus Pforzheim zu erarbeiten ist.

Ein herausragender Fund war der bereits 1989 geborgene, jetzt restaurierte kleine römische Silbermünzschatz (Abb. 89). Er umfaßt Denare der römischen Kaiser Vespasian, Domitian, Trajan, Hadrian, Antoninus Pius für Faustina I und Mark Aurel. Die Münzen sind nahezu prägefrisch, so daß sich der Verdacht aufdrängt, daß hier ein antiker Münzsammler die prägefrischen Münzen aus dem Verkehr gezogen hat. Da sich in der Antike der Wert nach dem Metallgewicht bemessen hat, stellten die voll ausgeprägten, wenig umgelaufenen und nicht abgegriffenen Stücke den höchsten Wert dar. Die Zusammensetzung des Münzschatzes – jeweils eine Münze der genannten Kaiser – läßt tatsächlich auf einen Münzsammler schließen. Die Schlußmünze des kleinen Münzschatzes datiert in das Jahr 161 n. Chr., womit sich möglicherweise ein Zusammenhang mit kriegerischen Ereignissen an der germanischen Grenze in dieser Zeit (Chatteneinfälle in Obergermanien, Markomannenkriege an der Donau) herstellen läßt. Die Münzen wurden in dem schon 1989 freigelegten und dokumentierten Rennfeuerofen gefunden. Vermutlich hatte der Besitzer seine Kleinodien hier versteckt und konnte sie später – aus welchen Gründen auch immer – nicht mehr heben.

Die jüngste römische Münze, die sich bisher bergen ließ, ein Antoninian des Kaisers Volu-

Abb. 90 Pforzheim. Schilling des Hochstifts Würzburg, Bischof Philipp von Ehrenberg, 1624

sianus aus den Jahren 251–253 n. Chr., zeigt an, daß die römerzeitliche Besiedlung Pforzheims bis zum Fall des obergermanischen Limes im Jahr 260 n. Chr. bestanden hat.
Neben dem umfangreichen keramischen Material des Mittelalters und der Neuzeit lassen sich diesen Siedlungshorizonten auch Bronze-, Eisen- und Beinteile zuordnen, die aber zum größten Teil noch ihrer restauratorischen Behandlung harren. Eine frühneuzeitliche Münze, der Schilling des Hochstifts Würzburg, geprägt unter Bischof Philipp von Ehrenberg im Jahr 1624, ist ebenfalls sehr gut erhalten (Abb. 90). Sie mag als Pars pro toto für die reichhaltigen Fundbestände aus Mittelalter und Neuzeit am Kappelhofplatz stehen.
Die archäologischen Ausgrabungen auf dem Kappelhofplatz sollen 1991 abgeschlossen werden. Ziel ist es vor allem, den Nordwestteil der Kappelhoffläche noch zu untersuchen. Danach wird das Kappelhofareal wieder bebaut, wobei das Kellergeschoß des Altenpflegeheimes so gestaltet wird, daß die archäologischen Befunde in ihrer Hauptsache erhalten werden können. Die Pforzheimer können dann einen Blick auf die auf archäologischem Wege gewonnenen neuen Kapitel ihrer Stadtgeschichte werfen. *Egon Schallmayer*

Literaturhinweis
E. Schallmayer, Arch. Ausgr. Bad.-Württ. 1989, 139 ff.

Notgrabung an der Villa rustica »Saukopftunnel« bei Weinheim, Rhein-Neckar-Kreis

Etwa auf halber Strecke zwischen Weinheim und dem Ortsteil Sulzbach öffnet sich bei der kleinen Siedlung Nächstenbach ein kleines von der Bergstraße nach Osten abzweigendes Tälchen unterhalb des Berggewanns »Saukopf«. Hier wird seit geraumer Zeit an einem Tunnelbau gearbeitet, der die an Weinheim nördlich vorbeiführende Umgehungsstraße mit Niederliebersbach und dem inneren Odenwald verbinden soll. Dank der Aufmerksamkeit ehrenamtlicher Mitarbeiter der Archäologischen Denkmalpflege erhielt das Landesdenkmalamt Kenntnis von einer römischen Fundstelle am Tunnelmund der Baustelle.
Bei einer ersten Ortsbesichtigung stellte sich heraus, daß bereits ein größeres römisches Gebäude bis auf den nördlichen Raumteil vollständig beseitigt worden war. Um wenigstens noch einigen Aufschluß über Aussehen, Funktion und Datierung des Bauwerks zu erhalten, wurde eine kurze Notgrabung angesetzt.
Die Baggerarbeiten hatten bereits ein Bodenprofil an der nördlichen Böschung der Tunnelzufahrt aufgeschlossen. Über dem römischen Siedlungshorizont – eine mit Ziegelbruchstükken und Steinen bestückte graue Bodenschicht, aus der zwei angeschnittene Mauerteile in den gewachsenen Boden ragten, ganz offensichtlich die Teile eines Raumes – lag ein bis zu 2 m mächtiger Lößboden, der die gesamte Anlage überdeckt und konserviert hatte. Die Ausgrabung versprach noch weitgehend gut konservierte Bauteile freilegen zu können.
Nach Aufnahme dieses Profils wurde oberhalb der römischen Siedlungsschicht der Boden beseitigt und eine erste Grabungsfläche von knapp 200 m² angelegt. Die Grabung dauerte

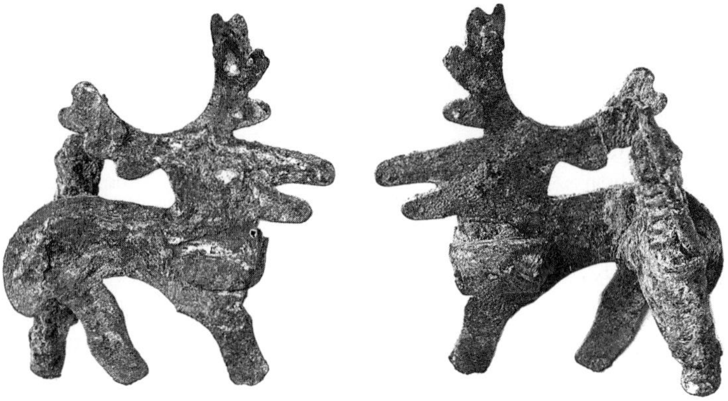

Abb. 91 Weinheim. Bronzeblechpreßfibel in Form eines Hirsches. Länge ca. 3 cm

insgesamt acht Wochen und brachte schon bei Anlage des ersten Planums umfangreiche Steinversturzlagen und Mauerreste auch von aufgehendem Mauerwerk zum Vorschein. Wichtigster Baubefund war eine NNO-SSW verlaufende große Mauer, von der mehrere Mauern im rechten Winkel abzweigten. Das 60 cm breite Mauerwerk war sorgfältig aus Handquadern gesetzt. Die untersten Fundamentlagen bestehen aus Porphyr- und Granitbruchsteinen, darüber setzt die sorgfältige Sandsteinmauer auf. Eine Aussparung im Mauerwerk dokumentiert wohl einen Türdurchgang. Darüber lagen Spuren verbrannten Holzes, offenbar von einer Holztürschwelle. Aus dem Mauerversturz ließen sich Reste mehrfarbig bemalten Wandverputzes bergen. Das römische Gebäude war offensichtlich auf einem künstlich angelegten Hangplateau errichtet worden. Östlich außerhalb des Gebäudes lagen zum Hang hin in der Grabungsfläche mehrere mächtige Porphyrblöcke, die in den Löß eingebettet waren und offensichtlich schon lange vor der Römerzeit vom Hang herabgefallen waren. Unmittelbar dahinter schloß sich das anstehende Steinmaterial an.
Innerhalb des freigelegten Mauersystems des römischen Gebäudes wurden an einigen Stellen Brandspuren beobachtet, die eine gewaltsame Zerstörung der römischen Anlage vermuten lassen. Hier fanden sich auch zahlreiche Fundstücke, vor allem Keramik, Bein und vereinzelte Bronzegegenstände. Die Keramik deckt sich im großen und ganzen mit dem Fundspektrum, das wir von ähnlichen römischen Gutshöfen kennen. Im einzelnen wurden neben Terra sigillata aus einer späteren Rheinzaberner Produktionsphase Bruchstücke von Tellern, Krügen, Töpfen und Schüsseln sowie von Bechern und Reibschalen geborgen. Unter den Beinsachen waren auch Haarnadeln. Aus der geringen Anzahl der Bronzefunde ragt eine kleine Preßblechfibel in Tierform, ein Hirsch, heraus (Abb. 91).
Die Grabung war auf die Fläche nördlich des »Saukopftunnel«-Mundes beschränkt. Auch südlich davon zeichneten sich Mauerversturzspuren ab, in die auch vereinzelt römische Keramikreste eingebettet waren. Hier wurde ein Profil aufgenommen, das in etwa die gleichen Schichten zeigte.
Vor dem heutigen Portal des Tunnels lag folglich ein größeres römisches Gebäude, wohl das sog. »Herrenhaus« eines römischen Gutshofs (Villa rustica). Die freigelegten Mauerreste gehörten vermutlich zum nördlichen Risalittrakt. Geht man von der Ausdehnung der be-

obachteten Befunde aus, so kann mit einer Frontlänge des Bauwerks von bis zu 30 m gerechnet werden. Wie sich die einzelnen Bauphasen, die sich zumindest in einer Mauernaht dokumentierten, chronologisch einordnen lassen, ist wegen des begrenzten Aufschlusses nicht sicher zu sagen. Vielleicht lassen sich auch für die Villa rustica »Saukopftunnel« von Weinheim die an der Villa rustica von Hirschberg-Großsachsen in der Nachbarschaft beobachteten Bauphasen annehmen. Kleinere Grubenstrukturen, die sich am »Saukopftunnel« fanden, könnten auch hier auf eine erste, in Holz ausgeführte Bauphase hinweisen, doch ist dies aus dem Befund heraus nicht mehr zu klären.

Für die großzügige technische Unterstützung der Grabung vor Ort ist Herrn Bergrat Reichwein vom Hessischen Straßenbauamt Bensheim, das die Federführung der Baumaßnahme übernommen hatte, sehr zu danken.

Egon Schallmayer

Eine römische Siedlung bei Murr, Kreis Ludwigsburg

Die Neutrassierung der L 1100 zwischen Marbach und Großbottwar, der sog. Bottwartalstraße, die schon seit über zehn Jahren in verschiedenen Varianten geplant wurde, berührt mehrere archäologische Zonen; unter anderem südlich von Murr, nahe der Mündung der Murr in den Neckar im Gewann »In den Böden« auf einer Hochterrasse über der Talsohle eine römische Fundstelle. Etwa 1 km südwestlich des Orts fand bereits vor dem Jahr 1837 Melchior Maier römische Münzen, Ziegel und Baureste. Auf dieser Terrasse östlich der Verbindungsstraße Marbach–Murr, über der Talsohle, soll einst eine Stadt gestanden haben. Doch früherer systematisch betriebener Weinbau schien deren Reste nach der Entdeckung Anfang des 19. Jh. fast ganz zerstört zu haben. Probeschnitte im November 1989 im Bereich der geplanten neuen Straßentrasse ergaben, daß hier dennoch mit römischen Befunden zu rechnen ist. Die archäologischen Untersuchungen begannen am 12. März und wurden am 24. April 1990 abgeschlossen. An der Grabung nahmen außer dem Grabungstechniker des Amtes mehrere Arbeiter und Studenten teil. Ganz besonders dankbar sind wir für die Mitarbeit und Beobachtung der Bauarbeiten durch Dr. Th. Prinzing, dem wir auch nach Abschluß der Grabung durch Beobachtung der Fundstelle während der Bauarbeiten zusätzliche wichtige Informationen verdanken. Ebenso möchten wir dem Straßenbauamt Besigheim für die Unterstützung bei der Grabung recht herzlichen Dank sagen.

Da die Untersuchungsfläche sich ausschließlich auf den zukünftigen Trassenbereich der Straße zu begrenzen hatte, sind die aufgedeckten Bauteile nur unvollständig. Zunächst gelang es, auf der untersten Terrasse ein rechteckiges Bauwerk mit einer Nord-Süd-Ausdehnung von knapp 14 m und einer Breite von 8,50 m freizulegen. Der südliche Teil des Gebäudes ist in nachrömischer Zeit durch Hangerosionen abgetragen worden. Das rechteckige Bauwerk hat nach Norden einen Eingang mit einer aus zwei Teilen bestehenden, 2,50 m langen und ca. 0,7 m breiten Schwelle. Der eigentliche Eingang umfaßte 1,30 m, wie die Ausarbeitungen in der Türschwelle erkennen ließen. Das rechteckige Gebäude wurde

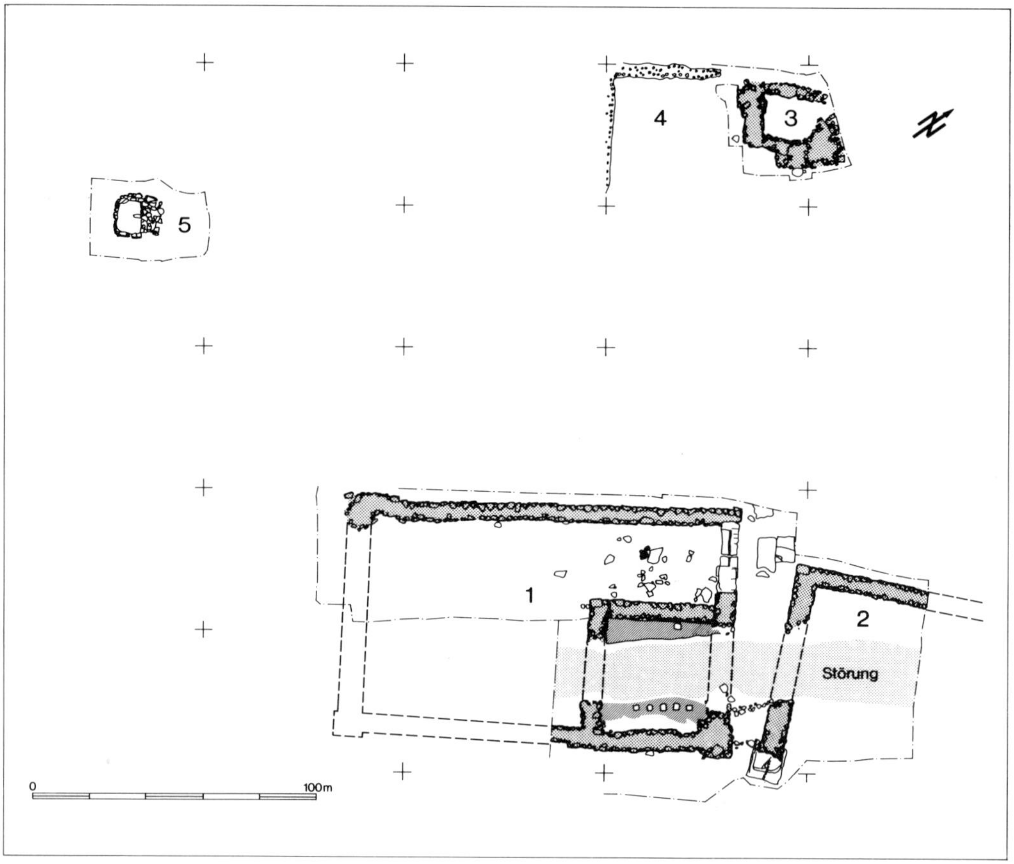

Abb. 92 Murr. Gesamtplan der bei Straßenbauarbeiten freigelegten römischen Baureste. 1 Wohn- und Wirtschaftsgebäude, 2 Schiffslände (?), 3 Keller, 4 Mauerecke, 5 Töpferofen

nach Nordosten von einem nahezu quadratischen, knapp 3,80 × 3,80 m großen Raum unterteilt, der mit einem Hypokaust versehen war. Auf dem unteren Estrichboden konnten verschiedene Abdrücke von Hypokauststützen ermittelt werden.

Sehr wahrscheinlich handelt es sich hierbei um ein einfaches, rechteckiges Bauwerk mit zwei Räumen, wobei ein Raum mit Fußbodenheizung ausgestattet war (Abb. 92). Nach Norden schließt an dieses Bauwerk spitzwinklig ein weiteres Bauwerk an, von dem eine 7,80 m lange West-Ost-Mauer sowie die Nord-Süd-Ausdehnung auf knapp 5 m aufgedeckt werden konnte. Das sehr stabile, gut vermörtelte zweischalige Mauerwerk zeigt mehrere Merkwürdigkeiten. Die Südwestecke des Gebäudes war mit massiven Sandsteinen verstärkt, die Südmauer endete in einem großen, stark fundamentierten Pfeiler (Abb. 93). Soweit die bisherigen Befunde zeigen, liegt hier ein nach Osten zur Murr hin offenes Mauergeviert vor.

Abb. 93 Murr. Mauerpfeiler, möglicherweise Rest einer Schiffslände

Die Funktion kann vorerst nicht sicher ermittelt werden. Die Lage unmittelbar über der Talsohle läßt den Verdacht aufkommen, daß hier ein Gebäude und möglicherweise Teile einer Schiffslände angeschnitten worden sind (Abb. 92.2). Die ungewöhnlich tief fundamentierte und mit großen, sehr qualitätvoll bearbeiteten Sandsteinquadern nach Osten zur Murr hin errichtete Pfeilerkonstruktion könnte ein Indiz für diese Deutung sein. Innerhalb des Mauerwinkels wurden bei unseren Untersuchungen zahlreiche Holzkohleteile und durch Hitze rötlich gefärbte Mauersteine aufgefunden, die darauf hinweisen, daß das offene Mauerviereck überdacht war.

Hangaufwärts, d. h. nach Westen zur heutigen Verbindungsstraße Marbach–Murr, konnten weitere römische Baureste ermittelt werden. Hier fand sich ein Mauerwinkel und vor allem ein kleiner, aus Trockenmauerwerk errichteter Keller, der in den anstehenden Fels eingearbeitet worden war. Der Eingang in diesen kleinen Keller liegt im Süden. Dieser Befund ist wohl zusammen mit dem Mauerwinkel (Abb. 92.4) zu sehen. Schließlich wurde am Südrand der Straßentrasse ein Töpferofen (Abb. 94) aufgedeckt.

Das bei den Grabungen geborgene Fundmaterial, insbesondere die Terra sigillata, zeigt, daß diese Ansiedlung schon früh beginnt, da spätsüdgallische Produkte noch vertreten sind. Aufgrund dieser Funde müssen wir annehmen, daß der Beginn dieser Siedlung um 100 n. Chr. anzusetzen ist. Das Spektrum des Fundmaterials reicht bis um die Mitte des 3. Jh. n. Chr.

Aufgrund des fragmentarischen Grabungsausschnittes und der schlechten Erhaltung im westlichen Steilhang des Murrtales ist die Gesamtbeurteilung der hier aufgedeckten römischen Siedlungsreste nur schwer möglich. Wenn man die Siedlungsentwicklung im Bereich der Murrmündung betrachtet, so fällt auf, daß wir hier auf engstem Raum diesseits und jenseits der Murr mehrere römische Ansiedlungen kennen. Neben dem neu untersuchten Areal ist dies vor allem das 500 m süd-

Abb. 94 Murr. Töpferofen mit Brennrost

lich auf der gegenüberliegenden Murrseite gelegene Siedlungsareal bei der Häldenmühle auf Markung Marbach, wo schon Simon Studion Ende des 16. Jh. römische Siedlungsreste erkannte. Beim Bau der Kläranlage Häldenmühle und bei Erweiterungsbauten sind in den sechziger und siebziger Jahren umfangreiche Funde und Siedlungsbefunde ermittelt worden, ohne daß sie systematisch untersucht werden konnten. 1967 wurde 50 m südlich der Murrmündung beim Ausbaggern der Fahrrinne bei Flußkilometer 156,5 (von Mannheim aus gerechnet) der inzwischen berühmte Altar gefunden, der zu Ehren des Kaiserhauses von dem Kaufmann Lucius Licinius Divixtus aufgrund eines Gelübdes gestiftet wurde, weil er nach einem Schiffsuntergang wieder zu guter Gesundheit und den Seinen zurückkehren konnte.

Alles in allem zeigen diese Funde sehr deutlich, daß im Vorfeld des römischen Neckarlimeskastells von Benningen hier im Mündungsgebiet der Murr größere Ansiedlungen im späten 1., im 2. und im 3. Jh. n. Chr. bestanden. Ob sie zu einer politischen Gemeinde zusammengehören, wie der aus Benningen stammende Altar des Vulkan, geweiht von den »Vicani Murrenses«, vermuten lassen könnte, muß eine genaue Analyse und Zusammenstellung der Siedlungsreste in diesem Gebiet ergeben. Die hier auf Gemarkung Murr untersuchten Gebäudeteile im Gewann »In den Böden« könnten als Schiffslände einer größeren Siedlung gedeutet werden.

Beim weiteren Bau der Umgehungsstraße stieß man ca. 200 m westlich auf der Anhöhe bei der ehemaligen Kelter von Murr in den Gewannen »Eckerten« und »Fleckenäcker«, etwa 150 m westlich der Kelter auf stark angeröteten Boden. Eine Untersuchung ergab Reste römischer Brennöfen, die jedoch sehr schlecht erhalten waren. Schon um 1970 wurden hier bei Kanalisationsarbeiten Reste von Brennöfen aufgedeckt. Dabei fanden sich auch Fehlbrände von Gebrauchskeramik.

Dieter Planck

Literaturhinweise
O. Paret, Die Römer in Württemberg 3 (1932) 345. – H. Zürn, Fundber. Bad.-Württ. 2, 1975, 186.

Magnetische Prospektion im römischen Gutshof »Burg« bei Altenburg, Stadt Reutlingen

Mittlerweile fließt auf der B 313 der Verkehr durch den tiefen Straßeneinschnitt, der den Höhenrücken südlich des Neckartals und zugleich den östlichen Teil des römischen Gutshofs »Burg« bei Altenburg quert. Die Archäologische Denkmalpflege hatte die Gelegenheit, diesen Bereich 1988 zu ergraben und 1989 ergänzende Beobachtungen anzustellen. Dabei konnte das 1988 erfaßte, massive und in seinen Resten gut erhalten gebliebene Gebäude 4 als Darre erkannt werden. Geringe Baustrukturen gaben sich noch in der Südostecke der Hofeinfassung zu erkennen. Nachträglich wurden außerdem einige römische Münzen bekannt, die angeblich »aus dem Aushub der Grabung stammen«. Bronzeprägungen von Trajan, Hadrian und Antoninus Pius sowie ein Denar des Macrinus (217/218

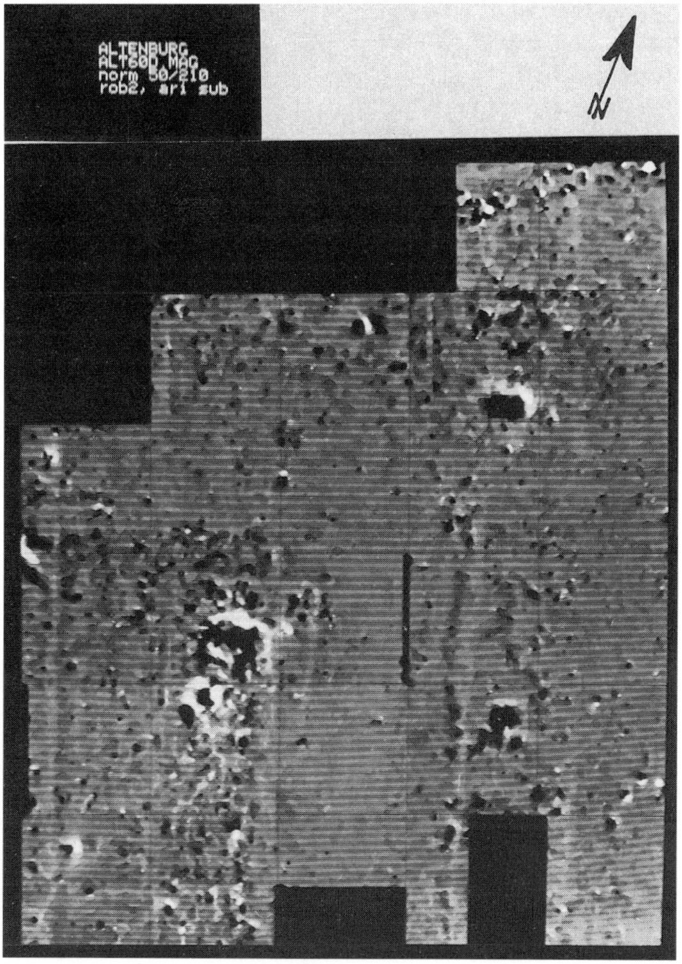

Abb. 95 Reutlingen-Altenburg. Burg. Magnetogramm der Meßfläche in der Grauwertdarstellung des Bildcomputers (Raster 20 × 20 m)

n. Chr.) dürften den Zeitraum umreißen, zu dem dieses Anwesen bestanden hat.

In das Projekt »Magnetische Prospektion archäologischer Bodendenkmäler in Baden-Württemberg« wurde der Gutshof aufgenommen, nachdem Planungen zu einem »Industriegebiet Mahden« angelaufen waren, in das die gesamte restliche Gutshoffläche einbezogen ist. Rasch sollten verläßliche und kostengünstige Planungsunterlagen vorliegen. Die Mittel der Luftbildarchäologie mußten ausscheiden, da der weit überwiegende Teil des zu untersuchenden Areals von Grünland bedeckt wird, was wiederum eine magnetische Prospektion entscheidend begünstigt. Der Gutshof »Burg« sollte schließlich für die Weiterentwicklung der magnetischen Prospektion selbst von großem Interesse werden. Er stellte eine besondere Herausforderung für Gerät, Meßdurchführung und Auswertung dar.

Die Grabungsbefunde von 1896 und 1988/1989 ließen Mauer- und Fundamentreste aus Stubensandstein und Liaskalkstein in Lehmboden erwarten. Bei solchen Bedingungen wird aus physikalischen bzw. gesteinsmagnetischen Gründen eine magnetische Prospektion erfahrungsgemäß sehr schwierig. Der Unterschied in der Magnetisierbarkeit und damit der magnetische Kontrast der Substanzen Lehmboden zu Kalkstein/Sandstein ist äußerst gering (mitunter 0,1–0,2 nT in der Gradientenanordnung des Cäsium-Magnetometers). Er bewegt sich damit bereits an der Auflösungsgrenze des Cäsium-Magnetometers (Empfindlichkeit +/– 0,05 nT). Zum Vergleich: Die Intensität des natürlichen Erdmagnetfelds beträgt in unseren Breiten ca. 50 000 nT. Da jedoch andere geophysikalische Prospektionsmethoden, wie beispielsweise die Geoelektrik oder die Seismik, einen unverhältnismäßig hohen Aufwand bedeutet hätten, wurde der Einsatz des Cäsium-Magnetometers vorgezogen. Eindeutig identifiziert werden konnten Mauern dort, wo sie in Winkelabweichung zur Pflugrichtung verlaufen. Denn bei Bodenunebenheiten von 5–10 cm, wie sie auch durch den Pflug entstehen, ergeben sich ähnlich stark negative Strukturen, wie sie von einem Kalkmäuerchen erzeugt werden. Bei der Interpretation eines Magnetogramms muß dies in jedem Fall bedacht werden. In unserem Fall kam zu Hilfe, daß Gebäudefluchten offenbar nirgendwo mit der Pflugrichtung übereinstimmen, das Untersuchungsgebiet großteils von Wiesenland bedeckt wird und die zu messende Ackerfläche noch nicht gepflügt war.

Sehr deutlich zeigt sich der Grundriß des Hauptgebäudes mit nicht ganz rechtwinklig geführten Mauerzügen und Innenhof (Abb. 96.1). Es handelt sich offensichtlich um eine gegen Osten gerichtete Portikusvilla mit Eckrisaliten. Vage deutet sich die Innenbebauung an. Im Innenhof und schiefwinklig zum Grundriß des Steingebäudes hebt sich durch eine kräftige positive magnetische An-

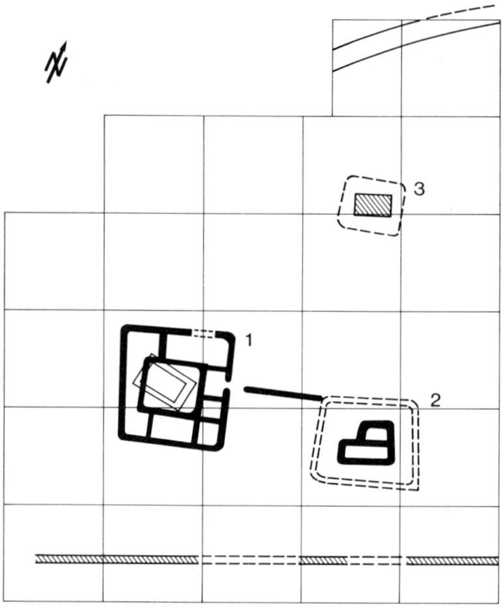

Abb. 96 Reutlingen-Altenburg. Burg. Interpretation des geophysikalischen Meßergebnisses. 1 Hauptgebäude, 2 Bad, 3 Nordteil des Gutshofsareals

omalie ein reichlich mit Ziegeln ausgestatteter Baukörper von etwa 8 × 5 m ab. Mit großer Wahrscheinlichkeit markiert er eine spätere Bauphase. Das Ergebnis entspricht im wesentlichen dem Plan von 1896, der interessanterweise ebenfalls eine merkwürdig winkelversetzte Baustruktur verzeichnet.

Offensichtlich ein Mauerzug, vielleicht eines Laubengangs, verbindet das Hauptgebäude 1 mit Baukomplex 2 (Abb. 96.2). Diesen charakterisiert eine starke positive magnetische Anomalie, wie sie nur durch intensive Brandeinwirkung hervorgerufen werden kann. Der Befund wird von Mauerwerk eingerahmt, und so liegt die Vermutung nahe, daß es sich um hypokaustierte Räumlichkeiten, wohl um das Bad handelt. Im Abstand von etwa 5 m parallel dazu verläuft eine positive magnetische

Anomalie, wie sie durch die Verfüllung eines Gräbchens oder die Pfostenstellung erzeugt werden kann.
Ein bislang unerkannt gebliebener Gebäudekomplex bildet sich im nördlichen Teil des Gutshofsareals ab (Abb. 96.3). Eine auf Hitzeeinwirkung zurückzuführende starke positive Anomalie wird wiederum von einem möglichen Pfostengräbchen umgeben.
Von der Hofeinfassung gibt sich lediglich die Südmauer zu erkennen. Im Norden zeichnet nach dem Grabungsergebnis 1988 der Feldweg den Verlauf der Mauer nach. Sie wird wohl im magnetischen Abbild des Untergrunds – und nichts anderes ist ja das Magnetogramm – von der stärkeren Störung, hier verursacht durch den verfestigten Boden des Wegs, überdeckt und damit unkenntlich.
Die südwestliche Partie des Hofareals mit ihrer Einfassung konnte nicht erfaßt werden. Hier verhinderte ein eingezäuntes Obstgrundstück die Messung. Der eisenhaltige Maschendrahtzaun hätte sich störend und hochgradig verfälschend auf das Ergebnis ausgewirkt. Vielleicht deutet dennoch eine magnetische Anomalie die südliche Gutshofbegrenzung an. Die Interpretation ist aber nicht eindeutig, da diese leider parallel zur Pflugrichtung verläuft. Klarheit müßte ein gezielter Grabungsschnitt bringen.
Im Detail des Magnetogramms deuten sich noch feinere Strukturen an, die möglicherweise noch schärfer gefaßt werden können. So verbergen sich möglicherweise noch Spuren einer Wasserversorgung, eines Wegenetzes oder eventueller zusätzlicher Holzbebauung. Funde der Grabungen 1988/89 lassen schließlich bauliche Strukturen einer bronzezeitlichen Siedlung erwarten.
Nur in Verbindung mit der Auswertung am Bildverarbeitungssystem des Bayerischen Landesamtes für Denkmalpflege konnte ein überraschend gutes Auswertungsergebnis erzielt werden (Abb. 95). Durch verschiedene Filterverfahren und Methoden der Kontraststeigerung, wie sie mit bildverarbeitenden Computern möglich ist, gelang es, die sehr schwachen negativen magnetischen Anomalien herauszumodellieren. Die Frage, ob der magnetische Kontrast der beiden Materialien Stein und Lehm genügen würde, um ihn für die Magnetik »sichtbar« zu machen, ließ sich am Fall Altenburg, »Burg«, erstmals positiv beantworten.
Das Ergebnis der magnetischen Prospektion an diesem Objekt gibt dem Archäologen nicht nur einen präzisen Grabungsplan an die Hand, mit dessen Hilfe sich wesentliche Teile des Grabungsbefundes von 1896 verifizieren lassen, es erweitert und vervollständigt auch unsere Kenntnis der magnetischen Prospektion in wesentlichen Punkten.

Jörg Faßbinder, Frieder Klein

Literaturhinweise
H. Becker, Verarbeitung magnetischer Prospektionsmessungen als digitales Bild. Arch. Jahr in Bayern 1984, 184 ff. – F. Klein, Arch. Ausgr. Bad.-Württ. 1988, 158 ff.

Fernstraße und Vorratsbauten in Sontheim / Brenz, »Braike«, Kreis Heidenheim

Zur Erinnerung an Bürgermeister Hermann Eberhard (1925–1990)

Die archäologischen Untersuchungen in der römischen Siedlung Sontheim-»Braike« durch die Abteilung für Provinzialrömische Archäologie der Universität Freiburg wurden planmäßig in einer elfwöchigen Grabungskampagne vom 1. August bis 13. Oktober fortgesetzt. Schwerpunkte der Arbeiten bildeten dieses Jahr die Fernstraße sowie Keller- und Speicherbauten, wobei insgesamt 2200 m² Fläche abgedeckt worden sind.

Fernstraße und Gräber. Außerhalb der römischen Anlage (Abb. 97) konnten die römische Fernstraße und mit ihr zusammenhängende Einrichtungen verfolgt werden, obgleich diese nicht unter unsere eigentlichen, von der DFG geförderten Grabungsziele fallen. Im Zuge einer Neubaumaßnahme, über die wir von Gemeinde und Bauträger frühzeitig unterrichtet worden waren, fand in der Zeit vom 28. Mai bis 1. Juni im Auftrag der Archäologischen Denkmalpflege in Stuttgart und unter der örtlichen Leitung von Heike Allewelt eine Notgrabung statt. Hierbei ließ sich nordöstlich der

Abb. 97 Sontheim/Brenz. Grundrißplan der Steinbauten, Stand 1990

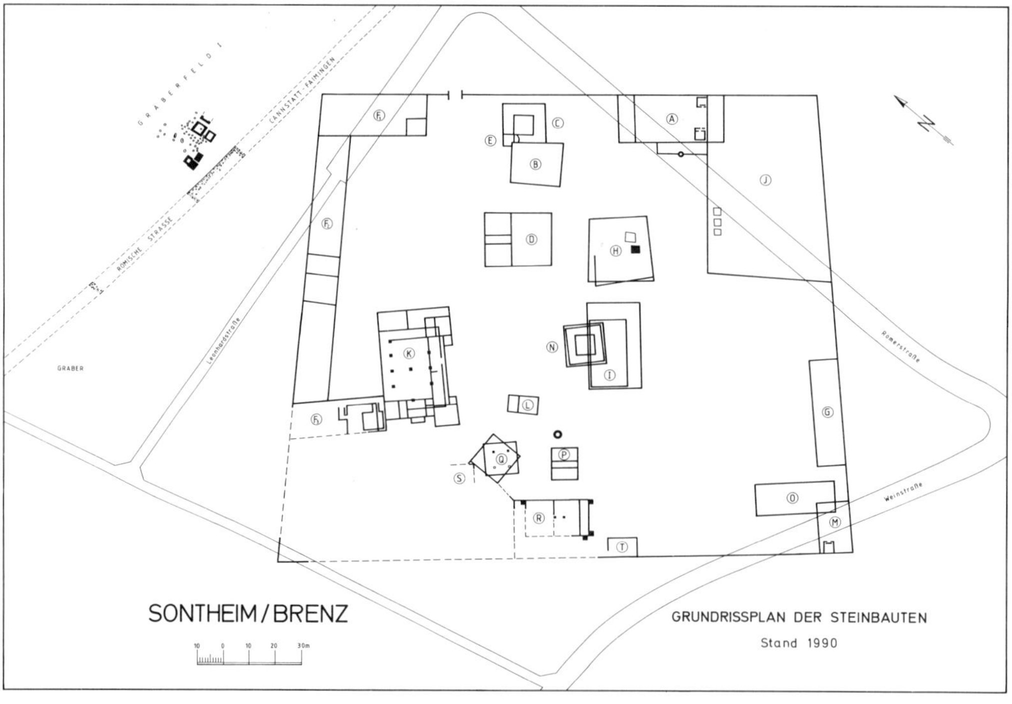

Siedlung das letzte noch freiliegende Stück der römischen Fernstraße Cannstatt–Faimingen auf 20 m Länge erfassen, bevor diese unter dem Zug der heutigen Leonhardstraße verschwindet.
Die Straße zeigte einen vergleichbaren, aber nicht denselben Aufbau wie 250 m weiter westlich. Ein trassierter Erddamm mit begleitenden Gräben war in 12 m Breite von späteren Kiesschüttungen überdeckt worden. Eingefahrene Wagenspuren hatte man mit Kalksteinen ausgebessert. Die höheren Straßenschichten erwiesen sich als abgepflügt. In Verbindung mit den Erkenntnissen aus den früheren Schnitten durch den Straßenkörper ist dessen Gesamtverlauf nunmehr in einem leicht geschwungenen Bogen vor der Nordseite der römischen Siedlung auf 250 m Länge gesichert.
Das nördlich der Fernstraße gelegene römische Gräberfeld, von dem dieses Jahr weitere Teile erforscht wurden (vgl. S. 159 ff.), dehnte sich nicht bis zur Höhe der Braikestraße aus. Dort legte man jedoch, auf den römischen Straßenkies hingestreckt, sechs Skelette gefallener Pferde frei, die z. T. noch Eisen an den Hufen trugen. Sie gehörten zu dem bereits bekannten Bestattungsplatz, der mit dem Schmalkaldischen Krieg zusammenhängt.
Die Kellerbauten im Flügel F3. Die Luftbilder von 1978 lassen im Bereich des Südostendes vom Flügelbau F3 (Abb. 97) eine Reihe eingezogener Mauern und eine hell kontrastierende Fläche erkennnen. Die Mauerzüge entpupp-

Abb. 98 Sontheim/Brenz. Kellerbauten in Flügel F3, Blick von Südosten

ten sich als Begrenzungen zweier sich zeitlich ablösender, ineinandergebauter Kelleranlagen, von denen die jüngere durch Steinversturz vollständig aufgefüllt war; sie hatte sich im Luftbild wie ein Mörtelboden abgezeichnet. In relativchronologischer Abfolge stand an dieser Stelle zuerst ein großer Keller, der noch nicht völlig aufgedeckt worden ist (Abb. 98). Er besitzt Mauerdicken von 1,10–1,20 m, nimmt eine Grundfläche von 9×9 m (über 80 m^2) ein und war von der nordwestlichen Außenseite zugänglich. Zwei rechteckige Nischen gliederten die Nordostwand des Kellers an der Innenseite, zwei abgeschrägte Luftschächte die gegenüberliegende Außenseite. Da die südöstliche Schmalseite beim Bau des jüngeren Kellers fundamenttief abgetragen worden war, läßt sich über ihr Aussehen keine Aussage mehr machen. Die Mauerritzen des Handquaderwerks aus Kalksteinen waren weiß verfugt und mit rotem Fugenstrich ausgemalt. Der Boden bestand aus dem anstehenden Lehm.

Die südwestliche Außenseite dieses ersten Kellers ging in der Folgezeit in der Außenflucht des Hallenflügels F3 auf (Abb. 98). Denn der südliche Mauerwinkel von F3 verband mit durchgehenden Baunähten, d. h. nachträglich, die Westecke des Haupthauses K mit der Südecke des Kellers. Es ist daher denkbar, daß sich über dem älteren Keller ursprünglich ein getrennt von K stehender Bau erhob. Dieses Bauwerk könnte nachträglich durch die angefügte Mauerecke in den neu zu errichtenden Hallenflügel einbezogen worden sein im Verein mit der ebenfalls an die Rückseite von K und die äußere Hofmauer stoßenden Nordostmauer von F3, die in 3 m Abstand parallel verlaufend einen Gang von K nach F bildete. Da die Südostmauer von F2 wiederum an F3 stößt, d. h. noch später eingezogen worden ist, muß wiederum der Flügel F3 eher als die Halle F2 gestanden haben.

Für die bauliche Rekonstruktion ergibt sich das Problem, daß die aufgeführte Abfolge der Bauarbeiten zwar relativchronologisch eindeutig festzulegen ist, schwieriger zu beurteilen ist jedoch ihr absoluter zeitlicher Abstand. Entweder wurde ein ursprünglich festgelegter Bauplan nicht in einem Zug, sondern in aufeinanderfolgenden Abschnitten verwirklicht oder ein anfangs isoliert stehender Bau, dessen Ausmaße dem älteren Keller entsprechen, durch eine spätere Änderung in ein umfassenderes Konzept einbezogen. Was beides nicht ohne Auswirkungen auf die Rekonstruktion der südwestlichen Gesamtfassade von K/F2 bleiben kann.

Sicher ist aber als letzte Maßnahme der jüngere, kleinere Keller von $5{,}50 \times 6$ m (33 m^2) in die nun stehende Halle hineingebaut worden (Abb. 98). Die Anlage dieses Kellers mit seinen 0,60–0,75 m breiten Mauern setzte die Auflassung des älteren voraus, dessen schräg abgerissene Südostmauer noch als Unterlage für die Holztreppe im neuen Zugang diente, während sie dann nach Westen zu auf Höhe des neuen Lehmbodens bis ins Fundament ausgerissen war. Die Südost- und Südwestmauer des jüngeren Kellers kamen unmittelbar an die Mauern von F3 zu liegen, wobei der bestehende Fensterschacht weiter benutzt, aber ensprechend nach innen erweitert worden war. Die Nordwestmauer des jüngeren Kellers war als Zweischalenmauerwerk im Freiraum des Vorgängers hochgezogen worden, dessen Steinmaterial wiederverwendet wurde. Der außenliegende, zuletzt als Kalkgrube genutzte Teil des aufgelassenen Kellers wurde verfüllt und mit Lehm zugestampft. Die Südostwand des zweiten Kellers war links vom Abgang durch eine breite Rechtecknische gegliedert, flankiert von zwei halbrunden. Der Versturz der Nordwestwand reichte hingegen so tief ins Kellerinnere, daß diese Details dort nicht mehr zu beurteilen waren. – Alle vier

Abb. 99 Sontheim/Brenz. Gemmenringe mit Darstellungen des Merkur und Meerestieren

Wände überzog durchgehend ein grauweißer, flächiger Mörtelputz. Dieser Keller hatte offenbar, nachdem er in seiner letzten Phase bereits vom Haupthaus K her mit Heizungsrückständen eingeschüttet worden war, längere Zeit offen gelegen, ehe er sich mit einstürzenden Mauersteinen füllte. – Die zahlreichen Kleinfunde aus dem aufgelassenen älteren, wie aus dem verstürzten jüngeren Keller, sind noch nicht abschließend bearbeitet. Stellvertretend seien hier zwei Gemmenringe abgebildet (Abb. 99).

Das Speichergebäude R. Der bereits im letzten Jahr angegrabene Speicherbau R konnte nunmehr so weit aufgedeckt werden, daß seine Länge auf 24 m, seine Breite auf 14,20 m zu bestimmen war. Die 0,90–1 m dicken, im oberen Teil mehrlagig gesetzten Fundamentmauern waren an der Südecke – erstmals an einem Gebäude in Sontheim beobachtet – bis zum schräggemauerten Fundamentabsatz erhalten, ein Befund, den wir den besseren Erhaltungsbedingungen im höhergelegenen Grabungsareal verdanken. Das Gebäude R wies mindestens drei Bauperioden auf. Ein Vorgängerbau, dessen abgebrochene und z. T. ausgeräumte Quermauerfundamente aus Findlingssteinen bestanden, besaß bereits dieselbe Breite wie alle folgenden. Die Fundamente der Längsmauern lagen genau unter dem späteren, so daß sich eine etwas kleinere Gesamtfläche von 21 × 14,20 m ergibt. Dieser wohl mehrgeschossige Bau wurde in späterer Zeit um 3 m nach Nordosten erweitert und an den Ecken mit gemauerten Schrägstützen versehen. Die vier bislang ergrabenen Lisenensockel haben Kantenlängen von 1,50 bis 1,80 m. Ein Feuer zerstörte diesen Speicher (horreum), wie eine Brandschicht im Innern und die Reste des planierten Ziegeldaches zeigen. Danach wurde der Bau neu aufgemauert und mit einem Vorbau um 5 m nach Nordwesten verlängert. Allerdings ohne erneute Verwendung der Lisenen, denn auf gleiche Höhe abgetragen waren deren Sockelflächen jetzt von Kies- und Schotterschichten der umgebenden Straße überdeckt. Als notwendiger statischer Ersatz dienten in der letzten Phase hölzerne Innenstützen. Zwei ihrer monolithischen Steinsockel wurden noch in situ angetroffen. Hierzu hatte man verworfene, d. h. von Adern durchzogene Altarrohlinge

Abb. 100 Sontheim/Brenz. Gebäude R. Altarrohling aus Kalkstein

aus Kalkstein verwendet (Abb. 100). Diese Stücke sind die ersten direkten Beweise dafür, daß in nächster Nähe ein Kalksteinbruch in Betrieb gewesen sein muß, der nicht nur die massenhaft gebrochenen Bausteine und das Grundmaterial für den Kalkmörtel lieferte, sondern darüber hinaus auch Halbfabrikate gehobeneren Handwerkerfleißes herstellte.

Gebäude T. Unmittelbar an die Außenmauer gesetzt kam unvermutet nordöstlich des Speicherbaues R das 0,60 m breite Streifenfundament eines kleinen Gebäudes T zum Vorschein. Aus Kalkbruchsteinen errichtet, ist es nach der Mitte des 2. Jh. zu datieren. Da die Fundamentkronen jedoch vom inneren Begleitweg entlang der Außenmauer überzogen wurden, kann das Haus nicht bis zur letzten Phase in Benutzung gewesen sein. Das Innere des Gebäudes deckte ein Lehmboden, auf dem sich an der Südostmauer ein halbrund gemauerter Kamin fand. Dieser legt nahe, daß das einräumige Haus von 6 × 9 m (54 m² Nutzfläche) Wohnzwecken diente – dem Aufseher über den danebenliegenden Speicherbau?

Außenmauer. Im übrigen haben wir gerade in diesem Bereich erneut und vergeblich nach Spuren des hölzernen Bohlenzauns gesucht, der wie an den übrigen drei Seiten auch die zweite Holzperiode im Südwesten begrenzen sollte. Der hölzerne Abschluß der Anlage bleibt aber weiterhin ungeklärt, sofern er nicht genau unter der späteren, 0,60 m breiten Steinmauer verläuft. Von dieser wurde im Vorgriff – ausgelöst durch eine bevorstehende Kanalbaumaßnahme – die Südecke der Anlage untersucht (Fläche 250). Die äußere Spitze war schon vom Bahnbau des 19. Jahrhunderts abgetragen, die innere jedoch so gut erhalten, daß eine eindeutige Festlegung möglich war. Der letztlich zu kleine Ausschnitt erlaubte aber noch keine Antwort auf die Frage, ob auch die beiden Schenkel dieses Mauerwinkels, ähnlich wie bei den übrigen drei Ecken, zu einem Anbau genutzt worden sind (Abb. 97).

Es ist uns ein Anliegen, auch dieses Jahr wieder allen Personen und Einrichtungen zu danken, mit deren Hilfe die Kampagne erfolgreich abgeschlossen wurde. Das Ministerium für Wissenschaft und Kunst Baden-Württemberg gab Mittel für die Anstellung einer wiss. Mitarbeiterin, die Deutsche Forschungsgemeinschaft für die laufenden Grabungsarbeiten. Mit Sach- und Dienstleistungen unterstützten uns die Universität Freiburg, das Landesdenkmalamt (Archäol. Denkmalpflege Stuttgart und Freiburg), die Gemeinde Sontheim/Brenz und Bürgermeister P. Welsch, die Firmen H. Röhm und H. Hebel, unsere Sontheimer Rentner sowie die Familie L. und F. Weibert. Dankbar begrüßen wir auch das wohlwollende Interesse, das uns die Staatssekretäre W.

Baumhauer und V. Schöttle nicht nur durch ihren Besuch entgegengebracht haben. Besonders möchte ich dem verstorbenen Altbürgermeister Eberhard von Sontheim/Brenz gedenken, dem wir im Verlauf der Jahre sehr viel zu verdanken haben. *Hans Ulrich Nuber*

Literaturhinweise

H. U. Nuber, Arch. Ausgr. Bad.-Württ. 1988, 168; 1989, 195 ff. – H. Allewelt, Eine »raetische« Fibelform. Jahrbuch Heimat- und Altertumsverein Heidenheim 1989/90, 39 ff. – H. Zürn, Fundber. aus Schwaben N.F. 18/II, 1967, 164 (Gräber des 16. Jh.).

Ausgrabungen im römischen Gräberfeld Sontheim/Brenz, Kreis Heidenheim

»Um die Bevölkerungsentwicklung erforschen zu können, würde man eine wissenschaftlich vollständig erschlossene Siedlung mit ebenfalls vollständig fachkundig ausgegrabenen Friedhöfen benötigen. Von einem solchen Idealfall sind wir unendlich weit entfernt . . .«, schrieb 1971 Hans-Jörg Kellner in seinem Buch über die Römer in Bayern. Die Gegebenheiten in Sontheim lassen die berechtigte Hoffnung zu, die Entfernung von diesem Idealfall zumindest etwas zu verringern.

Nach den ersten planmäßigen Grabungen im Jahre 1987 konnten 1990 dank der Unterstützung und in Zusammenarbeit mit freiwilligen Mitarbeitern der amerikanischen Foundation For Field Research (CA) die Arbeiten im römischen Gräberfeld von Sontheim/Brenz, Gewann »Braike«, im Anschluß an die alten Flächen wieder aufgenommen werden. Neben dem Umstand, daß hier Siedlung und zugehöriges Gräberfeld weitgehend vollständig zu untersuchen sind, zeigte sich in diesem Jahr die denkmalpflegerische Notwendigkeit dieser Ausgrabung besonders deutlich: Einige der Gräber waren durch den Pflug zerstört.

Innerhalb des untersuchten Areals wurde die römische Fernstraße Mainz–Augsburg am Abschnitt Urspring–Faimingen erneut geschnitten. Im großen und ganzen bestätigten sich die Ergebnisse der Vorjahre, die einen dreiperiodigen Straßenkörper mit den jeweiligen Straßengräben erbrachten. Auch die 1987 festgestellten, wohl vorrömischen Gräbchensysteme konnten in ihrer Ausdehnung weiter verfolgt werden, ohne jedoch schon abschließende Hinweise auf eine genaue Zeitstellung oder Funktion zu liefern.

Im Abstand von etwa 7 m zum nördlichen Straßengraben lag das mächtige Fundament eines 4×3,40 m großen Grabmonuments (Abb. 101), das bereits 1978 von O. Braasch im Luftbild festgehalten worden war. Es bestand aus 16 mehr oder weniger auf Quaderform zugehauenen Kalksteinfindlingen. Bei einer durchschnittlichen Höhe von ca. 0,40 m betrugen die Kantenlängen bis zu 1 m. Ein Fundament, das durchaus geeignet war, ein mehrere Meter hohes Denkmal zu tragen. Die zugehörige Bestattung wurde nicht gefunden, da sie im aufgehenden Teil des Bauwerks deponiert gewesen sein dürfte und der Abriß des Denkmals noch in römischer Zeit durch ein in die Abbruchschicht eingetieftes Brandschüttungsgrab nachzuweisen war. Dieses Monument dürfte vor der Mitte des 2. Jh. errichtet worden sein (Verwendung von Findlingssteinen), da man die Steinbrüche erst später eröffnete. Aufgrund der Sigillata des über dem Funda-

Abb. 101 Sontheim/Brenz. Römisches Gräberfeld. Fundamente von den Grabbauten mit umgebenden Brandgräbern

ment angelegten Grabes fand der Abbruch gegen Ende des 2. oder zu Beginn des 3. Jh. statt. Bereits 1987 war der Abbruch eines der Denkmäler in römischer Zeit festgestellt worden, ohne jedoch einen dafür ersichtlichen Grund erkennen zu können, falls es nicht die gewünschte freie Sicht von der vorbeiführenden Straße aus auf die zurückliegenden Denkmäler war. Zu erklären bleibt dann freilich die Hinwegsetzung über bestehendes römisches Sakralrecht, nach dem ein Grab als unverletzlich galt.

Im Abstand von etwa 1 m hinter diesem Denkmal kam das ca. 4,20 × 4,60 m große Fundament eines weiteren Grabbaues zum Vorschein (Abb. 101). Es bestand aus einer zweischaligen, 0,60 m breiten Kalkbruchsteinmauer, die bis zur ersten gesetzten Fundamentlage nur ca. 0,40 m tief und daher nicht bis in den anstehenden Lößlehm fundamentiert war. An der östlichen Schmalseite fiel eine apsidenförmige Ausbuchtung auf, die am Scheitelpunkt ca. 0,30 m über die äußere Bauflucht hinausreichte. Dies kann auf eine Ost-West-Ausrichtung des Denkmals deuten. Um die Nordwestecke des Monuments zog eine pflasterartige Kalksteinrollierung, die sich entlang der Westseite ca. 0,60–0,80 m, entlang der Nordostseite ca. 1,30–1,60 m erstreckte. Ob die Reste zweier noch unbestimmter Tierschädel aus dieser Rollierung als eine Art Opfer zu werten sind, muß noch offenbleiben. Die Zusammengehörigkeit von Rollierung und Grabgebäude ist stratigraphisch gesichert, ein befestigter Eingangsbereich wäre denkbar. Im Zentrum des Mauergevierts fand sich ein vergleichsweise reich ausgestattetes Urnengrab. Neben der Glasurne, die den sorgfältig ausgelesenen Leichenbrand und einen Bronzearmreif enthielt, fanden sich Hinweise auf eine Holzkiste, in der die Urne gestanden hatte. Die Beigaben waren ausschließlich auf dem Scheiterhaufen mitverbrannt worden. So fanden sich die verschmolzenen Reste mehrerer Glasgefäße, u. a. ein Millefiorischälchen, Teile einer rätischen Bildlampe sowie die verschmolzenen Reste mehrerer Bronzegegenstände. Bei einem fußförmigen Bronzefragment könnte es sich um den Fuß eines Kästchens handeln. Die Reste einer Gagat- und einer Bronzehaarnadel legen die Bestattung einer Frau nahe. Die Ausstattung sowie der erhebliche Aufwand des Grabbaues deuten auf eine Person aus dem Kreis der führenden Schicht dieser Siedlung.

Von einem dritten Grabbau, dem sechsten bislang gesicherten dieses Gräberfeldes, wurde erst eine Außenmauer angeschnitten, so daß zum jetzigen Zeitpunkt keine weitergehenden Aussagen gemacht werden können. Andererseits zeigte gerade dieser Befund die fortschreitende Zerstörung durch den Pflug besonders eindringlich, der nur noch die untersten Reste der Fundamentrollierung verschont hat. Alle sechs Denkmäler sind mehr oder weniger auf eine Linie orientiert, die merkwürdigerweise nicht parallel zur Straßenflucht verläuft. Der Abstand der Gräber zur Straße vergrößert sich nach Osten. Eine Erklärung hierfür steht noch aus.

Westlich und nördlich der Grabbauten gruppieren sich auf sehr engem Raum zahlreiche Brandgräber, von denen in diesem Jahr 33 untersucht werden konnten. Davon enthielten 13 eine Urne, während die übrigen 20 reine Brandschüttungsgräber waren. Außer in zwei Einzelbestattungen fand sich in mindestens einem Brandgrab das Skelett eines Neugeborenen neben dem Leichenbrand. Denkbar wäre hier, daß Mutter und Kind bei der Geburt oder kurz danach gestorben sind und dann gemeinsam beigesetzt wurden.

Die Beigaben der Brandgräber bestanden überwiegend aus zerbrochener sowohl verbrannter als auch unverbrannter Keramik. Unverbrannte Metallbeigaben blieben die Ausnahme: So enthielt ein Brandschüttungsgrab ein dolchartiges, geschweiftes Eisenmesser, das nahezu senkrecht im kompakten Leichenbrand steckte (Abb. 102).

Die diesjährige Grabung zeigte zum einen die Notwendigkeit, die von Zerstörung bedrohten Befunde möglichst rasch zu dokumentieren und zu bergen. Zum andern warf sie auch wieder unmittelbar Licht auf die Bewohner der Siedlung. Die große Dichte der stattlichen

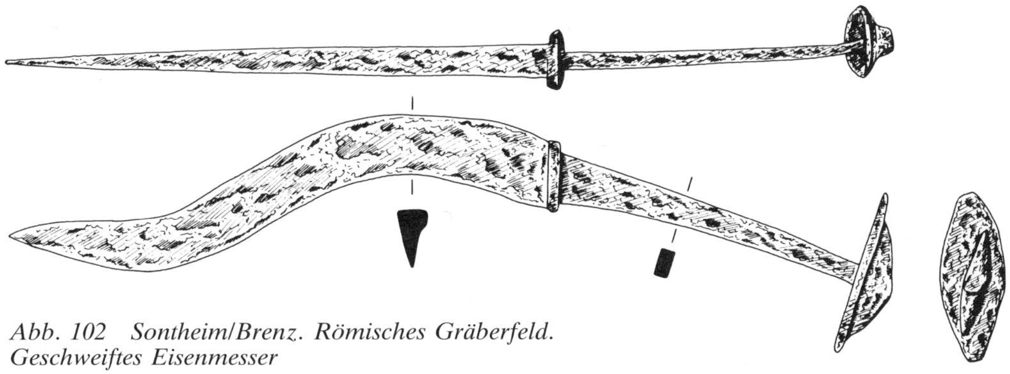

Abb. 102 Sontheim/Brenz. Römisches Gräberfeld. Geschweiftes Eisenmesser

Grabmonumente scheint die Ergebnisse der Grabung in der Siedlung zu bestätigen, in der sich durch den Nachweis ständig intensivierter Bautätigkeit ein steigendes Maß an Wohlstand widerspiegelt, ehe gegen Mitte des 3. Jh. ein tiefgreifender Einbruch erfolgte.
Bislang fehlen noch die frührömischen wie auch die frühmittelalterlichen Gräber, deren Ausgrabung aber ebenso gleichermaßen wichtig wäre, um die Gesamtbeurteilung der römischen Ansiedlung von Sontheim/Brenz vom Blickwinkel der ehemaligen Bewohner aus zu vervollständigen. Dies sollte sinnvollerweise ein Ziel der nächsten Jahre sein.

Andreas Schaub

Literaturhinweise

R. Ludwig, Arch. Ausgr. Bad.-Württ. 1987, 154 f. – H. U. Nuber, Arch. Ausgr. Bad.-Württ. 1989, 195 ff. – H. J. Kellner, Die Römer in Bayern (1971) 118 ff.

Pflanzenreste aus römischer Zeit von Sontheim/Brenz, Kreis Heidenheim

Von den Grabungen der Abteilung für Provinzialrömische Archäologie der Universität Freiburg im Gewann »Braike« in Sontheim an der Brenz wurden Bodenproben im Labor für Archäobotanik des Landesdenkmalamtes auf Pflanzenreste untersucht. Es handelte sich dabei um Material aus einem 1983 ausgegrabenen Brunnen und aus einer Kelleruntersuchung des Jahres 1989. Zwar sind die Untersuchungen noch nicht endgültig abgeschlossen, zumal die Grabungen in Sontheim fortgesetzt werden, doch sollen hier nun erste Ergebnisse mitgeteilt werden.
Die Probe aus dem Keller enthielt nur 26 bestimmbare Pflanzenreste, wovon knapp die Hälfte verkohlte oder mineralisierte Kulturpflanzen waren. Auch die Wildpflanzen, überwiegend Unkräuter, waren entweder mineralisiert oder verkohlt. An Kulturpflanzen wurden hier Hafer, mehrzeilige Gerste, ein nicht näher bestimmbarer Weizen, gebauter Lein, Schlafmohn und die Runkelrübe (*Beta vulgaris*) nachgewiesen. Die geringe Menge gefundener Reste weist darauf hin, daß hier keine Vorräte vorliegen, sondern der übliche Fundgehalt eines Kulturbodens als durch Zersetzungsauslese entstandener Rest pflanzlicher Abfälle.
Im Brunnen waren die Bedingungen für die Erhaltung von Pflanzenresten teilweise besser. So konnte von der Basis eine Probe geborgen werden, die bei einem Volumen von 6 l immerhin mehr als 16 000 überwiegend unverkohlte Pflanzenreste enthielt. Das Bestimmungsergebnis zeigt jedoch eine merkwürdige Artenzusammensetzung. So stammen weniger als 0,1 Prozent der Pflanzenreste aus diesem Brunnen von Kulturpflanzen, die restlichen 99,9 Prozent aber von Wildpflanzen. Die Liste der Nahrungs- und Gewürzpflanzen konnte hier noch um Dinkel, Leindotter (*Camelina sativa*), Rettich (*Raphanus cf. sativus*), Schildampfer (*Rumex scutatus*), Birne, Koriander und Kümmel erweitert werden.
Mehr als 90 Prozent der Wildpflanzen sind Arten, die bevorzugt in Ruderalfluren wachsen (Abb. 103). Pflanzen des Grünlandes haben sechs Prozent Anteil, wogegen Ackerunkräuter, Waldpflanzen und nicht zuordenbare Arten nur in geringer Menge auftreten. Was die

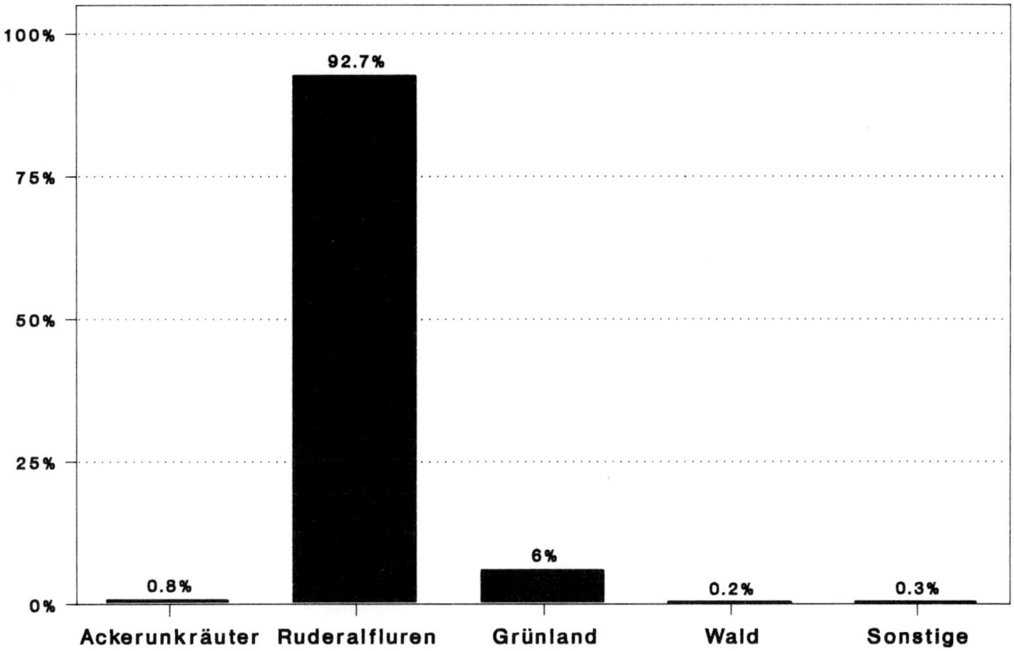

Abb. 103 Sontheim/Brenz. Aufgliederung der Wildpflanzen im römischen Brunnen in ökologische Gruppen

Grünlandpflanzen betrifft, so können nicht nur die beiden Hauptkomponenten, Sumpf-Kratzdistel (*Cirsium palustre*) und Wiesenkerbel (*Anthriscus sylvestris*), sondern auch die übrigen Arten durchaus im Kontakt mit Ruderalfluren oder sogar in solchen selbst vorkommen.

Die große, als Ruderalfluren bezeichnete Gruppe ist weiter aufzuschlüsseln: Die Ruderalgesellschaften im engeren Sinne (in pflanzensoziologischer Terminologie die Klasse der Artemisietea, Stickstoff-Krautfluren) haben hier mit über 96 Prozent den Hauptanteil. Daneben kommen Gehölze (vor allem der Traubenholunder, *Sambucus racemosa*), Pflanzen von Zweizahn-Schlammuferfluren (*Bidentetalia*), Trittrasen und Wegerauken-Fluren (*Sisymbrion*) vor. Eine weitere Aufschlüsselung der Ruderalfluren im engeren Sinne wäre möglich. Jedoch kann festgehalten werden, daß zwar etliche Arten der frischen bis nassen Saum- und Schleiergesellschaften vorkommen, die Masse des Materials jedoch von frischen bis mäßig trockenen und stärker besonnten Standorten stammt (Eselsdistel- und Klettenfluren, Onopordetalia und Artemisietalia). Einige vorkommende Arten seien erwähnt: Am häufigsten überhaupt ist mit 13 000 Samen die Große Brennessel (*Urtica dioica*), eine auch heute in vielen Ruderalgesellschaften häufige Art. Bevorzugt in trockeneren Standorten gedeihen der Pastinak (*Pastinaca sativa*), die Kleinblütige Königskerze (*Verbascum thapsus*) und das Bilsenkraut (*Hyoscyamus ni-*

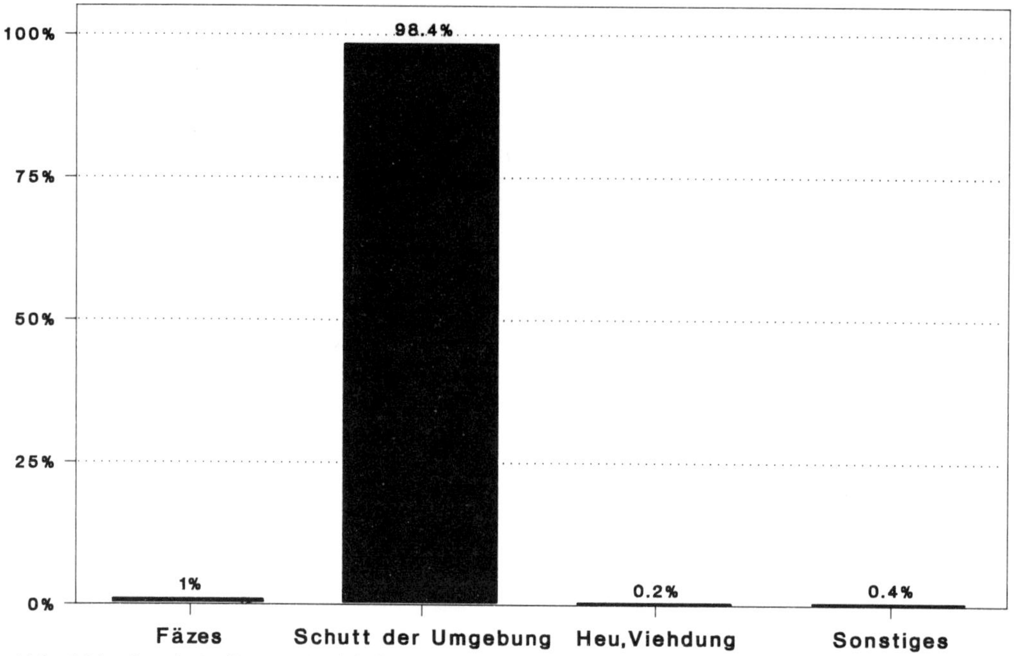

Abb. 104 Sontheim/Brenz. Wildpflanzen im römischen Brunnen, gegliedert nach Herkunft

ger). Größere Feuchtigkeit benötigen Filzige und Kleine Klette (*Arctium tomentosum* und *minus*), Giftschierling (*Conium maculatum*) und Beifuß (*Artemisia vulgaris*).

Betrachtet man die Pflanzenreste unter dem Gesichtspunkt ihrer Herkunft, so stellt man fest, daß nur knapp ein Prozent vermutlich aus menschlicher Fäzes stammt, dagegen gut 98 Prozent aus Schutt und Unrat der Umgebung, der Rest aus sonstigen Abfällen, wobei auch Heu oder Viehdung beteiligt sein könnten (Abb. 104). Mit anderen Worten: Dieser Brunnen wurde, nachdem er nicht mehr als solcher genutzt wurde, nicht wie sonst häufig der Fall als Latrinen- und/oder häusliche Abfallgrube genutzt, sondern in anderer Weise zugefüllt. Zu der Zeit fand nämlich offenbar in einem völlig verwilderten und zugewucherten Garten- oder Hofgelände in nächster Umgebung eine große Säuberungsaktion statt, und die anfallenden Grünabfälle wanderten anstatt auf den Kompost oder den Brandplatz eben in den Brunnen. Ein dicht benachbartes Vorkommen ziemlich trockener und feuchter bis nasser Stellen ist hier im Bereich des Siechenbaches, eines kleinen Nebenlaufes der Brenz, durchaus denkbar und sogar zu erwarten.

Wie bereits eingangs dargelegt, gelangten dennoch in geringem Umfang auch Kultur- und andere Nahrungs- und Nutzpflanzen in den Brunnen. Auch bei den hier der umgebenden ruderalen Vegetation zugeschlagenen Arten sind etliche, die genieß- oder zumindest nutzbar sind, wenngleich in diesem konkreten Fall hierfür keine Anhaltspunkte vorliegen. Als Wildgemüse nutzbar sind die Gewöhnliche

Gänsedistel (*Sonchus oleraceus*), der Wiesen-Sauerampfer (*Rumex acetosa*), die Große Brennessel (*Urtica dioica*) und der Pastinak (*Pastinaca sativa*), der Beifuß (*Artemisia vulgaris*) findet als Gewürz Verwendung. Als Heilpflanzen sind Wilde Malve (*Malva sylvestris*), Vogelknöterich (*Polygonum aviculare*), Königskerze (*Verbascum thapsus*) gebräuchlich. Zum Gewinn von Giften oder Drogen können Schierling (*Conium maculatum*) und Bilsenkraut (*Hyoscyamus niger*) verwendet werden. Die Früchte von Attich (*Sambucus ebulus*) und Traubenholunder (*Sambucus racemosa*) sowie vom Bittersüßen Nachtschatten (*Solanum dulcamara*) sind eßbar, wenngleich dies heutzutage kaum mehr praktiziert wird. Eine ganz besondere Art der Nutzung gerade zu römischer Zeit wird dem Aufrechten Ziest (*Stachys recta*) zugeschrieben, von dem immerhin 22 Teilfrüchte gefunden wurden, obwohl er zu den wenigen Pflanzen gehört, die wohl nicht in der näheren Umgebung des Brunnens gewachsen sind. Hegi schreibt in seiner Illustrierten Flora von Mitteleuropa: »Diese Art wird für die Sideritis gehalten, die im Altertum zu verschiedenen Heil- und magischen Zwecken, nach Plinius besonders auch zur Heilung von Hieb- und Stichwunden Verwendung fand. Die römischen Gladiatoren sollen sie als Amulett getragen haben.«

Manfred Rösch

Literaturhinweis

H. U. Nuber, Arch. Ausgr. Bad.-Württ. 1989, 195 ff.

Eine römische Straßenstation im Egertal bei Trochtelfingen, Stadt Bopfingen, Ostalbkreis

Entlang der Bundesstraße 29, die von Bopfingen nach Nördlingen im Egertal führt, wurde zu Beginn der diesjährigen Ausgrabungen (s. S. 84 ff.) die Trasse der neuen Erschließungsstraße für das Industriegebiet Südost auf Gemarkung Trochtelfingen abgebaggert und eine römische Straßentrasse mit Straßengräben auf einer Länge von etwa 350 m freigelegt sowie ein hallstattzeitliches Brandgräberfeld angeschnitten. Die Grabungsflächen waren im Norden von der Bundesstraße mit einem Begleitweg und einer Grünzone begrenzt, wogegen im Süden und Westen die zukünftige Industriebebauung weitere Untersuchungen zulassen wird.

Die römische Straße verläuft in einem weiten flachen Bogen südlich der modernen Bundesstraße; im Osten führt sie weiter entlang der südlichen Talseite, während die moderne Straße nach Osten über die Talaue der Eger hinweg nach Trochtelfingen abbiegt. Ihr Verlauf in Richtung Westen ist noch ungeklärt. Sie dürfte um den Fuß des Schloßberges herum nach Oberdorf und weiter entlang des Albtraufs in Richtung Aalen verlaufen sein; es ist jedoch nicht auszuschließen, daß eine Abzweigung das Heidmühlbachtal aufwärts nach Hohenberg auf die Albhochfläche führte, um dort auf die bereits ältere Straßentrasse zu stoßen, die von Oberdorf kommend über das Härtsfeld nach Heidenheim und nach Faimingen führte.

Entlang der römischen Straße stieß man auf bisher unbekannte römische Steingebäude sowie Spuren einer älteren Holzbebauung. Die Anordnung und Ausrichtung der Steingebäude zu der Straße hin sowie die unterschiedlichen Bauten des Ensembles lassen die Vermutung zu, daß es sich um eine römische Straßenstation (mansio oder mutatio) handelt. Die Erhaltung der Gebäudereste war vergleichsweise schlecht.

Von der römischen Straße war kein Straßenkörper vorhanden, da die Trasse unmittelbar auf dem festen Untergrund aus Weißjura-Hangschutt errichtet wurde. Vielmehr zeichnete sie sich durch doppelte Straßengräben mit einer Trassenbreite von 8–9 m aus; die Straßenfläche zwischen den Gräbchen war gut 6 m breit. Damit entspricht sie der Standardbreite römischer Straßen von 20 Fuß (knapp 6 m).

Die Straßentrasse besitzt eine ältere und eine jüngere Trassenführung, die sich im Bereich der Gebäudekomplexe spitzwinkelig schneidet (Abb. 105). Die ältere Trasse mit breiten und flachen bzw. doppelten Straßengräben wird von zwei jüngeren Steinbauten und einem Brunnen überlagert, während sich der Verlauf der jüngeren Trasse mit deutlich schmäleren und tieferen Straßengräben an den Steingebäuden orientiert. Im Westen war der Erhaltungszustand erheblich schlechter, und die Straßengräben dünnten aus.

Parallel zum nördlichen Straßengraben der älteren Trasse verlief in 1,20–1,50 m Abstand über eine Länge von 67 m ein Gräbchen, das jeweils rechtwinklig nach Norden umbog und von allen Steinbauten überlagert wurde bzw. über die Grabungsgrenzen hinweg nicht weiter zu verfolgen war (Abb. 105). Unter Gebäude 3 war zur Straße hin eine Unterbrechung mit einem Durchgang von knapp 2,50 m. Es dürfte sich bei diesem Gräbchen um eine Einfriedung durch einen Zaun oder eine Palisade mit einem Tor zur Straße hin handeln. Innerhalb der umfriedeten Fläche liegen verschiedene Pfostenstellungen, die vielleicht dieser älteren Holzbauphase zugeordnet werden können. Ob es sich dabei bereits um eine Vorgängeranlage der Straßenstation oder um ein ländliches Anwesen gehandelt hat, wird kaum mehr zu klären sein. Wie weit sich diese Anlage nach Norden erstreckt haben kann, konnte nicht geklärt werden, da sich dort die Bundesstraße befindet (Abb. 105).

Auf einer Länge von etwa 90 m konnten an der nördlichen Straßenseite vier Steingebäude freigelegt werden, die in deutlichem Bezug zu der Straßenachse lagen (Abb. 105). Kern des Gebäudeensembles sind drei kleinere Gebäude, zu denen ein großer Bau unmittelbar an der Straße gehörte. Im Mittelpunkt steht dabei das eigentliche »Rasthaus« und zwei kleinere Bauten, die dem römischen Reisenden dazu dienten, seinen üblichen täglichen Bedürfnissen auch auf einer langen Reise nachzugehen. Es sind ein kleines Badegebäude sowie ein kleiner quadratischer Bau, bei dem es sich vermutlich um ein Heiligtum handelt. Am Straßenrand lag ferner ein Brunnen mit hölzerner Brunnenverschalung.

Das vermutlich eigentliche Herbergsgebäude (Gebäude 1) war ein einfacher langrechteckiger Steinbau von mindestens 20×7 m

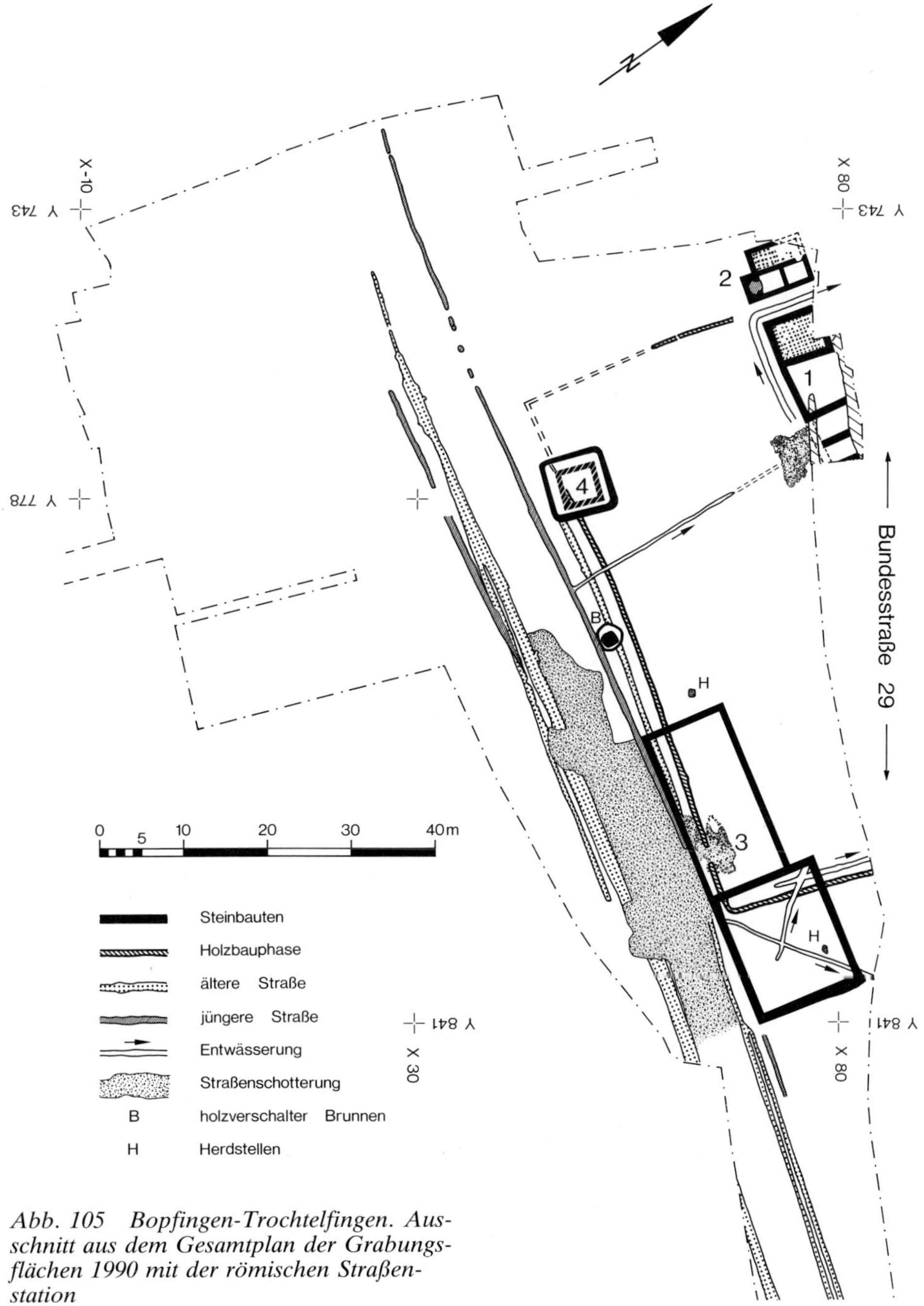

Abb. 105 Bopfingen-Trochtelfingen. Ausschnitt aus dem Gesamtplan der Grabungsflächen 1990 mit der römischen Straßenstation

Abb. 106 Bopfingen-Trochtelfingen. Westhälfte von Gebäude 1, dem Wohn- oder Herbergsgebäude, mit einem großen beheizbaren Raum. Davor ein mit Steinplatten abgedeckter Entwässerungskanal

(Abb. 105), dessen Mauerwerk durch neuzeitliche Geländeveränderungen teilweise stark zerstört war. Den Mittelpunkt des Gebäudes bildete im Westen ein größerer hypokaustierter Raum (Abb. 106), an den im Osten mindestens drei bis vier kleinere Raumeinheiten anschlossen. Der beheizbare Raum mag als Gaststube gedient haben, wogegen die kleineren Räume als Übernachtungsräume interpretiert werden können. Im östlichen Teil des Gebäudes sind viele Informationen über das Gebäude und seine ursprüngliche Größe verlorengegangen, da hier in einem Kanal der Heidmühlbach bis ins letzte Jahrhundert entlang der heutigen Bundesstraße geführt wurde.

Lediglich durch einen schmalen Korridor davon getrennt, lag im Westen das kleine Badegebäude (Gebäude 2) (Abb. 105), das zum »Blocktypus« zählt. Auf einer Grundfläche von nur etwa 6 × 8 m konnten dennoch zumindest die Grundbedürfnisse des Badegastes befriedigt werden. Im Norden konnte gerade noch eine Pfostenstellung eines hölzernen Vorbaus freigelegt werden, der als Eingangsbereich mit Umkleideraum zu deuten ist. In zwei Raumzeilen waren das Caldarium (Warmbad) und das Frigidarium (Kaltbad) angeordnet; das Frigidarium war in zwei kleine Räume mit Estrichfußböden aufgeteilt, an die im Süden in einer rechteckigen Apsis ein klei-

nes Kaltwasserbecken (Piscina) angefügt war. Das Caldarium bestand dagegen nur aus einem großen hypokaustierten Raum, dessen Nordseite durch den Straßenbau schon zerstört war. Dort muß sich das Präfurnium (Heizraum) befunden haben. Es ist nicht auszuschließen, daß an der zerstörten Ecke ebenfalls in einem Anbau ein Warmwasserbecken eingebaut war.
Die Gebäude entwässerte ein großer, mit Steinplatten abgedeckter Kanal (Abb. 106), der von Norden von der jüngeren Straße her eine Zuleitung besaß (Abb. 105).
Das große, ca. 38 m lange und 10–13 m breite Gebäude 3 lag unmittelbar an der Straße (Abb. 107); hier war der Bereich der Straße mit einer Schotterung versehen, die in den westlichen Teil des Gebäudes hinein zu verfolgen war. Leider waren nur noch Fundamentreste erhalten, die keine Anhaltspunkte zum aufgehenden Mauerwerk – insbesondere zu Eingängen – zulassen. Die Straßenschotterung an der Frontseite mag jedoch einen Hinweis darauf geben, daß sich in der Mitte der Gebäudefront ein großes Tor befunden haben muß, durch das die Reisewagen einfahren konnten. Bei diesem Gebäude dürfte es sich um ein großes Scheunen- und Stallgebäude handeln, das gleichzeitig als Remise für die Reisewagen diente. Im östlichen Gebäudeteil befand sich eine Feuer- oder Herdstelle. Ferner verlaufen darin mehrere Drainagegräbchen, so daß der Eindruck entsteht, daß sich dort der Stall mit Lagerplatz für das Gesinde befunden haben könnte.
Das auffallendste Gebäude 4 ist ein quadratischer Bau mit abgerundeten Ecken (Abb. 108)

Abb. 107 Bopfingen-Trochtelfingen. Die Grabungsflächen von Osten mit Gebäude 3, den Straßengräben und der B 29. Im Hintergrund der Beiberg und der Schloßberg

Abb. 108 Bopfingen-Trochtelfingen. Der kleine quadratische Bau 4 mit seinen beiden unterschiedlich fundamentierten Mauerringen

und einer Seitenlänge von etwa 8 m; im Innern befand sich eine weitere quadratische Fundamentierung, die leicht dezentriert lag. Zwischen beiden Mauern verläuft ein kleines (Entwässerungs-)Gräbchen. Die 0,60–0,80 m breite Fundamentierung der äußeren Mauer war aus groben größeren Kalkbrocken errichtet, wogegen die Rollierung des 5 m im Quadrat messenden inneren Baukörpers sehr sorgfältig aus ausgelesenen, kleinen Kalksteinen errichtet war. Die Fundamentierung der äußeren Mauer war überdies wesentlich tiefer als die der inneren Mauer, weshalb der Eindruck entsteht, daß der äußere Mauerring ein massives Mauerwerk trug, während der innere quadratische Mauerring lediglich einen Einbau darstellt. Sein nicht mehr erhaltenes aufgehendes Mauerwerk muß mit weißem Mörtel mit Fugenstrich versehen gewesen sein, wie dies entsprechende Mörtelfunde aus dem Bauschutt zwischen den beiden Mauerringen belegen.

Die Interpretation des oder der Baukörper und ihre ehemalige Bestimmung ist schwierig. Funde, die einen kultisch-religiösen Inhalt belegen würden, fehlen. Auch wurden keine Hinweise auf Gräber beobachtet, die auf einen Grabbau hinweisen würden. Die beiden unterschiedlichen Fundamentierungen können auf Bauabfolgen hinweisen, die jedoch aus dem Befund heraus (Profile!) nicht abzulesen waren. Die Bauform läßt am ehesten an einen Turm oder an ein Sanktuarium denken. Ein Turm an dieser Stelle hätte der Überwachung dieses Straßenabschnitts dienen können.

Mir scheint jedoch die Interpretation der Fundamente als Reste eines Sanktuariums am wahrscheinlichsten. Ich neige zu der Ansicht, daß die beiden Mauerreste gleichzeitig errichtet wurden. Es könnte sich um die degenerierte Form eines gallo-römischen Umgangstempels handeln, der keinen richtigen Umgang mehr besaß. Der Aufbau über der äußeren Fundamentierung kann sehr unterschiedlich gewesen sein. Da das Mauerwerk des inneren Mauerrings, der Cella, jedoch auf Sicht mit Fugenstrich gearbeitet war, halte ich einen Mauersockel für denkbar, der die Holzstützen für das Dach trug. Die Cella könnte dann in einer leichten Bauweise errichtet gewesen sein.

Zwischen Stallgebäude und Tempel lag an der Straße ein Brunnen (Abb. 109). Der Brunnenschacht war 4 m in den anstehenden, sehr dichten Weißjura-Hangschutt eingetieft. In etwa 2 m Tiefe wurden lehmige Schichten angetroffen, die Hangwasser vom Albtrauf transportierten. Ab dieser Tiefe war im feuchten Milieu die vollständige hölzerne Brunnenverschalung aus schweren Eichenbohlen erhalten. Sie maß 1,35 m im Quadrat, und an den Enden waren die Bohlen miteinander verplattet (Abb. 109). In Abständen von 0,40 m waren in allen vier Ecken sorgfältig gearbeitete Sprossen eingefügt. Die Brunnensohle war ebenfalls mit Bohlen ausgelegt. Es gibt deutliche Hinweise dafür, daß der Brunnen in regelmäßigen Abständen gereinigt wurde. Dies hat sicherlich auch mit Schuld daran, daß in seiner Verfüllung kaum nennenswerte Funde geborgen werden konnten. Allerdings war der Erhaltungszustand der botanischen Reste sehr gut, so daß zahlreiche Proben genommen und die gesamte Verfüllung geschlämmt werden konnte. In 3–4 m Tiefe sammelte sich während der Ausgrabungen ständig sehr viel Wasser und mußte abgepumpt werden. Hier war offensichtlich auch das Niveau der römischen Talaue erreicht, das heute etwa 2 m unter der modernen Aue liegt. Somit war mit Erreichen des Grundwassers und dem Auffangen des Hangwassers vom Albtrauf die Wasserversorgung über das ganze Jahr hinweg gewährleistet.

Abb. 109 Bopfingen-Trochtelfingen. Brunnen mit gut erhaltenen Eichenbohlen der Brunnenverschalung und Trittstufen in allen vier Ecken

Von den Eichenhölzern wurden von B. Bekker, Universität Hohenheim, Proben für eine dendrochronologische Datierung genommen. Erste Datierungen haben ergeben, daß die Brunnenhölzer nicht vor 230 n. Chr. geschlagen wurden. Waldkanten scheinen nicht erhalten zu sein, weshalb auch ein Datum nach 230 denkbar ist. Erst die Datierungen aller Proben werden sichere Anhaltspunkte auf ein noch genaueres Fällungsdatum ergeben.

Die Straßenstation im Egertal bei Bopfingen, die wohl als Wechselstation (mutatio) angesprochen werden kann, lag an einer wichtigen Straßenachse von Ost nach West, die mit der Vorverlegung des obergermanisch-rätischen Limes nach der Mitte des 2. Jh. n. Chr. die kürzeste Verbindung vom östlichen Rätien – etwa von Regensburg (Castra Regina) – über Bad Cannstatt im Neckarland in das Rheinland darstellt. Erst mit der Anlage des äußeren Limes waren die verkehrsgeographischen Voraussetzungen für diese Straßenachse erfüllt: Das gesamte Nördlinger Ries, das Vorland der östlichen Schwäbischen Alb sowie das Remstal

waren nun in die Reichsgrenzen einbezogen. Zuvor befand sich die Grenze – der Alblimes – seit dem späten 1. Jh. auf der Schwäbischen Alb und verlief durch das Ries mit den Kastellen in Oberdorf und Munningen.
Das Kastell in Oberdorf bestand im 3. Jh. n. Chr. schon lange nicht mehr; es gibt jedoch unterschiedliche Hinweise darauf, daß im Vicus noch im 3. Jh. eine rege Siedlungstätigkeit im Gange war. Ob ein Zusammenhang zwischen der Straßenstation und dem Vicus in Oberdorf bestand, ist unklar; es ist jedenfalls auffallend, daß sie in etwa 3 km Entfernung zueinander liegen. Ist dies etwa mit unterschiedlichen Zuständigkeiten der zivilen und militärischen Verwaltung zu verstehen? Es wäre immerhin denkbar, daß die Station erst im Zuge des Ausbaus des Straßennetzes im 3. Jh. durch das Militär angelegt wurde, als die Zuständigkeiten der Militärverwaltung in Oberdorf schon lange nicht mehr vorhanden waren. Diese Vermutung unterstützt das späte Fällungsdatum der Bauhölzer des Brunnens. Zwar belegen die Keramik- und Kleinfunde, daß die Anlage im 3. Jh. stark frequentiert war, jedoch kann noch nicht beurteilt werden, ob die Steinbauten ebenso spät wie der Brunnen errichtet wurden. Ob die Anlage möglicherweise erst nach 233 errichtet wurde und vielleicht auch nach dem Fall des Limes weiterbestanden haben könnte, werden erst die endgültigen dendrochronologischen Datierungen und die detaillierte Bearbeitung des Fundmaterials ergeben können. *Rüdiger Krause*

Literaturhinweis

R. Krause, Arch. Ausgr. Bad.-Württ. 1989, 117 ff.

Magnetische Prospektion eines römischen Kastells auf den »Weiherwiesen« bei Essingen, Ostalbkreis

Die archäologische Fundstelle auf den »Weiherwiesen« wurde als eines der Testobjekte für das Projekt »magnetische Prospektion archäologischer Denkmäler in Baden-Württemberg« ausgewählt. Ein durch die Luftbildarchäologie entdecktes römisches Kastell (vgl. S. 308) sowie weitere archäologische Fundstellen auf den »Weiherwiesen«, die auf eine antike Eisenverhüttung schließen ließen, gaben den Anlaß dazu.
Entscheidend für die magnetische Prospektion war aber nicht zuletzt, daß es sich hier um ein Naturschutzgebiet handelt. Zur Prospektion der fast 2 ha großen Fläche wurde ein auf einen Meßwagen montiertes Cäsium-Magnetometer in Vertikalgradienten-Anordnung bei 20 cm Bodenabstand eingesetzt (Abb. 110). Durch die automatisierte Datenaufnahme konnten die fast 80 000 Meßwerte in Halbmeterintervallen innerhalb von vier Tagen gemessen werden. Die Daten wurden dann im Labor des Bayerischen Landesamtes für Denkmalpflege auf einen bildverarbeitenden Computer übertragen und anschließend zu einem digitalen Bild weiterverarbeitet. Bei dieser Datenverarbeitungstechnik wird jeder einzelne im Gelände gemessene Wert als Bildpunkt betrachtet und in einen Grauwert von 0 (schwarz) bis 256 (weiß) invertiert. Das so gewonnene Magnetogramm (Abb. 111) läßt

Abb. 110 Essingen. Magnetische Prospektion auf den »Weiherwiesen« mit dem Cäsium-Magnetometer. Die zwei Magnetometersonden (Pfeil) sind in Vertikalgradientenanordnung auf einem Holzwägelchen montiert. Die Datenaufnahme erfolgt über ein Kabel auf einen batteriebetriebenen Computer (rechts im Bild)

sich in dieser Bilddarstellung leichter interpretieren. Im Gegensatz zur graphischen Darstellung (vgl. S. 176) werden hier die Fähigkeiten des menschlichen Auges zur Erkennung feinster Strukturen und Helligkeitsunterschiede optimal genutzt. Mit der Technik der digitalen Bildverarbeitung ist es dann sogar möglich, ein entzerrtes, maßgerechtes Luftbild mit einem Magnetogramm zu kombinieren, welches nun die Information beider Prospektmethoden enthielte.

Die Prospektionsfläche wurde so großzügig bemessen, um eventuelle Außenbebauungen zu erfassen bzw. um weitere Aussagen, insbesondere auch zur Eisenverhüttung zu treffen. Im Süden und Westen durch den Wald begrenzt, wurde im Osten weit über den zu erwartenden Grabenverlauf hinaus gemessen. Das Magnetogramm (Abb. 111) gibt die Umrisse des Kastells nur sehr schwach wieder, die Überreste der intensiven Eisenverhüttungstätigkeit auf dem ganzen Areal dominieren. In einem breiten Band überziehen Schlackenhalden den Innenbereich des Kastells und verhindern in weiten Teilen den Nachweis einer Innenbebauung.

Sehr deutlich ist der Grabenverlauf im Südteil der Fläche zu verfolgen. An drei Stellen dieses Grabenabschnitts liegen dabei die Meßwerte außerhalb des Meßbereiches des Cäsium-Magnetometers und stellen sich daher im Magnetogramm nur als Schwarz-Weiß-Anomalie dar. Wie eine im August 1990 durchgeführte Grabung bestätigte, handelt es sich hierbei um

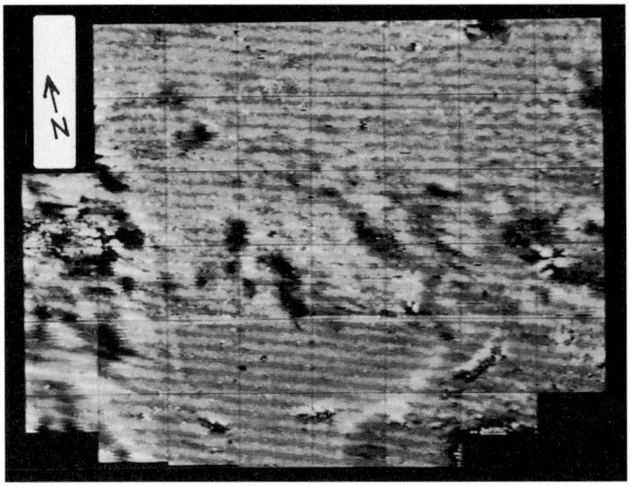

Abb. 111 Essingen. Magnetogramm in digitaler Bilddarstellung des Areals »Weiherwiesen«. Cäsium-Magnetometer, Raster 0,5 m/1,0 m, Dynamik −10 nT/+15 nT in 256 Graustufen, 20-m-Gitter

eine Grabenverfüllung mit eisenhaltigem Schlackenmaterial. Die im Magnetogramm sichtbaren Pfostenspuren in der Südwestecke der Anlage erwiesen sich als die Fundamentreste eines Turmes.

Der Nordostteil ist weitestgehend schlackenfrei, so daß sich hier die Innenbebauung am deutlichsten abzeichnet. Zwar war schon im Luftbild im Norden des Kastells ein Tor sichtbar, aber erst durch die Magnetik konnten Konstruktionsdetails der Toranlage nachgewiesen werden. Im Nordwestbereich gelang der Nachweis eines langrechteckigen Pfostenhauses (Abb. 112).

Schwer zu beurteilen ist ein Befund, der im Osten außerhalb des Kastells beobachtet werden konnte. Es handelt sich um eine Grabenanlage mit rechteckigem Grundriß, dessen

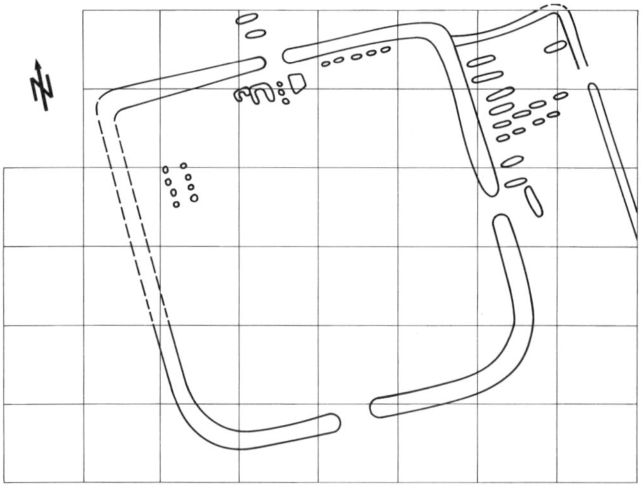

Abb. 112 Essingen. Hochzeichnung der archäologischen Strukturen aus dem Magnetogramm, 20-m-Gitter

Ausrichtung parallel zum Kastell verläuft und der Spuren einer Innenbebauung enthält. Die Frage, ob es sich um einen Anbau am Kastell handelt, oder ob in einer späteren Bauphase lediglich dieselbe Bauflucht verwendet wurde, konnte die Magnetik nicht klären. Denn gerade in dem Bereich, wo ein eventueller Zusammenhang zwischen Kastell und Grabenanlage herzustellen gewesen wäre, fanden sich wieder große Schlackenmengen, welche die feineren Strukturen überlagerten.
Obgleich in mancherlei Hinsicht kleine Einschränkungen zu machen sind, glauben wir, mit unserem Kastell auf den »Weiherwiesen« ein Beispiel für eine fast ideale Ergänzung von Luftbildbefund und magnetischer Prospektion gefunden zu haben. War der Luftbildbefund den Meßergebnissen der Magnetik im West- und Ostteil der Anlage deutlich überlegen, so konnten umgekehrt die im Luftbild nicht erkennbaren Befunde im Nordost- und Südteil durch die Magnetik erschlossen werden. Nur durch dieses Zusammenwirken war eine gezielte Grabungsvorbereitung möglich geworden.

Jörg Faßbinder

Literaturhinweis

H. Becker; Zusammenwirken von geomagnetischen Messungen, Luftbildarchäologie und der Einsatz der elektronischen Datenverarbeitung bei der archäologischen Prospektion. Archaeologica Peruana 1, 1987. 119 ff.

Zwei Jahre archäometallurgische Forschungen auf der Ostalb

Seit dem Sommer 1989 führt das Landesdenkmalamt das Projekt »Die vor- und frühgeschichtliche Eisengewinnung auf der östlichen Schwäbischen Alb« durch. Das Vorhaben, finanziert von der Volkswagenstiftung, wurde im letzten Band der Archäologischen Ausgrabungen vorgestellt. Damals konzentrierten sich die Untersuchungen auf den östlichen Teil des Arbeitsgebietes, das Härtsfeld, mit den Ausgrabungen bei Heidenheim-Großkuchen im Mittelpunkt. Seitdem sind zahlreiche Fundstellen begangen worden, auf denen Rennfeuerschlacken Hinweise auf eine ehemals betriebene Verhüttung geben. Sie belegen, daß die Bohnerzvorkommen des Härtsfeldes bereits vor der Errichtung von Hochöfen an Kocher und Brenz ausgebeutet wurden. Die frühe Rennfeuerverhüttung setzte spätestens während der jüngeren Latènezeit ein, wie ein Befund aus Hermaringen zeigt.
Doch im wesentlichen konzentrierten sich die Arbeiten des vergangenen Jahres auf den Nordalbuch im westlichen Teil des Arbeitsgebietes. Hier wurde die Fundstelle Essingen »Weiherwiesen« ausgegraben, in deren Umgebung besonders günstige Bedingungen für die Zusammenarbeit von Archäologie, Archäobotanik, Geologie und Mineralogie herrschen. Im Verlauf der Ausgrabungen wurde umfangreiches metallurgisches Fundmaterial aus gesicherten archäologischen Zusammenhängen geborgen. Mineralogische Untersuchungen erlauben eine sichere Deutung der Schlacken als Überreste eines Rennfeuerprozesses. Geologische Untersuchungen erbrachten den Nachweis bislang unbekannter Erzvorkommen in den Feuersteinlehmen des Nordalbuch, die den Rohstoff für die Eisenverhüttung lieferten. Pollenanalytische Untersuchungen im Umkreis der Ausgrabungen zeigen, daß die Vegetationsgeschichte des Nordalbuch bis in Einzelheiten mit den archäologischen Ergeb-

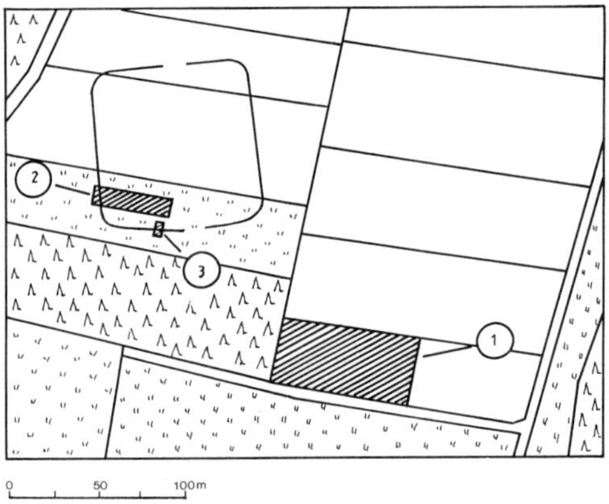

Abb. 113 Essingen. »Weiherwiesen«. Römisches Kastell, Umriß leicht schematisiert und ergänzt. 1 Befunde der Urnenfelderkultur, der Späthallstattzeit und des Mittelalters, 2 Sondage im römischen Kastell, 3 Schnitt durch Kastellgraben mit Schlackenkonzentration

nissen korreliert werden kann. Wichtig ist der Nachweis einer Phase besonders intensiven Holzeinschlags in frühgeschichtlicher Zeit. Der Raubbau am Wald ist auf den erhöhten Holzkohlenbedarf für die Eisenverhüttung zurückzuführen.

Außerdem ist über die Ausgrabung eines Verhüttungsofens in Metzingen, Kreis Reutlingen, zu berichten. Dort, im Vorland der mittleren Schwäbischen Alb, liegt ein Erzrevier, das sich in mancher Hinsicht von der Ostalb unterscheidet, so daß aufschlußreiche Vergleiche möglich sind.

Essingen, Ostalbkreis (Abb. 113). Auf den nördlichen Randhöhen des Albuch liegt nicht weit vom Albtrauf das Gewann »Weiherwiesen«. Die schon länger bekannte Fundstelle bietet besonders günstige Voraussetzungen zur Erforschung der antiken Eisengewinnung. Der Platz wurde von April bis September 1990 ausgegraben. Unser Dank gilt allen, die mit Rat und Tat die Grabungen unterstützten, besonders aber den einsatzfreudigen Helfern aus Essingen. Ein Luftbild von O. Braasch gab den Anstoß, auf den »Weiherwiesen« ein römisches Kastell zu vermuten (vgl. S. 308). Eine ausgedehnte geomagnetische Prospektion (vgl. S. 172) und die diesjährigen Ausgrabungen, die einen Teil der Umwehrung sowie einen Ausschnitt der Innenfläche in der Südwestecke aufdeckten, machten diese Vermutung zur Gewißheit. Im Verein erlauben alle drei Methoden – Luftbild, Geomagnetik und Ausgrabung –, ein recht detailliertes Bild von dem römischen Kastell auf den »Weiherwiesen« zu zeichnen.

Das Kastell war annähernd quadratisch mit einer Seitenlänge von ca. 90 m und hatte zwei genau gegenüberliegende Tore im Norden und Süden. Einschließlich der Umwehrung betrug der Umfang der Anlage 0,80 ha, wobei die Innenfläche, gemessen ab der Innenkante der Umwehrung, 0,60 ha einnahm. Die Umwehrung bestand aus einem Spitzgraben von 4,50 m Breite und 2,20 m Tiefe, innerhalb dessen in einem Abstand von 2 m möglicherweise eine Rasensodenmauer verlief. In den Ecken standen Türme, deren mächtige Stützpfeiler tief in den Boden eingegraben waren. Die Breite des Intervallum, das durch einen seichten Graben von der bebauten Innenfläche getrennt war, betrug 4 m. Auf der Innenfläche standen Schwellbalkenbauten, die zumindest einmal erneuert oder repariert wurden, wie Überschneidungen zeigen.

Die Funde, fast ausschließlich Keramik, stammen vom Ende des 1. und aus der ersten Hälfte des 2. Jh. Die Anlage bestand demnach gleichzeitig mit den Kastellen des sog. Alblimes. Inwiefern unserem Kastell eine militärische Funktion in Verbindung mit anderen frühen Anlagen auf der Schwäbischen Alb zugewiesen werden kann, muß offenbleiben.

In der Verfüllung des Kastellgrabens lagen im-

Abb. 114 Essingen. »Weiherwiesen«. Römisches Kastell, Düsenziegel

mense Mengen Eisenschlacke. Die größeren Brocken geben sich als Überreste von kuchenförmigen Gebilden zu erkennen, die im Zentrum 15 cm stark sind, zum Rand hin ausdünnen und ursprünglich einen Durchmesser von ungefähr 50 cm hatten. Dazwischen steckten zahlreiche Bruchstücke von Düsenziegeln und verziegelte Ofenwandungsteile. Die Ziegel hatten eine Kantenlänge von mindestens 11 cm, die lichte Weite der Düsenöffnung betrug 2 cm (Abb. 114). Die Verhüttungsöfen, die diesen Abfall produzierten, standen sicher in unmittelbarer Nähe. Von ihnen ist nichts mehr in situ erhalten.

Die Schlacken lagen in den oberen Schichten des Kastellgrabens, dicht gepackt wie ein Pflaster. Sicherlich sind sie dort absichtlich hineingeworfen worden, vielleicht um den Untergrund über dem verfüllten Graben zu festigen. Doch wann geschah dies? Durchgehend enthalten alle Verfüllungsschichten handgemachte frühalamannische Keramik der Völkerwanderungszeit. In dieser Zeit sind auch die Schlacken in den Graben gelangt, der offenbar noch lange nach der Aufgabe des Kastells offen gelegen hatte. Die Schlacken müssen also frühalamannisch oder älter sein. Es spricht manches dafür, daß die Verhüttungsrückstände aus der frühalamannischen Phase stammen. Aus dieser Zeit, unmittelbar nach dem Fall des rätischen Limes, sind auf der Alb eine ganze Reihe von Fundstellen mit metallurgischem Fundmaterial bekannt. Man darf vermuten, daß gerade die Eisenerze der Schwäbischen Alb die frühalamannischen Siedler anlockten. Gewißheit in der Datierung des metallurgischen Fundmaterials aus Essingen werden die naturwissenschaftlichen Untersuchungen bringen. Überraschend war die Aufdeckung einer ausgedehnten urnenfelderzeitlichen Siedlung. Eine stellenweise erhaltene Kulturschicht und große Gruben ergaben umfangreiches Fundmaterial. Dieser Befund korrespondiert gut mit den pollenanalytischen Untersuchungen, wonach auf der zuvor fast siedlungsfreien Hochfläche des Albuch ab der Urnenfelderkultur eine dauerhafte Besiedlung mit Ackerbau und Viehzucht einsetzt.

Der Rest eines Kreisgrabens von 15 m Durchmesser und vier Brandgräber gehören zu einem kleinen späthallstattzeitlichen Friedhof, der ursprünglich sicher mehr Gräber umfaßte. Die Gräber lagen locker gestreut um den Kreisgraben und waren sehr schlecht erhalten. Das größte Grab enthielt drei völlig zerdrückte Gefäße. Ein großer Topf diente als Urne. Daneben stand ein Hochhalsgefäß. In der Urne lag neben einer Henkeltasse ein gegossenes Melonenarmband aus Bronze (Abb. 115). Die zugehörige Siedlung konnte trotz der umfangreichen Prospektion und der ausgedehnten Grabungen nicht gefunden werden. Zwischen den urnenfelderzeitlichen, späthallstattzeit-

Abb. 115 Essingen. »Weiherwiesen«. Späthallstattzeitliches Brandgrab. Im Vordergrund die völlig zerdrückte Urne, darin ein bronzenes Melonenarmband

lichen und römischen Befunden lagen hoch- bis spätmittelalterliche Siedlungsreste. Die Entwirrung der Befunde und ihre Aufgliederung in die einzelnen Phasen wird noch einige Zeit in Anspruch nehmen.

Metzingen, Kreis Reutlingen. Auf der östlichen Schwäbischen Alb gibt es auffälligerweise keine Schlackenhalden, wie man sie aus anderen antiken Verhüttungszentren kennt. Soweit sich Verhüttungsplätze erhalten haben, fanden sich ihre Überreste immer in Gruben, Gräben oder unter einer mächtigen, schützenden Überdeckung.

Wie ist das Fehlen der Schlackenhalden zu erklären? Über viele Jahrhunderte bis in unsere Zeit standen Hochöfen in den Tälern der östlichen Alb, die mit Bohnerzen von der Hochfläche beschickt wurden. Etwa vorhandene Halden im Bereich der Erzvorkommen wurden gewiß gleich mit abgebaut und in die Hochöfen verfrachtet, wo man aus den Rennfeuerschlacken noch einmal Roheisen erschmelzen konnte. So hat sich auf der Albhochfläche nur das metallurgische Fundmaterial erhalten, das vor diesem Zugriff im Boden bewahrt blieb. Die Gegenprobe kann man im Braunjuravorland der Mittleren Alb machen. In den Wäldern um Frickenhausen und Linsenhofen stolpert man über die Schlackenhalden, die wir auf der Albhochfläche so vermissen. Diese Verhüttungsplätze wurden in den sechziger Jahren näher untersucht und in das späte 7. und das 8. Jh. n. Chr. datiert. Ihre Erhaltung verdanken sie dem Umstand, daß die dort vorkommenden Erze nach heutigen Maßstäben völlig unbedeutend sind. In der Umgebung stand niemals ein Hochofen, und es gibt keine historische Erinnerung an dieses Erzrevier.

Bei Waldarbeiten werden immer wieder neue Schlackenhalden entdeckt. Einer dieser Plätze bei Metzingen im Wald »Kurleshau« wurde im Frühjahr des vergangenen Jahres in zwei Wochen ausgegraben. Die Ausgrabung war nur möglich durch den freiwilligen Einsatz der Mitglieder des Arbeitskreises Stadtgeschichte Metzingen, denen ein herzliches Dankeschön gebührt.

Am Rande eines Bachrisses erhob sich auf leicht geneigtem Gelände eine einzelne Schlackenhalde von 6 m Durchmesser und 0,60 m Mächtigkeit. Unmittelbar daneben lag der Verhüttungsofen. Erhalten waren der stark verziegelte Stumpf des ebenerdig errichteten Ofens und wenige Zentimeter der aufgehenden Wandung aus verziegeltem Lehm. Der ungewöhnlich große Ofen hatte einen Durchmesser von 1,60 m, die Weite des Ofeninneren betrug 1 m. In der Halde fanden sich Scherben von ziegelhart gebrannten Tonröhren mit anhaftenden Schlackenresten, deren innerer Durchmesser ca. 5 cm betrug, offenbar die Reste von Windformen. Der Ofen aus Metzingen repräsentiert einen weiter fortgeschrittenen Stand der Verhüttungstechnik als die bislang bekannten Plätze des 7. und 8. Jh. aus dieser Gegend. Vorläufige Radiokarbondaten reihen den Befund in das hohe Mittelalter ein. Weitere Untersuchungen werden noch durchgeführt.

Martin Kempa

Literaturhinweise

J. Heiligmann, Der »Alb-Limes«. Forsch. Ber. Vor-Frühgesch. Bad.-Württ. 35 (1990). – M. Kempa, Arch. Ausgr. Bad.-Württ. 1989, 242 ff. (mit weiterer Literatur). – L. Szöke, Frühgeschichtliche Eisenverhüttung im Vorland der Schwäbischen Alb zwischen Weilheim an der Teck und Metzingen. Vita pro Ferro (1965) 103 ff.

Untersuchungen zum Bergbau auf dem Zähringer Burgberg, Gemeinde Gundelfingen, Kreis Breisgau-Hochschwarzwald

Von Mitte Juli bis Ende Oktober führte das Institut für Ur- und Frühgeschichte der Universität Freiburg die sechste Grabungskampagne auf dem Zähringer Burgberg durch. Auch dieses Mal wurden die Ausgrabungen wieder von der Deutschen Forschungsgemeinschaft, der Stadt Freiburg und der Gemeinde Gundelfingen gefördert, wofür herzlich gedankt sei. Wie jedes Jahr wurde dem großen Interesse der Bevölkerung durch Führungen auf dem Grabungsgelände und durch die zur gleichen Zeit stattfindende Ausstellung »Die Alamannen auf dem Zähringer Burgberg« entgegengekommen.

Neben der Fortführung der Arbeiten in den Grabungsflächen 1 und 3 (Abb. 116), die weitere Aufschlüsse zur Terrassenrandkonstruktion sowie zu den hallstattzeitlichen und alamannischen Besiedlungsphasen erbrachten, wurde auch der Frage nach einem früheren Bergbau auf Blei/Silber-Erze im Bereich des Burgberggipfels nachgegangen. Anlaß hierfür war die Diskussion um einen eventuell bestehenden Zusammenhang zwischen den großräumigen Geländeumgestaltungen im Zuge des Terrassenbaus und bergbaulichen Akvititäten.

Bergbauspuren in Form von Pingen und Halden auf einer zwischen 20° und 30° streichenden Blei/Zink-Vererzung treten auf der Süd-

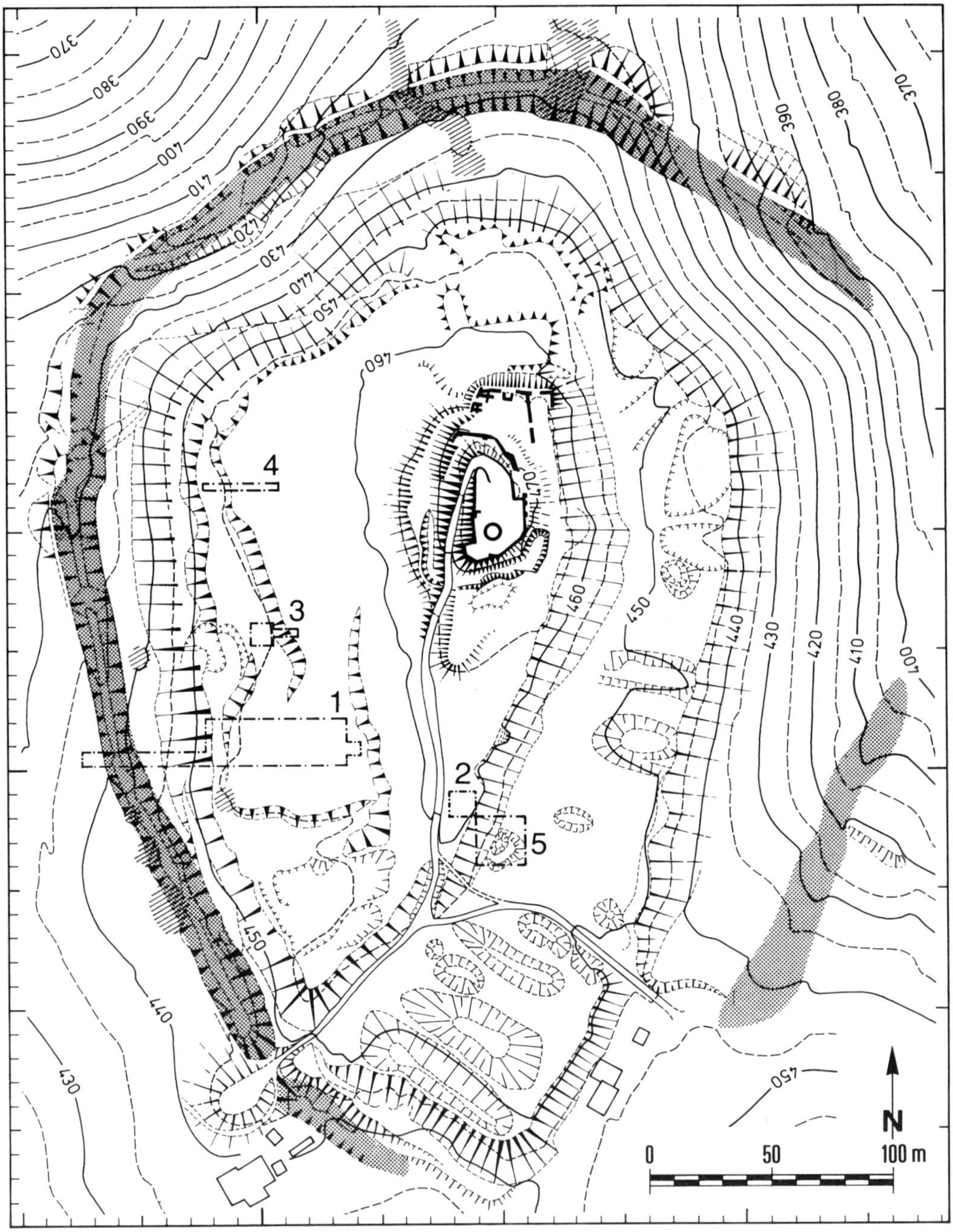

Abb. 116 Zähringer Burgberg. Grabungsflächen 1–5

seite des Burgberges (im Zinswald), am Nordhang sowie im Wildtal auf. Im 18. Jh. waren in diesem Bereich mehrere Gruben (St.-Benedict-Stollen, St.-Anna-Stollen, St.-Francisci-Stollen, Friederici-Stollen) in Betrieb. Ein Pochwerk zur Erzaufbereitung, von dem heute noch die Straßenbezeichnung »Pochgasse« zeugt, stand zu dieser Zeit in Zähringen. Eine weitere Betriebsperiode ist aus dem 16. Jh. überliefert. Vereinzelte Keramikfunde aus dem 13./14. Jh. auf einigen Halden weisen auch auf einen mittelalterlichen Bergbau hin. Ob jedoch ein Zusammenhang besteht zwischen diesen mittelalterlichen »Silbergruben« und dem Bau der Zähringer Burg zu deren Schutz, wie es gelegentlich in der Literatur zitiert wird, muß mangels entsprechender Belege offenbleiben.

Um nähere Angaben zum Verlauf des Erzganges machen zu können, wurde eine geochemische Prospektion durchgeführt. Hierzu wurden aus dem B-Horizont des Waldbodens Proben entnommen und auf ihren Gehalt an Blei, Zink, Kupfer und Eisen – entsprechend den bei diesem Lagerstättentypus zu erwartenden Erzmineralen (Bleiglanz, Zinkblende, Kupferkies, Eisenspat) – untersucht. Die Probenahme verteilte sich auf mehrere Profillinien senkrecht zum vermuteten Streichen des Erzganges (Abb. 117, Linien B, C, D, E, H, J, K und L) sowie auf die im Gelände erkennbaren Bergbauhalden (Punkte A1,2, F1,2, G1,2 und M1,2).

Anhand der deutlichen Schwermetallanreicherung vor allem von Blei und Zink läßt sich der Verlauf des Ganges, von Süden kommend, bis auf das östliche Burgbergplateau verfolgen, wo er wegen der künstlichen Aufschüttungen im Zuge des Terrassenbaus nur noch indirekt über das Haldenmaterial einer Schachtpinge (G1,2) nachgewiesen werden kann. Im Bereich der Bergbauspuren am Nordabhang konnten dagegen keine deut-

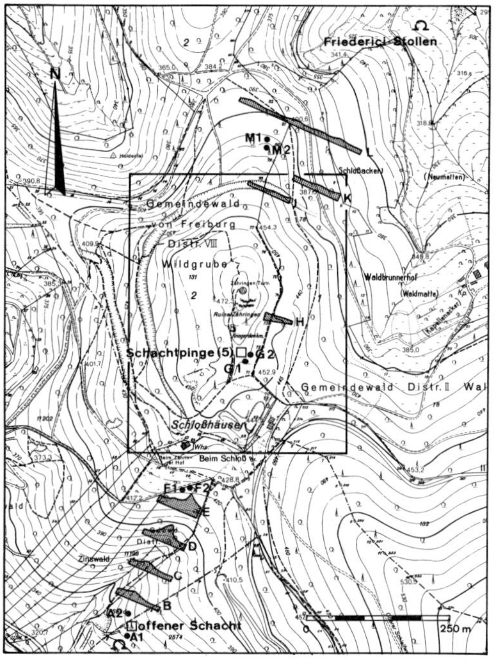

Abb. 117 Geochemische Prospektion im Bereich des Zähringer Burgbergs. Kurven: Zinkgehalt im Boden

lichen Anreicherungen mehr festgestellt werden. Folgende Werte für Blei und Zink gemessen (Angaben in ppm, 1000 ppm = 0,1%, bei den Profilen ist jeweils der Maximalwert angegeben; als Untergrundwerte können nach den Analysedaten für Blei 30 ppm, für Zink 45 ppm angenommen werden):

Profile	B	C	D	E	H	J	K	L	
Blei	50	60	170	190	60	30	30	30	ppm
Zink	110	130	310	400	140	60	110	120	ppm

Halde	A1	A2	F1	F2	G1	G2	M1	M2	
Blei	560	460	50	50	180	850	30	30	ppm
Zink	1060	710	190	170	450	1400	110	120	ppm

In Anbetracht der von ihren Ausmaßen her eher bescheidenen Bergbauspuren, verglichen mit den Spuren in anderen Revieren im südlichen Schwarzwald, sowie aufgrund des auf den Halden nur äußerst spärlich auftretenden Gangmaterials kann hier von einer Vererzung mit insgesamt nur relativ geringer Bedeutung ausgegangen werden, die zwar zeitweise durchaus gute Erträge geliefert haben mag, jedoch als Auslöser für eine frühgeschichtliche Besiedlung des Berges, etwa durch die Römer, kaum ausschlaggebend gewesen sein dürfte. Im Jahre 1758 wird der Wildtäler Stollen als ein »an sich unfruchtbares Bergwerk« genannt.

Um archäologische Hinweise auf einen frühen Bergbau auf dem Zähringer Burgberg zu erhalten, wurde ein verfüllter Schacht (Grabungsfläche 5; Abb. 116 und 117) auf dem östlichen Burgbergplateau untersucht. Der Schacht deutete sich mit einer kleinen Senke im Gelände an, die von einem halbmondförmigen Wall aus Aushubmaterial umgeben ist. Um Größe und Gestalt der Anlage feststellen zu können, wurde etwa die Hälfte der Schachtpinge angegangen. Direkt unter der Oberfläche zeigte sich eine kleine Kloakengrube des 17./18. Jh., die wohl die geschützte Geländesituation nutzte. Der gewachsene Fels steht hier nur 0,60 m unter der Oberfläche an, d. h. die Aufschüttung, die im Rahmen der Terrassierung des Berggipfels durchgeführt wurde, ist an dieser Stelle nur etwa 0,50 m mächtig. Nach ca. 1,50 m geht der zunächst trichterförmig in den verwitterten Fels gehauene Einstieg in einen exakt ausgearbeiteten Schacht mit rechteckigem Querschnitt und senkrechten Schachtstößen über (Abb. 118). Wegen der stark erodierten Oberfläche des Gneises ließen sich nur an wenigen Stellen eindeutige Abbauspuren nachweisen; diese deuten auf eine Schlägel- und Eisenarbeit hin. In 3,80 m Tiefe ist ansatzweise eine Erweiterung nach Westen festzustellen, die als Beginn eines Querschlags gedeutet werden kann. Dem konnte aber aufgrund der knapp bemessenen Zeit und der Gefahr nachrutschenden Materials aus der nicht ergrabenen Hälfte des Schachtes vorerst nicht weiter nachgegangen werden.

Abb. 118 Zähringer Burgberg. Ansicht des Schachtes von Norden

Bis in die ergrabene Tiefe von 4,70 m war die Einfüllung nicht stratifizierbar. Es konnte aber festgestellt werden, daß die Keramik des Aushubmaterials nach unten hin älter wird. Aus der Kloakengrube wurden zwei vollständig rekonstruierbare Gefäße des 17./18. Jh. geborgen; aus einer Tiefe von 3,70 m stammt ein Randfragment, das ins 13./14. Jh. datiert werden kann, ein verziertes Wandbruchstück stammt aus dem 9./10. Jh. Diese Konstellation wird vorläufig nur als rein zufällig angenommen und keineswegs zur Datierung für die Anlage des Schachtes herangezogen.

Nach Aussage von Bohrungen und der geschätzten Menge des ehemaligen Aushubmaterials muß angenommen werden, daß entweder der Schacht noch wesentlich tiefer oder aber der vermutete Querschlag von erheblicher Länge ist. Die Lage des Schachtes am Rande der Steilkante der Ostterrasse und die Tatsache, daß er durch die eindeutig in alamannischer Zeit aufgeschüttete Terrasse eingetieft wurde, gibt den groben zeitlichen Rahmen seiner Entstehung vor. Denkbar wäre ein Abbau in der Zeit des Bestehens der mittelalterlichen Burg. Nach dem Grabungsbefund war der Schacht zur Zeit der Bergbauaktivitäten im 18. Jh. offensichtlich bereits wieder verfüllt.

Um diese Vermutungen überprüfen zu können, muß der Schacht vollständig ausgegraben werden, wodurch sich eventuell auch Hinweise auf die Datierung ergeben könnten.

Gert Goldenberg, Utz Vollmer

Literaturhinweise

M. Bliedtner, M. Martin, Erz- und Minerallagerstätten des Mittleren Schwarzwaldes. Geol. Landesamt Bad.-Württ., 1986, 687 ff. – G. Fingerlin, Arch. Ausgr. Bad.-Württ. 1983, 181 ff. – G. Goldenberg, Die montanarchäologische Prospektion. Freiburger Universitätsblätter 109, 1990, 85 ff. – R. Metz, M. Richter, H. Schürenberg, Die Blei-Zink-Erzgänge des Schwarzwaldes. Beihefte Geolog. Jahrb. 29, 1957, 188 u. 233 f. – H. Steuer, Arch. Ausgr. Bad.-Württ. 1987, 156 ff. – Ders., M. Hoeper, U. Vollmer, Arch. Ausgr. Bad.-Württ. 1989, 200 ff. – H. Steuer, Arch. Korr.bl. 19, 1989, 169 ff. – Ders., Die Alamannen auf dem Zähringer Burgberg. Arch. Informationen Bad.-Württ. 13 (1990). – W. Stülpnagel, Des Freiburger Löwenwirts Bergwerk im Wildtal. Freiburger Almanach 10, 1959, 124 ff. – Ders., Wildtal, ein breisgau-ritterschaftlicher Ort. Schau-ins-Land 82, 1964, 58 ff.

Neue Grabungen im Reihengräberfeld von Sasbach a. K., Kreis Emmendingen

Seit im Jahr 1912 am Osthang des Lützelberges in Sasbach bei der Anlage eines Steinbruchs alamannische Gräber zum Vorschein kamen, ist an dieser Stelle immer wieder gegraben worden. Vor allem durch die Untersuchungen des Landesdenkmalamts seit 1964 hat sich dabei allmählich herausgestellt, daß hier der größte alamannische Friedhof im Breisgau liegt, mit wahrscheinlich mehr als 2000 Bestattungen aus dem 5., 6. und 7. Jh. n. Chr. Diese Größenordnung läßt auf eine entsprechende Bedeutung der zugehörigen Siedlung schließen, die im Kernbereich der heutigen Ortschaft um die St.-Martins-Kirche vermutet werden kann. Das uralte Patrozinium des hl. Martin gibt noch einen anderen Hinweis: Offenbar gab es im Ort neben den alamannischen Bewohnern auch fränkische Siedler, denn Martin war der Nationalheilige der Franken. Auch im Gräberfeld wurden immer wieder Funde geborgen, die einen starken fränkischen Einfluß auf den Ort und seine Bewohner erkennen lassen. Wahrscheinlich waren es fränkische Adlige, die in königlichem Auftrag an diesem wichtigen Platz Aufgaben in Verwaltung und Rechtsprechung übernommen und auch für die öffentliche Sicherheit zu sorgen hatten. Wichtig war der Ort, der schon in römischer Zeit militärisch besetzt worden war, durch seine Lage am Rhein, an einem vielbenutzten Übergang in Richtung Straßburg.

Die neuen Grabungen wurden notwendig

durch die Tieferlegung einiger Rebgrundstücke am Fuß des Lützelberges. Da der Eigentümer das Landesdenkmalamt frühzeitig von seiner Absicht verständigt hatte, war in den Wintermonaten genügend Zeit, die notwendigen Untersuchungen vor dem Anpflanzen der jungen Reben durchzuführen. So ergaben sich für den Neuaufbau des Weinbergs keinerlei Verzögerungen.

Wie schon die vorausgehenden Kampagnen, über die hier schon berichtet worden ist, brachten auch diese jüngsten Ausgrabungen wichtige Ergänzungen des bisher gewonnenen Bildes, wenn auch noch viel Zeit vergehen dürfte, bis der Friedhof im Gewann »Behans« vollständig ausgegraben sein wird. Erst dann aber, wenn wir über viele Generationen hinweg die Entwicklung und Veränderung der Bevölkerung überblicken können, wird sich auch eine genauere Vorstellung über die frühmittelalterliche Siedlung zu Sasbach ergeben, wird sich die Geschichte ihrer Entstehung und ihres Weiterlebens in den Jahrhunderten vor Karl dem Großen ausführlich darstellen lassen. Denn erst dann wird die Geschichtsquelle, die ein solcher Bestattungsplatz darstellt, für uns in allen Einzelheiten verfügbar und lesbar sein. Voraussetzung dafür ist die damals allgemein geübte Sitte, den Verstorbenen ihre persönliche Habe mit ins Grab zu geben: dem Mann Waffen und Reitzubehör, der Frau Schmuck und häusliche Gerätschaften. Außerdem glaubte man, daß der Verstorbene für den Weg ins Jenseits Speise und Trank benötige. So gab man beiden Geschlechtern auch Tongefäße mit, Töpfe, Becher und Kannen, gesellschaftlich höherstehenden Personen, deren Ausstattung sich generell durch höhere Qualität und größeren Reichtum auszeichnet, auch kostbare Gefäße aus Bronze und feine, dünnwandige Gläser. Erst im Laufe des 7. Jh., als sich der christliche Glaube allmählich ausbreitete, ging in dieser Region die Beigabe von Gefäßen zurück, bis schließlich in der Zeit um 700 die alten, ursprünglich heidnischen Bestattungsplätze ganz aufgegeben wurden und die Sitte der Totenausstattung erlosch. Damit versiegt allerdings auch für den Archäologen eine wichtige Quelle für die Kenntnis des Lebens im frühen Mittelalter.

Die Grabungen in Sasbach waren mit einigen Erwartungen verknüpft, weil die Untersuchungsfläche in der Nähe des schon bekannten ältesten Gräberfeldteiles lag, wo schon einige bemerkenswerte Grabinventare gefunden worden sind. Diese Erwartungen wurden auch nicht enttäuscht, obwohl einige der aufgedeckten Gräber schon in antiker Zeit geöffnet und weitgehend ausgeraubt worden waren. Diese Beobachtung mußte in Sasbach leider immer wieder gemacht werden, und meistens sind davon ursprünglich besonders reich ausgestattete Gräber betroffen. Die Grabräuber wußten eben in vielen Fällen noch ganz genau, wo etwas Wertvolles zu holen war. Da Grabraub sich aber wohl vor allem nachts und in aller Eile abspielte, wurden doch immer wieder interessante Beigaben übersehen, die heute für uns sehr aufschlußreich sind. So fanden sich in einem teilweise zerstörten Männergrab eine lange eiserne Widerhakenlanze, ein sogenannter Ango (Abb. 119), und eine Wurfaxt, damals als Franziska bezeichnet, beides typisch fränkische Waffen, wobei der Ango allerdings nur von sozial hochgestellten Männern geführt wurde, also zugleich auch ein Rangabzeichen darstellte. Ein solcher Ango war bisher in Sasbach unbekannt, obwohl hier, wo sich fränkischer Einfluß auch in anderen Funden, vor allem bei der Keramik sehr deutlich zeigt, solche Waffen unbedingt zu erwarten waren. Der Mann mit dem Ango war also wohl einer jener Franken, die im Auftrag ihres Königs politische Aufgaben im alamannischen Stammesgebiet wahrzunehmen hatten. Zugehörige Frauengräber zeigen, daß diese Leute mit ihren Fa-

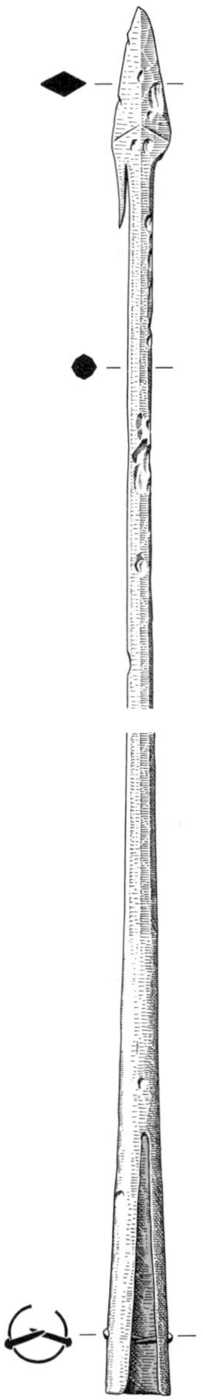

Abb. 119 Sasbach a. K. »Behans«. Ango aus Grab 607. Länge 99 cm, Maßstab 1:3

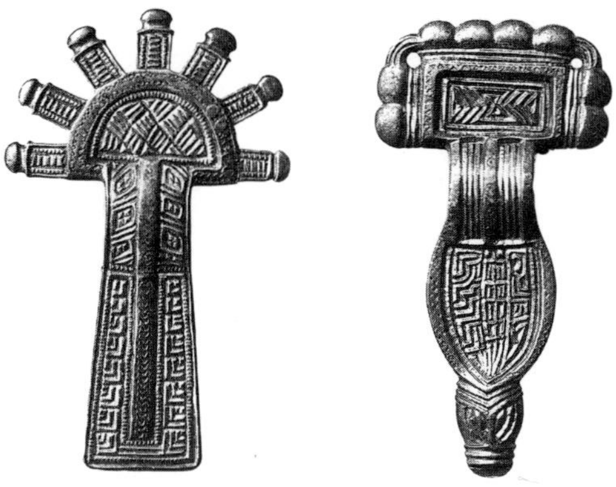

Abb. 120 Sasbach a. K. »Behans« Bügelfibeln aus zwei Frauengräbern. Maßstab 1:2

milien ins Land gekommen sind. Die im 6. Jh. zur Frauentracht gehörenden Gewandschließen, sog. Bügelfibeln, erlauben manchmal eine ungefähre Herkunftsbestimmung. Möglich wird dies durch eine für bestimmte Werkstätten und Regionen typische Form und Ornamentik dieser Fibeln, von denen kaum anzunehmen ist, daß sie durch den Handel weit über ihr Herkunftsgebiet hinaus verbreitet worden sind. Zwei Sasbacher Gräber nun enthielten Bügelfibeln, wie sie in dieser Zeit im fränkischen Rheinland getragen worden sind (Abb. 120). Die hier beigesetzten Frauen waren Zeitgenossinnen des Mannes mit dem Ango, eine oder vielleicht auch beide könnten als engere Familienangehörige mit ihm an den Kaiserstuhl gekommen sein. Auch ist mit weiteren fränkischen Männern zu rechnen. Zur überwiegend wohl fränkischen Oberschicht des Ortes gehörte jedenfalls ein Mann, der im Abstand von 3 m neben dem Angoträger bestattet war, sogar in einer etwas größeren Grabgrube. Leider ist auch dieses Grab geplündert worden, doch enthielt es mit einer Elchschaufel (Bestimmung M. Kokabi), deren Spitzen abgesägt sind, eine ganz außergewöhnliche Beigabe (Abb. 121), wie sie nur bei besonders hervorgehobenen Personen denkbar ist. Zum Vergleich könnte eine überarbeitete und mit eingeschnittenen Ornamenten

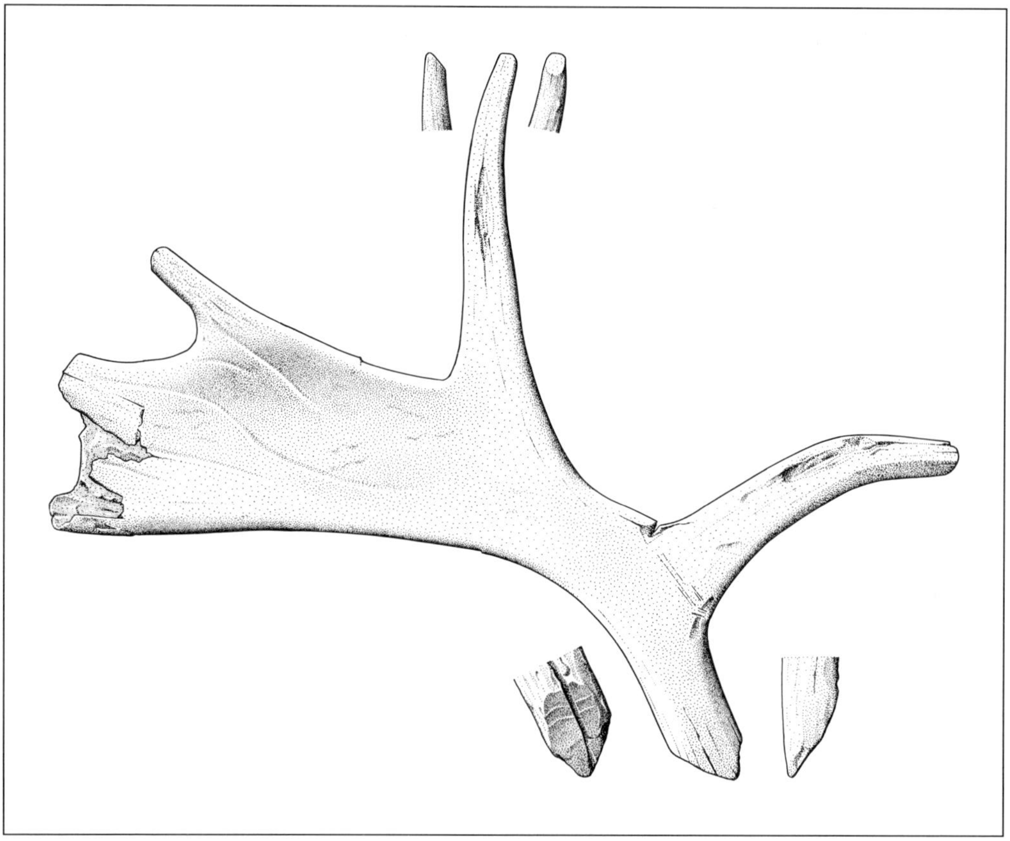

Abb. 121 Sasbach a. K. »Behans«. Elchschaufel aus Grab 608. Maßstab 1:5

verzierte Elchschaufel aus Hartheim, Kreis Breisgau-Hochschwarzwald, herangezogen werden oder unbearbeitete Stücke aus Sontheim an der Brenz (Ostalbkreis) und Schretzheim (Kreis Dillingen), jeweils in einem Männer- und einem Frauengrab gefunden. Über die Deutung dieser Beigaben kann derzeit höchstens spekuliert werden, doch sind sie auf jeden Fall – im Gegensatz zu anders gedeuteten Hirschgeweihfunden aus langobardischen und awarischen Gräbern – als besonders auszeichnende, den persönlichen Rang des Verstorbenen unterstreichende Inventarstücke anzusehen.

Waren es in den letzten Grabungsjahren vor allem Gegenstände christlichen Charakters, sind es jetzt Fundstücke rheinländischer Provenienz, die den fränkischen Anteil an der Sasbacher Bevölkerung hervorheben. Dazu gehören Kostbarkeiten wie Gläser, wohl aus der Kölner Gegend (Abb. 122), die am ehesten zu Schiff auf dem Rhein nach Sasbach gebracht worden sind. Auch durch solches Handelsgut, zu dem auch Keramik zählt, wird die fränki-

Abb. 122 Sasbach a. K. »Behans«. Importierte Gläser aus verschiedenen Gräbern. Maßstab 1:2

sche Komponente im Gesamtbild dieser Ortschaft herausgestrichen.
Andere Funde aus den Grabungen der letzten Jahre weisen auf Handelsverbindungen in den Donauraum bis ins westliche Ungarn, nach Italien und Burgund. Immer wieder bestätigt sich also im archäologischen Fundgut der Rang Sasbachs als einer der wichtigen »zentralen« Orte des merowingerzeitlichen Breisgaus, von dessen weiterer Erforschung auch in Zukunft neue Aufschlüsse zur Geschichte und Kultur des frühen Mittelalters in diesem Raum zu erwarten sind. *Gerhard Fingerlin*

Literaturhinweis

G. Fingerlin, Arch. Ausgr. Bad.-Württ. 1985, 171 und 1986, 190.

Frühmittelalterliche Bestattungen bei einem neolithischen Großsteingrab nahe Wiechs, Stadt Schopfheim, Kreis Lörrach

Aus uns unbekannten Gründen haben die Menschen des frühen Mittelalters gelegentlich ihre Gräber an Plätzen angelegt, wo sich schon ältere Bestattungen in Form von Grabhügeln, meist aus der Hallstattzeit, befanden. In einzelnen Fällen wurden dabei die Verstorbenen unmittelbar in der Aufschüttung der prähistorischen Hügel beigesetzt, so daß der Eindruck entsteht, man habe die größtmögliche Nähe zu den mindestens 1000 Jahre zurückliegenden vorzeitlichen Bestattungen gesucht. Dies ist um so auffallender, als die Bestattungsform des Grabhügels bei den Alamannen Südwestdeutschlands neben den üblichen Flachgräbern nur eine geringe Rolle spielte. Allerdings waren es häufig Angehörige der führenden Schicht, die für sich und ihre Angehörigen Grabhügel aufschütten ließen, die sich aber in

den meisten der großen Reihengräberfelder heute nur noch durch ihre ringförmigen Einfassungsgräben, sog. Kreisgräben, erkennen lassen. Ob man deshalb in den prähistorischen Hügeln die Grabstätten bedeutender Vorfahren gesehen hat und so im 6. und 7. Jh. an eine eigene Tradition anzuknüpfen meinte? Immerhin lag in dieser Zeit die Einwanderung der Alamannen schon zweieinhalb Jahrhunderte zurück, und es ist sehr fraglich, wie weit in einer nur mündliche Überlieferung pflegenden Gesellschaft die geschichtliche Erinnerung zurückreicht. Ohne Zweifel aber war in der Merowingerzeit bekannt, daß diese Hügel Grabstätten bargen. Einzelne Fundstücke der Hallstattzeit in alamannischen Gräbern, beispielsweise große Augenperlen, zeigen eindeutig, daß man, vielleicht bei der Feldbestellung, auf solche Gräber gestoßen war, deren Alter und Volkszugehörigkeit man damals selbstverständlich nicht einschätzen konnte.
Gegen Ende der Merowingerzeit, also im späten 7. und beginnenden 8. Jh., ist eine spürbare Zunahme der Bestattungen in Grabhügeln festzustellen, vor allem in etwas abgelegenen Regionen wie beispielsweise dem nur dünn besiedelten Dinkelberg zwischen Wiesental und Hochrheintal. Die Gründe dafür kennen wir nicht, doch könnten sie vielleicht, Reaktion auf zunehmende fränkisch-christliche Einflüsse, in einer bewußten und ostentativen Rückkehr zu echten oder vermeintlichen eigenen Traditionen liegen. Gewißheit wird in dieser Frage allerdings nie zu gewinnen sein.
Über die merowingerzeitlichen Grabhügel des Dinkelbergs ist schon vor einigen Jahren in dieser Zeitschrift berichtet worden. Dabei wurden auch Funde der Zeit um 700 aus einem Grabhügel bei Wiechs vorgestellt, die schon 1858 im Gewann »Auf den Heidengräbern« gefunden wurden, in einem von diesem Hügel überdeckten Frauengrab. Der damalige Altbürgermeister Grether aus Schopfheim hat über diese Ausgrabung einen Bericht verfaßt, auf den sich später (1879) Ernst Wagner, der Verfasser der »Fundstätten und Funde aus dem Großherzogtum Baden«, bezogen hat. Aus diesem Bericht geht hervor, daß sich »auf einer kreisförmigen Fläche mit starker Abdachung nach allen Seiten mehrere hügelartige Erhebungen« befanden, von denen eine 1858 untersucht wurde. Offenbar war man an dieser Stelle aber schon früher auf Gräber gestoßen, denn der Flurname »Heidengräber« war schon vor der Ausgrabung im 19. Jh. bekannt. Im ausgehenden Mittelalter und später ist diese Bezeichnung typisch für ur- oder frühgeschichtliche Bestattungen, die man zufällig entdeckte und wegen ihrer Lage weitab von Kirchen und christlichen Friedhöfen der früheren heidnischen Bevölkerung des Landes zuschrieb.
1989 wurde dieser Fundplatz, den man bis dahin fälschlich mit einer nahegelegenen anderen Grabhügelgruppe (Steingrabhügel) identifiziert hatte, durch einen Zufall wieder bekannt. Ein Windbruch legte an einer Stelle im Wald, die zwar eine rundliche flache Erhebung, aber keine Grabhügel mehr erkennen ließ, die Reste eines neolithischen Großsteingrabes und mehrerer frühmittelalterlicher Bestattungen frei, deren Untersuchung im wesentlichen dann 1990 erfolgte. Im letzten Band dieser Zeitschrift hat R. Dehn über den hochinteressanten und seltenen jungsteinzeitlichen Befund berichtet. Durch ihn erklärt sich die »kreisförmige Fläche mit starker Abdachung nach allen Seiten«, die 1858 den Ausgräbern aufgefallen war: Es war der Rest des neolithischen Grabhügels, der in merowingischer Zeit noch in beachtlicher Höhe erhalten gewesen sein muß. Denn erst die alamannischen Siedler des 7. Jh. haben die Steinplatten der damals noch intakt vorhandenen Grabkammer ausgegraben, für ihre Bedürfnisse zugerichtet und die bei ihnen üblichen sarkophag-ähnlichen

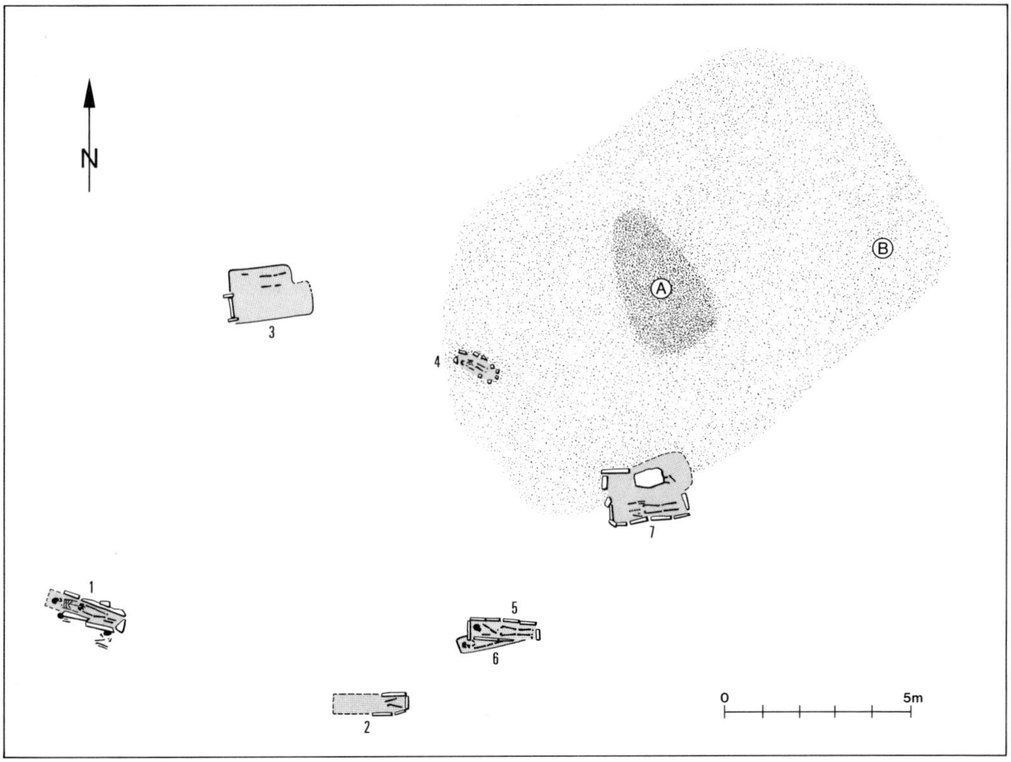

Abb. 123 Schopfheim-Wiechs. »Auf den Heidengräbern«. Gesamtplan der Grabungen 1989 und 1990. Gerastert: Bereich des Großsteingrabs (Hügel). A Skelettreste und Beigaben (ehemalige Grabkammer), B Aufschüttung, Funde steinzeitlicher Werkzeuge (Geröllschlägel), 1–7 merowingerzeitliche Bestattungen

Steinkisten daraus gebaut. Auf und neben dem Hügel entstand so ein neuer Bestattungsplatz (Abb. 123). An den alten Großhügel schlossen sich kleine Hügel an, die bis ins 19. Jh. sichtbar waren, danach aber, vielleicht durch forstliche Arbeiten, völlig abgetragen und eingeebnet worden sind. Erhalten haben sich nur die tiefer eingesenkten Steinkisten, die z. T. die Reste mehrerer Skelette enthielten. Bei Grab 3 gelang der Nachweis eines neuzeitlichen Eingriffs, offenbar die Grabung von 1858. Andere Gräber waren schon in antiker Zeit gestört, dabei auch Beigaben entnommen worden. Trotzdem enthielt ein Grab (Nr. 6) noch die Reste von zwei, verschiedenen Zeitstufen zugehörigen Gürtelgarnituren: Schnalle und Gegenbeschlag einer silbertauschierten Garnitur aus Eisen mit geometrischem Dekor (Abb. 124), außerdem zwei Beschläge einer jüngeren, schmaleren Garnitur, ebenfalls aus Eisen, mit Silberplattierung und darin eingeschnittenem Tierornament. Mit dieser jünge-

Abb. 124 Schopfheim-Wiechs. Grab 6. Silbertauschierte Beschläge einer dreiteiligen Gürtelgarnitur. Länge der Schnalle 11,5 cm

ren Garnitur fassen wir die letzte Generation, die in dieser kleinen Hügelnekropole bestattet wurde. Zu ihr gehörte auch das schon im letzten Jahrhundert geborgene Frauengrab, das in die Zeit um 700 datiert werden kann, die Zeit, in der allgemein bei den Alamannen die Beigabensitte erlischt und in der Regel neue Friedhöfe bei den Kirchen angelegt werden. Der Mann mit der breiten Gürtelgarnitur (Abb. 124) ist dagegen um die Mitte des 7. Jh. oder wenig später begraben worden. Er vertritt offenbar die Familie, die in der ersten Hälfte des 7. Jh. einen einzeln gelegenen Hof auf dem Dinkelberg gegründet und ihren Bestattungsplatz an »alter, geheiligter Stätte« angelegt hat. *Gerhard Fingerlin*

Literaturhinweise

G. Fingerlin, Arch. Ausgr. Bad.-Württ. 1986, 204. – R. Dehn, Arch. Ausgr. Bad.-Württ. 1989, 73.

Zur Wiederaufnahme der Ausgrabung im frühmittelalterlichen Reihengräberfeld von Schwenningen, Stadt Villingen-Schwenningen, Schwarzwald-Baar-Kreis

Mit der Industrialisierung des 19. Jh. begann der Aufstieg Schwenningens zur mittelständisch geprägten Industriestadt. Diesem Aufschwung verdankt Schwenningen nicht nur seinen heutigen Wohlstand, sondern auch die Lokalisierung eines frühmittelalterlichen Reihengräberfeldes, das im Verlauf der rasch voranschreitenden Bebauung entdeckt wurde. Die archäologische Erforschung begann 1938, als Bauarbeiter auf das äußerst qualitätvoll ausgestattete Grab einer hochadligen Frau des frühen 6. Jh. stießen. In den Jahren 1984/85 ergab sich aufgrund eines Straßenbauprojektes (»Auf der Lehr/Dauchinger Straße«) die Möglichkeit zu einer großflächigen Grabung, in deren Verlauf nachgewiesen werden konnte, daß hier nicht ein kleiner Adelsfriedhof der Frühzeit, sondern ein größeres Reihengräberfeld des 6. und 7. Jh. vorliegt. Damit mußten auch die Nachbargrundstücke in weitere Überlegungen einbezogen werden. Als 1989 ein Neubau (Mutzenbühlstraße 2–4) in diesem Bereich zur Diskussion stand, wurde im Sommer 1989 bzw. 1990 eine weitere Grabung mit dem Ziel durchgeführt, eine unkontrollierte Zerstörung zu verhindern, und weitere Informationen über Ausdehnung und Belegungsdauer zu gewinnen. An dieser Stelle sei der Stadt Villingen-Schwenningen (Herr Dr. Reinartz, Heimatmuseum-Stadtchronik; Herr Mey, Baurechtsamt; Herr Waitzenegger, Liegenschaftsamt) für ihre organisatorische Hilfe, den Kieler und Freiburger Kollegen für ihr großes Engagement sehr herzlich gedankt!

Schwenningen wurde erstmals im Jahre 817 in einem Diplom von Kaiser Ludwig dem Frommen als »Swaningas« urkundlich erwähnt. Allerdings begann die frühmittelalterliche Besiedlung, wie die bisherigen Ausgrabungen belegt haben, schon wesentlich eher. Die bereits erfaßten Teile des Gräberfeldes liegen ca. 400 m nördlich des historischen Stadtkernes und der ev. Gemeindekirche, am Ostabfall einer weitflächigen Anhöhe, deren Gewannbezeichnung »Auf der Lehr« auf einen Friedhof hinzuweisen scheint. Der Untergrund der Schwenninger Fundstelle wird aus dem Bunten Mergel des Lettenkeupers gebildet, der mit kompaktem, mittel- bis gelbbraunem Lehm abgedeckt ist. Diese Bodenverhältnisse erschwerten die Ausgrabungsarbeiten, und die Kalkarmut des Bunten Mergels ist für den schlechten Erhaltungszustand des Knochenmaterials und anderer organischer Fundgegenstände verantwortlich, wie eine erste chemische Grobanalyse des Bodens vor Ort ergab.

Ein weiteres Problem stellte die neuzeitliche Bebauung des Grabungsareals dar. Ein unterkellertes Wohnhaus sowie tief fundamentierte Nebengebäude umgaben einen Innenhof, dessen Oberfläche auch noch planiert und mit einer massiven Betondecke versehen worden war. Insgesamt waren ca. 30 Prozent des Areals überbaut, und die Voraussetzungen für interessante Ergebnisse schienen bei dieser Ausgangslage stark eingeschränkt zu sein. Trotzdem konnten noch 54 Gräber (davon ein Doppelgrab) geborgen werden, die wenigstens teilweise aussagefähige Funde und Befunde geliefert haben. Mit einer Ausnahme waren alle Gräber, von geringen Abweichungen abgesehen, Ost-West orientiert. Davon waren die Mehrzahl (37) einfache Erdgräber, acht waren Steinkisten aus Trockenmauerwerk oder Platten, und drei Bestattungen lagen in Särgen. Auch ein Baumsarg und eine kleine Holzkammer mit Sarg konnten festgestellt werden. Vier Gräber waren nicht sicher bestimmbar. Anhand der Beigaben, teilweise auch an geschlechtsspezifischen Merkmalen, konnten zehn als Frauen-, neun als Männer- und 14 als Kindergräber angesprochen werden. Die restlichen Gräber waren ohne Beigaben oder so umfassend gestört, daß ohne weitere Untersuchungen keine Zuordnung möglich ist. Fünf Gräber sind in antiker Zeit so gezielt beraubt worden, daß sie damals entweder oberirdisch erkennbar waren oder ihre Lage noch bekannt gewesen sein muß. In manchen Bereichen des Grabungsareals war die Belegung sehr dicht. Besonders dort haben schon kleine moderne Störungen großen Schaden angerichtet. So lassen sich neben mindestens drei Totalverlusten sechs weitere Gräber nicht einmal stratigraphisch genau trennen. Nachfolgend sollen Teilaspekte von drei Gräbern etwas näher vorgestellt werden.

Grab 141 lag im Bereich einer betonierten Rampe, die mit wenig Hoffnung vorsichtig entfernt wurde. Kopf- und Oberschenkelbereich waren zwar erheblich gestört, aber zwei gut erhaltene Bronzedrahtohrringe sowie ein mit einem Rautenmuster reich verzierter Bronzearmreif am linken Handgelenk lagen noch in situ und dürften in die zweite Hälfte des 7. Jh. zu datieren sein (Abb. 125, 126).

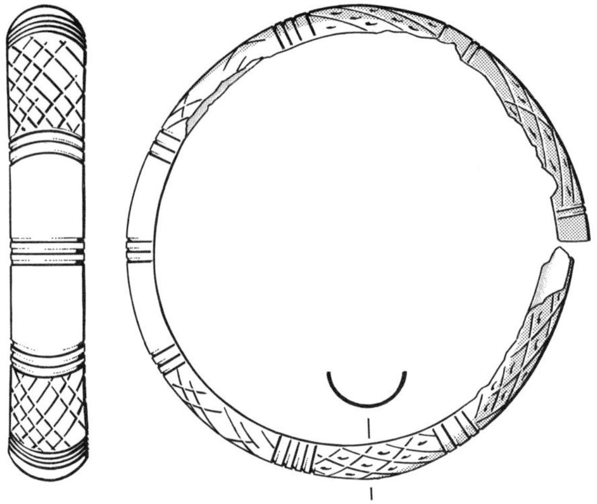

Abb. 126 Villingen-Schwenningen. Schwenningen. Grab 141, Bronzearmring. Maßstab 3:4

Grab 141 war eines der Gräber, die für diesen Bereich des Friedhofs einen ersten Datierungsansatz für die späte Belegungsphase gegeben haben.

Auch im Bereich einer früheren Werkstatt bestand zunächst wenig Anlaß zu Optimismus. Um so erfreulicher war der darunterliegende Befund. In einer tiefen Grabgrube hatte Grab 152 alle neuzeitlichen Erdbewegungen unversehrt überstanden. Hier war im 6. Jh., in einer kleinen Holzkammer mit Sarg, gut ausgestattet für das Jenseits, kein gewöhnlicher Mann beerdigt worden. Neben Spatha, Sax, einer Gürtelschnalle, einem Tongefäß und einem Messer war ihm auch eine Gürteltasche mitgegeben worden, von der sich leider keine größe-

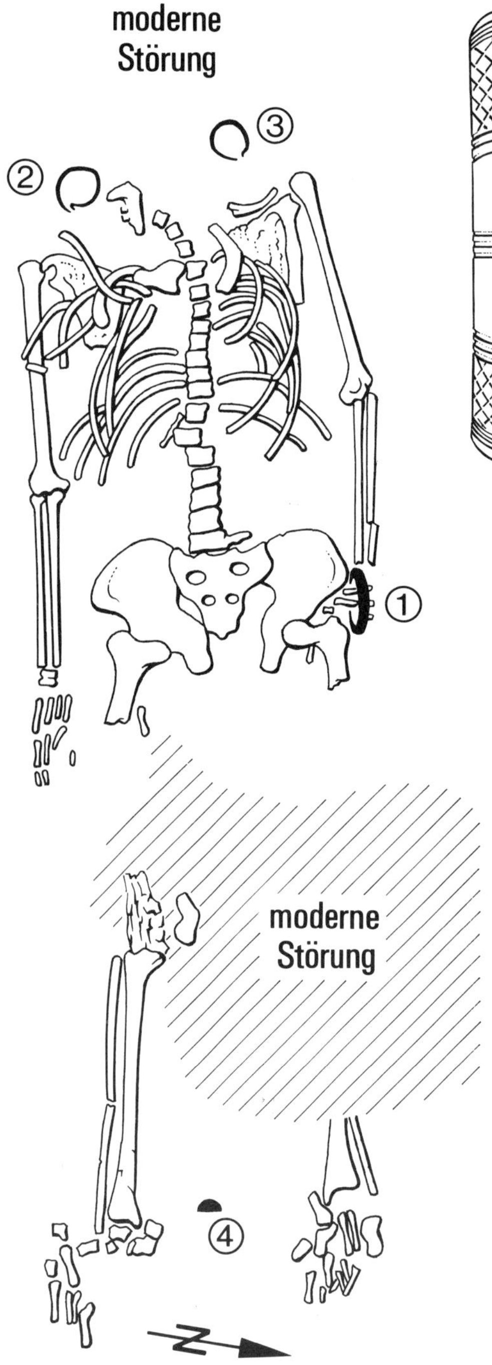

Abb. 125 Villingen-Schwenningen. Schwenningen. Grabungsbefund des modern gestörten Grabes 141. Bronzene Drahtohrringe oberhalb der Schultern, Bronzearmreif am linken Handgelenk

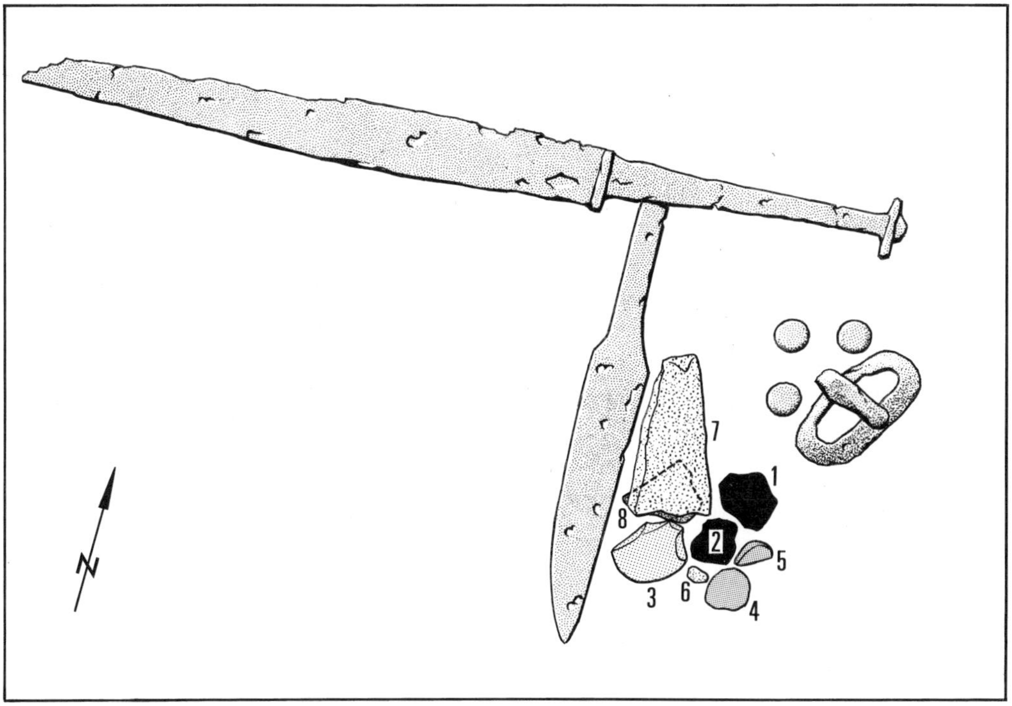

Abb. 127 Villingen-Schwenningen. Schwenningen. Grab 152. Gürteltasche, Detailzeichnung. 1–4, 8 Feuersteine, 5 Phosphorit mit Abreibfläche, 6 Hämatit, 7 Unterseite des Wetzsteins, schräg unterhalb der Tasche Gürtelschnalle mit Dorn, Messer oberhalb des Wetzsteins, neben der Gürtelschnalle und quer zum Messer ein Sax, Maßstab 1:3

ren Reste erhalten haben. Immerhin läßt sich ihre Tragweise an der Lage ihres Inhalts rekonstruieren. Die Tasche (Abb. 127) war demnach in der Mitte des Gürtels befestigt und auf der Rückenseite getragen worden. Ihr Inhalt bestand aus einem kleinen Stück roten Minerals, einer beigen bis braunen Mineralknolle, einem trapezförmigen, flachen Wetzstein und sechs Feuersteinen verschiedener Größe. Nach der Bergung konnten an dem braun-beigen Mineral deutliche Abriebspuren festgestellt werden, die gut zu Benutzungsspuren auf der Oberseite des Wetzsteins zu passen scheinen. Um eine sichere Ausgangsbasis für weitere Überlegungen zu besitzen, wurden beide Minerale Dr. H. Lange vom Geologisch-Paläontologischen Institut der Universität Kiel zur Bestimmung vorgelegt. Für seine Untersuchung, die er dankenswerterweise in sehr kurzer Frist durchgeführt hat, wurden 2–5 mg entnommen und in einem Röntgendiffraktometer bestrahlt. Mit dieser Methode lassen sich Minerale durch ihre charakteristische Gitterstruktur identifizieren. Die Analyse ergab für das rote Mineral erwartungsgemäß Hämatit, für das zweite überraschenderweise den seltenen Phosphorit. Zum Verwendungszweck von Phosphorit lassen sich momentan noch keine Aussagen machen. Eine Untersuchung der Oberfläche des Wetzsteins, die ab-

klären soll, ob zwischen den Benutzungsspuren auf diesen Beigaben ein Zusammenhang gesehen werden darf, steht noch aus.
In diesem Bereich des Friedhofs findet sich kein weiteres Männergrab, das mit so viel Aufwand angelegt und mit so vielen Beigaben ausgestattet wurde. Mit einer Ausnahme war den Männer nur ein Sax, eine Gürtelgarnitur und noch ein Messer oder ein Feuerstein mitgegeben worden. In einem Grab fanden sich neben dem Sax noch eine frühe Bartaxt und ein Kamm.
Ein ähnliches homogenes Bild zeigt sich auch in den Bestattungen der Frauen. Die üblichen Beigaben bestanden aus einer Perlenkette, einer Gürtelschnalle und einem Messer. Die späte Belegungsphase weist bronzene Drahtohrringe als einfache Schmuckstücke auf. Nur in Grab Nr. 141 ist noch zusätzlich ein Armreif beigelegt.
Auffällig ist die große Zahl der Kindergräber (14) und ihre Lage im Gräberfeld. Zwei von ihnen lagen in einem sehr eng begrenzten Bereich bestattet. In der Regel waren sie ohne Beigaben oder nur mit einem kleinen Messer (2 Gräber) begraben worden. Eine Ausnahme machen zwei Kindergräber, die mit je einem Kamm, einem Knickwandtopf und einer sehr qualitätvollen Perlenkette bzw. einer Gürteltasche ins Grab gelegt worden waren.
Vergleichbar mit Grab 152 war auch die Fundsituation des Grabes 178, das in ungestörtem Zustand aus einer Tiefe von 2,10 m geborgen werden konnte. Die Ausstattung umfaßte wieder Spatha, Sax, ein Messer sowie einen reich verzierten Knickwandtopf.
Auffällig war die Lage des Topfes im Grab. Aus Platzmangel wurde der rechte Unterschenkel stark nach innen abgewinkelt und auf das linke Knie gelegt. So erhielt man gerade genug Platz für das Gefäß. Diese Handlung könnte belegen, wie wichtig diese Beigabe für die Ausstattung im Jenseits war.
Kurz nach Abschluß der Grabung und noch lange vor Beendigung der Restaurierungsarbeiten kann noch keine umfassende Würdigung der Funde und Befunde erfolgen. Nach dem momentanen Bearbeitungs- und Restaurierungsstand deuten sich zwei Zeithorizonte an. Ein älterer Horizont mit Gräbern aus der Zeit um 600 und ein jüngerer mit Gräbern aus der zweiten Hälfte des 7. Jh. bzw. der Zeit um 700. Dieses Bild wird sich im Verlauf der Auswertung sicherlich noch konkretisieren lassen. Schon während der Ausgrabung zeichneten sich Grabgruppen und eine Vertikalstratigraphie ab. Die Gräber der Zeit um 600 sind in der Regel stärker eingetieft worden als die Gräber aus dem jüngeren Horizont. Für eine aussagekräftigere Bewertung müssen aber auch die Gräber der Kampagne 1984/85 und die Altfunde berücksichtigt werden. In diesem Zusammenhang sollte auch überprüft werden, ob durch die natürliche Erosion des Hanges und moderne Störungen die späten Gräber gegenüber den früheren unterrepräsentiert sind.
Mit Sicherheit wird das Schwenninger Gräberfeld als einer der großen frühmittelalterlichen Fundplätze der Baar und als einzige alamannische Fundstelle auf der Gemarkung der Stadt für die Denkmalpflege auch in Zukunft von Bedeutung sein. *Gaetano Oehmichen*

Literaturhinweise
W. Veeck, Ein alamannisches Frauengrab aus Schwenningen a. N. Germania 23, 1939, 40 ff. – R. Christlein, Die Alamannen. Archäologie eines lebendigen Volkes (1978) 100, 165 Taf. 48. – G. Fingerlin, Arch. Ausgr. Bad.-Württ. 1985, 182.

Vorgeschichtliche und merowingerzeitliche Funde von Langenau, Alb-Donau-Kreis

Am westlichen Rand der Stadt Langenau entsteht derzeit das Gewerbegebiet »Kiesgräble«. Das Planungsgebiet erfaßt z. T. die südlichen Bereiche eines flach nach Osten ins Langenauer Becken gleitenden Rückens. Seit Jahren sind von dort vorgeschichtliche Siedlungsreste und Grabfunde der Merowingerzeit bekannt, die dem Engagement von Dr. M. Reistle und E. Junginger verdankt werden (Abb. 128).
Dies erfordert archäologische Untersuchungen und baubegleitende Maßnahmen, die in Abstimmung und Zusammenarbeit mit der Stadt Langenau und beteiligten Firmen unternommen werden. Mit regem Interesse verfolgt der Verein der Naturfreunde Langenau unsere Arbeit. Wir danken für die uns stets gewährte Gastfreundschaft.
Zu einer ersten Notbergung war die Archäologische Denkmalpflege im Spätjahr 1989 aufgerufen. Bei Baugrabungen wurden Siedlungsreste der ältesten Bandkeramik angeschnitten. Wohl waren bereits früher in nächster Nähe frühneolithische Reste erkannt worden, sie aber der frühesten Phase der Bandkeramik zuzuweisen, reichte das Fundgut nicht aus. Im württembergischen Donaugebiet ist mit Langenau, »Kiesgräble«, der bislang erste Beleg ältester jungsteinzeitlicher Siedlungstätigkeit des 6. Jahrtausends v. Chr. gegeben. Mit der typischen breiten Rillenverzierung ist die Keramik, aber auch der Torso eines Tonidols versehen. Die im mittleren und oberen Neckargebiet gut belegte Tonware vom Typ »La Hoguette« ist im Langenauer Bestand nicht vertreten. Eine der kennzeichnenden hausbegleitenden Lehmentnahmegruben, Pfosten- und Kellergruben sowie eine Ost-West orientierte Bestattung in Hockerlage, nach vorläufiger Bestimmung handelt es sich um eine 20–30 Jahre alte Frau, lassen weitere interessante Befunde erwarten.
Das Vorhaben, nördlich der Landesstraße 1170 einen Lärmschutzwall aufzuschütten, macht Untersuchungen im Bereich des merowingerzeitlichen Friedhofs erforderlich. Straßenbau, die Baustellenzufahrt und Geländeumgestaltungen drohen ca. 100 bis 120 Gräber zu zerstören. Im Lauf der ersten Grabungskampagne 1990 wurden 37 Bestattungen aufgedeckt.
Mit diesen Untersuchungen wird es nunmehr möglich sein, einen Längsschnitt durch den Südteil des Bestattungsplatzes zu erfassen. Der nördliche Bereich des Friedhofs ist bereits von Bebauung überzogen, der Südrand durch Straßenbau zerstört. Auch einem Ausschnitt kommt jedoch hoher Quellenwert für die Geschichte des Langenauer Raums zur Merowingerzeit zu. Mindestens vier Bestattungsplätze des 6./7. Jh. n. Chr. sind vom Gebiet der heutigen Stadt Langenau bekannt; der am »Kiesgräble« ist der einzige, der in einem Teilbereich noch der archäologischen Quellengewinnung offensteht.
Die bei früheren Notbergungen und während der Grabung 1990 gemachten Beobachtungen erlauben erste vorsichtige Aussagen zur Ausdehnung des Friedhofs (Abb. 128). 1990 wurde der Westrand des Gräberfelds erfaßt, und in der Landesstraße 1170 ist seine Südbegrenzung zu suchen. Bei Baugrabungen unmittelbar südlich waren keine Bestattungen mehr anzutreffen. Das Friedhofsareal beschränkt sich offenbar ganz auf den Winkel zwischen L 1170 und Kurze Straße, da auch nordöstlich keine Begräbnisse zu erkennen waren. Beide Straßen führen alte Wegetrassen fort, die sich bereits im Primärkataster der Stadt Langenau

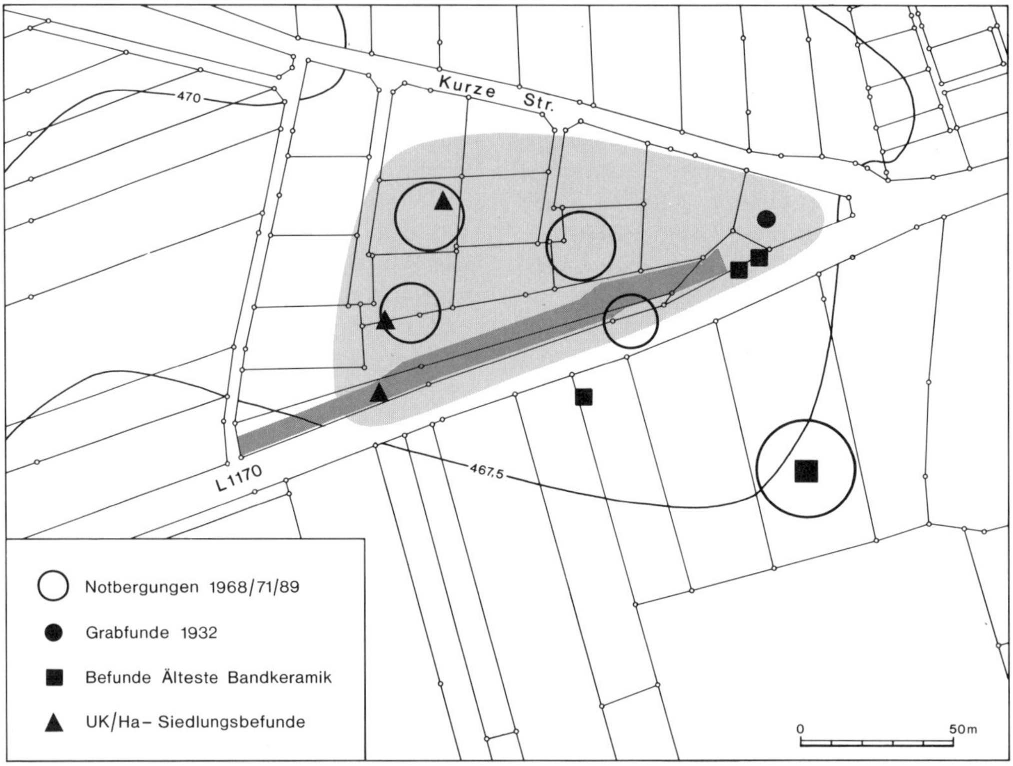

Abb. 128 Langenau. Kurze Straße. Vermutliche Ausdehnung des merowingerzeitlichen Gräberfelds (heller Raster) und Grabungsareal (dunkel)

von 1827 verzeichnet finden. Die mutmaßliche Begrenzung des Gräberfelds läßt nun vermuten, daß der südliche »Albecker Weg« und der nördliche »Grasige Weg« bereits die Verkehrslinien der Merowingerzeit markieren. Sicherlich beschreibt dabei einer der beiden Wege die Trasse der römischen Fernverbindung Mainz–Augsburg über Urspring und Faimingen.

In der Grabungsfläche von 1990 drängen sich auf einer Fläche von ca. 200 m² 44 Gräber. Die dichte Belegung im Südteil des Friedhofs scheint sich in das noch zur Untersuchung anstehende Areal fortzusetzen. 1971 durchgeführte Notbergungen deuten demgegenüber eine lockere Streuung der Bestattungen im nördlichen Bereich des Gräberfelds an. Der Friedhof dürfte ursprünglich wohl 300 bis 400 Begräbnisse umfaßt haben.

Bekannt wurde der Begräbnisplatz insbesondere durch zwei 1971 geborgene, von Pferdebestattungen begleitete Männergräber, deren Ausstattung sich vor allem durch je einen gläsernen Rüsselbecher auszeichnet. Auch 1990 riß die Reihe gut ausgestatteter Begräbnisse nicht ab. Hervorzuheben sind drei, möglicherweise vier Männergräber mit vollständiger Bewaffnung sowie Sporn und Zaumzeug. Die große Bedeutung von Pferd und Reiterei unterstreichen die Pferdebestattungen. Überraschenderweise kamen 1990 gleich fünf Pferdegräber zutage. Tatsächlich liegt Langenau in dem ostalamannischen Raum, wo der Brauch des Pferdeopfers und der Pferdebestattung besonders häufig geübt wurde. Im Gegensatz zu den zwei 1971 mit angelegtem Zaumzeug vorgefundenden Pferden wurden die nun angetroffenen Pferde sämtlich enthauptet beigesetzt.

Aus einem leider stark gestörten Frauengrab stammt eine mit Almandinen besetzte Scheibenfibel. Auch Frauengrab 2 blieb offenbar nicht vom Grabraub verschont. Neben einem Gürtel und einem Messer umfaßte die noch vorhandene Schmuckausstattung zwei Haarnadeln, ein Ohrringpaar, eine Perlenkette sowie einen reich ritz- und punzverzierten Bronzearmring (Abb. 129). Unmittelbar vergleichbare Stücke hat W. Veeck aus Oberflacht (Kr. Tuttlingen), Altheim (Kr. Biberach) und Bopfingen (Ostalbkreis) vorgestellt.

Soweit das noch nicht restaurierte Fundgut bereits nähere Datierungen erlaubt, scheinen sich die derzeitigen Grabungen in einem Gräberfeldabschnitt des fortgeschrittenen 7. Jh. n. Chr. zu bewegen.

Die Berichte zu den Notbergungen vergangener Jahre enthalten stets den Hinweis auf Siedlungsreste des Neolithikums sowie der Urnenfelder oder Hallstattzeit. Von der Grabung 1990 sind neben jungsteinzeitlichen vor allem verstreute urnenfelderzeitliche Funde zu erwähnen, und vermutlich fügen sich in diesen Rahmen einige Pfostengruben, die allerdings angesichts des schmalen Grabungsausschnitts und der nachhaltigen Störung durch die merowingerzeitliche Bestattungstätigkeit noch keinen Zusammenhang erkennen lassen.

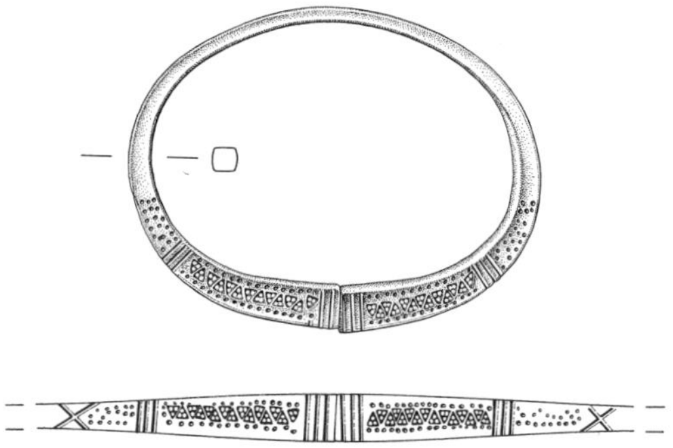

Abb. 129 Langenau. Bronzearmring aus Grab 2

Die Untersuchungen im Umkreis des neuen Gewerbegebiets »Kiesgräble« werden 1991 weitergeführt. Die bisherigen Ergebnisse lassen neue interessante Befunde erwarten, die besonders für die Kenntnis der ältesten und jüngsten vorgeschichtlichen Siedlungsepochen im Langenauer Becken einen beträchtlichen Gewinn versprechen. *Frieder Klein*

Literaturhinweise
Fundber. Schwaben NF 9, 1938, 130 f. – Fundber. Bad.-Württ. 2, 1975, 249 ff. – J. Lüning u. a., Westliche Nachbarn der bandkeramischen Kultur: La Hoguette und Limburg. Germania 67.2, 1989, 355 ff.

Funde der Merowingerzeit »Beim alten Kirchhof« in Eltingen, Stadt Leonberg, Kreis Böblingen

Als Baggerarbeiten 1952 nördlich von Eltingen merowingerzeitliche Grabfunde ans Tageslicht brachten, schien sich damit auch hier, was die Lage betrifft, ein Regelbefund zu bestätigen. Der Friedhof lag 400 m nordwestlich oberhalb des alten Ortskerns mit der Pfarrkirche St. Michael und galt damit als ältestes Zeugnis des in Urkunden erst nach 1100 genannten Dorfes. Von der Möglichkeit, durch Rettungsgrabungen nähere Aufschlüsse über Ausdehnung und Struktur des Gräberfelds zu gewinnen, konnte damals kein Gebrauch gemacht werden. So folgten in den Jahren 1953 und 1957 bei Neubaumaßnahmen weitere Eingriffe in seine Substanz. Grabfunde, die später beim Ausfüllen von Baulücken gemacht wurden, gelangten dem damaligen Staatlichen Amt für Denkmalpflege nicht einmal mehr zur Kenntnis. Der Bestattungsplatz, der sich im Gewann »Beim alten Kirchhof« beiderseits der heutigen Gebersheimer Straße erstreckte, schien somit als Quelle für die Wissenschaft weitgehend verloren zu sein. Lediglich eine Restparzelle von rund 18 × 75 m hatte sich bis 1989 unüberbaut erhalten. Als daher im Sommer 1989 dank der Aufmerksamkeit des ehrenamtlichen Beauftragten E. Bernt Bauabsichten auf dieser Fläche der Archäologischen Denkmalpflege bekannt wurden, bestand die berechtigte Frage, ob Untersuchungen einer solchen Restfläche angesichts des Zerstörungsgrades des Friedhofs noch sinnvoll seien. Inzwischen hatten sich jedoch neue siedlungsarchäologische Fragestellungen ergeben. Grabungen der Archäologie des Mittelalters hatten in dem nur 200 m entfernten Gewann »Ezach« Siedlungsbefunde ab dem 9. Jh. aufgedeckt. Ebenso waren seit 1985 südlich von Eltingen erste Grabfunde des 7. Jh. bekannt geworden, die wohl zu der abgegangenen Siedlung Niederhofen gehören, von der ebenfalls Befundbeobachtungen vorliegen. Die frühe Siedlungsentwicklung um Eltingen erwies sich daher als komplizierter als zuvor angenommen und rechtfertigte es, der Struktur des Friedhofs nachzugehen.

Aus technischen Gründen, das Grundstück war nur von einer Schmalseite her zugänglich, mußte die Grabung entsprechend den Baufortschritten in drei Etappen vonstatten gehen: November 1989, April 1990 und vom 18. September bis 6. Dezember 1990. Alle Maßnahmen standen unter hohem Zeitdruck, auch erschwerte der zähe und harte Gipskeuper die Erdarbeiten außerordentlich.

Die Untersuchung erfolgte von Westen nach Osten in Richtung der Gebersheimer Straße. Zu unserer Überraschung stellten wir im Westteil keine Gräber, dafür aber beachtliche Siedlungsbefunde fest. Die ältesten Befunde, darunter ein Grubenhaus, gehören noch in die ausgehende Merowingerzeit um 700 n. Chr. Charakteristische Scherben rauhwandiger Gefäße und frühe Formen der sog. »älteren gelbtonigen Drehscheibenware« belegen dies. Neben zwei Grubenhäusern konnten auch Teile ebenerdiger großer Pfostenbauten mit Aschengruben und Herdstellen festgestellt werden. Zweifellos liegt hier der Bereich eines Gehöftes aus spätmerowingisch-karolingischer Zeit vor. Ob zwischen diesen ältesten Siedlungsbefunden und den jüngeren im Gewann »Ezach« ein Zusammenhang besteht, ist ungewiß. Bisher liegen zwischen den Fundstellen keine beobachteten Aufschlüsse vor.

Die Siedlungsbefunde überlagerten am Westrand des Gräberfeldes einige Grabgruben. Nun enthalten Pfostengruben in der Regel und

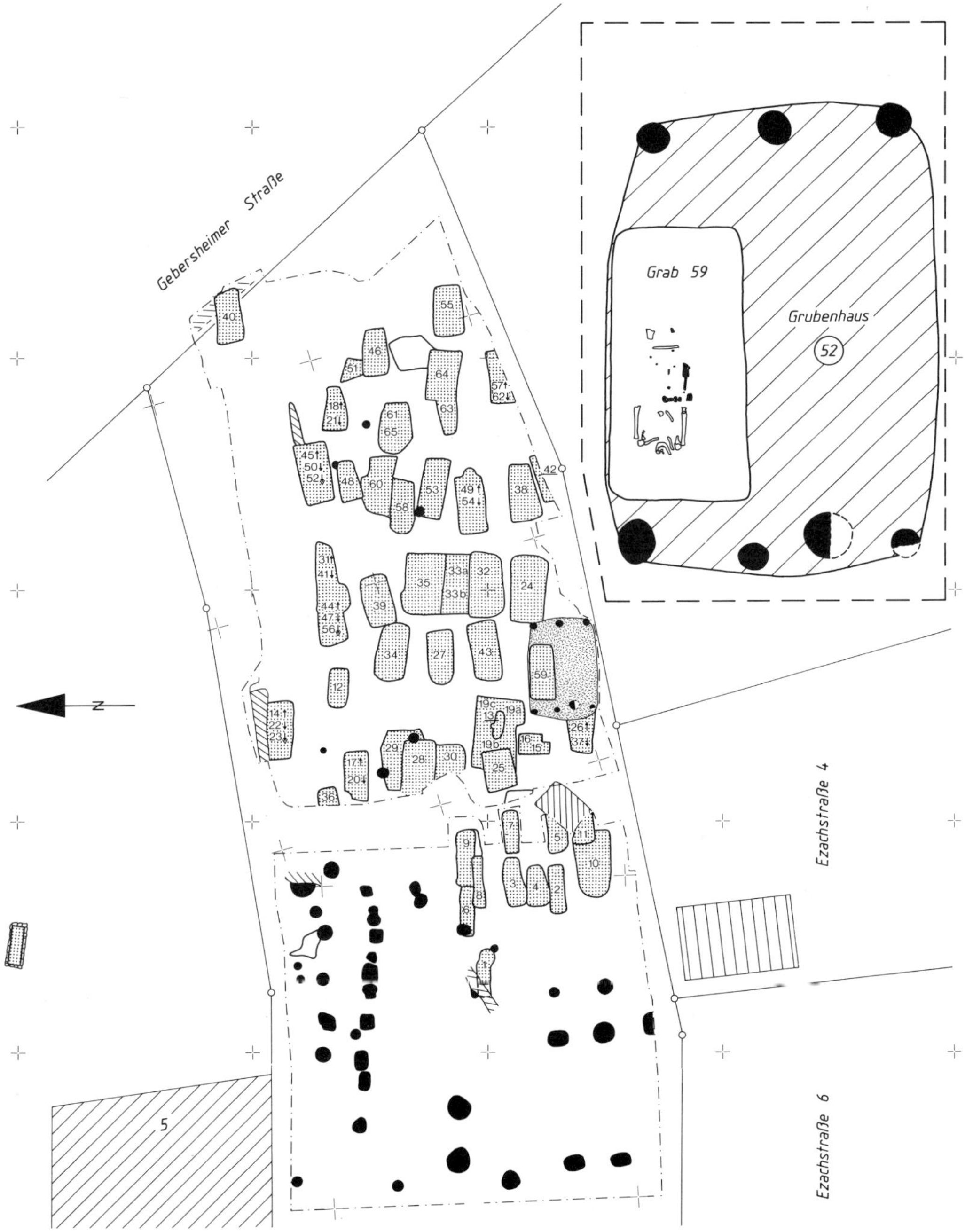

Abb. 130 Leonberg-Eltingen. Gesamtplan der Grabungsfläche mit dem Gräberfeld und Siedlungsbefunden. Gräber und Grubenhäuser unterschiedlich gerastert, Pfostengruben schwarz. Rechts oben Detail aus Plan. Das Spathagrab 59 mit überlagerndem Grubenhaus (um 750)

so auch hier keine datierenden Funde, die eine Beurteilung des Zeitraums, der zwischen der Anlage der Gräber und der Überbauung durch Holzhäuser verstrichen war, zulassen. Anders liegen dagegen die Verhältnisse bei Grubenhäusern. Diese eingetieften »Webhütten« wurden, nachdem sie baufällig geworden waren, abgebrochen und in kurzer Zeit mit herumliegendem Kulturschutt verfüllt. Der Zeitpunkt der Aufgabe eines Grubenhauses kann daher anhand von Funden datiert werden. Am Südrand der Grabungsfläche gelang es nun, einen recht bemerkenswerten Befund zu erfassen. Ein Grubenhaus überlagerte mit seiner Nordhälfte das darunterliegende Grab 59 (Abb. 130). Die Sohle dieser Webhütte lag nur knapp (5 cm) höher als die des Grabes. Bei Anlage des Grubenhauses muß das Grab als solches erkannt worden sein. Die Bestattung eines mit einem zweischneidigen Langschwert, der Spatha, ausgerüsteten Mannes erwies sich als partiell gestört, jedoch keineswegs flächig beraubt. Anhand seiner vielteiligen, tauschierten eisernen Gürtelgarnitur kann für die Grablege der Zeitraum des zweiten Drittels des 7. Jh. angegeben werden. Von Interesse sind nun die Siedlungsfunde, Keramik, aus der Verfüllung des Grubenhauses (Abb. 131). Hier zeigt sich, daß wir mit einer Aufgabe der Hütte bereits um die Mitte des 8. Jh. zu rechnen haben. Zwischen der Belegung dieses Friedhofsteils und seiner Überbauung ist also nur ein Zeitraum von etwa 50–100 Jahren vergangen. Um diesen Sachverhalt zutreffend zu bewerten, ist es notwendig, einen Blick auf den Gräberfeldplan zu werfen (Abb. 130). Die 65 erfaßten Bestattungen gehören, von wenigen älteren Gräbern abgesehen, ins 7. Jh. Wie erwartet, haben wir hier einen Teil eines größeren typischen Reihengräberfelds vor uns. Es handelt sich also nicht wie in Lauchheim (vgl. S. 214) um Bestattungen oder kleine Grabgruppen innerhalb einer schon bestehenden

Abb. 131 Leonberg-Eltingen. Keramik aus Grubenhaus, 8. Jh. Maßstab 1:3

Siedlung. Der Friedhof wurde nach Ausweis beigabenloser und bereits von H. Zürn ausgegrabener Steinkistengräber bis ins späte 7. Jh. belegt. Um so erstaunlicher ist der Traditionsbruch, der unmittelbar darauf mit der teilweisen Überbauung des Bestattungsplatzes zu verzeichnen ist.

Von den 65 Gräbern mit 69 Bestattungen erwiesen sich 45 Gräber als alt ausgeraubt. Abzüglich der beigabenlosen Bestattungen des späten 7. Jh. betraf die Beraubung fast 80 Prozent der ausgestatteten Gräber. Dieser hohe Beraubungsgrad erklärt sich z. T. durch den herausragenden Besitz der Verstorbenen, von dem uns verbliebene Reste eine Vorstellung geben. Auch Kindergräber wurden beraubt. Ähnlich wie in Pleidelsheim (vgl. S. 206) hatte man auch hier einen Knaben in aufwendiger Grabkammer mit Waffen beigesetzt. Nur eine Lanzenspitze ist von der Ausstattung dieses Kindes auf uns gekommen. In zwei Fällen, Gräber 19 und 33, ließen sich gleichzeitige Bestattungen mehrerer Verstorbener in ein und derselben hölzernen Grabkammer nachweisen. Als besonders aufschlußreich erwies sich das Grab 19. In einer rund 1,80 × 2,60 m großen Grabkammer hatte man nebeneinander drei Männer beerdigt. An der Südseite lag ein 1,70–1,80 m großer Mann, dessen Oberkörper infolge Beraubung oberhalb des Beckens fehlte bzw. verworfen war. Er trug als einziger Spatha und Sax. Die Männer zu seiner Linken waren hingegen unberaubt. In beiden Fällen lagen die Schädel auf der rechten Seite, dem Spathaträger zugewandt. Nur 10 cm neben ihm lag ein kleinerer 1,60–1,70 m großer Mann, der nur mit einem Sax bewaffnet war. Bei der Beraubung des ersten Mannes scheint dieser Tote, und zwar im Sehnenverband, partiell leicht nach Norden verschoben worden zu sein, ohne daß dabei Objekte entfernt wurden. Der Dritte, wiederum über 1,70 m groß, berührte mit dem Oberarm den Ellenbogen seines Grabgenossen. Bewaffnet war er nur mit Pfeil und Bogen, allein die Pfeilspitzen hatten sich erhalten. Alle drei starben Anfang des 7. Jh. (Phase der dreiteiligen Gürtelgarnituren). Vom beraubten Spathaträger zu dem Bogenschützen haben wir eine stufenweise Abnahme der Waffen und auch übrigen Ausstattung, gemäß der Entfernung von Ersterem. Diese Rangfolge entspricht ganz ähnlichen Befunden in Hailfingen oder, auf ungleich höherem Sozialniveau, Niederstotzingen. Befunde wie dieser sind zwar außerordentlich selten, gleichwohl aber wiederum zu häufig, um auf Zufall zu beruhen. Eine detaillierte Untersuchung im Rahmen einer Würzburger Dissertation mag hier einmal Klarheit bringen.

Abschließend sei noch auf einen Befund eingegangen, der zu den herausragendsten dieser Grabung gehört. Am Ostrand der Grabungsfläche lag in deutlichem Abstand zu den nächstliegenden Bestattungen das Grab 40. Die alte Oberfläche fiel hier vor der Aufschüttung der Gebersheimer Straße stark nach Osten ab, so daß das Grab ursprünglich in einer steilen Böschung lag. Die 2,20 m lange, aber nur 1 m breite Grabgrube war scharf rechteckig und senkrecht in den anstehenden harten Gipskeuper eingehauen. Von einer möglichen Abdeckung fanden sich in der Grubenverfüllung bis zu 40 cm lange Bruchstücke von Steinplatten. Die Verfüllung selbst war außerordentlich locker, was mit den stabilen Grubenwänden und dem Grundwasserhaushalt erklärt werden könnte. Von einem Holzeinbau hatten sich am Kopf- und Fußende inkohlte Holzreste von Brettern erhalten. Die Bestattung selbst war vollständig gestört, Knochen, kleine Bruchstücke von Eisenobjekten, Teile eines Knochenkamms sowie eine Glasperle lagen teils in der Füllung, teils verstreut knapp über der Grabsohle. Am Fußende fanden sich, zwar zerscherbt, aber in Zusammenhang liegend, zwei Glasgefäße und ein Tonkrug (Abb. 132). Der Tonkrug ist zweifelsfrei ein römisches Stück des späten 2./3. Jh. Die Glasgefäße, eine Schale sowie ein Trinkhorn, zählen zu den seltensten und qualitätvollsten Stücken aus Baden-Württemberg. Die Schale aus bläulich-hellolivgrünem Glas mit opakweißem Fadendekor überrascht zunächst durch ihre Größe (Durchmesser 21 cm, Höhe 9 cm). Die konische Wandung mit rundgeschmolzenem Rand ist mit zwei Zonen eines gekämmten Fiedermusters verziert. Der dickwandige Boden weist eine gekämmte fünfblättrige Rosette auf. Schalen dieser Art stammen, wie U. Koch gezeigt hat, aus Werkstätten des mittleren Maasgebiets nördlich der Ardennen. Typenentsprechungen sind in Baden-Württemberg bisher nur in Scherben vom Runden Berg bei Urach und aus Freiburg-Hugstetten bekannt. Ebenso ungewöhnlich ist das zweite Glasgefäß, ein gelblich-hellolivgrünes Trinkhorn mit weißer Fadenauflage. Der abgesprengte Rand besitzt einen Mündungsdurchmesser von 7,2 cm. Die Spitze endet ähnlich den Standfüßen von Rüsselbechern in einem petschaftförmigen Abschluß. Nicht zugehörig ist eine Scherbe mit Nuppe. Trinkhörner gehö-

Abb. 132 Leonberg-Eltingen. Grab 40. Römischer Tonkrug und fränkische Gläser aus dem Maasgebiet

ren auch in ihren nordwestlichen, fränkischen Herkunftsgebieten zu den größten Seltenheiten. Aus Baden-Württemberg sind bisher nur Scherben zweier Gefäße vom Runden Berg und ein Exemplar aus Heidelberg-Kirchheim bekannt. Die Merkmale des Eltinger Stückes erlauben eine Datierung in das 5. Jh. Das Grab dürfte, auch nach einer kleinen beschlaglosen nierenförmigen Eisenschnalle zu urteilen, spätestens in der Zeit um 500 n. Chr. angelegt worden sein. Die Qualität der von weither gebrachten Glasgefäße spricht dafür, daß hier eine wahrhaft außergewöhnliche Bestattung späterem Grabraub zum Opfer gefallen ist. Möglicherweise handelte es sich um eine Einzelbestattung, die nur zufällig später an den Randbereich eines jüngeren Friedhofs geriet.

Das Gräberfeld »Beim alten Kirchhof« liegt nur etwa 700 m von der sicher in der Merowingerzeit noch benutzten, wichtigen Römerstraße von Cannstatt nach Pforzheim entfernt. Überdies erschloß F. Hertlein einen Altweg, der von den Fildern über Eltingen und Gebersheim führte und dabei die Römerstraße kreuzte. Möglicherweise bestimmten diese Verkehrsverbindungen im alamannisch-fränkischen Grenzgebiet die Platzwahl und Sozialstruktur am Ort.

Es ist uns eine angenehme Pflicht, abschließend der Stadt Leonberg, insbesondere dem Kulturamt, Herrn Dr. Wulf sowie den weiteren beteiligten Behörden für ihre Unterstützung und die Bereitstellung von Arbeitskräften zu danken. Besonderer Dank gilt den Mitarbeitern, die unter schwierigen Verhältnissen durch ihre hohe Einsatzbereitschaft wesentlich dazu beitrugen, die Grabung schnell und effektiv durchzuführen. *Ingo Stork*

Literaturhinweise
Beschreibung des Oberamts Leonberg (²1930) mit Beiträgen von P. Goeßler und F. Hertlein. – Fundber. aus Schwaben N.F. 13, 1955, 91 f. – Ebda. N.F. 15, 1959, 189. – U. Koch, Der Runde Berg bei Urach VI. Die Glas- und Edelsteinfunde aus den Plangrabungen 1967–1983 (1987). – D. Wisskirchen, Arch. Ausgr. Bad.-Württ. 1989, 280 ff.

Neues zum alamannisch-fränkischen Gräberfeld bei Pleidelsheim, Kreis Ludwigsburg

20 Jahre nach Abschluß der Ausgrabung des Jahres 1969 erforderte der bedeutende alamannisch-fränkische Bestattungsplatz in Pleidelsheim erneut umfangreiche Rettungsgrabungen der Archäologischen Denkmalpflege. Am 23. Oktober 1989 erhielten wir durch einen ehrenamtlichen Beauftragten Kenntnis von Baumaßnahmen im Gräberfeldareal, die ohne Anhörung des Landesdenkmalamtes genehmigt und z. T. bereits durchgeführt waren. Die Baugrube Mörikestraße 26/28 war unter Zerstörung zahlreicher Gräber bereits ausgehoben worden. Gerade noch rechtzeitig erfuhren wir von kurz bevorstehenden Erdarbeiten in Teilbauflächen des Grundstücks Mörikestraße 17. Daß eine Situation wie diese gerade an einem Ort eintritt, an dem eine gewisse archäologische Tradition besteht, die Öffentlichkeit durch reiches Schrifttum, die Behörden durch einschlägige Stellungnahmen informiert sein dürften, mag einigermaßen befremdlich erscheinen. Immerhin handelt es sich beim Gräberfeld in Pleidelsheim um eines der wichtigsten im mittleren Neckarraum, wie die herausragenden Befunde und Funde sowie der frühe Beginn in der Mitte des 5. Jh. belegen. Die akut notwendigen Rettungsgrabungen im Bereich der Mörikestraße erfolgten in der Zeit vom 2. bis 9. November 1989 und vom 22. bis 26. Januar 1990. Dabei erfuhren wir beiläufig, daß ein sehr viel schwerwiegender Eingriff in die archäologische Substanz bevorstand: der Neubau der Mundelsheimer Straße, die das Gräberfeld auf einer Strecke von über 110 m in Nord-Süd-Richtung durchqueren würde und unter der sich mit Sicherheit bis dahin unversehrte Friedhofsteile befinden mußten. Bereits 1969 waren mit der Straßenbauverwaltung Absprachen getroffen worden, die eine Untersuchung des Bereiches bei einem zukünftigen Straßenbau vorsahen. Zuletzt war im Mai 1988 gegenüber der Unteren Denkmalschutzbehörde der Verwaltungsgemeinschaft Freiberg-Pleidelsheim auf die Notwendigkeit einer Untersuchung dieses Bereichs bei einem Neubau hingewiesen worden. Dennoch hatte man auch in diesem Fall versäumt, das Landesdenkmalamt an der Planung zu beteiligen. Dies führte dazu, daß die am 22. März 1990 begonnene Grabung unter hohem Zeitdruck stand und die Anrainer – bei rechtzeitiger Absprache vielleicht vermeidbare – Behinderungen in Kauf nehmen mußten. Die Untersuchung der inklusive Lärmschutzwall zwischen 10 und 17 m breiten Trasse konnte am 13. Juli 1990 abgeschlossen werden. Insgesamt gelang

es 1989 und 1990 117 weitere Gräber des Friedhofs freizulegen, zu dokumentieren und zu bergen. 20 davon entfallen auf den Bereich der Baumaßnahmen an der Mörikestraße, 97 kamen unter der Mundelsheimer Straße zutage. Somit liegen von diesem Friedhof nunmehr 262 modern untersuchte Grabkomplexe vor: der umfangreichste Fundbestand im mittleren Neckarraum.

Das Gräberfeld befindet sich an einem mäßig steil nach Süden zum Riedbach hin abfallenden Hang. Seine große Entfernung von 600 m zum alten Ortskern von Pleidelsheim, der wohl im Umfeld der Kirche zu suchen ist, lassen eine Zugehörigkeit zur Urzelle des heutigen Ortes fraglich erscheinen. Vielmehr dürfte der Friedhof der Bestattungsplatz einer uns namentlich nicht überlieferten Siedlung am Talrand des Baches gewesen sein, wie dies für zahlreiche ähnlich gelagerte Fälle, z. B. Lauchheim (vgl. S. 209 ff.), belegbar ist. Durch verschiedene Beobachtungen an Baustellen der fünfziger und sechziger Jahre kann eine beträchtliche Ausdehnung des Friedhofs von der Straße »Im Vogelsang« im Westen bis zur Mörikestraße im Osten erschlossen werden (Abb. 133). Wie gerade die Beobachtung der Baugrube Mörikestraße 26/28 zeigte, scheint östlich der Mörikestraße der Gräberfeldrand erreicht zu sein, denn im Ostteil dieser Baustelle befanden sich keine Gräber. Für den Westrand der Belegung gibt es bisher keine konkreten Hinweise. Funde aus den Baugruben »Im Vogelsang« beweisen nur die Erstreckung bis in diesen Bereich. Der nördliche Friedhofsrand ist durch die Grabungen der Jahre 1969 und 1990 sicher erfaßt. Dank der Untersuchung der Straßentrasse liegen nun auch für die Südausdehnung der Nekropole erste gesicherte Erkenntnisse vor. Demnach dürfte die Belegung im wesentlichen südlich des Flurstücks Mörikestraße 13 enden. Eine kleine Gräbergruppe des ausgehenden 7. Jh., die sich in über 20 m Entfernung davon befindet, scheint mir nicht mehr in Zusammenhang mit dem eigentlichen Friedhof zu stehen. Ihre Deutung ist bislang angesichts fehlender weiterer Aufschlüsse kaum möglich. Sie könnte beispielsweise den Beginn einer kleinen Hofgrablege ebenso anzeigen wie Absonderung von Personen an beiden Enden der sozialen Skala. Der Bestattungsplatz umfaßt somit nach heutiger Kenntnis ein Areal von rund 90 m in Nord-Süd- und 130 m in Ost-West-Ausdehnung. Pleidelsheim gehört damit in die Gruppe der sehr großen Ortsgräberfelder, die bisher nur in wenigen Ausnahmefällen systematisch erfaßt werden konnten. R. Christleins Schätzung auf ehemals rund 1000 Bestattungen erscheint durchaus gerechtfertigt.

Die Belegungszeit erstreckt sich über den Zeitraum von der Mitte des 5. bis gegen Ende des 7. Jh., über den Zeitpunkt um 500 hinweg, in dem sich der Wechsel von der alamannischen zur fränkischen Herrschaft in diesem Teil Alamanniens vollzogen hat. Wie ein Blick auf den Plan (Abb. 133) zeigt, ist Pleidelsheim kein typisches »Reihengräberfeld«. Die Gräber, vor allem auch die älteren, liegen vielmehr in Gruppen gestreut, dazwischen blieben unterschiedlich große Flächen frei. Vermutlich sind diese Gruppierungen Bestattungsbereiche von Familien, die mit dem Anwachsen des Friedhofs im Laufe der Zeit mehrfach in bis dahin unbenutztes Gelände verlegt werden mußten. Ferner ist mit dem Zuzug neuer Familien, insbesondere aus dem fränkischen Raum zu rechnen.

Die Grabung des Jahres 1969 betraf im wesentlichen ein von der Mitte des 5. bis zur Mitte des 6. Jahrhunderts belegtes Areal. Einige Gräber, besonders die Bestattung eines Herren mit einer »Goldgriffspatha«, einer Waffe, die Repräsentations- und Würdezeichen, kein »Gebrauchsschwert« war, geben den herausragenden sozialen Rang einzelner Verstorbe-

Abb. 133 Pleidelsheim. »Gassenäcker«. Plan des alamannisch-fränkischen Gräberfeldes nach den Grabungen von 1969 und 1989/90, Areale mit weiteren Grabfunden schraffiert

ner in der Zeit um und nach 500 zu erkennen. Im Gegensatz zu einigen anderen alamannischen Friedhöfen, etwa dem des nicht allzu fernen Hemmingen, Gewann »Schauchert«, bricht in Pleidelsheim die Belegung nicht mit dem Zeitpunkt der fränkischen Machtübernahme ab. Vielmehr lassen sich auch danach noch herausragend reiche Bestattungen bis weit in das 7. Jh. hinein namhaft machen, die allerdings stark fränkisch geprägt sind. Vor diesem Hintergrund wird verständlich, warum in Pleidelsheim eine Rekonstruktion der Belegungsvorgänge wichtig ist. Hier sind auch kleine Ergänzungen wie die Rettungsgrabungen in der Mörikestraße von Bedeutung. Erst eine detaillierte Auswertung des Fundbestandes, die von Frau U. Koch vorbereitet wird, kann klären, ob wir in Pleidelsheim nun mit einer autochthonen und weiterexistierenden, alamannischen Oberschicht unter fränkischen Vorzeichen oder mit neu hinzutretenden fränkischen Führungspersönlichkeiten, die auch austauschbare »Beamte« (R. Christlein) gewesen sein können, zu rechnen haben.
Die Grabungsfläche in der Mundelsheimer Straße betraf ein vorwiegend im 7. Jh. belegtes Friedhofsareal (Abb. 134). Leider vereitelte hier der intensiv betriebene zeitgenössische Grabraub in vielen Fällen weitergehende Aussagen. Insgesamt waren 85 Gräber alt gestört. Während sich im älteren Friedhofsbereich Mörikestraße »nur« 55 Prozent der neu ergrabenen Bestattungen als alt beraubt erwiesen, waren es im später belegten Areal 76 Prozent. Die Beraubung des 7. Jh. erfaßte also einen Großteil der zeitgenössisch Verstorbenen, dazu viele der älteren. Trotzdem ließ sich noch eine Fülle von Beobachtungen machen. In den zahlreichen, bis zu 2,50 × 3,20 m messenden, hölzernen Grabkammern lagen die Toten regelhaft in der Nordhälfte, während die Südhälfte Beigaben aus vergänglichem Material, etwa Holzgefäßen und Textilien, vorbehalten

Abb. 134 Pleidelsheim. Grab 177. Vergoldete Preßblechscheibenfibel aus Bronze, im Zentrum die von einer römischen Münze abgepreßte Herrscherdarstellung, 7. Jh. n. Chr. Durchmesser 5 cm

war. Kammern dieser Art entsprechen einer vorzugsweise im fränkischen Bereich verbreiteten Bestattungsweise, die nach dem Fundort Morken (Kr. Bergheim) benannt wird. Leider waren vorzugsweise gerade diese großen Holzkammergräber gezielt ausgeplündert worden. Wenige verbliebene Reste wie Pferdegeschirrteile, aber auch daneben bestattete Pferde lassen ihren einstigen Reichtum erahnen. Eine Besonderheit ist die hohe Zahl beigabenführender Kindergräber. Von 17 Kindergräbern ließen sich ohne anthropologische Untersuchung je fünf als Knaben- bzw. Mädchenbestattungen identifizieren. Die Knaben waren z. T. mit Waffen beigesetzt worden, ja in einigen Fällen hatte man sogar die Kindergräber einer Plünderung für wert befunden. Angesichts der Tatsache, daß in der Merowingerzeit nur ein Bruchteil der verstorbenen Kinder überhaupt auf dem Friedhof der Erwachsenen bestattet wurde und die wenigen Kinder nur in seltenen Fällen in reicherer Tracht- und Beigabenausstattung beigesetzt wurden, zeigt dies deutlich, welch hoher sozialer Rang einigen der hier Bestatteten zukam, wenn ihre Kinder noch im Tode bevorrechtet waren.

Die Befunde des Pleidelsheimer Gräberfelds in Gewann »Gassenäcker« zeigen eindrücklich, wie selbst stark gestörte und bruchstückhafte Friedhöfe wesentliche neue Einblicke in die frühmittelalterliche Landesgeschichte bieten können. Fragt man nach den Gründen, die hier für die Anwesenheit fränkisch geprägter bedeutender Familien ausschlaggebend waren, so ist die wirtschaftliche und militärische Bedeutung der weiterbenutzten Römerstraße Benningen–Walheim und die wichtige Neckarfurt zwischen Pleidelsheim und Großingersheim in Betracht zu ziehen. Gerade Großingersheim war im 9. Jh. einer der wichtigsten Orte des Murrgaus und Sitz der gleichnamigen Grafen.

Abschließend ist es uns ein besonderes Anliegen, all jenen zu danken, die entscheidend zum Gelingen der Grabungen beitrugen: Das Arbeitsamt Ludwigsburg förderte die Untersuchungen in der Mundelsheimer Straße wesentlich durch die Bewilligung einer Arbeitsbeschaffungsmaßnahme, die Gemeinde Pleidelsheim durch bereitwilligste Hilfe in technischen Belangen. Der Straßenbauverwaltung des Straßenbauamts Besigheim, Herrn Baudirektor Steinhilber, danken wir für Verständnis und Entgegenkommen in vielerlei Hinsicht. Nicht vergessen seien die Anrainer, die mancherlei Beschwerlichkeit zumeist verständnisvoll erduldeten. Ihnen und allen Mitarbeitern sei gedankt. *Ingo Stork*

Literaturhinweise

R. Christlein, Ausgrabungen des frühmittelalterlichen Ortsgräberfeldes von Pleidelsheim, Kreis Ludwigsburg. Denkmalpflege in Baden-Württemberg 4, 1975, 101 ff. – Ders., Goldene Kunstwerke, Das frühmittelalterliche Gräberfeld von Pleidelsheim im nördlichen Württemberg. Kölner Römer-Illustrierte 2, 1975, 216 f. – Ders., Die Alamannen, Archäologie eines lebendigen Volkes ([1]1978) 162 (mit zahlreichen Abb.) – K. A. Schupp, Alemannisch-fränkische Reihengräber in Pleidelsheim. Ludwigsburger Geschichtsblätter 21, 1969, 43 ff. – U. Koch, Pleidelsheim, Lkr. Ludwigsburg. Gräberfeld aus alamannisch-fränkischer Zeit. Führer zu archäologischen Denkmälern in Deutschland 22 (1991) 212 f.

Neue alamannische Gräber aus Schmiden, Stadt Fellbach, Rems-Murr-Kreis

Seit den ersten Entdeckungen und Ausgrabungen 1972 und 1977 im Gewann »Am Waiblinger Weg« im Neubaugebiet Stettiner Straße/ Finkenweg sind 41 Gräber dieses alamannischen Gräberfeldes bekannt. Funde und Befunde wurden bereits 1982 von H. Roth vorgelegt.

Im Herbst standen erneut Untersuchungen in diesem Bereich an, bei denen mit weiteren Bestattungen aus dem Gräberfeld zu rechnen war. Die gute Zusammenarbeit mit dem Baurechtsamt der Stadt Fellbach, hier ist besonders Herrn Schweickhardt zu danken, ermöglichte eine Rettungsgrabung rechtzeitig vor Baubeginn. In einer kurzfristig angesetzten Rettungsgrabung, mit tatkräftiger Unterstützung der ehrenamtlichen Mitarbeiter J. Acker und W. Joachim sowie der Kollegen U. Bo-

bon, D. Quast M.A. und Dr. R. Wolf, denen hiermit gedankt sei, konnten sechs weitere Bestattungen festgestellt, dokumentiert und geborgen werden.

Das Grundstück auf der westlichen Seite des Finkenweges konnte Aufschluß über die Ausdehnung des Gräberfeldes in dieser Richtung geben. Diese Frage läßt sich jedoch abschließend erst nach weiteren Suchschnitten beantworten, da der gesamte Friedhof recht locker, d. h. mit großen Freiflächen zwischen den einzelnen Beisetzungen, angelegt worden ist. Diese wenig systematisch wirkende Anlage des Bestattungsplatzes ist ein recht charakteristisches Phänomen, das bei ältermerowingerzeitlichen Gräberfeldern immer wieder zu beobachten ist. Auch die neuen Gräber fügen sich in dieses Bild. Drei von ihnen waren beigabenlose, offenbar ungestörte Körperbestattungen (Gräber 44, 46 und 47). Alle waren ungefähr Südwest-Nordost ausgerichtet, und in mehreren Fällen hatten sich deutliche Holzspuren der Särge als dunkle, mulmartige Masse oder Verfärbungen im anstehenden hellen Lößlehm erhalten. Grab 42, das mit dem Unterschenkelbereich bis unter den Gehweg reichte, enthielt eine mit Trachtschmuck ausgestattete erwachsene Frau. Im Beckenbereich lag ein Bügelfibelpaar aus Silber vergoldet, dessen genauere Form und Verzierung erst nach der Restaurierung erkennbar sein werden. Am Schädel lagen ein einzeiliger Kamm aus Knochen und zwei noch nicht bestimmbare Schmuckreste, bei denen es sich möglicherweise um Ohrringe handelt. Knapp 50 cm über der Grabsohle lag oberhalb vom Schädel ein Tongefäß im Grabschacht, das die Angehörigen wohl während der Beisetzung auf dem Sarg bzw. in der aufgefüllten Erde als Beigabe niedergelegt hatten. Es handelt sich um einen in unserem Raum recht ungewöhnlichen scheibengedrehten Topf mit leicht ausbiegendem Rand, einem gewölbten Körper, einem leichten Absatz auf der Schulter und flachem Boden, der Abnutzungsspuren erkennen läßt (Abb. 135). Seine einheitlich dunkelgraue Oberfläche war ursprünglich sorgfältig geglättet, so daß sie einen matten Glanz hatte. Auf der Gefäßschulter sind noch ganz schwach vertikale Streifen einer umlaufenden Glättverzierung zu erkennen. Vergleichbare Gefäße sind aus dem völkerwanderungszeitlichen Mähren im 5. Jh. bekannt, was bei der übereinstimmenden Machart und Verzierung für eine Herkunft dieses Topfes aus diesem Bereich spricht. Vorbehaltlich der genauen Datierung des übrigen Inventars spricht das Gefäß für eine Datierung des Grabes in die zweite Hälfte des 5. Jh. Eine kleine eiserne Armbrustfibel auf der Wirbelsäule der Toten in Grab 45 dürfte aus dem gleichen frühen Zeitraum stammen.

Abb. 135 Fellbach-Schmiden. Gefäß aus Grab 42. Höhe 18,4 cm

Mit den frühen Datierungen dieser Bestattungen mehren sich die Anzeichen, daß mit dem Gräberfeld »Am Waiblinger Weg« keines der typischen alamannischen Reihen- bzw. Ortsgräberfelder des 6. und 7. Jh. vorliegt. Vielmehr haben wir es an dieser Stelle mit einem der bislang noch seltenen und deshalb so wichtigen Gräberfelder des 5. und der ersten Hälfte des 6. Jh. zu tun, das nach Ausweis der bereits vorhandenen Funde in diesem Fall bis in das mittlere Drittel des 6. Jh. belegt und dann aufgegeben worden ist. Damit erweitert es die kleine Gruppe von modern untersuchten Gräberfeldern dieses Typs, deren wichtigste Vertreter Hemmingen und Aldingen nicht weit entfernt im Kreis Ludwigsburg liegen. Weitere Beispiele sind aus dem gesamten alamannischen Gebiet bekannt. Hier sei nur das erst kürzlich veröffentlichte Gräberfeld von Großkuchen, Stadt Heidenheim, auf dem Härtsfeld genannt. Der Schmidener Bestattungsplatz ist folglich auch zu den durch die fränkische Machtübernahme in Südwestdeutschland am Beginn des 6. Jh. früh abbrechenden Gräberfeldern zu rechnen. Durch die Veränderungen und Wirren dieser Zeit kam es offenbar zur Aufgabe von Siedlungen und der dazugehörigen Gräberfelder. Die Verstorbenen einer späteren merowingerzeitlichen Siedlung, von denen Reste entdeckt worden sind, wurden offenbar an anderer Stelle beigesetzt. Möglicherweise handelt es sich bei dem in den fünfziger und sechziger Jahren nur wenige hundert Meter nordwestlich an der Oeffinger Straße entdeckten Gräberfeld um den nachfolgenden Bestattungsplatz. Dafür sprechen die Grabinventare, die mit silbertauschierten Gürtelbeschlägen, einer punzverzierten bronzenen Riemenzunge, einem Bronzearmring mit verdickten, punzverzierten Enden und einer umfangreichen Perlenkette mit überwiegend tonnenförmigen Glasperlen sicher ins 7. Jh. zu datieren sind.

Die möglichst vollständige Erfassung des Gräberfeldes »Am Waiblinger Weg« im Zuge der unvermeidlichen Bauvorhaben ist also die Grundvoraussetzung zur Sicherung der archäologischen Quellen der Schmidener Frühgeschichte. Erst mit der darauf folgenden Erfassung, Vorlage und detaillierten wissenschaftlichen Auswertung aller alamannischen Funde von Schmidener Gemarkung sind die Grundlagen für die Rekonstruktion des facettenreichen Bildes der Ortsgeschichte im frühen Mittelalter gelegt. *Matthias Knaut*

Literaturhinweise

D. Planck, Neue alamannische Gräber in Schmiden. Remstal 31, 1973, 44 ff. – H. Roth, Ein Reihengräberfeld bei Fellbach-Schmiden, Rems-Murr-Kreis. Fundber. Bad.-Württ. 7, 1982, 491 ff. – J. Tejral, Spätrömische und völkerwanderungszeitliche Drehscheibenkeramik in Mähren. Archaeologia Austriaca 69, 1985, 105 ff.

Weitere Untersuchungen in der frühmittelalterlichen Siedlung »Mittelhofen« bei Lauchheim, Ostalbkreis

Seitdem 1986 westlich der Stadt Lauchheim bei der Erschließung eines Industriegebiets der bedeutende Friedhof der Merowingerzeit im Gewann »Wasserfurche« angeschnitten und entdeckt wurde, erfordern hier Baumaßnahmen großflächige Ausgrabungen der Archäologischen Denkmalpflege. Bis 1989 waren es Untersuchungen im Gelände des Gräberfeldes, die nötig wurden. Als dann im Vorfeld des Neubaus der B 29, Umgehung Lauchheim, auch die zugehörige Siedlung in den Gewannen »Mittelhofen« und »Breite« entdeckt werden konnte, mußten auch hier umfangreiche Rettungsgrabungen eingeleitet werden. Zwei drängende Baumaßnahmen: die Untersuchung der Trasse der neuen Bundesstraße sowie die der Fläche der zukünftigen Kläranlage der Stadt Lauchheim bedingten 1990 eine Konzentration der Kräfte auf die Siedlungsfläche.

Die Grabungen dauerten vom 19. März bis zum 19. Oktober 1990. Wie in den letzten Jahren wurde das Projekt durch eine Arbeitsbeschaffungsmaßnahme des Arbeitsamts Aalen und seiner Außenstelle Bopfingen maßgeblich gefördert, wofür hier besonders gedankt sei. Die Straßenbauverwaltung des Straßenbauamts Ellwangen zeigte uns größtes Verständnis und Entgegenkommen. Schließlich unterstützte die Stadt Lauchheim wiederum tatkräftig die Belange der Grabung in jeder nur möglichen Hinsicht. Allen Genannten, insbesondere Herrn Bürgermeister Kowarsch, sowie nicht zuletzt den engagierten Mitarbeitern gilt unser Dank.

Die Grabungsfläche im Bereich der zukünftigen Kläranlage erstreckt sich 150 m nördlich des »Mittelhofer Weges«, zwischen diesem und der Jagst. Die Siedlungsstrukturen folgten hier dem Verlauf der Niederterrasse, der Auebereich war nachweislich ohne Befund. Die Untersuchung konnte sich daher auf einen rund 25 m breiten Streifen beschränken. In manchen Bereichen lagen die Befunde in erodiertem Schwemmlehm. In diesem Areal war es möglich, den nordöstlichen Rand der Siedlung zu dokumentieren. Demgegenüber schloß die Untersuchung der Straßentrasse auf einer Länge von 230 m unmittelbar an die Grabungsfläche des Vorjahres an (Abb. 136). Die frühmittelalterlichen Baustrukturen lagen hier im erodierten Hanggelände naturgemäß flacher. Eine Kulturschicht oder alte Laufhorizonte waren an keiner Stelle mehr zu fassen. Sie sind längst Erosion und Beackerung zum Opfer gefallen. Die Pfostengruben und Schwellbalkengräbchen zeichneten sich gut im eiszeitlich erodierten Weißjuraschotter ab. Sie waren in der Regel erfreulich tief, so daß der Baubefund wohl noch weitgehend vollständig angetroffen werden konnte. Im Westen gelang es, die Grenze des Siedlungsareals in einem Ausschnitt zu erfassen. Zusätzlich zu den Flächengrabungen legten wir in Bereichen zukünftiger Bauflächen Baggersondagen an, um eine Grundlage für die Planung weiterer notwendiger Grabungen zu besitzen. Dabei gewannen wir Anhalte über die Südausdehnung der Siedlung. Insgesamt wurden 1990 über 1 ha Fläche mit rund 4000 Befunden untersucht. Inklusive der Grabungsfläche des Vorjahres dürfte damit etwa ein Fünftel des im geplanten Industriebaugelände liegenden, frühmittelalterlichen Dorfes erfaßt sein.

Derzeit können 32 Grundrisse ebenerdiger Holzgebäude, im wesentlichen die Wohnhäuser der Hofstellen, sowie 30 eingetiefte »Grubenhäuser« – Wirtschaftsbauten, die in erster Linie der Textilherstellung dienten – nachgewiesen werden. Die Zahl der Häuser wird sich bei detaillierter Befundauswertung sicher noch erhöhen, da angesichts der langen Siedlungsdauer vom 7. bis 12. Jh. die Vielzahl von Pfostengruben nicht in allen Fällen von vorneherein Grundrisse erkennen läßt.

Die Gehöfte waren mit Zäunen, von denen sich Zaungräbchen erhalten hatten, umfriedet. 1990 konnten wir mehrere solcher Gräbchen über lange Distanzen hinweg verfolgen. Wenngleich sich die Zäune derzeit wegen fehlender Ecken noch nicht zu einem Gesamtbild zusammenfügen, so dürfte es nur eine Frage des Grabungsfortschritts sein, bis hier Aufschlüsse vorliegen. Gerade die Zäune sind für eine Beurteilung der Hofgrößen und der Siedlungsentwicklung wichtig. In allen germanischen Volksrechten sind sie als Abgrenzung von Rechtsbezirken genannt. Innerhalb der Hofareale standen rechteckige Holzhäuser, die entweder in Pfosten- oder in Schwellbal-

Abb. 136 Lauchheim. Luftbild eines Ausschnitts der Grabungsfläche mit Hausgrundrissen; die helle Fläche am rechten unteren Bildrand wurde bereits 1989 untersucht (Luftbild O. Braasch vom 2. 8. 1990)

kenbauweise errichtet worden waren. Mit einer Ausnahme sind sie entsprechend der Wetterseite und dem Verlauf der Niederterrassenkante mit den Schmalseiten grob west-östlich ausgerichtet. Verschiedene Haustypen kommen vor. Neben den bereits im letzten Jahr vorgestellten etwa 18 m langen und 6–7 m breiten einschiffigen Gebäuden mit Pfosten oder Schwellbalkengräbchen treten auch kleinere Häuser auf. Auch sie sind einander recht ähnlich, einschiffig zwischen 10 und 12 m lang und 5,50–6 m breit. Sie wurden ebenfalls in Schwellbalken- wie Pfostenbauweise errichtet und dienten, wie Herdstellen zeigen, ebenfalls Wohnzwecken. Zwei weitere Häuser mit Wandgräbchen weisen bei vergleichbarer Länge eine merklich größere Breite von 7 m auf. Ob sich hierin Funktionsunterschiede widerspiegeln, kann derzeit noch nicht entschieden werden. Stärker von diesen Regelbefunden weichen nur Einzelgebäude ab; etwa ein Wandgräbchenbau von 5 × 6 m Seitenlänge, in dem sich eine Herdstelle befand. Ein 9 × 4,50 m großer Bau ist aufgrund auffallend weiter Pfostenabstände und der Türsituation vielleicht als Stall anzusprechen. Singuläre Großbauten wie das 1989 vorgestellte Haus mit Außenstützen konnten 1990 nicht ergraben werden. Dafür gelang es, anhand der tief fundierten Pfosten zwei rechteckige Kornspeicher als solche zu erkennen. Grubenhäuser, die wie erwähnt in erster Linie als Webhütten

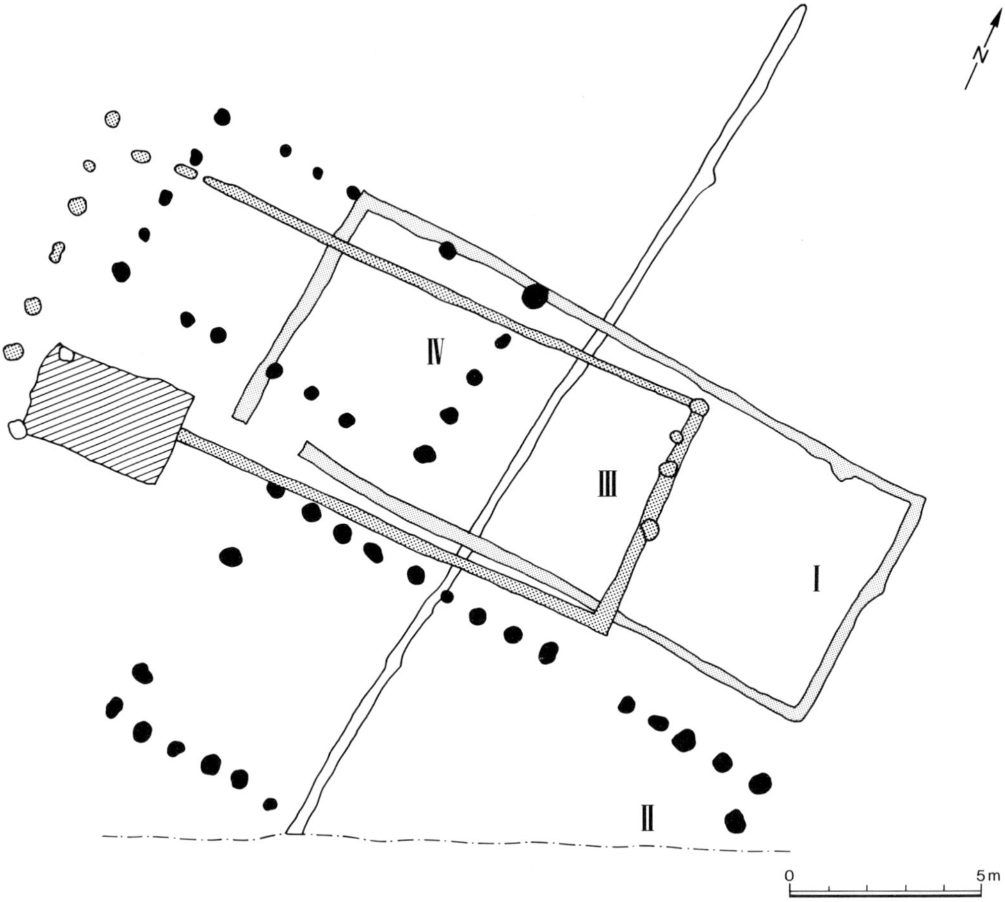

Abb. 137 Lauchheim. Ausschnitt aus dem Plan der frühmittelalterlichen Siedlung mit Hausgrundrissen (I–IV), Zaungräbchen und Grubenhaus

dienten, waren im bachnahen Bereich der Niederterrasse wohl wegen Nässe und Überflutungsgefahr nicht angelegt worden, ansonsten sind sie über das gesamte Gelände verbreitet. Bereits 1989 konnten wir feststellen, daß die Wohnhäuser immer wieder an nahezu gleichem Ort neu errichtet worden sind. Dies ist wohl mit der Weiternutzung der Hoffläche und anderer Nebengebäude zu erklären. So ergibt sich die Möglichkeit, die Abfolge der verschieden alten Grundrisse anhand ihrer Überlagerungen zu erfassen und dabei auch Änderungen der Bauweise auf die Spur zu kommen. Ein deutliches Beispiel lag am Südrand der Grabungsfläche (Abb. 137). Hier wurde ein älteres Zaungräbchen von einer neu errichteten Hofstelle überbaut. Zwei extrem nahe nebeneinander liegende Häuser ähnlicher Ausmaße lassen sich als die ältesten erkennen: ein »Wandgräbchenhaus“ (I) von 16,60 × 6,50 m und ein Pfostenbau (II) von 15 × 7,50 m. Angesichts des geringen Abstands von nur 0,90 m und der Türsituationen ist anzunehmen, daß sie nicht gleichzeitig nebeneinander bestanden haben, sondern eines das andere ablöste. Welches das ältere ist, ist mangels Überschneidungen nicht zu entscheiden, es sei aber daran erinnert, daß wir im Vorjahr 20 m von diesen Befunden entfernt eine ganz ähnliche Situation von Hausabfolgen feststellen konnten. Dort war eine Verschiebung von Norden nach Süden eindeutig nachzuweisen. Ähnliches könnte auch hier zutreffen. Die Grundrisse beider Häuser überschneidet ein weiterer, gleichartiger Bau von 17 × 6,50 m Seitenlänge mit Wandgräbchen und einem Pfostenabschluß im Westen (III). Haus I wird zusätzlich überlagert von einem wesentlich kleineren Pfostenbau von 9,80 × 5,50 m (IV), der keinesfalls gleichzeitig zu Haus III bestanden haben kann. Leider besitzen wir für dieses kleine Gebäude keinen Phasenanhalt. Es könnte als zugehöriges Wirtschaftsgebäude gleichzeitig mit Haus II gestanden haben, oder es ist der jüngste Bau an dieser Stelle. In diesem Fall hätte man die Wohnfläche um über die Hälfte verringert, wofür es anderwärts Beispiele gibt. Haus III wird bei seiner Südwestecke von einem Grubenhaus geschnitten, dessen Anlage somit das Ende der Großbauten in diesem Bereich markiert.

Gerade die in ihren Bauweisen keineswegs einheitlichen Grubenhäuser liefern durch ihre Lage und ihre Verfüllung Anhalte für die Datierung verschiedener Bauphasen. Darüber hinaus hatten wir 1990 aber auch das Glück, durch Grabfunde noch bessere Anhalte zu gewinnen. Inmitten zahlreicher Siedlungsbe-

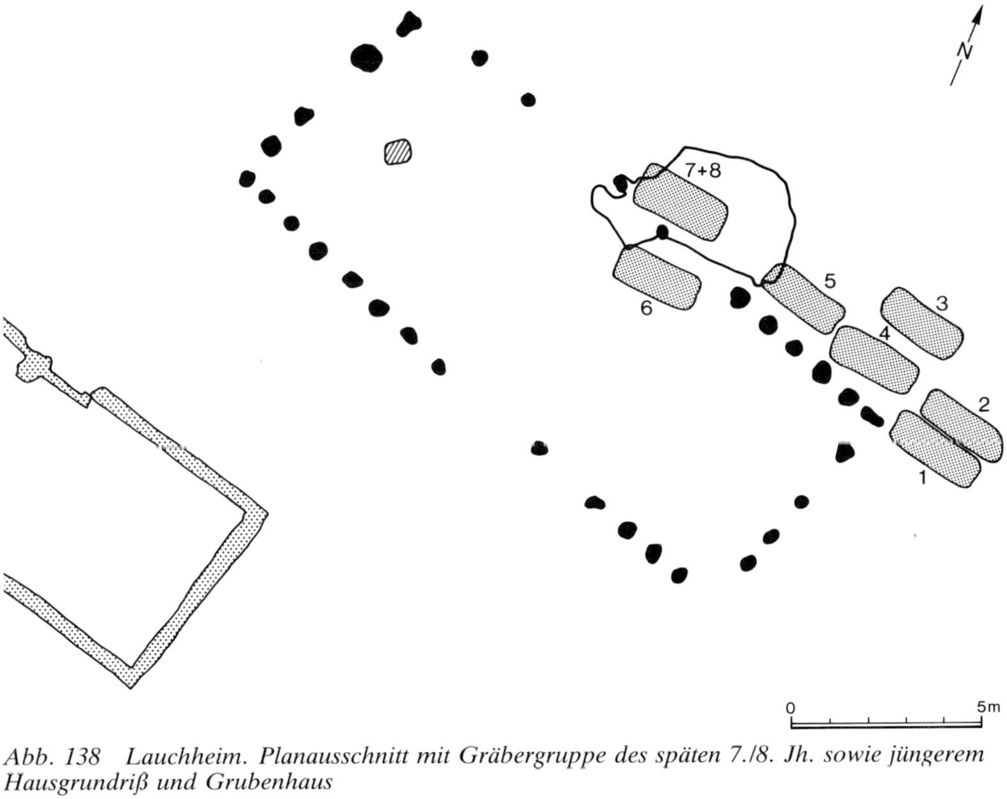

Abb. 138 Lauchheim. Planausschnitt mit Gräbergruppe des späten 7./8. Jh. sowie jüngerem Hausgrundriß und Grubenhaus

funde fand sich eine kleine Gruppe von insgesamt acht Bestattungen, sechs Männer und zwei Frauen (Abb. 138) sowie 14 m südlich davon ein weiteres Grab, möglicherweise der Beginn einer weiteren Gräbergruppe. Alle Bestatteten waren mit Trachtbestandteilen und Beigaben versehen, wenngleich z. T. alt ausgeraubt. Die Gräber sind nicht in Reihen, sondern allenfalls paarig angeordnet. Der kleine Bestattungsplatz erstreckt sich in West-Ost-Richtung über 12 m, so daß man den Eindruck hat, er orientiere sich an einem für uns derzeit noch nicht erkennbaren Befund wie einem Weg oder Zaun. Die westlichen Bestattungen gehören noch in das späte 7. Jh., einen Zeitraum, in dem auch im großen Gräberfeld »Wasserfurche« noch bestattet wurde. In den jüngeren Gräbern im Osten begegnen uns hingegen zwei Bestattungen mit »überlangen Riemenzungen« aus Bronze. Sie gehören an den Anfang des 8. Jh. Zu diesem Zeitpunkt bestattete man im Gräberfeld nicht mehr, zumindest nicht mehr mit Beigaben. Gerade diese sind aber in unserer Gräbergruppe in noch stattlicher Anzahl vertreten. Besonders der in Grab 4 bestattete Mann besaß eine vollständige Waffenausstattung. Die überlange Riemenzunge zählt mit 27 cm (!) zu den größten bekannten Stücken (Abb. 139).
Bisher sind derartige Gräbergruppen in Siedlungen nur äußerst selten gefunden worden. Außer in Lauchheim sind in Baden-Württemberg nur noch drei weitere Fundplätze bekannt. Wir meinen jedoch, daß dies eher den geringen Erforschungsgrad der Siedlungen zeigt, besteht doch nur bei großflächigen Siedlungsgrabungen für solche Befunde eine reelle Auffindungschance. Ungewöhnlich bleibt jedoch die vergleichsweise üppige Ausstattung, die trotz der Beraubung noch auf uns gekommen ist; herkömmlich fanden sich in derartigen Grabgruppen Trachtbestandteile nur in ganz geringem Umfang oder gar nicht. Die

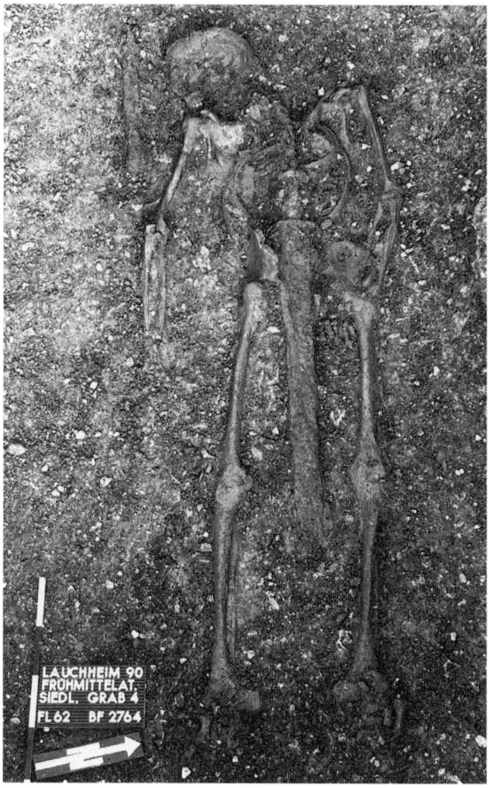

Abb. 139 Lauchheim. Grab eines bewaffneten Mannes mit überlanger Riemenzunge in Fundlage

Gräber stehen nachweislich nicht in Zusammenhang mit einer Kirche. Die zugehörige Hofstelle ist derzeit nicht erkennbar, wenngleich einige Langhäuser durchaus in die Merowingerzeit datiert werden können. Mit Recht besteht die Frage, welche Hintergründe hier eine Familie bewogen haben mögen, ihre Toten bei der Hofstelle, eben nicht mehr im Gräberfeld, aber auch nicht im Bereich der Kirche zu bestatten. Durch dieses Verhalten setzen sie sich auch deutlich von der übrigen Dorfgemeinschaft ab, deren Gräber sicherlich auf einem Kirchhof zu suchen sind. Religiöse

und soziale Gründe dürften hier entscheidend gewesen sein. Der kleine Bestattungsplatz bricht nach maximal zwei Generationen ab. Zu einem uns noch unbekannten Zeitpunkt wurde er z. T. durch ein 16,50 × 7 m großes Wohnhaus in Pfostenbauweise überdeckt. Dieses war spätestens im 10. Jh., als an dieser Stelle eine Grubenhütte gestanden hatte, längst abgebrochen.
Die Erkenntnisse, die in »Mittelhofen« noch für die frühe Landesgeschichte exemplarisch zu gewinnen sind, konnten hier nur angedeutet werden. Im Verein mit naturwissenschaftlichen Untersuchungen (vgl. unten), zu denen etwa auch Analysen von Eisenverhüttungsschlacken gehören, wird sich Licht in schriftlich nicht überlieferte Geschichte zu Füßen der Kapfenburg bringen lassen. *Ingo Stork*

Literaturhinweise
I. Stork, Arch. Ausgr. Bad.-Württ. 1989, 212 ff. – Ders., Frühes Mittelalter um die Kapfenburg. in: Die Kapfenburg, Vom Adelssitz zum Deutschordensschloß. Katalog zur Ausstellung im Deutschordensschloß Kapfenburg (1990) 95 ff. (mit weiterführender Literatur).

Knochen und Pflanzenreste des frühen Mittelalters von Lauchheim, Ostalbkreis

Seit Beginn der Ausgrabungen werden in der frühmittelalterlichen Siedlung im Gewann »Mittelhofen«, Stadt Lauchheim, die Knochenreste systematisch verprobt und großvolumige Stichproben aus Grubenhäusern, Pfostenlöchern und ähnlichen Befunden geschlämmt, um daraus Pflanzenreste zu isolieren. Nachdem in beiden naturwissenschaftlichen Disziplinen inzwischen Bearbeitungen von römischen und hoch- bis spätmittelalterlichen Fundkomplexen vorliegen oder im Entstehen sind, stellte bislang das frühe Mittelalter eine Lücke dar, wodurch es schwierig war, die Entwicklungsgeschichte unserer Landwirtschaft und Kulturlandschaft bruchlos bis zur Zeitenwende zurückzuverfolgen. Die Hauptursache liegt darin, daß bislang aus dem frühen Mittelalter fast ausschließlich Gräberfelder, jedoch kaum Siedlungen bekannt waren. Inzwischen wurden einige Siedlungen entdeckt. Eine dieser Siedlungen ist Mittelhofen in Lauchheim, wo außerdem das zugehörige Gräberfeld ausgegraben wird. Da die Untersuchungen noch einige Jahre fortgesetzt werden, können hier nur vorläufige Ergebnisse mitgeteilt werden, die auf der vergleichenden osteologischen und botanischen Untersuchung weniger Grubenhäuser beruhen. Da die Konzentrationen sowohl an Knochen als auch besonders an Pflanzenresten hier ähnlich gering sind wie in prähistorischen Mineralbodensiedlungen, ist die Zahl der bisher untersuchten Funde noch klein, und die hieraus ableitbaren Aussagen zur Bedeutung einzelner Tier- und Pflanzenarten für die Wirtschaft und Ernährung können noch nicht für die gesamte Siedlung verallgemeinert werden.
Knochen. Die untersuchten Knochenreste stammen aus vier Grubenhäusern (Abb. 140). Die Hauptmenge, über 80 Prozent, der insgesamt 409 bestimmten Funde lieferte das Grubenhaus 4. Aus Haus 2 wurden 70 bestimmbare Tierknochen geborgen. Die beiden anderen Grubenhäuser (Nr. 5 und 8) erbrachten ge-

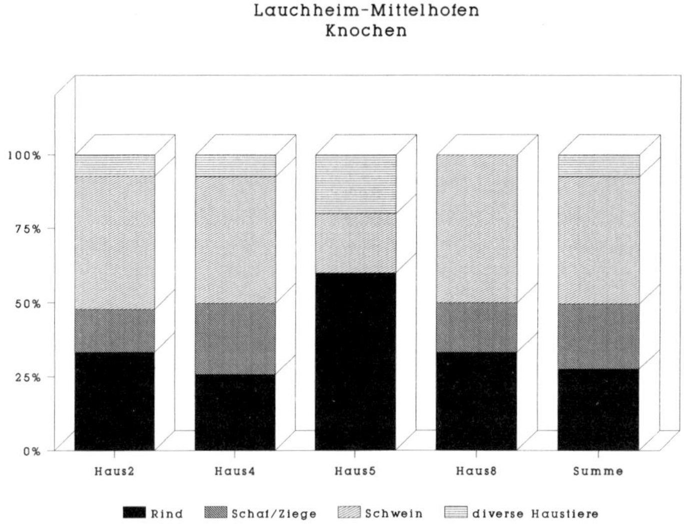

Abb. 140 Lauchheim. Knochenstatistik für vier Grubenhäuser der frühmittelalterlichen Siedlung Mittelhofen (Bezugsbasis Stückzahlen). Anteile wichtiger Nutztiere am Haustierknochenmaterial

Abb. 141 Lauchheim. Besondere Knochenfunde aus Haus 4. Links: Rechte Tibia eines nicht ganz ausgewachsenen Bibers, proximale Epiphyse nicht verwachsen. Maßstab 1:1. Rechts: Braunbär, V. Metacarpus der linken Tatze, nur Proximalteil erhalten. Maßstab 1:2. Unten: Hausgans, Fragment einer Ulna, der Knochen ist zu einer Pfeife bearbeitet. Maßstab 1:1

ringe Fundzahlen ohne große Aussagekraft. 99,5 Prozent der gesamten Knochen sind Haustierreste. Die Wildtierknochen stammen, abgesehen von einem Schulterblatt-Fragment eines Wildschweins aus Haus 2, alle aus Haus 4. Hier sind Skelettelemente von Rothirsch, Wildschwein, Braunbär sowie vom Biber nachgewiesen (Abb. 141).

Berücksichtigt man die artspezifisch unterschiedliche Größe der Haustiere, so scheint das Rind das wichtigste Wirtschaftstier gewesen zu sein, obwohl Rinderknochen »nur« knapp 27 Prozent aller bestimmten Knochen ausmachen, wohingegen Schweineknochen einen Anteil von immerhin 42 Prozent am gesamten Fundgut haben (Abb. 140). Knochenreste von kleinen Hauswiederkäuern kommen mit über 20 Prozent verhältnismäßig häufig vor. Somit ergibt die Analyse der Knochen von Hauptwirtschaftstieren folgendes Bild (Abb. 140): Im alamannischen Lauchheim war das Rind zwar der wichtigste Fleischlieferant, am häufigsten aber schlachtete man Hausschweine. Unter den Schaf-/Ziegenknochen sind nur Reste des Schafs mit Sicherheit nachgewiesen. Dagegen liegt für die Ziege bislang kein sicherer Artnachweis vor. Das könnte u. a. daran liegen, daß die Ziege als Laub- und nahezu »Allesfresser« für den landwirtschaftlichen Anbau von Kulturpflanzen ebenso wie für den Gartenbau ein geradezu schädliches Tier war. Zum anderen wurden aus den Grubenhäusern auch mehrfach Webgewichte und Spinnwirtel geborgen. Das könnte als Hinweis darauf gelten, daß man hauptsächlich Schafe auch wegen der Wollgewinnung gehalten hatte. Einziger Beleg für das Pferd ist ein Oberkiefer-Molar. Der Zahn kommt aus Grubenhaus 4.

Wie überall seit der Römerzeit wurde auch Hausgeflügel gehalten. Der Anteil der Hühnerknochen fällt mit über fünf Prozent relativ hoch aus. Diese Zahlen, die uns als Wirtschaftsindikatoren dienen, basieren im wesentlichen auf dem Fundgut der Grubenhäuser 2 und vor allem 4. Ob die Funde aus diesen beiden Häusern, insbesondere aus Haus 4, einen repräsentativen Querschnitt für die alamannische Siedlung von Lauchheim verkörpern, muß durch Untersuchung weiterer fundreicher Häuser überprüft werden. Innerhalb des bisher bearbeiteten Materials nimmt das Haus 4 jedenfalls eine Sonderstellung ein, nicht nur wegen seines Knochenreichtums, sondern auch bezüglich des vielfältigen Artenspektrums. Ein besonders bemerkenswerter Fund ist hier noch das Ulnafragment einer Hausgans. Dieser Knochen ist insgesamt 66,5 mm lang und an einem Ende glatt abgeschnitten. Am anderen Ende ist er abgebrochen. Nahe der Bruchstelle ist ein Anblasloch zu erkennen (s. Abb. 141 unten). Das Loch dürfte einen Durchmesser von ca. 6 mm gehabt haben. Wie es scheint, liegt mit diesem Knochen das Fragment einer Pfeife vor.

Pflanzenreste. Es wurden die Pflanzenreste aus acht Grubenhäusern ausgewertet. Da nur verkohlte oder mineralisierte Funde vorliegen, überwiegen erwartungsgemäß die Kulturpflanzen über die Wildpflanzen, deren Anteil jedoch recht hoch, über 60 Prozent, ist. Bei den Kulturpflanzen dominiert in allen Häusern das Getreide. Daneben wurden Kulturlein, Linse und Erbse nachgewiesen (Abb. 142.a). Den Hülsenfrüchten kann man angesichts der Tatsache, daß sie im pflanzlichen Fundgut stets unterrepräsentiert sind, eine große wirtschaftliche Bedeutung zubilligen. Aus welchen Arten sich das Getreide von Lauchheim zusammensetzt, ist Abb. 142.b zu entnehmen: Am häufigsten ist der Hafer, gefolgt von Dinkel und von Nacktweizen. Relativ selten sind Gerste, Roggen und Einkorn/Emmer, die in dieser Graphik zusammengefaßt sind. Auch was die Stetigkeit des Auftretens betrifft, liegt Hafer an erster Stelle, gefolgt von Nacktweizen und Dinkel. Dieser Stetigkeitsangabe liegt die Auswertung von 56 Proben zugrunde. Vergleicht man dieses Kulturpflanzenspektrum mit anderen frühmittelalterlichen Fundplätzen im Land, so kann man einige Gemeinsamkeiten, aber auch Unterschiede feststellen: Gemeinsam ist allen vier untersuchten Siedlungen, daß Erbse und Linse auftreten und die Getreidepalette sehr artenreich ist. Haferdominanz wurde dagegen nur noch in Renningen gefunden, das zeitlich ziemlich spät einzustufen ist. In Mengen am Tuniberg und Mühlheim-Stetten a. d. D. dominiert dagegen der Nacktweizen. Welche Getreide zusätzlich wichtig waren und welche nur in Spuren auftraten, läßt sich ebenfalls nicht verallgemeinern. Lediglich Einkorn wurde bislang nirgends in größeren Mengen gefunden. Wie die osteologische Untersuchung in Lauchheim zeigt, spielte dort das Pferd als Wirtschaftstier allenfalls eine Nebenrolle. Der Haferanbau dürfte deshalb nicht mit Pferdehaltung in Zusammenhang stehen, sondern diente der menschlichen Ernährung.

Die Wildpflanzen wurden in üblicher Weise

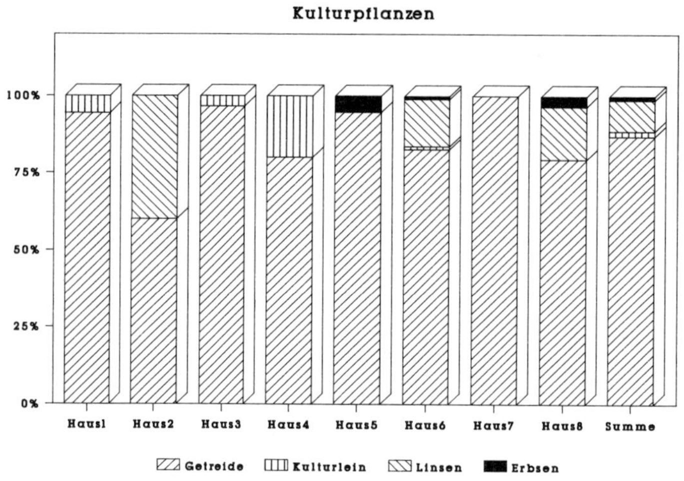

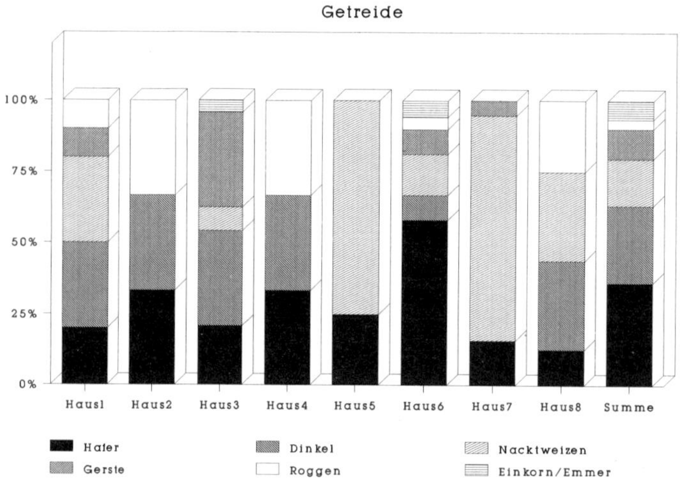

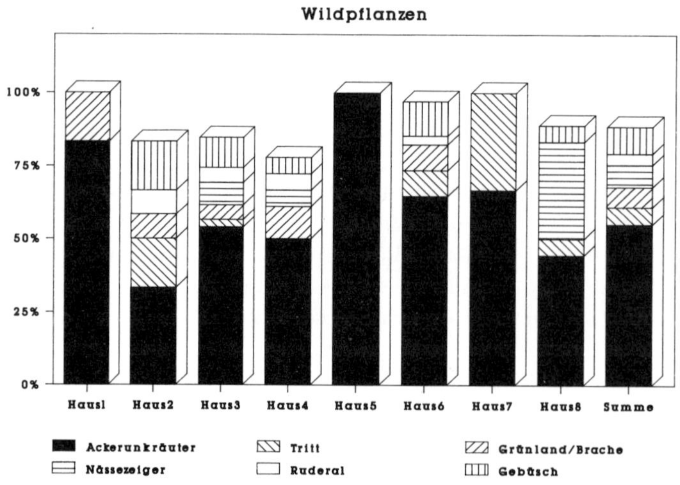

Abb. 142 Lauchheim. Pflanzenreste aus acht Grubenhäusern der frühmittelalterlichen Siedlung Mittelhofen (Bezugsbasis Stückzahlen). a Mengenanteile von Getreide, Kulturlein und Leguminosen am gesamten Kulturpflanzen-Fundgut; b Mengenanteile der bestimmbaren Getreidereste, c Mengenanteile ökologischer Gruppen am Wildpflanzen-Fundgut

zu ökologischen Gruppen zusammengefaßt (Abb. 142.c). Hier zeichnet sich ein Übergewicht der Ackerunkräuter ab, bei denen wiederum die Hackfrucht- und Sommergetreidearten häufiger sind als die Arten des Wintergetreides. Neben den Ackerunkräutern treten Pflanzen von Trittgesellschaften auf, die hauptsächlich auf Wegen oder in übersetzten Weiden wachsen, aber auch teilweise auf Äckern, wo sie dann als Hinweis auf mechanische Störung und Bodenverdichtung gelten können. Weiterhin kommen Arten des Grünlandes vor, die bei Dreifelderwirtschaft, Feldgraswirtschaft oder einem ähnlichen Brachesystem auch auf den Feldern gewachsen sein könnten. Die Nässezeiger dagegen signalisieren wohl den Einfluß der nahen Jagst. Die Ruderalpflanzen könnten in der Siedlung selbst gewachsen sein. Bei den Arten der Gebüsche handelt es sich vorwiegend um eßbares Wildobst wie Hasel, Schlehe, Apfel, Birne, Himbeere, Brombeere und Erdbeere. Diesem vermutlich wild gesammelten Obst – bei Apfel und Birne lassen sich hier Wild- und Kulturformen morphologisch nicht voneinander abgrenzen – steht ein einziger Beleg der Haferpflaume, einer kultivierten Obstart, gegenüber, der außerhalb der hier ausgewerteten Grubenhäuser auftrat. Mit dieser Beobachtung korrespondiert auch der Sammelpflanzenanteil von etwa vier Prozent am gesamten Nahrungspflanzen-Aufkommen, was für eine Mineralbodensiedlung recht hoch ist und darauf hinweist, daß in dieser Siedlung für die Versorgung mit pflanzlicher Nahrung neben der landwirtschaftlichen Produktion die Sammeltätigkeit eine recht große Rolle spielte.

Außer den bereits erwähnten Nutzpflanzen seien noch einige weitere Pflanzen genannt, deren Vorkommen trotz der schlechten Erhaltungsbedingungen zunächst einmal grundsätzlich bemerkenswert ist. Besonders augenfällig sind in Lauchheim Arten des Wintergetreides, die zugleich die bodenabhängigen Bedingungen (kalkreicher Malmschutt-Verwitterungslehm) widerspiegeln: Saat-Labkraut (*Galium spurium*), Windenknöterich (*Polygonum convolvulus*), Kuhkraut (*Vaccaria hispanica*), wohl Viersamige Wicke (*Vicia* cf. *tetrasperma*), Rauhhaarige Wicke (*Vicia hirsuta*), Acker-Finkensame (*Neslia paniculata*), Klatschmohn (*Papaver rhoeas*), wohl Roggentrespe (*Bromus* cf. *secalinus*), Kornrade (*Agrostemma githago*), Sommer-Adonisröschen (*Adonis aestivalis*), wohl Feld-Rittersporn (cf. *Consolida regalis*), wohl Zarte Wicke (*Vicia* cf. *tenuissima*). Einige dieser Arten, die heute im Land selten und teilweise vom Aussterben bedroht sind, weil sie auf unseren intensiv bearbeiteten Feldern keinen Lebensraum mehr finden, konnten rezent in der Pioniervegetation auf dem Grabungsareal beobachtet werden.

Weitere bemerkenswerte Arten sind die Borsten-Moorbinse (*Isolepis setacea*), die als Pionier auf nassen Waldwegen oder an Grabenrändern wächst, sowie die Pechnelke (*Lychnis viscaria*), die bevorzugt auf Magerrasen und Magerweiden, Heiden und in Trockenwald-Säumen zu finden ist. Diese Pflanze war früher gerade im Vorland der Ostalb recht verbreitet, ist jedoch hier wie im ganzen Land stark zurückgegangen und gilt als vom Aussterben bedroht.

Eine nach Häusern differenzierte Interpretation des Materials wird dadurch eingeschränkt, daß nur bei den Häusern 3, 6 und 8 die Fundzahlen statistisch relevante Anteile liefern. Hier hat Haus 3 einen abweichend hohen Wildpflanzenanteil, der jedoch in seiner Zusammensetzung dem Durchschnitt entspricht. Dagegen weicht Haus 8 mit einem besonders hohen Anteil von Nässezeigern vom Durchschnitt ab. Sehr individuell sind die Getreidespektren (Abb. 142.b): Haus 3 erbrachte besonders viel Dinkel und Gerste, Haus 6 besonders viel Hafer und Haus 8 besonders viel Nacktweizen und Roggen. Die Anteile der Winterfruchtarten an den Ackerunkräutern sind hiermit nicht eindeutig korrelierbar, zumal im Prinzip alle hier nachgewiesenen Getreide als Winterfrucht angebaut worden sein können und dies bei Dinkel und Roggen sogar anzunehmen ist.

Vergleichende Zusammenfassung. Ein direkter und hausbezogener Vergleich der botanischen und osteologischen Ergebnisse ist nicht möglich, da die Häuser mit zahlreichen Knochen kaum Pflanzenreste enthielten und umgekehrt. Dies ist immerhin als wichtige Beobachtung allgemeiner Art festzuhalten, deutet es doch darauf hin, daß die Mechanismen, unter denen es zu einer Funderhaltung kam, für Knochen und Pflanzenreste unterschiedlicher Natur waren. Faßt man die Ergebnisse der Grubenhäuser in der vergleichenden Betrachtung zusammen, so kann man für das frühmittelalterliche Mittelhofen eine überragende Bedeutung von Ackerbau und Viehhaltung für die Nahrungswirtschaft konstatieren, wobei jedoch die Rolle von Jagd und Sammelwirtschaft nicht unterschätzt werden darf und in ihrer wahren Bedeutung vielleicht erst bei weiterem Fortgang der Untersuchungen erkannt werden kann.

Mostefa Kokabi und Manfred Rösch

Literaturhinweise
M. Kokabi, Osteoarchäologische Bemerkungen über den derzeitigen Stand der Forschung in Südwestdeutschland. In: D. Planck (Hrsg.), Archäologie in Württemberg (1988) 465 ff. – A. von den Driesch u. M. Kokabi, Zu den frühmittelalterlichen Tierknochenfunden: In: H. Dannheimer: Aschheim im frühen Mittelalter. Teil 1: Archäologische Funde und Befunde. Münchner Beiträge zur Vor- und Frühgeschichte 32, (1988), 153 ff. – M. Rösch, Arch. Ausgr. 1987, 164 f.; 1988, 211 f.; 1989, 285 ff. – I. Stork, Arch. Ausgr. Bad.-Württ. 1989, 212 ff.

Grabung in der germanischen Siedlung von Lauda-Königshofen, Main-Tauber-Kreis

Im Sommer 1990 führte das Landesdenkmalamt Baden-Württemberg in Zusammenarbeit mit der Gesellschaft für Vor- und Frühgeschichte in Württemberg und Hohenzollern e. V. und der Stadt Lauda-Königshofen, Main-Tauber-Kreis, eine archäologische Lehrgrabung auf einem prähistorischen Siedlungsplatz bei Lauda durch. Insgesamt nahmen etwa 30 interessierte Laien an der Ausgrabung teil. Den Kursteilnehmern, für deren Einsatz und engagierte Mithilfe hier sehr gedankt werden muß, sollte ein Einblick in die praktische archäologische Ausgrabungsarbeit, Dokumentation und die Fundbergung vermittelt werden. Die Stadt Lauda-Königshofen hat die Ausgrabung in vielerlei Hinsicht tatkräftig unterstützt, ihr sei an dieser Stelle ebenfalls herzlich gedankt.

Ziel der Untersuchung war es, einen Einblick in die Ausdehnung und den Erhaltungszustand einer kaiserzeitlichen, germanischen Siedlungsstelle zu bekommen, die durch die intensive landwirtschaftliche Nutzung des Geländes in ihrer Substanz als stark gefährdet gilt. Hinzu kommt, daß eine erste kleine Sondagegrabung, die im Frühjahr 1986 durchgeführt worden war, bemerkenswerte Ergebnisse zutagegefördert, viele wichtige Fragen aber noch offengelassen hatte. Das Hauptaugenmerk der diesjährigen Grabung galt jedoch der Erforschung des Erhaltungszustands der archäologischen Substanz innerhalb des Geländereliefs und des Ausmaßes der schleichenden Zerstörung der Befunde, zumal Lauda die für Baden-Württemberg sehr seltene Möglichkeit bietet, eine germanische Siedlungsstelle des 2. Jh. und der ersten Hälfte des 3. Jh. n. Chr. in der Germania Libera im Vorfeld des Obergermanischen Limes komplett zu erfassen.

In der Tat ließen sich germanische Siedlungsspuren der jüngeren römischen Kaiserzeit in Form von Siedlungs- und Pfostengruben in einer Ost-West-Ausdehnung von mindestens 45 m nachweisen. Dabei konnte neben der typischen handgemachten rheinwesergermanischen Keramik auch wieder zahlreiche römische Importkeramik der zweiten Hälfte des 2. und der ersten Hälfte des 3. Jh. n. Chr. geborgen werden; Metallgegenstände sind dagegen sehr spärlich vertreten. Komplette Hausgrundrisse konnten leider nicht erfaßt werden. Dies ist aber wahrscheinlich durch die kleine Grabungsfläche von 50 × 6 – max. 13 m bedingt. Pfostenstrukturen, die sich abzeichneten, dürften aus diesem Grund wohl außerhalb der Grabungsfläche ihre Fortsetzung finden.

Ein wenig überraschend, jedoch nicht ungewöhnlich ist die immer wieder erfolgte Besiedlung auf der gleichen hochwasserfreien Terrasse nahe der Tauber in verschiedenen vor- und frühgeschichtlichen Zeitperioden.

Keramikscherben und Silices, die allerdings nur als Streufunde vorkommen, belegen eine erste Begehung des Platzes im Jungneolithikum. In der Hallstattzeit läßt sich dann, anhand einer Siedlungsgrube in Fläche 16, eine Nutzung des Geländes erstmals direkt nachweisen. Unter der geborgenen Siedlungskeramik waren einige gut geglättete Scherben mit Graphitbemalung.

Aus der jüngeren Latènezeit wurde eine große Kellergrube mit rampenartigem Zugang erfaßt. Außer dem Bruchstück eines blauen Glasarmreifs enthielt die Grube einige Tierknochen; die Keramik, die z. T. aus Graphitton hergestellt ist, ist bedauerlicherweise sehr stark fragmentiert. Die Anwesenheit von frühen Germanen um Christi Geburt ist wiederum nur durch Streuscherben belegt. Eindeutige Befunde konnten diesem Zeithorizont nicht zugewiesen werden. Bemerkenswert in diesem Zusammenhang ist, daß bislang frühgermanische Besiedlungsspuren im Taubergebiet praktisch nur im Zusammenhang mit jüngerlatènezeitlichen Siedlungen beobachtet werden konnten.

Nach der darauffolgenden jüngerkaiserzeitlichen Besiedlungsphase scheint der Platz um die Mitte oder in der zweiten Hälfte des 3. Jh. n. Chr. verlassen worden zu sein. Aus dem 4. und 5. Jh. liegen bisher aus Lauda keinerlei Funde vor, obwohl dieser Zeithorizont auf benachbarten Fundplätzen wie Gerlachsheim oder Königshofen sehr gut vertreten ist. Ab der Mitte des 6. Jh. wurde das Gelände dann wieder intensiv besiedelt. So konnten in den diesjährigen Grabungsflächen vier Kellergruben sowie ein Grubenhaus des frühen Mittelalters aufgedeckt werden. Die runden Kellergruben, die noch bis zu 1,50 m tief erhalten waren, hatten alle regelmäßig senkrechte Wände und eine ebene Sohle. Die Grube von Befund 10 lieferte neben vielen Tierknochen und Kleinfunden ein besonders reiches Spektrum an Keramik.

Aus ihr konnten Scherben von feintonigen, scheibengedrehten und mit Wellenbandmustern verzierten fränkischen Knickwandtöpfen geborgen werden (Abb. 143.2). Sehr gut belegt ist auch die fränkische, rauhwandige Drehscheibenware, die meist Wulstränder aufweist (Abb. 143.3, 4), Deckelkehlen sind kaum vertreten (Abb. 143.5). Die geborgene handgemachte Feinkeramik bezeugt Bezie-

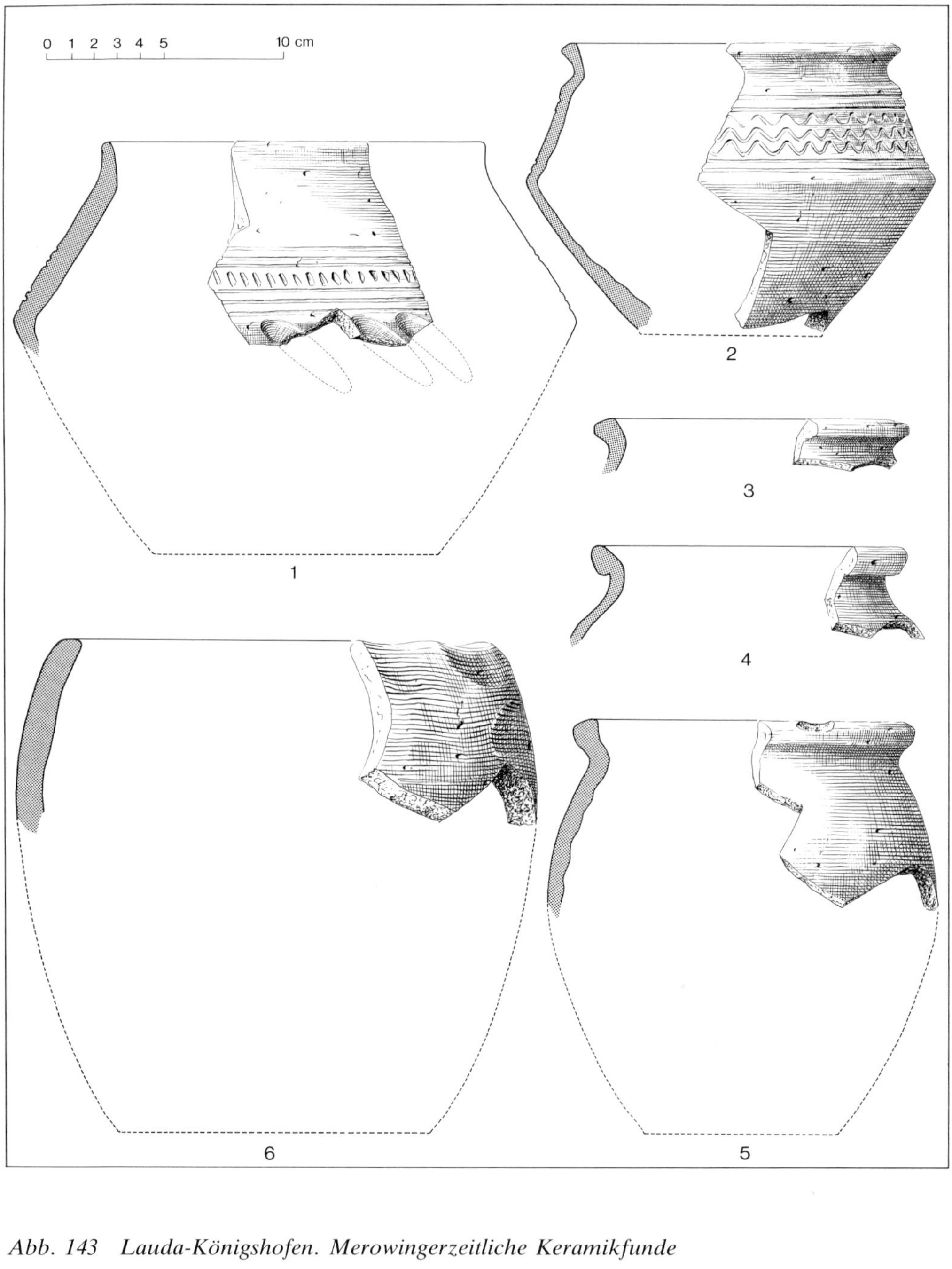

Abb. 143 Lauda-Königshofen. Merowingerzeitliche Keramikfunde

hungen zum östlich-merowingischen Reihengräberkreis; ein Gefäß dieser Gruppe hat eine Verzierung aus mehreren waagerecht auf der Schulter um das Gefäß laufenden Rillen, zwischen denen ein Band aus tiefen, parallelen Einstichen verläuft. Unterhalb des Umbruchs ist das Gefäß mit plastisch modellierten Schrägriefen verziert (Abb. 143.1). Die Masse der restlichen Keramik besteht jedoch aus einfachen, handgemachten, geglätteten Kümpfen (Abb. 143.6), deren Ton einen hohen Goldglimmergehalt aufweist. Als Besonderheit fanden sich außerdem Bruchstücke von mehreren Gußtiegeln, die offensichtlich z. T. sehr hohen Temperaturen ausgesetzt waren. Schlacken und Aschenester runden das Bild ab. Aufgrund der typischen Keramikformen dürfte diese Grube um die Mitte oder in der zweiten Hälfte des 6. Jh. n. Chr. verfüllt worden sein.
In die gleiche Zeit gehört auch das einzige Grubenhaus, aus dem neben Keramikscherben, Tierknochen und einem verzierten Kammfutteral mehrere Fragmente von Webgewichten ausgegraben werden konnten. Das rechteckig in den anstehenden Lößlehm eingetiefte Grubenhaus war Ost-West orientiert. Die beiden Firstpfosten des Hauses, die ca. 50 cm tief gegründet waren, standen mittig den Schmalseiten außen vorgelagert. Die Seitenwände wurden von je zwei Pfosten gestützt, die von den Ecken des Grubenhauses je ca. 60 cm entlang der Seitenwände eingerückt waren.
Eine weitere Grube im Norden der Fläche war mit auffallend viel gebranntem Hüttenlehm verfüllt worden. Anhand der Keramikfunde kann sie in das späte 7. Jh. n. Chr. datiert werden, gleichzeitig markiert sie wohl das Ende der frühmittelalterlichen Besiedlung innerhalb des ergrabenen Teils der Hofstelle bei Lauda. Wahrscheinlich ist dieses Ergebnis aber nur durch die kleinräumige Grabungsfläche bedingt, denn nur ca. 150 m südlich des Grabungsareals konnten kürzlich frühkarolingische Funde aufgelesen werden.

Klaus Frank

Merowingerzeitliche Siedlungsspuren in den Fronenbrunnenwiesen, Stadt Tauberbischofsheim, Main-Tauber-Kreis

Im Spätsommer 1990 konnte M. Weber, Boxberg, beim Neubau einer Panzerverladerampe der Bundesbahn etwa 2 km nördlich von Tauberbischofsheim frühmittelalterliche Funde aus einem Areal bergen, das schon vor einigen Jahren nachrömisches Material (Abb. 144.2) erbracht hatte. Aus einer Grube stammt neben Knochen, Spinnwirteln (7, 8) und einem stark abgenutzten, flachen Webgewicht (9) auch etwas Keramik.
Bis auf ein Wandstück der rauhwandigen Drehscheibenware sind alle übrigen Fragmente handgemacht. Die Scherben zweier einander sehr ähnlicher Gefäße mit einschwingender Oberpartie stechen sofort durch ihre Verzierungen aus Rechteckfeldern mit Ritzungen und Einstichen sowie die Ansätze von schrägen Kanneluren ins Auge (1, 4). Stichverzierung, ausgeführt mit einem mehrzinkigen Gerät und wohl in Dreiecksfelder gegliedert, zeigt auch ein weiteres Schulterstück (5). Auffällig ist an den beiden anderen abgebildeten

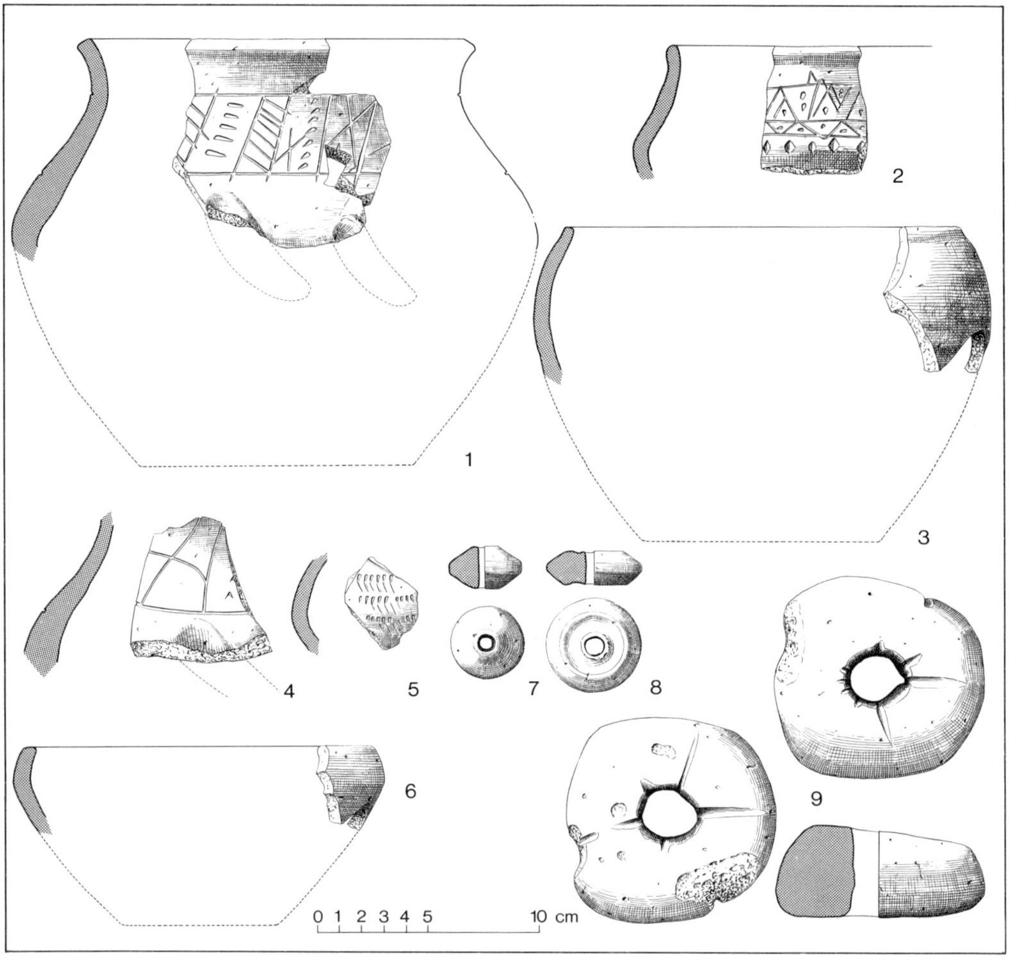

Abb. 144 Tauberbischofsheim. Merowingerzeitliche Keramik

Fragmenten, die zu kumpf- bzw. schalenartigen Gefäßen gehören (3, 6), daß auch sie geglättete Oberflächen aufweisen, die in der Regel auf das ornamentierte Geschirr beschränkt bleiben.

Bei dem wenigen vorliegenden Material fiele eine engere Datierung im Normalfalle wahrscheinlich schwer; da jedoch im benachbarten Lauda verwandte handgemachte Keramik in Begleitung einer großen Zahl fränkischer Drehscheibengefäße aus der Mitte oder zweiten Hälfte des 6. Jh. ausgegraben wurde (s. S. 220 ff.), stellt die zeitliche Einschätzung kein Problem dar. Zur Diskussion steht allerdings die kulturelle Einordnung der handgemachten Ware. Aufgrund der historischen Überlieferung, nach der der nördliche Teil Südwestdeutschlands im 5. und frühen 6. Jh.

alamannisch besiedelt war, könnte man bei Funden wie den vorliegenden an die Hinterlassenschaften von Alamannen denken, die im fortgeschrittenen 6. Jh. unter fränkischer Herrschaft im Taubertal lebten. Es läßt sich aber bei der in Tauberbischofsheim und in Lauda angetroffenen verzierten Keramik keine direkte Verbindung zum – allerdings noch spärlichen – Fundgut des 5. Jh. im Taubertal herstellen. Dazu kommt weiterhin, daß man die besten Parallelen für Gefäße mit Schrägriefen, Ovalfacetten oder Kerben am Umbruch sowie flächiger Stich- oder Stempelzier in Feldereinteilung auf der Oberwand im thüringisch-langobardischen Milieu des sog. östlich-merowingischen Reihengräberkreises zwischen Mitteldeutschland und Pannonien findet. Auch in Süddeutschland kommen einschlägige Funde nicht selten vor, jedoch sehr häufig im Zusammenhang mit fränkischen Materialien. Es ist somit wahrscheinlicher, daß es sich in diesen Fällen um Thüringer oder verwandte Elbgermanen handelt, die von den merowingischen Königen nach 500 in den ihrem Reich hinzugewonnenen Landstrichen angesiedelt wurden. Daß diese Vorgänge im Taubertal nicht nur Tauberbischofsheim und Lauda betrafen, beweisen Gefäße des 6. Jh. aus den benachbarten Reihengräberfeldern von Werbach, Dittigheim und Bad Mergentheim. Weiter südlich werden sie im Jagstgebiet ebenfalls greifbar, wie die jüngst veröffentlichten Funde von Krautheim-Klepsau zeigen.

Die wüst gewordene Siedlung in den Fronenbrunnenwiesen belegt nun auch für Tauberbischofsheim, daß das frühmittelalterliche Siedlungsgeschehen auf der Gemarkung heutiger Orte sehr kompliziert und vielschichtig sein konnte. Das älteste, merowingerzeitliche Bischofsheim ist seit langem durch fränkische Keramik und Gräber des 6. und 7. Jh. bei der ev. Kirche unterhalb des Wellenberges bezeugt. Im Spätherbst 1990 brachten im Alten Gymnasium Baustellenbeobachtungen Material des 6. bis 7./frühen 8. Jh. zutage. Funde ab dem 8. Jh. liegen aus den Untersuchungen von 1966–1969 in der Lioba-Kirche vor. Reihengräber, merowingische Siedlungskeramik und karolingerzeitliche Funde entdeckte man in den sechziger und siebziger Jahren jenseits der Tauber im Bereich Heimbergsflur/Vorderer Hammberg.

Mit den hier vorgestellten Neufunden aus den Fronenbrunnenwiesen ist nun eine weitere Ansiedlung des frühen Mittelalters auf Tauberbischofsheimer Boden sicher nachgewiesen (falls eine ca. 300 m südlicher, jenseits der Eisenbahnlinie gelegene Fundstelle in diesen Zusammenhang gehört; wenn nicht, erhöht sich die Zahl der frühmittelalterlichen Plätze sogar noch um einen weiteren). Für die Ermittlung ihrer noch unbekannten Auflassungszeit bedarf es allerdings noch einer größeren als der vorliegenden Fundmenge.

Uwe Gross

Literaturhinweise

Fundber. Bad.-Württ. 5, 1980, 280; 8, 1983, 419. – R. Koch, Bodenfunde der Völkerwanderungszeit im Main-Tauber-Gebiet (1967) 197.

Ergänzende Untersuchungen im Grabungsgebiet »Neuwiesenäcker«, Stadt Renningen, Kreis Böblingen

Die jahrelangen intensiven Geländebegehungen durch K. Maier, Renningen-Malmsheim, führten in den letzten Jahren zur Entdeckung zahlreicher vorgeschichtlicher, römischer und mittelalterlicher Siedlungsplätze in und um Renningen. In den Neuwiesenäckern westlich der Stadt konnte 1987/88 einer von ihnen in den durch Straßenbau gefährdeten Teilen untersucht werden. Bei den Aufsammlungen waren auf den meisten mittelalterlichen Plätzen neben Scherben in großen Mengen auch Eisenschlacken zutagegekommen. Es war jedoch im Rahmen der Grabungen nicht gelungen, einen zugehörigen Ofen freizulegen. Daher wurde dies 1990 nach nochmaligen intensiven Begehungen und geomagnetischer Prospektion (G. Janssen, Böblingen) an einer Stelle mit hoher Schlackenkonzentration in unmittelbarer Nachbarschaft der Grabungsflächen von 1987/88 auf der anderen Seite der inzwischen fertiggestellten Umgehungsstraße gezielt in Angriff genommen. Aber leider war dem Versuch kein Erfolg beschieden, zu gründlich hatte die ackerbauliche Nutzung alle Spuren der einst vorhandenen Öfen zerstört.
Die im Vorfeld und im Zuge der kleinen Ausgrabung angefallenen Keramikfunde sind gut geeignet, das bisherige Bild vom Siedlungsablauf an dieser Stelle weiter zu präzisieren. So beweisen die in großer Zahl aufgetretenen römischen Scherben, für die hier ein grauer, feintoniger Teller stehen soll (Abb. 145.1), daß die ersten alamannischen Siedler im 4. Jh. sich in den Neuwiesenäckern ebenso an eine mittelkaiserzeitliche Vorbesiedlung anlehnten, wie dies an den anderen Stellen der Gemarkung mit völkerwanderungszeitlichen Spuren (Gewanne Zelg und Raite im Nordwesten) der Fall ist.
Die Siedlung dürfte mit einem alten Übergang über den Rankbach in Zusammenhang stehen; nach Beobachtungen beim Bau der Kläranlage in den siebziger Jahren kamen im Bereich des nördlich benachbarten Gewanns Furt Reste einer etwa 3 m breiten römischen Steinstraße zum Vorschein.
Unter den neuen Funden gehören der Boden eines großen Terra-Nigra-Gefäßes und Fragmente von rauhwandigen, hellgebrannten Wölbwandtöpfen ins 4. und 5. Jh. (Abb. 145.2–4). Die anscheinend ohne Zäsuren bis ins 12. Jh. andauernde Siedlungstätigkeit belegen merowingerzeitliche Scherben eines Knickwandbechers und rauhwandiger Drehscheibenware (5–6), gelbtonige karolingische Rollstempelkeramik (7) und hochmittelalterliche »nachgedrehte« Keramik (8). Wie an den meisten Fundstellen fehlt Material des späten Mittelalters in nennenswertem Umfang, besonders »ortsfeste« Ofenkeramik, die dauerhaftes Verweilen belegen könnte. Das Abreißen der Fundsequenz nach dem 12. Jh. zeugt von hochmittelalterlichen Wüstungsvorgängen, die durch die Schriftüberlieferung im Renninger Raum kaum faßbar sind. Einem einzigen Wüstungsnamen (Altheim) stehen fast ein Dutzend »namenlose« Plätze gegenüber, die ab der Karolingerzeit, spätestens aber seit dem 11. Jh. mit einer oder mehreren Hofstellen besetzt waren, von denen aus dem Spätmittelalter kein Fundgut mehr vorliegt. Es fragt sich, ob die Auflassung so vieler Siedelplätze allein mit den im hohen Mittelalter einsetzenden Städtegründungen erklärt werden kann (in unmittelbarer Nähe Böblingen, Sindelfingen und Weil der Stadt, erst später auch Leonberg, Renningen selbst blieb bis 1982 Dorf). Vielleicht wirken sich im speziellen Fall

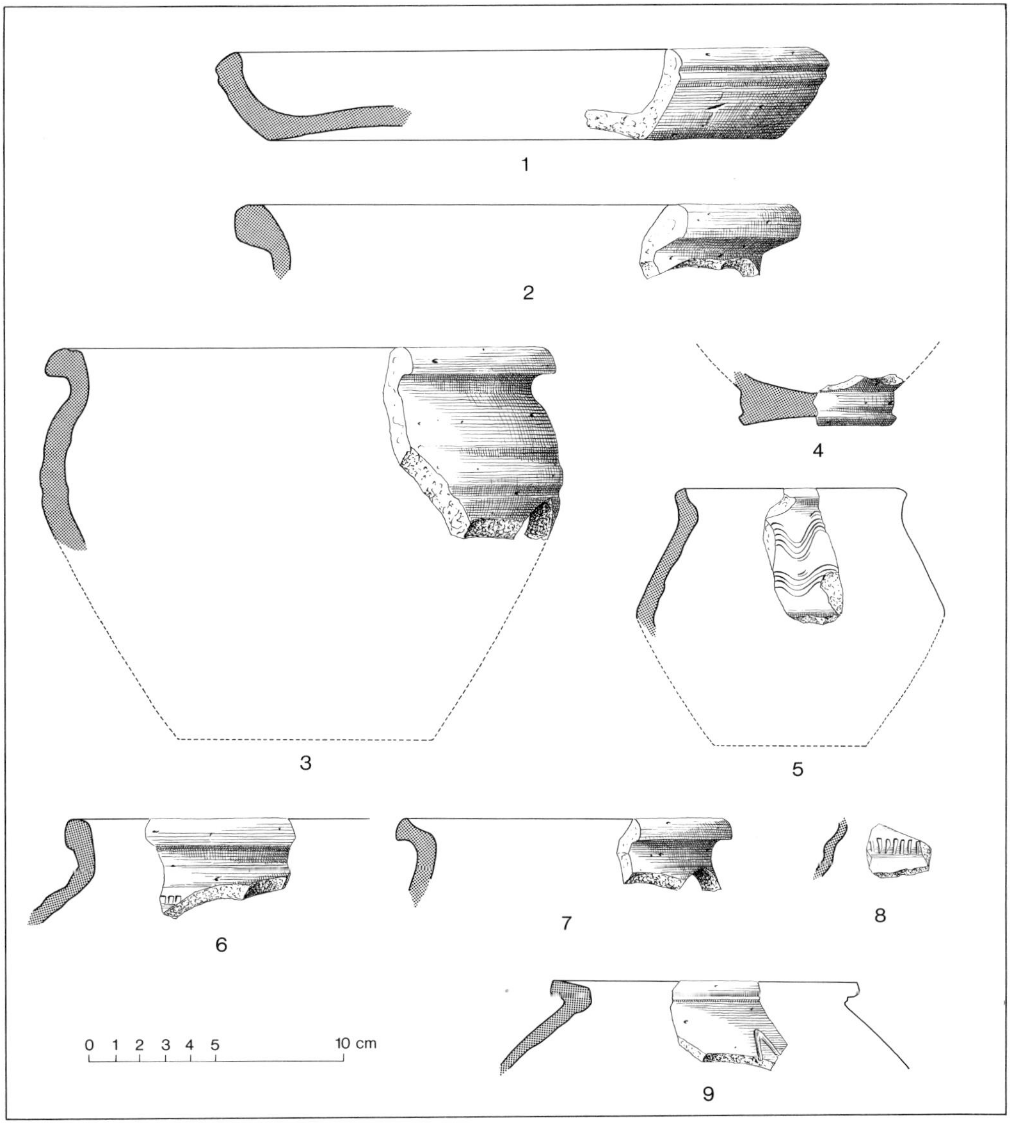

Abb. 145 Renningen. Keramikfunde aus dem Gewann »Neuwiesenäcker«

des hier betrachteten Kleinraumes auch Veränderungen bei der Eisengewinnung/verarbeitung aus, die nach Aussage der Schlackenfunde an fast allen Siedelstellen eine Rolle gespielt haben muß.

Sieht man die neuen Funde und die aus den

eingangs genannten Begehungen vorliegenden Materialien im Zusammenhang, so scheinen Überlegungen angebracht, ob der Name Altheim in Hirsauer Urkunden des 11. und frühen 14. Jh., der schon mehrfach als Ursiedlung des Renninger Raumes angesprochen wurde, nicht auf die weit in die frühalamannische Zeit zurückreichenden Siedlungsspuren in den Neuwiesenäckern bezogen werden kann. Die im Flurbereich Altheimer Tal angetroffenen Scherben gehören alle erst der Karolingerzeit und den folgenden Jahrhunderten an, mithin einem bedeutend jüngeren Zeitabschnitt.

Uwe Gross

Literaturhinweise
I. Stork, Arch. Ausgr. Bad.-Württ. 1987, 166 f.; 1988, 224 ff.

Eine abgegangene Siedlung bei Mannheim-Wallstadt

Seit einigen Jahren betreibt die Stadtverwaltung Mannheim den Ausbau und die Verlängerung der Königsberger Straße im neuen Stadtteil Vogelstang in Richtung Autobahn (Abb. 146). Dabei stieß man im Sommer 1989 beim Entfernen des Mutterbodens auf der künftigen Straßentrasse neben verschiedenen Spuren vorgeschichtlicher Besiedlung auch auf eine bisher so gut wie unbekannte Siedlung der Karolingerzeit und des frühen Hochmittelalters. Erste Untersuchungen übernahm H. Behrends, Karlsruhe, der sie an den Verfasser weitergab, nachdem Charakter und Zeitstellung des Fundplatzes eindeutig mittelalterlich waren.

Die Siedlungsstelle, die möglicherweise bereits in den fünfziger Jahren erstmals erfaßt wurde, liegt am Ostrand des Stadtteils Vogelstang in Richtung Autobahn auf einem flachen, kaum merkbar, leicht nach Nordwesten geneigten Rücken mit Blick auf eine heute nur noch schwach ausgeprägte Mulde, die im Mittelalter einen kleinen Wasserlauf enthalten haben mag. Der natürliche Untergrund besteht großenteils aus einem hellbraunen, schwer zu bearbeitenden Lößverwitterungslehm. An einigen Stellen wurde auch Kies angetroffen. An der Oberfläche sind heute keinerlei Siedlungsspuren mehr zu erkennen. Dagegen konnte O. Braasch 1990 einige Luftbilder machen, die nördlich und östlich der Grabungsstelle recht deutlich die Reste von Grubenhäusern und z. T. auch Pfostengruben zeigen.

In den Jahren 1989 und 1990 wurde ein knapp 100 m langer und bis zu 30 m breiter Streifen untersucht. Dabei zeigte sich, daß die Reste der Siedlung vor allem durch die jüngeren Eingriffe der Landwirtschaft erheblich beeinträchtigt worden waren. Im gesamten Grabungsareal waren bereits alle Benutzungsschichten in- und außerhalb ebenerdiger Bauten abgetragen, so daß lediglich Pfostengruben, Grubenhäuser, Brunnen und nicht näher definierbare Gruben erhalten blieben. Soweit der für die Beurteilung einer Siedlung doch recht kleine Ausschnitt tragfähige Aussagen erlaubt, lassen sich folgende Feststellungen machen (Abb. 147):

Die bisher aufgedeckten Teile erwecken den Eindruck, daß die Siedlung planmäßig aufgebaut und strukturiert war, da nahezu alle Gebäude entweder Nord-Süd oder West-Ost gerichtet sind. Ebenerdige und eingetiefte Bauten zeigen nur wenige Überschneidungen, was

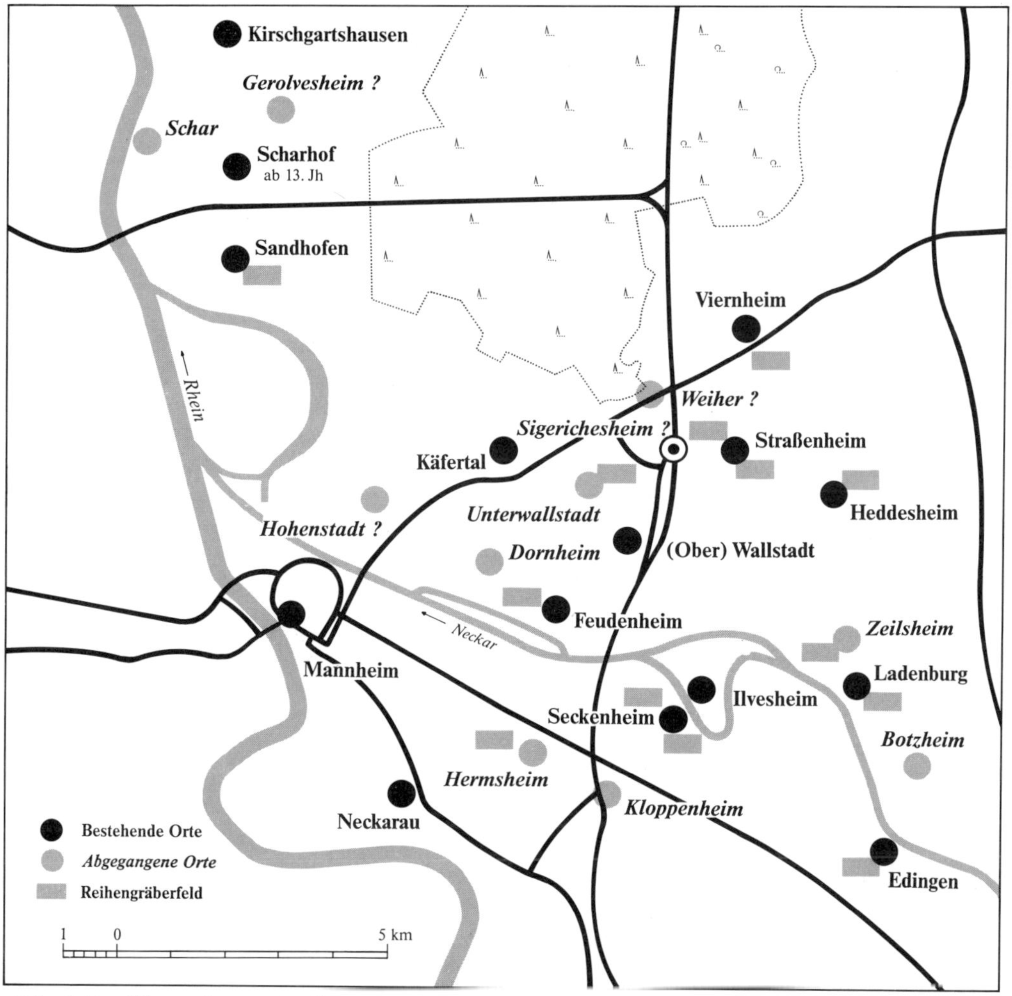

Abb. 146 Übersicht zur Siedlungslandschaft am Unterlauf des Neckars im frühen und hohen Mittelalter. Die Grabungsstelle liegt bei der Eintragung Sigerichesheim

auf die Beibehaltung der einmal gewählten Struktur der Siedlung über einen längeren Zeitraum schließen läßt. Ebenso deuten sich im mittleren Bereich kleinere Gräbchen an, die vielleicht als Relikte einer Parzellengrenze anzusprechen sind. Dies könnte bei Fortsetzung der Untersuchungen die Chance bieten, Gehöfte oder Hofgruppen herauszuarbeiten. Im Nordwesten wurde vermutlich der Rand der Siedlung erreicht, da hier die Befunde aussetzen. Nach Nordosten dagegen scheinen sich, soweit das Luftbild hier verläßliche Infor-

Abb. 147 Mannheim-Wallstadt. Plan des abgegangenen Orts Sigerichesheim (?)

mationen bietet, die Befunde noch über eine Strecke von mehreren hundert Metern fortzusetzen.
Alle bisher erfaßten Gebäude sind reine Holzbauten, wobei die ebenerdigen ausnahmslos aus in den Boden eingegrabenen Pfosten bestehen. Dabei scheinen zweischiffige Firstsäulenhäuser für die größeren die Regel zu sein, wie sich am besten bei dem Haus südlich des Brunnens erkennen läßt. Jedoch auch das östlich anschließende und jenes nördlich des kleinen Grabens gehörten vermutlich demselben Typ an. Dabei lassen einige sehr dicht beieinander liegende Pfostengruben den Schluß zu, daß die Häuser entweder an derselben Stelle ersetzt oder, was mir plausibler erscheint, mehrfach repariert wurden. Auffällig sind ihre geringen Abmessungen, die mit etwa 3–4 m und 6 bis max. 8 m Länge recht bescheiden ausfallen und nicht so recht ins an andern Orten gewonnene Bild passen wollen. Alle Elemente, die auf Nutzung oder Binnengliederung der Häuser hinweisen könnten, waren nicht mehr erhalten, so daß später allenfalls über eine sorgsame Fundauswertung und die Stellung einzelner Bauten im Gehöft Aufschlüsse zu diesen Fragen zu erwarten sind.
Bei den Grubenhütten, die von 1,50 × 2,50 m bis zu 2,50 × knapp 4 m messen und zwischen wenigen Zentimetern bis maximal über 1 m tief eingegraben sind, treten alle geläufigen Typen mit zwei bis acht Pfosten auf. In einigen Fällen erlauben in ihnen gefundene Webgewichte eine Ansprache als Webhütten, bei den übrigen wird sich die Funktion nur in Ausnahmefällen bestimmen lassen. Soweit bisher erkennbar, scheint Metallhandwerk oder ähnliches in ihnen jedoch nicht ausgeübt worden zu sein. Gleichzeitigkeit vorausgesetzt, waren sie teilweise in recht geringem Abstand um die ebenerdigen Bauten gruppiert, was auf verhältnismäßig kleine Hofanlagen schließen lassen könnte.
Bei den relativ wenigen Gruben ohne erkennbare Einbauten kann es sich um kleine eingetiefte Speicher oder, was ich für wahrscheinlicher halte, um Materialentnahmegruben, z. B. für Lehm zur Wandverkleidung, handeln, wenngleich eingeräumt werden muß, daß sich hierfür ihre Zahl und Größe etwas bescheiden ausnehmen. Die Entscheidung, ob der den Nordteil des Grabungsareals in West-Ost-Richtung durchziehende Graben sowohl Grenz- als auch Entwässerungsfunktion oder nur eines von beiden hatte, kann erst bei weiteren Untersuchungen gefällt werden.
Auffälligster und baulich anspruchsvollster Befund war ein etwa in der Mitte des untersuchten Streifens liegender Brunnen, der über einen im Durchmesser 3–3,50 m großen, eiförmigen und mehrere Meter tiefen Schacht in den gewachsenen Kies eingegraben war. Die mit 0,60–0,70 m lichter Weite recht enge Brunnenröhre, deren unteres Ende aus Zeitmangel leider nicht mehr freigelegt werden konnte, saß vermutlich auf einem Holzkranz und bestand aus sorgfältig aufgeschichteten, unvermörtelten Feldsteinen.
Das Fundmaterial besteht vorwiegend aus Keramik, Metallgegenstände konnten nur in geringer Zahl geborgen werden. Hinzu kommen noch einige Stücke aus Bein und Horn, andere organische Materialien haben sich nicht erhalten. Die Keramik setzt in der späten Karolingerzeit mit gelbtoniger Drehscheibenware ein, wobei die älteren, wellblechartigen, stark geriffelten Stücke bisher nicht vertreten sind. Dagegen sind mit Rollrädchenstempeln verzierte Stücke recht gut vertreten. Die jüngsten Stücke sind grautonige Scherben einer reduziert gebrannten Drehscheibenware, die gegen Ende des 12. oder zu Anfang des 13. Jh. entstanden sein dürften. Damit ist die Gesamtspanne zumindest dieses Teils der Siedlung nicht sehr groß, was bereits durch die geringe Überlagerung der Befunde angedeutet wurde.

Ihre Qualität scheint sowohl was die Keramik anlangt als auch nach den wenigen Metallsachen zu urteilen, recht ordentlich zu sein, wenngleich das Niveau z. B. des nahegelegenen Ladenburg oder eines Adelssitzes vergleichbarer Zeitstellung nicht erreicht wird. Befunde und Funde versprechen bei Fortsetzung der Untersuchungen die Freilegung einer Siedlung, die erkennbare Strukturen bei nicht zu komplizierten Überlagerungen aufweist. Diese Fortsetzung erscheint aus denkmalpflegerischer Sicht geboten, wenn nicht gar zwingend, da die derzeitige tiefgreifende landwirtschaftliche Nutzung weitere schwere Beeinträchtigungen der erhaltenen Reste befürchten läßt. So wie bereits alle mittelalterlichen Benutzungshorizonte und manche Pfostengruben bis auf wenige Zentimeter abgehobelt sind, könnten in naher Zukunft die Spuren ebenerdiger Bauten großenteils zerstört sein. Der Versuch, den Befund in das mittelalterliche Siedlungsbild des Neckarmündungsgebiets einzuordnen, kann auf der schmalen Basis, die zur Verfügung steht, allenfalls impressionistische Züge tragen. Betrachtet man auf der Karte mittelalterlicher Siedlungen (Abb. 146) den Raum Mannheim, so wird deutlich, daß er schon früh recht dicht besetzt und die Zahl der Siedlungen im frühen und hohen Mittelalter wesentlich höher war als in der folgenden Zeit. Der Rückgang oder die Konzentration der Siedlungen erfolgte hier nach Aussage der Schriftquellen vor allem im 13. Jh. Dabei spielte neben der allgemein zu beobachtenden Siedlungskonzentration, verbunden mit der Bildung größerer Dörfer und den Stadtgründungen im speziellen Falle das Mäandrieren von Neckar und Rhein zusätzlich eine wichtige Rolle. Mehrere am Hochufer des Neckars gelegene Orte wie z. B. Dornheim oder Hohenstadt wurden vermutlich regelrecht vom Wasser untergraben und weggespült.
Im Dreieck Käfertal, Wallstadt und Straßenheim werden zwischen 8. und 12. Jh. drei weitere Ortschaften genannt. Das im Zusammenhang mit Käfertal erwähnte Weiher oder Weiler ist an der Grenze zu Viernheim zu suchen und vermutlich nicht für unseren Platz in Anspruch zu nehmen. Es bleiben die Orte Unter- oder Kleinwallstadt und Sigerichesheim. Dabei könnte der in den Quellen verwendete Begriff Unterwallstadt dazu verleiten, den am Südrand von Vogelstang um 1960 entdeckten Reihengräberfriedhof samt der zugehörigen, leider nicht näher untersuchten Siedlung mit Unterwallstadt gleichzusetzen. Die vorgestellte, nach den Luftbildern mindestens bis zur Autobahn reichende Siedlung könnte dann das in den Quellen des 12. Jh. letztmals genannte Sigerichesheim sein. Sein Ursprung müßte bis in die Merowingerzeit zurückreichen, da der bisher nicht zuzuordnende Friedhof jenseits der Autobahn recht gut als Ortsfriedhof passen würde. Für ihre Aufgabe im späten 12. oder 13. Jh. waren bisher unbekannte Gründe ausschlaggebend.

Dietrich Lutz

Literaturhinweise
Bad. Fundber. 14, 1938, 27 und 30. – F. Trautz, Das untere Neckarland im frühen Mittelalter. Heidelberger Veröff. zur Landesgesch. und Landeskunde 1, 1953. – A. Dauber u. a., Archäologische Karte der Stadt- und Landkreise Heidelberg und Mannheim. Bad. Fundber. Sonderheft 10, 1967, 45. – Die Stadt- und die Landkreise Heidelberg und Mannheim, Amtliche Kreisbeschreibung, Band III, Die Stadt Mannheim und die Gemeinden des Landkreises Mannheim. Karlsruhe 1970, 6 ff., Käfertal 134 ff., Straßenheim 189 ff., Wallstadt 193 ff.

Archäologische Untersuchung im Gebiet der Wüstung Vöhingen, Gemeinde Schwieberdingen, Kreis Ludwigsburg

Wie bereits an dieser Stelle 1985 und 1989 berichtet, gibt es dank der systematischen Begehung der abgegangenen Siedlung Vöhingen durch den ehrenamtlichen Mitarbeiter, Herrn Schmidt, und seine Helfer umfangreiches Fundmaterial einschließlich der dazugehörigen Kartierungen. Da die Flur intensiv landwirtschaftlich genutzt wird und die Gefahr besteht, daß auch die letzten Siedlungsbefunde in einigen Jahren weggepflügt sind, hat sich das Mittelalterreferat Stuttgart entschlossen, im Sommer 1990 drei Parzellen archäologisch zu untersuchen. In enger Zusammenarbeit mit der Gemeinde Schwieberdingen, vor allem mit tatkräftiger Unterstützung des Naturschutzbeauftragten, Herrn Teurer, und einiger Landwirte der Gegend, konnte die Grabung reibungslos durchgeführt werden.

Aus dem Jahr 779 gibt es eine Nennung des Ortes »Fehinge« in den Überlieferungen des Klosters Fulda. Dieser Name gehört zu den frühen Ortsnamentypen, in dem der Personenname »Vaho« oder »Voho« enthalten ist. Dabei bleibt jedoch unklar, ob es sich tatsächlich um Vöhingen oder um Vaihingen/Enz handelt. Die erste eindeutig auf Vöhingen bezogene Urkunde datiert von 1229. Eine besitzmäßige Aufsplitterung ist nach den Urkunden bereits im 14. Jh. bezeugt.

Die drei im Sommer untersuchten Parzellen erstrecken sich südlich des Naturdenkmals »Vöhinger Kirchle«, jedoch nördlich des Gebietes, in dem wahrscheinlich 1960 die Kirchen- und Kirchhoffundamente im Zuge der Bodenseewasserversorgungsleitung angeschnitten wurden.

Die Grabung erbrachte als frühesten mittelalterlichen Befund ein Grubenhaus, ca. 3 × 4 m groß, mit je einem Eckpfosten und je einem tiefer eingegrabenen Firstpfosten. Die Keramik datiert das Gebäude in karolingische Zeit. Ein zweites Grubenhaus weist ähnliche Ausmaße und dieselbe Ausrichtung auf, jedoch sind die Pfosten alle gleich tief gegründet. Die Datierung der aus diesem Befund stammenden Keramik weist in das 11./12. Jh. Eine große Grube, deren Verfüllung wohl aus dem 11. Jh. stammt, grenzt an einen eingetieften Raum mit z. T. abgemauerten Wänden.

Wichtig erscheint im Osten der Grabungsfläche der Teil einer Straße, die durch die Jahrhunderte in Benutzung war und erst einer Flurbereinigung in unserem Jahrhundert zum Opfer fiel. Ein weiterer Weg scheint in der Mitte der Grabungsfläche, von Nord nach Süd verlaufend, angeschnitten worden zu sein. Hier könnte es sich um den »Vöhinger Graben« handeln, der durch den Flurnamen bezeugt ist. Auch fanden sich über die ganze Fläche verstreut viele Pfostenlöcher verschiedener Größe und Tiefe, die sich jedoch im jetzigen Stadium noch zu keiner obertägigen Bebauung zusammenfügen lassen. Hier ist auch zu beachten, daß die diesjährige Grabungsfläche für solche großflächigen Befundzusammenhänge nicht ausreichend war.

Im Westen des untersuchten Areals befand sich eine relativ große gepflasterte Fläche mit einer nach Osten abschließenden Mauer. Ein offensichtlich niedergebranntes Gebäude gehörte ebenfalls zu diesem Komplex. Die Befunde reichten an die diesjährige Grabungsgrenze. Eine weitere Klärung dürfte im nächsten Jahr möglich sein.

Die Funde der Grabung 1990 gehören demselben langen Zeitraum an, der sich bereits durch umfangreiche Lesematerialien der letzten Jahre andeutete. Da in den vorangegangenen

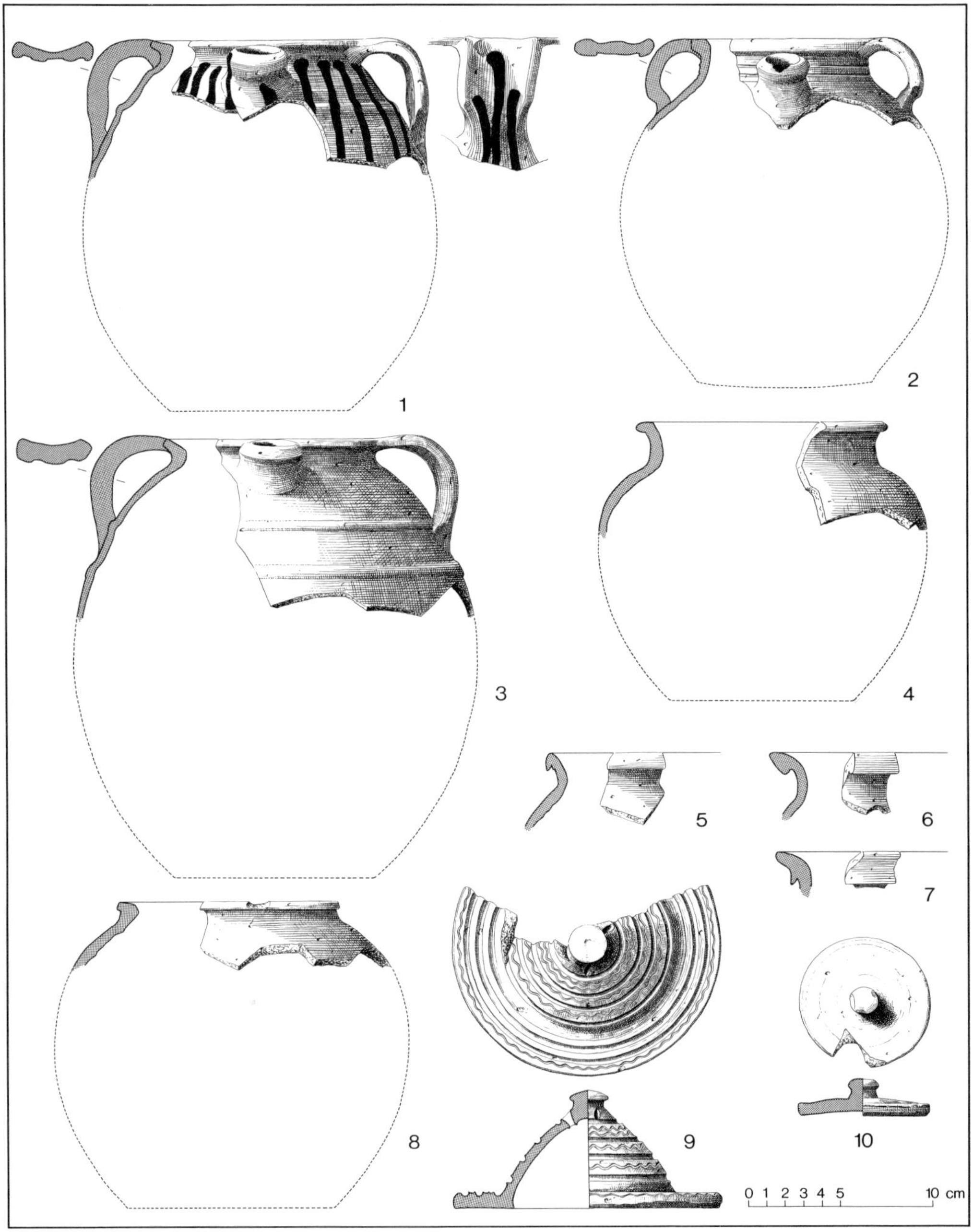

Abb. 148 Schwieberdingen. Wüstung Vöhingen. Keramikfunde

Berichten stärkeres Gewicht auf das Fundgut der älteren Phase gelegt wurde, soll an dieser Stelle jenes aus der hoch- und spätmittelalterlichen Bestehenszeit Vöhingens etwas näher betrachtet werden. Dieses ist weit zahlreicher als merowingisch-karolingisches Material vorhanden, da die untersuchte Fläche nicht im vermuteten frühmittelalterlichen Siedlungskern liegt. Unter den ältesten Funden sei lediglich auf das Randstück einer rotgebrannten Schüssel mit innen verdicktem Rand des 5. oder frühen 6. Jh. und auf eine stempelverzierte Knickwandtopfscherbe der entwickelten Merowingerzeit hingewiesen.

Im 11./12. Jh. war in Vöhingen überwiegend unverzierte gelbtonige Drehscheibenware in Gebrauch. Von einer Kanne dieser Warenart konnte die obere Partie fast vollständig zusammengesetzt werden (Abb. 148.3). Auch ein großes Deckelfragment liegt vor (9). Daneben tritt in geringer Menge eine in Scherbenstruktur und Form eng verwandte, mit hellroten, senkrechten Strichen bemalte Keramik in Erscheinung (1). Mit ihr werden die im Mittelneckarraum heimischen, bisher aber noch kaum bekannten hochmittelalterlichen Vorläufer der Buocher Feinware des späten 12. bis frühen 15. Jh. greifbar. Ebenfalls selten sind Stücke der älteren, grautonigen Drehscheibenware, die aus dem nördlichen Oberrheinraum oder dem Kraichgau vereinzelt über die Enz hinaus nach Süden gelangten (2). Ab dem 11. Jh. erscheint in Vöhingen »nachgedrehte« Keramik, die formal in zwei Gruppen zerfällt. Eine zeigt Randbildungen, wie sie für die sog. ältere Albware typisch sind (8). Die andere, weit größere Gruppierung besitzt anfangs Wulst-, dann Leistenränder (4–6). Karniesrandgefäße der jüngeren Drehscheibenware (7) repräsentieren gemeinsam mit rotbemalter Feinware (10) die letzte Siedlungsphase des 13. und 14. Jh., aus der unter den wenigen nichtkeramischen Funden eine bronzene, reich profilierte Gürtelschnalle stammt. Diesen jüngsten Kleinfunden zuzuordnende Baubefunde aus dem späten Mittelalter fehlen bisher noch, ihre Aufdeckung ist von der Fortsetzung der Grabung in den kommenden Jahren zu erhoffen. *Susanne Arnold, Uwe Gross*

Literaturhinweise
U. Gross, Arch. Ausgr. Bad.-Württ. 1985, 198 ff.; 1989, 282 ff.

Ein Erdstall in Rot am See, Kreis Schwäbisch Hall

Anfang November erreichte das Referat für Mittelalterarchäologie Stuttgart die Nachricht, daß während der Planierung des Bauplatzes für den Neubau des evangelischen Gemeindehauses in Rot am See (südöstlich der Kirche) ein unterirdischer Gang mit Einstieg gefunden wurde.

Bei der darauffolgenden Ortsbesichtigung stellte sich die Lage wie folgt dar: Auf dem Bauplatz stand bis vor kurzem ein Wohnhaus, das abgebrochen wurde. Von diesem gab es offensichtlich einen Abgang, der mittels einiger unregelmäßiger Stufen in einen unterirdischen Stollen führte, der etwa 15 m in den gewachsenen Fels getrieben war. Die Ausmaße sind auffallend gering, denn die Höhe beläuft sich auf nur etwa 1,40 m, die Breite auf 1,20 m. Nach ungefähr 5 m verengt sich der Gang zu einem im Durchschnitt nur 0,55–0,60 m großen Durchschlupf. Dieser wurde erstellt, indem man an den Seiten und nach oben hin vom Felsen weniger abarbeitete, die Höhe der Sohle jedoch gleich blieb. Nachträglich wurden am Boden Steine aufgeschichtet und mit Lehm verstrichen. In dem Winkel zwischen Laufniveau und Erhöhung für den Durchschlupf fanden sich Reste von organischem Material, von denen eine Probe zur Paläobotanik nach Hemmenhofen geschickt wurde.

Nach den beiden Verengungen, die sich in diesem Gang befinden, weitet sich seitlich des Stollens je ein größerer Raum, der kuppelartig überwölbt war. Die Räume sind im vorderen Teil rechteckig vertieft, im hinteren Halbrund entsteht jedoch wieder eine Art Podest. Der Stollen endet stumpf etwa 1,70 m nach der zweiten seitlichen Erweiterung.

Im Laufe weiterer Bauarbeiten brach auch an anderer Stelle die Oberfläche ein. Um Gewißheit über weitere unterirdische Gänge und deren Ausdehnung auch im Hinblick auf die Bauarbeiten an dem Gemeindehaus zu erhalten, ließ die evangelische Kirchengemeinde Erdradarmessungen durchführen.

Die Befunde der unterirdischen Gänge von Rot am See lassen sich als Erdställe ansprechen, die es im deutschprachigen Raum vor allem in der Oberpfalz, in Niederbayern und in den angrenzenden Gebieten Oberösterreichs in großer Anzahl gibt, vereinzelt auch in Franken, selten jedoch auf württembergischem Gebiet (Ringingen, Kr. Ehingen). Mit der Deutung dieser Stollen beschäftigt sich die Forschung seit dem 19. Jh., wobei sie in dieser Zeit vorrangig dem kultischen Bereich zugeordnet und in prähistorische Zeit datiert wurden. Erst im Laufe unseres Jahrhunderts rückte man von der Mystifizierung dieser Gänge ab und konnte sie anhand einiger Keramikfunde auch in mittelalterliche Zeit einordnen. Vermutet wurde, daß sie als Zufluchtstätte und Verstecke kostbarer Habseligkeiten in kriegerischen Zeiten dienten. Leider scheint in jüngster Zeit wieder die kultische Interpretation in den Vordergrund zu rücken, in dem man in diesen Erdställen »Leergräber« (Kenotaphe) für die verstorbenen Ahnen erblickt. Anlagen mit solchem Bedeutungsinhalt müßten auf jeden Fall in der schriftlichen Überlieferung ihren Niederschlag gefunden haben.

Susanne Arnold

Zur Fortsetzung der archäologischen Ausgrabungen auf der Marktstätte in Konstanz

Der im Mai 1989 begonnene archäologische Vorlauf in der Brotlaube und auf der Marktstätte in Konstanz hat im Spätherbst 1990 die obere Marktstätte erreicht. Voraussichtlich zu Beginn des Jahres 1991 werden hier die Ausgrabungen abgeschlossen sein und danach in der westlich der Marktstätte gelegenen Kanzleistraße, entsprechend der Vereinbarung zwischen dem Landesdenkmalamt und der Stadt Konstanz, weitergeführt werden.

Anlaß dieser Untersuchungen ist die Erneuerung der veralteten Entwässerungskanäle seitens der Stadt Konstanz. Diese Baumaßnahme gibt der Stadtforschung die einmalige Chance, einen archäologischen Querschnitt durch die östliche seeseitige Hälfte des Stadthügels zu gewinnen. Aus zeitlichen und finanziellen Gründen war eine Voruntersuchung der gesamten Kanaltrasse nicht möglich. Geplant wurden deshalb acht Grabungsschnitte von 10 × 2,50 m auf der insgesamt 185 m langen Trasse.

Die Marktstätte ist heute die größte öffentliche Freifläche der Stadt. Sie liegt in ihrer Ost-West-Ausdehnung in der ursprünglichen Flachwasserzone des Bodensees, die ab dem 12.–13. Jh. aufgeschüttet wurde. Modernisierungsmaßnahmen des 19. Jh. und eine vor wenigen Jahren realisierte Unterführung haben die mittelalterliche Marktstätte auf die Hälfte ihrer ursprünglichen Länge von ca. 250 m zwischen Kaiserbrunnen und dem 1388 gebauten Kaufhaus am See verkürzt.

Obwohl die Marktstätte in den Schriftquellen schon zu Beginn des 13. Jh. erwähnt wird, liegen die Anfänge dieser Platzanlage im dunkeln. Kurz vor 1225 errichteten zwei reiche Konstanzer Bürger aus eigenen Mitteln das Heilig-Geist-Spital an der unteren »Margitstat« (gelegen östlich der Brotlaube), und 1270 wird ein Haus »in litore quod wlgariter dicitur Maerchstatt« dem o. g. Spital geschenkt. Der Ufercharakter dieses Marktplatzes tritt eindeutig hervor.

Die Fragestellungen dieses Grabungsprojektes sind breit gefächert. Neben Fragen nach den naturräumlichen Gegebenheiten vor dem Stadtausbau sollen insbesondere Fragen nach der topographischen Entwicklung und Nutzung des Areals vor Entstehung des Marktes beantwortet werden. Nachdem hölzerne Hafenstege ottonischer Zeitstellung in den nördlich gelegenen Gassen dokumentiert werden konnten, ist die Frage nach ihrer Ausdehnung naheliegend. Zu klären ist ferner Beginn, chronologischer Ablauf und die technische Realisierung des Landgewinnungsprozesses sowie Nutzung und Erstbebauung des neugewonnenen Geländes. Die wichtigsten Grabungsergebnisse der Kampagne 1990 auf der Marktstätte sollen hier nach ihrer Zeitstellung gegliedert präsentiert werden.

An allen bis jetzt ergrabenen Stellen ist der anstehende geologische Untergrund der sog. Seeton, ein grauer, fetter Lehm, der den ursprünglichen Seegrund darstellt. Die Grabungen haben deutlich gezeigt, daß die Brotlaube, die Marktstätte sowie das umliegende Areal auf über 3 m starken Planierschichten verschiedener Zeitstellung liegen. Typische Übergangshorizonte vom Wasser zum Moränenrücken werden erst am westlichen Ende der Marktstätte, auf der Höhe der auf diesen Platz zulaufenden Querstraßen (Tirolergasse und Rosgartenstraße) erwartet.

In den mittig der Marktstätte liegenden Grabungsschnitten 5 und 6 trat eine 0,80 m mächtige, anthropogen aufgetragene Planierschicht zutage. Keramikfunde weisen darauf hin, daß die erfaßte Aufschüttung spätestens im ausgehenden 12. Jh. abgelagert wurde. Dieser erste Zeitansatz wird durch zwei Münzfunde (Halbbrakteate), die innerhalb dieser Planierschicht lagen und von H. Brem bestimmt wurden, bestätigt. In den weiter östlich gelegenen Abschnitten 3 und 4 wurden diese früh aufplanierten Schichten nicht erfaßt. Hier sind auf dem anstehenden Lehm Schwemmsande vermengt mit Abfällen und Steinrollierungen dokumentiert worden. Diese Ablagerungsschichten der ufernahen Wasserzonen weisen eine Stärke von bis zu 0,50 m auf. Das keramische Fundmaterial datiert den Beginn der Ablagerung um 1200. Die unterschiedlichen Merkmale der Schichtbefunde wie auch ihre Datierungen lassen den Schluß zu, daß in dem nicht untersuchten Bereich zwischen den Schnitten 4 und 5 (Länge 14 m) eine begrenzende Anlage bestand, in dessen Richtung die älteste Aufschüttung des Geländes vollzogen wurde.

Abb. 149 Konstanz. Marktstätte, Schnitt 5. Blick von Westen auf den eingegrabenen Eichenpfosten

In der nächstjüngeren Besiedlungsphase wurde auf dem so gewonnenen Siedlungsareal eine Trockenmauer errichtet, die folgende Konstruktionsmerkmale aufweist: Der Kern der Nord-Süd und parallel zur Uferlinie orientierten Mauer besteht aus einem eingegrabenen 0,55 m starken Pfosten, dessen Sohle auf dem anstehenden Lehm erfaßt wurde (Abb. 149). Die Mauer besteht aus trockengesetzten Wacken, die in drei Lagen um und über dem Eichenstamm errichtet wurden. Hohlräume werden mit kleinen Wacken und Kies verfüllt. Zur vollständigen Untersuchung der auf einer Länge von ca. 1,50 m erfaßten Mauer wurde der Schnitt 5 nach Westen um 3 m verlängert. Hier weist die Mauer einen 2,50 m langen Rücksprung nach Westen auf, knickt dann wieder um 90° nach Norden und läuft in das Nordprofil des Schnittes hinein. Der Mauerrücksprung läßt auf eine Treppenanlage schließen, von der die südliche Wange erfaßt wurde. Diese war vermutlich mit nicht mehr erhaltenen Holzstufen versehen.

Westlich der Mauer zum Festland hin wurde das Gelände ca. 1 m mit Abfall, Bauschutt und Kies aufgeschüttet. Die deutlich verdichtete und stark verhärtete Oberfläche der letzten Planierschicht deutet auf die ursprüngliche Begehung dieses Areals.

In einer jüngeren Umbauphase wurde die Mauer um eine Steinlage erhöht und der Mauerrücksprung mit einem Steinpflaster und einer Rinne überbaut. Es liegt nahe, daß dieser Einbau einer Oberflächenentwässerung des westlich liegenden Geländes diente. Zeitgleich wurde vor der Mauer zum See hin eine rampenartige Steinsetzung eingebracht. Die südliche Seite dieser Anlage war von großen Steinen und von einer abstützenden Faschinenwand begrenzt.

Die etwa parallel zur Uferzone des Bodensees verlaufende und etwa 1 m hohe Mauer ist wohl als Kaimauer anzusprechen; in der aufgeschütteten Fläche westlich der Befestigung ist das entsprechende Hafengelände zu sehen, und die in einer jüngeren Bauphase eingebrachte Steinsetzung östlich der Kaimauer ist als Rampe zum Hochziehen von kleineren Wasserfahrzeugen zu deuten. Vermutlich sollte die Kaimauer das künstlich aufgeschüttete Ufergelände vor einer Überflutung bei extremen Hochwasserständen schützen.

Die geborgene Keramik datiert die Errichtung der Kaimauer und die Aufschüttung nach 1200. Ein genaueres Datum wird die noch ausstehende Jahrringanalyse des Eichenpfosten erbringen.

Auf dem durch Aufschüttung gewonnenen

Gelände fand wahrscheinlich in den folgenden 200 Jahren der Warenumschlag der Stadt statt; der Bereich östlich der Uferbefestigung dagegen ist als Hafenbecken zu rekonstruieren. Seine Zuschüttung mit Bau- und Brandschutt ist gegen Ende des 14. oder zu Beginn des 15. Jh. anzunehmen. Aus der obersten Planierschicht stammt eine Münze, geprägt zwischen 1400 und 1440. An der Unterkante dieser Auffüllschichten bzw. eingedrückt in der jüngsten Ablagerungsschicht des Hafenbekkens lagen verworfene verkohlte Balken, die z. T. dendrodatiert werden konnten. Die Fälljahre 1244, 1266 und 1267 weisen indirekt auf Gebäude hin, die im Umfeld der Marktstätte standen, aber gegen Ende des 14. Jh. einem Brand zum Opfer fielen.

Zur Nutzung und Bebauung des Hafengeländes, des ufernahen Marktplatzes, liegen aus dem Schnitt 6 und 7 bis jetzt folgende Ergebnisse vor: Der ältesten Aufschüttung sind einige Ost-West verlaufende Pfostengruben zuzuschreiben, die auf eine frühe, noch vor Errichtung der Kaimauer anzusetzende Holzbebauung hinweisen. Nach erneuter Aufschüttung des Geländes, wohl in Verbindung mit dem Bau der Kaimauer, setzt eine Steinbebauung ein, wobei drei Phasen unterschieden werden konnten. Möglicherweise sind hier Fundamente der sog. »alten Metzig« angeschnitten worden, die 1764 abgetragen wurde.

Im weiter westlich liegenden Schnitt 7 ist ein Gebäude mit einer komplexen inneren Baustruktur angeschnitten worden. Leider werden im Grabungsschnitt keine Umfassungsmauern erfaßt. Drei bis jetzt erfaßte Umbauten sind alle nach Feuerkatastrophen durchgeführt worden. Es liegen Hinweise vor, daß es sich um einen hallenartigen Baukörper handelt, der nachträglich einer kleinräumigen Aufteilung durch Querwände auf Holzschwellen mit Unterlegsteinen unterzogen wurde (Abb. 150). Wenn auch die Entstehungszeit

Abb. 150 Konstanz. Marktstätte, Schnitt 7. Übersicht über Hausbefunde, verkohlte Schwellbalken und Stampflehm

des Gebäudes derzeit noch offen ist, so ist doch gesichert, daß eine Aufgabe nach Brandzerstörung im letzten Drittel des 14. Jh. erfolgte. Ein Münzfund aus der obersten Planierschicht erlaubt diese Datierung (geprägt nach 1354). Ob ein Zusammenhang zwischen dem hier an der oberen Marktstätte festgestellten Brand und der Zuschüttung des Hafenbeckens mit Brand- und Bauschutt um 1400 besteht, läßt sich beim heutigen Forschungsstand noch nicht sagen.

Im westlichsten Schnitt 8, gelegen neben dem Kaiserbrunnen, sind Reste einer Holzkonstruktion erfaßt worden. Es handelt sich um eine Reihe kurzer paarweise auf Unterlegsteinen stehender Pfosten, die wohl als Unterbau einer hölzernen Entwässerung der frühen Neuzeit zu deuten sind. Die Anlage schneidet fundarme und daher bis jetzt undatierte Planierschichten.

Zusammenfassung. Vor und um 1200 fanden im Bereich der oberen und mittleren Marktstätte großräumige Aufplanierungen statt, die vermutlich mit der Anlage eines Hafenbekkens in Verbindung gebracht werden können. Deutlich wurde, daß ein als Kaimauer angesprochener Befund die Marktstätte in zwei Bereiche teilte: die obere ältere Marktstätte, auf der der Ufermarkt abgehalten wurde, dessen Anfänge in das 12. Jh. zurückreichen, und die untere jüngere Marktstätte, bei der es sich um ein später verfülltes Hafenbecken handelt. Die Zuschüttung wird erst um 1400 durchgeführt und steht vermutlich in Verbindung mit dem Bau des Kaufhauses am See.

Die Grabungskampagne 1990 hat außerdem in großem Umfang feinstratigraphisch geborgene Funde erbracht, von denen vor allem sehr gut erhaltene Metallobjekte und Keramikmaterial des 12.–15. Jh. zu erwähnen sind. Die Auswertung der Keramikfunde wird einen wichtigen Beitrag zur Konstanzer Keramikchronologie erbringen.

Marianne Dumitrache

Literaturhinweise

K. Beyerle, Grundeigentumsverhältnisse und Bürgerrecht im mittelalterlichen Konstanz, Bd. II (1902) 14 ff. – K. Beyerle und A. Maurer, Konstanzer Häuserbuch, Bd. II (1908). – H. Maurer, Konstanz im Mittelalter, Bd. I. Von den Anfängen bis zum Konzil (1989). – G. Nagel, Das mittelalterliche Kaufhaus und seine Stellung in der Stadt (1971). – J. Oexle, Zur Siedlungsgeschichte des Konstanzer Stadthügels, Freiburger Diözesanarchiv 109, 1989, 7 ff. – J. Oexle, Arch. Ausgr. Bad.-Württ. 1989, 306 ff.

Zum Fortgang der Grabungen in der Wessenbergstraße/Katzgasse in Konstanz

Auch 1990 konnten die Grabungen in der Katzgasse fortgeführt werden: Im Mittelpunkt des Interesses stand dabei die Untersuchung eines weiteren Abschnittes der Hofraite hinter der Katzgasse 3. Damit wird – bedingt durch die geplanten umfangreichen archäologierelevanten Sanierungsmaßnahmen der Stadt Konstanz – das vierte Grundstück an der Konstanzer Katzgasse ergraben, so daß inzwischen ein vier Liegenschaften umfassender Befundplan vorgelegt werden kann (Abb. 151). Dabei konzentriert sich die Befunddarstellung angesichts überaus mächtiger Stratigraphien, die vom Frühmittelalter bis in die Neuzeit reichen, auf die Befunde des 12.–15. Jh.

Bereits in den zurückliegenden Berichten war darauf hingewiesen worden, daß sich in diesen vier Grundstücken eine komplette »Infrastrukturtopographie« abzuzeichnen beginnt, die exemplarisch die Nutzung der hinter den Häusern liegenden Hofraiten dokumentiert. Wie auf den bereits untersuchten Grundstükken Katzgasse 7–9 konnten auch hinter der Katzgasse 3 insgesamt drei Latrinen erfaßt werden. Zwei der Gruben, die unmittelbar an der Grundstücksmauer der Katzgasse 3 liegen, gehören zum ältesten Latrinenhorizont und sind der zweiten Hälfte des 13. Jh. bzw. der Zeit um 1300 zuzuweisen. Die alte Geländeoberfläche läßt sich dabei sehr exakt über das

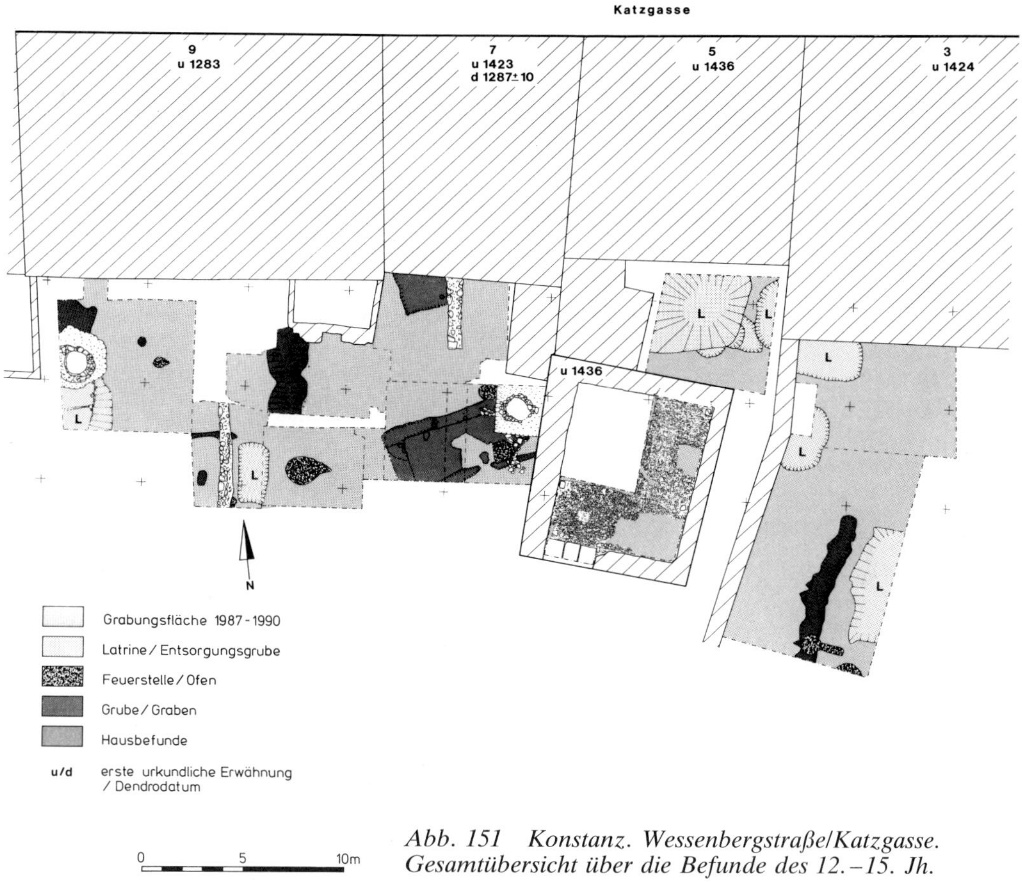

Abb. 151 Konstanz. Wessenbergstraße/Katzgasse. Gesamtübersicht über die Befunde des 12.–15. Jh.

Eintiefungsniveau der Abtritte bestimmen, das bis zu 1,80 m unter der heutigen Oberfläche liegt. Zugleich zeichnet sich ab, daß diese Gruben auch nach einer Teilverfüllung nochmals genutzt werden können, was sich stratigraphisch sehr exakt erfassen läßt. Über diesem ältesten Latrinenhorizont liegen weitere dicke Planierpakete, die – neben dem am Fischmarkt oder an der Marktstätte erfaßbaren »Flächenwachstum« – das »Höhenwachstum« der Stadt dokumentieren. Dabei lassen sich die Wachstumsetappen recht gut fassen, beispielsweise über das Eintiefungsniveau jüngerer Latrinen, wie sie ebenfalls hinter der Katzgasse 3 gefunden wurden. Besonders bemerkenswert ist dabei eine bislang nur hälftig ergrabene Abtrittgrube der ersten Hälfte des 15. Jh. Eingebettet in stark lehmige Verfüllschichten, die im übrigen auch die Erhaltung organischer Funde sicherten, zeichneten sich die dunklen, sehr fundreichen Fäkalschichten exzellent ab. Vermutlich ist diese Latrine bereits dem Zunfthaus zur Katze zuzuweisen, das ab 1424 errichtet wurde.

Unter diesen charakteristisch »städtischen« Entsorgungsbefunden ließen sich jedoch auch ältere Befunde fassen, die dem 12. Jh. und der Wende zum 13. Jh. zuzuweisen sind. An erster

Abb. 152 Konstanz. Wessenbergstraße/ Katzgasse. Blick auf die Spatenspuren

Stelle sind zwei Backöfen zu benennen, die schlicht in den Boden eingetieft und mit einem Lehmmantel ausgekleidet waren. Diese sehr gut erhaltenen Backöfen durchschnitten ältere, humose oder stark sandige Planierschichten, in denen sich erstmals für Konstanz Spuren landwirtschaftlicher Nutzung abzeichneten. Es handelt sich dabei um flächig erfaßte Spatenspuren, die im Befund nur deswegen sichtbar wurden, weil farblich sehr kontrastreiche Schichten aufeinanderlagen und sich die Spatenspuren als helle »Sandimplantate« im umgebenden dunklen Humus deutlich hervorhoben (Abb. 152). Grabenartige Strukturen könnten die Begrenzung derartig bewirtschafteter Flächen anzeigen.

Darunter folgen dann weitere mächtige Planierschichten und Gruben, die auf dem gewachsenen Boden, den charakteristischen hellen Moränensanden, aufliegen, deutbare Strukturen lassen sich jedoch noch nicht erkennen. Diese Schichten erbrachten, wenn auch spärlich und durchmengt mit hochmittelalterlichem Material, frühmittelalterliche Kleinfunde, u. a. eine Beinriemenzunge mit Tassilokelchstildekor, die dem mittleren 8. Jh. zuzuweisen ist. Einen besonderen Hinweis verdient dabei römisches Fundmaterial, vor allem spätantike Münzen (vgl. S. 333). Möglicherweise hängt dies mit einer Beobachtung zusammen, die im Zuge der Grabung auf dem Pfalzgarten 1989 macht werden konnte. Dort zeigte sich nämlich, daß alle spätantiken, früh- und hochmittelalterlichen Straten, die zu erwarten gewesen wären, fehlen. Sie sind jedoch angesichts der unmittelbaren Nähe des Münsters mitten im hochwassersicheren Altsiedelland zwingend als ehedem vorhanden vorauszusetzen. Als Arbeitshypothese sei daher die Überlegung vorgetragen, daß im Zuge einer ersten anthropogenen Überformung des Reliefs die Kuppe des Moränenhügels abgetragen und zur Aufplanierung der ehedem auch nach Westen steil abfallenden Flanke des Münsterhügels verwendet wurde (Abb. 153). Im Zuge dieser Maßnahmen könnte das römische und frühmittelalterliche Kleinfundmaterial sekundär verlagert worden sein. In einem zweiten Schritt – ab dem beginnenden 13. Jh. – wird dann die Ostflanke der Stadt zur Baulandgewinnung aufgefüllt und dabei auch hier die früh- und hochmittelalterliche Topographie entscheidend verändert.

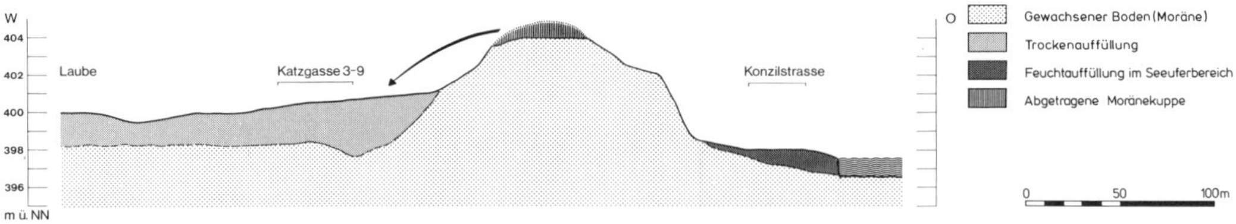

Abb. 153 Konstanz. West-Ost-Schnitt durch den Stadthügel

Die Grabungen in der Wessenbergstraße/Katzgasse werden 1991 die östliche Hälfte des Grundstückes der Katzgasse erfassen; angesichts des nur noch wenige Schritte entfernten Konstanzer Stadthügels ist zu erwarten, daß hier der Fuß des Moränenrückens und damit auch römische und frühmittelalterliche Siedlungsbefunde erfaßt werden. *Judith Oexle*

Literaturhinweise

J. Oexle, Zur Siedlungsgeschichte des Konstanzer Stadthügels. In: Freiburger Diözesanarchiv 1989, 17 ff. – Dies., Arch. Ausgr. Bad.-Württ. 1989, 303 ff.

Ausgrabungen auf dem »Harmonie«-Gelände in der Freiburger Altstadt

Im Jahr 1990 mußte das mehr als 1000 m² große Gelände der ehemaligen »Harmonie« im Süden der Freiburger Altstadt archäologisch untersucht werden (Grünwälderstr. 16–18). Die 1835 gegründete bürgerliche Lesegesellschaft »Harmonie« hatte hier ein 1717 erbautes Doppelhaus erworben, das ehemalige Haus »zur Tanne«, und es um 1845 durch große, nicht unterkellerte Anbauten bis zur südlich angrenzenden Stadtmauer hin erweitert. Das gesamte Hofareal wird zusammen mit dem westlich angrenzenden Hofgrundstück (Haus »zur Axt«) für einen großangelegten Neubau ausgeschachtet. Nur Keller und Fassaden der beiden Barockhäuser sowie die Stadtmauer bleiben erhalten.

Die archäologische Untersuchung mußte Schwerpunkte setzen: Besonders wichtige, offene Fragen gab es zu Baugeschichte und Zeitstellung der Stadtmauer, zur anzunehmenden hochmittelalterlichen Bebauung sowie zu den ältesten Siedlungsresten in diesem Quartier. Die Befunde zur spät- und nachmittelalterlichen Baugeschichte sind demgegenüber nur am Rande dokumentiert worden. Die Ergebnisse widersprachen in vielem den bisherigen Überlegungen zu Bau- und Siedlungsgeschichte des Quartiers, die Auswertung läßt wesentliche neue Aspekte zur frühen Geschichte und Entwicklung der Stadt Freiburg erwarten. Vorerst können nur einige Beobachtungen skizziert werden (Abb. 154): Die Stadtmauer besteht an der Südseite des Altstadtareals, oberhalb der Gerberau mit dem Mühlkanal (»Gewerbebach«), aus drei parallelen Mauerzügen, die zu einer Baukonzeption gehören. Zuerst wurde an einer natürlichen Geländestufe die eigentliche, 1,05 m dicke Stadtmauer gebaut. Beim folgenden Aushub des vorgelagerten Stadtgrabens erhielt die unverputzt gebliebene Bruchsteinmauer eine schräge, bis in die Grabensohle herabreichende Mauerschürze. Gleichzeitig hat man auf der Stadtseite einen ca. 6,60 m breiten Rondenweg angeschüttet, der von einer schwachen Stützmauer begrenzt wurde, gegen welche die steinernen Parzellenmauern stießen.

Bereits vor dem Bau der Stadtmauer gab es eine überraschenderweise dichte Bebauung mit Holz- und Steinhäusern, die bis in die Frühzeit der Stadt um 1100 zurückreicht. Auf drei mittelalterlichen Parzellen wurden drei unterschiedlich große Häuser des frühen 12. Jh. und zwei Bauten des späten 12./frühen 13. Jh. im Grabungsareal erfaßt. Zwei frühe

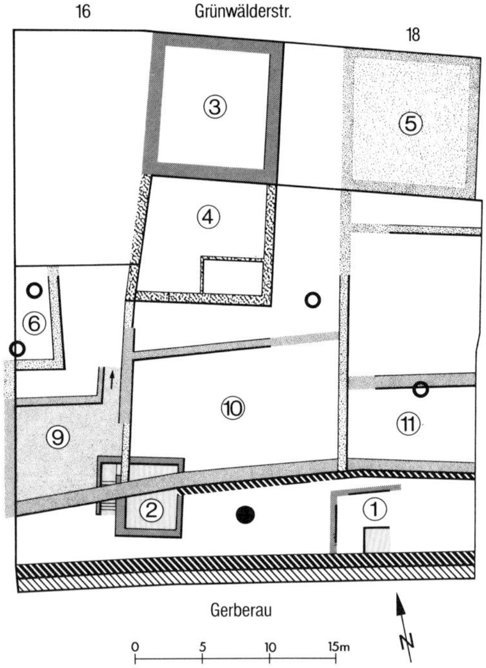

Abb. 154 Freiburg. Harmonie-Gelände. Schematischer Gesamtplan der hoch- und spätmittelalterlichen Befunde. 1 Holzbau mit Keller, 2 Holzbau mit Steinkeller, 3, 4 Steinhaus mit Anbau, 5 Steinhaus mit Keller, 6 Steinhaus, 9–11 spätmittelalterliche Rückgebäude (9 mit Keller), Stadtmauer mit Schürzenmauer und Stützmauer (schraffiert), Latrinen (Kreise), Brunnen (Punkt)

Häuser standen nicht an der Grünwälderstraße, sondern waren unregelmäßig im ganzen Gelände verteilt, wie es seit einigen Jahren auch für Konstanz, Zürich oder Basel bekannt ist. Das vermutlich älteste Gebäude war ein teilunterkellerter Holzbau auf Schwellbalken. Eine zeitgleiche Straßenpflasterung wird von einem wenig jüngeren Steinkeller geschnitten, der ebenfalls zu einem Holzhaus gehörte. Sein bis zu den Schwellbalken-Auflagern erhaltenes Mauerwerk war aus auffallend kleinen Kieseln in einem schönen »Fischgrät«-Muster gesetzt und wies in jeder Wand eine mit Holzbrettern eingefaßte Nische auf (Abb. 155). Die seitlich liegende Kellertreppe war gut erhalten. Die genaue Bauzeit beider Häuser ist schwer zu bestimmen, da die Laufzeitbestimmung der zugehörigen, für Freiburg jedenfalls sehr altertümlichen Keramik noch aussteht. Beide Gebäude wurden jedenfalls schon beim Bau der Stadtmauer abgebrochen, das Holzhaus sofort, das Steinhaus etwas später, und zwar vor der Aufschüttung des Rondenwegs – den Keramikfunden zufolge in der zweiten Hälfte des 12. Jh.

Zu den frühen Bauten gehört weiterhin ein auffallend großes, nicht unterkellertes Steinhaus, dessen Südmauer im barocken Keller erhalten blieb. Sie weist sorgfältig geflächte Eckquader und eine Außenschale aus Bruchsteinen auf und hebt sich damit von den bislang bekannten Freiburger Profanbauten des 12. Jh. ab. Entsprechend qualitätvolles Mauerwerk zeigt die älteste, unter dem Münster ergrabene Pfarrkirche. Die Innenschale des Erdgeschos-

Abb. 155 Freiburg. Keller mit »Fischgrät«-Mauerwerk und Kellertreppe, um 1100

ses bestand aus Bruchsteinen und Wacken und war in Pietra-rasa-Manier mit Quaderritzfugen verputzt.
Dieses monumentale Steinhaus stand unmittelbar an der nördlich vorbeiführenden Straße. Zum Hof hin wurde es schon bald durch ein etwa gleich großes, ebenfalls nicht unterkellertes Steinhaus erweitert (Abb. 156), dessen Mauern nun in der für das mittlere und späte 12. Jh. typischen Weise gesetzt waren, indem jeweils zwei Lagen aus großen Kieseln (Wakken) mit einer Lage von Bruchsteinen abwechseln. In die Mauern waren drei Mauertöpfe in 0,60 bzw. 0,80 m Höhe eingelassen. Der Fußboden bestand zunächst vielleicht aus Holzdielen; nach einem Brand des Gebäudes wurde er in Lehm, später in Mörtelguß erneuert. Im Südosten hat man damals mit Holzwänden einen Raum abgeteilt, der mit einem Ofen aus Becherkacheln beheizt werden konnte. Schon im 13. Jh. ist dieser Hausteil wieder abgebrochen worden.
Auf der östlichen Nachbarparzelle entstand wohl noch im 12. Jh. ein straßenseitiges Haus, das weitgehend erhalten blieb; das westlich angrenzende Haus war bereits dem barocken Neubau zum Opfer gefallen. Schon vor dem Bau der großen Steinhäuser war das Gelände als Werkplatz genutzt worden. Hier befanden sich metallverarbeitende Betriebe, in denen vielleicht das im Schwarzwald gewonnene Metall (Silber, Kupfer und Blei) weiterverarbeitet wurde. Feuerstellen, Holzkohle- und Ascheschichten, Fragmente von Gußtiegeln und zahlreiche Metallabfälle sind auf dem ganzen Gelände anzutreffen. Der Werkplatz war noch größer als das ergrabene Gelände. Charakteristisch sind Metalltropfen vom Guß und Halbfertigprodukte (flache Blechstreifen) aus Kupfer. Vom kostbaren Silber, das die Zähringer in Freiburg zu Münzen geprägt haben, wurden natürlich nur wenig Abfälle gefunden.
Diese unscheinbaren Funde werfen ein neues

Abb. 156 Freiburg. Steinhaus (Anbau) des 12. Jh. mit zwei Zimmern, links mit Mörtelgußboden, rechts mit Lehmboden und Kachelofenfundament (Pfeil)

Licht auf die Frühgeschichte der Stadt: Aus der Marktrechtverleihung von 1120 hat man erschlossen, daß Freiburg vornehmlich als Handelsstützpunkt zur Stadt geworden und aufgeblüht ist. Die archäologischen Befunde lassen jedoch erkennen, daß die ertragreiche Silber- und Kupferverarbeitung in einem Kernbereich der späteren Stadt angesiedelt war und vermutlich einige Jahrzehnte vor die Marktgründung von 1120 zurückreicht.
Die Frage nach den hier faßbaren, frühen Bewohnern Freiburgs bedarf – wie die Auswertung der archäologischen Funde und Befunde – weiterer, interdisziplinärer Forschung. Schon die Baubefunde sind nicht leicht vergleichbar. Der älteste Steinkeller hat in Freiburg und den Nachbarstädten keine Parallelen, aber gehört auch nicht in einen »dörflich«-handwerklichen Kontext. Das große frühe Steinhaus unterscheidet sich wiederum in Bautyp und Mauerwerksqualität von den bislang bekannten, »bürgerlichen« Bauten Freiburgs

und läßt an einen adligen Wohnsitz denken. Für die Frage nach den Umständen der Marktgründung und Stadtentstehung in Freiburg wird man deshalb z. B. die Rolle der zähringischen Ministerialen von diesen neuen archäologischen Befunden aus neu in den Blick nehmen müssen. *Matthias Untermann*

Literaturhinweise

Die Zähringer, Anstoß und Wirkung. Ausst.-Kat. Freiburg, 1986. – H. Schadek, Vorstädtische Siedlung und »Gründungsstädte« der Zähringer. Archäologie und Geschichte des ersten Jahrtausends in Südwestdeutschland (1990), 417 ff.

Untersuchungen von drei Hinterhofbereichen in Ettlingen, Kreis Karlsruhe

Im Zuge der Stadtsanierung auf der nördlichen Albseite mußte mit tiefgreifenden Bodeneingriffen in einem Bereich gerechnet werden, in dem bereits im Jahre 1988 vier römische Keller ausgegraben wurden. Die Untersuchungen, die von seiten der Bauherren, der Stadt und dem Museum Ettlingen unterstützt wurden, beschränkten sich auf drei durch Kellereinbauten bedrohte Areale. Zusätzlich konnten durch baubegleitende Untersuchungen auch Einblicke in die Siedlungsgeschichte der noch stehenden Häuser gewonnen werden.

Hirschgasse 10. Das nach Westen um 1 m abfallende Areal liegt am Rand einer natürlichen hochwasserfreien Erhebung, die seit der römischen Epoche kontinuierlich als Siedlungsplatz genutzt wurde. Das Anwesen gehört zu einer Reihe von Musterhäusern, die nach dem Stadtbrand von 1689 angelegt wurden und ihr damaliges Aussehen weitgehend beibehielten. Suchschnitte in dem noch bestehenden Wohngebäude ergaben, daß das Grundstück vor dem Stadtbrand mit Ausnahme eines kleinen schuppenartigen Gebäudes mit Stampflehmboden nur in seinem hinteren Teil überbaut war. Den verbleibenden Freiraum pflasterte man mit grob zugerichteten Steinen aus dem anstehenden Albschotter. Die Ausrichtung der Pflasterung und eine heute im Innenraum verlaufende ehemalige Grundstücksbegrenzung in Form einer Mauer zeigen, daß die Bebauung nach 1689 nur teilweise die davor bestehenden Grundstücksgrenzen berücksichtigte.
In einem südlich anschließenden Raum konnte ein um 1600 verfüllter Halbkeller mit Stampflehmboden angeschnitten werden. Aus seiner Verfüllung stammt u. a. ein bleiernes Steckkreuz. Neben qualitätvoller Keramik läßt der Fund einer mehrfarbig glasierten Ofenkachel aus dem 16. Jh. auf die gehobene soziale Stellung der ehemaligen Besitzer schließen. Unter dem Pflaster lieferten Bronzefragmente und Schlacken den Nachweis einer bronzeverarbeitenden Werkstatt, die über rädchenverzierte Keramik und einen Heller in die zweite Hälfte des 13. Jh. datiert werden kann. Darunter lag ein nach Westen ausdünnender Fundschleier mit römischer und karolingischer Keramik.

Hirschgasse 12. Das Areal wurde im Gegensatz zum angrenzenden Anwesen Hirschgasse 10 auch vor 1689 als Hinterhof- bzw. Stallareal genutzt. So konnten die Reste von drei sich teilweise überlagernden Pflasterhorizonten freigelegt werden; der unterste stammt aus dem 16. Jh. Dabei fanden sich vier aufrecht stehende, in den Boden eingestellte Henkeltöpfe mit nach innen weisendem, aufgelegtem Deckel, die möglicherweise mit der auch in Ettlingen gebräuchlichen Sitte der Nachgeburtsbestattung in Zusammenhang gebracht werden können. Solcherart vergrabene, durchweg innen glasierte Einhenkeltöpfe fanden sich in allen untersuchten Bereichen, vornehmlich jedoch in Innenhausbereichen. Sie lagen in jedem Fall unter dem Brandhorizont von 1686. Die noch nicht abgeschlossenen Untersuchungen führten weiterhin zur Aufdekkung einer längsovalen, schmalen Grube, die über Keramik in das 11.–12. Jh. datiert werden kann. Schlackereste bringen auch diesen Befund in Zusammenhang mit einer mittelalterlichen Metallverarbeitung.

Färbergasse 13. In dem gepflasterten Hinterhofbereich der Färbergasse 13 war bereits im Jahre 1988 bei den Ausschachtungsarbeiten für das südlich daran anschließende Grundstück ein Profil mit einem karolingischen Grubenhaus und einem römischen Steinbrunnen aufgenommen worden. Bei den diesjährigen Untersuchungen zeigte sich, daß unter dem seit dem beginnenden 17. Jh. als Stallung genutzten Areal eine Stampflehmschicht mit einem darin eingefügten kleinen Steinkeller lag, die mit der Zeit des Stadtmauerbaues um 1450 in Verbindung gebracht werden kann. An diese Schicht schloß sich eine etwa 70 cm hohe humose Gartenerdeschicht an. Neben Bronze- und Schlacketeilen, die von einer bisher noch nicht lokalisierten hochmittelalterlichen Metallverarbeitung stammen, fanden sich in der Schicht die Köpfe zweier kleiner tönerner Figürchen aus dem 13. Jh.

Die karolingischen Befunde waren zwei Pfostenlöcher im Westen der Grabungsfläche und der zweite Teil des bereits erwähnten Grubenhauses. Daß es sich hierbei um ein Grubenhaus handelt, bestätigen der nur fragmentarisch erhaltene Stampflehm am Boden und vor allem die an den Rändern beobachteten Pfostenlöcher. Da der Stampflehm nur noch in kleinen Resten am Rande des Grubenhauses anstand, drängt sich die Vermutung auf, daß der Lehmfußboden nach Aufgabe des Baues

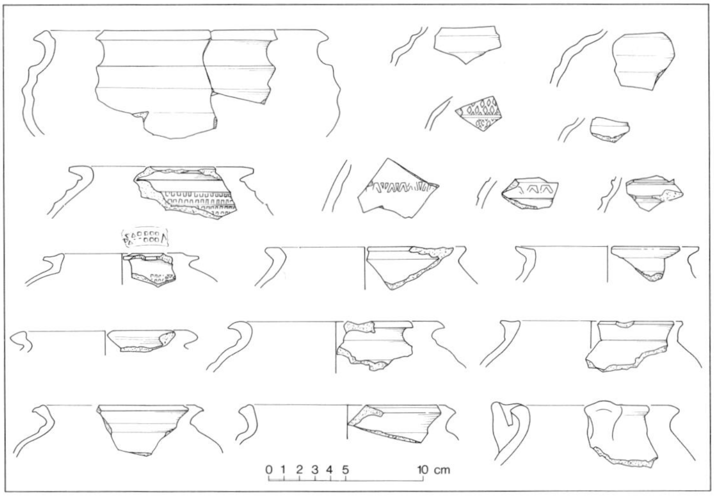

Abb. 157 Ettlingen. Färbergasse 13. Karolingische Keramik

zur Zweitverwendung entfernt wurde. In den untersten 20 cm der humosen Geländeauffüllung und im Grubenhaus fanden sich zahlreiche Gefäßteile, die nach freundlicher Mitteilung von U. Gross der Gruppe der älteren gelbtonigen Drehscheibenware zugerechnet werden können. Mit ihren an den Gefäßwandungen angebrachten Riefen und Rollstempeln lassen sie sich der älteren Gruppe dieser Gattung zuordnen, die am Ende des 8. Jh. und im frühen 9. Jh. hergestellt wurde. Das Keramikspektrum reicht von gröberen Gefäßen aus einer eher regionalen Produktion bis hin zu Verzierungen mit kompliziert angelegten Rollstempeln, die über Vergleiche mit elsässischem Fundgut einer überregionalen Werkstätte zugewiesen werden müssen und erst über den Handel nach Ettlingen gelangten. Im Fundspektrum enthaltene Keramik, die der jüngeren Gruppe der gelbtonigen Drehscheibenware angehört, verweist auf eine über das 9. Jh. hinausreichende Siedlungskontinuität (Abb. 157).

Die eingetieften karolingischen Befunde durchstießen eine kompakte Schicht aus künstlich angelagertem Albschotter, deren Entstehung über eingestreute Scherben der älteren gelbtonigen Drehscheibenware in die karolingische Zeit datiert werden kann. Durch diese Erdbewegungen waren die Zeugnisse einer römischen Siedlungstätigkeit weitgehend umgelagert worden. Konzentrationen von Hüttenlehm, Schlackenreste und zwei Webgewichte lassen jedoch den Schluß zu, daß sich an dieser Stelle der Wirtschaftsbereich zu dem nach Süden anschließenden Wohnbereich befand.

Sternengasse 1. Eine etwa 100 m östlich der Färbergasse liegende Sanierungsmaßnahme bot die Möglichkeit, die Aussagen zur mittelalterlichen und neuzeitlichen Besiedlung der Stadt nördlich der Alb in einen größeren Rahmen zu stellen. So konnten bei Suchschnitten in dem Wohnhaus der ehemalige Pflasterboden und die Raumaufteilung des Gebäudes vor seiner Zerstörung und dem Wiederaufbau im Jahre 1689 gewonnen werden. In diesem Zusammenhang fanden sich unter einem Stampflehmboden zwei mit der Mündung nach oben eingegrabene Henkeltöpfe und ein Verwahrungsfund, bestehend aus einer Silbermünze aus dem 17. Jh. und einem Ehering. Im Hofbereich ergab sich dieselbe Schichtenabfolge wie in der Färbergasse. Die unterste Schicht über dem anstehenden Albschotter war auch hier mit römischer und karolingischer Keramik durchsetzt.

Die mehrere Monate dauernden Untersuchungen an vier benachbarten Arealen in der Ettlinger Innenstadt haben wieder wertvolle Erkenntnisse zur Besiedlungsgeschichte des erst mit dem Stadtmauerbau von 1450 befestigten Stadtteils erbracht. Demnach war das auf einer Geländeerhöhung gelegene und somit hochwasserfreie Areal im Bereich der Färbergasse eine ideale Ausgangsbasis für die römische Besiedlung. Spätestens seit der Karolingerzeit entstand an derselben Stelle eine Siedlung, die im Gegensatz zu der Bebauung zwischen der Martinskirche und dem Schloßareal am ehesten aus Holzbauten bestanden haben dürfte. In der ottonisch-frühromanischen Zeit siedelten sich auf dem Areal metallverarbeitende Betriebe an. Mit der Anlage der Stadtmauer ändert sich die soziale Struktur der Bevölkerung. Nun werden Steinbauten und aufwendige Tiefbrunnen errichtet. Die Hofbereiche werden gepflastert. Das Fundmaterial setzt sich aus vergleichsweise qualitätvollen Stücken zusammen. Vereinzelte Nachweise eines Abweichens von den seit dem 15. Jh. bestehenden Grundstücksgrenzen beim Wiederaufbau der Stadt nach 1689 weisen auf den Versuch einer Umstrukturierung des Stadtbil-

höhung. So kam es seit dem 9. Jh. zu dem Aufdes – u. a. durch sog. Musterhäuser und demnach von fürstlicher Seite – hin, doch zeigt die Beibehaltung der alten Straßenzüge und die Weiternutzung noch stehender Mauerreste und Keller, daß beim Neuanfang im 18. Jh. nur wenig an der vorhandenen Gesamtstruktur geändert wurde. Die Sorge um das jährlich wiederkehrende Frühjahrshochwasser fand ihren Niederschlag in einer planmäßigen Geländeerhöhung. So kam es seit dem 9. Jh. zu dem Auftrag einer bis zu 50 cm hohen Albschotterschicht und der Aufschüttung der Gartenerdeschicht und somit zu den im Vergleich mit dem restlichen Stadtbereich relativ hohen Kulturschichten. *Harald Rosmanitz*

Literaturhinweise

D. Lutz, E. Schallmayer, 1200 Jahre Ettlingen – Archäologie einer Stadt. Arch. Informationen aus Baden-Württemberg 4 (1988). – E. Schallmayer, Arch. Ausgr. Bad.-Württ. 1988, 137 ff.

Hochmittelalterliche Siedlungsbefunde am Kelternplatz in Tübingen

Der Kelternplatz in Tübingen liegt im Norden der Unterstadt und auf einem Abschnitt der ehemaligen Stadtbefestigung, in dem die Stadtmauer mehrfach von ihrem ansonsten geradlinigen Verlauf abweicht. Der hier geplante Erweiterungsbau des Feuerwehrhauses machte im Oktober 1989 den Abbruch eines Supermarktes, der ursprünglich als »Universum«-Kino erbaut worden war, notwendig. An dieser Stelle stand zuvor 1957 ein Gebäude, an dessen Türbogen auf einem Archivfoto die Jahreszahl 1614 zu erkennen ist. Auf dem Stadtplan von 1819 des Geometers C. Kohler, dem ersten Stadtkataster der württembergischen Landvermessung überhaupt, ist es als Haus Nr. 420 erfaßt, das ebenso wie die Nachbargebäude von größeren Gartengrundstükken umgeben ist (Abb. 158).

Diese unbebauten Parzellen führten bisher zu der These, daß an der nördlichen Peripherie der Tübinger Unterstadt erst nach dem Stadtmauerbau und der damit verbundenen Stadterweiterung und dann bis zum Ende des 19. Jh. nur zögerlich gesiedelt worden war. Im Vorfeld ließen Recherchen im Stadtarchiv innerhalb der westlich angrenzenden Gärten eine Bebauung vor 1600 vermuten: ». . . und als das Haus eingefallen und die Hofstatt zu einem Garten gerichtet . . .« Es war also zumindest mit spätmittelalterlicher Besiedlung zu rechnen. Eine Sondage im Dezember 1989 konnte dies bestätigen und ließ darüber hinaus noch ältere Befunde erwarten.

Da die unerwartete Ausgangssituation den weiteren Verlauf der archäologischen Untersuchung aufwendiger und schwieriger als erwartet gestaltete, sei an dieser Stelle allen Beteiligten und vor allem der Stadt Tübingen für die vielfältige Unterstützung und das terminliche Entgegenkommen gedankt.

Die im Januar 1990 begonnene Grabung (Abb. 159) erbrachte zunächst Befunde des späten Mittelalters und der frühen Neuzeit, die allerdings stark gestört waren. So konnte unter anderem ein Vorgängerbau des vom Kohlerschen Stadtplan her bekannten Gebäudes teilweise erfaßt werden. Er war zur Stadtmauer hin orientiert und im nördlichen Bereich mit einer Außenpflasterung versehen. Darunter folgte eine bis zu 40 cm mächtige Planier-

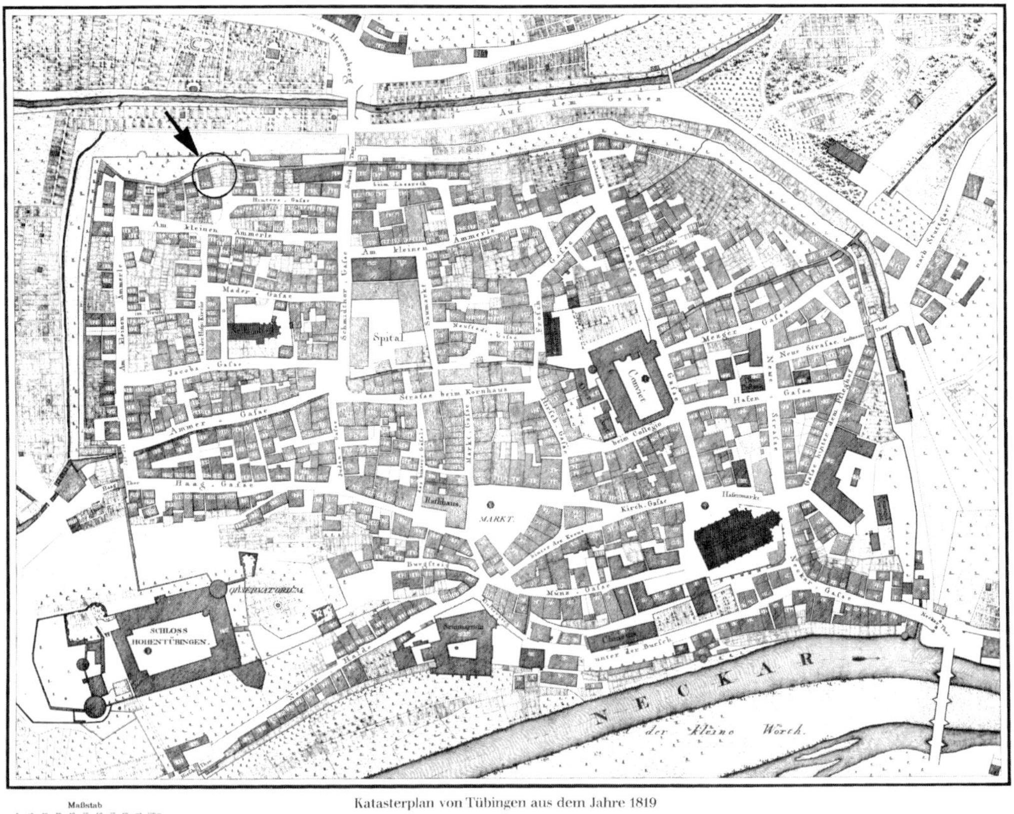

Abb. 158 Tübingen. Stadtplan, aufgenommen von Geometer C. Kohler im März 1819. Das Grabungsareal ist mit einem Kreis gekennzeichnet

schicht, die nahezu das gesamte Grabungsareal überdeckte und einen hohen Anteil an Brandschutt aufwies. Unter der Planierung zeichneten sich die für Holzbebauung typischen Strukturen ab. Die angeschnittenen Grundrisse sind vermutlich zwei sich überlagernden Gebäuden zuzuordnen. Drei stratigraphisch übereinanderliegende Feuerstellen belegen zumindest mehrere Phasen mit wahrscheinlich verschiedenen Konstruktionsprinzipien: Schwellgräbchen ohne Anzeichen von Substruktionen aus Steinen lassen an eine reine Holzkonstruktion denken, und große Auflagesteine der Ständerbauweise stehen im Wechsel mit Reihen plattiger Unterlagsteine von Schwellfundamenten.

Vorbehaltlich der noch nicht abgeschlossenen Fundbearbeitung läßt sich bei den älteren Befunden eine Vergesellschaftung der älteren gelbtonigen Drehscheibenware in der Formausprägung des 11. und 12. Jh. mit der sog. Albware feststellen, die im hiesigen Raum von den Ausgrabungen im Kloster Bebenhausen, im Tübinger Kornhaus und in der Wüstung

Sülchen bereits bekannt ist. Die in den jüngeren Schichten dominierende grautonige nachgedrehte Ware mit Leistenrand weist auf eine Laufzeit bis ins 13. Jh. Die sich daraus ergebende Datierung des gesamten Befundkomplexes in das Hochmittelalter wird durch einen hier geborgenen Münzschatz bestätigt (s. S. 324).

Außerhalb der Gebäude wurden vier Gruben erfaßt, von denen zwei größtenteils ergraben werden konnten. Grube 1 hatte einen kreisförmigen Durchmesser von 2 m und war 0,50 m leicht schräg eingetieft. Größe und Form lassen eine ursprüngliche Nutzung als Vorratsgrube vermuten. Grube 2 hatte eine längliche, annähernd rechteckige Form in einer Ausdehnung von 4 × mind. 5 m. Die Ränder waren im Westbereich ca. 0,70 m senkrecht und im Osten schräg auf die wannenförmig ausgebildete Grubensohle zulaufend eingetieft. Ausmaße und Gestalt der Grube lassen an eine Stelle zur Materialentnahme denken, sei es für die Gewinnung von Baumaterial oder für die Aufbereitung des hier anstehenden tonigen Lehms zur Herstellung von Keramik. Da die Verfüllungen der Gruben 1 + 2 einen hohen

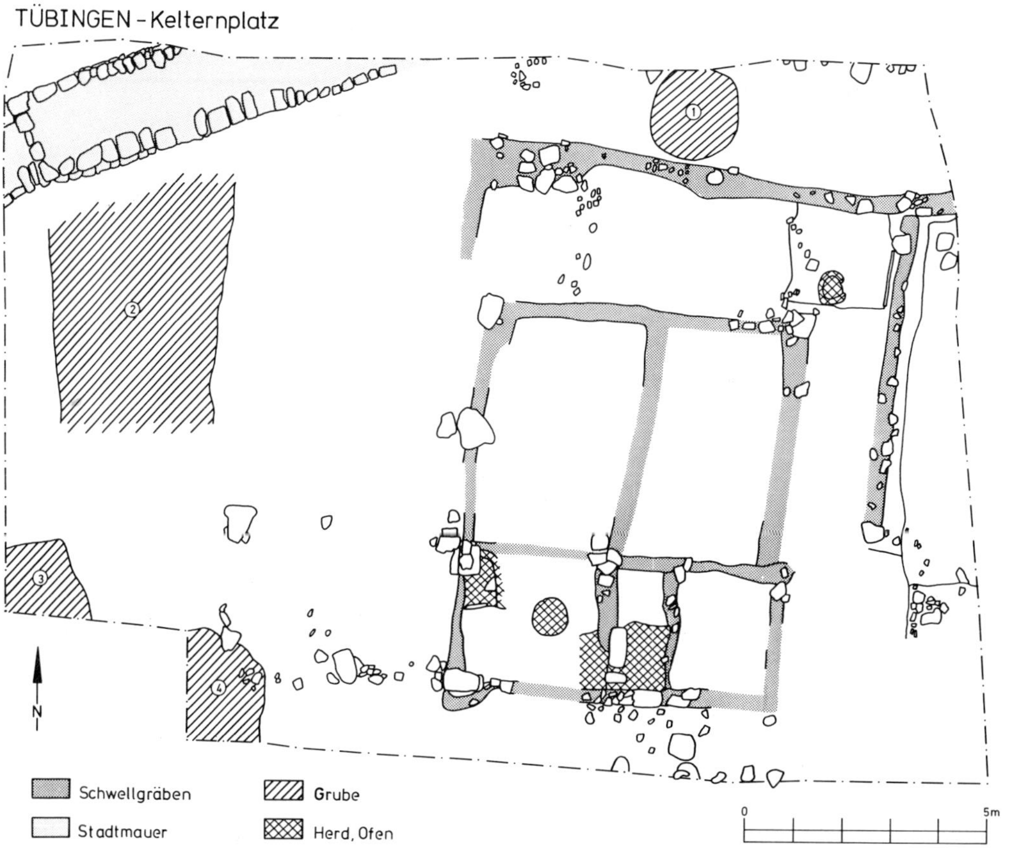

Abb. 159 Tübingen. Kelternplatz. Gesamtplan der hochmittelalterlichen Befunde

Anteil an pflanzlichen Resten aufwiesen, wurden Bodenproben für eine archäobotanische Untersuchung entnommen (s. S. 252 ff.). Darüber hinaus enthielt vor allem Grube 2 Kleinfunde, Fragmente von Holz- und Keramikgefäßen sowie Leder- und Textilreste. Sehr auffällig war im unteren Bereich eine Schicht mit faustgroßen Mörtelklumpen und z. T. noch vollständig erhaltenen Ofenkacheln.

Grube 2 wurde von einer stark mit Sandsteinbruchstücken und Mörtel durchsetzten Schicht überdeckt. Vermutlich wurde hier der Bauhorizont der Stadtmauer erfaßt, deren ca. 2,40 m breites Fundament nördlich der Grube 2 bis zu 1,20 m eingetieft war. Die teilweise noch erhaltene unterste Zeile des aufgehenden Mauerwerks war ca. 2,20 m breit und bestand wie das Fundament aus zwei Schalen, die aus grob bearbeiteten Sandsteinquadern gemauert und deren Zwischenraum mit Mörtel und Bruchsteinen verfüllt war. Der auf dem Kohlerschen Stadtplan dokumentierte »Knick« der Stadtmauer nach Südwesten konnte im nordwestlichen Randbereich des Grabungsgebietes erfaßt werden. Die hier festgestellte abweichende Mauerbreite und der unterschiedliche Mörtel könnten sich aus einem Aufeinandertreffen von Baukolonnen ebenso »abweichender« und unterschiedlicher Arbeitsweise erklären.

Zwei Notmaßnahmen südöstlich und östlich des Grabungsareals während und direkt nach der Grabungskampagne im August 1990 bestätigten die für dieses Gebiet festgestellte rege Siedlungstätigkeit im hohen Mittelalter. Dies steht im Gegensatz zum bisherigen Erkenntnisstand der Stadtgeschichtsschreibung, die, bedingt durch die sehr spärliche Quellenlage zur Stadtwerdung Tübingens, bisher in hohem Maße auf Hypothesen angewiesen war.

Joachim Kirchhoff, Erich Sommer

Literaturhinweise
E. Schmidt, Arch. Ausgr. Bad.-Württ. 1986, 267 ff. – B. Scholkmann, Arch. Ausgr. Bad.-Württ. 1988, 257 ff. – J. Sydow, Geschichte der Stadt Tübingen I, Tübingen 1974.

Botanische Untersuchungen an hochmittalterlichen Siedlungsgruben vom Kelternplatz in Tübingen

Aus den beiden Gruben, die bei den Ausgrabungen am Kelternplatz zutage kamen, wurden vollständige Profilsäulen entnommen und im Labor für Archäobotanik des Landesdenkmalamtes in Hemmenhofen am Bodensee nach der Zerlegung in jeweils mehr als 20 Einzelproben gemäß dem Schichtaufbau auf Pflanzenreste untersucht. Da die Auswertung noch nicht abgeschlossen ist, können vorab nur einige vorläufige Ergebnisse mitgeteilt werden. Insgesamt wurde von 6082 Pflanzenresten die Art oder Gattung bestimmt. Sie verteilen sich nahezu zu gleichen Teilen auf Grube 1 (im Schnitt 2) auf Grube 2 (im Schnitt 4). Auch hinsichtlich der Artenzusammensetzung sind die beiden Gruben ziemlich ähnlich. Mit insgesamt mehr als 300 unterschiedlichen Pflanzenarten und Artengruppen war das Material außerordentlich reichhaltig.

Die Masse der Reste stammt von Wildpflanzen, weniger als zehn Prozent nur von Kulturpflanzen. Kulturpflanzen und genutzte Wildpflanzen werden als Nutzpflanzen zusammengefaßt. Diese haben in Grube 1 einen Anteil von 20 Prozent, in Grube 2 ein wenig mehr. Ihnen stehen 80 bzw. 75 Prozent vermutlich nicht genutzte Wildpflanzen gegenüber. Daraus folgt, daß beide Gruben nicht systematisch als Latrinen genutzt oder mit Nahrungsabfällen verfüllt wurden, sondern daß hauptsächlich andere Materialien hineingelangten, die jedoch zumindest teilweise organischen Ursprungs waren. Die ökologischen Gruppen der Wildpflanzen (Abb. 160) verraten uns etwas über die mögliche Herkunft dieses organischen Materials: Angesichts der Seltenheit von Nahrungspflanzen spielen Nahrungsbeimengungen, also Unkräuter der Gärten und Äcker, erwartungsgemäß eine untergeordnete Rolle (Anteil um 10 bzw. 5%). Dennoch befinden sich dabei einige bemerkenswerte Arten: Stinkende Hundskamille (*Anthemis cotula*), Kornrade (*Agrostemma githago*), Kornblume (*Centaurea cyanus*), Acker-Steinsame (*Lithospermum arvense*), Sandmohn (*Papaver argemone*), Einjähriger Knäuel (*Scleranthus annuus*), Windhalm (*Apera spica-venti*), Feld-Rittersporn (*Consolida regalis*), Stengelumfassende Taubnessel (*Lamium amplexicaule*), Acker-Breitsame (*Orlaya grandiflora*), Acker-Hahnenfuß (*Ranunculus arvensis*), Kuhkraut (*Vaccaria hispanica*), Taumel-Lolch (*Lolium temulentum*), Möhren-Haftdolde (*Caucalis platycarpos*), Einjähriger Ziest (*Stachys annua*), Finkensame (*Neslia paniculata*), Echter Frauenspiegel (*Legousia speculum-veneris*), Venuskamm (*Scandix pecten-veneris*). Besonders die kalkliebenden Arten des Wintergetreides gehören heutzutage bei uns zu den Raritäten. Nach Roter Liste sind in Baden-Württemberg gefährdet: Frauenspiegel, Finkensame, Einjähriger Ziest, Möhren-Haftdolde und Sandmohn. Stark gefährdet ist der Venuskamm. Vom Aussterben bedroht sind Kuhkraut, Acker-Breitsame und Kornrade.

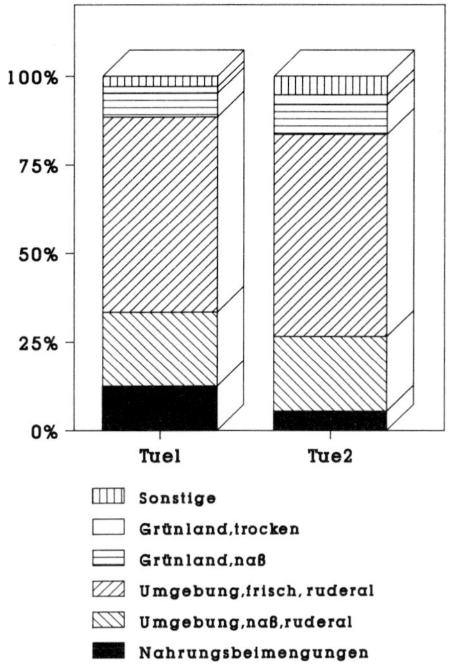

Abb. 160 Tübingen. Kelternplatz. Anteile ökologischer Gruppen an den ungenutzten Wildpflanzen (Bezugsbasis Stückzahlen)

Bereits ausgestorben ist hierzulande der Taumel-Lolch.

In gewissem Umfang scheint auch Material von Wiesen oder Weiden, also Heu oder dergleichen, in die Gruben gelangt zu sein. Auch der Anteil dieser Gruppe übersteigt nicht die Zehn-Prozent-Marke. Als Rarität ist in dieser Gruppe die Pechnelke (*Lychnis viscaria*) zu nennen.

Die Masse der Wildherkünfte besteht jedoch aus Pflanzen frischer bis nasser Ruderalfluren. Man könnte sich vorstellen, daß in der Umgebung viel unbebautes, ungepflastertes, ungenütztes und selten betretenes Ödland war, wo solche Pflanzen wuchsen. Bei gelegentlichen

Säuberungsaktionen wurde der anfallende Abfall dann in die Gruben geworfen. In diesen Ruderalfluren kamen neben auch heute weit verbreiteten Arten wie Großer und Kleiner Brennessel (*Urtica dioica* und *urens*), Gänsefuß-Arten (*Chenopodium album, polyspermum, hybridum, glaucum* und *bonus-henricus*), Vogelknöterich (*Polygonum aviculare*), Breiter Wegerich (*Plantago major*), Klette (*Arctium minus, lappa* und *tomentosum*) auch heute seltene und vom Aussterben bedrohte Arten vor wie Bilsenkraut (*Hyoscyamus niger*), Schierling (*Conium maculatum*), Besenrauke (*Descurainia sophia*), Mauer-Gänsefuß (*Chenopodium murale*), Feigenblättriger Gänsefuß (*Chenopodium ficifolium*).

Eine Gruppe von Pflanzen sehr nasser Standorte, darunter sogar einige Wasserpflanzen, bezeugt, daß es in der Umgebung sehr nasse Stellen gegeben haben muß, einen Tümpel oder ein kleines Bächlein. Dort wuchsen zum Beispiel: Armleuchteralgen (*Chara* sp.), Wasserpfeffer (*Polygonum hydropiper*), Wolfstrapp (*Lycopus europaeus*), Geflügelte Braunwurz (*Scrophularia umbrosa*), Kleiner und Milder Knöterich (*Polygonum minus* und *mite*), Froschlöffel (*Alisma plantago-aquatica*), Wasser-, Gift- und Brennender Hahnenfuß (*Ranunculus* sect. *Batrachium, sceleratus* und *flammula*), wohl Sumpf- und Teichampfer (*Rumex* cf. *palustris* und cf. *hydrolapathum*), Bachbunge (*Veronica beccabunga*), Blutweiderich (*Lythrum salicaria*), Sumpf-Labkraut (*Galium uliginosum*), Wasserschierling (*Cicuta virosa*), Wasserdost (*Eupatorium cannabinum*).

Bei den Nutzpflanzen ist sowohl bei diesen insgesamt als auch bei den Nahrungspflanzen wild gesammeltes Material häufiger als angebautes. Das deutet darauf hin, daß die Anwohner überwiegend Selbstversorger und bei der Nahrungsbeschaffung nicht sehr wählerisch waren, indem sie alle verfügbaren pflanzlichen

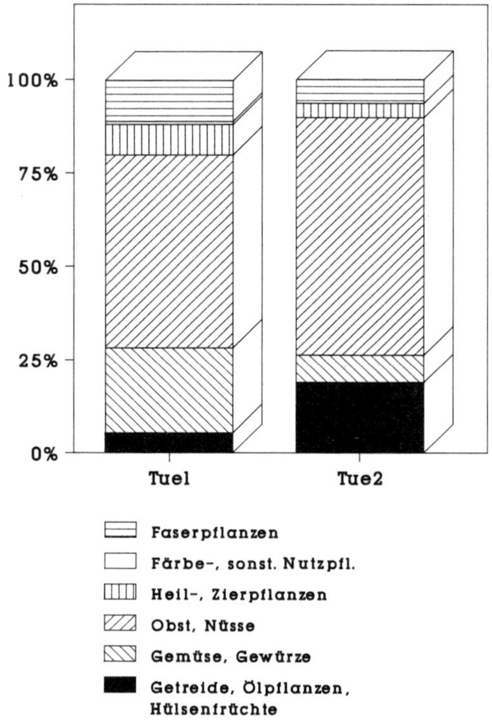

Abb. 161 Tübingen. Kelternplatz. Anteile diverser Nutzungsgruppen an den Nutzpflanzen (Bezugsbasis Stückzahlen)

Nahrungsquellen nutzten, was als Hinweis auf nicht allzu großen Wohlstand gelten könnte. In Abb. 161 sind die Nutzpflanzen nach bestimmten Nutzungsgruppen aufgeschlüsselt. Die größte Gruppe mit jeweils 50 Prozent und mehr sind Obst und Nüsse. An zweiter Stelle folgen in Grube 1 Gemüse und Gewürze, in Grube 2 Getreide, Ölpflanzen und Hülsenfrüchte, also die Haupt-Kalorienlieferanten der menschlichen Ernährung. In kleinerer Menge traten Faserpflanzen, Heil- und Zierpflanzen sowie sonstige Nutzpflanzen auf. Einige wichtige Vertreter der Nutzpflanzen seien nachfolgend namentlich genannt: Häufigste

Getreideart war Roggen (*Secale cereale*). Daneben wurde Gerste (*Hordeum vulgare*), Saatweizen (*Triticum aestivum*), Rispenhirse (*Panicum mileaceum*), Emmer (*Triticum dicoccum*) und Dinkel (*Triticum spelta*) nachgewiesen. Rübsen (*Brassica rapa*), Lein (*Linum usitatissimum*) und Schlafmohn (*Papaver somniferum*) fanden als Ölpflanzen Verwendung. Von den Hülsenfrüchten wurde nur die Linse (*Lens culinaris*) gefunden.

Als Gemüse oder Gewürz wurden angebaut Runkelrübe (*Beta vulgaris*), Dill (*Anethum graveolens*), Petersilie (*Petroselinum crispum*), Kohl (*Brassica oleracea*), Sellerie (*Apium graveolens*), Ysop (*Hyssopus officinalis*), Bohnenkraut (*Satureja hortensis*), Senf (*Sinapis alba*), Gartenmelde (*Atriplex hortensis*), Raute (*Ruta graveolens*), Fenchel (*Foeniculum vulgare*), Gartenkresse (*Lepidium sativum*) und vielleicht Spinat (cf. *Spinazia oleracea*). Dazu wurden wohl gesammelt Wilde Möhre (*Daucus carota*), Wilder Majoran (*Origanum vulgare*), Brunnenkresse (*Nasturtium officinale*), Feldsalat (*Valerianella dentata* und *locusta*), Sauerampfer (*Rumex acetosa*), Hopfen (*Humulus lupulus*), Wacholder (*Juniperus communis*) und vielleicht Wermut (*Artemisia* cf. *absinthium*).

Als Kulturobst waren in Gebrauch Birne (*Pyrus* cf. *communis*), Weinrebe (*Vitis vinifera*), Feige (*Ficus carica,* wohl Import), Apfel (*Malus* cf. *domestica*), Süßkirsche (*Prunus avium*), Schwarze Johannisbeere (*Ribes nigrum*), Schwarze Maulbeere (*Morus nigra,* Import?), Sauerkirsche (*Prunus cerasus*), Mispel (*Mespilus germanica*) und Quitte (*Cydonia oblonga*). Vielleicht wichtiger, da erschwinglicher, waren jedoch wild gesammelte Früchte: Schwarzer Nachtschatten (*Solanum nigrum*), Weißdorn (*Crataegus laevigata* und *monogyna*), Roter Hartriegel (*Cornus sanguinea*), Wald-Erdbeere (*Fragaria vesca*), Holunder (*Sambucus nigra* und *ebulus*), Haselnuß (*Corylus avellana*), Heidelbeere (*Vaccinium myrtillus*), Himbeere (*Rubus idaeus*), Schlehe (*Prunus spinosa*), Brombeere (*Rubus fruticosus* agg.), Hagebutte (*Rosa* sp.) und Sanddorn (*Hippophae rhamnoides,* eventuell gepflanzt oder Import).

Was die Zahl nachgewiesener Heil- und Zierpflanzen betrifft, so liegt Tübingen zumindest in Baden-Württemberg derzeit an der Spitze. Gefunden wurden: Andorn (*Marrubium vulgare*), Erdrauch (*Fumaria officinalis*), Primel (*Primula* cf. *elatior*), Echtes Johanniskraut (*Hypericum perforatum*), Echtes Labkraut (*Galium verum*), Schafgarbe (*Achillea millefolium*), Faulbaum (*Frangula alnus*), Eisenkraut (*Verbena officinalis*), Spitzwegerich (*Plantago lanceolata*), Traubenholunder (*Sambucus racemosa*), Herzgespann (*Leonurus cardiaca*), Blutwurz (*Potentilla erecta = tormetilla*), Gundermann (*Glechoma hederacea*), Malve (*Malva neglecta, sylvestris* und cf. *alcea*), Heilziest (*Betonica officinalis*), Tausendgüldenkraut (*Centaureum erythrea*), Minze (*Mentha* cf. *longifolia*), Beifuß (*Artemisia vulgaris*), Odermenning (*Agrimonia eupatoria*) und Linde (*Tilia platyphyllos*).

Eine entsprechende Nutzung ist möglich und nach heutigem Kenntnisstand durchaus naheliegend, folgt jedoch nicht zwingend aus dem Auftreten in den Gruben. Im einen oder anderen Fall ist zufälliger Eintrag ebenso gut möglich.

An sonstigen Nutzpflanzen traten Seifenkraut (*Saponaria officinalis*), Färberscharte (*Serratula tinctoria*) und Weberkarde (*Dipsacus sylvestris*) auf. Die Namen geben hier bereits Hinweise auf die Art der Nutzung.

Eine artenreiche Gruppe sind die Pflanzen, die Naturfasern lieferten. Hier sind an erster Stelle die Moose zu nennen, die u. a. als »Toilettenpapier« Verwendung gefunden haben dürften. Daneben wurden Birke (*Betula pendula*) und Tanne (*Abies alba*) gefunden, die Reisig lieferten, sowie Schilf (*Phragmites au-*

stralis) und Schneide (*Cladium mariscus*), die vielleicht zum Decken von Dächern dienten. Besonders bemerkenswert ist hier die Schneide, deren heutiges Vorkommen im Land sich auf das Alpenvorland und wenige Punkte am Oberrhein beschränkt. Dächer aus diesem Sauergras haben angeblich eine Lebensdauer von 100 Jahren. *Manfred Rösch*

Rettungsgrabungen in der Ulmer Schwörhausgasse

Die Ulmer Schwörhausgasse liegt am Fuß des Weinhofspornes, der steil über Blau und Donau aufragt, nach Ausweis der von A. Rieber und G. Fehring beobachteten Befunde bereits frühmittelalterlich besiedelt war und spätestens seit 854, dem Datum der ersten urkundlichen Überlieferung, als der Ort gesichert ist, an dem sich das Palatium, die Pfalz befand. In Sichtweite auf dem gegenüberliegenden Blauufer ist der ebenfalls karolingisch gesicherte Stadelhof, der zugehörige Wirtschaftshof, zu lokalisieren. Bis heute trennt die Blau diese beiden funktional zusammengehörenden Bereiche, allerdings zeigt sie heute im Stadtbereich nicht mehr das frühmittelalterliche Bild. In zwei Arme – die »Große« und die »Kleine Blau« – geteilt, ist sie hochgestaut, bedingt durch zahlreiche Mühlen, die seit dem Spätmittelalter belegt sind. Die heutige Schwörhausgasse folgt dem nördlichen Blauarm, ihr Verlauf entspricht der bereits in der Vogelschau von 1597 dokumentierten Gassenflucht. Die abgeschlossene Sanierung des Fischerviertels hat allerdings stark in die Bebauungsstruktur eingegriffen, zahlreiche Neubauten – durchweg ohne archäologische Voruntersuchung errichtet – haben das spätmittelalterliche Erscheinungsbild des im Krieg weitgehend verschonten Quartieres stark verändert. Eine der wenigen Kriegsbrachen, zudem noch nicht wieder bebaut, sind die beiden Grundstücke Schwörhausgasse 7–8. Aufgrund des Entgegenkommens der Bauherrschaft war es möglich, mehrmonatige Untersuchungen durchzuführen, die im Frühjahr 1991 abgeschlossen werden. Angesichts der dennoch knappen Zeit wurde mit einem Baggerschlitz die Stratigraphie geklärt; im Anschluß daran wurde die Gesamtfläche bis auf das Niveau der nur im Süden der Grabungsfläche der Blau zu nachweisbaren Holzbefunde abgeschoben (Abb. 162).

Der jüngste, im Südwesten der Fläche erfaßte Baubefund ist ein aus Ziegelsteinen aufgemauerter Brunnen, der Brunnenschacht wird an der Unterkante von einem mehrteiligen, sorgfältig überblatteten Holzrahmen unterfangen (Abb. 163). Eine exakte Datierung dieses vermutlich frühneuzeitlichen Befundes wird die dendrochronologische Bestimmung ergeben. Dieser Brunnen durchschlägt ein mehrteiliges, über beide Grundstücke hinweggreifendes Gefüge von unregelmäßigen, rechteckigen Nadelholzcaissons. Sie zeigen alle dieselben Konstruktionsdetails: Sie bestehen aus mindestens zwei Lagen schmalseitig aufeinandergestellter Bretter (Abb. 164), die wiederum zusätzlich in einem längsgenuteten Schwellholz eingelassen sind. Außen, gelegentlich auch innen, werden diese Bretter zusätzlich von unregelmäßig eingeschlagenen Pfosten gestützt. Wie die Verbretterungen sind sie sehr grob und unregelmäßig behauen, zudem dürften die Schwellhölzer z. T. sekundär verwendet sein.

Abb. 162 Ulm. Schwörhausgasse. Übersicht über die Südhälfte der Grabungsflächen. Links die Blau mit zugehöriger Ufermauer, davor die spätmittelalterlichen Holzcaissons, die als Substruktion zur Auffüllung des Geländes dienten

Die Innenbereiche der Caissons sind mit Schutt sowie sorgfältig eingebrachten Lehmschichten verfüllt. Stratigraphisch verfüllen diese Planierschichten auch die Baugruben der Caissons, die nach Norden, dem Weinhof zu, in ältere Kies- und Sandschichten sowie mächtige Kalksteinpackungen einschneiden. Nach Süden zu greift die Ufermauer der Blau über die Holzcaissons, womit diese sich als spätmittelalterlicher bzw. frühneuzeitlicher Befund erweist. Nach dem jetzigen Kenntnisstand sind die Caissons als Substruktionen zur Auffüllung des alten Blauufers zu interpretieren. Sie sind – vorbehaltlich der dendrochronologischen Datierungen – dem ausgehenden 15. Jh. zuzuweisen. Zugleich geben sie einen

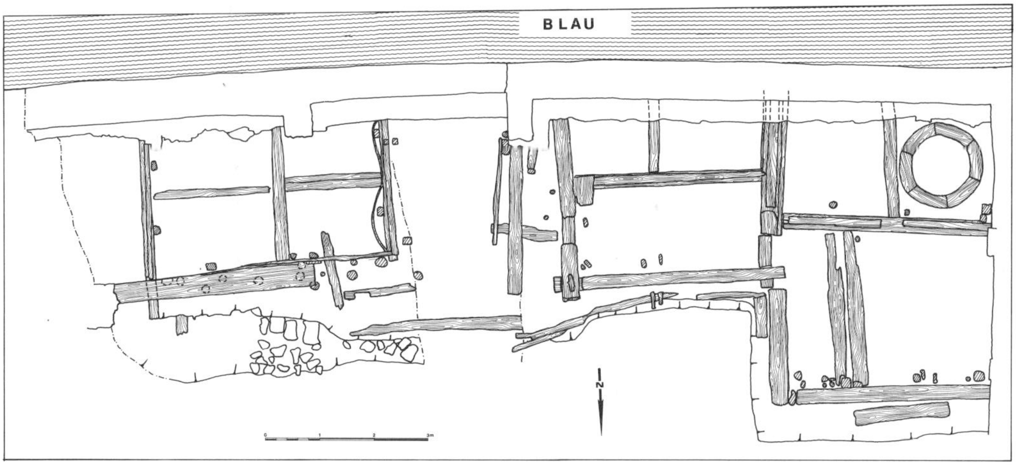

Abb. 163 Ulm. Schwörhausgasse. Befunde der südlichen Grabungshälfte

Abb. 164 Ulm. Schwörhausgasse. Detail der spätmittelalterlichen Holzcaissons

Terminus post quem für die Kanalisierung und Hochstauung der Blau, ebenso wie für die Uferbebauung in der Form, wie sie punktuell – z. B. mit dem »Schiefen Haus« – bis heute erhalten ist.

Spuren älterer Bebauung ließen sich nicht erfassen. Angeschnitten wurden jedoch zahlreiche ältere Kies- und Sandschichten sowie mächtige Packungen aus großen Kalksteinen, die lamellenartig gegen den steil ansteigenden Fuß des Weinhofspornes planiert sind (Abb. 165). Zur Sicherung dieser Planierun-

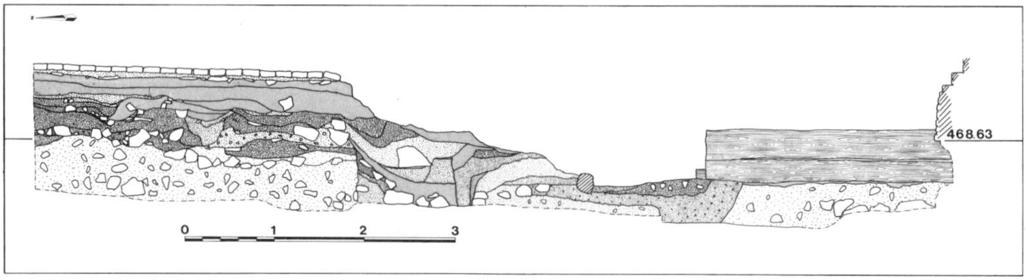

Abb. 165 Ulm. Schwörhausgasse. Nord-Süd-Profil entlang des Baggerschnitts

gen dienten große unbehauene Eichenschwellen. Zusätzlich zeichneten sich kurz vor der Jahreswende in den Planierschichten Standspuren bzw. verkohlte Reste dicht nebeneinander gereihter schlanker Pfosten ab. Möglicherweise sind sie zu einer Uferbefestigung zu ergänzen. Das in den zugehörigen Schichten geborgene Kleinfundmaterial beschränkt sich auf Tierknochen, so daß auch die dendrochronologische Datierung abgewartet werden muß; eine Einordnung nicht nach dem 13. Jh. darf jedoch vermutet werden.

Diese, noch nicht vollständig geborgenen Befunde machen jedoch bereits klar, daß – wie in anderen Städten – in ehemaligen Feuchtbereichen mit einer umfangreichen Auffülltätigkeit und damit gravierenden anthropogenen Überformungen des »ursprünglichen« früh- und hochmittelalterlichen Reliefs zu rechnen ist. Weitere Grabungen, die in der ehemaligen Blauniederung jedoch nur noch an sehr wenigen Stellen möglich sein werden, sind notwendig, um diesen ersten Einblick zu komplettieren. Besondere Aufmerksamkeit muß dabei den früh- und hochmittelalterlichen Befunden vor dem 13. Jh. gelten, die angesichts der Nachbarschaft von Pfalz und Stadelhof sowie angesichts der Feuchtbodenerhaltung in guter Qualität zu erwarten sind. *Judith Oexle*

Literaturhinweise

A. Rieber u. Karl Reutter, Die Pfalzkapelle in Ulm (1974). – G. P. Fehring, Die Stadtkerngrabungen des Staatlichen Amtes für Denkmalpflege Stuttgart auf dem Weinhof in Ulm. Ulm und Oberschwaben 38, 1967, 31 ff.

Neue Ergebnisse der Grabungen auf dem Ulmer Münsterplatz

Auch im Jahr 1990 wurden die Grabungen auf dem Ulmer Münsterplatz fortgesetzt, die im Februar 1991 beendet sein müssen. Dann setzen die Bauarbeiten für den Neubau des Bürgerhauses ein. Insgesamt werden zu diesem Zeitpunkt nach zweijähriger Grabung rund 1600 m^2 untersucht sein; hinzu kommen rund 400 m^2, die bei der Unterkellerung des Verkehrspavillons in den fünfziger Jahren zerstört wurden und nur unter der Kellersohle Reste archäologischer Substanz erbrachten (Abb. 166).

Die Dichte und Qualität der auf dem Ulmer Münsterplatz geborgenen archäologischen Substanz belegen unabweislich, daß der Einsatz und das Bemühen, vor dem Neubau den archäologischen Befund zu ergraben, richtig und notwendig war. Die Grabungen am Münsterplatz, an der Rosengasse sowie weitere Grabungsaufschlüsse bestätigen inzwischen die Einschätzung der Archäologischen Denkmalpflege, daß sowohl im Bereich des erst im letzten Drittel des 19. Jh. in der jetzigen Form entstandenen Münsterplatzes als auch in den großflächigen, z. T. noch nicht wieder bebauten Kriegsbrachen der Ulmer Altstadt sich unter den Planierschichten die archäologische Substanz durchweg hervorragend erhalten hat. Die einzigen Störungen gehen auf rezente Eingriffe – moderne Keller oder Leitungstrassen – zurück. Entscheidend wird künftig sein, inwieweit es gelingt, diese Einsicht in planungsrelevante Vorgaben umzusetzen.

Zugleich stellt sich darüber hinaus die Frage, ob angesichts der ungewöhnlich vollständig konservierten kirchlichen wie profanen stei-

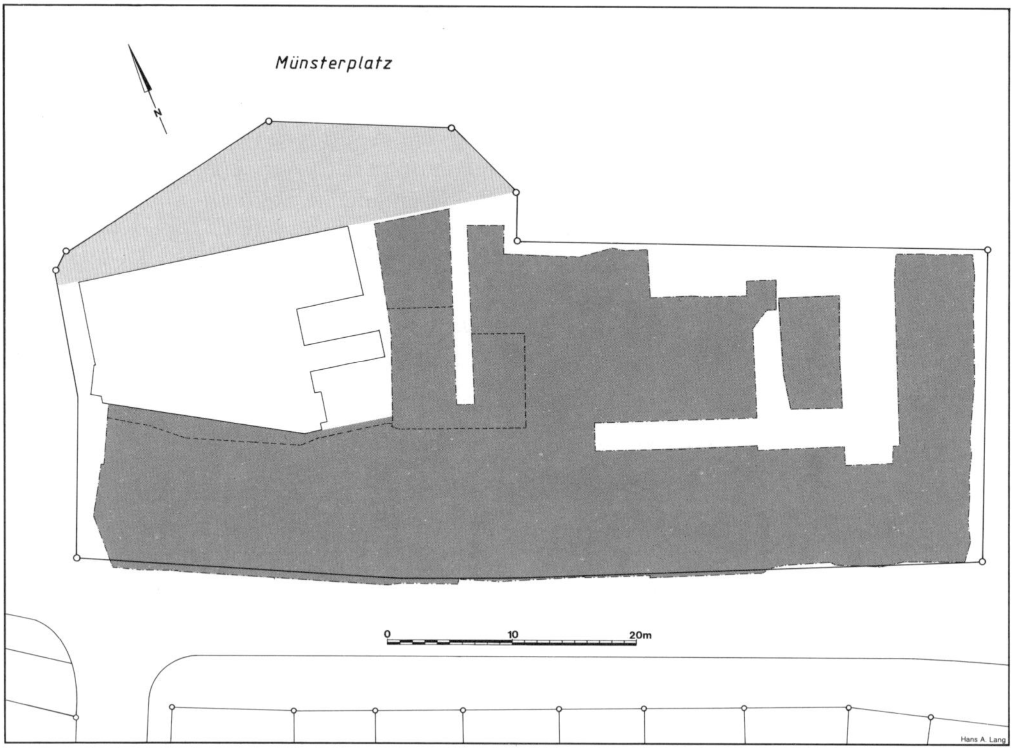

Abb. 166 Ulm. Münsterplatz. Grabungsflächen 1988–1990

nernen Bausubstanz auf dem Ulmer Münsterplatz nicht zu einem früheren Zeitpunkt die Frage nach dem Erhalt dieser Zeugnisse städtischer Geschichte des 13./14. Jh. hätte gestellt werden müssen. Angesichts der fast völlig zerstörten mittelalterlichen Stadt Ulm, des in den fünfziger Jahren vollständig neu bebauten Münsterplatzes hätten die Grabungsbefunde eine eindrucksvolle historische Orientierungshilfe geben können – allerdings um den Preis, daß der Neubau ohne nutzbares Kellergeschoß realisiert würde. Diskussion und Abwägung der Erhaltung der archäologischen Substanz sind allerdings zum jetzigen Zeitpunkt nicht mehr möglich, da der erste Abschnitt der Baumaßnahmen sämtliche Mauerbefunde beseitigte.

Fast vollständig haben die Fundamente der Barfüßerkirche den Abbruch im Jahr 1877 überstanden, so daß die Baugeschichte des Barfüßerkonventes jetzt weitgehend geklärt ist und in den ersten Phasenplänen vorgelegt werden kann. Dabei ergeben sich erhebliche Korrekturen und Ergänzungen zu den von R. Wortmann und M. Schefold formulierten Überlegungen zur Baugeschichte, die jedoch seinerzeit ausschließlich auf Bild- und Schriftzeugnissen basieren konnten.

Insbesondere der älteste Kirchenbau tritt nun im Befund deutlich hervor. Er ist in den Kontext der ersten urkundlichen – jedoch nicht zweifelsfrei gesicherten – Überlieferung des Jahres 1229 zu rücken, die von der Ankunft Gmünder Franziskaner in Ulm berichtet. Auf Bitten der Brüder wies ihnen der Rat der Stadt einen Bauplatz zur Erbauung des Klosters neben dem Löwentor zu. Dabei erhielten die Mönche nicht nur den zum Löwentor gehörigen Turm sowie einen Teil der anschließenden Stadtmauer. Nach lokaler Überlieferung des frühen 18. Jh. haben darüber hinaus einzelne Bürger dem Kloster ihre Häuser vermacht: »Fil wichen auss Iren heysern und gabens diesen hayligen leutten zum kloster.« Dabei darf das Jahr 1229 als frühest möglicher Terminus post quem für die Errichtung des ersten Kirchenbaues gelten; abgeschlossen waren die Baumaßnahmen mit Sicherheit 1283, als das erste Provinzialkapitel in Ulm stattfand. Dabei läßt sich zum jetzigen Zeitpunkt der Baubeginn der Kirche mangels zugehöriger Bauhorizonte, Fußböden etc. absolutchronologisch nicht genauer bestimmen.

Der archäologische Befund (Abb. 167) zeigt

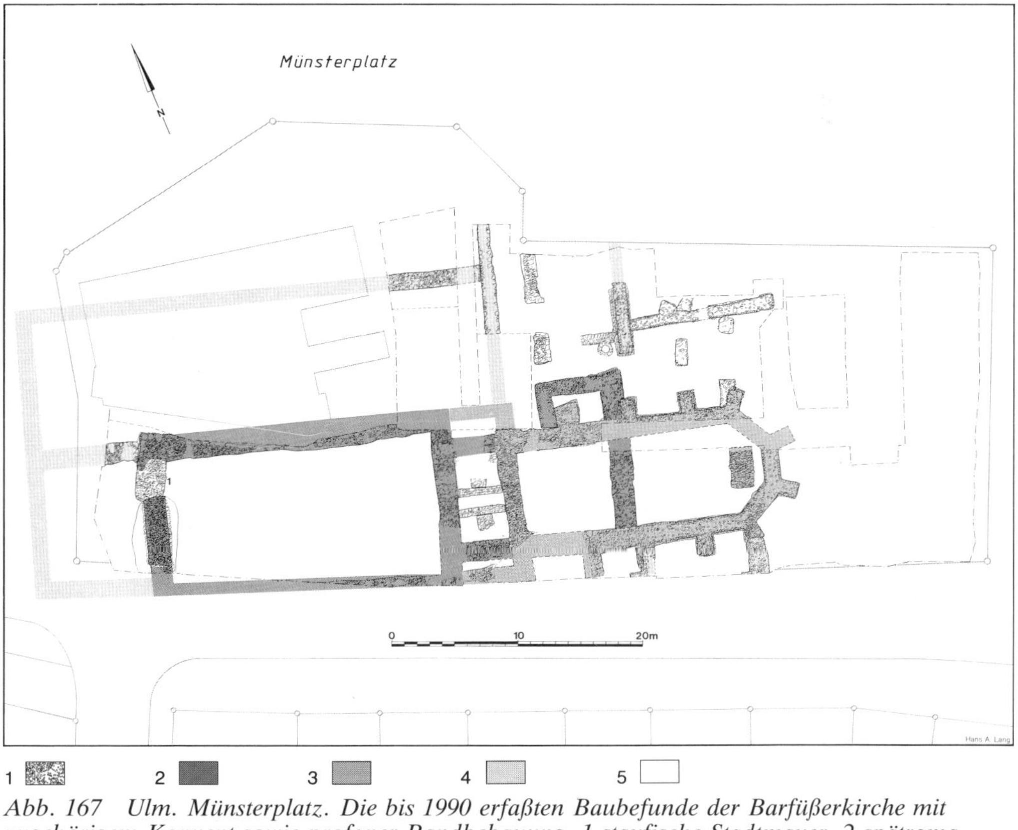

Abb. 167 Ulm. Münsterplatz. Die bis 1990 erfaßten Baubefunde der Barfüßerkirche mit zugehörigem Konvent sowie profaner Randbebauung. 1 staufische Stadtmauer, 2 spätromanischer Kirchenbau, 3 Umbauphase um 1300, 4 spätmittelalterliche Erweiterung des Kirchenschiffs, 5 spätmittelalterliche Profanbebauung

als ältesten Kirchenbau eine schlichte Saalkirche mit charakteristischem, langgestrecktem Rechteckchor. Im Norden ist ein querrechteckiger Raum vorgelagert, der mit dem flachen Chorhaupt fluchtet. Angesichts des charakteristischen, ährenartigen Mauerverbandes ist auch er der Phase 1 zuzuordnen. Altarfundamente bzw. andere Inneneinbauten im Chor des 13. Jh. konnten nicht beobachtet werden. Inneneinbauten fehlen auch für das Kirchenschiff, dessen nördliche Seitenwand durch den Verkehrspavillon stark beeinträchtigt und teilweise nur noch in der inneren Mauerschale erfaßt werden konnte; die südliche Außenwand lag z. T. außerhalb der Grabungsfläche. So konnte leider die südwestliche Eckeinbindung nicht beobachtet werden, die Südostecke war durch einen Bombentrichter stark gestört. Nur die Nordwestecke wurde im Verband innerhalb der Grabungsfläche erfaßt, ebenso die innere Nordostecke. Damit ist gesichert, daß der älteste Kirchenbau im Gegensatz zu den bislang vorliegenden Rekonstruktionsvorschlägen deutlich geringere Dimensionen hatte als der Bau, der im 19. Jh. abgebrochen wurde. Diese Beobachtung hat zugleich Konsequenzen auf den Verlauf der ältesten, steinernen Stadtmauer von Ulm. Sie wurde nämlich an einer Stelle des Westfundamentes der Kirche erfaßt, das einen älteren Mauerzug überlagert bzw. einbindet, der deutlich aus der Flucht des Westabschlusses vorspringt. Es dürfte sich hierbei um die staufische Stadtmauer handeln, die zumindest teilweise als Fundament weiterverwendet wurde. Über die Gestalt des Aufgehenden dieser ältesten Kirche geben die Bildquellen nur unzureichend Aufschluß. Immerhin dokumentiert ein Aufriß der Langhaus-Südseite aus dem Jahr 1848 noch drei von ursprünglich vermutlich sechs romanischen Rundbogenfenstern, auch das Rundbogenportal könnte dem ältesten Bau zuzuweisen sein. Um 1300 – diese Datierung von Wortmann vermag der archäologische Befund nicht weiter zu präzisieren – wird der spätromanische Chor durch einen charakteristischen Chor mit Fünfachtelschluß ersetzt (Abb. 167). Im Süden ist eine Sakristei vorgelagert, die – absolutchronologisch jedoch nicht näher bestimmbar – an die Strebepfeiler angebaut und im übrigen auch durch Bildquellen gut belegt ist (Abb. 168). Der dreijochige Chorneubau fügt sich allerdings nicht unmittelbar an das alte spätromanische Schiff, da dieses im Zuge der Umbaumaßnahmen um rd. 5 m verlängert wurde.

Dem Spätmittelalter zuzuweisen ist dann eine dritte Bauphase, mit der nochmals einschneidende Umbautätigkeit verbunden ist. Dabei ordnet Schefold diesen Umbau, der das Erscheinungsbild der Kirche bis zum Abbruch prägte, einem Brand im Jahr 1348 zu; Mauch und mit ihm Wortmann hingegen nehmen erst die Jahre 1392 bzw. 1412 für die Erweiterung der Kirche bzw. den Anbau eines zweiten Schiffes in Anspruch. Da auch zu dieser Bauphase zugehörige Fußböden bzw. Bauhorizonte fehlen, läßt sich zum jetzigen Zeitpunkt diese Datierung nicht präzisieren. Zugleich konnten, bedingt durch die großflächigen Zerstörungen durch den Verkehrspavillon, von diesem nördlichen Kirchenschiff nur kleine Ausschnitte erfaßt werden, nämlich Teile der östlichen sowie der nördlichen Fundamentzüge. Dieser Bauphase ist außerdem – trotz fehlender Einbindung – aufgrund der Ähnlichkeit von Mörtel und Mauerstruktur ein nur knapp erfaßter, flach gegründeter Fundamentzug westlich der spätromanischen Westfassade zuzurechnen, der die Flucht der alten nördlichen Außenwand aufnimmt. Im Zuge der Erweiterung des Kirchenschiffes nach Norden war diese abgebrochen worden; die Fundamente verblieben jedoch im Boden und dienten als Auflager für die sechs Bögen auf fünf Pfeilern, die die beiden Schiffe miteinander

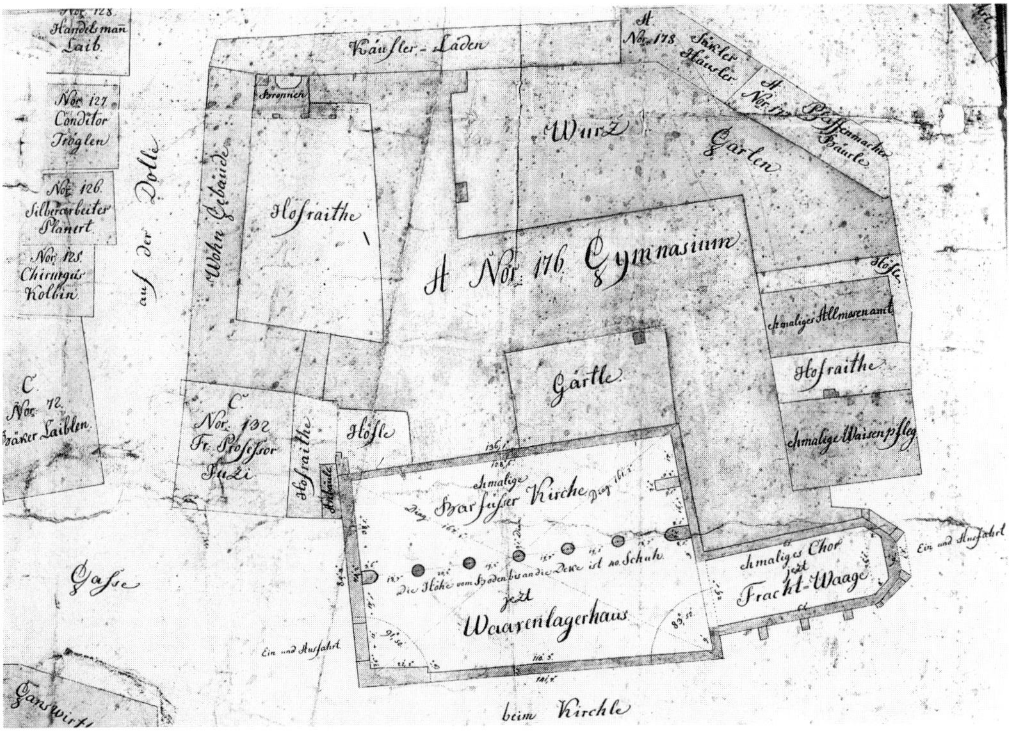

Abb. 168 Ulm. Plan des Barfüßerklosters und -konvents sowie der umliegenden Bebauung, 1819 (Stadtarchiv Ulm, gez. vom kgl.-württ. Geometer in Ulm, Johannes Kreuzer, Sign. K 19, a.4)

verbanden. Die Erweiterung des Schiffes nach Süden auf die Länge, die auch der Bestandsplan aus dem Jahr 1819 zeigt (Abb. 168), erforderte somit eine Ergänzung des Spannfundamentes nach Westen bis zur neuen Westfassade, die jedoch außerhalb der aktuellen Grabungsfläche liegt und nur im Zuge der Grabungen 1986 erfaßt wurde. Damit erklärt sich nun auch der im Bestandsplan dokumentierte Mauervorsprung ganz im Westen der Südwand: Er markiert die Baufuge zwischen Bau I und der Bauphase III.

Die Klausur, d. h. die Konventgebäude, schloß unmittelbar nördlich bzw. östlich dieses Schiffes an und wurde kurz vor Anfertigung dieses Zwischenberichtes erstmals großflächiger erfaßt. Sie ist daher im Übersichtsplan nur mit den Fundamenten des Ostflügels vermerkt. Es sei jedoch bereits hier darauf hingewiesen, daß auch die Konventgebäude mehrere Bauphasen zeigen und sich darüber hinaus darunter profane Steinbauten des 13. Jh. erhalten haben – die ältesten, die neben dem bekannten »Steinhaus am Grünen Hof« in Ulm je bekannt wurden. Heißluftheizungen ebenso wie ein wohl erhaltener Kachelofen dieser Zeit dokumentieren gehobenen Lebensstandard und herausgehobene Wohnqualität. Einen Hinweis verdient auch ein ausgemalter tonnenüberwölbter Keller, in dem sich

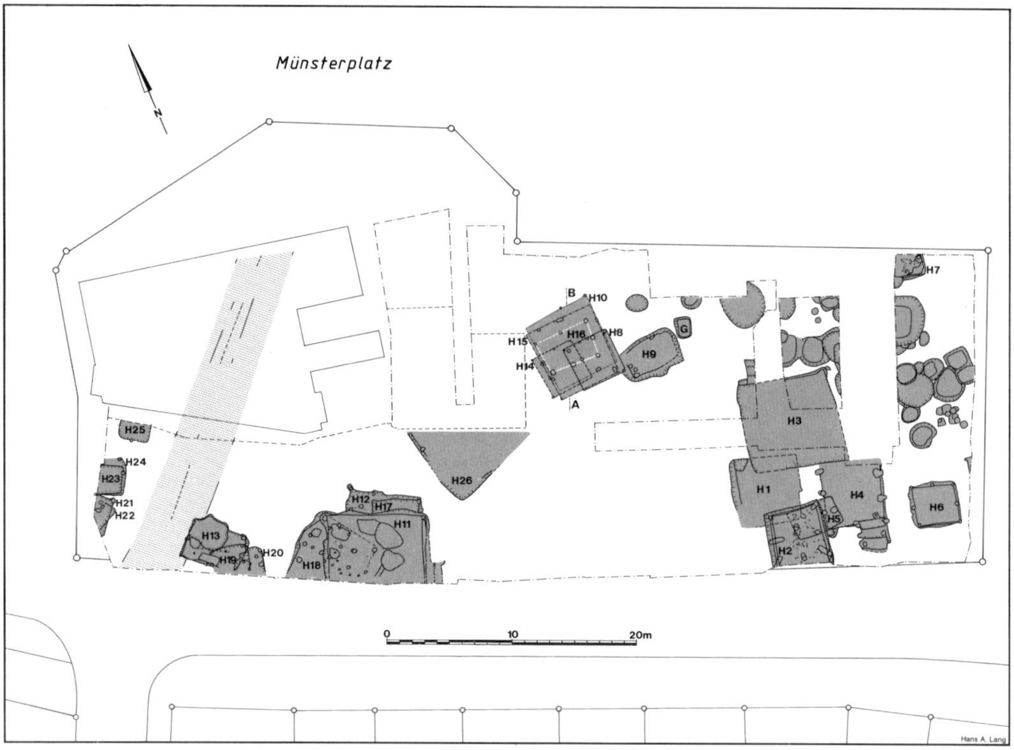

Abb. 169 Ulm. Münsterplatz. Hausbefunde und Verlauf des Spitzgrabens

die rote Quadermalerei auf Putzgrund hervorragend erhalten hat. Bereits außerhalb des engeren Klausurbereiches liegen die unmittelbar nördlich des Chores angetroffenen steinernen, ebenfalls mehrphasigen Baubefunde (Abb. 167). In Überlagerung mit dem Bestandsplan von 1819 läßt sich dabei ein West-Ost streichender, stumpf gegen den Ostflügel des Konvents stoßender Mauerzug als Fundament der sog. »ehemaligen Waisenpflege«, einem spätmittelalterlichen Bau, identifizieren. Der nächsten, großen Befundphase sind die in Abb. 169 zusammengefaßten, profanen Hausgrundrisse zuzuweisen. Bislang sind nach dem aktuellen Auswertungsstand insgesamt 26 Hausgrundrisse erfaßt. Dabei fällt im Übersichtsplan die deutliche räumliche Trennung zwischen Bereichen, in denen, so im Osten der Grabungsfläche, ausschließlich Gruben nachgewiesen werden konnten, und den Zonen auf, in denen sich Hausbefunde konzentrieren. Die eingetieften Hausbefunde massieren sich in vier Bereichen (Häuser 1–6; Häuser 8–10, 14–16; Häuser 11–13, 17–20, Häuser 21–25); erfaßt sind hierbei allerdings ausschließlich die eingetieften Hausbefunde; die ausschnittweise ergrabenen ebenerdigen Ständerbauten sind im Gesamtplan nicht berücksichtigt. Besonders bemerkenswert ist dabei die sich abzeichnende Ortskontinuität der Bebauung, die insbesondere bei den Häusern 8, 10, 14–16 mit dicht übereinanderliegenden

Fußböden bei allerdings variierenden Grundrissen auffällt. Eine feinchronologische Abstufung wird erst nach Auswertung der keramischen Inventare möglich sein. Gesichert ist jedoch inzwischen die absolutchronologische Datierung des Hauses 18, dem stratigraphisch ältesten Baubefund der Häusergruppe 11–12 und 17–18. Teile des hölzernen Tragwerkes (Abb. 170), des eingetieften Pfostenbaues sowie der horizontalen Bohlenverkleidung der Wände hatten sich in verkohltem Zustand erhalten. Ihre dendrochronologische Datierung durch B. Becker, Universität Hohenheim, erbrachte ein Fälldatum von 995 +/– 10, so daß von einer Errichtung dieses Gebäudes um die Jahrtausendwende ausgegangen werden muß. Der jüngste Baukörper, Haus 11, ist dann bereits dem ausgehenden 12. Jh. zuzuweisen, ein Bau, der im Gegensatz zu seinen Vorgängern bereits eine Schwellenkonstruktion zeigt. Diesem jüngsten auf dem Münsterplatz nachgewiesenen Bautyp dürfte neben den bereits bekannten Häusern 3 und 11 evtl. noch ein drittes Haus, Haus 26, zuzuweisen sein, das jedoch nur in der Südecke erfaßt wurde.
Völlig überraschend wurde im Jahr 1990 dann ein weiterer Grabenbefund angeschnitten, der in Nord-Süd-Richtung das Grabungsareal schneidet (Abb. 169, 171) und dessen Spitze sich sogar unter dem Kellerfußboden des Verkehrspavillons erhalten hatte. Die Verfüllung des Spitzgrabens erwies sich als weitgehend steril und ergab noch keine sicheren Datierungsanhalte. Auch stratigraphisch läßt er sich bislang nur insoweit einbinden, als er von Haus 13 überlagert wird, das nicht zum ältesten Be-

Abb. 170 Ulm. Münsterplatz. Haus 18. Übersicht und Detail des in verkohltem Zustand erhaltenen hölzernen Tragwerks und Bohlenauskleidung

Abb. 171 Ulm. Münsterplatz. Profil des Spitzgrabens

siedlungshorizont gehört. Er ist zudem sicher jünger als der Sohlgraben und muß daher zumindest faziell gleichzeitig zur präurbanen Besiedlung des Münsterplatzes angesetzt werden. Diese relativchronologische Einordnung des Spitzgrabens würde sich gut zur Deutung dieser Siedlung als suburbium der Pfalz fügen, die erstmals 854 urkundlich erwähnt wird. Damit zeichnet sich ein – zumindest zeitweilig – befestigtes suburbium ab, das der Pfalz unmittelbar nördlich vorgelagert ist und das seit dem 10. Jh. kontinuierlich besiedelt ist. Und eben aus diesem suburbium heraus entwickelt sich die staufische Stadt Ulm, die sich mit diesem Befund zweifelsfrei als gewachsene und eben nicht als »gegründete« Stadt erweist.
Die Grabungen im Jahr 1990 konnten auch den ältesten Befundhorizont komplettieren. Diesen Horizont charakterisieren zwei Befundkomplexe: ein exakt West-Ost streichender Sohlgraben und eine Nekropole (Abb. 172). Der Sohlgraben endet stumpf; die zu erwartende Fortsetzung des Sohlgrabens liegt nicht mehr in der Grabungsfläche. Unmittelbar südlich des Sohlgrabens liegt diesen berücksichtigend eine kleine beigabenlose Nekropole mit rd. 40 beigabenlosen, orientierten Bestattungen. Nach Norden und Nordwesten scheinen die Grenzen des kleinen Friedhofs erfaßt zu sein, der Datierungsspielraum läßt sich jedoch bislang nicht weiter eingrenzen. Gesichert ist einzig, daß das Gräberfeld angesichts der Beigabenlosigkeit nachmerowingisch angelegt worden sein muß; die Aufgabe des Friedhofes erfolgte spätestens mit der Anlage der ältesten Hausbauten um die Jahrtausendwende. Möglicherweise gehören weitere Einzelbestattungen nördlich des Sohlgrabens

noch in diesen Zeithorizont; besonders hervorzuheben ist dabei als Sonderbestattung die Beisetzung eines Mannes in Bauchlage; das beigegebene kleine Eisenmesser ist jedoch chronologisch unempfindlich und vermag daher die Datierung nicht schärfer einzugrenzen. Die Grabungsarbeiten auf dem Ulmer Münsterplatz werden im Februar 1991 abgeschlossen sein. Dabei zeichnet sich jedoch bereits ab, daß unter Umständen der gesamte südliche Münsterplatz auf einer Gesamtfläche von rd. 14 000 m² untersucht werden muß. Die aktuelle Planung der Umfeldgestaltung des neuen Bürgerhauses sieht nämlich vor, die gesamte Platzoberfläche zu erneuern. Dafür muß der Unterbau bis auf 1,20 m unter heutiger Oberfläche ausgetauscht werden. Da jedoch die archäologische Substanz bereits ab 0,30 m ansteht, wird es unausweichlich sein, zumindest den akut bedrohten Bereich zu ergraben – sollte nicht doch noch eine archäologieverträgliche Lösung gefunden werden. *Judith Oexle*

Literaturhinweise

R. Wortmann, Zur Baugeschichte Ulmer Kirchen. In: Kirchen und Klöster in Ulm. Ein Beitrag zum katholischen Leben in Ulm und Neu Ulm von den Anfängen bis zur Gegenwart, hrsg. von H. E. Specker und H. Tüchle (1979) 506 ff. – M. Schefold, Zur Baugeschichte der Ulmer Barfüßer-Kirche. Blätter für württ. Kirchengeschichte NF 35, 1931, 207 ff. – J. Oexle, Arch. Ausgr. Bad.-Württ. 1989, 313 ff.

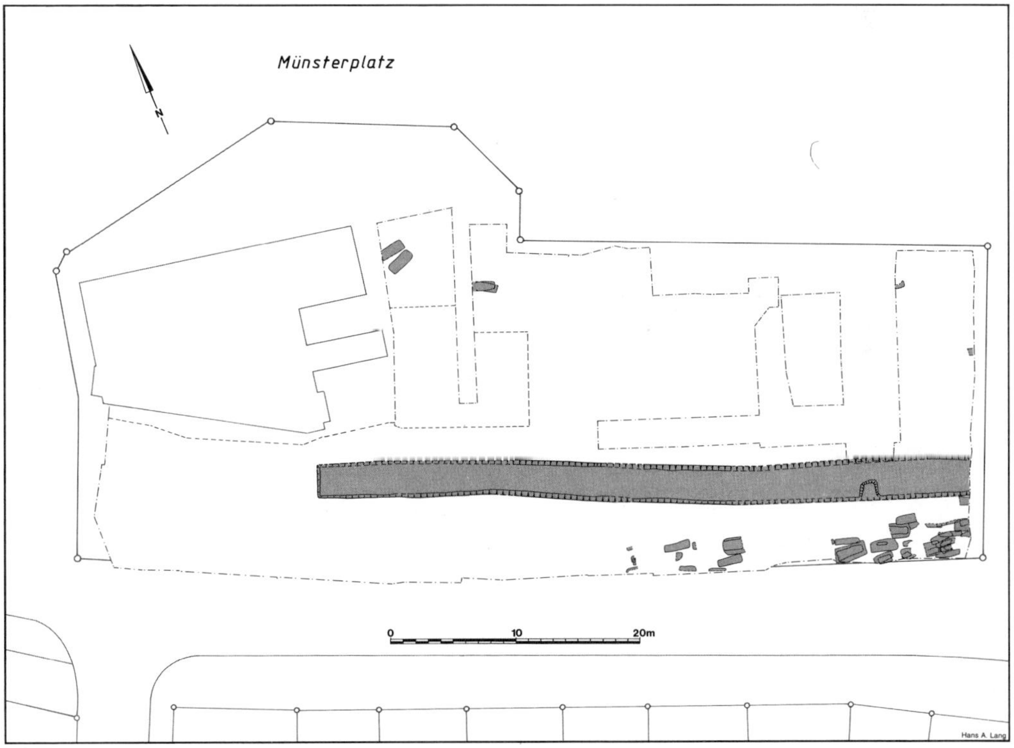

Abb. 172 Ulm. Münsterplatz. Plan des ältesten Befundhorizonts (Sohlgraben und Gräberfeld)

Die Ausgrabung »Rosengasse« in Ulm

Die Grabung auf dem Areal der sich mittlerweile in Bau befindlichen Tiefgarage »Rosengasse« konnte in diesem Jahr nach Osten zur Frauenstraße hin ausgedehnt werden (Abb. 173). Wie schon im Vorjahr, so zeigte sich auch diesmal, daß das im Spätmittelalter peripher an der Stadtmauer gelegene Gebiet nur lükkenhaft aufgesiedelt wurde. Die Straßenfronten zur Rosengasse und zur Frauenstraße waren zwar bebaut, die Häuser jedoch nur teilunterkellert und der rückwärtige Hofbereich weitgehend von großflächigen Eingrabungen verschont geblieben. Hier kamen zahlreiche Gruben, Brunnen und Latrinen zum Vorschein, mit deren Anlage nach der großen Stadterweiterung im 14. Jh. begonnen wurde. Ebenfalls aus dem Spätmittelalter sind zahlreiche kleine Backöfen, die in lockerer Streuung auf den Freiflächen des Grabungsareals nachgewiesen werden konnten. Diese primitiv anmutenden, liegenden Öfen bestanden aus einer einfachen, ehemals wahrscheinlich überkuppelten Backkammer. Davor lag jeweils eine Grube, über die man durch ein Schürloch die Feuerkammer bedienen konnte. Die Öfen waren offensichtlich nur kurz in Benutzung, denn sowohl Backkammer als auch Beschikkungsgruben wiesen immer nur einen Nutzungshorizont auf. Ist der Einzelbefund auch eindeutig, so bereitet die Erklärung für ihr gehäuftes Auftreten auf damals freier Fläche 300 m nördlich der älteren Stadtmauer Ulms

Abb. 173 Ulm. Rosengasse. Blick von Nordwesten auf die Baustelle

Abb. 174 Ulm. Rosengasse. Hochmittelalterliche Bebauung (H1–H9) und Bronzegußgrube

Schwierigkeiten. Da im 14. Jh. das städtische Backgewerbe mit seinen Einrichtungen in die Stadt integriert war, lassen die vorgefundenen Öfen am ehesten an Feld- oder Biwaköfen denken. Ihre Anzahl deutet darauf hin, daß sie der Versorgung einer größeren Menschenmenge dienten. Will man nicht kriegerische Auseinandersetzungen als Gründe für diese Menschenansammlungen heranziehen, so bleiben die Großbaustellen des 14. Jh. – Umbau und Abbau der Pfarrkirche »ennet feld«, der Bau der Stadtmauer sowie des Münsters –, für die zahlreiches, sicherlich auch auswärts angeworbenes Baupersonal benötigt wurde und zu versorgen war.

Mit bislang neun Resten von Grubenhäusern und Kellergruben sowie einzelnen Gruben und einer technischen Anlage ließ sich eine Ansiedlung nachweisen, die aus schriftlichen Quellen nicht bekannt war; ihre Existenz läßt sich aber wegen der Nähe zur alten Pfarrkirche »ennet feld« annehmen (Abb. 174, 175). Auffällig ist die Anlehnung der Gebäudereste an die Frauenstraße, deren Vorläufer als Kirchweg von der Stadt zur außerhalb gelegenen Pfarrkirche sowie als wichtige Nord-Süd-Verbindung mit Donauüberquerung von Bedeutung waren. Aus Überlagerungen ergibt sich eine Abfolge von verschiedenen Bautypen, bei der vier relativ große rechteckige Gebäude mit Firstpfosten- oder Firstständerstellungen am Anfang stehen (H 1, H 3, H 7, H 9). Sie ha-

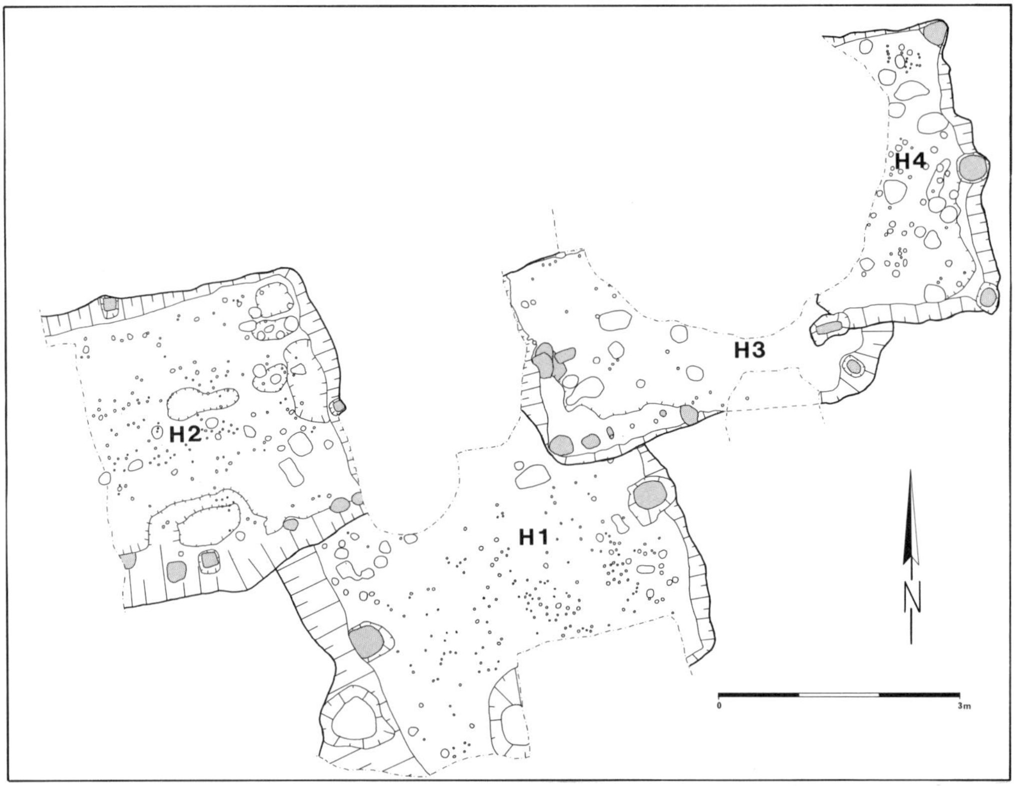

Abb. 175 Ulm. Rosengasse. Grundrisse von Grubenhäusern

ben Resttiefen von weniger als 1 m und sind am ehesten als Grubenhäuser anzusprechen. Die übrigen bis zu 1,50 m in den Löß eingetieften jüngeren Gebäudereste waren vermutlich Kellergruben von nicht mehr feststellbaren Häusern. Wegen der überaus hohen Standfestigkeit des anstehenden Bodens verwundert es nicht, daß Holz als Baustoff für diese Keller nur für Staken, Pfosten oder Ständer verwendet wurde. Ihre typologische Anprache wird durch den Umstand erschwert, daß neben den konstruktiv notwendigen, wahrscheinlich in Fachwerkbauweise mit einem ebenerdigen Stockwerk verbundenen Pfosten oder Ständern zur Wandsicherung weitere Stützelemente eingezogen wurden. Neben einer Kellergrube mit jeweils einem mittig an die Außenwände gestellten Vierkantständer (H 2) gibt es eine weitere Grube mit jeweils drei Ständern an den Längsseiten (H 4). Bei den jüngsten Hausbefunden (H 5/6, H 8) ließen sich im Gegensatz zu den vorher genannten Gruben auf den Grubensohlen keine Hinweise auf eingegrabene Ständer finden, so daß man hier von Schwellbalkenkonstruktionen ausgehen muß.

Die erste Durchsicht der Keramik nach datierbaren Hinweisen entspricht der geschilderten Abfolge. Es ist insgesamt eine Zunahme der Fundmenge von den Firstständergrubenhäusern zu den Schwellbalkenkellern zu beobachten, in den jüngsten Befunden treten Flachziegel und Becherkacheln auf. Die Besiedlung scheint um die Jahrtausendwende eingesetzt zu haben und endete wahrscheinlich im Laufe des 13. Jh.

Das Inventar aus H 2 war besonders groß. Die Verfüllung der Kellergrube entspricht in ihrer Abfolge den übrigen Gruben: oberhalb des fein-laminar geschichteten Estriches das mit Abfall durchsetzte Einfüllmaterial, darüber homogener, stark humoser Schluff. Die meisten Funde gelangten im Zuge der Verfüllung der ausgeräumten und offengelassenen Grube hinein. Unter der Keramik dominiert mäßig harte reduzierend gebrannte Ware wahrscheinlich heimischer Produktion. Das Formenspektrum reicht von Tüllenkannen und Schalen zu Töpfen und Deckeln. Die Randformen lassen sich in das 11./12. Jh. datieren. In diesen Zeitrahmen fallen auch die übrigen Warengruppen, darunter vor allem die sehr hart gebrannte helle Ware vom »Typ Jagstfeld«, die zahlenmäßig allerdings eine geringe Rolle spielt. Unter den weiteren Funden sind Bruchstücke gläserner Fingerringe und bronzener Trachtenschmuck und vor allem Teile einer Glockengußform sowie Buntmetallschlacke.

Ungefähr 25 m westlich der Bebauung fand sich eine in Ost-West-Richtung 5 m lange, bis zu 1,80 m breite Grube, die noch 0,90 m tief war (Abb. 175 a). Ihre Seiten waren steil geböscht, die Sohle eben. Im Mittelteil hatte man längs der Seiten große Kalkbrocken gelegt, die in der Mitte eine Rinne bildeten. Die Oberfläche der Steine sowie der Rinne war durch Lehmverstrich geglättet worden. Sie wiesen starke Hitzespuren auf, die unmittelbar vor den Öffnungen der Rinne endeten. Nach oben hin war die Grube einheitlich mit einem Gemenge aus humosem und sterilem Schluff verfüllt, das auffallend fundarm war. Wenige Randfragmente nachgedrehter Ware sowie auch das völlige Fehlen von Ziegelbruch und Mörtelgrus – beides typische Beimengungen spätmittelalterlicher und jüngerer Gruben – lassen die Anlage der hochmittelalterlichen Nutzungsphase des Areals zuweisen. Die angeziegelte Sohle, Bruchstücke einer oder mehrerer großer Gußformen sowie Buntmetallschlacke sind die einzigen direkten Hinweise auf die Nutzung der Grube. Demnach konnte es sich um einen dem Bronzeguß dienenden Ofen handeln. Die weitere Deutung erleichtert ein Vergleich mit einem Abschnitt aus der »Schedula diversarum artium«. Dieses in mehreren hochmittelalterlichen Kopien überlieferte Werk über verschiedene Handwerke wurde wahrscheinlich um 1100 von einem Mönch verfaßt, der sich unter dem Pseudonym »Theophilus« vorstellte. In einem der umfangreichsten Kapitel wird detailliert die

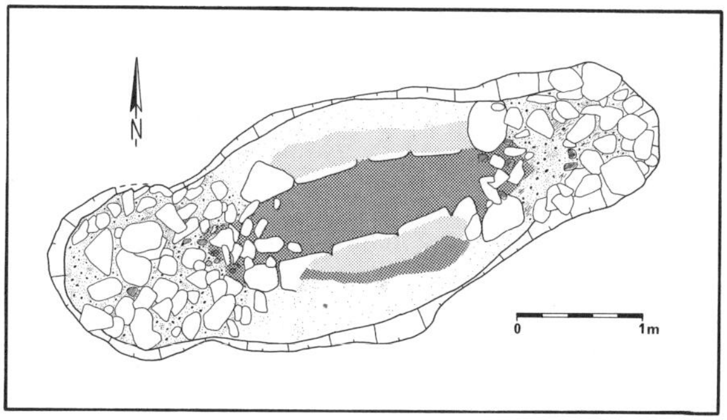

Abb. 175 a Ulm. Rosengasse. Hochmittelalterliche Bronzegußgrube (grau die angeziegelte Oberfläche)

Herstellung einer Bronzeglocke beschrieben. Die meisten Arbeitsschritte beziehen sich dabei auf die Formung der Gußform, die noch vor der Handhabung mit dem Metall die meiste Erfahrung des Meisters erforderte. In unserem Zusammenhang sind vor allem die Passagen von Interesse, die das Brennen der Tonform sowie deren Ausgießen mit Bronze behandeln. Theophilus schreibt: »Dann lege an der Stelle, an der du die Form in die Erde senken und erhitzen willst, eine Grube an, die in ihrer gesamten Fläche so tief ist, wie die Form hoch ist, und mit Steinen und Ton mache ein stabiles Podest, ähnlich wie ein Fundament, auf dem die Form stehen soll, einen Fuß hoch. In der Mitte soll ein Zwischenraum, eineinhalb Fuß breit, wie ein Weg bleiben, der von außen herein führt, so daß darin ein Feuer unter der Form brennen kann.« Die Übereinstimmung zwischen dieser Anleitung und der vorliegenden Grube ist bis hin zu den Maßen frappierend. Interessanterweise lassen sich auch die weiteren Arbeitsschritte teils rekonstruieren teils im Befund wiederfinden. Folgt man der Anweisung des Theophilus, so hat man die Grube wieder verfüllt und die vorgefertigte Glockenform über ihr Zentrum plaziert. Um sie ohne Schaden auf die Grubensohle zu senken, grub man vorsichtig das Erdreich unter der Form ab. Als nächstes setzte man um die Form einen einfachen Ofen aus »feuerfesten Steinen und Lehm«, um sie anschließend »den ganzen Tag und die folgende Nacht hindurch« zu brennen. Nachdem die Form glühte, brach man die Ofensteine heraus und warf sie nach außen. Im Befund lassen sich diese Schritte an den Brandspuren im Mittelteil des Ofens sowie an den regellos liegenden Steinen an den Enden erkennen. Für das weitere Vorgehen müssen wir wieder auf die Schilderung des Theophilus zurückgreifen. Danach wird im Anschluß an den Abriß des Ofens die Grube erneut verfüllt, um während des Gießens ein

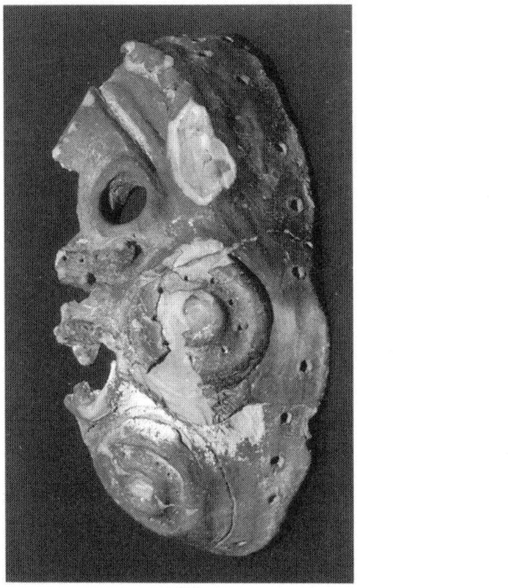

Abb. 176 Ulm. Rosengasse. Tonmaske aus dem späten 15. Jh.

Auseinanderbersten der Form zu vermeiden. Unmittelbar nach Abschluß des Gußvorganges wird die Grube ein drittes Mal freigegraben, damit sich das Metall leicht abkühle, dann aber, so kann man weiterlesen, »soll die Form zu einer Seite hin leicht geneigt und Erde darunter gehäuft werden, und das so lange, bis die Form auf dieselbe Weise, wie sie hineingesetzt wurde, aus der Grube gehoben wird«. Die weiteren Arbeitsschritte vollzogen sich zu ebener Erde.

Es liegt nahe, die in der Verfüllung des Kellers H 2 gefundenen Teile eines Formmantels mit dem Werkplatz zu verbinden. Wenn dies auch nicht mit letzter Sicherheit belegt werden kann, so ergibt sich mit der Datierung dieser Kellergrube in das 11./12. Jh. ein Terminus ante quem. Bislang wurden keine Hinweise auf weitere Anlagen dieser Art ergraben. Diese Beobachtung entspricht durchaus der Mobilität der Handwerkermönche und Handwerker des Hohen Mittelalters, die nach getaner Arbeit weiterzogen. Der Ofen ist also kein Hinweis auf lokales Gewerbe, sondern kann

eher mit der 300 m nördlich gelegenen Pfarrkirche »ennet feld« in Verbindung gebracht werden, für die hier vielleicht im Zuge eines Umbaus eine Glocke gegossen wurde.
Abschließend sei auf einen Fund hingewiesen, der bereits im vergangenen Jahr aus der Verfüllung eines Kellers geborgen werden konnte. Es handelt sich um ein frei modelliertes Tonbruchstück, das sich bei näherem Hinschauen als Rest einer grau gebrannten Tonmaske zu erkennen gibt (Abb. 176). Sie ist kopfgroß, Reste roter Bemalung auf den Wangen und randliche Durchlochungen weisen darauf hin, daß sie auch benutzt wurde. Zu welchem Zweck man sie benutzte, ist indes unklar. Die zahlreichen Beifunde weisen in das ausgehende Mittelalter, als auch in Ulm neben der Fastnacht auch andere religiöse Spiele abgehalten wurden. *Thomas Westphalen*

Literaturhinweise
B. Bänsch u. S. Linscheid-Burdich, Theophilus, Schedula diversarum artium: Textauszüge. In: Ornamenta Ecclesiae. Kunst und Künstler der Romanik 1 (1985) 363 ff. – R. Koch, Tischgeschirr aus Keramik im süddeutschen Raum 1150–1250. In: Zeitschrift der Archäologie des Mittelalters, Beiheft 4, 1986, 159 ff. – U. Lobbedey, Untersuchungen mittelalterlicher Keramik vornehmlich aus Südwestdeutschland. Arbeiten zur Frühmittelalterforschung der Universität Münster 3 (1968). – J. Oexle, Arch. Ausgr. Bad.-Württ. 1988, 313 ff. – T. Westphalen, Arch. Ausgr. Bad.-Württ. 1989, 322 ff.

Sondagen im mittelalterlichen Stadtgebiet von Bönnigheim, Kreis Ludwigsburg

Da im Stadtgebiet von Bönnigheim mehrere Bauprojekte geplant waren, die mit umfangreichen Erdeingriffen und somit Zerstörungen archäologischer Substanz verbunden waren, entschloß sich die Archäologische Denkmalpflege, an den entsprechenden Stellen systematische Untersuchungen anzustellen.
Eine private Baumaßnahme in der Schmalen Gasse, nahe des Köllesturmes, berührte das Gebiet an der ehemaligen Stadtmauer. Es wurde vermutet, daß sich hier der einstige Stadtmauerverlauf und mittelalterliche Bebauungsreste, eventuell auch Latrinen, verbergen. Leider sollten sich diese Hoffnungen nicht in dem erwarteten Maße erfüllen. Die Stadtmauer, deren Erbauung urkundlich für das Jahr 1286 bezeugt ist, konnte nur noch anhand einer Ausbruchgrube nachgewiesen werden. Dabei wiederholte sich ein Befund, der bereits früher an der südlichen Stadtmauer beobachtet werden konnte: Ein Abwasserkanal führte unter der Mauer hindurch wohl in den ehemaligen Graben.
Die ältesten Strukturen, die in der Fläche außerdem gefunden wurden, datieren in das Spätmittelalter. Es handelt sich um verschiedene (Abfall-?) Gruben, die an Fundmaterial vor allem Keramikscherben mit Karniesrändern lieferten. Hausgruben o. ä. konnten nicht festgestellt werden.
Die Gebäudereste – nur Steinkeller – sind wohl alle neuzeitlichen Datums. In einem fanden sich zwei sog. Nachgeburtstöpfe, die in jüngster Zeit immer häufiger beobachtet werden. Sie wurden im Boden der Keller vergraben und sind Zeugnis für einen bis in unser Jahrhundert hinein praktizierten Brauch.
Da der Name Bönnigheim darauf schließen

läßt, daß der Ort bereits in fränkischer Zeit bestand und sich zugehörige Besiedlungsreste im Regelfall in der Nähe der Kirche finden (z. B. in Renningen), schien eine Sondage am Kirchplatz unumgänglich; die Stadt will hier 1991 ein z. T. eingetieftes Parkdeck errichten. Dabei kam ein Friedhof zutage, der bis zum Jahr 1549 belegt worden war. Zwei Befunde aus diesem Friedhof, die aber noch nicht anthropologisch untersucht sind, waren besonders interessant. Zum einen handelt es sich allem Anschein nach um eine Sarggeburt, da sich zwischen den Oberschenkeln einer Frau die Reste eines Embryos fanden, dessen Kopf in Höhe der Knie lag. Zum anderen konnte an einem Kinderschädel eine im Durchschnitt etwa 1 cm große Perforation festgestellt werden.

Ein volkskundlich-religionsgeschichtlich hervorragender Fund ist eine Gagatperle in der Form eines Jakobspilgers (zu erkennen an der am Hut angebrachten Jakobsmuschel) (Abb. 177). Man kann davon ausgehen, daß das Individuum dieses Pilgerzeichen entweder an einer Kette oder auf das Gewand aufgenäht trug, da es sich an den Wirbeln im Brustbereich fand. Es ist ein Beweis dafür, daß sein Besitzer aller Wahrscheinlichkeit nach eine Wallfahrt zur Kirche des hl. Jakobus in Compostella in Spanien unternommen hat, da Pilgerzeichen nur an den Orten vertrieben wurden, an denen auch die Gebeine des entsprechenden Heiligen verehrt wurden. Unter dem Friedhofshorizont konnten noch Reste von drei urnenfelderzeitlichen Gruben festgestellt werden.

Eine Kurzuntersuchung fand auch im und um das Steinhaus in Bönnigheim statt (Meiereihof 7). Im Gebäude wurde die bauhistorische Untersuchung durch B. Lohrum ergänzt (dendrodatiert in die neunziger Jahre des 13. Jh.).

Abb. 177 Bönnigheim. Gagatperle in Form eines Jakobspilgers aus einem Grab des mittelalterlichen Friedhofs am Kirchplatz, Höhe 2,8 cm

Eine Sondage im Erdgeschoß ergab, daß das Gewölbe im Keller nicht zur ersten Bauphase gehört, sondern später eingezogen wurde. Entlang der Längswände konnten die Auflager für die ursprünglichen Unterzüge nachgewiesen werden. Unerklärlich bleibt eine schmale Öffnung an der Westmauer, die nach Baubefund original ist, sich jedoch sowohl mit der ehemaligen Balkendecke als auch mit dem Gewölbe überschneidet.

Die erhöhte Lage des Steinhauses ließ ältere Strukturen in diesem Bereich vermuten. Da das Gebäude zu einem Museum ausgebaut werden soll, wurde ein Neuanschluß an Versorgungsleitungen notwendig. Die Baustellenbeobachtung ergab jedoch keine Spuren von Vorgängerbebauung. *Susanne Arnold*

Funde aus dem älteren Stadtgraben von Bönnigheim, Kreis Ludwigsburg

Das Gebäude Hauptstraße 67, im Zwingerbereich nahe des Oberen oder Köllesturmes gelegen, steht zum Abbruch an. Da in Bönnigheimer Kellern immer wieder sog. Nachgeburtstöpfe zum Vorschein kamen, nahm die Historische Gesellschaft Bönnigheim in Abstimmung mit der Archäologischen Denkmalpflege im Sommer 1990 die Gelegenheit zur Untersuchung des Kellers wahr. Erstaunlich am Ergebnis war weniger das Vorhandensein von drei der gesuchten Töpfe, deren jüngster erst um 1920 in den Boden gekommen sein muß. Das Überraschende war, daß man unter dem Gehniveau (nicht wie am Ort üblich der gestampfte natürliche Lehmboden) große Mengen spätmittelalterlicher und frühneuzeitlicher Keramik und Glas fand. Nach Rücksprache mit der Archäologischen Denkmalpflege wurde die Untersuchung weiter ausgedehnt. Ziel der auch noch andauernden Arbeiten ist die Erforschung der gesamten Kellerfläche. Ein Nord-Süd-Schnitt brachte Klarheit

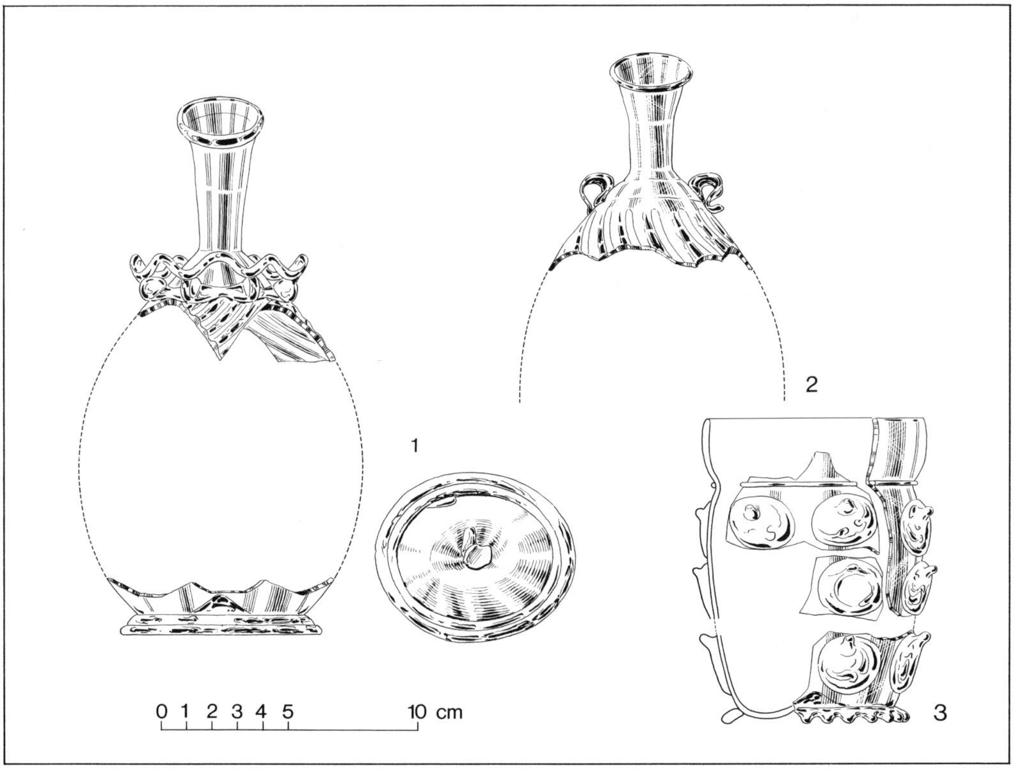

Abb. 178 Bönnigheim. Glasfunde aus der Stadtgrabenverfüllung

darüber, daß es sich bei den erwähnten Funden um die Verfüllung eines Grabens handeln muß. Die topographische Situation deutet auf den alten Stadtgraben, der gemeinsam mit der um 1286 errichteten Stadtmauer angelegt worden sein dürfte.
Einige Keramik- und Glasfunde aus der Verfüllung der älteren Befestigung sollen kurz in Text und Bild vorgestellt werden, um ihre Wichtigkeit schon jetzt wenigstens anzudeuten. Unter der Keramik fällt eine recht große Zahl von Scherben, sog. Schwarztonbecher, auf. Diese feintonigen, zylindrischen Gefäße mit alternierendem Rillen-Wellenbanddekor sind im mittleren Neckarraum und Württembergisch-Franken die typische tönerne Becherform des 16. Jh. Auf enge Zusammenhänge mit dem gleichzeitigen Glas deuten neben der stangenartigen Gestalt besonders die an mehreren Fundorten auftretenden Exemplare mit einfachem oder Beerennuppenbesatz der Wandung hin. Eine Wandscherbe mit Tatze ist eine ganz seltene Sonderausführung der Schwarztonbecher im Bönnigheimer Bestand. Es handelt sich um ein Gefäß in Bärengestalt, dessen Vorbilder im renaissancezeitlichen Silbergeschirr zu suchen sind. Die einzige baden-württembergische Parallele zu diesem Fund wurde 1977 in Binau a. N. bei Mosbach bekannt.
Das umfangreiche Glasmaterial setzt sich ganz überwiegend aus kleinformatigen Maigeln mit feinem Dekor, kleinen zylindrischen Nuppengläsern mit Wickelfaden- bzw. Stülpfuß und frühen Spechtern zusammen. Selten blieben Krautstrünke (Abb. 178.3). Die Menge der Pilgerflaschen, bemerkenswerterweise auch solche mit Halsfaden (Abb. 178.1), ist mit etwa einem Dutzend Exemplaren sehr hoch.
Nach dem Gesamteindruck des bisher vorliegenden Fundmaterials zu urteilen, besonders aber nach der Feststellung, daß ausschließlich grünliches Glas vorhanden ist und Stengelgläser im Formenschatz noch völlig fehlen, scheint ein Datierungsansatz für die Verfüllung des Grabens in der zweiten Hälfte des 16. Jh. naheliegend. Grund für die Aufgabe dürfte eine Vorverlegung sein. Die zum neuen Graben gehörende Steinbrücke konnte 1983 aufgedeckt werden und ist seither im Pflaster vor dem Köllesturm markiert.

Uwe Gross, Kurt Sartorius

Literaturhinweis
K. Sartorius u. W. Holbein, Die Stadtbrücke vor dem oberen Tor. Ganerbenblätter 7/8, 1984/85, 42 ff.

Ausgrabungen im »Alten Rathaus«, ehemals Gasthaus Krone-Post in Aalen

Das ehemalige Gasthaus Krone-Post ist eines der auffallendsten Gebäude im Aalener Stadtkern. Es liegt zentral und äußerst verkehrsgünstig am Marktplatz, direkt neben dem ursprünglichen Rathaus und in der Nähe eines der verschwundenen Stadttore, des »Gmünder Tors«. Zum erstenmal erwähnt im 16. Jh., stammt es in seiner heutigen Substanz als historisch überlieferter Neubau nach dem Stadtbrand von 1634 aus dem Jahre 1640, ein Datum, das dendrochronologisch bestätigt werden konnte. Nach umfänglichen Umbauten

1840 und 1907 (zum Rathaus) plant die Stadt Aalen nun eine umfassende Neugestaltung des Gebäudes, die eine Unterkellerung notwendig macht.
Bedingt durch den bereits erwähnten Stadtbrand liegen nur sehr fragmentarische Informationen über das mittelalterliche Aalen vor, archäologische Untersuchungen gab es noch kaum. Die spätere Reichsstadt gilt als staufische Gründung der Mitte des 13. Jh. im Talgrund von Aal und Kocher, abseits des Hauptverkehrsweges, mit rechtwinklig abknickendem Straßenmarkt und nahezu rechteckiger Ummauerung. Da eine tiefgreifende Zerstörung der mittelalterlichen Substanz zu befürchten war, veranlaßte das Landesdenkmalamt Stuttgart nach einer Sondierungsuntersuchung Ausgrabungen, die mit Hilfe von ABM-Kräften des Arbeitsamtes Aalen von Mitte Mai bis Mitte November durchgeführt und von der Stadt Aalen finanziert wurden.
Aus statischen Gründen konnte nur in schmalen Schnitten gegraben werden, auch wegen der modernen Eingriffe, die die Stabilität des frühneuzeitlichen Gebäudes stark beeinträchtigten und auch tief in die mittelalterlichen Schichten hinabreichten. Dennoch konnten im vorderen Gebäudeteil die Fundamentreste zweier Häuser angeschnitten und nach umfangreichen Sicherungsmaßnahmen auch freigelegt werden; sie können durch Material aus den Baugruben an den Anfang des 15. Jh. datiert werden. Die etwas schräg zur heutigen Parzellenstruktur ausgerichteten Häuser orientierten sich zum Marktplatz hin, ihre Vorderfront und die Inneneinbauten fielen vermutlich schon den Baumaßnahmen des 17. Jh. zum Opfer. Unter Mauer I fand sich eine tiefe Grube, die mit zumeist unregelmäßig geschichteten, stark brandgeröteten Kalksteinen und grauem Lehm verfüllt worden war, sie ist mangels ausreichender Funde leider nur allgemein ins Mittelalter zu datieren. Sicherlich zugehörig war ein Brunnen, der aus in Kalksteinkiesel gesetzten Kalksteinen hochgezogen war, die zugehörigen Laufhorizonte waren jedoch wohl schon beim Gebäudeneubau zerstört worden. Damals verfüllte man wohl auch den Brunnen mit Lehm, Bauschutt und Kacheln des 16. Jh. Kleinere Mauerzüge und ein in Zweitverwendung eingebauter Sandsteintrog fanden sicher für nicht genauer bestimmbare wirtschaftliche Zwecke in Zusammenhang mit Haus II Verwendung, eine zum Marktplatz hin gelegene Treppe ist nicht genauer datierbar.
Diese Überreste der mittelalterlichen Stadtbebauung befanden sich ca. 15 m innerhalb der Stadtmauer, die im hinteren Gebäudeteil angeschnitten wurde. Bemerkenswert ist, daß auf fast dem gesamten ergrabenen Areal ein ca. 0,60–1,20 m dick erhaltenes Paket von dunkelgrauen Lehmplanierschichten aufgebracht worden war. Die verschiedenen mit Kalksteinkies, Bauschutt, Sandsteinabschlägen und Haushaltsabfällen durchmischten Schichten waren nicht durchgängig in gleicher Abfolge zu verfolgen, konnten aber vor allem in dem der Stadtmauer vorgelagerten Bereich in einen unteren und einen oberen Teil getrennt werden. Dazwischen lag ein großflächig zu verfolgender Bauhorizont, der jedoch nicht in die Stadtmauer einband. Die in die Zeit um 1400 zu datierenden Schichten liegen in weiten Bereichen ebenso wie die Stadtmauer direkt auf dem anstehenden Boden, dem Talkies, auf und ziehen zwischen die Lagen aus großen Sandsteinen, aus denen die rückwärtige Front der Stadtmauer besteht. Offensichtlich wurden sie gleichzeitig mit deren Errichtung oder Erneuerung aufgebracht, wobei in der Stadtmauer große Sandsteinbuckelquader in Zweitverwendung verbaut wurden. Die vordere Front der Mauer liegt in ihren unteren, in weichen Mörtel gebetteten Lagen ca. 0,80 m tiefer als die rückwärtige, und ihr zeitliches Ver-

hältnis zu dieser konnte bislang nicht geklärt werden. Die Bebauung außerhalb der Stadtmauer setzt Bildquellen zufolge erst nach 1790 ein, was durch den Befund eines höchstwahrscheinlich modern zu datierenden Gebäudes mit nachträglich eingebauten Mittelstützen bestätigt werden konnte.
Zwischen den Planierschichten und dem sterilen Talkies fand sich an mehreren Stellen Kalksteinschotter, der mit Lehm, Holzkohle, Ziegelstücken und wenigen, durchweg ins 13. Jh. zu datierenden Funden durchmischt war. Die Grenzen dieser Schicht waren äußerst diffus; nach mehreren Indizien ist zu vermuten, daß dieses Material angeschwemmt worden sein könnte. Eine Erklärung dieser Schicht erscheint schwierig; da jedoch sonstige hochmittelalterliche Siedlungsspuren, die an dieser Stelle eigentlich zu erwarten gewesen wären, völlig fehlen, drängt sich der Gedanke auf, daß die Innenstadt Aalens im Spätmittelalter durch eine der auch historisch überlieferten Überschwemmungen sehr stark geschädigt wurde. Erst nach sehr arbeitsaufwendigen, großflächigen Aufplanierungen in Zusammenhang mit dem (Neu-?)Bau der Stadtmauer und vielleicht dem des für die Zeit um 1400 überlieferten Gmünder Tors konnten von dem neuen sicheren Niveau aus die beiden spätmittelalterlichen Häuser erbaut werden.
Die Funde dieser Grabung halten sich in dem von Siedlungsgrabungen bekannten, bescheidenen Rahmen. Bei der Keramik fallen unter der Gebrauchsware einige oxidierend gebrannte Töpfereiabfälle aus der Baugrube zu Mauer I auf, offensichtlich gab es eine lokale Produktion. Es kamen hohe und mit Mittelwulst versehene Karniesränder neben älteren Formen vor, die jedoch nicht glasiert wurden. Einige Stücke der rotbemalten sog. Buocher Feinware und der graphitierten »metallischen« Keramik weisen auf gehobenen Bedarf, Glas kam dagegen äußerst selten vor. Aus den mittelalterlichen Schichten stammen auch drei noch nicht bestimmte Bronzemünzen, ein gut erhaltenes, großes Beil zur Holzbearbeitung, viele unrestaurierte Kleinteile wie Nägel etc. und auch einige Eisenschlacken. Bemerkenswert ist noch der große, sorgfältig aus Sandstein gehauene Trog neben Haus II, der ursprünglich wohl als Wasserausguß diente.

Heidrun Becker-Erdem

Literaturhinweis
K.-H. Bauer, Der mittelalterliche Stadtgrundriß von Alt-Aalen. Aalener Jahrbuch 1982, S. 41 ff. – H. Becker-Erdem, Auf Spurensuche im mittelalterlichen Aalen. Aalener Jahrbuch 1990, 46 ff.

Zum Stand der Untersuchungen im Aureliuskloster Hirsau, Stadt Calw

Die nach ersten Sondierungen 1987/88 nach langjähriger Unterbrechung in den Jahren 1989 und 1990 erfolgte Wiederaufnahme der archäologischen Untersuchungen auf dem Gelände des Aureliusklosters konnte im Herbst 1990 zu einem vorläufigen Abschluß gebracht werden. Die Grabungsarbeiten, veranlaßt durch den Umbau des an die Aureliuskirche anstoßenden Gebäudes Calwer Straße 6 zum zukünftigen Klostermuseum, konzentrierten

Abb. 179 Calw-Hirsau. Aureliuskloster. Lageplan mit schematischer Eintragung des bisher bekannten und nach den Ergebnissen geoelektrischer Widerstandsmessungen ergänzten romanischen Mauerbestands

sich in erster Linie auf die Innenräume dieses Hauses und wurden nur in begrenztem Umfang auf die 1584 abgebrochenen Ostteile der Aureliuskirche ausgedehnt, um hier im Bereich der Altgrabungen offensichtliche Unstimmigkeiten der vorliegenden Grabungsdokumentationen zu klären. Südlich der Aureliuskirche wurde im Sommer 1990, im Anschluß an erste Voruntersuchungen, mittels geoelektrischer Widerstandsmessungen unter der Leitung von T. Herbich, Warschau, erstmals eine Prospektion auf den vermuteten Ruinenbestand vorgenommen, um präzisere Aussagen zu Lage und Ausdehnung der auf dieser Seite gelegenen und spätestens ab dem Ende des 17. Jh. abgebrochenen mittelalterlichen Klausurbauten zu erhalten (Abb. 179). Die zwischen 1876 und 1955 durchgeführten Grabungen innerhalb und außerhalb der heutigen Kirche, dem Überrest des 1059–1071 errichteten Baus, hatten den Grundriß der abgebrochenen romanischen Ostteile ermitteln und zudem Abschnitte der Außenmauern einer den historischen Nachrichten zufolge um 830 errichteten Vorgängerkirche feststellen können. Die Aufdeckung des Ostabschlusses dieses seit dem letzten Jahrhundert bekannten Vorgängerbaues war jedoch von den früheren Grabungen immer wieder, wenngleich nur knapp, verfehlt worden: Hatte man bisher eine Apsis im Bereich des romanischen östlichen Vierungsfundaments angenommen, so zeigte sich jetzt unter der romanischen Hauptapsis überraschenderweise ein von Nord nach Süd verlaufender Mauerzug aus grob zugerichteten, in Lagen verlegten Bruchsteinen, der von dem Apsisfundament durchschnitten wird (Abb. 180). Unebenheiten und Fugen der oberen Lagen sind reichlich mit Mörtel ausgeglichen, was den älteren Beschreibungen der Schiffswände des karolingischen Vorgängerbaus entspricht. Der kleinteilige Fragmente bemalten Wandputzes enthaltende Abbruchschutt des Vorgängerbaus wird deutlich von der Bauschicht der jüngeren Kirche überlagert. Unmittelbar nördlich der romanischen Hauptapsis fand sich die zugehörige Mauerecke des Vorgängerbaues, für den sich so ein um Mauerstärke eingezogener quadratischer Chor von 9 m lichter Breite ergibt. Das 1987 bei der Untersuchung der innerhalb des romanischen Presbyteriums gelegenen Gruft als

Abb. 180 Calw-Hirsau. Aureliuskirche. Hauptapsis der romanischen Klosterkirche, Chorostwand des karolingischen Vorgängerbaus von Norden, Grabung 1989

Kern dieser Anlage festgestellte, außergewöhnlich sorgfältig gearbeitete Plattengrab, damals noch vermutungsweise als Außenbestattung angesprochen, ist nunmehr eindeutig als Heiligengrab der karolingischen Aureliuskirche anzusehen. Beim Neubau der Kirche wurde die Anlage durch Aufhöhung der Randfassungen dem nicht mehr erhaltenen Niveau des romanischen Presbyteriums angepaßt. Der längs des Spannfundaments der Hauptapsis geführte, seit dem 19. Jh. bekannte Erschließungsgang erwies sich als nachträgliche, aufgrund der verwendeten Baumaterialien wohl erst in spätmittelalterliche Zeit zu datierende Zufügung.

Nördlich der karolingischen Kirche fanden sich Reste von Nebenbauten. Die mäßig erhaltenen, durch jüngere Bestattungen gestörten Mauerzüge bestehen teils aus zugerichteten Bruchsteinen, teils aus Großkieseln; zugehörige Fußböden sind als einfache Lehmböden oder als Mörtelestriche über einer Lage von Steinabschlägen angelegt. Die bisher festgestellten Überreste lassen einen größeren Zusammenhang noch nicht erkennen, zumal erschwerend hinzukommt, daß mit unterschiedlichen Bauphasen zu rechnen ist.

Schwerpunkt der Untersuchung war der 1988 entdeckte, nördlich an die Aureliuskirche anschließende romanische Bau. Es zeigte sich, daß der Querbau in drei etwa quadratische Räume unterteilt war und samt der bereits 1988 festgestellten Kapelle und einer hochmittelalterlichen Erweiterung im Nordosten in der Grundfläche nahezu deckungsgleich mit dem heutigen Gebäude war, welches die Fundamente der Außenwände benutzt. Das zugehörige Niveau scheint ursprünglich nach Norden zu sehr viel stärker als heute abgefallen zu sein, da im Nordraum des Baues mehrere Fußbodenaufhöhungen beobachtet werden konnten: Der zur Erstanlage gehörige schlichte Lehmschlagboden wurde noch im 13. Jh. durch ein grobes Steinpflaster ersetzt, das zunächst von einem jüngeren Dielenboden und schließlich im 16. Jh. von einem massiven Boden aus in Mörtel verlegten Backsteinen überlagert wurde. Der Mittelraum hatte einen anscheinend bis ins Spätmittelalter benutzten Estrichboden über einer Steinstickung. Im südlichen Raum und in der Kapelle waren die alten Bodenniveaus durch moderne Beton- bzw. Plattenböden zerstört; in der Kapellenapsis hatten sich Reste eines Mörtelestrichs über Steinabschlägen erhalten. In der Kapelle konnte ein mit den Außenmauern im Verband stehendes Querfundament ermittelt werden. Der stratigraphische Befund sowie Unregelmäßigkeiten im Fundamentverlauf weisen darauf hin, daß beim Bau der Kapelle Nebengebäude des karolingischen Klosters noch aufrecht standen.

Die begleitende restauratorische Untersuchung am aufgehenden Bau ergab, daß das Mauerwerk der Kapellenwestwand noch bis zur modernen Decke erhalten ist und dieselben Merkmale aufweist wie das Äußere der Kirche (Sichtmauerwerk mit angeböschtem Fugenverstrich); ein weiteres Indiz für den geringen zeitlichen Abstand beider Bauten.

Überraschenderweise kamen im Zuge der Neugestaltung des Platzes zwischen der Aureliuskirche und der Calwer Straße 6 im Herbst 1990, knapp 0,50 m unterhalb der heutigen Oberfläche die Überreste einer kleinen, an das Langhaus der Kirche angebauten Kapelle zutage (Abb. 181). Der knapp 5 × 2,60 m messende Saal war vom Westende des nördlichen Seitenschiffs her zugänglich und schloß auf der Ostseite mit einer um eine Stufe erhöhten Apsis ab. In der Apsis fand sich ein 1,25 × 0,80 m großer, aus Kleinquadern aufgemauerter Altarblock, von dem noch zwei Lagen des Aufgehenden erhalten waren. Der neugefundene Kapellenanbau ist anscheinend recht früh, möglicherweise bereits beim Umbau der

Abb. 181 Calw-Hirsau. Aureliuskirche. Romanischer Kapellenanbau auf der Nordseite der Kirche von Osten, Grabung 1990

Turmfront aufgegeben worden. In der zweiten Hälfte des 15. Jh., in der nach Aussage der bildlichen und schriftlichen Quellen mit baulichen Veränderungen innerhalb des Aureliusklosters zu rechnen ist, war die Kapelle sicherlich schon abgebrochen.

Im Hause Calwer Straße 6, vor allem aber östlich des Hauses fand sich eine Anzahl schlichter Erdbestattungen, deren Grabgruben nur in Ausnahmefällen steinerne Randfassungen aufweisen. Die Bestattungen östlich des Hauses stören einerseits die hier festgestellten älteren vorromanischen Baureste und sind, wie aus ihrer Position hervorgeht, z. T. jünger als der »Querbau«, die zugehörige Kapelle sowie die rechteckigen Chorerweiterungen der Aureliuskirche.

Auch innerhalb der neugefundenen Kapelle fanden sich zwei Skelettbestattungen, deren gemeinsame Grabgrube anscheinend auch als Sammelbestattung benutzt wurde, wie zahlreiche isolierte Knochenfunde zeigen. Die bisher angetroffenen Bestattungen scheinen überwiegend dem hochmittelalterlichen Mönchsfriedhof des Klosters anzugehören.

Die im Sommer 1990 durchgeführten geoelektrischen Widerstandsmessungen im Gartengelände südlich der Aureliuskirche haben es nunmehr in Verbindung mit vorausgegangenen kleinen Sondagen ermöglicht, das Areal des

Klosterquadrums präziser zu erfassen, als dies bisher möglich war (Abb. 179). Es zeichnet sich nach den vorliegenden Ergebnissen ein Komplex von ca. 43 × 35 m ab, der dem üblichen Klausurschema entspricht. Die durch Sondagen überprüfbaren Meßergebnisse erlauben den Schluß, daß der in der Südwestecke des Quadrums gelegene ältere Teil des Hauses Aureliusplatz 13 zumindest auf Fundamenten des romanischen Westflügels der Klausur errichtet ist. Auf bisher unbekannte Bauten des romanischen oder vorromanischen Klosters deuten die Befunde in den Meßfeldern östlich und südlich des erschlossenen Klosterquadrums. Im Hinblick auf geplante Geländeveränderungen ist vorgesehen, die Messungen im kommenden Jahr auf bisher noch unzugängliche Bereiche auszudehnen und mit Hilfe verfeinerter Analyseverfahren den noch immer sehr vagen Kenntnisstand des mittelalterlichen Aureliusklosters weiter zu verbessern.

Mathias Putze, Otto Teschauer

Literaturhinweise
A. Mettler, Kloster Hirsau, 1928. – E. Schmidt, Baugeschichte der Aureliuskirche in Hirsau, 1950. – M. Putze, U. Gross, Arch. Ausgr. 1987, 208 ff. – M. Putze, O. Teschauer, Arch. Ausgr. 1988, 261 ff.

Archäologische Untersuchungen im ehemaligen Zisterzienserkloster Bebenhausen, Stadt Tübingen

Die im Jahr 1986 als Rettungsmaßnahme begonnenen Grabungen im ehemaligen Zisterzienserkloster Bebenhausen wurden im Frühjahr 1990 abgeschlossen. Ausgelöst durch umfangreiche Renovierungsarbeiten, die das Staatliche Hochbauamt Reutlingen vorwiegend in den Außenflächen südlich und östlich der Klausur, aber auch in deren Innerem durchzuführen beabsichtigte, wurden, teils als baubegleitende Beobachtung, zum größeren Teil aber als systematische Grabung, größere Flächen zwischen den Klausurost- und -südflügeln und den jeweils angrenzenden Gebäudetrakten, dem ehemaligen Abtshaus mit der Abtsküche, dem sog. Neuen Bau (Gästehaus) sowie dem Novizenbau untersucht. Innerhalb der Klausur war eine Ausgrabung im ehemaligen Parlatorium erforderlich, wo Sicherungsmaßnahmen an den Innenstützen geplant waren. Die ebenfalls vorgesehene Neugestaltung des Kreuzgartens konnte hingegen archäologieverträglich umgeplant und so ein Eingriff in die Bodenurkunden verhindert werden.

Über die Grabungen der letzten Jahre sowie Ergebnisse zu Teilbereichen und besondere Funde ist mehrfach berichtet worden. Nach Abschluß der Gesamtmaßnahme kann nun ein vorläufiger Überblick über die vielfältigen Ergebnisse versucht werden, wie er auf der Grundlage einer vorläufigen Zusammenstellung der zahlreichen Einzelbefunde zu verschiedenen Bauphasen sowie einer Durchsicht des für eine zeitliche Einordnung bedeutsamen Fundmaterials und dessen Verknüpfung mit sonstigen, insbesondere aus der Schriftquellenüberlieferung zu gewinnenden Datierungshinweisen möglich erscheint.

Wie nicht anders zu erwarten, konnte eine große Zahl von Befunden erfaßt werden, die sich Baumaßnahmen der Zeit des Zisterzien-

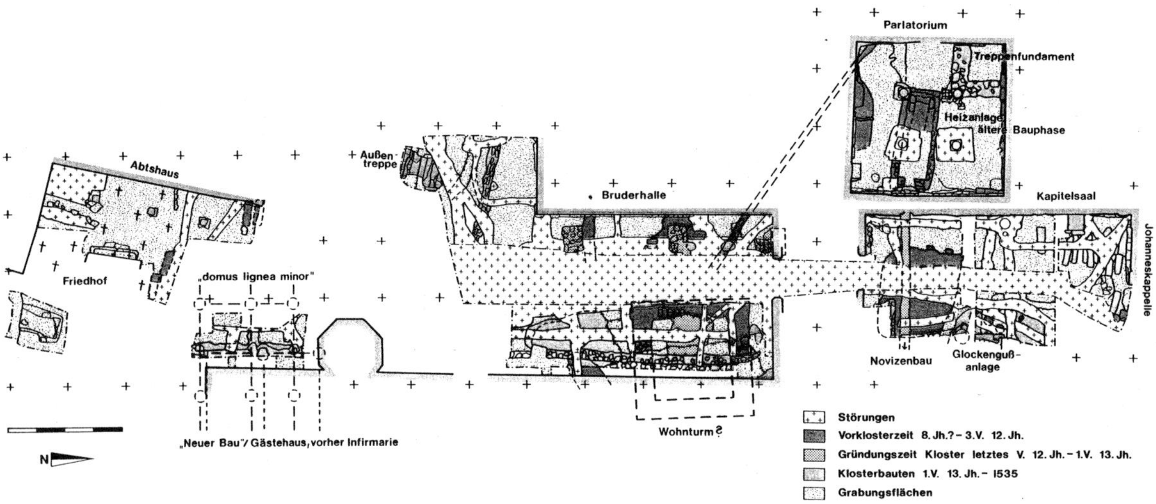

Abb. 182 Tübingen. Kloster Bebenhausen. Gesamtplan der Grabungsbefunde (flächenhaft untersuchte Bereiche) mit einzelnen Bauphasen

serklosters (1187–1535), der nachfolgenden Nutzung als ev. Klosterschule (bis 1810) und schließlich als Jagdschloß der württembergischen Könige zuweisen lassen, wobei die Abplanierungen im Zuge der Renovierungsmaßnahmen des 19. Jh. deren Erhaltungszustand und stratigraphische Einbindung z. T. erheblich beeinträchtigt hatten (Abb. 182). Faßbar wurden, um einige Beispiele zu nennen, etwa das Ostfundament der Klausur, bei dem sich erwies, daß es, verglichen mit der zum Kapitelsaal gehörigen, nach Osten vorspringenden Johanneskapelle, das ältere war, diese also nicht, wie von der Bauforschung lange vermutet, den ältesten Bauteil der Klausur darstellt. Auch das Fundament des romanischen, im 14. Jh. ersetzten Refektoriums der Priestermönche konnte erfaßt werden; der noch bestehende Keller unter dem 1532 errichteten »Neuen Bau« ließ sich als Bestandteil von dessen Vorgängerbau, der ehemaligen Infirmarie (Krankenhaus der Mönche), bestimmen und mit einer schriftlichen Nachricht über die Errichtung eines »Cellariums« im 13. Jh. in Verbindung bringen. Von der Infirmarie selbst konnten außerdem die Überreste eines ihrer westlichen Flucht vorgelagerten Anbaus erfaßt werden, bei dem es sich wohl um einen überdeckten Gang gehandelt haben muß, ähnlich jenem, der das Abtshaus mit dem Ostflügel der Klausur verband und dessen Punktfundamentierungen, mit Unterlagsteinen ausgekleidete Pfostengruben, östlich der sog. Bruderhalle im südlichen Klausurostflügel ebenfalls ergraben wurden. Zu den der Klosterzeit zuweisbaren Befunden gehört auch das Fundament der im 19. Jh. verlegten, ursprünglichen Treppe zum Dormitorium der Priestermönche, das innerhalb des Parlatoriums lag. Reste eines durch die 1507 östlich des Abtshauses errichtete Abtsküche und den Südteil des Neuen Baus ersetzten Gebäudes fanden sich vor dessen westlicher Gebäudeflucht. Es handelt sich um einen Holzbau mit Stützen auf Unterlagsteinen und dazwischen eingefügten Schwellen. Das zugehörige Fundmaterial weist auf eine

Errichtungszeit im 14. Jh., die Identifikation mit dem unter Abt Konrad von Lustnau im 14. Jh. errichteten »domus abbatum lignea minor« (kleines hölzernes Haus des Abts) wird durch die räumliche Nähe zum eigentlichen Abtshaus, dem heutigen Forstamt, gestützt.
Verhältnismäßig gut faßbar sind die schon bei den Leitungsausschachtungen 1986 ansatzweise erkennbaren, umfangreichen Veränderungen im südlichen Außenbereich der Klausur, die sich in Zusammenhang mit den Baumaßnahmen des 14. Jh. bringen lassen, wo neben dem Refektorium der Herrenmönche auch das Abtshaus neu errichtet wurde. Die ursprünglich hier erheblich steiler nach Süden und Westen abfallende Geländesituation wird dokumentiert durch eine Außentreppe, die zur Überwindung eines Niveausprungs angelegt worden ist. Sie wird, ebenso wie die im Südwesten der Klosteranlage, vor der ehemaligen Küche und dem Zugangsbereich beim Torturm, erfaßten Reste von mit Holzplanken befestigten Wegen, überlagert von Planierungen, durch die das Gelände aufgehöht und das Plateau, auf dem das Kloster steht, nach Süden hinausgeschoben wurde.
Zahlreich sind die Befunde zur Infrastruktur der Klosteranlage und ihrer nachklosterzeitlichen Nutzung. Zu nennen sind etwa eine westlich des Novizenbaus gelegene und von dessen Fundament zum größeren Teil gestörte Glockengußanlage des 14. Jh. und eine nach dem Ende der Klosterzeit verfüllte Abfallgrube im selben Areal, die ihrerseits einen kleinen Friedhof, wohl von Wohltäterfamilien des Klosters, östlich außerhalb der Klausur überschneidet. Besonders häufig wurden klosterzeitliche und nachklosterzeitliche Be- und Entwässerungsleitungen im Südteil der Ausgrabungsfläche und auch schon in den 1986 ausgebaggerten Leitungsausschachtungen erfaßt. Ihre sehr verschiedenartigen Konstruktionen – darunter eine Rinne aus parallel liegenden Hölzern mit Hohlziegelabdeckung; als Rohrleitung verlegte, vermörtelte Hohlziegel in Steinbettung; tönerne, innenglasierte Leitungsrohre und schließlich Holzwasserleitungen aus ausgehöhlten Baumstämmen mit Metallmuffen (sog. »Deichel«) – werden sich in zeitlicher Abfolge gliedern und die Entwicklung dieses Bereichs der Infrastruktur darstellen lassen. Entsprechendes gilt für die verschiedenen Arten der Beheizung. Zu den schon vorgestellten ergrabenen bzw. noch erhaltenen Heizanlagen kommen zahlreiche Funde von Ofenkachelfragmenten ganz unterschiedlichen Typs und verschiedener Zeitstellung, neben einfachen Becherkacheln große, halbzylindrische Nischenkacheln sowie spätmittelalterliche und renaissancezeitliche Blattkacheln, die unterschiedliche Öfen in der Klosteranlage belegen. Auch die Entwicklung und Veränderung der Dachdeckung wird sich mittels stratigraphisch gebundener Funde zahlreicher Flach- und vor allem Hohlziegel gut nachvollziehen lassen.
Erst im letzten Grabungsabschnitt im Frühjahr 1990 gelang es, archäologische Befunde aufzudecken, die mit einiger Sicherheit der quellenmäßig mehrfach, wenn auch schlecht überlieferten Gründung eines Vorgängerklosters der Prämonstratenser wenige Jahre vor dem ersten sicheren Gründungsbeleg 1187 und dem Einzug der Zisterzienser 1189 zuweisbar sind. In der Hoffläche zwischen dem Neuen Bau und der sog. Bruderhalle fanden sich, teils noch erhalten, teils als Ausbruchgrube faßbar, Reste von vier großen Blockfundamenten in annähernd regelmäßigem Abstand. Sie werden von Schichtbefunden, die zur ersten Bauphase der bestehenden Klosteranlage gehören, überdeckt, stören ihrerseits aber Reste einer Bebauung der Vorklosterzeit. Sie sind am wahrscheinlichsten als Stützenfundamente eines größeren mehrschiffigen Gebäudes zu deuten, das sich nicht in das Planschema des

bestehenden Klosters einbinden läßt und dieser Anlage unmittelbar vorangegangen sein muß. Ob es jemals über die Fundamentierung hinaus gedieh und wie seine Gesamtdimensionen waren, bleibt offen.

Die schon seit Beginn der Ausgrabungen aufgrund direkter und indirekter Hinweise immer wieder vermutete vorklosterzeitliche Besiedlung läßt sich nun, ebenfalls aufgrund von in der letzten Grabungskampagne zutage getretenen Befunden, erheblich klarer fassen und interpretieren. Dem Nachweis von Alter und Charakter dieser Bebauung kommt unter den Grabungsergebnissen eine besondere Bedeutung zu, da hierzu keinerlei Hinweise aus der Schriftquellenüberlieferung vorliegen. Erfaßt wurden zum einen ein offenbar sakraler Bereich, der indirekt belegt ist durch einen kleinen, aber sicher christlichen Begräbnisplatz im Süden der späteren Klosteranlage, dem Bereich zwischen Abtshaus und Abtsküche. Den fünf durch die Grabung gesicherten Bestattungen lassen sich zwei weitere zuordnen, die schon 1925 entdeckt wurden. Die Bestattungsart und wenige keramische Funde weisen sie, neben der in der Klosterzeit hier nicht denkbaren Lage für einen Friedhof, einer vorklosterzeitlichen Sepultur zu, ohne daß sich diese zeitlich enger eingrenzen läßt. Von einem zugehörigen, sicher anzunehmenden Sakralbau konnten im ergrabenen Areal keinerlei Spuren ermittelt werden, so daß offenbleiben muß, wo er gelegen hat und ob es sich um die im Zusammenhang mit der Klostergründung überlieferte und mit einer Pfarrei versehene Kirche gehandelt hat, an der das Speyrer Hochstift Rechte besaß und die bei der Anlage des Klosters aufgelassen wurde.

Zum andern finden sich in dem nördlich davon gelegenen Areal Spuren einer mehrperiodigen, differenzierten und in der letzten Bauphase qualitätvollen Bebauung. Zu ihr gehören Überreste ebenerdiger Holzbauten, dokumentiert durch Pfostengruben sowie eine große Grube, die Rest einer eingetieften Baustruktur sein könnte, und vor allem gesicherte Teile von zwei aus Stein errichteten Gebäuden. Bei dem einen davon handelt es sich um jenen im Bereich des späteren Parlatoriums gelegenen Bau, der über die 1987 ergrabene große Unterbodenheißluftheizung indirekt faßbar ist, wobei seine Grundrißgestalt und Ausmaße nicht ermittelt werden können und lediglich Hinweise darauf vorliegen, daß Teile seiner Fundierung in die Fundamente des Klausurostflügels integriert worden sein könnten.

Von der Heizanlage ist, wie sich erweisen läßt, eine erste Bauphase diesem Gebäude zuweisbar, in welcher der im Westteil gelegene Ofen ohne dazwischengefügte Lagen von Steinen als Wärmespeicher unmittelbar an die Außenwände des eingetieften Heizkellers anschloß und der Bedienungsraum keine Zweiteilung durch eingefügte Mauerzungen aufwies. Zu Beginn der Klosterbauzeit wurde sie in der schon vorgestellten Weise umgebaut und, vermutlich mit dem zugehörigen Gebäude, so lange benutzt, bis im Zuge der Fertigstellung des Ostteils der Klausur hier das Parlatorium errichtet wurde und das Calefaktorium, die Wärmestube des Klosters, im Südflügel der Klausur seine Funktion übernahm. Die ergrabene Entwässerung dieser Heizanlage, die laut geologischer Begutachtung durch das Anschneiden wasserführender Schichten in Fußbodenhöhe der Heizanlage notwendig wurde, läßt sich dieser Umbaumaßnahme zuordnen, sie setzt die Aufgabe der östlich davon gelegenen, eingetieften Baustruktur voraus. Ob das vorklosterzeitliche Gebäude, dem die Anlage der Heizung zugeordnet werden muß, mehrgeschossig war und welchem Zweck es gedient hat, läßt sich nicht ermitteln. Gesichert ist lediglich, daß es einen wohl nicht ganz kleinen, ebenerdigen Raum besaß, der erwärmbar war.

Abb. 183 Tübingen. Kloster Bebenhausen. Vorklosterzeitlicher Steinbau (Wohnturm?). Rest des Fundaments

Die Heizung ermöglichte aufgrund ihrer Konstruktion keine kontinuierliche Erwärmung über eine ganze Heizperiode hinweg, der Raum dürfte infolgedessen nicht ständig bewohnt, sondern, ähnlich den Räumen in Pfalzen des Hochmittelalters oder späteren städtischen Rathaussälen, wo vergleichbare Heizsysteme belegt sind, nur zeitweilig genutzt worden sein.

Von einem zweiten, kleinen massiven Steinbau, dessen Außenmaß ca. 8 m beträgt, wurden Teile von drei Außenwänden erfaßt. Die Stärke der noch in mehreren Lagen erhaltenen, zweischalig trocken gesetzten Fundamente beträgt ca. 1,30 m, was auf einen mehrgeschossigen Aufbau schließen läßt. Es könnte sich um einen kleinen Wohnturm gehandelt haben (Abb. 183). Zu dieser Bebauung gehören Funde sehr groß dimensionierter Hohlziegel als Überreste der Dachdeckung und qualitätsvolle Ofenkacheln vom Typus »Becherkachel«, die Kachelöfen belegen. Die Errichtung dieses Baus und seine Zuweisung zu einer letzten Ausbauphase vor der Klostergründung datiert Geschirrkeramik, darunter eine bemalte, gelbtonige Drehscheibenware, und die schon erwähnten Ofenkacheln in den Zeitraum nach 1100. Parallelen dazu finden sich nicht nur in den älteren archäologischen Untersuchungen von Sindelfingen, sondern auch etwa in der Wüstung von Sülchen bei Rottenburg und den stadtkernarchäologischen Untersuchungen von Tübingen, so daß sich hier eine regionale Keramikentwicklung abzuzeichnen beginnt.

Die auch aufgrund des Ortsnamens und der schon erwähnten, überlieferten Pfarrkirche in Bebenhausen zwar zu erwartende, aber im Bereich der Klosteranlage nicht vermutete Vorgängerbebauung kann nur im Zusammenhang der historischen Situation gedeutet werden, in die der Ort eingebunden erscheint. Dazu gehört zum einen seine Lage am Rand des heute noch großen, zusammenhängenden Waldgebiets des Schönbuchs, unmittelbar an der »via Rheni«, einem Zweig der mittelalterlichen Fernstraße von den Alpen zum Rhein, für die ein Bestehen schon in römischer Zeit vermutet wird, und die auch noch nach der Errichtung des Klosters ihre Bedeutung behielt, wo sie unmittelbar an der nördlichen und nordwestlichen Klostermauer entlang zwischen dem Kloster und den zugehörigen Wirtschaftsgebäuden hindurchführte. Die Annahme einer Entstehung der ergrabenen Ansiedlung im Zusammenhang mit dieser Straße liegt nahe. Sie wird gestützt durch deren Lage auf einer abschüssigen Terrasse am Fuß der steil aufsteigenden Talhänge zweier Bäche, die sich ca. 15–20 m über den Talgrund erhebt und die weder für eine dörfliche Siedlung noch für das spätere Zisterzienserkloster typisch erscheint, jedoch einen ausgezeichneten Überblick über den Verlauf dieser Straße nach Süden, zum Neckar hin bietet. Ebenso naheliegend ist die Vermutung, daß dieser Platz für die Stifter des Klosters – die Pfalzgrafen von Tübingen, eine der mächtigsten Familien in der Region und Inhaber des Pfalzgrafenamts im Herzogtum Schwaben – schon vor dessen Gründung von erheblicher Bedeutung war, um so mehr als ihr Hauptsitz, die namengebende Burg Hohentübingen, abseits dieser Fernstraße lag. Der Ausbau der Ansiedlung am Platz des späteren Klosters mit zumindest zwei repräsentativen Steinbauten nach 1100 ist am wahrscheinlichsten mit ihnen, für die sich der Erwerb von Besitzrechten im Schönbuch im ersten Viertel des 12. Jh. nachweisen läßt, in Verbindung zu bringen. Es entstand hier offensichtlich ein kleiner Herrenhof. Ob diese Anlage befestigt war, läßt sich aufgrund der Grabungsergebnisse nicht beantworten. Sehr gut in diese Deutung fügt sich aber die Tatsache, daß das Kloster zum Erbbegräbnis der Familie bestimmt wurde. Bebenhausen wäre dann ein weiteres Beispiel in der Reihe entsprechender klösterlicher Anlagen, zu deren Errichtung eine Burg oder ein Herrensitz aufgelassen wurde, wobei durch die Vergabe in geistliche Hand nicht zuletzt das Festsetzen eines unerwünschten Gegners an einem für die Familie wichtigen Platz verhindert werden konnte.

Es wird Aufgabe der Gesamtgrabungsaufarbeitung und Publikation sein, diese noch vorläufigen Ergebnisse auch unter erneuter Prüfung der Schriftquellenüberlieferung zur Frühgeschichte des Klosters und seiner Gründer durch archäologische Belege zu untermauern.

Barbara Scholkmann

Literaturhinweise
B. Scholkmann, Arch. Ausgr. Bad.-Württ. 1989, 267 ff. – Dies., Fundber. Bad.-Württ. 14, 669 ff.

Ergebnisse der bauarchäologischen Untersuchungen zur Frühgeschichte der Pfarrkirche St. Vitus in Schelklingen-Schmiechen, Alb-Donau-Kreis

Leicht erhöht liegt inmitten des Dorfes Schmiechen die kath. Pfarrkirche St. Vitus. Seit langem beabsichtigte die Pfarrgemeinde, die Kirche zu erweitern, die – abgesehen von dem 1492 erbauten spätgotischen Polygonalchor – offensichtlich noch in romanische Zeit zurückreicht. Belege für diese Entstehungszeit sind ein kleines, heute nur noch als Wandnische erhaltenes rundbogiges Fenster in der Südwand des Kirchenschiffes sowie die Bukkelquaderecken des Kirchturms. Unterstrichen wird die Bedeutung der Kirche noch durch eine tonnengewölbte Krypta, die im Zuge von Renovierungsarbeiten 1889 wiederentdeckt und zugänglich gemacht wurde. Überwiegend unter dem östlichen Teil des Kir-

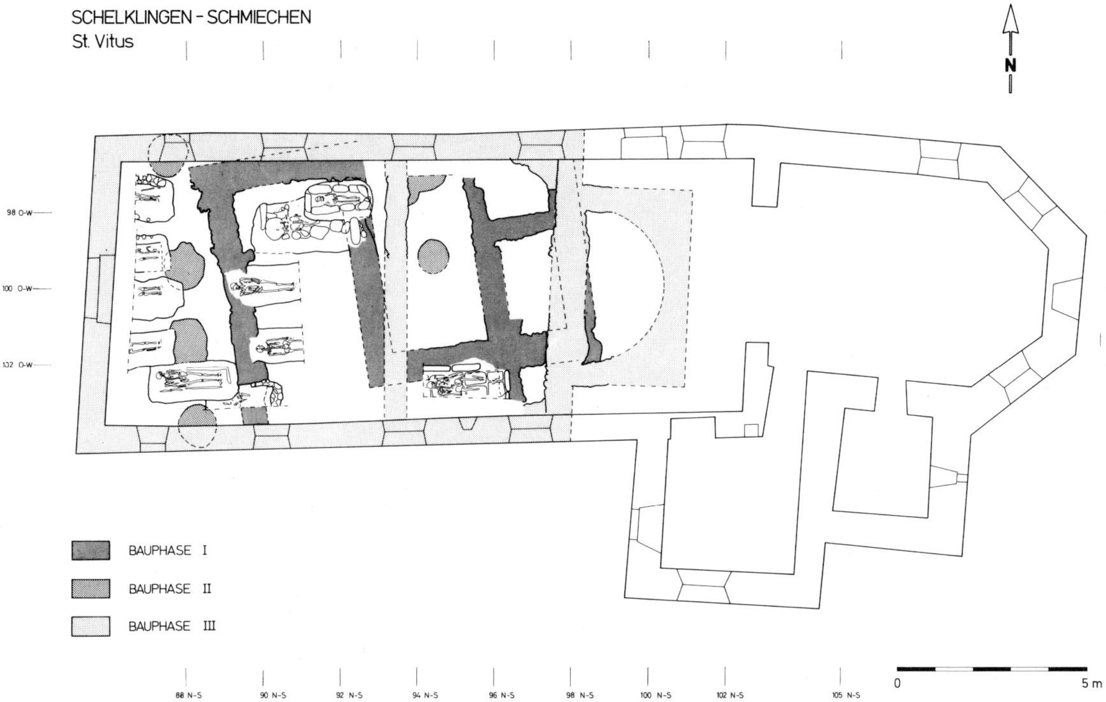

Abb. 184 Schelklingen-Schmiechen. Pfarrkirche. Grabungsbefunde der älteren Bauphasen

chenschiffes gelegen und nur knapp in den Chorbereich eingreifend, nimmt die Krypta annähernd die gesamte Breite des Kirchenschiffes ein. Ihre Lage im Grundriß der bestehenden Kirche läßt vermuten, daß die Krypta Bestandteil einer älteren Kirche ist. Weisen die erhaltene Bausubstanz und insbesondere auch die Krypta der St.-Vitus-Kirche eine nicht unerhebliche Bedeutung zu, so steht die schriftliche Überlieferung dazu im krassen Gegensatz. Der Ort Schmiechen wird 1108 erstmals in Urkunden genannt, Daten zur Kirche und ihrer Baugeschichte lassen sich erst ab Ende des 15. Jh. deutlich fassen.

Da die geplante Kirchenerweiterung einen Abbruch der Nordwand, zudem auch einschneidende Bodeneingriffe in der Kirche vorsah, wurden zur Klärung der Baugeschichte von St. Vitus bauarchäologische Untersuchungen durchgeführt. Schon bald stellte sich heraus, daß in der Pfarrkirche zahlreiche komplizierte ältere Baustrukturen und Grundrißabfolgen erhalten waren, auf die jedoch nicht in ihrer Gesamtheit eingegangen werden soll. Dafür ist die Befundsituation zu umfangreich und zudem sind mit den Strukturen insbesondere der jüngeren Bauphasen noch Fragen verbunden, die beim derzeitigen Bearbeitungsstand unmittelbar nach Grabungsende noch nicht gelöst werden konnten. Doch allein schon die ältesten Baubefunde (Abb. 184) sind von einer Wertigkeit, die es erlauben, sie auch unabhängig von der späteren Baugeschichte der St.-Vitus-Kirche zu betrachten.

Der älteste Baubefund konnte im Gesamtumfang nicht erfaßt werden, da sich die Baumaßnahme über den durch die bestehende Kirche vorgegebenen Untersuchungsausschnitt hinaus erstreckte. Er ist gekennzeichnet durch eine Abfolge mehrfach umbiegender Mauern, die sich in ihrer Orientierung und im Steinmaterial deutlich von den späteren Bauphasen absetzen. Die durchschnittlich 75 cm breiten, unvermörtelten Mauern bestehen aus wenig gerundeten Schottern, wie sie als Verwitterungsschutt in unmittelbarer Umgebung im Schmiechtal gefunden werden; sie wurden wenig geordnet in die Fundamentgräben eingebracht. Die westlichste Mauer biegt unmittelbar vor der Nordwand der Kirche rechtwinklig nach Osten um (Abb. 185), nach 2,50 m wendet sie sich wieder nach Süden. Auf sie trifft ein von Osten kommender Mauerzug, der wiederum in 2,50 m Entfernung in ein grob Nord-Süd orientiertes Fundament einbindet, sich aber noch 1,50 m weiter nach Osten fortsetzt, dann nach Norden umbiegt und gegen einen Mauerrest im Nordosten stößt, der wohl im wesentlichen aus dem gleichen Steinmaterial errichtet wurde, aber im Gegensatz zu den anderen Mauerzügen vermörtelt war. Auf der Nordseite dieser Mauer waren Reste eines Wandputzes erhalten. Daraus ist ersichtlich, daß dieser Raum ursprünglich mit tieferliegendem Fußboden ausgestattet war, von dem jedoch nichts mehr erhalten war. Der Grundriß der in St. Vitus freigelegten ältesten Baubefunde entzieht sich weitgehend einer Interpretation. Der Mauerverlauf läßt eine Aneinanderreihung einzelner Räume erahnen, die schwerlich als Bestandteil eines Kirchenbaus angesprochen werden können. Mit Ausnahme des nordöstlichen, ursprünglich eingetieften Raumes ließen sich keine Anhaltspunkte für einen zugehörigen Fußboden oder andere Nutzungshorizonte feststellen. Das bedeutet aber auch, daß neben der Deutung auch die

Abb. 185 Schelklingen-Schmiechen. Pfarrkirche. Die Grabungsbefunde von Westen

Datierung der Bauphase nicht exakt erfolgen kann. Es läßt sich lediglich aussagen, daß der Baubefund spätestens im Frühmittelalter entstanden ist, in einer Zeit also, in der Steinbauweise außer bei Sakralbauten fast nur noch bei herrschaftlichen Bauten vorkam.

Unweit von der westlichen Mauer der ältesten Bauphase entfernt konnten Reste der folgenden Bauphase festgestellt werden. Parallel zum Vorgängerbau waren im Abstand von 2 bis 2,50 m große Pfostengruben angeordnet, die offenbar die Westwand eines Holzbaus nachzeichneten. Eine weitere Pfostenstellung, die sich rechtwinklig in das Ständersystem einfügt und dieser Bauphase zugeordnet werden muß, fand sich im Osten, 6 m entfernt. Auch zu diesem Befund war kein Nutzungsniveau erhalten, so daß der Bauvorgang kaum datiert werden kann. Auch die Frage nach der Nutzung des Gebäudes ist auf der Grundlage des Befundes nicht zu beantworten. Doch können dieser Bauphase eine Reihe von Bestattungen zugeordnet werden (Abb. 185), die unmittelbar vor der Westwand des Holzbaus angetroffen wurden. Die überaus breiten Grabgruben, die eng nebeneinander lagen und z. T. mit Steinen ausgekleidet waren, schneiden teilweise in die Pfostengruben ein. Die Zuordnung der Gräber zu dem Holzbau weist diesen als Sakralbau aus, auch wenn sein Grundriß nur lückenhaft belegt ist. Die dichte Anordnung der Gräber erlaubt indessen die Aussage, daß die Holzkirche keinen Eingang im Westen besaß.

Die Befunde der nachfolgenden Bauphase konnten eindeutig einem Sakralbau zugeordnet werden. Mit Ausnahme seines östlichsten Chorbereichs, der durch einen späteren Bauvorgang – den Einbau der Krypta – zerstört worden ist, ließ sich der ganze Grundriß einer Kirche erfassen, von der erhebliche Teile der Langhauswände noch im bestehenden Bau erhalten sind. Ein leicht schiefwinkliges Kirchenschiff von 11,50 × 7 m endet in einer halbkreisförmigen Apsis, die rechteckig ummantelt war, eine Bauweise, die vergleichsweise selten anzutreffen ist. Der Chor war dem Langhaus gegenüber um 1,50 m eingezogen, er war an der Basis 4 m breit und 3 m tief. Die Mauern waren sorgfältig aus flächig behauenen, jedoch relativ kleinen Kalkbruchsteinen zweischalig aufgebaut, als Bindemittel wurde ein nahezu weißer, grobkörniger Kalkmörtel verwandt. Abgesehen von der Choreinziehung und der Apsis, von denen die Fundierung und ein bis zwei Steinlagen des aufgehenden Mauerwerks erhalten waren, dienen Reste der Süd- und Westwand dieser Bauphase der bestehenden Kirche als Fundament, während die Nordwand mit ihrem kleinteiligen, schlichten Mauerwerk bis zur Höhe der neuzeitlichen Fenster erhalten ist. Soweit feststellbar, war die Kirche nur von der Südseite aus zugänglich. Im äußersten Westen, unmittelbar vor der Westwand, weisen Reste einer Türlaibung im Mauerwerk der bestehenden Südwand auf den ehemaligen Eingang. Die ehedem recht breite Tür wurde in romanischer Zeit verändert und mit einer kleineren, außen mit einer rundbogigen Laibung ausgestatteten Tür versehen und war offensichtlich auch weiterhin einziger Zugang zur Kirche dieser Bauphase.

Im Nordosten der ergrabenen Kirche, im Winkel zwischen Choreinziehung und der Langhausnordwand, war in geringen Resten der zugehörige Fußboden, ein Kalkestrich, erhalten, in den übrigen Bereichen war er weitgehend zerstört. Die zeitliche Einordnung dieser Bauphase ist nicht völlig abgesichert, doch scheint eine Datierung in karolingische Zeit aufgrund der Baustrukturen und einiger weniger Funde möglich.

Doch nicht nur die rechteckig ummantelte Apsis ist auffällig am Grundriß der Kirche, bemerkenswert ist auch eine relativ schmale Mauer, die, das Kirchenschiff querend, einen kleineren östlichen Teil des Langhauses abtrennt. Das Fundament trug ursprünglich wohl eine Chorschranke und teilte das Kirchenschiff exakt im Verhältnis 1:2. Mit der Schranke erfolgte eine Trennung eines profanen westlichen Teiles von dem sakralen östlichen Bereich der Kirche. Derartige Trennungen sind bei einfachen Dorfkirchen nicht üblich und auch nicht erforderlich, sie finden sich indessen ausnahmslos bei Klosterkirchen. Es erscheint jedoch äußerst problematisch, die karolingische Kirche in Schmiechen nur aufgrund der Existenz einer Chorschranke einem Kloster zuzuweisen, denn auf eine bislang unbekannte Klosteranlage deuten weder weitere Baubefunde noch Schriftquellen hin.

Im Kirchenschiff konnten mehrere Bestattungen freigelegt werden, von denen drei besonders zu erwähnen sind. Es handelte sich um Bestattungen in Steinkistengräbern. Die Steineinfassung der Gräber war aus Tuffsteinen hergestellt worden, doch unterschieden sich die Gräber aufgrund der Steinbearbeitung erheblich. Während ein Grab mit Tuffbruchsteinen gefaßt war, wurden bei dem südlichen Grab nur sorgfältig geschnittene Tuffquader verwendet. Zwei der drei Gräber waren offenbar relativ kurz nach ihrer Belegung geöffnet und neu belegt worden. Dabei wurden die erhaltenen Gebeine der älteren Bestattungen gesammelt und seitlich in die Steinkiste gelegt. Lediglich das dritte, das nördlichste Grab, das erheblich stärker eingetieft worden war, erhielt keine Neubelegung. In den Gräbern, in denen die Toten in gestreckter Lage bestattet worden waren, fanden sich jedoch keine Beigaben.

Mit dieser Bauphase soll die Betrachtung der Ergebnisse der archäologischen Untersuchung zur Frühgeschichte der Pfarrkirche in Schmiechen enden, obwohl ihre Entwicklung damit bei weitem noch nicht abgeschlossen ist. Weitere Bauphasen schließen sich an, führten jedoch im wesentlichen nur zu Veränderungen des Chors. *Erhard Schmidt*

Ausgrabungen im ehemaligen Schloß Dallau, Gemeinde Elztal, Neckar-Odenwald-Kreis

Im alten Ortskern von Dallau, etwa 6 km nordöstlich von Mosbach gelegen, steht heute noch ein mit Staffelgiebeln versehenes, gotisches Gebäude sowie ein nachträglich daran angesetzter Turm. Diese Überreste einer zunächst als Burg, ab dem 16. Jh. als Schloß bezeichneten Anlage haben die Jahrhunderte sehr gut überstanden. Im Rahmen der jetzt anlaufenden Sanierung durch die Gemeinde ist ein Anbau an die Ostseite des Gebäudes und die Reaktivierung des ursprünglichen Einganges im ersten Obergeschoß geplant. Diese Maßnahme machte eine archäologische Untersuchung des Landesdenkmalamts notwendig, die sich im Sommer 1990 auf einen Teil der betroffenen Bereiche konzentrierte.

Schon 1976 war es erforderlich geworden, den nördlichen Hofbereich einschließlich Toranlage auszugraben. Die Ergebnisse dieser Grabung sind bis jetzt unveröffentlicht und werden in den Vorbericht miteinbezogen.

Die Befunde sind überraschend gut erhalten, kaum gestört durch moderne Bodeneingriffe. Neben zahlreichen Mauern finden sich als älteste Hinweise einer Besiedlung – außer vereinzelt vorkommender neolithischer Keramik – Reste einer in Holzbauweise errichteten früh- und hochmittelalterlichen Siedlung. Leider ist der ergrabene Ausschnitt zu klein, um Hausgrundrisse oder Hofstrukturen erkennen zu können.

Das Fundmaterial besteht fast ausschließlich aus Keramik. Neben einigen Scherben der jüngeren und der zahlreich vertretenen älteren gelbtonigen Drehscheibenware kommen Pingsdorf-Imitationen (?) und wenige Scherben der rotbemalten Feinware vor.

Die Siedlung, 772 zum erstenmal erwähnt, wird in der zweiten Hälfte des 13. Jh. planiert. Gleich darauf erbaut der namentlich nicht bekannte Ortsadel die erste Burg in Dallau (Abb. 186.A). Sie besteht aus einem fast quadratischen Wohnturm, zu dem sehr wahrscheinlich eine annähernd rechteckige Ringmauer gehört. Umgeben wird die Anlage von einem Graben. Die Burg ist vermutlich über

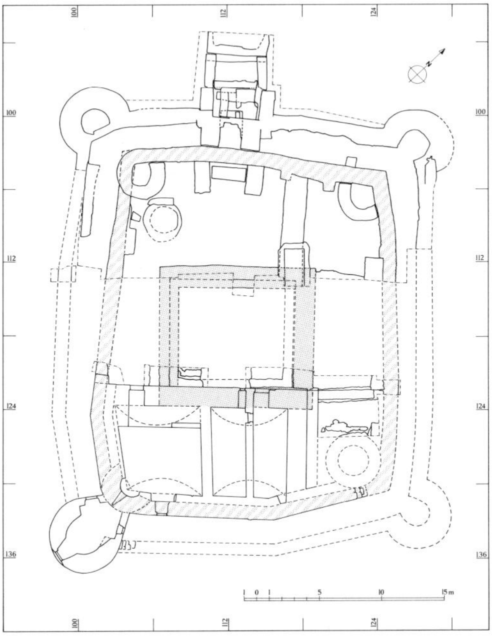

A

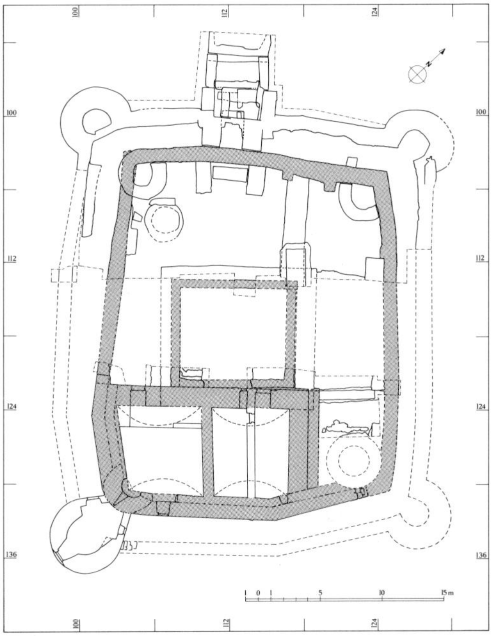

B

Abb. 186 Elztal-Dallau. Schloß Dallau. Gesamtplan der Baubefunde. A Periode I, Turmburg des 13./14. Jh.; B Periode II, Palas mit Anbau und Umfassungsmauer, nach 1376; C Periode III, Palas mit Erweiterung nach Osten, Einbau von Ecktürmen und Anlage eines Zwingers mit offenen Ecktürmen und einem Torturm, in der Hauptsache nach 1438

C

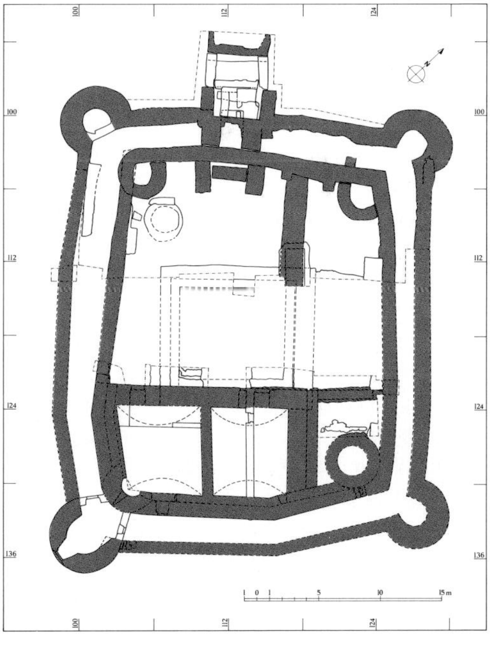

eine Zugbrücke erreichbar, doch ist es durch die sehr unklare Stratigraphie im Torbereich nicht möglich, dieser Periode eine Torkonstruktion zuzordnen.

Die Burg wird 1336 erstmals im Besitz der Herren von Heinriet genannt. Da sich diese als Raubritter hervortun, zerstört der Bischof von Mainz 1356 deren Besitzungen mitsamt Burg. Erst 15 Jahre später, nach dem Tode des Bischofs, darf der Burgplatz wieder bebaut werden. Ab 1376 ist in Dallau wiederum eine Burg schriftlich belegt; sie befindet sich immer noch im Besitz derer von Heinriet. Es hat sich gezeigt, daß auf Teilen des fast vollständig abgetragenen Wohnturmes ein langrechteckiges Gebäude errichtet worden ist, das in die ältere Ringmauer hineingebaut wurde (Abb. 186.B). Dazu gehörte ein großer Anbau, der ebenfalls Teile des Wohnturmes als Fundamente nutzte. Es könnte sich bei ihm um ein Wirtschaftsgebäude handeln. Schwierigkeiten bereitet die Einordnung einiger Türme und des ältesten, nachweisbaren Torturmes. Es ist möglich, daß mehrere dieser Mauerbefunde zur zweiten Burg gehörten.

Aus bisher unbekannten Gründen wurde auch diese Anlage kurz nach ihrem Wiederaufbau zerstört. Das Hauptgebäude wird an einigen Stellen fast bis auf die Fundamente abgebrochen, ebenso der große Anbau, der nicht wieder errichtet wird.

Der Deutsche Orden hat die Burg 1416 vermutlich in diesem Zustand gekauft. Aber erst 1438, wie die Dendrodatierung einer Fachwerkwand im ersten Obergeschoß des noch existenten Palas ergeben hat, wurde ein Neuaufbau auf den vorhandenen älteren Mauerresten in Angriff genommen (Abb. 186.C). Dieser wurde 1451, laut Datierung des Dachstuhles, fertiggestellt. Sehr wahrscheinlich wurde auch der zweite Mauerring als Zwingermauer mit vier Ecktürmen in dieser Phase hinzugefügt. Der jetzt mit Wasser gefüllte Graben wurde vor die Ringmauer verlegt.

Eine Toranlage ist in dieser Periode sicher vorhanden, nur sind deren Form und Ausmaße nicht zu erkennen. Allein der Renaissancezeit läßt sich sicher ein sehr großes Kammertor zuweisen, dessen nach außen gerichtete Torwangen als Eckverzierung Buckelquader aufweisen.

Wegen der schon im Mittelalter mehrfach vorgenommenen Abplanierungen existieren keine Nutzungshorizonte mehr. Somit ist es z. T. sehr schwer, mehrere Mauerbefunde sicher einer Periode zuzuordnen. Es läßt sich jedoch sagen, daß in der Nordecke des Burghofes zunächst ein Turm gebaut wird, der ursprünglich als Aufgang zu dem vorhandenen Wehrgang gedacht war. In einer späteren Ausbauphase wird er als Treppenturm in ein Gebäude mit einbezogen. Dieselbe Situation findet sich in der Ostecke des Hofes. Dieser, in der diesjährigen Grabungskampagne angeschnittene Turm, läßt sich noch nicht genau einordnen. Doch als 1630 zwischen Palas und der inneren Ringmauer ein Gebäude errichtet wird – vermutlich handelt es sich um einen Küchenanbau –, wird der Eckturm ebenfalls als Treppenturm genutzt. Nach Abbruch eines modernen Stalles fanden sich überraschenderweise noch Reste seines aufgehenden Mauerwerkes. Die Jahreszahl 1630, mit der diese bauliche Veränderung in Zusammenhang zu bringen ist, findet sich eingeritzt auf einem Türgewände in der Ostwand des Palas. Die Tür stellte im ersten Obergeschoß die Verbindung zwischen Anbau und Hauptgebäude her. Ein später verkleinerter Durchgang im zweiten Obergeschoß wurde jetzt ebenfalls entdeckt. Eine große Reparatur- und Umbauphase in der ersten Hälfte des 17. Jh. läßt sich in fast allen Geschossen des Palas bis hin zum Dachstuhl nachvollziehen. Dies ergab eine restauratorische Untersuchung, die in diesem Jahr vorgenommen wurde.

Da das Begehungsniveau spätestens seit 1500 nicht mehr verändert worden ist, sind kaum Befunde und Funde aus der Zeit danach aufzufinden. Um sich ein Bild des Schlosses aus späterer Epoche machen zu können, muß man sich an die historischen Quellen halten. Es liegt eine gute Beschreibung der Gesamtanlage von 1668 vor. In jenem Jahr ist das Schloß vom Deutschen Orden an die Kurpfalz übergegangen, die aus diesem Grund eine Auflistung ihrer Besitztümer in Dallau angeordnet hatte.

Wichtig sind in dieser Quelle vor allem die Ausführungen zu den baulichen Teilen im aufgehenden Mauerwerk, die archäologisch faßbar sind. Besonders wichtig ist die Erwähnung des Wirtschaftsbereiches, der nicht untersucht werden konnte. Er lag etwas nördlich vor der Schloßanlage und war ebenfalls von einem Wassergraben umgeben. Geschützt von einem Torturm und einer Umfassungsmauer gab es zahlreiche Scheunen und Ställe. Insgesamt läßt sich feststellen, daß die Konzeption der Gesamtanlage bis zu ihrer Aufgabe im Laufe des 18. Jh. seit dem Mittelalter in den wesentlichen Teilen nicht mehr verändert worden ist.
Bei den Grabungen fanden sich neben sehr wenig Glas und Metall zwei Silbermünzen aus der zweiten Hälfte des 14. Jh. Vor allem die diesjährige Kampagne erbrachte sehr viel Keramik, hauptsächlich des 15. Jh. Es handelt sich dabei größtenteils um Gebrauchskeramik, doch sind auch so herausragende Stücke wie das schon 1976 gefundene Fragment eines Aquamaniles in Pferdegestalt sowie ein großes, tönernes Horn dabei. Die Ofenkeramik weist neben zahlreichen Schüssel- und wenigen Becherkacheln einige besondere Stücke auf. So kamen einige Fragmente gotischer Nischenkacheln, mit figürlichen und pflanzlichen Ornamenten verziert, zutage, die auf einen oder mehrere Prachtöfen schließen lassen. Ihre ursprünglichen Standorte sind noch nicht bekannt. Diese könnten aber eventuell bei den restauratorischen Untersuchungen gefunden werden.
Zur Zeit liegen nur Zwischenergebnisse vor. So fanden sich erste Hinweise auf eine Burgkapelle, die sich im ersten Obergeschoß des Palas in einem besonders aufwendig gestalteten Raum befunden haben könnte. Des weiteren fanden sich sehr gut erhaltene Wandbemalungen, die sich bis ins Mittelalter zurückverfolgen lassen. Eine bautechnische Besonderheit ist der 1451 aus einer Kombination von liegender und stehender Konstruktion errichtete Dachstuhl. Diese Gestaltungsweise ist bisher im Gebiet des Odenwaldes sehr selten, vielleicht sogar einzigartig.
Für 1991 ist eine weitere Grabungskampagne geplant, die vermutlich noch einige Fragen klären wird. *Christine Wieczorek*

Literaturhinweis

B. König, 1200 Jahre Dallau im Elztal. 1200 Jahre Ortsgeschichte 772–1972, mit Beitrag von F. Meszmer, Rekonstruktion von Dorf und Schloß Dallau, 1974.

Eine spätmittelalterlich-frühneuzeitliche Badestube im ehemaligen Spital von Crailsheim, Kreis Schwäbisch Hall

Von Anfang November 1989 bis Anfang März 1990 führte die Archäologische Denkmalpflege in den jetzigen Kellerräumen des ehemaligen Spitals in Crailsheim eine Grabung durch. Anlaß war die Gesamtsanierung des Gebäudes, das zukünftig als Museum genutzt werden soll, wobei im Kellerbereich archäologische Artefakte zur Stadtgeschichte ausgestellt werden sollten. In diesem Zusammenhang waren auch Bodeneingriffe geplant. Bauarchäologische Untersuchungen ergaben, daß das Untergeschoß (früher Erdgeschoß) einst

Badestube war, deren technische Einrichtungen vermutlich noch sehr gut erhalten waren. Aus diesem Grund schien eine systematische Ausgrabung angebracht.

Das Spital zum Heiligen Geist wurde in Crailsheim im Süden außerhalb der Stadtbefestigung etwa um das Jahr 1423 gegründet. Kurz danach wird wohl auch die Badestube eingerichtet worden sein. Nach den Befunden bestand diese aus einem einzigen Raum, der mit Sicherheit flachgedeckt war und einen Ziegelpflasterboden aufwies, der z. T. noch nachgewiesen werden konnte. In der Südwestecke befand sich ein mächtiger Ofen aus Natursteinen, der, wenn die Badestube in Betrieb war, stark erhitzt und dann mit Wasser übergossen wurde, um so Dampfentwicklung zu erreichen. Die Befeuerung erfolgte von außen von einer Art Unterstand, der sich bereits im gepflasterten Hofbereich des Spitals befand.

Eine einschneidende Umbaumaßnahme erfolgte um die Mitte des 16. Jh. (Dendrodatum 1554). Die Badestube wurde eingewölbt, ein neuer Boden eingezogen (der leider nicht mehr erhalten war und etwa auf Höhe des rezenten Kellerbodens gelegen haben muß) (Abb. 187). Auch die alte Ofenanlage mußte weichen und wurde durch eine zweiteilige ersetzt. Der südliche Teil wies eine Wölbung auf, in die Luftkanäle eingebracht waren. Hier handelte es sich sicher um einen Wärmeofen. Die zweite Feuerungskammer war gerade hochgemauert, das bedeutet, daß die Hitze direkt einwirken konnte. Hier wird man sich als Überbau einen Kessel o. ä. zu denken haben, in dem Wasser für die Wannenbäder erhitzt wurde. Das Fragment einer Kachel, die sicher zu diesem Ofen gehörte, zeigt eine Dame mit nacktem Oberkörper, deren Unterleib in zwei wurzelähnliche Ranken ausläuft, die im oberen Teil geschuppt sind. Hier ist wohl ein Mischwesen angedeutet, das Züge einer Nixe trägt, wobei durch die Darstellung der Ranken

Abb. 187 Crailsheim. Blick in die gewölbte Badestube mit zweiteiliger Ofenanlage, wie sie nach 1554 bestand

auch symbolhaft eine Allraune abgebildet wurde, eine Wurzel, die im Mittelalter und der frühen Neuzeit zu den hochgeschätzten Zaubermitteln zählte.

Im Norden der Badestube war ein schmaler Gang abgetrennt, der einen zur Mitte sich senkenden Plattenboden mit Rinne hatte. Hier wird man wohl die »laßpank« oder das »schereck« zu vermuten haben, wo die Besucher zur Ader gelassen und geschröpft wurden oder auch die Haare gewaschen und geschnitten bekamen. Das Schmutzwasser wurde über die Rinne in ein gut funktionierendes Abwassersystem abgeleitet.

In der zweiten Phase wurde das Badehaus auch erheblich nach Westen erweitert. Die ehemals außen liegende Feuerungsstelle wurde nun in das Gebäude integriert, daneben entstand wohl die »abziehstub«, in der die Kleider gewechselt werden konnten (dafür spricht auch eine Wärmeisolierung aus Lehm in der Decke in diesem Bereich). Nördlich daran angrenzend lag ein Aufgang in das Obergeschoß.

Das Ende der Nutzung des Spitalbades konnte aufgrund archäologischer Quellen nicht nachgewiesen werden. Hierüber könnten vielleicht schriftliche Quellen Aufschluß geben. Das Spital als solches bestand bis zum Anfang des 20. Jh.

Die Stadt Crailsheim hat sich entschlossen, die gut erhaltenen Befunde in das Museumskonzept einzubinden und so ein mittelalterliches Badhaus anschaulich zu machen.

Susanne Arnold

Ein mittelalterliches Bergbaurevier am Birkenberg bei St. Ulrich, Gemeinde Bollschweil, Kreis Breisgau-Hochschwarzwald

Das Bergbaurevier von St. Ulrich (TK 8012, Freiburg i. Br., etwa 10 km südlich von Freiburg) ist aufgrund der Vielzahl von noch erkennbaren Erzabbauspuren bereits seit Beginn eines von der Volkswagen-Stiftung geförderten montanarchäologischen Forschungsprojektes (1987) an der Universität Freiburg (Institut für Ur- und Frühgeschichte) Ziel intensiver Prospektionen. Eine ganze Gruppe von parallelen Blei-Silber-Erzgängen streicht hier in Richtung Nordwest/Südost und quert dabei das Möhlintal, das in die Rheinebene mündet. Nach Aussage der Geländespuren umfaßt das Revier insgesamt ein Gebiet von 3,5 km^2 an den heute dicht bewaldeten Steilhängen beiderseits der Möhlin. Die Begehungen haben jedoch einen zentralen Bereich erkennen lassen, der sich am Nordhang des Birkenbergs (700 m NN) auf einer Fläche von 15 ha erstreckt (Abb. 189). Hier konnten 1987 und 1990 montanarchäologische Ausgrabungen sowie Detailkartierungen der Oberflächenbefunde (Fachhochschule Karlsruhe, Fachbereich Vermessungswesen, Prof. Hanauer) durchgeführt werden.

Ergebnisse der Grabung 1990. Das Grabungsgelände liegt auf einer Hangterrasse (495 m NN) am Fuß des Birkenberges, 12 m oberhalb der Talsohle (Abb. 189. 7). Bei einer Breite von 6 bis 8 m erstreckt sich die Terrasse 40 m hangparallel in Ost-West-Richtung. Bei Begehungen wurden hier mittelalterliche Keramik und das Fragment einer kleinen Tonfigur (Abb. 190. 1) gefunden sowie 2 m lange und noch bis 0,30 m hohe Mauerreste lokalisiert. Mit einer kleinen, von Studierenden der Ur- und Frühgeschichte durchgeführten Testgrabung konnte ein Trockenmauerwerk mit rechtwinkligem Eckverband freigelegt werden, das eine Höhe von maximal 0,80 m aufweist und 0,70 m mächtig ist (Abb. 188). Die Mauer besteht aus unbearbeiteten Bruchsteinen (Gneisblöcke mit Quarzresten aus den Bergbauhalden) und aus Bachgeröllen, die in unregelmäßigen Horizontallagen aufeinandergesetzt wurden. Beide Mauerteilstücke sind einhäuptig gegen und in eine Bergbauhalde gebaut, so daß lediglich die Innenfronten sauber und glatt gesetzt erscheinen. Kleineres Bruchgestein und faustgroße Gerölle verfüllten die Räume zwischen Innenfront und Halde. In dem Nord/Süd verlaufenden Mauerteilstück ist an der Innenfront zusätzlich ein rotgebrannter Ziegel verbaut worden, der einseitig finger-

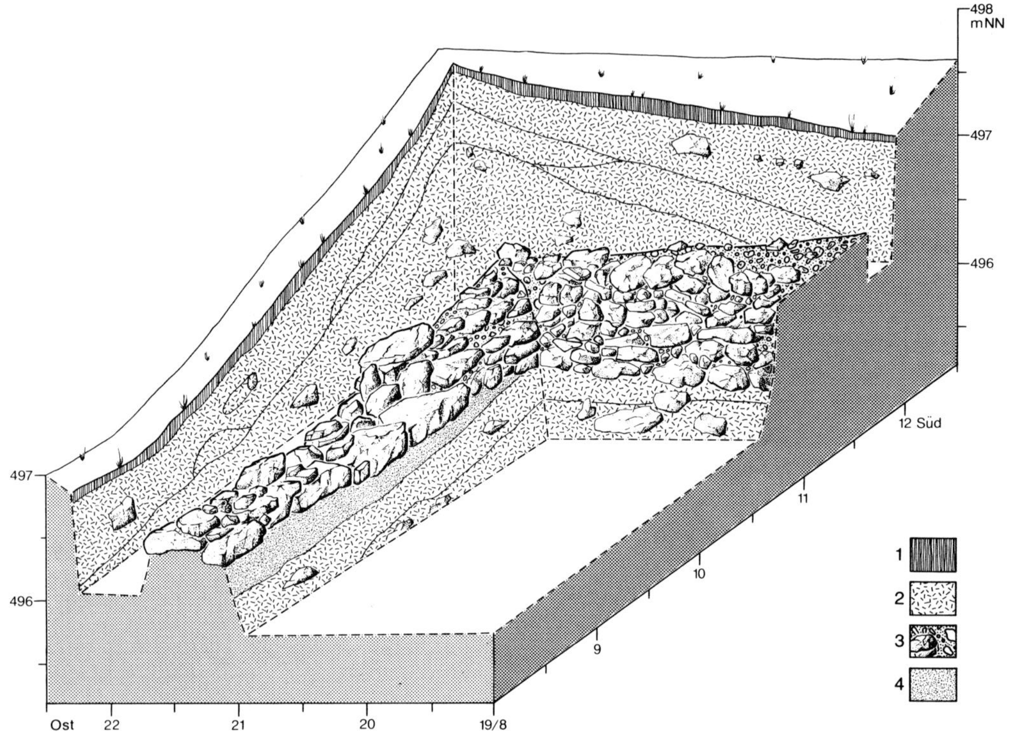

Abb. 188 Bollschweil-St. Ulrich. Hausbefund mit Verlauf der Schichten. 1 Humus, 2 Bergbauhalde, 3 Trockenmauerwerk, 4 Planierschicht

geglättet und flächig mit einer durch Sekundärbrand entstandenen, farblosen Glasur überzogen ist.

Innerhalb und außerhalb des allerdings nur partiell freigelegten Befundes fanden sich nur wenige Versturzsteine, die auf ein ehemals vorhandenes aufgehendes Mauerwerk deuten könnten. Da andererseits durch den aufgefundenen Eckverband die Ansprache des Befundes als Hangstützmauer ausscheidet, wird es sich um das Steinfundament eines Block- oder Fachwerkhauses aus Holz handeln. Hinweise auf Pfostensetzungen fehlen.

Beide Mauerteilstücke sind auf Haldenlagen gesetzt, aus denen Keramik, Eisen- und Bronzeteile, Schlacken sowie einige Scherben farblosen Hohlglases geborgen werden konnten und die den etwas höher gelegenen, offenen Tagebauen (Abb. 189. 2) zuzurechnen sind. Zur Errichtung des Gebäudes mußte allerdings Haldenmaterial von der bergwärtigen Seite abgetragen und hangabwärts geschüttet werden, so daß die Terrasse entstand. Der zusätzlichen Planierung des Geländes für den Bau des Hauses diente eine bis 0,20 m mächtige Auftragungsschicht aus gelbem Lehm, die – jetzt stark verfestigt – dem Fußbodenniveau entspricht. Zusätzlich wird der Fußboden innerhalb des Gebäudes mit Holzbohlen isoliert gewesen sein. Neben Keramik und einem Bronzebeschlag fand sich in dieser Planierschicht ein glasiges, graugrünliches Schlackenstück mit hohem Bleigehalt, das einer Buntmetall-Verhüttung entstammt. Aus dem zentralen Bergbaubereich des Reviers am Birkenberg waren solche Schlacken bisher nicht bekannt, wohl aber von etwa 1 km westlicher gelegenen Fundplätzen (vgl. auch Grabung B von St. Ulrich, 1987). Das Material für die Planierung der Terrasse stammt jedoch nicht aus den Haldenlagen selbst, sondern aus der näheren Umgebung des Fundplatzes. Nach Aufgabe, Zerfall oder Abtragung des Gebäudes bedeckte sukzessive nachrutschendes Haldenmaterial den gesamten Komplex (Abb. 188). Südliche Teile des Hauses sind zudem der Hangerosion zum Opfer gefallen, so daß die ehemalige Größe des Gebäudes nicht mehr zu klären ist.

Die Keramik zeigt überwiegend eine graue, sandig-rauhe Oberfläche, ist mittelhart gebrannt und kleinstückig zerscherbt. Sie stammt offensichtlich von vielen verschiedenen Gefäßen, da die Rekonstruktion der Formen bisher nur vereinzelt gelungen ist. Vertreten sind Kochgefäße mit Deckel, Bügelkannen, Schüsseln, Öllampen und zahlreiche Becherkacheln. Aufgrund dieses Formenspektrums, der Randformen (unterschnittene Leisten- und Wulstränder) und der Verzierung (umlaufende Riefen und Rollrädchenmuster) ist die Keramik der nachgedrehten Drehscheibenware der Gruppe C, Serie 2, nach M. Schulze zuzuordnen. Weiterhin sind einige grob gemagerte Scherben mit sandig-brauner Oberfläche und wenige Stücke mit einer grünbraun gefleckten Glasur zu nennen. Frühneuzeitliche Keramik fehlt fast völlig und stammt aus dem Humusbereich. Der Hausbefund datiert folglich in das 13. Jh., zumal sich die Keramik aus den Schichten ober- und unterhalb des Befundes chronologisch nicht differenzieren läßt.

Die braun-schwarzen, schweren Schlacken aus der Halde sind stark eisenhaltig und haben eine poröse Oberfläche. Diese z. T. kalottenförmigen Fayalitschlacken erreichen Handtellergröße und sind – wohl zusammen mit den Eisenfragmenten – Abfälle einer ehemaligen Bergschmiede, die sich oberhalb der Terrasse und direkt neben einem Erzabbau (Verhau) befindet. Hier war bereits bei früheren Begehungen eine Schlackenkonzentration mit Keramik des 13. Jh. lokalisiert worden.

Der Grabungsbefund zeigt, daß in dem für das Bergbaurevier von St. Ulrich zentralen Bereich am Birkenberg feste Holzhäuser auf Steinfundamenten in unmittelbarer Nähe zu den Erzabbauen errichtet wurden. Dies geschah im 13. Jh., zu einem Zeitpunkt, als der Bergbau hier bereits in großem Maßstab umging. Das freigelegte Haus wurde jedoch nur kurzfristig benutzt und später – aber noch im 13. Jh. – bis auf das Fundament abgetragen und von Halden- sowie von Schlackenlagen des hangaufwärts gelegenen Bergbaugeschehens überdeckt. Vermutlich ist man im 13. Jh. den sich am Hang verlagernden Erzabbauen gefolgt und hat – ohne großen technischen oder materiellen Aufwand – dort neue Gebäude errichtet. Diese Überlegung stützen die Ergebnisse der Grabung von 1987, die gezeigt hat, daß auf den Terrassen kurzfristig, zeitlich gestaffelt und ohne größere technische Investitionen Arbeiten durchgeführt worden sind, die mit der Erzgewinnung zusammenhingen. In der näheren Umgebung des Fundplatzes von 1990 sind daher noch weitere Siedlungsplätze zu erwarten, die z. T. bereits durch die Analyse der Oberflächenstrukturen lokalisierbar sind.

Ergebnisse der Geländevermessung (*Abb. 189. 1–7*). Die Spuren von Abbau und Weiterverarbeitung der silberhaltigen Bleiglanz- und Fahlerze beginnen am Fuß des Birkenberges bei 490 m NN und sind bis in eine Höhe von etwa 620 m NN zu verfolgen. Hier finden sich auf kleinstem Raum und in guter Erhaltung alle

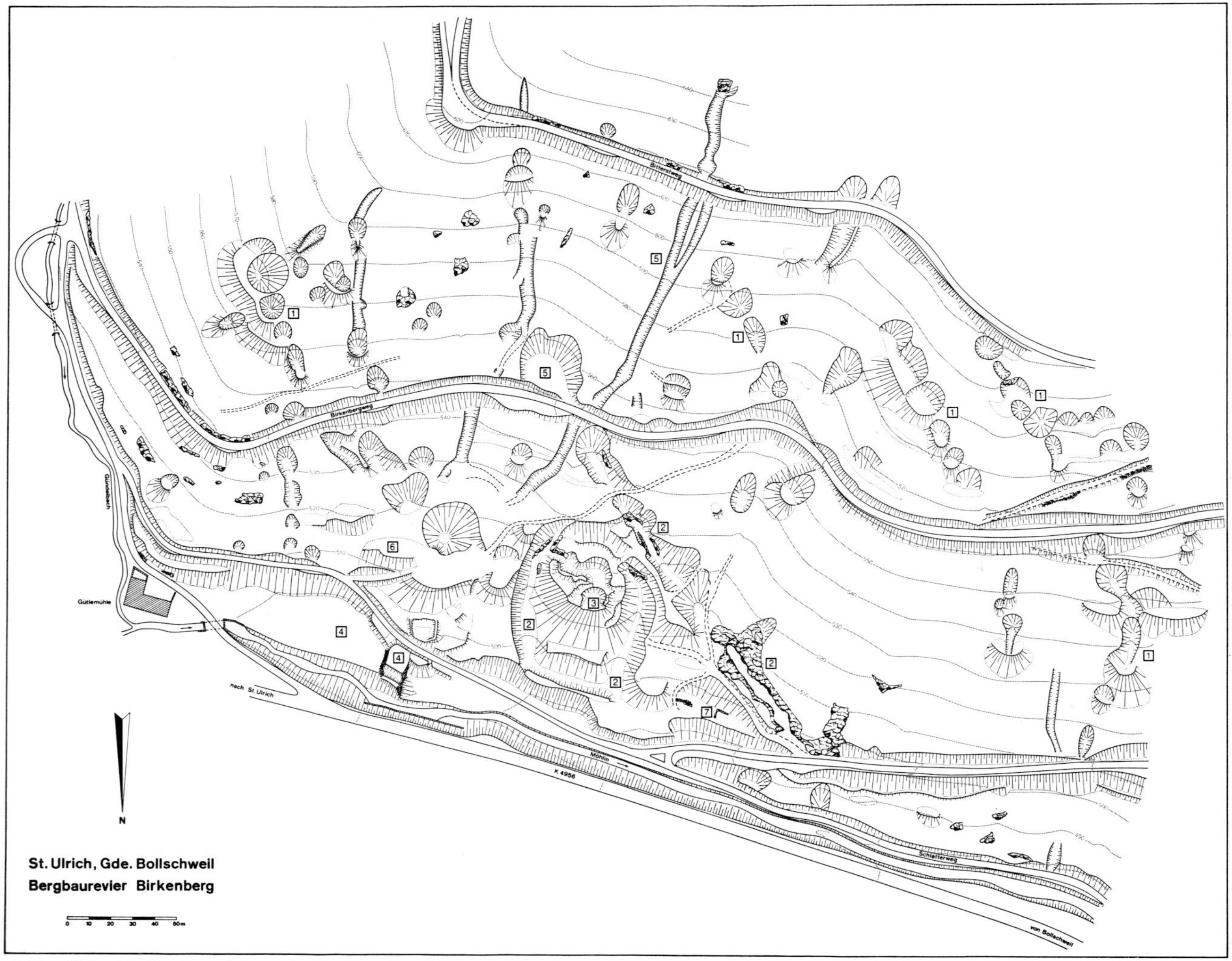

Abb. 189 Bollschweil-St. Ulrich. Kartierung der im Gelände erkennbaren Bergbauspuren des 13./14. Jh. (Vermessung J. Clesle, A. Fischer, J. Hermann, P. Jechalik)

Arten von Geländespuren, die für bergbauarchäologische Untersuchungen von größtem Interesse sind; die gesamte untere Hälfte des Birkenberg-Nordhanges ist durch den mittelalterlichen Bergbau völlig umgestaltet.
Häufigste Abbauspuren sind die Schachtpingen (1); es handelt sich um verstürzte Schachtanlagen, die sich heute im Gelände als trichterförmige Vertiefungen abzeichnen und denen jeweils eine etwa halbrunde Halde vorgelagert ist. Sie besteht aus dem zutage geförderten tauben Gneisgestein, Erzresten und aus Gangmaterial (Quarz, Schwerspat). Im Gelände sind mehrere Pingenreihen erkennbar, die etwa parallel verlaufen und somit das Streichen der Erzgänge (Nordwest/Südost) anzeigen. Einzelne zwischengelagerte Pingen und Probe(?)-Schürfe dokumentieren vermutlich Abbaue auf Seitentrümmern. Unmittelbar in der Nähe dieser Schachtpingen liegen oft unterschiedlich große Terrassenflächen (6), die in den Hang gegraben bzw. aus Haldenmaterial aufgeschüttet sind. Vor allem hier sind Wohn- und Arbeitsplätze und damit die Verbindung zwischen untertägigem Erzabbau, übertägiger Erzaufbereitung sowie weiteren Einrichtungen einer Infrastruktur zu vermuten; nach den Grabungsbefunden von 1987 wurden auf solchen Terrassen die geförderten Erze geklaubt, sortiert, gepocht, gewaschen und thermisch aufbereitet. Auf und unterhalb dieser Terrassen liegen oft kalottenförmige, schwere und schwarzbraune Schlacken, deren Konzentrationen Hinweise auf die Lage der Bergschmieden ergeben. In diesen Schmieden wurde beschädigtes Gezähe nachgeschmiedet, neues Werkzeug hergestellt oder auch Erze auf ihren Metallgehalt hin überprüft. Die Schmieden standen daher immer möglichst nahe an den Stollen, Schächten oder Tagebauen und wurden bei Bedarf – entsprechend der Abbaurichtung – verlagert.
Quer zum Hang verlaufende, längliche Vertiefungen mit vorgelagerter Halde zeigen verstürzte Stollenmundlöcher an. Diese Stollensysteme sind oft »querschlägig«, von der Seite her, auf die Erzgänge angesetzt. Zu den Stollen gehören höhergelegene, heute z. T. noch offene und bis 50 m tiefe Schächte, die vermutlich der Wetterführung dienten.
Die markantesten Abbaurelikte sind jedoch die schluchtartigen Tagebaupingen der Nordwest-Südost gerichteten »Verhaue« (2). Hier hat man die Erze von der Oberfläche aus abgebaut, indem man dem Verlauf des Erzganges horizontal und vertikal in die Tiefe folgte. Sie sind heute noch bis 6 m tief offen, können aber ehemals 20–30 m Tiefe erreicht haben.
Zwischen diesen Relikten von Abbau und Aufbereitung der Erze sind einige Siedlungsspuren im Gelände lokalisierbar. Hier ist zunächst die Ruine eines befestigten, etwa rechteckigen Gebäudekomplexes (3) zu nennen. Er ist an allen Seiten von Gräben (2) umgeben, von denen einige vermutlich ehemalige Verhaue sind. Der nördliche Graben weist zusätzlich einen kleinen Vorwall auf. Es könnte sich bei diesem Bauwerk um die Reste der im 14. Jh. urkundlich erwähnten Burg »Birchiberg« handeln, die um 1379 von der Stadt Freiburg zerstört worden ist. Die Grabung 1990 hat gezeigt, daß mehrere oberflächlich erkennbare Trockenmauern (7) auf einer Terrasse westlich der Burg Fundamente von kleinen Holzhäusern sind. Durch diesen Befund sind ähnliche Oberflächenstrukturen, so z. B. auf einer Terrasse südlich eines Staudammes, wohl ebenfalls als Siedlungsreste zu interpretieren.
Die Staudamm-Anlage (4) besteht aus einem Wasserhaltebecken und einem an der Basis 10 m breiten und insgesamt noch 4 m hohen Erdwall, der ehemals das ganze Tal abriegelte. Die beiden Dammfronten sind aus großen Gneisblöcken in Trockenmauertechnik errichtet. Auf der Dammkrone ist eine Überlauf-

rinne erkennbar. Ein Zusammenhang dieses Befundes als Wasserkraftanlage für Bergbau und Erzaufbereitung am Birkenberg ist sehr wahrscheinlich. Weiter westlich, hinter der Staumauer, wird man den ehemaligen Standort der Bleiverhüttung vermuten dürfen. Die genaue Lokalisierung dieser wichtigen Anlage ist noch nicht gelungen; sie gestaltet sich schwierig aufgrund der alljährlichen Hochwassersituation mit Bachbetterosion und Sedimentverlagerung.

Die Oberflächenfunde datieren die meisten Relikte und damit eine Blütezeit des Bergbaus im Revier von St. Ulrich in das 13./14. Jh. Bisher sind über 40 Fundstellen mit Keramik aus dieser Zeit bekannt. Es handelt sich neben Gefäßkeramik auch um Becherkacheln, die, wenn sie nicht im Montanbereich anderweitig benutzt wurden, Kachelöfen und damit weitere Wohnplätze anzeigen. Eisengegenstände, Gürtelschnallen, Hohlglas, frühe glasierte Keramik, Tonmurmeln und Spinnwirtel belegen die Besiedlung des Berghanges im 13./14. Jh. eindrücklich. Einige Scherben könnten noch in das 12. Jh. datieren und zeigen offenbar eine frühere Bergbauphase am Birkenberg an, während die wenigen Oberflächenfunde des 15./16. Jh. den Köhlerplätzen auf den durch den Bergbau entstandenen Terrassen zuzuordnen sind.

Eine Besonderheit sind kleine Tonfiguren, die in Südwestdeutschland bisher nur aus städtischem Milieu, z. B. Konstanz, Biberach a. d. Riß, Rottweil, Villingen, Freiburg, bekannt geworden sind und die in das 13. Jh. datieren. Am Birkenberg bei St. Ulrich sind bis jetzt drei solcher Frauen- bzw. Mutter-Kind-Darstellungen gefunden worden (Abb. 190), zwei Oberflächenfunde (1,2) und ein Grabungsfund von 1987 (3). Es handelt sich um rottonig-unglasierte Plastiken mit fein ausmodellierter Haartracht, jedoch ohne ausgeprägte Gesichtszüge. Sie wurden bisher als Spielfiguren interpretiert, doch wird man eine Deutung als einfache Mariendarstellung nicht ausschließen können. In jedem Fall aber ergeben sie einen weiteren Hinweis auf die intensive Besiedlung des Birkenberges, die ausschließlich mit dem Bergbau des 13. Jh. in Zusammenhang steht.

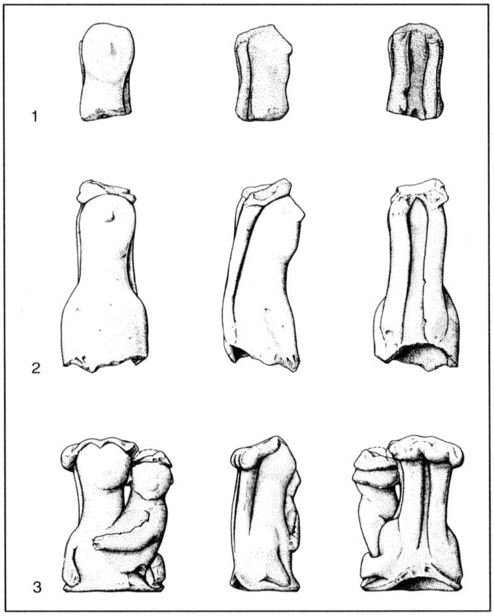

Abb. 190 Bollschweil-St. Ulrich. Tonfiguren aus dem mittelalterlichen Bergbaurevier am Birkenberg. 1, 2 Oberflächenfunde, 3 Grabungsfund von 1987. Maßstab 1:2

Die Kartierung der vielfältigen Abbauspuren sowie der Arbeits- und Wohnterrassen erschließt ein großes Bergbaurevier des 13./14. Jh. von frühindustriellem Zuschnitt. Hier wurden Erze abgebaut, haben die Bergleute mit ihren Familien gewohnt. Die äußerst gute Erhaltung dieses Platzes ist dem Umstand zuzuschreiben, daß das Areal – abgesehen von Köhlerarbeiten – später kaum mehr genutzt wurde. Einige Störungen durch moderne Wegebauten, Holzschleifrinnen (Abb. 189.5) und Mineraliensammler können diesen insgesamt positiven Eindruck nicht trüben, sofern es gelingt, dieses im Südschwarzwald einzigartige Ensemble vor zukünftigen Zerstörungen zu schützen.

Andreas Brunn, Heiko Wagner, Ulrich Zimmermann

Literaturhinweise

Erze, Schlacken und Metalle. Freiburger Universitätsblätter, Heft 109, September 1990. – H. Steuer, G. Goldenberg, U. Zimmermann, Arch. Ausgr. Bad.-Württ. 1987, 328 ff. – R. Metz, M. Richter, H. Schürenberg, Die Blei-Zink-Erzgänge des Schwarzwaldes. Beihefte Geolog. Jahrb. 29, 1957. – M. Schulze, Die mittelalterliche Keramik der Wüstung Wülfingen am Kocher, Stadt Forchtenberg, Hohenlohekreis. Forsch. u. Ber. der Archäologie des Mittelalters in Baden-Württemberg, Bd. 7 (1981) 5 ff.

Neue Ergebnisse der Flugprospektion

Viereckschanzen. Zum Jahresende 1990 geriet die bereits 1989 entdeckte Viereckschanze von Riedlingen, Kreis Biberach, unter die Räder eines Bohrtrupps, der sie für Baugrunduntersuchungen durchlöcherte – ein guter Grund, ihr Bild vor ihrem Ende noch einmal zurückzurufen. Am 14. August 1989 hatte sich am nordöstlichen Stadtrand im Gewann »Auf der Klinge« über dem Grüninger Bach ein Grabenwerk in der für die spätkeltischen Schanzen typischen Form gezeigt: Ein einfacher Graben ohne Erdbrücken umschließt ein strenges Rechteck (Abb. 192). Der helle Grabenzug verdankt als positives Bewuchsmerkmal seine klaren Konturen einem lebhaften geologischen Untergrund, der mitten durch das Bild (Abb. 191) einen deutlichen Grenzverlauf markiert (1). Während die linke untere Ecke mit ihrer äußeren Spitze im üppigeren Getreide untertaucht (4), läßt sich in der oberen Bildhälfte im Schanzeninnern eine längliche Grube (3) ansprechen. Nur wenig weiter hat der Mähdrescher bereits den Befund verschluckt: Beiderseits des buschgesäumten Rains sind das fehlende Grabenstück und die restlichen beiden Ecken in seinem Maul verschwunden, dort hat er uns ein enttäuschendes Stoppelweiß hinterlassen (2). Der Bohrtrupp rückte in den letzten Tagen des Jahres 1990 an und nahm Bodenproben vom Grundstück »Auf der Klinge« – untrügliches Zeichen für die bevorstehende Bebauung. Von der Flur waren bis dahin übrigens keine Oberflächenfunde bekannt. Das Luftbild vom 3. Januar 1991 (Abb. 193) zeigt im gepflügten Acker neben den Fahrzeugspuren die verräterischen Flecken des ausgebrachten Erdreichs, die sich in der Umzeichnung (Abb. 194) schraffiert auf dem Feld verteilen. Als dunkle Bodenmerkmale sind diesmal ergänzend eine der im Sommer 1989 noch fehlenden Schanzenecken und ein Stück des damals schon abgemähten Grabens zu sehen. Die Schanze von Riedlingen, deren Existenz bei Genehmigung der anstehenden Bauvorhaben noch im dunkeln lag, wird im Frühjahr 1991 archäologisch untersucht werden. Ihre Bilder belegen erneut die Dringlichkeit, mit der die Ergebnisse archäologischer Flugprospektion auf den Tisch der Bodendenkmalpflege und in die Karten der Planungsbehörden gehören.

Weiter donauaufwärts plagte sich im Sommer 1990 die Prospektion mit einer Schanze, deren Entdeckung ebenfalls in das Jahr 1989 zurück-

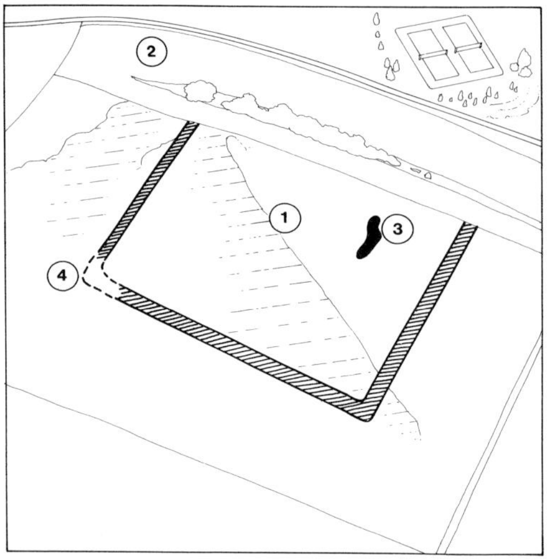

Abb. 191 Riedlingen. Umzeichnung des Luftbildes vom 14. 8. 1989. 1 geologische Grenze, 2 frisch abgeerntetes Getreidefeld, 3 Grube im Schanzeninnern, 4 verdeckte Schanzenecke

Abb. 192 Riedlingen. Luftbild vom 14. 8. 1989 mit der Viereckschanze als helle Grabenspur

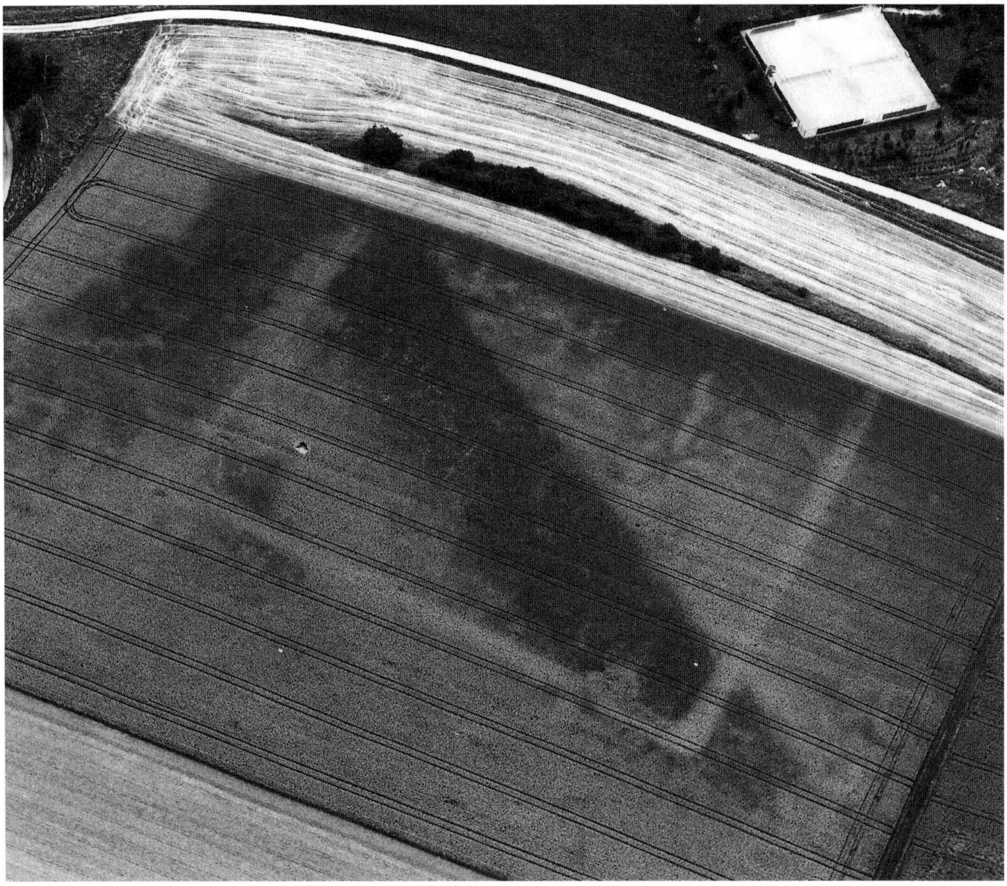

Abb. 193 Riedlingen. Luftbild vom 3. 1. 1991 mit Spuren der Schanze als Bodenmerkmal. Sichtbar sind auch die Stellen, an denen für die Baugrunduntersuchung Bohrungen niedergebracht wurden

reicht, um ihr weitere Details zu entlocken. In Mengen-Ennetach, Kreis Sigmaringen, hatte sich am 21. Juni auf der kargen Schotterterrasse eine rechteckige Einfriedung gezeigt, von der ein bemerkenswerter Graben abzweigt, um ohne eingrenzenden Abschluß im Gelände zu verlaufen. Weil sich der archäolo-

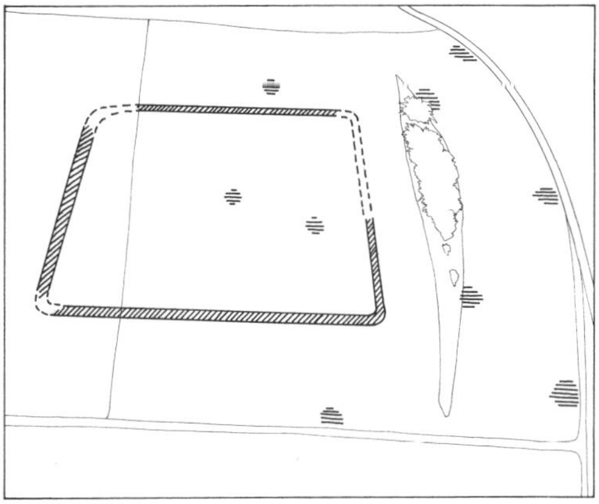

Abb. 194 Riedlingen. Umzeichnung des Luftbildes vom 3. 1. 1991. Schanzenumriß und Bohrplätze schraffiert

Abb. 195 Mengen-Ennetach. Luftbild vom 21. 6. 1989 mit Schanze, Graben und Siedlungsspuren auf Donauschotter

giefeindliche Mais im vergangenen Jahr beharrlich weigerte, neue Spuren preiszugeben, sei hier ein Luftbild aus dem Jahr 1989 vorgestellt (Abb. 195). Die Umzeichnung (Abb. 196) verdeutlicht, daß die Schanze (1) mit drei Seiten und zwei Ecken durch das Foto schon weitgehend erfaßt ist. Den merkwürdi-

Abb. 196 Mengen-Ennetach. Umzeichnung des Luftbildes vom 21. 6. 1989. 1 Graben der Viereckschanze, 2 Erdbrücke und Ausgangspunkt des langen Grabens, 3 Pfostenbau inmitten von Siedlungsgruben

Abb. 197 Rottenburg-Hemmendorf. Luftbild vom 4. 8. 1990 mit Viereckschanze und Siedlungsgruben

gen äußeren Graben trennt von der rechten unteren Schanzenecke eine Erdbrücke (2), anschließend verläuft er nach einer nahezu rechtwinkligen Richtungsänderung geradlinig zum Bildrand. Er durchquert dabei ein großes Getreidefeld, das neben geologischen Spuren zahlreiche Gruben und auch einen klaren Pfo-

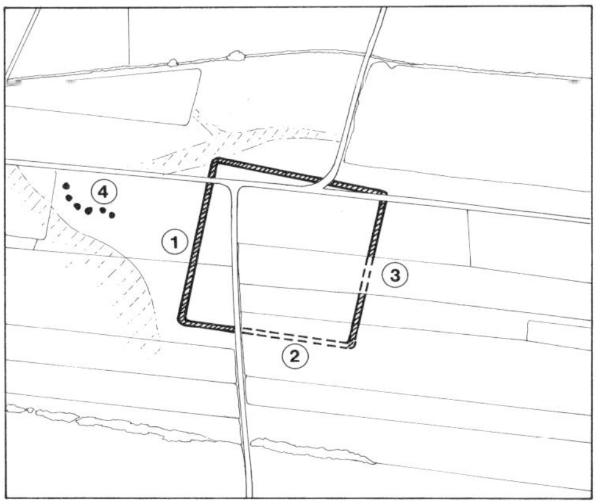

Abb. 198 Rottenburg-Hemmendorf. Umzeichnung des Luftbildes vom 4. 8. 1990. 1 Schanze, 2 unsichtbare Grabenstrecke im Mais, 3 Verlauf des Grabens im abgemähten Getreidefeld, 4 Siedlungsgruben

stenbau (3) aufweist. Gruben sind auch im Schanzeninnern sichtbar. Die Fundstelle zeigt gewisse Parallelen zum Luftbildbefund der Viereckschanze von Hartkirchen in Niederbayern, an der 1984 ein in ähnlicher Weise abzweigender Graben beobachtet wurde.
Wie sehr die oft nur geringen Feldergrößen in Süddeutschland der Flugprospektion zu schaffen machen, belegt das Luftbild der Schanze von Rottenburg-Hemmendorf, Kreis Tübingen (Abb. 197). Im Westen des Ortes tauchte auf der Flur »Hahnenbühl« am 4. August 1990 eine Viereckschanze auf, deren Graben sich durch insgesamt acht Grundstücke zwängen mußte, um in das Bild zu kommen (Abb. 198). Während sich der Grabenverlauf im Gras (1) erstaunlich deutlich abzeichnete, hatte er im Mais (2) große Mühe, die rechte untere Ecke der Anlage zu markieren. In dem quer zur Furchenrichtung des Maisfeldes verlaufenden Grabenstück sind die Merkmale noch kontrastreich dunkel auszumachen, um anschließend im parallelen Lauf zur Saat fast völlig zu verschwinden. Bei Nr. 3 schließlich hatte, wie schon in Riedlingen 1989, der Mähdrescher die positiven Bewuchsmerkmale kurz vor dem Überfliegen abgeerntet. Die Schanze, aus deren Umgebung ebenfalls noch keine einschlägigen Oberflächenfunde bekannt sind, liegt auf einem leichten Südhang. In der linken Bildhälfte reihen sich sechs Gruben (4) entlang einer geologischen Kontur auf und deuten auf eine Siedlung hin. Unklar ist noch, ob ein in älteren Karten verzeichneter, benachbarter Wallrest auf eine zweite Schanze hinweist oder gar mit dem Luftbildbefund übereinstimmt.
Römische Truppenlager. Die im Sommer 1990 in der Flur »Weiherwiesen« oberhalb von Essingen, Ostalbkreis, durchgeführte geophysikalische Prospektion und Grabung bestätigten schließlich einen Luftbildbefund als römische Militäranlage, dessen Deutung einige Zeit strittig war (vgl. S. 172 f.). Am 2. Dezember 1987 kam auf dem stillen Platz als positives Schneemerkmal ein exakt ausgeführter Graben ins Bild, der dem Flieger mit zwei sichtbaren abgerundeten Ecken und einem als Erdbrücke ausgebildeten Eingang den halben Umriß eines Truppenlagers anzeigte (Abb. 199). Es spricht für die berechtigte kritische Einstellung der Wissenschaftler, daß sie sich der Deutung des Entdeckers nur mit Vorsicht nähern mochten – schien doch u. a. ein Lager so weit nördlich am Albtrauf nicht in das bisher formulierte Bild des Alblimes zu passen. So wurde denn auch das Grabenwerk zeitweise sogar als spätkeltische Viereckschanze gehandelt – und für eine champagnerhinterlegte Wette mit dem Piloten über den wahren Charakter des Befundes fand sich leider (und verständlicherweise) kein Partner. Als H. Kaiser, Schwäbisch Gmünd, der auch als erster auf den günstigen Albaufstieg von Aalen über Essingen und an den »Weiherwiesen« vorbei in Richtung Urspring hinwies, 1988 vom Feld u. a. römische Gebrauchskeramik absammelte, verloren die Zweifler an Boden. Inzwischen war auch der schon früher und unabhängig von der Flugprospektion erfolgte Fund einer Münze des Kaisers Hadrian an dieser Stelle durch L. Mack, Heidenheim, bekanntgeworden. Schließlich stieß D. Müller 1990 bei einer Geländeaufnahme im südlich angrenzenden Forst auf einen geradlinigen Damm, der in einer frühen Flurkarte noch vermerkt ist und den gesuchten Verlauf der Römerstraße von Urspring nach Aalen markieren könnte, die wohl am Lager vorbeiführte.
Warnungen der Fachkreise vor zu schneller Interpretation archäologischer Luftbildbefunde (vgl. S. 316 ff.) sind verständlich, allerdings wird selten Rat erteilt, wie das Problem der Absicherung von Luftbildbefunden anzugehen ist. Hinzu kommt, daß sich in Deutschland, regional abgestuft, die Arbeit mit archäologischen Luftbildern erst allmählich ein-

Abb. 199 Essingen. Luftbild vom 2. 12. 1987 mit römischem Truppenlager im Gewann »Weiherwiesen«. Positive Schneemerkmale

bürgert und daß deren Inhalte mit den vertrauten dinglichen Hinterlassenschaften bei der Datierung natürlich nicht konkurrieren können.

Während die Zahl der ausschließlich im Luftbild dokumentierten archäologischen Fundstellen ständig wächst – für nicht wenige Denkmäler bleibt das Foto zugleich erstes und letztes Zeugnis vor deren Zerstörung –, hinken die verfügbaren konventionellen Mittel zur Überprüfung der Befunde (Quellensichtung, Begehung, geophysikalische Prospektion, Sondierung und schließlich Ausgrabung) hinterher. So kamen bis heute seit den gemeinsamen Flügen von P. Filtzinger und W. Sölter im Jahre 1976 über 50 flugentdeckte Truppenlager (einschließlich Marsch- und Übungslager) in Süddeutschland hinzu. Davon wurden bislang die wenigsten am Boden untersucht. Das von H. Schönberger (1985) und J. Heiligmann (1990) geübte Verfahren der Weglassung von flugentdeckten Truppenlagern aus wissenschaftlichen Werken, weil die Lager ». . . nur aus Luftaufnahmen bekannt sind . . .« oder weil ». . . Luftaufnahmen allein jedoch, wie Beispiele zeigen, zu Fehlinterpretationen füh-

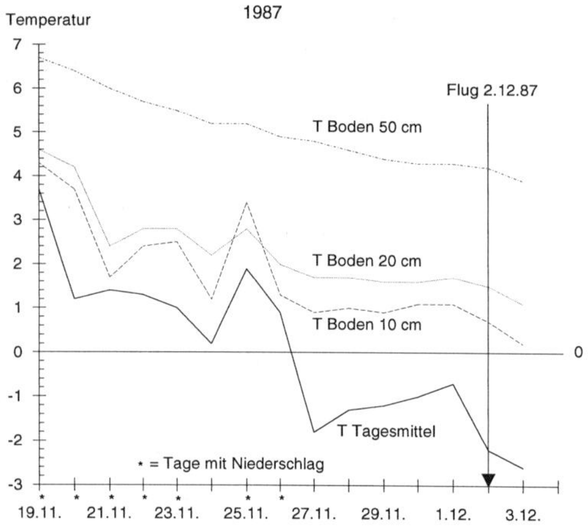

Abb. 200 Boden- und Lufttemperaturen an der Klimastation Stötten vom 19. 11. bis 3. 12. 1987

ren können . . .«, könnte doch leicht auch einige Bodendenkmalpfleger dazu bewegen, flugentdeckte archäologische Objekte vorerst nur als Denkmäler zweiter Klasse einzustufen. Das jedoch müßte für Denkmäler und Flugprospektion gleichermaßen schädlich sein. Aus dem Dilemma könnten häufigere geophysikalische Prospektionen der Luftbildfundstellen und langfristig auch die verstärkte Beschäftigung mit Luftbildern als archäologische Quellen an den Hochschulen hinausführen.

Neben dem beispielhaften Zusammentreffen der Informationen aus Flugprospektion, Geländearbeit, Sammlertätigkeit, geophysikalischer Prospektion und schließlich Ausgrabung zeigen die »Weiherwiesen« mit ihren eher exotischen Schneemerkmalen aber noch eine weitere Besonderheit auf. Bei der Suche nach den Gründen für das Auftreten der flüchtigen Spuren wurde u. a. der Verlauf der Bodentemperaturen in der Zeit vor und am Flugtag, dem 2. Dezember 1987, an der benachbarten Klimastation des Deutschen Wetterdienstes in Stötten betrachtet (Abb. 200). Während sich der Fundort in ca. 670 m NN befindet, liegt die Station Stötten nur 18 km südwestlich des Fundortes auf 734 m NN und kann deshalb für den Platz repräsentative Klimadaten liefern. Die Gründe für das unterschiedliche Abtauen der dünnen Schneedecke, die sich letztmals sechs Tage vor der ersten Aufnahme erneuern konnte, sind offensichtlich in dem Wärmefluß zu suchen, der, von deutlichen physikalischen Unterschieden zwischen Graben und gewachsenem Boden gesteuert (der Ausgräber berichtet von »immensen Mengen Eisenschlacke« als Grabenverfüllung), ausreichend Zeit hatte, die hauchdünne Schneedecke an der Oberfläche unterschiedlich abzutauen. Ähnliche Bedingungen müssen nur zwei Monate später zur Wiederholung des unterirdischen Vorgangs geführt haben, der am 2. Februar 1988 die Spuren erneut an den Tag brachte (Abb. 201). Diesmal jedoch gab es Schnee- und Regenfälle bis zum Aufnahmetermin und die Schwankungen der Boden- und Lufttemperaturen fielen im Vorlauf zum Flugtag im nahen Stötten deutlich größer und sprunghafter aus, was die gegenüber der vorhergehenden Aufnahme veränderten Schneedichten im Innern des Lagers und auf den umgebenden Feldern bewirkt haben mag (Abb. 202). An einigen Tagen kam es sogar zu Inversionen der Bodentemperaturen in 10, 20 und 50 cm Tiefe. Die hier auszugsweise vorgestellten Klimadaten können das Auftreten der hilfreichen Spuren alleine natürlich nicht erklären, ihre Präsentation hätte den Zweck jedoch erfüllt, wenn sie zu weiteren Untersuchungen des Phänomens anregte. Besonders interessant dürfte dabei der Vergleich der Bilddaten und Temperaturwerte mit den durch das Cäsium-Magnetometer auf dem Militärlager gesammelten geomagnetischen Informationen sein (vgl. S. 172 f.). Es bestehen wenig Zweifel, daß die Schneemerkmale in ihrer Rolle als »Thermoscanner des armen Mannes« noch mit erstaunlichen Überraschungen aufwarten wer-

Abb. 201 Essingen. »Weiherwiesen«. Luftbild vom 2. 2. 1988. Römisches Lager mit einfachem Graben als positives Schneemerkmal

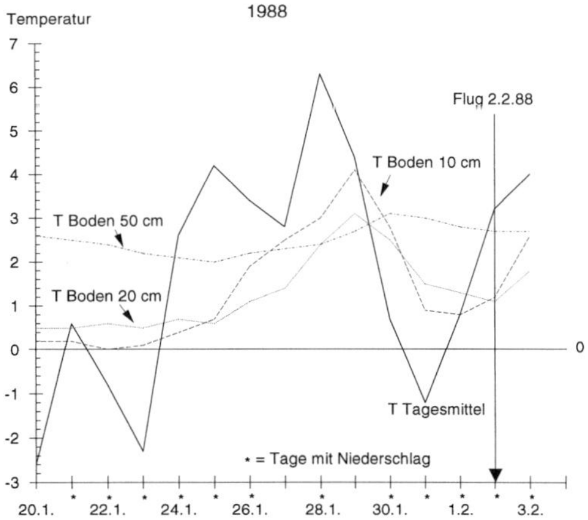

Abb. 202 Boden- und Lufttemperaturen an der Klimastation Stötten vom 20. 1. bis 3. 2. 1988

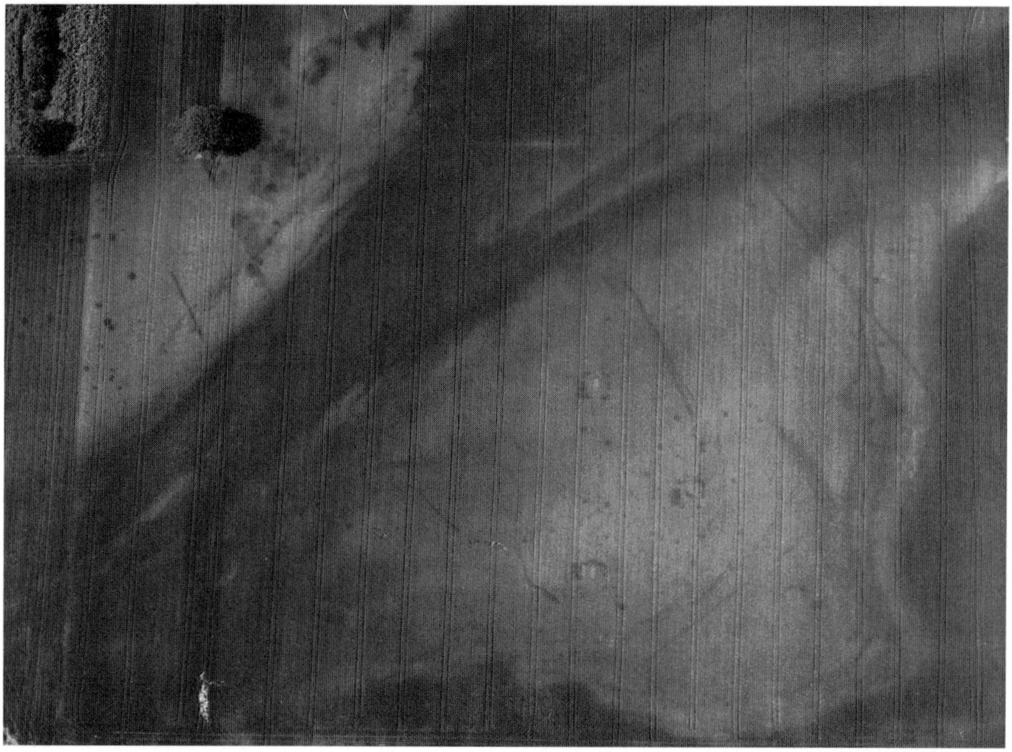

Abb. 203 Altlußheim. Luftbild vom 31. 5. 1990 mit römischem Marsch- oder Übungslager

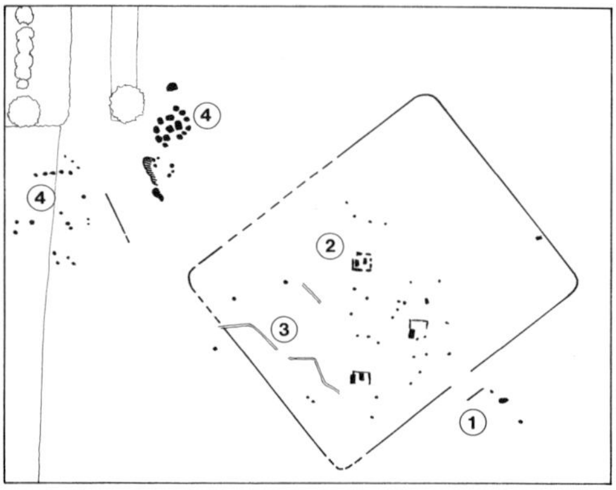

Abb. 204 Altlußheim. Umzeichnung des Luftbildes vom 31. 5. 1990. 1 Lagertor mit vorgesetztem Annäherungshindernis, 2 vermutliche Flak- oder Scheinwerferstellungen des Zweiten Weltkriegs, 3 neuzeitliche Schanzgräben, 4 Grubenansammlungen

den – solange uns Winter mit Schnee beschert bleiben.

Eher hausbacken geben sich am 31. Mai 1990 die Bewuchsmerkmale von Altlußheim, Rhein-Neckar-Kreis, die uns Kenntnis von einem neuen römischen Lager auf dem rechten Rheinufer gegenüber Speyer, dem römischen Noviomagus, vermitteln (Abb. 203, Umzeichnung 204). Der einfache Graben mit einem blassen Annäherungshindernis, das dem rechts unten sichtbaren Tor vorgelagert ist (1), deutet auf ein kurzlebiges Marsch- oder Übungslager hin. Im Innern sind neben einzelnen Gruben, die sich zu keinen typischen Grundrissen ordnen lassen, Relikte neuzeitlicher Kriege zu erkennen: ein gewinkelter Schanzgraben (3) und mögliche Geschütz- oder Schweinwerferplattformen (2) mit rechteckigen Umgriffen. Die links oben im Bild versammelten Gruben (4) scheinen dagegen eher vorgeschichtlich. Zwar wurde die Entdeckung des Lagers durch die kräftigen dunklen Humusbänder des Rheins auf den hellen Schottergründen erschwert, zum Glück jedoch kamen die archäologischen Merkmale in einem einzigen Flurstück mit einheitlichem Getreidebesatz zu liegen, was die Ansprache der Spuren sehr erleichterte.

Abb. 205 Bad Friedrichshall-Kochendorf. Luftbild vom 31. 5. 1990 mit römischem Steinkastell. Sichtbar sind als negative Bewuchsmerkmale die doppelten Mauerzüge und zwei Tore

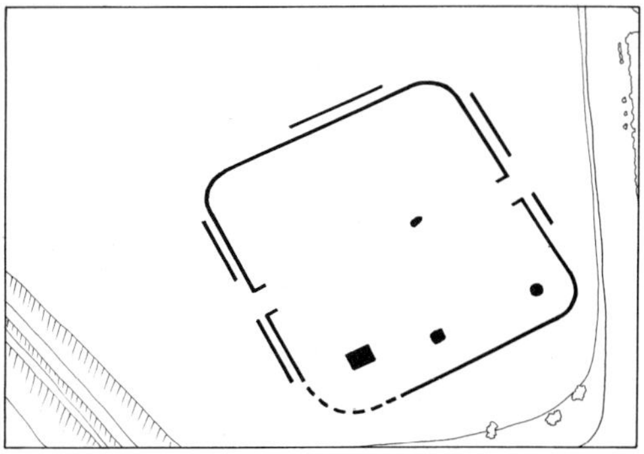

Abb. 206 Bad Friedrichshall-Kochendorf. Umzeichnung des Luftbilds vom 31. 5. 1990

Abb. 207 Frittlingen. Luftbild vom 4. 8. 1990 mit Holz-Erde-Kastell und geologischen Spuren

Einem Fundbericht aus dem Jahr 1989 von H. Riexinger folgend, der frühe römische Keramik von einem Acker in Bad Friedrichshall-Kochendorf, Kreis Heilbronn, aufsammelte, stand dessen Fundplatz im Flugjahr 1990 in der Befliegungsliste obenan. Das Luftbild vom 31. Mai 1990 (Abb. 205, 206) belegt den Erfolg der Aktion: Im Getreide prägen sich als helle Züge die Fundamente eines kleinen Steinkastells ab, das wohl als Behausung für einen Numerus über dem Kocher den Endpunkt des Odenwaldlimes bildete und der pro-

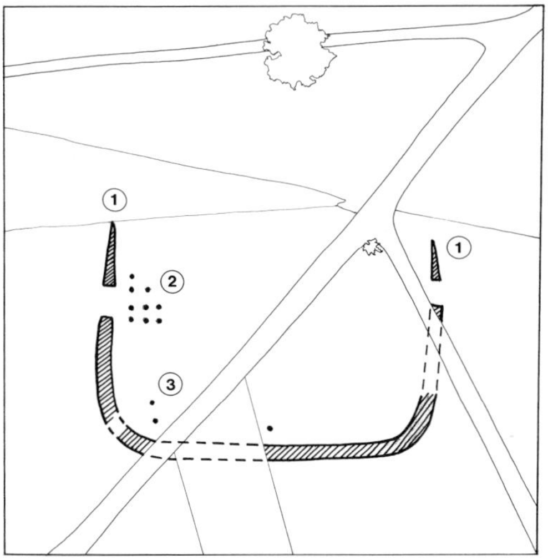

Abb. 208 Frittlingen. Umzeichnung des Luftbildes vom 4. 8. 1990. 1 erodierte spitze Grabenenden, 2 Pfostengruben des Torbaues, 3 mögliche Spuren eines Wachtturms

vinzialrömischen Forschung bisher durch die Maschen schlüpfte. Das Beispiel belegt erneut, wie sehr die gezielte Verknüpfung von einschlägigen Hinweisen und Nachrichten aus unterschiedlichen Quellen der Flugprospektion und damit der präventiven Bodendenkmalpflege zum Erfolg verhelfen kann – das Kochendorfer Kastell grenzt unmittelbar an eine Wohnsiedlung.

Das Holz-Erde-Kastell von Frittlingen, Kreis Tuttlingen, verdankt seine Entdeckung einer kräftigen Trockenperiode, die im August 1990 zu großflächigem Auftreten von geologischen Mustern auf der Schwäbischen Alb und in ihrem Vorland führte. Unter dem im Gras sichtbaren Netzwerk des zerklüfteten Lias, der sich im Osten des Dorfes unter dem Braunjura vorschiebt, hob sich am 4. August der schon arg erodierte Graben eines Kleinkastells hervor (Abb. 207). Seine in Hangrichtung spitz auslaufenden Enden (Abb. 208. 1), zeigen an, daß der Bodenabtrag hier bereits die Grabensohle erreicht hat. Den einstigen Torbau markieren vor der linken Erdbrücke mächtige Pfostengruben, die zu einem regelmäßigen Punktemuster zusammenrücken und damit den römischen Charakter der Anlage unterstreichen (2). Die beiden runden Gruben in der linken unteren Ecke des Kastells (3) könnten einen Wachtturm markieren. Am Fuße der Alb und knapp 7 km südöstlich vom wichtigen Truppenplatz Rottweil angelegt, dürfte das frühe Kastell am ehesten der äußeren Sicherung der großen Garnison gedient haben.

Otto Braasch

Literaturhinweise

A. Tabbagh, Thermal Prospecting, in: I. Scollar, Archaeological prospecting and remote sensing, 1990, 591 ff. – O. Braasch, Luftbildarchäologie in Süddeutschland, Schr. Limesmus. 30, 1983, 15 ff. – Ders., Beobachtungen an der spätkeltischen Viereckschanze von Hartkirchen, Das arch. Jahr in Bayern 1984, 88 ff. – Ders., Winter Flights into Mediaeval Bavaria, in: David Kennedy, Into the Sun, 1989, 72 ff. – Ders., Daten und Gedanken zur Luftbildarchäologie in Baden-Württemberg. Denkmalpfl. Bad.-Württ. 19, 1990, 149 ff. – J. Heiligmann, Der »Alb-Limes«, Forsch. u. Ber. Vor- u. Frühgesch. Bad.-Württ. 35, 1990, 11. – M. Rind, Ein neu entdecktes frührömisches Kleinkastell in Weltenburg, Landkreis Kelheim, Das arch. Jahr in Bayern 1989, 118. – M. Mackensen, Frühkaiserzeitliche Kleinkastelle bei Nersingen und Burlafingen an der oberen Donau, Münchn. Beitr. Vor- u. Frühgesch. 41, 1987, 13 ff. – H. Schönberger, Die römischen Truppenlager der frühen und mittleren Kaiserzeit zwischen Nordsee und Inn, Ber. RGK 66, 1985 (1986), 491. – K. Bittel, S. Schiek, D. Müller, Die keltischen Viereckschanzen. Atlas Archäolog. Geländedenkmäler in Bad.-Württ. (1990) 26, Abb. 10a; 211–222, Abb. 122.

Archäologische Auswertung von Luftbildbefunden aus Müllheim, Kreis Breisgau-Hochschwarzwald

1987 wurden im Markgräflerland auf Gemarkung Müllheim, Gewann »Luginsland«, im Luftbild Strukturen festgestellt, die auf eine archäologische Fundstelle hinwiesen (Abb. 209). Sie liegt in 343 m Höhe auf einem lößbedeckten landwirtschaftlich genutzten Acker oberhalb der mit Reben bewachsenen Hänge des »Reckenhags« beim Jägerhäusle, einem Denkmal, das zu Ehren der im Ersten Weltkrieg gefallenen Soldaten des »Jägerregiments zu Pferde Nr. 5« errichtet wurde. Dieser markante Aussichtspunkt im Umkreis des Jägerdenkmals mit Blick ins Rheintal, ins Elsaß und in den Schwarzwald ist ein beliebtes Ausflugsziel im Markgräflerland. Man kann sich vorstellen, daß auch schon in früheren, vorgeschichtlichen Zeitepochen diese Gegend die damaligen Menschen angezogen hat.

In dieser Nähe wurden im Gewann »Am Rekkenhag« 1892 ein frühlatènezeitliches Grab, im Gewann »Reckenhag-Hohle« 1950/51 merowingerzeitliche Plattengräber sowie im Gewann »Im Riedberg« 1940 beim Bau von Dekkungsstollen ein beigabenloses geostetes Skelett in gestreckter Rückenlage entdeckt.

Die topographische Lage, die Sichtverbindung in die nähere Umgebung, Klima, Lößböden und das weitere archäologische Umfeld sprechen für eine vorgeschichtliche Besiedlung dieses Höhenzuges und verstärken die Vermutung, daß mit der im Luftbild neu entdeckten Fundstelle ein weiterer Fundpunkt auf der archäologischen Verbreitungskarte gewonnen wurde. Im Luftbild zeichneten sich kreisförmig verlaufende Grabenstrukturen mit runden Verfärbungen in den Kreiszentren und zwischen den beiden Kreisgräben ab (Abb. 209). Kreisgräben sind Erscheinungen, die in verschiedenen Regionen und in mehreren archäologischen Kulturen zu beobachten sind. Sie weisen auf Grabensysteme hin oder werden als Reste von Grabhügeln – als Markierung oder Begrenzung des eigentlichen Bestattungsplatzes – angesehen, wie archäologische Untersuchungen zeigen.

Die Art und Anordnung dieser Luftbildbefunde auf dem »Luginsland« deuten aufgrund vergleichbarer Befunde auf vermeintliche Kreisgräben hin als Teile von verflachten Grabhügeln, deren Hügelschüttungen im Laufe der Zeit durch intensive landwirtschaftliche Nutzung und die damit verbundene Erosion abgetragen wurden. Die runden Strukturen im Zentrum der Kreisgräben sprachen zunächst für mögliche Bestattungen im Hügelinnern. Im Bewuchs waren keine Veränderungen zu erkennen, auch wurden bei Feldbegehungen weder Verfärbungen im Acker beobachtet noch Oberflächenfunde aufgelesen, die Hinweise auf eine zeitliche Einordnung dieser Anlage hätten geben können. Da in dieser Höhenlage mit einer starken Erosion zu rechnen ist, lag die Vermutung nahe, daß die Gräber in der Hügelperipherie und im Zentrum extrem gefährdet oder bereits zerstört waren.

Das Landesdenkmalamt Baden-Württemberg, Archäologische Denkmalpflege, veranlaßte im Sommer 1990 eine Untersuchung mit dem Ziel, diese mutmaßlichen Grabhügel vor ihrer endgültigen unkontrollierten Zerstörung zu bewahren.

Unter der maschinell abgetragenen Humusdecke zeichnete sich in einer Fläche von 40 × 100 m im hellgelben Löß ein halbkreisförmig verlaufender Graben mit einer Breite zwischen 1,15 m und 1,35 m, einem inneren Durchmesser von 13,30 m und einem äußeren von 15,60 m ab. Die Grenzen zum anstehen-

Abb. 209 Müllheim. Strukturen im Luftbild

den Löß waren sehr undeutlich gekennzeichnet; die Einfüllung bestand aus hellbraunem Lößlehm. Die Querprofile zeigten eine unterschiedliche Grabentiefe zwischen 0,48 m und 0,96 m, die hangabwärts zunahm. Der Graben war schräg, an anderer Stelle auch senkrecht eingetieft; die etwa 1 m breite Grabensohle verlief annähernd eben (Abb. 210. 2a).

Im Abstand von 8 m hob sich im Planum der zweite Kreisgraben ab (Abb. 210. 2b), der mit einer durchschnittlichen Breite von 1,50 m, einem inneren Durchmesser von 13,30 m und einer Tiefe von 0,60 bis 0,70 m erhalten war. Das Profil zeigte eine weitgehend ebene Grabensohle von 0,70 m Breite und schräg verlaufende Grabenwände. Die Grenzen zum anstehenden Löß waren wie bei Graben 1 ebenfalls undeutlich erhalten; die Einfüllung bestand aus hellbraunem Lößlehm. Die Funde aus beiden Grabenverfüllungen setzten sich aus Tierknochen und überraschenderweise aus glasierter neuzeitlicher Keramik zusammen.

Im Zentrum von Graben 1 konnte auch die bereits im Luftbild festgestellte runde Verfärbung von 5,70 m Durchmesser beobachtet werden (Abb. 210. 1a), die sich mit einer maximalen Tiefe von 0,70 m erhalten hat. Die Einfüllung war mit unterschiedlich großen Betonbrocken vermischt; das Profil zeigte eine stufenförmige Wandung; die Sohle war nach oben gewölbt.

Ein ähnlicher Befund zeichnete sich im Zentrum von Graben 2 ab (Abb. 210. 1c), wo sich die Grenzen der kreisrunden Verfärbung mit einem Durchmeser von 4,10 m scharfkantig im anstehenden Löß abhoben. Zur Grubensohle hin wurde ein nicht ganz geschlossener Ring aus dicht beieinander liegenden Kiesbeton-

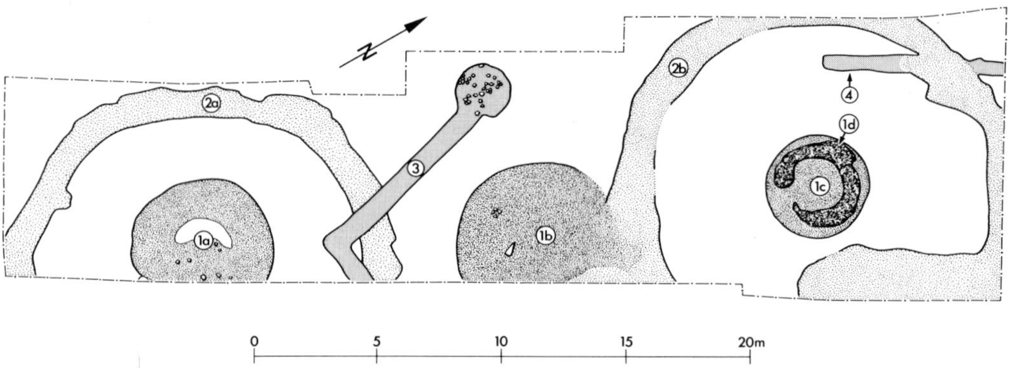

Abb. 210 Müllheim. Übersichtsplan der archäologischen Befunde

brocken beobachtet mit einem Durchmesser von 3,40 m und einer Dicke von 0,40 m (Abb. 210. 1d).
Zwischen den beiden Kreisgräben fand sich eine weitere runde dunkelbraune Verfärbung, die z. T. in den Randbereich von Graben 2 hineinragte, wobei nicht geklärt werden konnte, ob dieser Befund den Graben schneidet. Der Durchmesser betrug 5,70 m. Die Sohle dieser Grube konnte nicht erreicht werden, da diese mit mächtigen Betonbrocken verfüllt war, die schräg in der Verfüllung steckten und nur durch Maschineneinsatz hätten bewegt werden können. Für einen größeren Betonbrokken wurde ein Durchmesser von 8 m errechnet.
Graben 1 wurde in seinem östlichen Verlauf von einem 0,85 m breiten und 0,86 m tiefen Graben geschnitten (Abb. 210. 3), der annähernd nach Norden ausgerichtet war und nach 7,50 m in eine runde Steinsetzung von 2,15 m Durchmesser einmündete. Am anderen Ende knickte er im rechten Winkel um und verlief in östlicher Richtung weiter. Dieser Graben war senkrecht in den Kreisgraben eingetieft, die Grenzen zeichneten sich scharfkantig ab; die 0,80 m breite Grabensohle verlief eben; die fundleere Einfüllung bestand aus hellbraunem Lößlehm, vermischt mit gelbem Löß. Im Profil war deutlich zu erkennen, daß dieser schmale geradlinig verlaufende Graben den Kreisgraben schneidet, also zeitlich gesehen jünger sein muß, ohne jedoch den zeitlichen Abstand näher präzisieren zu können. Die Wände der runden, mit Steinen verfüllten Grube am nördlichen Grabenende verliefen schräg nach unten. Sie war noch 1,60 m tief und in das anstehende Gestein eingetieft. Dieser Befund (Abb. 210. 3) – Graben mit runder Grube – war im Luftbild nicht zu erkennen.
Ein weiterer, parallel zur Schnittgrenze verlaufender 0,60 m breiter Graben, der bis zu einer Länge von 7,30 m verfolgt werden konnte, zeichnete sich im Bereich des zweiten Kreisgrabens ab (Abb. 210. 4). Im Planum war nicht zu erkennen, ob dieser geradlinig ausgerichtete Graben den Kreisgraben schneidet, so daß über das zeitliche Verhältnis beider Gräben zueinander keine Aussagen möglich sind. Er ähnelt in seinem Verlauf Graben 3.
Die im Luftbild festgehaltenen Strukturen konnten im Verlauf der Grabung als Verfärbungen erkannt und im Planum verfolgt werden. Die anfängliche Vermutung, Reste verflachter Grabhügel mit Gräbern anzutreffen, bestätigte sich jedoch nicht. Ob weiterhin ein Zusammenhang zwischen den Kreisgräben und den runden zentralen Verfärbungen herzustellen ist, muß zunächst offenbleiben, ebenso das zeitliche Verhältnis zueinander.

Nachdem wiederholt neuzeitliche Keramik aus den Grabeneinfüllungen geborgen wurde und sich in den runden Verfärbungen in zunehmender Tiefe Betonbrocken häuften und weiterhin die Funde gänzlich fehlten, die auf eine archäologisch definierte Kultur hätten hinweisen können, verstärkte sich zusehends der Verdacht, daß es sich bei den oben beschriebenen Befunden wohl um eine neuzeitliche militärische Anlage aus dem Ersten oder Zweiten Weltkrieg handeln könnte.

Dies wurde durch Hinweise von seiten der Bevölkerung bekräftigt, die von militärischen Beobachtungsstellungen während des Zweiten Weltkrieges berichtete, die auf diesem markanten Punkt auf dem »Luginsland« errichtet worden waren. Hangabwärts fanden sich Bunker, die nach dem Zweiten Weltkrieg gesprengt und eingeebnet wurden. Möglicherweise sind die archäologisch nachgewiesenen Befunde im Zusammenhang mit dem Bau des Westwalles am Oberrhein zu sehen. Sie könnten auch mit dem nach 1871 geplanten Befestigungssystem zur Sicherung des Oberrheins zwischen Isteiner Klotz und Breisach in Verbindung gebracht werden.

Eine abschließende Beurteilung und eine zufriedenstellende Deutung der Einzelfunde sowie des Gesamtbefundes kann zur Zeit noch nicht gegeben werden. In Zusammenarbeit mit den Militärhistorikern soll nun erforscht werden, in welchen Bereich der jüngeren Militärgeschichte diese Befunde einzuordnen sind. Auch müssen noch die Ergebnisse der Beton-

Abb. 211 Huttingen, Gemeinde Efringen-Kirchen. Militärisches Stellungssystem (Schützengraben)

analysen abgewartet werden, die Hinweise zum Alter – ob Erster oder Zweiter Weltkrieg – geben können.
Auf Luftbildern sind bisher in dieser Region durchaus schon Verfärbungen von militärischen Stellungssystemen festgehalten worden, die aufgrund der eindeutigen Struktur auch als solche erkannt wurden (Abb. 211) wie das Beispiel aus Huttingen, Kreis Lörrach, zeigt. Huttingen, Gemeinde Efringen-Kirchen, liegt im Einzugsbereich des Isteiner Klotzes, der im Ersten und Zweiten Weltkrieg ein strategisch wichtiges Zentrum und entsprechend militärisch befestigt war.
Daß in Müllheim, »Luginsland«, die kreisförmigen Gräben in Kombination mit runden Verfärbungen sich nach den bisherigen Erfahrungen in der archäologischen Denkmalpflege nicht als Bestattungsplatz erwiesen haben, war eine enttäuschende Überraschung. Einerseits zeigt dieses Beispiel, daß die Prospektion aus der Luft, auch Luftbildarchäologie und neuerdings von O. Braasch »archäologisch-historische Flugprospektion« genannt, eine wichtige und für die Archäologie unverzichtbare Methode ist, um den noch erhaltenen Bestand an Fundstellen zu erfassen, daß andererseits jedoch die endgültige Interpretation der im Luftbild sich abzeichnenden Befunde und Strukturen sowie die zeitliche und kulturelle Einordnung nur durch archäologische Ausgrabungen geklärt werden können. Dieses Beispiel zeigt weiterhin, daß in der Archäologie immer Überraschungen zu erwarten sind.
In diesem Zusammenhang danken wir der Stadtverwaltung Müllheim und dem Staatlichen Vermessungsamt Müllheim für die Unterstützung im Vorfeld und während der Ausgrabung sowie dem Grabungsteam für seinen Einsatz vor Ort.

Jutta Klug

Literaturhinweise
O. Braasch, Daten und Gedanken zur Luftbildarchäologie in Baden-Württemberg. Denkmalpflege in Baden-Württemberg 19, 1990, 149 ff. (dort weitere Literatur). – W. Fischer, Über die Müllheimer Flurnamen. Das Markgräflerland 23, 1961, 166 ff. – Ders., Die Flurnamen der Stadt Müllheim in Baden. Ein Beitrag zur Sprachgeschichte und Volkskunde des Markgräflerlandes. Forschungen zur Oberrheinischen Landesgeschichte XII, 1964, 164. – J. Rehmet, Neues zur Kreisgrabengeschichte. Opuscula. Festschrift für Franz Fischer. Tübinger Beiträge zur Vor- und Frühgeschichte, [2]1987, 71 ff. – F. Schülin, H. Schäfer, Istein und der Isteiner Klotz. Beiträge zur Orts-, Landschafts- und Wehrgeschichte (1961) 100. – O. E. Sutter, Müllheimer Flurnamen. Das Markgräflerland 31, 1969, 117 ff.

Fundmünzen aus Württemberg

Die im Münzkabinett des Württembergischen Landesmuseums neu bearbeiteten Fundmünzen stammten wieder wie gewohnt aus verschiedenen Grabungen des Landesdenkmalamts oder aus Funden, die von privater Seite entweder direkt oder über das Landesdenkmalamt gemeldet wurden. Fundgruppen mit mehreren Stücken kamen u. a. aus den Grabungen in Bopfingen (Ostalbkreis), Öhringen (Hohenlohekreis) und Tübingen sowie aus »halboffiziellen« und privaten Bergungen in Geislingen (Zollernalbkreis), Neuhausen/Filder (Kreis Esslingen) und Uhingen-Filseck (Kreis Göppingen). Unter den älteren Einlieferungen wurde die Bestimmung der Fundmünzen von der Burg Amlishagen bei Gerabronn (Kreis Schwäbisch Hall) so gut wie abgeschlossen. Fortgesetzt wurde sie bei verschiedenen kleineren Fundkomplexen vor allem aus den verschiedenen Esslinger Grabungen (Predigerkloster, Denkendorfer Pfleghof, »Zum Karmeliter« und Ehnisgasse), Tübingen (Kornhaus) und Kloster Adelberg (Kreis Göppingen).

Älteste Fundmünze war wie schon im Vorjahr ein keltisches Stück, und zwar eine gegossene Potin-(d. h. Bronze-)Münze des sog. Grosse-Tête-Typs (Abb. 212.f). Es handelt sich dabei um eine weit verbreitete keltische Emission, deren frühere Zuweisung an die Sequaner wohl etwas zu modifizieren ist. Die Münze zeigt auf der Vorderseite einen nach links gerichteten, grob gezeichneten Kopf mit einem doppelten Kopfband, während auf der Rückseite ein nach links springender »Vierfüßler« mit erhobenem Kopf und erhobenem Schwanz erscheint. Sie wurde im Bereich der Elsach-Stadt des Heidengrabens bei Grabenstetten (Kreis Reutlingen) gefunden und unterstreicht einmal mehr die Bedeutung der dortigen keltischen Siedlung. Schon 1902 kam in der Flur Seelenau ein Exemplar dieses Münztyps zutage, das heute in Bad Urach aufbewahrt wird und im Heidengraben-Führer abgebildet ist.

Die beiden Grabungen in Bopfingen (Industriegebiet Südost bzw. röm. Straßenstation) und Öhringen (Römerbadhalle bzw. röm. Vicus) erbrachten zwei kleine, typische Münzgruppen, die vom Ende des 1./Anfang des 2. bis zum Ende des 2. Jh. n. Chr. reichen. Am Anfang stehen jeweils meist stärker abgenutzte und in der Regel schlecht erhaltene Kupferprägungen, an die sich dann Denare anschließen. Abgesehen von einem stärker korrodierten As des Vespasian kann die Bopfinger Serie hier vollständig im Bild vorgestellt werden. Sie besteht aus einem As des Domitian, der dem erkennbaren Rest der Umschrift zufolge in den Jahren 80/81 n. Chr. unter Titus geprägt wurde (Abb. 212.d), einem Sesterz des Trajan, der aus ähnlichen Gründen in die ersten Jahre seiner Regierung (ca. 98–100 n. Chr.) zu datieren ist (Abb. 212.e), sowie Denaren der Faustina I. (Abb. 212.a) und Julia Domna (Abb. 212.b), die nach 141 bzw. zwischen 193 und 197 n. Chr. entstanden sind. Aus dem Bereich des römischen Vicus von Bopfingen-Oberdorf stammt als privater Fund ein noch unter Mark Aurel in den Jahren 175/176 n. Chr. geprägter Denar des Commodus (Abb. 212.c). Die Öhringer Gruppe wird hier nur durch einen von zwei Assen des Hadrian repräsentiert (Abb. 212.g), da der andere zu schlecht erhalten ist und die beiden weiteren Münzen, ein Sesterz der Faustina II. und ein subärater Denar vermutlich des Septimius Severus, erst noch präpariert werden müssen. Als private römische Einzelfunde wurden eine kaum mehr bestimmbare Kupferprägung aus Murrhardt (Rems-Murr-Kreis) und ein As der Faustina I. aus Jagsthausen (Kreis Heilbronn) (Abb. 212.h) gemeldet.

Eine umfangreichere römische Reihe, die über den für Bopfingen und Öhringen genannten zeitlichen Rahmen noch etwas hinausgeht, wurde wieder aus Geislingen (Zollernalbkreis) vorgelegt. Hier fällt der hohe Anteil an subäraten Denaren, also zeitgenössischen Fälschungen mit einem Kupferkern, die zum Schaden des Zahlungsverkehrs hergestellt wurden, auf. Bei zwei Ausgaben des Domitian und Nerva ist die dünne Silberhaut stellenweise durchkorrodiert und abgegangen, so daß sich der unedle Kern deutlich darunter abhebt (Abb. 212.i und l). Der »irreguläre« Charakter der Münze des Domitian, bei der auch der Kupferkern schon stärker ausgebrochen ist, zeigt sich überdies darin, daß die Iterationsziffern der in den Umschriften genannten Titel des Kaisers nicht zusammenpassen. Von einer entsprechenden Prägung der Julia Maesa, der Großmutter des Kaisers Elagabal, ist nur noch der pure

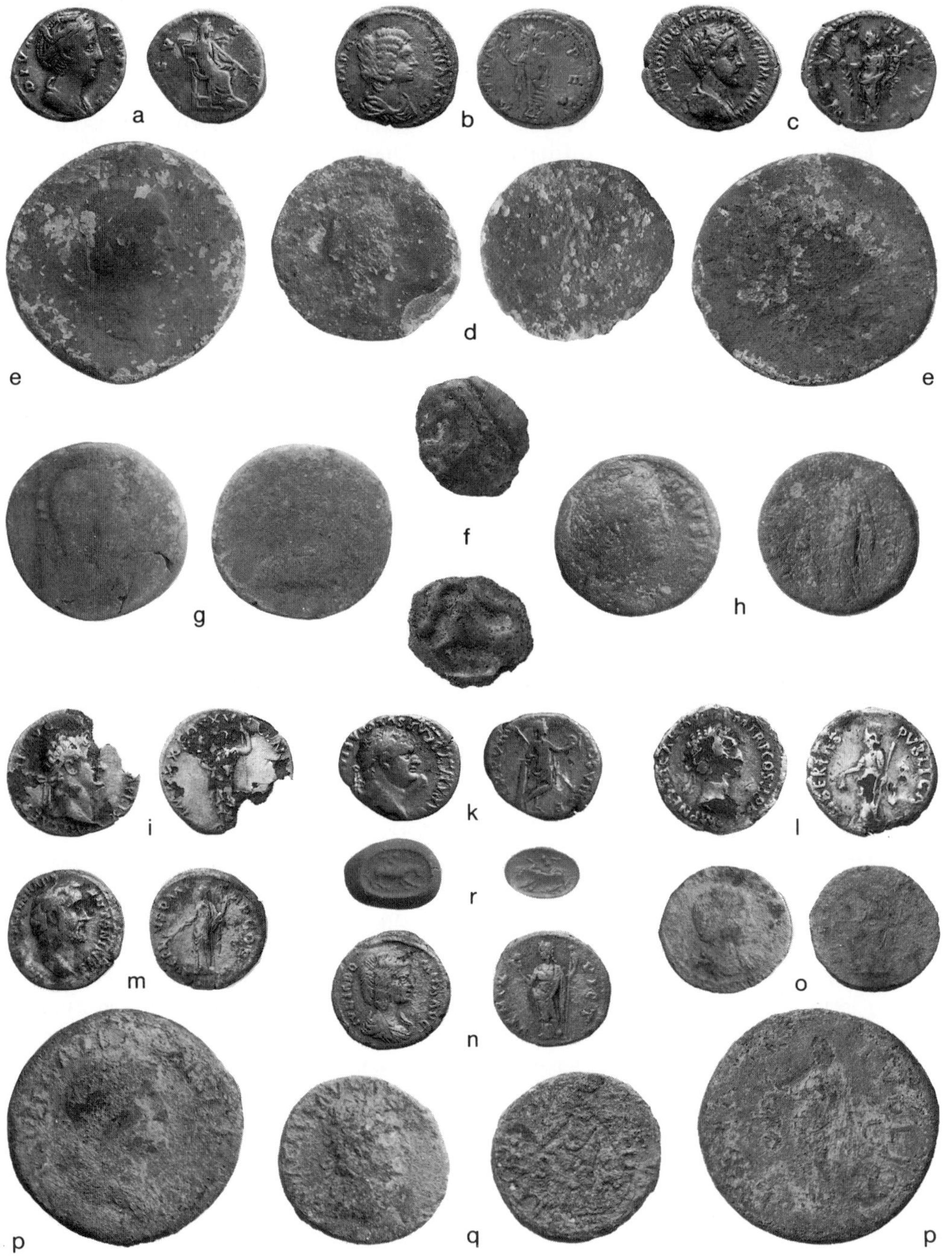
a
b
c
d
e
e
f
g
h
i
k
l
r
m
o
n
p
q
p

Kupferkern ohne jede Spur eines Silberüberzugs oder einer Versilberung erhalten (Abb. 212.o). Die weiteren Denare aus Geislingen sind guthaltige Emissionen des Titus (Abb. 212.k), Antoninus Pius (Abb. 212.m) und der Julia Domna (Abb. 212.n). Letztere wurde wie auch das Bopfinger Fundstück dieser Kaiserin (Abb. 212.b) in einer östlichen, d. h. syrischen Münzstätte geprägt. Bei den zwei aus Geislingen stammenden Kupfermünzen handelt es sich um einen Sesterz des Galba aus dem Jahre 68 n. Chr. (Abb. 212.p) und um einen As des Nerva aus dem Jahre 97 n. Chr. (Abb. 212.q). Schließlich ist aus Geislingen auch wieder eine kleine Gemme zu verzeichnen, die einen auf einem Pferd reitenden Amor zeigt (Abb. 212.r, mit Abdruck und Original). Sozusagen eine Ergänzung zu den Geislinger Fundmünzen bildet außerdem ein nicht mehr näher bestimmbarer As des Domitian, der auf der angrenzenden Markung von Binsdorf gefunden wurde.

Ein kleiner, aber bemerkenswerter hochmittelalterlicher Münzschatz wurde bei der Grabung am Tübinger Kelternplatz nahe der ehemaligen Stadtmauer entdeckt (Abb. 213). Er bestand aus zwölf (Silber-)Pfennigen und stellte somit den Rechnungswert eines Schillings dar. Dieser Betrag entsprach beispielsweise dem sechsten Teil des jährlichen Zinses, für den das Kloster Kreuzlingen im Jahre 1185 ein Gut in dem abgegangenen Ort Mühlhausen bei Herrenberg dem Tübinger Ministerialen Ritter Adalbert von Ehningen auf Lebenszeit überließ. Die Münzen wurden als kleine kompakte Münzrolle gefunden (Abb. 213), waren aber so wenig oxidiert, daß sie nach Entfernung der anhaftenden Erdkruste und vereinzelter Textilreste leicht mit einer Nadel voneinander getrennt werden konnten und auch kaum gereinigt zu werden brauchten. Die Textilreste, bei denen es sich um Leinen handelt, weisen vielleicht darauf hin, daß die Münzen in einem Stoffbeutel aufbewahrt oder in ein Gewand eingenäht worden waren. Vier der zwölf Pfennige, die einen Durchmesser von etwa 20 mm haben und zwischen 0,50 und 0,65 g wiegen, sind Ausgaben der Pfalzgrafen von Tübingen, wie sie schon in zahlreichen Funden des 12./13. Jh. vorgekommen und seit Beginn dieses Jahrhunderts auch zweifelsfrei identifiziert sind (Abb. 213.i–m). Als zweiseitige Prägungen zeigen sie in wulstig-grober Zeichnung auf der Vorderseite eine Burgdarstellung, die sich aus einem rhombenförmigen Hof mit einem Ringel in der Mitte und drei darüber erhebenden Türmen mit dreieckigen Dächern zusammensetzt, während auf der Rückseite ein gleicharmiges Kreuz angebracht ist. Meist sind diese Bilder nicht besonders gut erkennbar, da die tief geschnittenen Stempel die dünnen Schrötlinge nur unvollständig erfaßt haben und sich die Darstellungen auf den Gegenseiten negativ abzeichnen. In dieser Gestalt gehören die Tübinger Pfennige, die von etwa 1150 bis um 1300 mit eben diesem Münzbild in nur zwei wenig unterschiedenen, aufeinanderfolgenden Typen aufgelegt wurden, zu den häßlichsten und ästhetisch am wenigsten ansprechenden deutschen Münzen der Stauferzeit. Die vier Exemplare vom Tübinger Kelternplatz sind Prägungen des älteren Typs, der mit

Abb. 212 Antike Fundmünzen von verschiedenen Orten. Denare der Faustina I. (a), Julia Domna (b), des Commodus (c) und Kupferprägungen des Domitian (d) und Trajan (e) aus Bopfingen, keltische Bronzemünze vom Heidengraben (f), Asse des Hadrian aus Öhringen (g) und der Faustina I. aus Jagsthausen (h), Denare des Domitian (i), Titus (k), Nerva (l), Antoninus Pius (m), der Julia Domna (n), der Julia Maesa (o) und Kupferprägungen des Galba (p) und Nerva (q) sowie Gemme (r) aus Geislingen. Maßstab 1:1

Abb. 213 Tübingen. Schatzfund von 12 Pfennigen vom Ende des 12. Jh. im Fundzustand, in verschiedenen Stadien der Reinigung und in Einzelbildern. Maßstab 1:1

fünf Stücken zum Beispiel auch in dem um 1180 verborgenen, 1973 entdeckten Münzschatz aus der Martinskirche in Sindelfingen (Kreis Böblingen) vertreten war. Die übrigen acht Münzen des Tübinger Fundes repräsentieren einen in Stil und Machart ähnlichen, aber bisher unbekannten Münztyp (Abb. 213.a–h). Seine Vorderseite trägt ebenfalls eine – sozusagen aus allen acht Exemplaren zu erschließende – dreitürmige Burgdarstellung, die jedoch aus einem kastenförmigen Gebäude mit einem kugelbesetzten, brückenartigen Zugang, einem behelmten Mittelturm und zwei von zwei Kugeln bekrönten Zinnentürmen besteht. Eine technische Besonderheit dieser acht Münzen ist es, daß sie alle ohne Ausnahme auf der Rückseite die vor der Prägung umgeschlagenen Ecken der ursprünglich quadratisch zugeschnittenen Münzplättchen aufweisen. Da diese Ecken den Prägestempel abgehalten haben, ist hier das Rückseitenbild, das eine ähnliche Kreuzdarstellung wie auf den schon bekannten Tübinger Pfennigen zeigt, besonders schwach ausgeprägt. Dagegen erscheinen gerade auf den Ecken deutlichere Spuren der Randverzierung, die sich offensichtlich aus Strichen, Kreuzen und Ringeln zusammensetzt. Anhaltspunkte für eine nähere Bestimmung, Datierung und Lokalisierung dieses Münztyps bietet neben dem Fundort ein Vergleich mit den schon bekannten Tübinger Pfennigen und weiteren, allgemein als neckarschwäbisch bezeichneten Prägungen, die eine Burgdarstellung aufweisen. Die nächsten Parallelen sind eine ebenfalls zweiseitige, erstmals 1954 aus der Masse der Tübinger Pfennige ausgesonderte, bisher nur in wenigen Exemplaren nachgewiesene Münzsorte, die in etwas anderer Weise ein kastenförmiges Gebäude mit der Turmdarstellung verbindet, sowie eine einseitige Hohlprägung mit dreitürmiger Burg und umgeschlagenen Ecken, die zuletzt in größerer Zahl im erwähnten Fund aus der Sindelfinger Stiftskirche vorgekommen ist. Als Fazit dieses Vergleichs, der mit entsprechenden Illustrationen an anderer Stelle eingehender geführt werden soll, sei hier festgehalten, daß nach bisherigem Erkenntnisstand die zweiseitigen Burgpfennige und somit auch der neue Münztyp vom Tübinger Kelternplatz vermutlich insgesamt als Tübinger Prägungen anzusehen sind. Sie bereichern die bislang so gut wie ausschließlich nur durch die Ausgaben mit dem rhombenförmigen Mauerring repräsentierte Münzprägung der Tübinger Pfalzgrafen um einige weitere Spielarten, die wie die ältere Version des bekannten Typs vor allem im letzten Drittel des 12. Jh. entstanden sind.

Als Einzelfunde kamen bei der Grabung am Tübinger Kelternplatz drei Münzen zutage, die sich über einen Zeitraum von rund 1500 Jahren erstrecken. Etwas aus dem Rahmen fällt das älteste Stück, eine Kleinbronze des Caracalla, die zu Beginn des 3. Jh. n. Chr. in der lydischen Stadt Thyateira in Kleinasien geprägt wurde (Abb. 214.a). Sie zeigt auf der Vorderseite eine lorbeerbekränzte Büste des Kaisers und auf der Rückseite eine stehende Tyche. Da trotz des merkwürdigen Fundorts und einer für unsere Region ungewöhnlichen Patina nach Angabe des Ausgräbers an der Fundmünzeneigenschaft dieser Prägung nicht zu zweifeln ist, muß man sie ähnlich bewerten wie andere Kleinbronzen des Caracalla, allerdings aus thrakischen Münzstätten, die in den letzten Jahren in römischem Kontext in Walheim, Köngen und Lorch gefunden wurden. Das zweite Stück ist ein nur bruchstückhaft erhaltener, in Rottenburg nach dem Münzvertrag von 1396 unter Herzog Leopold von Österreich geprägter Heller der Grafschaft Hohenberg mit Bindenschild und Gabelkreuz (Abb. 214.b). Beim dritten Tübinger Einzelfund handelt es sich um ein »Dreipetermännchen« des Trierer Erzbischofs Johann Hugo von Orsbeck aus dem Jahre 1708 (Abb. 214.c).

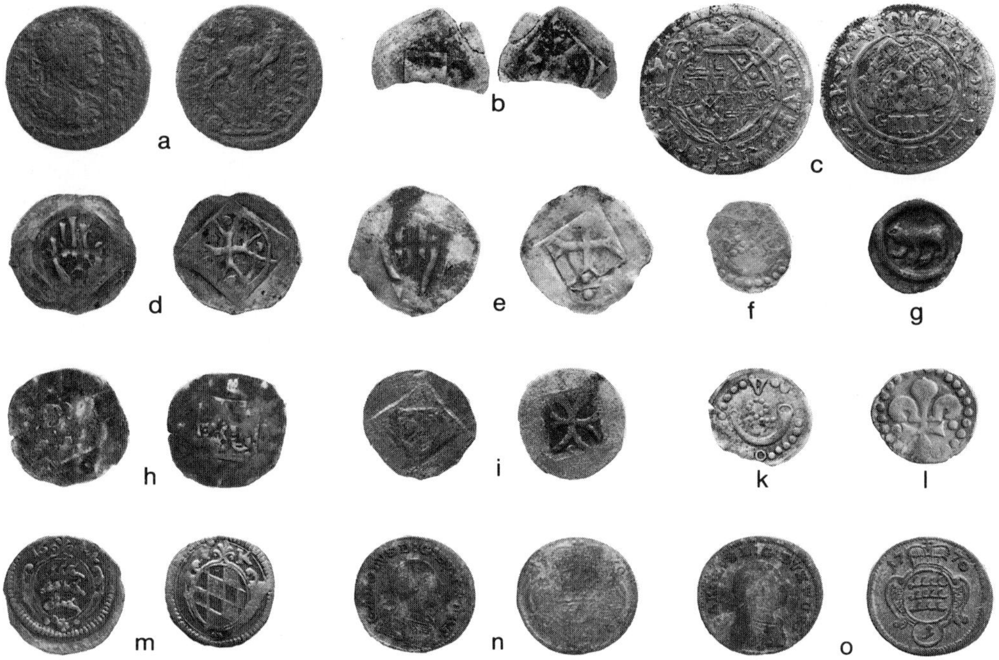

Abb. 214 Antike, mittelalterliche und neuzeitliche Fundmünzen von verschiedenen Orten. Bronzemünze des Caracalla (a), Hohenberger Heller (b) und Trierer Dreipetermännchen (c) aus Tübingen, Heller (d–e), württembergischer Pfennig (f), Berner Hohlringheller (g) und württembergischer Kreuzer (o) aus Schloß Filseck, Pfennig Regensburger Schlags (h) und Augsburger Heller (i) vom Hinteren und Mittleren Wielandstein, württembergischer Pfennig (k) und württembergischer Kreuzer (n) aus Esslingen, Straßburger Pfennig (l) und württembergischer Kreuzer (m) aus Adelberg. Maßstab 1:1

Die Münze, die eine Wappendarstellung und den auf Wolken schwebenden Petrus zeigt, weist auf beiden Seiten einen um 90° verschobenen Doppelschlag auf, demzufolge beispielsweise auf der Vorderseite die Jahreszahl z. T. doppelt zu lesen ist.

Ebenfalls eine von der Antike bis in die Neuzeit reichende »Münzreihe« kommt von Schloß Filseck bei Uhingen. Hier handelt es sich beim römischen Auftakt, einem Dupondius des Mark Aurel aus dem Jahre 169/170 n. Chr., aber sicher um einen Sekundärfund. Das Mittelalter ist mit zwei Hellern aus der zweiten Hälfte des 13. Jh. vertreten (Abb. 214.d und e). Zur Neuzeit leitet ein stark abgeschliffener württembergischer Jagdhorn-Pfennig (oder vielleicht auch -Heller) des 15./16. Jh. über (Abb. 214.f). Sie ist durch einen Berner Hohlringheller aus dem zweiten Drittel des 16. Jh. (Abb. 214.g), einen Nürnberger Rechenpfennig aus der Zeit um 1600 und einen württembergischen Kreuzer von 1770 (Abb. 214.o) repräsentiert. Aus dem üblichen Umkreis der mittelalterlichen und neuzeitlichen Kleinmünzen können ferner einige weitere Stücke von verschiedenen Fundorten abgebildet werden. Im einzelnen sind es ein nicht mehr näher bestimmbarer Pfennig Regensburger Schlags vom Hinteren Wielandstein bei Lenningen (Kreis Esslingen) (Abb. 214.h), eine wie der Hohenberger Heller (siehe Abb. 214.b) nach dem Vertrag von 1396 geprägte Ausgabe des Hochstifts Augsburg vom Mittleren Wielandstein (Abb. 214.i), ein württembergischer Pfennig mit der Initiale V, der neuerdings als Ausgabe des Grafen Ulrich V. von 1469 erklärt wird, aus Esslingen (»Zum Karmeliter«) (Abb. 214.k), ein Straßburger Lilienpfennig vom Ende des 16./Anfang des 17. Jh. und ein württembergischer Kreuzer von 1644 aus Adelberg (Abb. 214.l und m) oder ein weiterer Kreuzer Herzog Karl Eugens von Württemberg mit der Jahreszahl 1769 aus dem Esslinger Prediger-kloster (Abb. 214.n). Außer der genannten Münze wurde beim Mittleren Wielandstein auch der Siegelstempel eines Reinhard von Stein (bzw. Stain) mit der lateinischen Umschrift S(igillum) REINHARDI DE LABIDE (sic!) und der Darstellung des aus drei gestürzten Wolfsangeln bestehenden Wappens gefunden. Vielleicht handelt es sich beim Inhaber dieses Siegels um das Mitglied des weitverbreiteten schwäbischen Adelsgeschlechts mit diesem Vornamen, zu dem auch eine urkundliche Notiz aus dem Jahre 1335 vorliegt.

Den zahlenmäßig größten Komplex stellt der Fund von Neuhausen/Filder dar, der aus 41 Münzen vom ersten Drittel des 17. Jh. und zwei Rechenpfennigen sowie einem Rechenpfennigfragment besteht (Abb. 215). Er wurde beim Aushub der Baugrube des Anwesens Marktstraße 9 von Martin Hoch neben zahlreichen weiteren Metall- und Keramikfunden aus den Resten einer Wasserbau-Anlage, vermutlich der Zuleitung zu einem Wasserrad, geborgen. Obwohl sich die Prägezeit der Münzen nur über etwas mehr als 20 Jahre erstreckt, handelt es sich aufgrund ihrer Zusammensetzung, des Fundorts und der Fundumstände nicht um einen geschlossenen »Schatz«, sondern um ein eher zufällig zusammengekommenes bzw. »zusammengeschwemmtes« Ensemble. Zum einen enthält die Fundgruppe 34 meist kupferne Kleingeldstücke vor allem der Jahre 1621 bis 1623 (Abb. 215.a–I). Als kleinste in dieser Zeit ausgebrachte Nominale veranschaulichen sie, daß sich die damals herrschende gewaltige Inflation (die sog. Kipper- und Wipperzeit) nicht nur bei der Prägung der gröberen Münzsorten ausgewirkt, sondern auch in der Massenfabrikation so gut wie wertlosen oder zumindest unterwertigen Kleingelds niedergeschlagen hat. Auf der anderen Seite stehen sieben größere Münzen, die noch als Silberprägungen gelten dürfen, obwohl auch sie mehr oder weniger stark mit Kupfer legiert sind (Abb. 215.K–Q). Vier davon gehören ebenfalls der Kipperzeit an (Abb. 215.K–M und O), während eine davor (Abb. 215.N) und zwei danach (Abb. 215.P und Q) entstanden sind. Sie verkörpern eine etwas höhere Stufe des Geldverkehrs, und gerade die letzteren lassen sich im Gegensatz zu den genannten Kupfermünzen auch in gleichzeitigen Schatzfunden nachweisen. Alle Münzen des Neuhausener Fundes sind indes typische Vertreter des in den zwanziger/dreißiger Jahren des 17. Jh. in Süddeutschland umlaufenden Geldes.

Den Hauptteil des kupfernen Kleingelds machen württembergische Prägungen von Herzog Johann Friedrich (reg. 1608–1628) aus. Den Nominalen nach sind es neun zweiseitige Heller aus dem Jahre 1622 mit Jagdhorn und Wertzahl (Abb. 215.a–i) und 14 undatierte einseitige schüsselförmige Pfennige ebenfalls mit einer Jagdhorndarstellung (Abb. 215.k–x). Eher den Silbermünzen zuzurechnen sind drei weitere einseitige Schüsselpfennige dieses Regenten, die sich auch in ihrer Darstellung, einem Wappenschild mit den drei

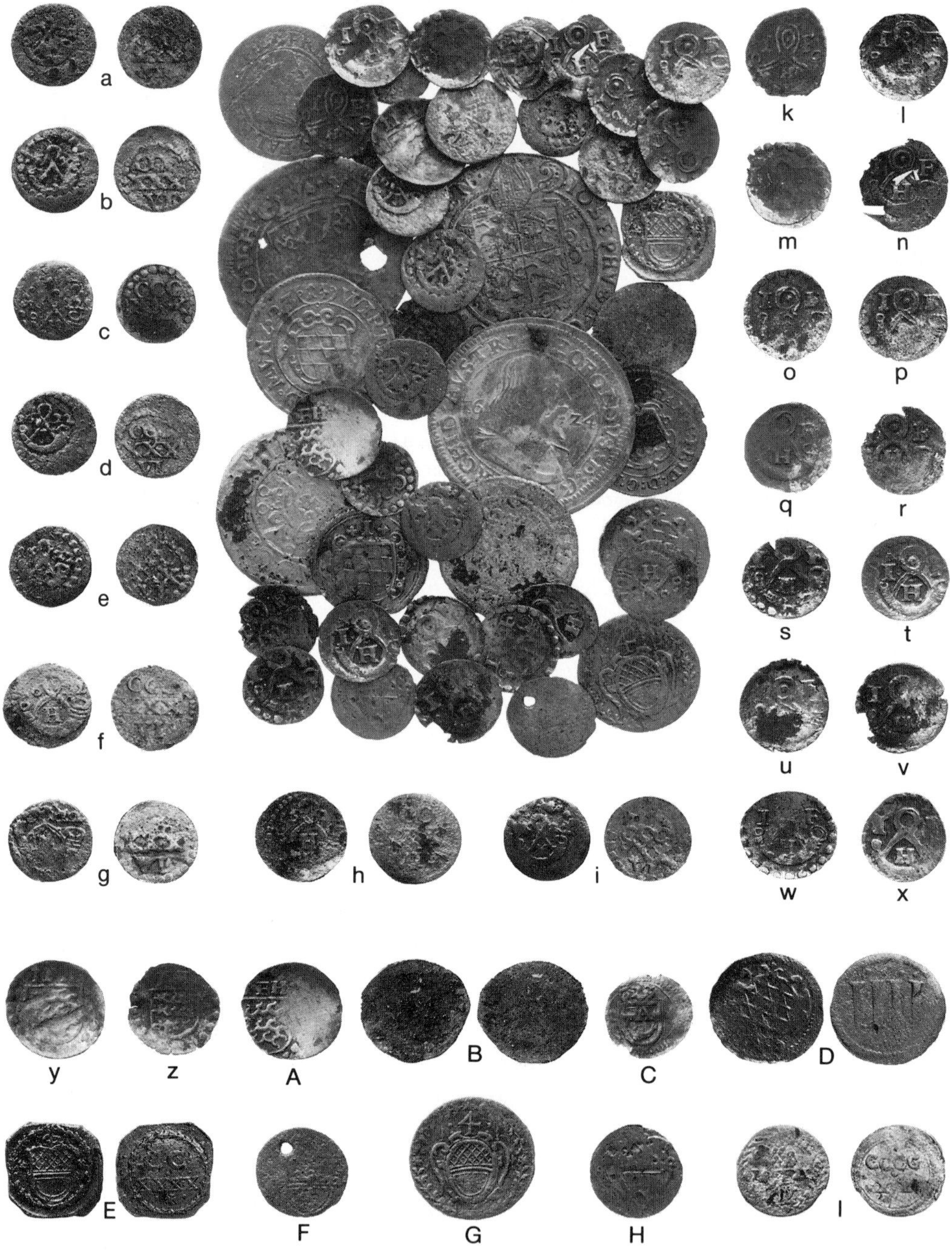
a
b
c
d
e
f
g
h
i
k
l
m
n
o
p
q
r
s
t
u
v
w
x
y
z
A
B
C
D
E
F
G
H
I

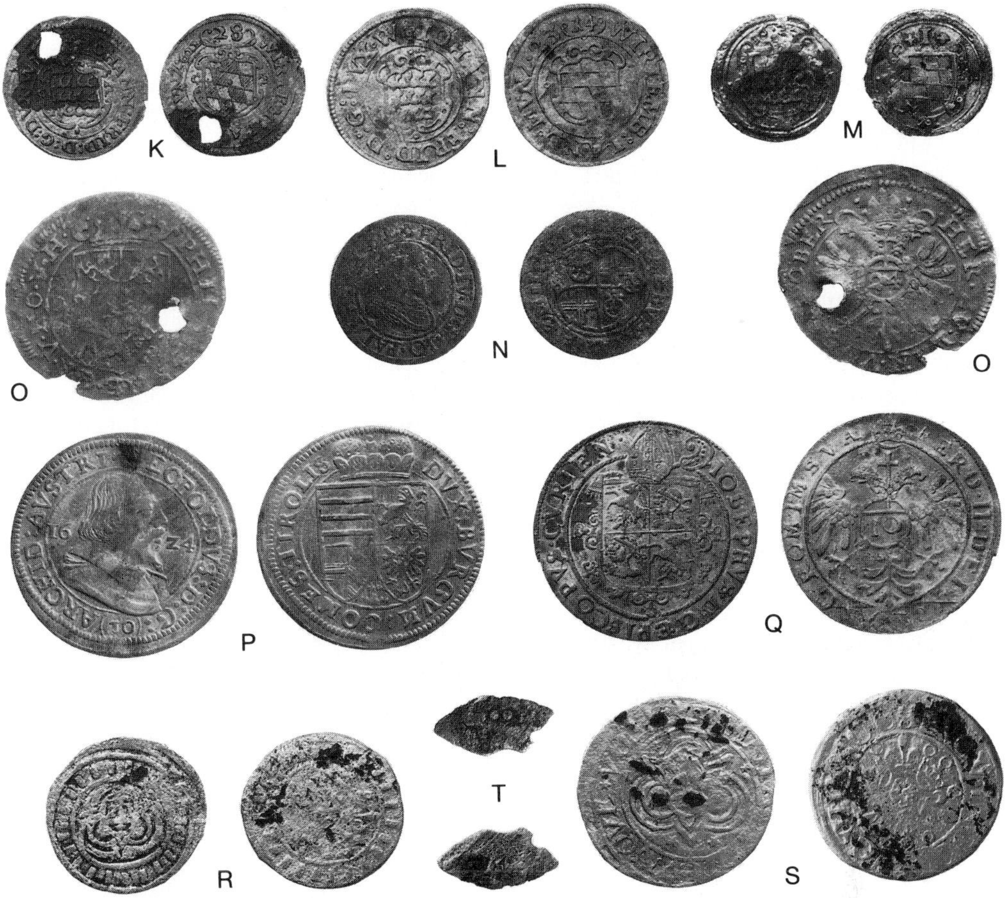

Abb. 215 Neuhausen/Filder. Fund von 41 Münzen des 17. Jh. und 3 Rechenpfennigen als Gesamtaufnahme und in Einzelbildern. Württembergische Heller von 1622 (a–i), württembergische Pfennige (k–x und y–A), unbestimmbare Prägung (B), Sulzer Pfennig (C), bayerischer Vierer (D), Ulmer Pfennige (E, F und H), Ulmer Vierer (G), Augsburger Heller (I), württembergischer Schilling, Doppelschilling und Kreuzer (K–M), pfälzischer Albus (N), hohenlohisches 24-Kreuzer-Stück (O), Tiroler 10-Kreuzer-Stück (P), Churer 10-Kreuzer-Stück (Q) und Nürnberger Rechenpfennige (R–T). Maßstab 1:1

württembergischen Hirschstangen, von den genannten kupfernen Ausgaben unterscheiden (Abb. 215.y–A). Daneben sind die weiteren Prägeherrschaften durchweg nur mit einigen wenigen Stücken vertreten. Aus Ulm kommen ein undatierter Vierer (Abb. 215.G), ein Pfennig von 1621 (Abb. 215.E) und zwei kaum mehr bestimmbare, wohl undatierte Pfennige (Abb. 215.F und H). Einen weiteren Vierer hat Bayern (Abb. 215.D) und einen Heller von 1621 hat die Stadt Augsburg beizusteuern (Abb. 215.I). Die wohl seltenste

Münze dieser Gruppe ist ein einseitiger Pfennig des Grafen Alwig X. von Sulz (reg. 1616–1632) mit der unvollständigen Jahreszahl (1)623 (Abb. 215.C). Von dieser Prägung, die in der Münzstätte Tiengen im Klettgau entstanden ist, sind bisher nur wenige Stücke bekannt. Ein weiteres Fundexemplar stammt beispielsweise aus der Kirche St. Verena in Zurzach am Hochrhein. Schließlich gehört zu den Kleinmünzen auch eine völlig abgeschliffene, nicht mehr bestimmbare Prägung (Abb. 215.B).
Die Kippermünzen unter den größeren Nominalen sind je ein württembergisches 1-Schilling-, 2-Schilling- und 1-Kreuzer-Stück mit den Jahreszahlen 1622 oder 1623 (Abb. 215.K–M) sowie ein 24-Kreuzer-Stück des Grafen Philipp Ernst von Hohenlohe-Langenburg (reg. 1610–1628) aus dem Jahre 1622 (Abb. 215.O). Mit ihrer miserablen Legierung und in ihrer schlampigen technischen Ausführung stellt diese Prägung ein charakteristisches Produkt der Inflation von 1622/23 dar. Wie beim württembergischen Schilling desselben Jahres (Abb. 215.K) handelt es sich bemerkenswerterweise um eine in der einschlägigen Literatur noch nicht beschriebene Variante. Die grobe Lochung, die beide Stücke aufweisen, darf man wie auch bei einem der württembergischen Schüsselpfennige (Abb. 215.n) und einer Ulmer Prägung (Abb. 215.F) vielleicht als Entwertung verstehen. Die älteste Münze dieser Gruppe ist ein 1610 in Mannheim geschlagener Albus Friedrichs IV. von der Pfalz (reg. 1592–1610) (Abb. 215.N), die beiden jüngsten sind je ein 10-Kreuzer-Stück des Erzherzogs Leopold von Österreich (reg. 1619–1632) aus der Münzstätte Hall in Tirol von 1624 (Abb. 215.P) und des von 1627–1635 amtierenden Churer Bischofs Joseph Mohr von Zernez aus dem Jahre 1632 (Abb. 215.Q). Die beiden Rechenpfennige und ein entsprechendes Fragment, die aus Messing bestehen und wohl noch ins 16. Jh. zurückreichen, wurden zum sog. Rechnen auf den Linien verwendet (Abb. 215.R–T). Es handelt sich um Nürnberger Erzeugnisse, die einen Dreipaß mit einem Reichsapfel sowie drei Lilien und drei Kronen zeigen, die abwechselnd um eine Rosette gruppiert sind. Sie waren seinerzeit weit verbreitet und gehören zum üblichen Fundrepertoire, wie es allgemein aus Kirchen- und Altstadtgrabungen bekannt ist. *Ulrich Klein*

Ausgrabungen in Konstanz – Münzfunde 1989–1990

Die im Bereich der Altstadt von Konstanz fortgeführten Ausgrabungen des Landesdenkmalamtes brachten 1989 und 1990 eine erhebliche Vermehrung der Münzen und verwandter Objekte. Dazu wurden Funde aus Grabungen der Jahre 1983–1988 nachträglich in die Untersuchungen einbezogen, so daß im Moment über 400 Stücke in Bearbeitung sind. Der große Zuwachs beruht im wesentlichen auf über 200 Exemplaren, die seit 1988 in der Stephanskirche gefunden worden sind, doch stammt unterdessen auch aus den Grabungen im Stadtgebiet eine beachtliche Anzahl. Ein großer Teil der Münzen wird erst beim Sieben oder Schlämmen des Aushubes entdeckt. Es kann deshalb damit gerechnet werden, daß die Fundzahlen mehr oder weniger der tatsächlich in den Boden gelangten Menge entsprechen.

Tabelle 1: Münzfunde aus Konstanz 1983–1990. Münzen und verwandte Objekte – Übersichtstabelle nach Fundorten und Zeitepochen. (Bei über die Epochen greifenden Datierungen jeweils der älteren Epoche zugeordnet.)

Fundort	Keltisch	Römisch	400–1200	1200–1500	1500–1800	1800–	Unbestimmt	Total
Obere Augustinergasse	3*	2*						5
Brotlaube/Marktstätte			2	6	3		2	13
Brückengasse 5/7	2				6			8
Hertie (Kloake)				1	3	1		5
Hertie (Parkplatz)		2		2	1			5
Klostergasse 1				1				1
Konradigasse 1					1			1
Münzgasse 4/6 (Fischmarkt)				10	6	2		18
Pfalzgarten	6	5						11
Rheingasse 15					22	2		24
Stephanskirche		1		148	44	58	5	256
Torgasse 1 (Mesnerhaus)						1		1
Wessenbergstr./Katzgasse	1	26	3	8	8	5	1	52
Total	12	36	5	175	94	70	8	400

* Drei punische Münzen und eine römische Provinzialprägung, im 19. oder 20. Jh. in den Boden gelangt?

Bemerkungen zum Fundmaterial im Überblick (Tab. 1). Die meisten bearbeiteten Objekte sind weiterhin Münzen, sonst sind hauptsächlich Rechenpfennige aus Nürnberger Fabrikation zu erwähnen. Dazu treten auch noch nicht erklärte Funde wie ein »Bleipfennig« (Abb. 218.n) oder Medaillen religiösen Charakters.

Bei den Münzen dominiert Kleingeld, der im letzten Bericht vorgestellte Goldgulden bleibt vorläufig ein Einzelstück.

Keltische Münzen (Tab. 2, Nr. 1–9). Die Zahl der keltischen Münzen erhöhte sich um sieben auf neun. Ein außergewöhnlicher Fund ist ein weiteres Silberstück, eine Kreuzmünze vom Typ »Schönaich«, die bei der Grabung im Bereich des Pfalzgartens zum Vorschein kam

Abb. 216 Konstanz, Pfalzgarten, 1989. Augustus, As, Rom, 16 v. Chr. 10,41g; 90°; 28,3 mm. RIC² 379. Tabelle 2, Nr. 10. Rückseite mit Gegenstempel TIB·AVG. Maßstab 2:1.

Abb. 217 a Kelten, Kreuzmünze vom Typ Schönaich. 1,46 g (Tab. 2.2); b Kelten, Nordostschweiz?, Potin (Tab. 2.9); c Kelten, Sequaner, Potin (Tab. 2.3); d Augustus, As mit Gegenstempel (Tab. 2.10); e Trajan, Dupondius (Tab. 2.14); f Tetricus II., Antoninian, Imitation (Tab. 2.25); g Constantius II., Aes III (Tab. 2.34); h Gratian, Aes II (Tab. 2.39); i Cremona, Mezzanino, nach 1155. 0,68 g (WEKA); j Abtei Reichenau, Pfennig, Ende 12. Jh. 0,31g (BMK); k Ulm, Pfennig, Ende 11. Jh. 0,56 g (BMK); l–p kleiner Schatzfund, Wessenbergstraße/Katzgasse: l–o Ulm, Pfennige, nach 1423, p Konstanz, Pfennig, nach 1423. Maßstab 1:1.

Tabelle 2: Münzfunde aus Konstanz 1983–1990. Kelten und römische Zeit, ohne zweifelhafte Funde, Stand Dezember 1990.

Keltische Münzen

1 Kelten, Oberitalien, Drachme, de La Tour 2126 (Typ) (Brückengasse)
2 Kelten, Süddeutschland, Kreuzmünze, de La Tour 9288 (Typ) (Pfalzgarten)
3 Kelten, Sequani, Potin, de La Tour 5401 (Typ) (WEKA)
4 Kelten, Sequani, Potin (Pfalzgarten)
5 Kelten, Nordostschweiz, Potin, de La Tour 9361 (Typ) (Brückengasse)
6 Kelten, Nordostschweiz, Potin, de La Tour 9361 (Typ) (Pfalzgarten)
7 Kelten, Nordostschweiz, Potin, de La Tour 9361 (Typ) (Pfalzgarten)
8 Kelten, Nordostschweiz, Potin, de La Tour 9361 (Typ) (Pfalzgarten)
9 Kelten, Nordostschweiz?, Potin, de La Tour 9361 (Typ)? (Pfalzgarten)

Römische Münzen 1.–3. Jh. n. Chr.

10 Augustus, Rom, As, gegengestempelt, 16. v. Chr., RIC[2] 379 (Pfalzgarten)
11 Tiberius für Divus Augustus, Rom, As, halbiert, 15–16 n. Chr. RIC[2] 77 (Typ) (WEKA)
12 Domitian, Rom, As 87–96 n. Chr., RIC 356b (Typ) (Pfalzgarten)
13 Trajan, Rom, As, 103–111 n. Chr., RIC 540 (Pfalzgarten)
14 Trajan, Rom, Dupondius, 98–117 n. Chr. (WEKA)
15 Hadrian, Rom, Dupondius, 117–138 n. Chr. (Pfalzgarten)
16 Antoninus Pius, Rom, Sesterz, 138–161 n. Chr. (Hertie)
17 Elagabal für Julia Soaemias, Rom, Denar, 218–222 n. Chr., RIC 241 (WEKA)
18 Unbestimmt, Rom?, Denar, subaerat ca. 50–200 n. Chr. (Obere Augustinergasse)
19 Unbestimmt, Rom?, Denar, subaerat ca. 100–250 n. Chr. (Pfalzgarten)
20 Gallienus, Antoninian, 260–268 n. Chr. (Hertie)
21 Claudius II., Rom, Antoninian, 268–270, Vgl. RIC 36 (WEKA)
22 Tetricus I., gallische Münzstätte, Antoninian, Imitation, ca. 270–273 n. Chr. (WEKA)
23 Tetricus I., Köln?, Antoninian, 270–273 n. Chr., RIC 121 (Typ) (WEKA)
24 Tetricus I., Köln oder Trier, Antoninian, 270–273 n. Chr., RIC 140 (Typ) (WEKA)
25 Tetricus II., unbestimmte Münzstätte, Antoninian, barbarisiert, ca. 270–273 n. Chr. (WEKA)
26 Unbestimmt, Antoninian, 250–290 n. Chr. (WEKA)

Römische Münzen 4. Jh.

27 Licinius I., Trier, Aes III, 316 n. Chr., RIC 121 (Typ) (WEKA)
28 Constantin I., Trier, Aes III, 316 n. Chr., RIC 105. (WEKA)
29 Constantin I., Siscia, Aes III, 318–320 n. Chr., vgl. RIC 47 (Typ) (WEKA)
30 Licinius I., Rom, Aes III, 320–321 n. Chr., RIC 228 oder 233 (WEKA)
31 Constantin I., Siscia, Aes III, 326–327 n. Chr., RIC 200 (Stephanskirche)
32 Constans, Trier, Aes IV, 337–340 n. Chr., RIC 85 oder 95 (WEKA)
33 Constans, Siscia, Aes IV, 337–340 n. Chr., RIC 88 (Typ) (WEKA)
34 Constantius II., Trier, Aes IV, 337–340 n. Chr., RIC 8 (WEKA)
35 Constantius II., Arles, Aes IV, 337–340 n. Chr., RIC 5 (WEKA)
36 Constantius II., Aes III, 352–361 n. Chr. (WEKA)
37 Constantius II. für Julianus Caesar, Siscia?, Aes III, 355–361 n. Chr., vgl. RIC 370 (Typ) (WEKA)
38 Valens, Aquileia, Aes III, 364–367 n. Chr., RIC Nr. 7b (WEKA)
39 Gratian, Rom, Aes II, 378–383 n. Chr., RIC Nr. 43a (WEKA)
40 Theodosius I., Siscia oder Rom?, Aes II, 378–383 n. Chr. (WEKA)
41 Theodosius I., Siscia, Aes II, 378–383 n. Chr., RIC Nr. 26c (WEKA)
42 Valentinian II., Theodosius I., Arcadius od. Honorius o. a., Aquileia?, Aes IV, 388–402 n. Chr. (WEKA)
43 Unbestimmt, Aes III, 300–400 n. Chr. (WEKA)
44 Unbestimmt, Aes III, 325–375 n. Chr. (WEKA)

WEKA = Wessenbergstraße/Katzgasse

(Abb. 217.a). Während die Drachme aus Oberitalien vom Massalia-Typus in Konstanz die Nordgrenze ihres Verbreitungsgebietes anzeigte, gehört nun die Kreuzmünze zu den südlichsten Funden dieses sonst vor allem in Nordwürttemberg verbreiteten Typus.
Die übrigen fünf keltischen Münzen mit Fundort Pfalzgarten, alle aus Potin, sind außerordentlich schlecht erhalten (Abb. 217.b). Im Moment können vier davon dem Typ »Zürich, alte Börse« und eine den Sequanern zugewiesen werden. Eine weitere Münze der Sequaner kam an der Wessenbergstraße/Katzgasse, hier in jüngeren Schichten, zum Vorschein (Abb. 217.c). Wie bereits an der Brückengasse kann ein Teil der Münzen vom Pfalzgarten mit spätlatènezeitlichen Siedlungshorizonten verbunden werden. Da beobachtete Befunde zu keltischen Münztypen wie etwa »Zürich, alte Börse« anderswo selten sind – so fehlen sie etwa auch auf dem Üetliberg bei Zürich, wo über 20 dieser Münzen gefunden wurden –, werden die Konstanzer Funde und Befunde besonders wichtig.
Römische Münzen (Tab. 2, Nr. 10–44). Auch für diesen Zeitabschnitt sind zahlreiche Neufunde zu verzeichnen. Der größere Teil davon stammt aus dem späteren 3. und dem 4. Jh. n. Chr. und verstärkt die Hypothese, daß die Münzreihe mit Siedlungstätigkeit während dieser Zeit verbunden ist. Die Tatsache, daß bei den Antoninianen des späteren 3. Jh. auch Imitationen in der Art der gallischen »Falsch-« oder Nebenmünzstätten vorkommen, ist besonders hervorzuheben (Abb. 217.f).
Nicht weniger wichtig ist ein Fund, der wohl an den Beginn der römischen Geldwirtschaft im Raum Konstanz zu stellen ist. Es handelt sich dabei um einen in Rom geprägten As des Augustus, der einen Gegenstempel aus der Zeit des Tiberius trägt (Abb. 216, 217.d).
Münzen der Zeit von 400–1200. Im Unterschied zum vorhergehenden Bericht können nun auch für diese Epoche einige Stücke verzeichnet werden. Drei davon stammen aus dem Bereich Wessenbergstraße/Katzgasse, zwei Münzen (dazu treten noch nicht eingearbeitete Neufunde) aus der Grabung Brotlaube/Marktstätte, wo der Hafen des 12. Jh. offenbar Spuren durch Verlust entsprechenden Geldes hinterlassen hat.
Von der Wessenbergstraße/Katzgasse liegt eine italienische Prägung des späteren 12. oder des 13. Jh. vor. Es handelt sich um einen Mezzanino der Stadt Cremona (Abb. 217.i). Noch unbestimmt ist eine weitere Münze, wohl ähnlicher Zeitstellung und Provenienz, die bei einem Brand erheblich beschädigt worden ist.
Neben diesen Münzen aus Italien sind zwei Stücke von der Grabung Brotlaube/Marktstätte (BMK) zu erwähnen. Ein Ulmer Pfennig (Abb. 217.k) der zweiten Hälfte des 11. Jh. ist zur Zeit die älteste Münze aus dieser in Konstanz später gut vertretenen Prägestätte. Ans Ende des 12. oder schon ins 13. Jh. gehört der Pfennig mit stehendem Abt von vorn, der der Abtei Reichenau, Prägestätte Radolfzell unter Abt Martin von Krenkingen, zugeschrieben wird (Abb. 217.j).
Münzen der Zeit von 1200–1500. Münzen des 13. und der ersten Hälfte des 14. Jh. bleiben weiterhin selten. Gleichzeitig ist damit festzustellen, daß die »Bodensee-Brakteaten« verschiedener Prägestätten in Konstanz immer noch weitgehend fehlen. Dies betrifft auch allgemein Prägungen der Konstanzer Bischöfe, obwohl spätere Prägungen der Stadt Konstanz nun sowohl aus dem Stadtgebiet als aus der Stephanskirche gut belegt sind (Abb. 218.a–f). Der Grund für dieses Phänomen dürfte archäologischer Art sein, stammen doch die Münzen aus der Stephanskirche zum größeren Teil aus deren Benützungsphase nach dem Neubau des frühen 15. Jh.
Die meisten Prägungen dieses Zeitabschnittes sind Heller und Pfennige, dazu kommen we-

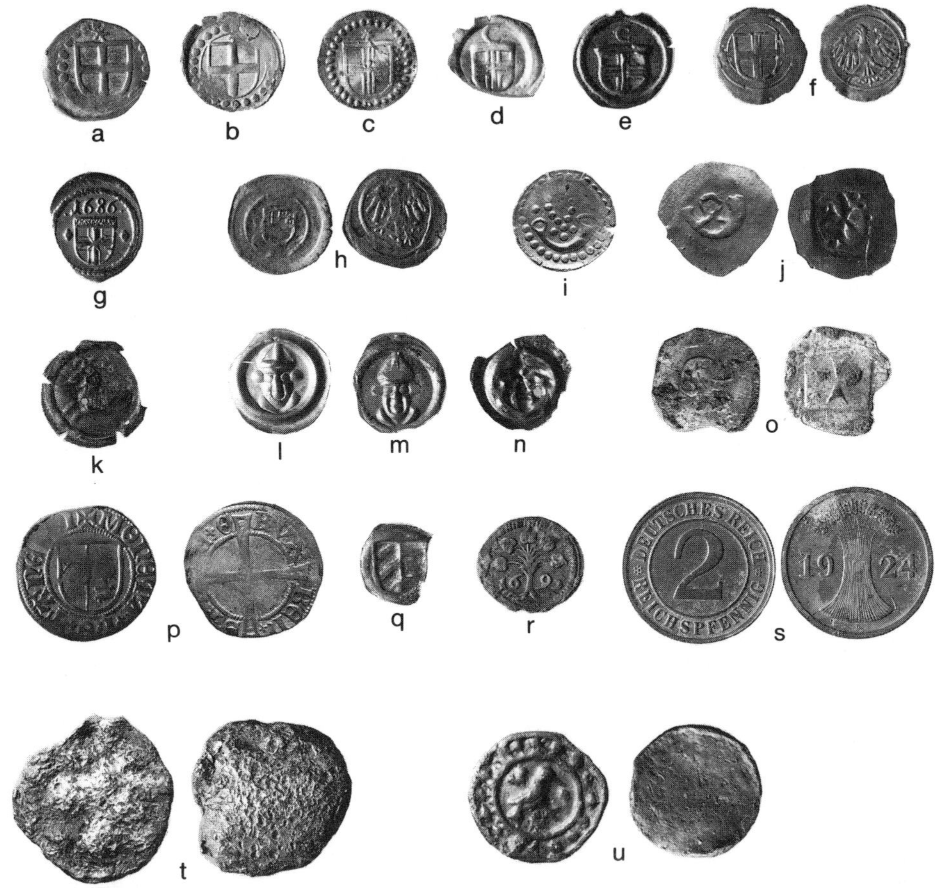

Abb. 218 a–e Konstanzer Pfennige, 15. Jh. (Stephanskirche); f Stadt Konstanz, Heller, 15. Jh. (Stephanskirche); g Konstanz, Pfennig, 1686 (Stephanskirche); h Stadt Ulm, Heller, 15. Jh. (WEKA); i–j Herzöge von Württemberg, Pfennig und Heller, 14./15. Jh. (Stephanskirche); k Stadt Schaffhausen, Heller, 15./16. Jh. (Stephanskirche); l–n Stadt Luzern, Angster oder Haller, 15./16. Jh.; o Grafschaft Oettingen, Heller, 14./15. Jh. (BMK); p Erzherzog Maximilian von Österreich, Thann, Doppelvierer, nach 1499 (Stephanskirche); q Herzöge von Österreich, Thann, Rappen, nach 1425? (Stephanskirche); r Stadt Lindau, Pfennig, 1695 (WEKA); s Deutsches Reich, Weimarer Republik, 2 Pfennige, 1924 (Stephanskirche); t Silberklumpen. 7,01g (BMK); u Bleipfennig mit Vogeldarstellung. 2,91g (BMK). Maßstab 1:1.

nige Kreuzer des späteren 15. Jh. Die Datierungen vieler Typen sind aber nur sehr weit zu fassen und laufen häufig auch noch ins 16. Jh. hinein.
Obwohl der größere Teil der Kleinmünzen nun aus der Stephanskirche stammt, belegen die Funde aus den Grabungen im Stadtgebiet ein ähnliches Spektrum von vertretenen Prägestätten. Dies zeigt etwa der kleine »Schatzfund« von der Wessenbergstraße/Katzgasse,

der fünf Pfennige aus Ulm und Konstanz enthielt (Abb. 217.l–p). Süddeutsche Prägungen aus Ulm (Abb. 218.h), Konstanz und der Württemberger (Abb. 218.i–j) bilden seit dem 15. Jh. zusammen mit Schweizer Prägungen aus Luzern (Abb. 218.l–n) und Schaffhausen (Abb. 218.k) einen großen Teil der Münzfunde. Zumindest auffällig sind die vielen sog. »Bäggliangster« (einseitig geprägte Stücke mit der Büste bzw. Kopf eines Bischofs von vorn), die in Luzern geprägt worden sind und zu den häufigsten in Konstanz gefundenen Münztypen gehören (Abb. 218.l–n).

Münzen der Zeit von 1500–1800. Ein Teil der unter der vorangehenden Epoche vorgestellten Münzen dürfte, wenn nicht geprägt, so doch noch im 16. Jh. im Umlauf gewesen sein. Wie zuvor sind es in erster Linie Prägungen aus der Schweiz und Süddeutschland, wobei württembergische Stücke fast vollständig verschwinden. Hinzuweisen ist auf aus dem Elsaß stammende Münzen aus Thann (Abb. 218.p–q); die Stadt Konstanz (Abb. 218.g) bleibt gut vertreten. Neben den Münzen stammen die meisten sonst bearbeiteten Objekte, so auch die Rechenpfennige und Medaillen, aus diesem Zeitabschnitt.

Münzen der Zeit von 1800–1960. Münzen des 19. und des 20. Jh. sind ein wichtiger Teil der Bodenfunde aus Konstanz. Obwohl im Moment zumindest nicht im Zentrum des wissenschaftlichen Interesses, muß doch betont werden, daß sie aus archäologischer Sicht genau denselben Stellenwert haben können wie Prägungen der früheren Zeitabschnitte. Für die Beurteilung und Datierung späterer Bodeneingriffe im Stadtbereich kann dieses Kleingeld von großer Bedeutung werden. Dazu tritt die Erklärung von Erscheinungen, wie sie in der Stephanskirche beobachtet wurden. Hier dominieren bei den Münzen des 20. Jh. Prägungen der zwanziger Jahre (Abb. 218.s) und des »Dritten Reiches«. Wurde man in der Kirche das »alte« Geld los, oder deuten die neben den Klingelbeutel gefallenen Stücke auf eine schwankende Spendefreudigkeit?

Bemerkungen zu den Fundorten. Ein größerer Teil des Zuwachses an Objekten ist drei erst 1989–1990 neu in Angriff genommenen Grabungen zuzuschreiben. Während im Moment die Untersuchungen im Bereich der Stephanskirche und auf dem Pfalzgarten abgeschlossen sind, dauern die Arbeiten an der Marktstätte und an der Wessenbergstraße/Katzgasse an. Es ist offensichtlich, daß hier auch bis jetzt schlecht belegte Zeitabschnitte unter den Münzfunden vertreten sind (Abb. 217.i–k).

Die Grabung Pfalzgarten hat zum zweiten Mal (nach der Brückengasse) in Konstanz einen Fund von keltischen Silber- mit Potinmünzen im selben Komplex erbracht. Dazu tritt eine Verbindung eines größeren Teils der Münzen mit anderem Fundmaterial wie Keramik. Bei den römischen Münzen vom Pfalzgarten ist bemerkenswert, daß neben dem oben erwähnten As mit Gegenstempel (Abb. 216, 217.d) vier Prägungen des späten 1. und des 2. Jh. n. Chr. vorliegen. Dies im Gegensatz zum römischen Fundmaterial von der Wessenbergstraße/Katzgasse, wo unter den hier in mittelalterlichen Schichten gefundenen römischen Münzen das spätere 3. und vor allem das 4. Jh. dominiert (Abb. 217.g–h).

Wie im letzten Bericht angemerkt, sollte der Komplex aus der Stephanskirche von 256 Münzen eine Gegenüberstellung von Münzen aus Kirchen- und Siedlungsfunden ermöglichen. Im Fall der Stephanskirche stammen die neuesten Münzen aus der Zone unter den Bänken und sind direkt mit der Nutzung der Kirche zu verbinden. Ein kleiner Komplex, der bereits 1983 ergraben wurde, enthielt auch Münzen aus den Bauhorizonten der Kirche und ermöglicht damit eine chronologische Eingrenzung der Prägungen. Was die Typen angeht, so zeigen die Funde aus der Stephanskir-

che, außer der größeren Menge, im vertretenen Spektrum eher Gemeinsamkeiten als Unterschiede zu den Funden aus der Stadtgrabung, sowohl was Prägestätten als auch Nominale angeht. Als Beleg mag der in Abb. 217.l–p abgebildete kleine Schatzfund von der Wessenbergstraße/Katzgasse gelten.
Bei der zum Schluß zu erwähnenden Fundstelle Rheingasse 15 handelt es sich um den Zwischenboden eines Raumes im ersten Stock des Gebäudes. Obwohl die 24 dort bereits im Jahr 1986 gefundenen Münzen im Moment erst grob bearbeitet sind, kann festgehalten werden, daß sie zum größten Teil aus dem 16., 17. und 18. Jh. stammen. Chronologisch gesehen ermöglicht der Komplex eine Gegenüberstellung mit den Funden aus der Stephanskirche, zumal zumindest die Verlustumstände (Verlust in den Ritzen eines Dielenbodens) ähnlich sind.

Die Bearbeitung der Münzfunde aus Konstanz dauert weiter an, die Publikation ist jeweils im Zusammenhang mit der Vorlage der entsprechenden Grabungsbereiche vorgesehen. In der Berichtsperiode konnten alle bis dahin bearbeiteten Funde in einer Datenbank gespeichert werden. *Hansjörg Brem*

Literaturhinweise
J. Oexle, Arch. Ausgr. Bad.-Württ. 1989, 303 ff. – H. Brem, Arch. Ausgr. Bad.-Württ. 1988, 341 ff. – K. Castelin, Die Kreuzmünzen in Süddeutschland, Schweizerische Numismatische Rundschau 49, 1970, 77 ff. – F. Heimberger, W. Jehle, U. Klein, M. Köpf, G. Raff, I. Scheppach, Der keltische Münzschatz von Schönaich und die Geschichte des Fundes (1989). – B. Schärli, Mailändisches Geld in der mittelalterlichen Schweiz, in: G. Gorini (Hrsg.), La zecca di Milano. Atti del convegno internazionale di studio, Milano 9–14 maggio 1983 (1984) 277 ff. – B. Zäch, Die Angster und Haller der Stadt Luzern, Schweizerische Numismatische Rundschau 67, 1988, 311 ff.

Mittelalterliche Lederfunde aus Konstanz

Während der Grabungen auf dem Konstanzer Fischmarkt 1984–1986 konnten dort dank idealer Feuchtbodenbedingungen in großem Umfang organische Materialien, u. a. zahlreiche Lederfunde, geborgen werden. Vergleichbar große Lederfundkomplexe sind in Deutschland bislang nur in Schleswig-Holstein (Haithabu, Schleswig, Lübeck) geborgen und bearbeitet worden. Im Hinblick auf den unzureichenden Forschungsstand in Süddeutschland boten sich die gut erhaltenen Konstanzer Lederfunde für eine wissenschaftliche Untersuchung an, zumal die anderen Fundmaterialien (Keramik, Glas, Holz, Knochen) der Grabung bereits in Bearbeitung sind.
Für eine Finanzierung der wissenschaftlichen Aufarbeitung der Lederfunde aus Konstanz konnte die Deutsche Forschungsgemeinschaft gewonnen werden. Mit der geplanten zweijährigen Untersuchung wurde im Juni 1990 begonnen. Es sollte somit bald möglich sein, das Spektrum jener Gegenstände aus Leder vorzustellen, die zum täglichen Leben in einer süddeutschen Stadt im 13. bis 15. Jh. gehörten.
Von der Zusammensetzung anderer mittelalterlicher Lederfundkomplexe weiß man, daß diese zu etwa 90 Prozent aus Schuhwerk und zu zehn Prozent aus Gegenständen unterschiedlichster Funktionen bestehen. Daß immer wieder Schuhe in so großer Zahl im Material vertreten sind, liegt an der damals gebräuchlichen, sehr einfachen Fertigungstechnik: Die

Schuhe waren wendegenäht, d. h. das Oberleder wurde mit dem Sohlenleder auf der Fleischseite (Unterseite der Lederhaut) über einem hölzernen Leisten vernäht und nach Abschluß der Näharbeiten zur schmutz- und wasserabstoßenden Narbenseite gewendet. Damit hatte das Schuhwerk nur eine einfache Sohlenlage, die in kürzester Zeit durchgelaufen war; die schlechten Wegverhältnisse werden die Abnutzung erheblich beschleunigt haben. Dem raschen Verschleiß entsprechend war der Bedarf nach neuem Schuhwerk und demgemäß auch die Zahl ausrangierter und weggeworfener Schuhe sehr hoch.

Die Bearbeitung der Konstanzer Funde beinhaltet in erster Linie formanalytische und fertigungstechnische Aspekte, wobei insbesondere der Vergleich mit den aufgearbeiteten Fundkomplexen aus Schleswig und Lübeck naheliegt. Angesichts der Fülle an Schuhwerk im Material konzentrieren sich die einzelnen Untersuchungsschritte im wesentlichen auf diese Objektgruppe.

Die Lederfunde liegen zum kleineren Teil trocken konserviert vor, zum größeren Teil wurden sie tiefgefroren. Die tiefgefrorenen Funde werden aufgetaut und gesäubert; sie sind noch flexibel und können daher unproblematisch bearbeitet werden. Trocken konservierte Funde sind vielfach starr, spröde und daher brüchig, wodurch eine genaue Datenerfassung oder zeichnerische Dokumentation häufig erschwert wird. Bis zur Konservierung und Restaurierung werden die feuchten Funde wieder tiefgefroren magaziniert.

Bei der wissenschaftlichen Fundbearbeitung erhält jedes zuweisbare Lederstück eine Karteikarte. Abfälle der Lederverarbeitung – dies sind immer wiederkehrende typische Schnittabfälle und Hautrandstücke – bilden zusammengefaßte Einheiten, wobei hier nur für jeden Komplex eine Karteikarte angelegt wird. Die Zusammensetzung der Konstanzer Lederfunde bestätigt schon jetzt bei einer Zwischenbilanz u. a. den Schleswiger Erfahrungswert. Von den zuweisbaren Lederstücken gehören 91 Prozent zum Schuhwerk. Das sind ganze Schuhe, hauptsächlich aber Einzelteile oder Fragmente des Schuhwerks wie z. B. ein Schnürband, eine Schaftrandeinfassung, ein winziges Oberlederfragment, eine vollständige Sohle oder ein Sohlenflicken. Die restlichen neun Prozent sind gut bis weniger gut erhalten, dabei handelt es sich um Fragmente von Messer- und Schwertscheiden (n=36, 2%), Riemen- und Gürtelteilen (n=38, 2%) sowie anderen Gegenständen (n=112, 5%) (das sind unbekannte Objekte, u. a. zwei Beutel und ein Fäustling).

Das Schuhwerk wird abhängig von Höhe und Verschlußart untergliedert. So unterscheidet man Halbschuhe, halbhohe und hohe Schuhe von Stiefeln. Hoher Schuh und Stiefel unterscheiden sich im Zuschnitt: Der Schaft des hohen Schuhs ist am Vorderbein offen geschnitten und bedarf eines speziellen Verschlusses; der Schaft des Stiefels hingegen ist von vornherein geschlossen gearbeitet. Eine von der Höhe unabhängige Bezeichnung der Schuhe ist ihre Verschlußart. Schuhe ohne Verschluß nennt man Schlupfschuhe. Schnürschuhe zeigen drei verschiedene Verschlußarten: Der Schnürsenkel wird durch Ösen um den Knöchel herumgeführt, oder er wird durch auf dem Rist oder seitlich plazierte Ösen geführt. Lederknöpfchen oder Schnallen definieren den Knöpf- oder Schnallenschuh. Bei Halbschuhen mit einer Riemenführung über dem Rist,

Abb. 219 Konstanz. Fischmarkt, Grabung 1984–1986. Schuhe des 13.–15. Jahrhunderts. a hoher Schuh mit Knöpfverschluß, b hoher Schuh mit seitlichem Schnallenverschluß

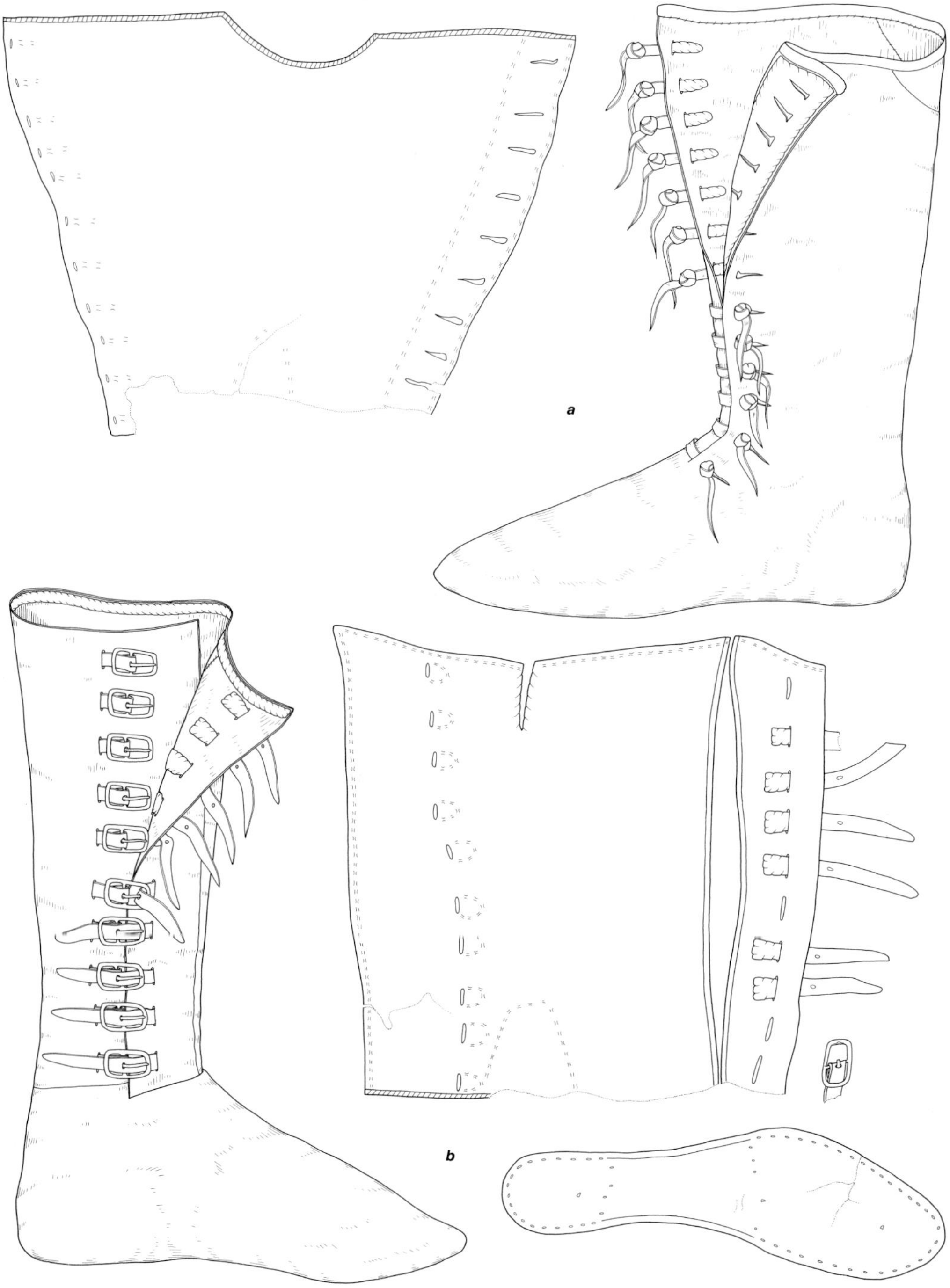
a
b

sog. Riemenschuhen, kommen Verschnürung, Knöpf- und Schnallenverschluß vor.
Das bisher für Konstanz gewonnene Bild spiegelt ein ansehnliches Spektrum unterschiedlicher Schuhformen vom 13. bis 15. Jh. wider. Der Umriß des gefundenen Schuhleders ist im flach ausgebreiteten Zustand gezeichnet, denn das den Schuh ursprünglich zusammenhaltende Nähgarn hat sich im Boden aufgelöst. Lediglich Einstichlöcher und nahttypische Fadeneindrücke geben Aufschluß über Form und verwendete Nahtarten. Darauf und auf zahlreichen weiteren nur fragmentarisch erhaltenen Stücken basiert dann die zeichnerische Rekonstruktion des vollständigen Schuhs.
Am Beispiel zweier hoher Schuhe (Abb. 219) sollen verschiedene Verschlüsse vorgestellt werden. Beim Knöpfverschluß (a) fertigte man die Verschlußknöpfchen aus einem Lederbändchen, in das man einen einfachen Knoten knüpfte. Die Knopflochpartie war in der Regel unterfüttert, wie das Beispiel zeigt. Beim hohen Schuh mit Schnallenverschluß wurden die Verschlußriemchen und die Schnallenschlaufen einfach angeheftet (b). Der Schaftrand dieses singulären Stückes war z. T. mit einem an die Unterseite angehefteten Streifen versteift. Das Sohlenleder bestand aus einer einfachen Sohle, die einmal im Vorfuß- und Fersenbereich eine zweite innere Sohlenauflage hatte.

Die Schuhfunde zeigen, daß über schuhmodische Aspekte hinaus der einzelne Schuh auch vielfältige Informationen über seinen Träger vermitteln kann. Wir können nicht nur erkennen, ob die Schuhe von Kindern oder Erwachsenen getragen wurden, sondern wir können auch deren sozialen Status identifizieren. Darüber hinaus geben Details am Schuhwerk Aufschluß über die Techniken mittelalterlichen Schuhhandwerks, die künftig erstmals den Vergleich zwischen den gut bekannten norddeutschen und den süddeutschen Handwerkstraditionen erlauben. *Christiane Schnack*

Literaturhinweise
W. Groenmann-van Waateringe, Die Lederfunde von Haithabu. Ber. Ausgrab. Haithabu 21 (1984). – Dies., Das Leder von Alt Lübeck. Lübecker Schr. Arch. u. Kulturgesch. 13, 1988, 141 ff. – Dies., Mittelalterliche Lederfunde aus der Lübecker Innenstadt. Lübecker Schr. Arch. u. Kulturgesch. 17, 1988, 170 ff. – Dies. u. A. J. Guiran, Das Leder von Lübeck, Grabung Königstr. 59. Lübecker Schr. Arch. u. Kulturgesch. 1, 1978, 161 ff. – W. Groenman-van Waateringe u. M. Krauwer, Das Leder von Lübeck, Grabungen Schüsselbuden 16/Fischstraße 1–3 (01). Lübecker Schr. Arch. u. Kulturgesch. 10, 1987, 75 ff. – C. Schnack, Die mittelalterlichen Schuhe aus Schleswig. Ausgrabung Schild 1971–1975. Ausgrab. Schleswig. Ber. u. Stud. (in Vorbereitung). – S. Y. Vons-Comis, Das Leder von Lübeck. Grabung Heiligen-Geist-Hospital, Koberg 9–11. Lübecker Schr. Arch. u. Kulturgesch. 6, 1982, 239 ff.

Das osteologische Fundarchiv der Archäologischen Denkmalpflege in Rottenburg a. N.

Seit Beginn des Jahres 1989 besteht beim Landesdenkmalamt Baden-Württemberg das zentrale osteologische Fundarchiv in Rottenburg a. N. Betreut wird es von den Fachreferenten für Human- und Zoo-Osteologie des Amtes unter Mitarbeit studentischer Hilfskräfte. Ziel

und Aufgabe dieses Magazins sind die zentrale Inventarisation und Erfassung aller Knochenfunde (Mensch und Tier) sowohl aus den Altgrabungen als auch aus den laufenden Grabungen des Landesdenkmalamts. Der Sinn dieses Projektes besteht nicht darin, die einzelnen Außen- und Arbeitsstellen des Landesdenkmalamtes, die ohnehin nicht über genügend Lagerkapazität verfügen, zu entlasten, sondern die noch nicht untersuchten Funde für eine fachgerechte wissenschaftliche Untersuchung vorzubereiten.
Es werden Listen angefertigt, aus denen einerseits die Ausgräber eine detaillierte Information über die ergrabenen Knochenfunde entnehmen können, andererseits die Osteologen, die auf der Suche nach geeignetem Untersuchungsmaterial sind, sich einen Überblick verschaffen können, welche Materialien aus dem Land Baden-Württemberg zur Verfügung stehen. Es versteht sich von selbst, daß eine derartige Aufzeichnung bestimmte Einzelinformationen – wenn auch z. T. vorläufiger Natur – enthalten muß, wie Inventarisationsnummer (Archiv Rottenburg), Fundgattung (Menschenknochen, Tierknochen, Leichenbrand), Fundort, Regierungsbezirk, archäologisches Untersuchungsobjekt, vorläufige Datierung sowie eine Angabe über die Menge des vorliegenden Materials, ausgedrückt in der Anzahl der genormten Fundkartons (30 × 30 × 60 cm). Die Angaben basieren auf den Informationen des Ausgräbers bzw. eines verantwortlichen Mitarbeiters.
Als Datenträger dienen die von uns konzipierten und allen Ausgräbern verfügbaren Knochenbegleitkarten. Diese Begleitkarten sind in drei größere Abschnitte untergliedert (Abb. 220). Im ersten Abschnitt werden die wichtigsten Daten über den Grabungsort wie Postleitzahl, Fundort, Kreis und Flurbezeichnung eingetragen. Damit soll gewährleistet sein, daß gleichlautende Fundorte oder auch

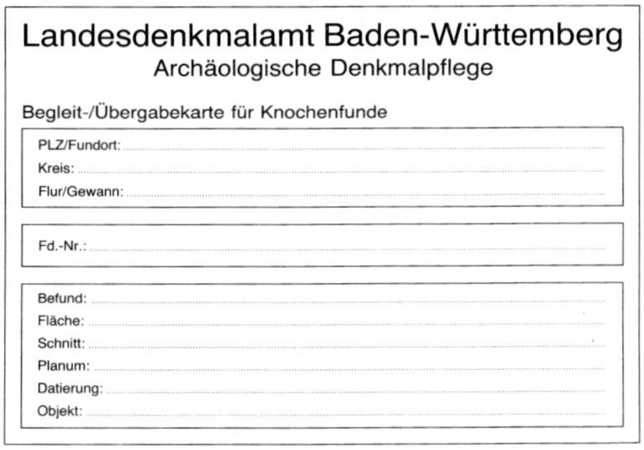
Landesdenkmalamt Baden-Württemberg
Archäologische Denkmalpflege

Begleit-/Übergabekarte für Knochenfunde

PLZ/Fundort:
Kreis:
Flur/Gewann:

Fd.-Nr.:

Befund:
Fläche:
Schnitt:
Planum:
Datierung:
Objekt:

Abb. 220 Knochenbegleitkarte für die Einlieferung in das Archiv Rottenburg

Funde aus einer Gemeinde, aber unterschiedlichen Gewannen, die zudem häufig noch verschiedenen prähistorischen Epochen angehören, nicht verwechselt werden können. Unter der Fundnummer werden entweder die Eckdaten aller übergebenen Funde eines Fundkomplexes, z. B. 1–∞, oder bei Lücken die fortlaufenden Nummern angegeben, z. B. 1–29, 34–50, 57–∞. Dies bringt mit sich, daß man bei der Magazinierung keinen freien Stellplatz für vermeintlich noch nicht abgelieferte Funde reservieren muß. Die Fundnummern, die in der Regel abhängig vom Grabungsjahr vergeben werden, sind der wesentliche Bestandteil der EDV-mäßigen Erfassung. Dadurch ist gewährleistet, daß jede beliebige Fundeinheit auch innerhalb größerer Fundkomplexe gezielt herausgegriffen werden kann. Um eventuellen Mißverständnissen vorzubeugen, sei an dieser Stelle noch einmal betont, daß nur je eine Begleit-/Übergabekarte für einen Fundkomplex vorgesehen ist. Die Knochenbegleitkarte ist ein Dokument, das stets im Original zusammen mit den Funden abgegeben werden soll.
In der dritten Rubrik werden die Informationen aufgeführt, die für die Untersuchung der

Funde unverzichtbar sind. Die ersten vier Angaben: Befund, Fläche, Schnitt und Planum sollen, ebenso wie die Fundnummern, fortlaufend aufgeführt werden. Die beiden letzten sind für die Registratur von ganz besonderer Bedeutung. Die Datierung, wenn zunächst auch noch vorläufig, muß unbedingt angegeben werden! Dabei ist jeder angetroffene Zeithorizont, auch wenn er nur einen geringfügigen Teil am Gesamtkomplex ausmacht, aufzuführen, denn die Wissenschaftler sind in der Regel auf der Suche nach Materialien aus einer bestimmten Kulturstufe. Unter Objekt verstehen wir, daß der Ausgräber Stichworte wie Siedlung, Gräberfeld, Kastell, Burganlage, Brunnen, Einzelgrab, Latrine usw. angibt. Dies ermöglicht dem Fachmann, sich ein grobes Bild über die Zusammensetzung des Knochenmaterials zu verschaffen. Das nachstehende Beispiel verdeutlicht die Dienlichkeit derart präziser Angaben.

Bei der Übergabe der Knochenfunde aus dem römischen Gutshof von *Mundelsheim*, Gewann Steinäcker, war ein Karton mit der Aufschrift »Brunneninhalt, Knochen: Mensch und Tier« versehen. Dies veranlaßte die Autoren, bereits vor der eigentlichen Registrierung des Materials »einen Blick auf die Knochen zu werfen«. Dabei erwiesen sich die Angaben des Ausgräbers als zutreffend. Bei der genaueren wissenschaftlichen Untersuchung ergab sich dann folgendes Ergebnis:

»Aus dem Steinbrunnen in der Fläche 45 der Grabung Mundelsheim sind zwei größere Fundansammlungen von Knochen geborgen worden. Die beiden Einheiten 165 und 166 lagen in zwei übereinanderliegenden Schichten. Die erste beginnt bei 318 m und endet bei 317 m NN, die zweite Schicht reicht von 317–316 m NN. In den Schichten lagen, abgesehen von den weiter unten beschriebenen Menschenknochen, hauptsächlich Knochenreste von Haustieren. Die Untersuchung dieser Funde belegt, daß neben den Kadavern von eingegangenen Tieren auch noch Küchenabfälle in den Brunnen gelangt sind. Unter den Kadaverresten sind Hundeskelette vorherrschend, aus der Ansammlung Nr. 165 konnten sechs Hunde nachgewiesen werden, unter ihnen fünf ausgewachsene und ein Jungtier. Ei-

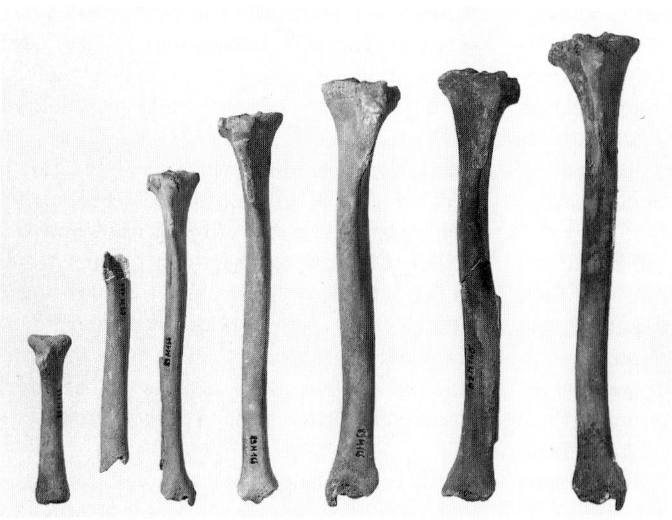

Abb. 221 Eine Auswahl der Schienbeine von Hunden als Ausdruck der unterschiedlichen Größe der Tiere aus dem Brunnen 104 von Mundelsheim. Maßstab 1:3

ner davon war männlich, ein Penisknochen liegt vor. Die Hundeskelettreste aus der Schicht Nr. 166 vertreten weitere sechs Individuen. Das Größenspektrum der Hunde von dem römischen Gutshof von Mundelsheim reicht vom heutigen Schnauzer über Boxer sowie Schäferhund bis hin zum rezenten Setter (Abb. 221). Die restlichen Knochen stammen von einem Pferd, zwei Rindern, acht Schafen, sieben Schweinen, zwei Katzen und zwei Hühnern.

Ein Rind hatte eine Widerristhöhe von 130 cm. Von den Schafen waren zwei männlich, eines weiblich. Die Schweineknochen repräsentieren hauptsächlich Jungtiere, ein Oberkiefercaninus belegt einen Eber. Einige dieser Knochenfunde weisen Hundeverbiß auf, das läßt den Schluß zu, daß die Knochen eine Zeitlang auf dem Areal des Hofes herumlagen. Diese wurden dann wohl gelegentlich aufgesammelt und in dem Brunnen versenkt. Zwischen den Tierknochen aus Brunnen 104 fand sich eine größere Zahl menschlicher Skelettreste. Im Laufe der Präparation stellte sich heraus, daß sie zwei verschiedenen Individuen zuzuordnen sind. Obwohl nur unvollständig erhalten, sind bei beiden Skeletten mehr oder weniger alle Körperregionen repräsentiert. Es fehlen hauptsächlich Rippen und Handknochen. Bei Individuum 1 handelt es sich um einen etwa 50–60jährigen, ca. 1,62–1,65 m großen Mann, bei Individuum 2 um ein 13–14jähriges Mädchen. Die Skelettreste beider Individuen weisen in verschiedenen Bereichen deutliche Brandspuren auf, einige Partien sind regelrecht verkohlt (Abb. 222). Am rechten Knie des alten Mannes sind zudem eindeutige Anzeichen von Hundeverbiß festzustellen (Abb. 223). Eine Rippe scheint mittels eines scharfkantigen Gegenstandes durchtrennt worden zu sein. Wenn auch zweifelsfreie Hinweise auf massive Gewalteinwirkung fehlen, darf im vorliegenden Fall doch mit einiger Wahrscheinlichkeit eine Katastrophensituation und anschließende Kadaverbeseitigung angenommen werden. Die Deutung der Schnittspur soll in diesem Zusammenhang noch offenbleiben.«

Abb. 222 Beispiele verkohlter menschlicher Knochenteile. Distales Ende der rechten Speiche (links), Fingerknochen der rechten Hand, beide von Individuum 1 (Mitte), Mittelhandknochen der linken Hand, Individuum 2 (rechts). Maßstab 1:1

Bislang sind im Archiv Rottenburg mehr als 2000 Knochenkartons inventarisiert und eingeordnet (Abb. 224). Noch einmal etwa 1000 Kartons sind bereits angeliefert, aber noch nicht aufgenommen. Die Listenerfassung hat gezeigt, daß aus einzelnen Außen- bzw. Ar-

Abb. 223 Distales Ende des rechten Oberschenkelknochens des 50–60 Jahre alten Mannes aus Brunnen 104 mit Spuren von Hundeverbiß. Maßstab 2:3

Abb. 224 Blick in das osteologische Fundarchiv Rottenburg

beitsstellen nur wenige oder noch gar keine Fundkomplexe abgeliefert wurden. Es ist davon auszugehen, daß etwa ebensoviele Kartons, wie sich schon jetzt in Rottenburg befinden, noch in den Außenstellen deponiert sind. Im Hinblick auf die für das Knochenmagazin insgesamt zur Verfügung stehende Fläche von knapp 1000 m^2 ist bereits jetzt abzusehen, daß die Lagerkapazität bald erschöpft sein wird, zumal die Zahl der Rettungsgrabungen des Landesdenkmalamtes und damit der Fundanfall zunehmen. Wie es scheint, wird man nicht umhin kommen, sich alsbald grundlegende Gedanken bezüglich der räumlichen Erweiterung des Archivs zu machen.

Der vorliegende Bericht ist der erste nach Inbetriebnahme des Fundarchivs Rottenburg. Es ist geplant, in zukünftigen Bänden der Archäologischen Ausgrabungen in Baden-Württemberg neu hinzugekommene Fundkomplexe vorzustellen.

Klaus Frank, Mostefa Kokabi, Joachim Wahl

Ortsregister

Gültig für alle bisher erschienenen Jahrbücher.
Die Seitenzahlen der Beiträge des Jahrbuches 1990 sind hervorgehoben.

Bildnachweis

U. Auer, Landesdenkmalamt Baden-Württemberg: 23
O. Braasch, Schwäbisch Gmünd: 191, 193, 195, 197, 199, 201, 203, 205, 207, 211
Zeichnung G. Bury, Universität Freiburg: 102
Zeichnung S. M. Christlein, Schwäbisch Gmünd: 192, 194, 196, 198, 200, 204, 206, 208
R. Gensheimer, Landesdenkmalamt Baden-Württemberg: 209
M. Grohe, Kirchentellinsfurt: 83
Zeichnung A. Kalkowski, Landesdenkmalamt Baden-Württemberg: 20, 21
Zeichnung M. Kinsky, Landesdenkmalamt Baden-Württemberg: 22, 33
B. Martin, Universität Freiburg: 98, 100, 101
Zeichnung R. Plonner, Landesdenkmalamt Baden-Württemberg: 188, 189
P. Schreiber, St. Peter: 99
M. Seitz, Rottenburg: 221–224
Stadtarchiv Ulm: 168
Zeichnung I. Thomandl, Universität Freiburg: 97
Württembergisches Landesmuseum Stuttgart, Münzkabinett: 212–215
Alle anderen Abbildungen: Landesdenkmalamt Baden-Württemberg, Abteilung Archäologische Denkmalpflege

Der Förderkreis für die ur- und frühgeschichtliche Forschung in Baden und die Gesellschaft für Vor- und Frühgeschichte in Württemberg und Hohenzollern wollen die interessierte Öffentlichkeit mit den großen Denkmälern unserer südwestdeutschen Vorzeit vertraut machen. Sie versuchen dies durch Veröffentlichungen, durch Lichtbildervorträge im Land, durch Exkursionen im In- und Ausland und durch jährliche Zusammenkünfte zu erreichen. Die beiden Vereinigungen arbeiten eng mit der Archäologischen Denkmalpflege des Landesdenkmalamtes zusammen. Sie sind gemeinnützige Vereine, die ein Maximum an Information bei einem Minimum an Kosten vermitteln wollen. Helfen auch Sie durch Ihren Beitritt mit, das Wissen um das große historische Erbe unseres Landes zu fördern und dem drohenden Verfall bedeutender Kulturdenkmäler entgegenzuwirken!

Auskünfte und Rat erteilen:

Gesellschaft für Vor- und Frühgeschichte in Württemberg und Hohenzollern und Landesdenkmalamt Baden-Württemberg, Archäologische Denkmalpflege, beide 7000 Stuttgart, Silberburgstraße 193, Fernruf (0711) 647-2829 – Förderkreis für die ur- und frühgeschichtliche Forschung in Baden, Museum für Ur- und Frühgeschichte, Fernruf (0761) 2163311, und Landesdenkmalamt Baden-Württemberg, Archäologische Denkmalpflege, Außenstelle Freiburg, Fernruf (0761) 2052781, beide 7800 Freiburg, Marienstraße – Landesdenkmalamt Baden-Württemberg, Archäologische Denkmalpflege, Außenstelle Karlsruhe, Amalienstraße 36, 7500 Karlsruhe, Fernruf (0721) 1355300 – Landesdenkmalamt Baden-Württemberg, Archäologische Denkmalpflege, Außenstelle Tübingen, Schloß, Fünfeckturm, 7400 Tübingen, Fernruf (07071) 2002613

Archäologische Denkmalpflege des Landesdenkmalamtes Baden-Württemberg, Organisation:

	Aufgabenbereich	*Wirkungskreis*
Referat 21	Vor- und Frühgeschichte	Regierungsbezirk Stuttgart
Referat 22	Vor- und Frühgeschichte	Regierungsbezirk Karlsruhe
Referat 23	Vor- und Frühgeschichte	Regierungsbezirk Freiburg
Referat 24	Vor- und Frühgeschichte	Regierungsbezirk Tübingen
Referat 25	Großgrabungen im Bereich Vor- und Frühgeschichte sowie Mittelalter, Zentraler Bereich, Sonderprojekte	Baden-Würtemberg
Referat 26	Mittelalter	Baden-Württemberg

Archäologie in Deutschland
Die Zeitschrift für den archäologisch und historisch interessierten Leser